普通高等教育规划教材

材料科学基础

主　编　王章忠
副主编　周细应　莫淑华
参　编　李培耀　赵东方　丁红燕　张敬尧
主　审　潘　冶

U0883726

机械工业出版社

本书为普通高等教育材料成形及控制工程专业的技术基础课教材，主要讲授各种材料的共性基本知识和性能特点，介绍材料的成分、加工、结构、性质与使用效能间的关系及其规律。全书共分四篇，十七章。第一篇为材料的性能及应用意义，包括材料的使用性能、材料的其他性能；第二篇为材料结构的基本理论，包括原子结合键、晶体结构、晶体缺陷、高分子材料结构；第三篇为材料组织结构与性能控制技术基础，包括固体材料中的原子扩散、相平衡与相图原理、材料的凝固、材料的变形与回复再结晶、固态相变与材料处理；第四篇为工程材料及应用，包括金属材料、高分子材料、陶瓷材料、复合材料、功能材料、工程材料的选用与发展。全书采用最新国家标准，每章后均有小结和综合应用性特色明显的习题。

本书主要供材料成形及控制工程专业大学本科生使用，也可作为机械工程类专业的通用教材和有关专业科技人员参考用书。

图书在版编目(CIP)数据

材料科学基础/王章忠主编. —北京：机械工业出版社，2005.1(2025.1 重印)
普通高等教育规划教材
ISBN 978-7-111-15962-9

Ⅰ.材...　Ⅱ.王...　Ⅲ.材料科学-高等学校-教材　Ⅳ.TB3

中国版本图书馆 CIP 数据核字(2004)第 142634 号

机械工业出版社(北京市百万庄大街 22 号　邮政编码　100037)
策划编辑：冯春生　责任编辑：董连仁　版式设计：张世琴
责任校对：刘志文　封面设计：陈　沛　责任印制：郜　敏

北京富资园科技发展有限公司印刷

2025 年 1 月第 1 版第 14 次印刷
169mm×239mm · 35 印张 · 676 千字
标准书号：ISBN 978-7-111-15962-9
定价：69.80 元

电话服务　　　　　　　　　　网络服务
客服电话：010-88361066　　机　工　官　网：www.cmpbook.com
　　　　　010-88379833　　机　工　官　博：weibo.com/cmp1952
　　　　　010-68326294　　金　　书　　网：www.golden-book.com
封底无防伪标均为盗版　　机工教育服务网：www.cmpedu.com

普通高等教育应用型人才培养规划教材
编审委员会名单

材料成形及控制工程专业教材编委会

序

工程科学技术在推动人类文明的进步中一直起着发动机的作用。随着知识经济时代的到来，科学技术突飞猛进，国际竞争日趋激烈。特别是随着经济全球化发展和我国加入WTO，世界制造业将逐步向我国转移。有人认为，我国将成为世界的“制造中心”。有鉴于此，工程教育的发展也因此面临着新的机遇和挑战。

迄今为止，我国高等工程教育已为经济战线培养了数百万专门人才，为经济的发展作出了巨大的贡献。但据IMD1998年的调查，我国“人才市场上是否有充足的合格工程师”指标排名世界第36位，与我国科技人员总数排名世界第一形成很大的反差。这说明符合企业需要的工程技术人员，特别是工程应用型技术人才市场供给不足。在此形势下，国家教育部近年来批准组建了一批以培养工程应用型本科人才为主的高等院校，并于2001年、2002年两次举办了“应用型本科人才培养模式研讨会”，对工程应用型本科教育的办学思想和发展定位作了初步探讨。本系列教材就是在这种形势下组织编写的，以适应经济、社会发展对工程教育的新要求，满足高素质、强能力的工程应用型本科人才培养的需要。

航天工程的先驱、美国加州理工学院的马·卡门教授有句名言：“科学家研究已有的世界，工程师创造未有的世界。”科学在于探索客观世界中存在的客观规律，所以科学强调分析，强调结论的惟一性。工程是人们综合应用科学(包括自然科学、技术科学和社会科学)理论和技术手段去改造客观世界的实践活动，所以它强调综合，强调方案优缺点的比较并做出论证和判断。这就是科学与工程的主要不同之处。这也就要求我们对工程应用型人才的培养和对科学研究型人才的培养应实施不同的培养方案，采用不同的培养模式，采用具有不同特点的教材。然而，我国目前的工程教育没有注意到这一点，而是：①过分侧重工程科学(分析)方面，轻视了工程实际训练方面，重理论，轻实践，没有足够的工程实践训练，工程教育的“学术化”倾向造成了“课题训练”的偏软现象，导致学生动手能力差。②人才培养模式、规格比较单一，课程结构不合理，知识面过窄，导致知识结构单一，所学知识中有一些内容已陈旧，交叉学科、信息学科的内容知之甚少，人文社会科学知识薄弱，学生创新能力不强。③教材单一，注重工程的科学分析，轻视工程实践能力的培养：注重理论知识的传授，轻视学生个性特别是创新精神的培养；注重教材的系统性和完整性，造成课程方面的相互重复、脱节等现象；缺乏工程应用背景，存在内容陈旧的现象。④老师缺乏工程实践经验，自身缺乏“工程训练”。⑤工程教育在实践中与经济、产业的联系不密切。要使我国工程教育适应经济、社会的发展，培养更多优秀的工程技术人才，我们必须努力改革。

组织编写本套系列教材，目的在于改革传统的高等工程教育教材，建设一套富有特色、有利于应用型人才培养的本科教材，满足工程应用型人才培养的要求。

本套系列教材的建设原则是：

1. 保证基础，确保后劲

科技的发展，要求工程技术人员必须具备终生学习的能力。为此，从内容安排上，保证学生有较厚实的基础，满足本科教学的基本要求，使学生日后具有较强的发展后劲。

2. 突出特色，强化应用

围绕培养目标，以工程应用为背景，通过理论与工程实际相结合，构建工程应用型本科教育系列教材特色。本套系列教材的内容、结构遵循如下9字方针：知识新、结构新、重应用。教材内容的要求概括为：“精”、“新”、“广”、“用”。“精”指在融会贯通教学内容的基础上，挑选出最基本的内容、方法及典型应用；“新”指在将本学科前沿的新进展和有关的技术进步新成果、新应用等纳入教学内容，以适应科学技术发展的需要，妥善处理好传统内容的继承与现代内容的引进，用现代的思想、观点和方法重新认识基础内容和引入现代科技的新内容，并将这些按新的教学系统重新组织；“广”指在保持本学科基本体系下，处理好与其相邻以及交叉学科的关系；“用”指注重理论与实际融会贯通，特别是注入工程意识，包括经济、质量、环境等诸多因素对工程的影响。

3. 抓住重点，合理配套

工程应用型本科教育系列教材的重点是专业课(专业基础课、专业课)教材的建设，并做好与理论课教材建设同步的实践教材的建设，并力争做好与之配套的电子教材的建设。

4. 精选编者，确保质量

遴选一批既具有丰富的工程实践经验，又具有丰富的教学实践经验的教师担任编写任务，以确保教材质量。

我们相信，本套系列教材的出版，对我国工程应用型人才培养质量的提高必将产生积极作用，会为我国经济建设和社会发展作出一定的贡献。

机械工业出版社颇具魄力和眼光，高瞻远瞩，及时提出并组织编写这套系列教材，他们为编好这套系列教材做了认真细致的工作，并为该套系列教材的出版提供了许多有利的条件，在此深表衷心感谢！

编委会主任
湖南工程学院院长　刘国荣教授

前　言

本书是根据“材料成形及控制工程”专业(原铸造、锻造、焊接等专业)的材料学课程的教学基本要求进行编写的。

材料是人类文明与社会进步的物质基础与先导，材料科学已成为当今世界重大科技基础学科之一，并在各发达国家和我国得到重点发展。在知识经济时代，材料技术、信息技术和生物技术是现代高科技与新经济的三大主要组成部分，而材料又往往是高新技术的突破口。材料的研发应用是实现经济与社会可持续发展的关键。为此，材料教育应先行，应重视探索材料课程的教学改革与建设。

本教材立足“材料加工工程”二级学科，主要面向“材料成形及控制工程”专业，兼顾机械工程学科其他专业(如“机械工程及自动化”专业)。本书主要讲授各种材料的共性基本知识和性能特点，介绍材料的成分、加工、结构、性质与使用效能间的关系及其规律，从而使学生初步具备开发应用材料、合理选择和使用材料、正确加工材料及安排制订加工工艺路线的能力。全书共分四篇，包括：第一篇材料的性能及应用意义；第二篇材料结构的基本理论；第三篇材料的组织结构与性能控制技术基础；第四篇工程材料及应用。

本教材力求突出以下特点：

1）以培养应用型本科人才为目标，基础理论以应用为目的并适度考虑人才的宽口径适应性发展需要，理论知识结合工程实践，侧重培养学生应用材料的技能和创新思维意识。在教材体系和内容选择与组织上，力争理论性、系统性、先进性和应用性的兼顾与结合。

2）立足于材料科学的基本问题(四要素或五要素)，注重材料的广泛性和多样性，全面介绍了金属材料、高分子材料、陶瓷材料及复合材料的共性与个性特点，强调“大材料”的概念，并注意突出金属材料重点。

3）强调材料科学与社会学、经济学、资源环境及可持续发展间的关系，引入材料寿命周期评估、价值工程选材等跨学科概念，注意材料工程与机械、化工、建筑、电子等工程的交叉与联系，倡导“大工程”意识，培育“材料、设计、制造”一体化理念。

4）注意增加了与高新技术或产业有关的新材料、新工艺、新技术及其应用知识，如功能材料、智能材料、材料表面技术、材料与环境、计算机在材料科学中的应用、材料信息资源等，力求反映材料科学与工程发展的最新情况。

5）全书采用最新标准，并在附录中列出了与材料工程相关的标准名录。每章后均有小结和综合应用性特色明显的习题。

本书共十七章。绪论，第一、二、四、十一、十二、十六、十七章和附录由南京工程学院王章忠编写；第十章由上海工程技术大学周细应编写；第三、十四、十五章由黑龙江工程学院莫淑华编写；第九章由上海工程技术大学李培耀编写；第六、十三章由华北航天工业学院赵东方编写；第五章由淮阴工学院丁红燕编写；第七章由扬州大学张敬尧编写；第八章由李培耀和周细应合写。全书由王章忠教授任主编，东南大学潘冶教授任主审。

在编写过程中，作者参阅了大量国内外出版的有关资料，在此对全部文献的作者表示诚挚敬意和衷心感谢！

由于作者水平有限，书中不妥之处在所难免，恳请读者批评指正。

编　者

2004年8月于南京

目　　录

第三篇　材料的组织结构与性能控制技术基础

绪　论

材料是人类进化史的里程碑，是现代文明的重要表征，是发展高新技术的基础和先导。材料作为能制造有用器件的物质，与能源和信息共同构成了人类社会赖以生存与发展的基本资源，所以材料、能源和信息被誉为现代科学和现代文明的三大支柱。而在这三者之间，材料又是最重要的基础。在以高技术群为代表的新技术革命和新经济时代，材料技术与信息技术、生物技术并列，被世界各国公认为是当代以及在今后相当长的时间内总揽人类社会全局的高技术。材料技术既是一个独立的技术领域，又对其他技术领域起着引导、支撑的关键性作用，并与其他技术相互依存。不仅如此，材料技术还是支撑当今整个人类文明的现代工业和现代农业的共性关键技术，同时又是一个国家国防力量最重要的物质基础。因此，各发达国家均把材料及材料科学技术放在重要的发展地位。

一、材料与人类

纵观人类发现材料和利用材料的历史，每一种重要材料的广泛应用，都会把人类支配和改造自然的能力提高到一个新水平，将人类社会的物质文明和精神文明向前推进一步。历史学家把人类社会的发展按其使用的材料类型划分为石器时代、青铜时代、铁器时代，而今，正在跨入人工合成材料的新时代。

从古猿到原始人类，石器一直是主要的工具；约在原始社会的末期，中华民族的祖先最早使用了粘土成型、再火烧固化陶器；到东汉时期又出现了瓷器，并先后传至世界各国，对人类文明产生了极大的影响，已成为中国古代文化的象征。

早在4000多年以前，我们的祖先就已开始使用天然存在的纯铜，至殷、商时代，我国的青铜冶炼与铸造技术便已发展到了较高的水平；到春秋、战国时期，我国人民认识并总结了青铜的成分、性能与用途之间的关系与规律。如在《周礼·考工记》中对青铜的成分和用途描述出来的“六齐”规律，是世界上最早的关于金属材料合金化工艺的总结。

铁器时代则被认为是始于2000多年前，到了汉代，我国“先炼铁后炼钢”的技术已居世界领先地位；从西汉到明朝，我国的钢铁生产技术、钢铁热处理技术及钢铁材料的应用都已达到了相当高的水平。在西汉司马迁的《史记·天管书》、东汉班固的《汉书·王褒传》、明代宋应星的《天工开物》等科学史书中，都有这方面的详细记载与论述。

18世纪后期，以欧洲为中心的世界工业迅速发展，18世纪发明了蒸汽机，19世纪发明了电动机，这对材料的品质、数量都提出了越来越高的要求，并推动了材料工艺的进一步发展。1863年光学显微镜首次应用于金属的微观研究，出现了“金相学”，并在化学、物理、材料力学的基础上产生了一门新学科——“金属学”。随着1912年X射线衍射技术和1932年电子显微分析技术及后来出现的各种谱仪的应用，“金属学”便日趋完善，大大推动了金属材料及其学科的研究与发展。

20世纪以来，随着现代科学技术和生产的迅速发展，对材料的要求也越来越高。在大量发展高性能金属材料的同时，又迅速发展和应用了高性能的有机高分子材料、无机非金属材料和复合材料，并正在进入人工合成材料的新时代。如1909年的酚醛树脂、1920年的聚苯乙烯、1931年的聚氯乙烯及1941年的尼龙等；20世纪中叶合成及制备的各种类型先进陶瓷 Si_3N_4、SiC、ZrO_2 等；20世纪中后期发展的树脂基复合材料(如玻璃钢)、金属基复合材料和陶瓷基复合材料等；1985年发现的 C_{60}(富勒烯)及1991年的碳纳米管等。

二、材料科学的形成与内涵

1957年，前苏联人造卫星先于美国上天，美国朝野为之震惊并认为自己落后的主要原因是在先进材料研究应用方面。于是在一些大学相继成立了十余个材料科学研究中心，采用先进的科学理论与实验方法对材料进行深入的研究并取得重要成果。从此，“材料科学”这个名词便开始流行。

材料科学是在一些与物质结构和物性的研究有关的学科(如化学、物理等)的基础上逐步形成的。它是跨越冶金学、金属学、高分子科学、陶瓷学等多学科的综合交叉性科学，其研究内容为各种材料的成分、结构与性能的关系及其规律。材料科学兼备自然科学和应用科学的属性，故提出了“材料科学与工程”。

材料科学与工程是研究材料的组成、结构、生产过程、材料性能与使用效能以及它们之间的关系，故把材料的组成与结构(composition-structure)、合成与生产过程(synthesis-processing)、性能(properties)及使用效能(performance)称为材料科学与工程的四个基本要素(basic elements)。考虑在四要素中的组成与结构并非同义词，即相同成分或组成通过不同的合成或加工方法可以得到不同结构，从而材料的性能或使用效能都会变化。因此，我国有人提出一个五要素的模型，即成分、合成/加工、结构、性质和使用效能。

应注意材料与环境之间的交互作用：一方面，材料的性能和使用效能在很大程度上受环境的影响，如有些材料在一般环境下的性能很好，而在腐蚀介质下性能却下降显著；另一方面，材料的生产、使用和报废又对环境产生重大的影响，而这点恰恰是以往人们所忽视的，由此造成了资源和能源的极大浪费，环境的严重污染，不利于经济与社会的可持续发展。

必须重视材料理论和材料设计在材料研究、开发与应用中的重要作用，因为材料科学与工程的每一个要素或几个相关要素都有其理论，根据理论建立模型，通过模型可以进行材料设计或工艺设计，以达到提高材料性能及使用效能，节约资源，减少污染或降低成本的最佳状态。这是材料科学与工程最终努力的目标。

三、材料的分类与概况

材料既具有普遍性和重要性，又具有多样性。材料的种类繁多，有不同的分类方法。按其应用领域可分为机械工程材料、电子工程材料、建筑工程材料、航空航天材料、能源材料、生物材料等。按其性能特点可分为结构材料和功能材料：结构材料以力学性能为主，兼有一定的物理、化学性能，如热导率、耐腐蚀、抗氧化等；功能材料是以特殊的物理、化学或生物性能为主，如电、磁、光、热、声学、生物等功能和效应及其转换特性的材料。结构材料用量极大，是当代社会的主要材料，亦是本书讨论的重点；功能材料目前用量虽小，但却是高新技术的关键，是知识密集、技术密集、附加值高的材料。一种材料可以既是结构材料又是功能材料，如铁、铜、铝等。材料还可分为传统材料与新型材料：传统材料是指那些已成熟且在工业中已批量生产并大量应用的材料，如钢铁、水泥、塑料等，因这类材料量大面广且又是很多支柱产业的基础，所以又称为基础材料；新型材料(先进材料)是指那些正在发展，且具有优异性能和应用前景的一类材料，如太阳能电池材料、纳米材料、低铁损的非晶态磁性合金、高临界温度的超导材料等。新型材料与传统材料有相互转换性，传统材料通过采用新技术、大幅度提高性能和附加值可成为新型材料；新型材料在经过长期生产与应用之后也就成为传统材料。

工程上通常按材料的物理化学属性将材料分为金属材料、高分子材料、陶瓷材料和由此三者组合而成的复合材料等四大类。

(一) 金属材料

金属材料是用量最大、用途最广的主要工程材料，历来占据材料消费的主导地位，并预计在未来的相当长时间内还将延续下去。它包含两大类型：黑色金属和有色金属。

1. 黑色金属　指铁及铁基合金材料，主要为钢铁材料，它约占金属材料总量的95%以上。钢铁材料又分为钢与铸铁两种，其中钢约占90%以上。在20世纪30～50年代，钢铁材料处于最鼎盛时期。随着钢铁材料的强度和质量的提高，以及现代高新技术对特殊性能材料(如陶瓷、高分子、复合材料)的需求增加，钢铁材料虽已走过了它最辉煌的时代，但因其具有优良的力学性能、工艺性能和低成本等综合优势，使之在21世纪仍占据主导地位，故绝不是“夕阳产业”。

2. 有色金属　指除铁基合金之外的所有金属及其合金材料（又称非铁合金）。它又可分为轻金属（如铝、镁、钛）、重金属（如铅、锑）、贵金属（如金、银、镍、铂）和稀有金属等。它们是重要的特殊用途材料，其中以铝及铝合金、铜及铜合金用途最广。

（二）高分子材料

高分子材料为有机材料，又称聚合物，是由相对分子质量很大的大分子组成，其主要原料是石油化工产品。按其性能用途和使用状态，又分为塑料、橡胶、合成纤维、胶粘剂和涂料等。

塑料是最主要的高分子材料，常分为通用塑料和工程塑料。通用塑料主要用于制作薄膜、容器和包装用品，约占塑料生产的70%左右，聚乙烯是其典型代表。工程塑料是指力学性能较高的聚合物，聚酰胺（尼龙）是这类材料的代表。由于高分子材料具有金属材料所不具备的某些优异性能（如质量轻，具有电绝缘性、隔热保温性、耐蚀性等），故其发展速度相当快。

（三）陶瓷材料

陶瓷材料为无机非金属材料，通常是指硅酸盐、金属与非金属元素的化合物（主要是氧化物、氮化物、碳化物等）。工业上常分为三大类：其一是传统陶瓷（普通陶瓷），由粘土、石英、长石等组成，主要成分是天然硅、铝的氧化物及硅酸盐，常作为建筑材料使用；其二是特种陶瓷（新型陶瓷），主要成分是人工氧化物、碳化物、氮化物和硅化物的烧结材料，常用作工业上耐热、耐蚀、耐磨等零件；其三是金属陶瓷，即金属粉末与陶瓷粉末的烧结材料，主要用作工具、模具等。

陶瓷具有许多优异的性能，如高硬度、高耐磨性、高的抗压强度、高的耐热性和耐蚀性能；其最大缺点是韧性低易脆断，不易加工成形，故限制了它作为结构材料的使用范围。对陶瓷结构材料的增强增韧是今后的主要研究课题。此外，由于陶瓷具有独特的光、电、热等物理性能，因而是主要的功能材料之一。

（四）复合材料

金属、高分子、陶瓷材料各有优缺点，若将以上两种或两种以上的材料组合在一起形成的材料，便是复合材料。复合材料发挥了其组成材料的各自长处，又在一定程度上克服了它的弱点，因而是一种新型的优异材料。按其基体不同，复合材料常分为三大类型：树脂基复合材料、金属基复合材料和陶瓷基复合材料。现代工业上，树脂基复合材料（如玻璃钢）已处于成熟应用阶段，而金属基复合材料和陶瓷基复合材料因其制作困难、成本高昂而受到了一定的限制。

四、材料及材料科学的地位与作用

多数发达的国家都非常重视材料科学研究、材料产业发展和材料学教育。如美国的研究机构、企业和大学均有许多课题进行材料研究，据1972年美国国家科学院的白皮书报告，全美科技人员有25%从事材料问题的研究，而且还有25%的人以某种形式参与材料的研究；1986年《科学的美国人》杂志在专期讨论有关材料研究的文章中指出，"材料科学的进展决定了经济关键部门增长速率的极限范围"；1990年美国总统的科学顾问更是明确地说"材料科学在美国是最重要的学科"；美国的许多技术性问题是通过采用新开发的材料来解决的，如高性能飞机就是突出的例子。从1984年开始至今，欧盟执行了5个科技框架计划，材料领域是其中的重要领域之一。在分析世界各国的发展计划后，德国总结出了包括先进材料在内的21世纪初9大重点领域，其中又列出了80个课题，而有关材料方面的课题占60%以上。在世界范围内，高新材料技术是高科技发展的一个关键领域，起着先导和基础的作用，常被视为高技术发展的突破口。我国对材料的研究、开发也一直放在重要位置。在1978年我国科学大会上材料科学技术被列为8个新兴的综合性的科学技术领域之一，在以后各个五年计划中，一直把材料科学技术作为重点发展的领域之一；进入20世纪90年代，在"八五"科技攻关、高技术发展计划及基础研究中都给予了材料科学技术高度的重视。材料科学的研究与新材料的应用，对人类社会的文明和经济的发展，起着不可估量的巨大作用。

由于材料的基础与先导作用，故材料科学与其他自然科学、应用科学乃至社会科学的关系极为密切。以几乎涉及到国民经济各个领域中所有的重要产品的机械工程为例，为保证产品的技术功能优异、质量高而稳定、寿命长而可靠、成本低而效益高，要求有先进的材料、合理的设计和正确的加工这三者的整体配合，而材料又是其基础。

（一）材料与产品质量

材料为产品提供了必要的基本功能，是产品质量的重要保证。大量事实说明：在设计与加工过程中的许多材料及工艺问题是我国机械产品功能差、质量低、寿命短的主要原因之一，故要求工程技术人员应掌握必要的材料科学与材料工程知识。

（二）材料与机械设计

机械设计涉及到广泛的学科领域，其中数学、材料科学、工程力学和工业造型是其重要支柱。在设计某一具体产品时，设计者既要能进行功能设计和结构设计——通过精确的计算和必要的试验确定决定产品功能的技术参数和整机及零件的形状、尺寸；同时还要能做好材料设计——确定材料成分、结构及其加工工艺，其任务是通过选定适当化学成分的材料，经合理的加工工艺过程来获取满足产品使用要求的内部组织结构。产品的功能设计、结构设计与材料设计应是紧密结合在一起，甚至是完全融为一体的。

（三）材料与机械制造

机械制造是将材料经济地加工成最终产品的过程。依据机械制造的各种工艺的作用不同，可将其分为两大类。

1. 改形工艺　即以保证设计所要求的结构形状与尺寸为主要目的的工艺，又称成形工艺，它包括切削成形（如车、铣、刨、磨、钻等）、流动成形（如铸造成形、塑性成形等）、连接成形（如焊接、铆接、粘接等）三大类。改形工艺的难易程度（即工艺性能）既受材料性能的影响，反过来工艺过程又会不同程度地影响到零件的内部组织，进而影响了材料的使用性能。其中铸造成形、塑性成形与焊接成形过程对材料的组织与性能的影响程度极大，应予以高度重视。

2. 改性工艺　即以保证设计所要求的零件组织性能为目的的工艺，包括材料整体处理工艺（如退火、正火、淬火、回火、时效等）和材料表面改性处理工艺。表面处理工艺是近代材料科学研究的重要方向之一，它对提高产品质量和寿命、挖掘现有传统材料的潜力均具有突出的技术经济效益，特别是对提高零件疲劳性能、耐磨性、耐蚀性等方面有更为显著的效果，故应得到广泛的重视和应用。

在产品制造过程中，不同的材料有着各自适宜的加工工艺，这直接关系到产品的生产效率，也影响了产品的性能与质量，因此要求在材料设计的同时必须考虑其加工工艺方法。材料科学与工程的进步，既保证了优质高效产品的实现，也推动了制造工艺的不断发展，并导致了新兴产业的形成；反过来，先进的制造技术与装备，也推动了材料科学的发展。材料是各工业技术的基础，要改变“重设计与制造、轻材料”的错误倾向，这不仅是一个技术问题，更重要的是一种观念的革新。

五、本课程的教学目的、内容与学习要求、价值

材料科学与材料加工的工程技术人员主要从事材料的研究、开发与应用工作，需要对材料科学与工程的基本要素及其相互间的关系与规律有全面的了解，具备扎实的材料科学理论基础和宽广的材料学知识面，既要理解材料的共性与多样性，又要掌握材料的个性与重点性。应培养以下几方面的能力：①认识材料服役条件的能力；②选用材料的能力；③改进材料性能与质量的能力；④研究、开发新材料的能力；⑤熟悉并改进材料加工工程技术与工艺的能力。“材料科学基础”课程正是为实现这一要求而设置的。

《材料科学基础》是材料工程类（含材料成形及控制工程）专业的一门重要技术基础课教材，其目的是通过学习使学生掌握各种材料的共性基本理论知识和性能特点，理解材料的成分、加工、结构、性质与使用效能间的关系及其规律，从

而使其初步具备开发应用材料、合理选择材料和使用材料、正确加工材料及安排制订加工工艺路线的能力；且为后继有关课程的学习奠定必要的材料学基础。

本课程的内容包括：①材料的各种性能及应用意义（第一篇）；②材料结构的基本理论（第二篇）；③材料的组织结构与性能控制技术基础（第三篇）；④工程材料及应用（第四篇）。

"材料科学基础"课程是一门理论性和实践应用性均很强的课程。它以物理、化学、物理化学、工程力学及金属工艺学实习为基础，在学习时必须联系上述课程的有关内容，并注意到材料科学与其他应用科学的交叉与联系，结合生产实际，注重分析、理解与运用，强调前后知识的整体联系与综合应用，以提高发现问题、分析问题和解决问题的独立创新工作能力。另外，还应加强材料科学与社会科学之间的联系，如材料科技进展与人类文明及经济发展的关系，从环境保护和可持续发展的角度来研究、开发与应用材料等，以丰富和提升该课程的学习价值。

第一篇

材料的性能及应用意义

1

材料是人类社会经济地制造有用器件的物质。所谓有用，是指材料满足产品使用需要的特性，即使用性能，它包括力学性能、物理性能和化学性能；所谓制造，是指将原材料变成产品的全过程，材料对其所涉及的加工工艺的适应能力，即为工艺性能，它包括铸造性能、塑性加工性能、切削加工性能、焊接性能和热处理性能等。全面地理解材料性能及其变化规律，是设计、选材用材、制订加工工艺及质量检验的重要依据。

材料的性能是一种参量，用于表征材料在给定的外界条件下所表现出来的行为。材料本身是一个复杂的系统，它包含材料的化学成分和内部结构，因此可以说，材料的化学成分和内部结构是性能的内部依据，而性能则是指已确定成分和结构的材料的外部表现。这里的结构是一个广泛的概念，它包括原子结构、结合键、原子排列方式以及组织等四个层次。由于材料的性能一般必须量化表示，因而它通常是依照标准规定通过不同的试验来测定的，这便是我们从材料手册或设计资料上获得的性能参数。实际工件的性能当然首先取决于材料的性能，但须考虑到工件的形状尺寸、加工工艺过程和使用条件对其重要的影响。

材料科学与工程是依据“工艺→结构→性能”这条思路去控制或改造材料的性能，即工艺决定结构，结构决定性能。在此，“结构”是惯用的“成分、结构”的简称；“工艺”则主要是指材料的制备和加工工艺，但也应考虑材料在使用过程中结构的可能变化以及由此而对性能产生的影响。

有些结构是难于改变的，如原子结构。有些结构虽然可以通过工艺来改变，但性能改变的敏感性却不同。某些性能如熔点、弹性模量主要取决于成分而对其结构改变不敏感，便称为结构不敏感性能；而强度、塑性、韧性等性能对结构的改变非常敏感，则称为结构敏感性能。这是选择材料和制订加工工艺所必须考虑的问题。例如弹簧钢的弹性、刚性及疲劳强度是其主要要求，选择不同成分(碳及合金元素含量)的弹簧钢并经过不同的加工工艺(如冷、热塑性加工，热处理，表面喷丸等)来改变内部结构，获得的弹性与疲劳性能有着明显的不同，而其刚性却差异甚微。这说明，对弹簧钢而言试图用工艺或次要成分去改变组织结构不敏感性的性能——刚性显然是徒劳无功的。即便是将碳素弹簧钢改选成合金弹簧钢，刚性也无明显改善，其原因是碳钢与合金钢均是以 Fe 为主的材料，而材料的刚性主要取决于其内主要成分，次要成分的微小变化对它影响不大。

本篇主要介绍材料各种性能(重点是使用性能)的物理意义、技术指标及其应用。

第一章　材料的使用性能

材料是在不同的外界条件下使用的，如在载荷、温度、介质、电磁场等作用下将表现出不同的行为，即材料的使用性能，包括力学性能、物理性能和化学性能。由于工程结构材料与机器零件以传递力和能来实现规定的机械运动为主要功能，因此力学性能是最主要的；功能材料及元器件则主要要求物理、化学及其他性能。

第一节　力学性能

力学性能是指材料在载荷(外力)作用下所表现出的行为。通过不同的标准试验测定的相关参量的临界值或规定值，即可作为力学性能指标。力学性能的类型依据载荷特性不同而不同，若按加载方式不同则可分为拉伸、压缩、弯曲、扭转与剪切等性能；按载荷的变化特性不同又可分为静载荷力学性能和动载荷力学性能等。不论何种情况，材料在外力作用下均会产生形状与尺寸的变化——即变形。依照外力去除后变形能否恢复，变形可分为弹性变形(可恢复的变形)和塑性变形(不可恢复的残余变形)。当变形到一定程度而原子间结合力受到破坏，将导致材料发生断裂现象。断裂前有明显宏观塑性变形的称为延性断裂；反之，则称为脆性断裂。

材料的变形与断裂是其受到外力作用时所表现出的普遍力学行为，试验测定的力学性能指标也很多，常用的有强度、塑性、刚性、弹性、硬度、韧性、疲劳性能和耐磨性等。

一、强度

广义的强度是指材料在外力作用下对永久变形与断裂的抵抗能力，若将断裂看成为变形的极限，则可将强度简称为变形的抵抗能力。强度可依据国家标准的规定进行拉伸试验得到。

在拉伸试验中，通过自动记录仪可得到试样上所受载荷 F 与其绝对伸长量 ΔL 的关系曲线，即 F-ΔL 曲线，称为力-伸长曲线。为排除试样原始尺寸对 F-ΔL 曲线的影响，经数学处理后即可得到工程上常用的应力 σ 和应变 ε 的关系曲线，即应力-应变曲线。图 1-1a、b 分别为典型的力-伸长曲线和应力-应变曲线。

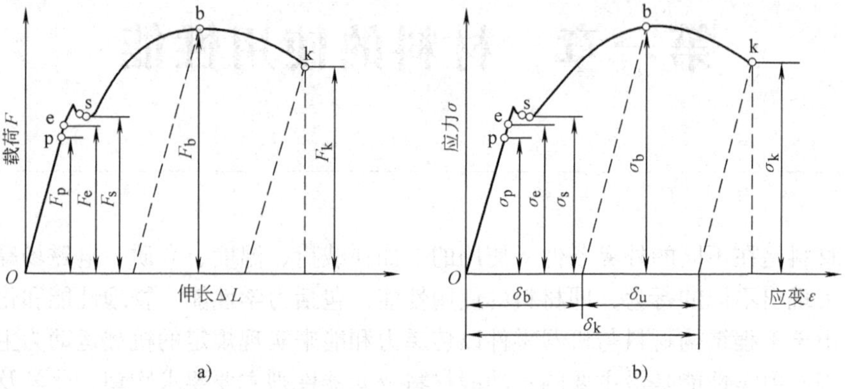

图 1-1　拉伸试验曲线

a）典型力-伸长曲线　b）应力-应变曲线

由图 1-1 可知：在载荷较小的 Oe 段，试样的变形（ΔL 和 ε）随载荷增加而线性增加，若除去外力后则变形完全恢复，故 Oe 阶段为弹性变形阶段。外力超过 F_e（σ_e）点后，试样进入弹性-塑性变形阶段，此时若除去外力，则变形不可完全恢复（弹性变形可恢复，塑性变形则成为不可恢复的永久变形）。当外力达到 F_s（σ_s）时，试样产生屈服现象——即外力不增加而变形明显继续进行。超过 s 点后，随着应力的提高塑性变形逐渐增加，并伴随着形变强化现象，即变形需要不断增加外力才能继续进行；在 s ~ b 点之间，试样发生的是均匀塑性变形。当外力达到并超过 F_b（σ_b）点之后，试样开始产生不均匀的集中塑性变形，即缩颈，并随着变形的继续伴有载荷下降现象。当达到 k 点时，试样于缩颈处产生断裂。

综上所述，典型的力-伸长曲线（如低碳钢试样）表征的力学行为可分为弹性变形（Oe 段）、弹-塑性变形阶段（ek 段）和断裂阶段（k 点）。其中弹-塑性变形阶段又可细分为屈服塑性变形（es 段）、均匀塑性变形（sb 段）和不均匀集中塑性变形（bk 段）。但并非所有材料的力-伸长曲线均有以上明显的全部特征，如塑性极低的铸铁或淬火高碳钢、陶瓷等材料，则几乎只有弹性变形阶段。

通过拉伸试验，可以从应力-应变曲线上得到一些有价值的临界或规定的点来确定材料的一系列强度指标，由于一般强度是指对塑性变形的抗力，依照塑性变形量的允许程度不同，则有以下强度指标：

1. 比例极限（σ_p）　在弹性变形阶段，应力与应变关系完全符合胡克定律的极限应力，即为比例极限 σ_p。如火炮炮筒，为保证炮弹的弹道准确性，则要求炮筒只能产生弹性变形且其变形与应力之间应严格保持正比关系。若 $\sigma > \sigma_p$，炮筒则会产生超过允许的微量塑性变形，炮弹就会偏离射击目标，故炮筒设计时应采用比例极限 σ_p。

2. 弹性极限(σ_e) 弹性极限是指在完全卸载后不出现任何明显的微量塑性变形的极限应力值，当应力 $\sigma \leqslant \sigma_e$ 时，应变与应力之间可能已丧失了严格的正比关系，但变形基本上可恢复而微量残余变形极不明显。工程上，弹性元件(如汽车板簧、仪表弹簧等)均是按弹性极限 σ_e 来进行设计选材的。

3. 屈服点和屈服强度(σ_s、$\sigma_{0.2}$) 在外力作用下，材料产生屈服现象的极限应力值即为屈服点 σ_s。屈服点标志着材料对起始塑性变形的抗力。若材料有明显的屈服行为，则以应力-应变曲线上的屈服平台所对应的应力值作为 σ_s；若材料无明显的屈服现象，国家标准则规定以残余应变量达到 0.2% 的应力值作为屈服强度，即所谓的“条件屈服强度”，记作 $\sigma_{0.2}$。

屈服点或屈服强度表示了材料由弹性变形阶段过渡到弹-塑性变形阶段的临界应力，可认为是材料对明显塑性变形的抗力。绝大多数零件，如紧固螺栓、汽车连杆、机床丝杠等，在工作时都不允许明显的塑性变形，否则将丧失自身精度或与其他零件的配合精度，故屈服点或屈服强度是其设计与选材的主要依据之一。

4. 抗拉强度(σ_b) 材料在受力过程中，所能承受的最大载荷 F_b 时所对应的应力值，即为抗拉强度。对塑性较好的材料，σ_b 表示了材料对最大均匀变形的抗力；而对塑性较差的材料，一旦达到抗拉强度时迅即发生断裂，故 σ_b 也是其断裂抗力(断裂强度)指标。不论何种材料，σ_b 均是其最大允许承载能力的度量，且因 σ_b 易于测定，故适合于作为产品规格说明或质量控制标志，广泛出现在标准、合同、质量证明等资料中。σ_b 在设计与选材中的应用不及 σ_s($\sigma_{0.2}$)普遍，但如钢丝绳、建筑结构件等对塑性变形规定不严而仅要求不发生断裂的零件，σ_b 就是其设计与选材参数。

所有以上强度指标均可作为设计与选材的依据，为了应用的需要，还有一些从强度指标派生出来的指标：①比强度。它是各种强度指标与材料密度之比，对轻量化设计零件(如航天航空构件、汽车等运行机械)，比强度有着重要的应用意义。②屈强比。它是材料屈服强度与抗拉强度之比，表征了材料强度潜力的发挥利用程度和其零件工作时的安全程度。

应指出的是：材料强度指标是其组织结构敏感性参数，合金化、热处理及各种冷热加工可在很大程度上改变它的大小。

二、刚度

1. 概念 绝大多数机器零件在工作时基本上都是处于弹性变形阶段，即均会发生一定量的弹性变形。但若弹性变形量过大，则工件也不能正常工作，由此引出了材料对弹性变形的抵抗能力——刚度(或刚性)指标。如果说强度保证了材料不发生过量塑性变形甚至断裂的话，刚度则保证了材料不发生过量弹性变形。从这个角度来看，刚度和强度具有相同的技术意义而同等的重要，因而机械设计时既包括强度设计又包括刚度设计。

在应力-应变曲线上的弹性变形阶段，应力与应变的比值即为材料刚度，也就是材料的弹性模量，它在数值上等于该直线的斜率即 $\tan\alpha$。常用的有正弹性模量 E。实际工件的刚度首先取决于其材料的弹性模量 E，又与该工件的形状和尺寸(如截面积)有关，因此工件刚度代表了工件产生单位弹性变形所需的载荷大小。刚度的对立面是挠度，即外力作用下工件产生的弹性变形量。设计与选材中刚度之所以重要，至少有以下的原因：①它与稳态挠度有关(如镗床的镗杆)；②它与弹性能的储存有关(如弹簧等弹性元件)；③它与失稳引起的不能正常工作有关(如薄壁件扭曲、细长压杆屈曲)，故必须考虑影响刚度的因素。

2. 影响因素　表 1-1 列举了各类主要材料的室温弹性模量 E 值(即材料刚度)。由表可见，不同材料的刚度差异很明显，陶瓷材料的刚度最大，金属材料与复合材料次之，而高分子材料最低。在常用的金属材料中，钢铁材料(Fe 基合金)最好，铜及铜合金次之(为钢铁材料的 2/3 左右)，铝及铝合金最差(为钢铁材料的 1/3 左右)。

表 1-1　各类主要材料的室温弹性模量 E　(单位:10^4MPa)

<table>
<tr><th colspan="2">材　料</th><th>E</th><th colspan="2">材　料</th><th>E</th></tr>
<tr><td rowspan="3">陶瓷材料</td><td>金刚石</td><td>102</td><td rowspan="3">复合材料</td><td>碳纤维复合材料</td><td>7 ~ 20</td></tr>
<tr><td>硬质合金</td><td>41 ~ 55</td><td>玻璃纤维复合材料</td><td>0.7 ~ 4.6</td></tr>
<tr><td>Al_2O_3</td><td>40</td><td>木材(纵向)</td><td>0.9 ~ 1.7</td></tr>
<tr><td rowspan="4">金属材料</td><td>钢(碳钢、合金钢)</td><td>20 ~ 21.4</td><td rowspan="4">高分子材料</td><td>聚酯塑料</td><td>0.1 ~ 0.5</td></tr>
<tr><td>铸铁</td><td>17.3 ~ 19.4</td><td>尼龙</td><td>0.2 ~ 0.4</td></tr>
<tr><td>铜及铜合金</td><td>10.5 ~ 15.3</td><td>橡胶</td><td>0.001 ~ 0.01</td></tr>
<tr><td>铝及铝合金</td><td>7.0 ~ 8.1</td><td>聚氯乙烯</td><td>0.0003 ~ 0.001</td></tr>
</table>

对应用最广的金属材料而言，其弹性模量 E(刚度)主要决定于基体金属的性质。当基体金属确定时，难于通过合金化、热处理、冷热加工等方法使之改变，即 E 是结构不敏感性参数。如钢铁材料是 Fe 基合金，不论其成分和组织结构如何变化，室温下的 E 值均在 $(20 \sim 21.4) \times 10^4$MPa 范围之内。而陶瓷材料、高分子材料、复合材料的弹性模量对其成分和组织结构是敏感的，可通过不同的方法使其改变。

三、弹性

材料的弹性是用来描述在外力作用下材料发生弹性行为的综合性能指标。比

例极限 σ_p、弹性极限 σ_e 和弹性模量 E 等在一定程度上均可用来说明材料的弹性性能。但作为弹性元件(如各种弹簧)的材料，最直接的弹性性能指标尚有以下几个必须予以考虑。

1. 最大弹性应变量 ε_e　ε_e 是材料在外力作用下所能发生的最大可恢复应变量，即弹性变形能力。它对应于弹性极限 σ_e 时的弹性应变量，其数值 $\varepsilon_e = \sigma_e / E$，可见，高弹性极限、低弹性模量的材料具有较好的弹性。高分子材料的 E 值均很低，ε_e 值虽较大，但它却不是工程上最好的弹性元件材料，这说明 ε_e 尚不是最合适的弹性性能指标。

2. 弹性比功　弹性比功是材料吸收变形功而不发生永久变形的能力，即弹性变形时吸收的最大弹性功。它可用应力-应变曲线中弹性变形部分所围成的面积(图 1-2a 中阴影部分)来表示，即弹性比功 $= \sigma_e \varepsilon_e / 2 = \sigma_e^2 / (2E)$。可见，提高材料的弹性极限 σ_e 或降低弹性模量 E，弹性比功值就提高，即材料的弹性就越好。应注意的是，由于 σ_e 是二次方，故提高 σ_e 对改善材料弹性的作用更明显。

在实际工作中的弹簧，其主要作用是缓冲、减振和储能传递力，故要求它既应有较高的弹性以吸收大量的弹性变形功，又不允许发生塑性变形。虽然较低的弹性模量 E 对提高弹性有利，但这类材料(如高分子材料、低熔点金属)的弹性极限也很低，因此工程上所用弹簧一般选用弹性模量和弹性极限均高的材料(如钢)来制造。在某些仪表上常用的青铜(如铍青铜)既具有较高的弹性极限 σ_e，又具有较小的弹性模量 E，加之具有顺磁性和耐蚀性等特点，因而也是一种较佳的弹簧材料。

3. 滞弹性(弹性滞后)　理想的弹性材料在加载时立即产生弹性变形，卸载后立即恢复变形，两者是完全同步的。但实际工程材料如金属，特别是高分子材料，加载时应变不立即达到平衡值，卸载时变形也不立即恢复，这种应变滞后于

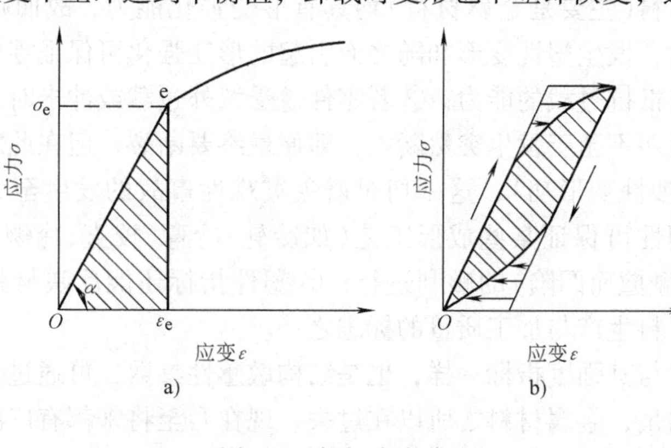

图 1-2　应力-应变曲线

a）弹性比功　b）滞弹性行为

应力的现象，即称为滞弹性或弹性滞后。它可用应力-应变曲线上弹性滞后环的面积来表示(图1-2b中阴影部分)。

材料的滞弹性具有重要的实际应用意义，对于受振动且要求减振的零件，如机床床身和汽轮机叶片，要求其材料具有良好的减振性。因此，机床床身可用灰铸铁制造，汽轮机叶片则采用Cr13型钢制造。而对仪表上的传感元件和音响上的音叉、簧片等，则不希望有滞弹性出现，故在选材时应注意。

四、塑性

1. 概念　塑性是指材料在外力作用下产生塑性变形而不破坏的能力，即材料断裂前发生不可逆永久变形的能力，如在拉压、扭转、弯曲等外力作用下所产生的伸缩、扭曲、弯曲等都可用来表示材料的塑性。但材料的塑性一般是在静拉伸试验中测定的，常用试样拉断后的伸长程度(断后伸长率δ)和断面的收缩程度(断面收缩率ψ)来表示。由于断后伸长率δ测定较方便，故工程上应用较广。但考虑到材料塑性变形时可能有缩颈行为，故断面收缩率ψ能较真实地反映材料的塑性好坏。

有缩颈行为的材料，缩颈前发生的为均匀塑性变形，这对塑性加工(如挤压、拉深成形等)的顺利进行具有重要的意义。在缩颈点，材料承载达到极限，均匀塑性变形量为极大。

2. 塑性指标的应用意义　虽然材料的塑性指标一般不直接用于机械设计计算，但设计师往往要对所用材料提出一定的塑性要求，这是因为：①由于零件不可避免地存在截面过渡、沟槽、油孔及表面粗糙不平滑的现象，受到载荷作用时这些部位往往出现应力集中，故材料的塑性有保证通过此部位的局部塑性变形来起到削减应力峰、缓和应力集中的作用，从而防止零件出现未能预测的早期破坏；②大多数材料(主要是金属材料)均具有形变强化能力，故而在遭受不可避免的偶然过载时，发生塑性变形和随之而引起的形变强化可保证零件的安全以避免断裂，即具有抵抗过载的能力；③若零件遭受意外过载或冲击时，零件可以发生塑性变形过渡而不至于发生突然断裂，即便最终要断裂，但在此之前也要吸收大量的能量(即塑性变形功)，这一切对避免灾难性事故的发生至为重要；④材料具有一定的塑性可保证某些成形工艺(如冷轧、冷弯、校直、冷铆)和修复工艺(如汽车外壳受碰撞而凹陷)的顺利进行；⑤塑性指标还能反映材料的冶金质量的好坏，故是材料生产与加工质量的标志之一。

材料的塑性与其强度指标一样，也是结构敏感性参数，可通过各种方法改变之。顺便指出的是，金属材料之所以在过去、现在乃至将来都有广泛的应用，其主要原因之一并不是它的强度，而恰恰在于其良好的塑性。

五、硬度

硬度是反映材料软硬程度的一种性能指标，它表示材料表面局部区域内抵抗变形，特别是塑性变形、压痕或划痕的能力，是表征材料性能的一个综合参量。测定硬度的试验方法有十多种，但基本上均可分为压入法和刻划法两大类，其中压入法较为常用。

硬度试验至少有以下优点，从而导致了它在生产和研究中的广泛应用：①设备简单，操做迅速方便；②试验时一般不破坏成品零件而无需加工专门的试样，试验对象可以是各类工程材料和各种尺寸的零件；③硬度作为一种综合的性能参量，与其他力学性能如强度、塑性、耐磨性之间的关系密切，由此可按硬度来估算强度而免作复杂的拉伸试验；④材料的硬度还与其工艺性能之间有联系，如塑性加工性能、切削加工性能和焊接性能等，可作为评定材料工艺性能的参考；⑤硬度能较敏感地反映材料的成分与组织结构的变化，故可用来检验原材料和控制冷热加工质量。

硬度依据测试压头的材料和形状尺寸不同、试验力大小差别和测试内容不同（压痕还是划痕），可分为不同的种类。

1. 布氏硬度　依据国家标准（如 GB 231/T—2002《金属布氏硬度试验》），用一定直径 D 的钢球或硬质合金球（即压头），以相应的试验力 F 压入试样表面，经规定保持时间，卸载后测量试样表面的压痕直径 d，计算出压痕球冠形表面积，进而得到所承受的平均应力值，即为布氏硬度值，记作 HB。

试验时，硬度值可据实测的 d 按已知的 F、D 值查表求得。当压头为淬火钢球时用 HBS 表示，适用于布氏硬度低于 450HBS 以下的材料，如 230HBS；当压头为硬质合金球时用 HBW 表示，适用于布氏硬度在 450 ~ 650HBW 的材料，如 550HBW。

布氏硬度试验要点有二：①根据材料软硬和工件厚度不同，正确选择试验力 F 和压头直径 D，为使同一材料用不同的 F、D 测得的 HB 值相同，应使 F/D^2 为常数；②为保证测试的 HB 值的准确性，要求压痕直径 d 与压头直径 D 的比值在一定范围内（一般 $0.2D < d < 0.5D$），方可以认为是可靠的数据。

布氏硬度试验的优点是因压痕面积大、测量结果误差小，且与强度之间有较好的对应关系，故有代表性和重复性。但同时也因此而不适宜于成品零件及薄而小的零件，此外，还因测试过程相对较费事，故也不适于大批量生产的零件检验。

2. 洛氏硬度　洛氏硬度的测试原理、方法与条件见相关标准。它也是采用一定规格的压头，在一定试验力作用下压入试样表面，然后测定压痕的深度来计算并表示其硬度值，符号 HR。

为测定不同材料与工件的硬度，采用不同的压头（材料与形状尺寸）和试验力组合可获得不同的洛氏硬度标尺，每一种标尺用一个字母写在硬度符号HR之后，其中HRA、HRB、HRC最常用。试验时HR值直接由硬度计的度盘上读出，其数字置于HR之前，如60HRC。常用洛氏硬度标尺的试验条件与应用范围见表1-2。

表1-2　常用洛氏硬度标尺的试验条件与应用范围

洛氏硬度	压头类型	总试验力/N	测量范围	应用举例
HRA	120°金刚石圆锥	588.4	70～85HRA	高硬度表面、硬质合金
HRB	1.588mm淬火钢球	980.7	20～100HRB	软钢、铸铁、有色金属
HRC	120°金刚石圆锥	1471	20～67HRC	淬火回火钢

洛氏硬度的优点是操作迅速简便，压痕较小，几乎不损伤工件表面，故而应用最广。但因压痕较小而代表性、重复性较差，数据分散度也较大。

3. 其他硬度　布氏硬度和洛氏硬度是两种主要的硬度指标，其中又以洛氏硬度应用最广。为了测试一些特殊对象的硬度，工程上还有一些其他硬度试验方法。

（1）维氏硬度和显微硬度。前者主要用于薄工件或薄表面硬化层的硬度测试，后者用于材料微区硬度（如单个晶粒、夹杂物、某种组成相等）的测试，均参照GB/T 4340—1999《金属维氏硬度试验》进行。

（2）莫氏硬度。这是一种刻划硬度，用于陶瓷和矿物的硬度测定，该硬度的标尺是选定十种不同的矿物，从软到硬将莫氏硬度分为十级，如金刚石硬度对应于莫氏硬度10级。

（3）锉刀硬度。适合于大型零件硬度测定，可参照GB/T 13321—1991《钢铁硬度锉刀检验方法》进行。

由于各种硬度的试验条件不同，故相互间无理论换算关系。但通过实践发现，在一定条件下存在着某种粗略的经验换算关系。如在200～600HBS（HBW）内，HRC≈1/10HBS（HBW）；在小于450HBS时，HBS≈HV。这为设计选材与质量控制提供了一定的方便。

六、韧性

前已述及，材料的强度是变形和断裂的抗力，而塑性是断裂前的变形能力。材料的韧性则是指材料在塑性变形和断裂前吸收变形能量的能力，它是材料强度和塑性的综合表现。韧性不足可用其反义词——脆性来表达。韧性不足即是说不需要大的力或能量就可使材料发生断裂。材料的韧性高低决定了材料的断裂类型——延性断裂和脆性断裂，低韧性的材料易于发生脆性断裂而危害性极大，如压力容器和大型锅炉的爆炸、船舶脆断沉没、电站设备转子与叶片的飞断等。评定材料韧性的力学性能指标主要有冲击韧度和断裂韧度。

（一）冲击韧度

1. 概念　许多零件在工作时常受到加载速率极高的载荷——冲击载荷的作用，如汽车急刹车或在不平道路上行驶、飞机起降、锻压设备的锻冲等。高速加载下材料的应变速率也随之提高，材料变脆倾向加大，冲击韧度就是用来评价材料在冲击载荷下（多数情况下还有缺口联合作用）的脆化趋势及其程度的。它是指材料在冲击加载下吸收塑性变形功和断裂功的能力，常用标准试样的冲击吸收功 A_K 除以断裂面截面积来表示（单位 J/cm^2），称为冲击韧度，记作 a_K。

2. 应用意义　冲击韧度 a_K 是一个成分结构极敏感性参数，在生产与研究上得到了较广泛的应用，并积累了丰富的数据和资料。首先，冲击韧度反映了材料的冶金质量和各种热加工工艺质量，如疏松、气孔、夹杂物、晶界氧化与晶粒粗大、锻造与焊接裂纹、回火脆性、冷脆与热脆等，用以检验和控制工艺与产品质量。其次，它还可以用来反映材料对一次或少数次大能量冲击破坏的能力，并评定在此工作条件下材料对缺口的敏感性。另外，冲击韧度试验可以评定材料的冷脆性。

材料的韧性均有随温度下降而降低的趋势（即冷脆性），但不同的材料下降程度不一样。如绝大多数面心立方金属（如奥氏体不锈钢、铜及合金）和密排六方金属，其 $a_K(A_K)$ 在很宽的工程应用温度范围内都稳定地保持着较高的值，故其冷脆性一般不予考虑；而对高强度材料（$\sigma_{0.2} > E/150$），其冲击韧度值原本就很低，只要有缺陷存在，在冲击条件下总是发生脆断，考虑冷脆性的意义也不大；只有低、中强度的体心立方金属（如正火钢、调质钢），它们在较高温度下的冲击韧度较大，表现出延性断裂；而在较低温度下韧性较差，表现出脆性断裂，具有明显的冷脆性（图 1-3）。系列冲击试验可以用评定材料在不同温度下的韧性好坏，更重要的是可以发现材料由韧性状态转变为脆性状态的临界温度，即韧脆转变温度 T_K，它也是设计选材时应考虑的一个性能指标，T_K 和韧性状态下的冲击吸收功 A_K 结合起来才能全面而真实地反映材料的韧性好坏。

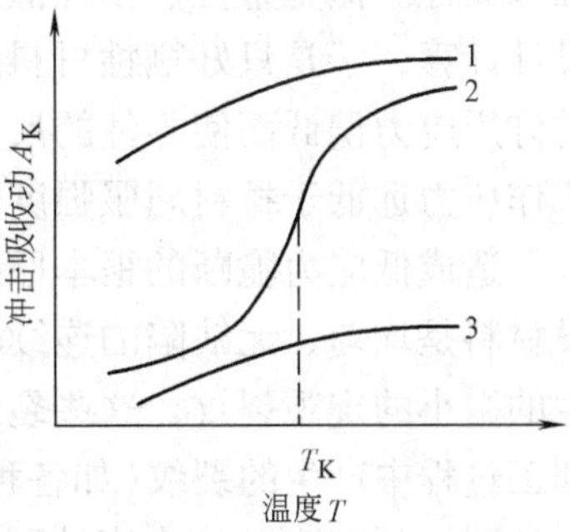

图 1-3　三类不同冷脆倾向的材料

1—面心立方金属

2—中低强度体心立方金属

3—高强度材料

3. 局限性　冲击韧度 a_K 的测定较简单，但也有许多不足之处，如一般只用来评定中低强度钢的韧性，其数据不能直接用来进行设计计算等，最主要的不足是它仅反映材料在一次大能量冲击加载条件下的抵抗变形与断裂的能力。在工程实际中许多机械零件承受的均是小能量的多次冲击载荷，如锻锤的锤杆、凿岩机的活塞等，材料抵抗小能量多次冲击载荷而不破坏的能力简称为多冲抗力，它是通过多次重复冲击试验来测定的。20 世纪 50 ~ 60 年代期间，我国沿袭了原苏联的设计规范：为防止灾难性的脆性破坏，过分地强调了塑性、韧性(即 A_K、a_K)的作用，而牺牲了材料的使用强度，导致材料的性能潜力无法充分发挥，机件寿命不长。多次冲击抗力的研究成果表明：①强度和韧性不同的两种材料在其冲击能量 A 和冲击破断次数 N(即寿命)的 A-N 曲线上必然存在着交点 K，如图 1-4 所示，即在较高冲击能量下，多冲抗力取决于材料的韧性——低强度高韧性材料表现出较高的冲击寿命 N；而在交点 K 右下方，即在较低的冲击能量下多冲抗力取决于材料的强度——高强度低韧性材料表现出较长的冲击寿命；②材料的小能量多冲抗力是以强度为主，塑性、韧性为辅的综合性能指标，在强韧性处于最佳配合状态时多冲抗力最高；③材料的冲击韧度对多冲抗力的影响与其强度水平有关，在低中强度范围内冲击韧度的提高对多冲抗力影响不大(因其韧性已足够)，而在高强度范围内(如 σ_b >1300MPa)，改善韧性对多冲抗力的提高将产生有利影响。

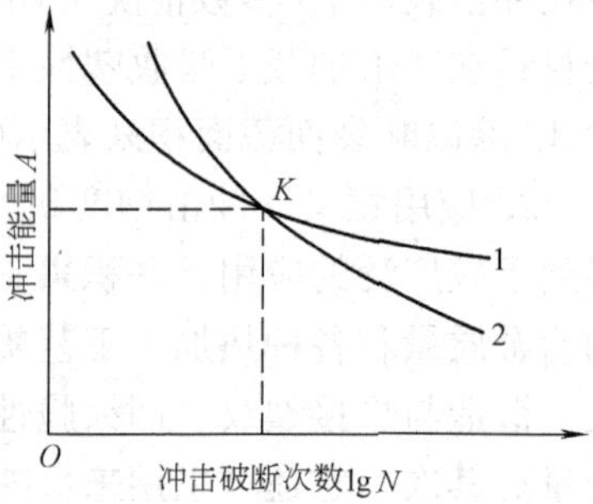

图 1-4　不同材料多冲抗力

1—高强度低韧性材料

2—低强度高韧性材料

(二) 断裂韧度

1. 概念　零件的断裂(尤其是脆性断裂)是最有危害性的。为防止断裂，传统的工程设计方法是：一方面要求零件的最大工作应力 σ 小于材料的许用应力 $[\sigma]$，通常 $[\sigma] \leqslant \sigma_{0.2}/n$，($n$ 为安全系数)；另一方面又要求材料具有足够的塑性和韧性。但是塑性、韧性值到底有多大，却只能凭经验选定而无法进行定量的设计计算，于是只好牺牲材料的强度将塑性、韧性值取得大一些，这将导致材料的许用应力偏低而使零件的尺寸与质量增加。即便是这样，工程上还是经常发生工作应力远低于材料屈服强度的脆性断裂——低应力脆断。

造成低应力脆断的根本原因是传统的工程设计以材料力学为基础所致，即假设材料是均匀、无缺陷的连续体。先进的断裂力学认为：材料中存在着既存或后生的微小的宏观裂纹，这些裂纹可能是原材料生产过程中的冶金缺陷，也可能是加工过程中产生的裂纹(如各种热处理裂纹、焊接裂纹等)，或是在使用过程中发生的裂纹(如疲劳、应力腐蚀裂纹)。于是产生了一个新的评定材料抵抗脆性断裂的力学性能指标——断裂韧度，它表征了材料抵抗裂纹失稳扩展的能力。

断裂力学表明：裂纹体受力时，其裂纹尖端附近的实际应力值取决于零件上所施加的名义工作应力 σ、其内的裂纹长度 a 及与距裂纹尖端的距离等因素，为了表征裂纹尖端所形成的应力场的强弱程度，引入了应力场强度因子 K_I

的概念：

$$K_I = Y\sigma a^{1/2}$$

式中，Y 为零件中裂纹的几何形状因子。K_I（单位 $MPa \cdot m^{1/2}$ 或 $MN \cdot m^{-3/2}$）值越大，表明裂纹尖端的应力场越强。当 K_I 达到某一临界值 K_{IC} 时，零件内裂纹将发生快速失稳扩展而出现低应力脆性断裂；而 $K_I < K_{IC}$ 时，零件在设计寿命内安全可靠。K_{IC} 即称为断裂韧度，可依照 GB/T 4161—1984 的规定进行测试。表 1-3 列举了部分工程材料的室温断裂韧度值，可以发现，金属材料的 K_{IC} 值最高，复合材料次之，高分子材料和陶瓷材料最低。

表 1-3　常见工程材料的断裂韧度 K_{IC} 值　（单位：$MN \cdot m^{-3/2}$）

材料		K_{IC}	材料		K_{IC}
金属材料	塑性纯金属（Cu、Ni）	100 ~ 350	高分子材料	聚苯乙烯	2
	低碳钢	140		尼龙	3
	高强度钢	50 ~ 154		聚碳酸酯	1.0 ~ 2.6
	铝合金	23 ~ 45		聚丙烯	3
	铸铁	6 ~ 20		环氧树脂	0.3 ~ 0.5
复合材料	玻璃纤维（环氧树脂基体）	42 ~ 60	陶瓷材料	Co/WC 金属陶瓷	14 ~ 16
	碳纤维增强聚合物	32 ~ 45		SiC	3
	普通木材（横向）	11 ~ 13		苏打玻璃	0.7 ~ 0.8

2. 应用意义　根据 $K_I = Y\sigma a^{1/2} \geqslant K_{IC}$ 的临界断裂判据可知，为使零件不发生脆断，设计者可以控制三个参数：即材料的断裂韧度 K_{IC}、名义工作应力 σ 和零件内的裂纹长度 a，它们之间的定量关系能直接用于设计计算，可以解决以下三方面的工程实际问题：

1）根据零件的实际名义工作应力 σ 和其内可能的裂纹尺寸 a，确定材料应有的断裂韧度 K_{IC}，为正确选材提供依据。

2）根据零件所使用的材料断裂韧度 K_{IC} 及已探伤出的零件内存在的裂纹尺寸 a，确定零件的临界断裂应力 σ_C，为零件最大承载能力设计提供依据。

3）根据已知材料的断裂韧度 K_{IC} 和零件的实际工作应力 σ，估算断裂时的临界裂纹长度 a_C，为零件的裂纹探伤提供依据。

零件的冲击韧度和断裂韧度首先取决于其材料的内因（成分组织结构），其次还受零件使用时的外部因素的影响，如工作温度和环境介质。

七、疲劳性能

1. 疲劳基本概念　许多零件如弹簧、齿轮、曲轴、连杆等都是在交变载荷

(应力)作用下工作的。所谓交变载荷是指其大小、方向均随时间发生周期性的循环变化，故又称循环载荷。描述它的参数有：最大应力 σ_{max}，最小应力 σ_{min}，应力幅 $\sigma_a=(\sigma_{max}-\sigma_{min})/2$，应力比 $r=\sigma_{min}/\sigma_{max}$ 等。零件在这种交变载荷下经较长时间工作而发生断裂的现象便称为疲劳断裂。据统计，在机械零件的断裂中，80% 以上属于疲劳，故材料的疲劳性能有着极其重要的意义。

疲劳断裂属于低应力脆断，它有如下特点：①断裂时的应力远低于材料静载下的抗拉强度，甚至低于屈服强度；②断裂前无论是韧性材料还是脆性材料均无明显的塑性变形，是一种无预兆的、突然发生的脆性断裂，故而危险性极大。

2. 疲劳基本过程　从疲劳断口上一般均能发现三个典型区域，即裂纹萌生区(裂纹源)、裂纹扩展区和最后断裂区，如图 1-5 所示。因此，疲劳过程也可由三个基本阶段组成：

(1) 裂纹萌生。由于材料本身均带有各种既存在缺陷(如气孔、夹杂物等冶金缺陷，刀痕，铸、锻、焊、磨削裂纹，热处理裂纹等加工缺陷)，或因零件结构设计而存在的键槽、油孔、截面变化等原因，使零件受力时局部区域产生应力集中，且易在这些区域萌生裂纹，即疲劳裂纹源区，对应的为裂纹萌生寿命。

(2) 裂纹扩展。疲劳裂纹形成后，在交变应力作用下将继续扩展长大，即出现裂纹扩展区，裂纹能否扩展及其扩展速度决定了该阶段寿命(裂纹扩展寿命)。

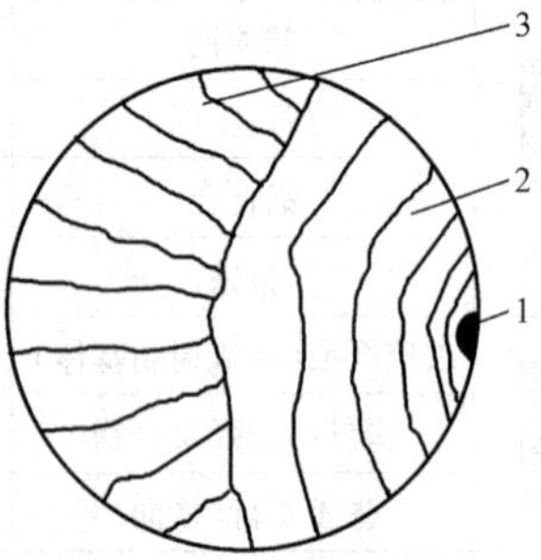

图 1-5　疲劳断口示意图
1—裂纹源　2—裂纹扩展区
3—最后断裂区

(3) 最后断裂。随着疲劳裂纹不断扩展，零件的有效承载截面逐渐减小，因而应力或裂纹应力场强度因子 K_I 不断增加，当其达到材料的断裂强度或断裂韧度 K_{IC} 时，即发生快速断裂。

3. 疲劳抗力指标　为了防止疲劳断裂，必须正确理解和确定疲劳抗力指标，而疲劳类型不同则其疲劳抗力指标也不一样。当零件受到的工作应力远低于材料的 σ_s，则主要发生弹性应变 ε_e，断裂前的载荷循环次数 N 较高(一般 $N>10^5$)，此即为应力疲劳或高周疲劳，这是最主要的疲劳，其疲劳抗力主要取决于材料的强度；若零件受到的工作应力接近或略超过材料的 σ_s，则发生的总应变 $\varepsilon=\varepsilon_e+\varepsilon_P$($\varepsilon_P$ 为塑性应变)，断裂前的载荷循环周次较低($N<10^5$)，此即为应变疲劳或低周疲劳，其疲劳抗力则主要依赖于材料的塑性。用以评定材料疲劳性能的疲劳抗力指标很多，主要有疲劳极限(或疲劳强度)。

表 1-4 列举了部分工程材料的疲劳极限 σ_{-1} 值(应力比 $r=-1$ 时的疲劳极限)。可见，高分子材料与陶瓷材料的疲劳极限很低，故不宜用于制造承受疲劳

载荷的零件；金属材料疲劳极限最高，故抗疲劳的零件大多采用金属材料制成；复合材料也有较好的抗疲劳性能，也将越来越多地被用于抗疲劳构件。

表 1-4 部分工程材料疲劳极限 σ_{-1} (MPa)

材料	σ_{-1}	材料	σ_{-1}
45 钢(正火)	280	2A12(时效)	140
40CrNiMo 钢(调质)	540	ZQSn10—1	280
GCr15 轴承钢	560	聚乙烯	12
超高强度钢	800 ~ 900	聚碳酸酯	10 ~ 12
HT400(灰铸铁)	50	尼龙 66	14
QT700—2(球铁)	200	玻璃纤维复合材料	90 ~ 120

4. 影响疲劳极限的因素　疲劳极限是一个组织结构(内因)极敏感的参数，并受到各种使用条件的影响。

(1) 材料本质。材料的成分与组织结构不同，其疲劳极限有着极大的差异。大量的试验表明：光滑试样的疲劳极限 σ_{-1} 与其抗拉强度 σ_b 之间有一定的经验关系，如

$$\sigma_{-1} \approx K\sigma_b$$

式中，系数 K 取决于材料本身：对中、低强度钢($\sigma_b < 1400$MPa)，$K = 0.5$；灰铸铁 $K = 0.42$；球墨铸铁 $K = 0.48$；铜合金 $K = 0.35 \sim 0.4$；对高强度钢($\sigma_b >$ 1300 ~ 1400MPa)，材料的 σ_{-1} 不再随 σ_b 的提高而提高，甚至会稍有降低。

当材料的基本成分和组织一定时，其纯度和夹杂物对疲劳性能还有显著影响。夹杂物可成为疲劳裂纹源，导致材料的疲劳极限降低，如采用普通电炉冶炼和真空冶炼的 40CrNiMo 钢，其疲劳极限 σ_{-1} 值分别为 630MPa 和 790MPa，故要求疲劳抗力高的零件，其材料应采用精炼措施以提高纯度和减少夹杂物量。

(2) 零件表面强化处理。疲劳裂纹源大多起始于零件的表面与次表面，这对承受交变弯曲载荷或扭转载荷的零件尤为如此(因为此类零件表面应力最大)。通过各种表面强化处理，如表面形变强化(喷丸、滚压等)和表面热处理(表面淬火)与表面化学热处理(渗碳、渗氮等)，不仅改善了表层组织结构性能，而且还获得了有利的残余压应力分布，故而可显著提高疲劳极限与疲劳寿命。如发动机曲轴经表面渗氮处理后疲劳极限提高 30% ~ 40%，若其轴颈采用滚压强化后疲劳极限提高了近 1 倍左右。

(3) 零件表面状况。零件表面的加工缺陷(如各种冷、热加工裂纹，刀痕，碰伤等)及结构设计所要求的油孔、键槽、截面变化处，均造成了明显的应力集中并使疲劳裂纹易于在这些部位萌生，从而大大地降低了疲劳极限。零件的疲劳极限对其表面状况(统称为缺口)极为敏感，且材料的强度越高，其敏感程度就越

大，因此高强度材料制作的零件应特别注意其表面状况（如表面粗糙度、缺口的存在等）。顺便提及的是，本身带有裂纹的零件及灰铸铁件的疲劳极限对缺口的敏感性较小，故其对表面加工质量的要求可以适当降低。

（4）载荷类型。同一种材料制作的零件承受的载荷类型不同，因其应力状态发生变化，故其疲劳极限也不一样。

（5）工作温度。温度升高，材料的屈服强度 σ_s 与抗拉强度 σ_b 降低，疲劳裂纹容易萌生和扩展，故降低了疲劳极限与疲劳寿命；反之，当温度下降时，材料的 σ_s、σ_b 均提高，故疲劳极限也升高，但缺口敏感性亦增加，甚至出现冷脆性。

（6）腐蚀介质。零件在腐蚀性的环境介质中（如酸、碱、盐及水溶液，海水、潮湿空气等）工作时，其表面的腐蚀坑将成为疲劳裂纹源，从而使材料的疲劳性能明显降低；此时材料的疲劳极限与其抗拉强度之间的线性经验关系已不存在，如碳钢和低合金钢在水中的疲劳极限几乎相等，但高合金钢（如不锈钢）因耐蚀性优良，腐蚀疲劳极限则较高。应重视的是：表面强化处理能有效地提高材料的腐蚀疲劳极限。

八、耐磨性

零件在接触状态下发生相对运动时，其接触面就会发生摩擦现象，如轴与轴承、活塞环与气缸内壁、碎石机颚板与石头等。由两零件因摩擦而引起的表面材料逐渐损伤（表现为表面尺寸变化和物质耗损）的现象即叫做磨损。摩擦力 F 的大小取决于两接触材料间的摩擦系数 μ 和接触面上作用的法向载荷 N，即 $F=\mu N$，降低摩擦力是减轻磨损的最根本思路之一。

1. 磨损的主要类型与机理　依照分类标准的不同，磨损的类型很多，最常用的是按磨损机理不同进行分类，即粘着磨损、磨粒磨损和接触疲劳磨损等。由于目前对摩擦的起因较统一的认识是：其一为接触表面的粘着；其二是硬凸物在接触表面的微切削，故这里主要讨论粘着磨损和磨粒磨损。

（1）粘着磨损。它是指在摩擦副接触面上局部发生金属粘着，而这些粘着点的强度往往大于金属本身强度，在随后的相对运动时，发生的破坏将出现在强度较低的地方，有金属磨屑从表面被拉下来或零件表面被擦伤的磨损形式。由此可见，因摩擦副表面凹凸不平，当相互接触时实际接触面积很小，故接触压应力很大，足以超过材料的屈服强度而发生塑性变形，并使接触部分表面的润滑油膜、氧化膜被挤破而使两金属表面直接接触，发生冷焊粘着。若相对运动的力足够大，则有金属磨屑从零件表面被拉下来或零件表面被擦伤；若相对运动的力较小，将使摩擦副咬死而不能发生相对运动，故又称为咬合磨损。

粘着磨损一般发生在滑动摩擦条件下，当零件表面缺乏润滑和缺乏氧化膜、相对滑动速度很小(如对钢 $<1m/s$)、接触压力较大时，力学性能相差不大的两种金属(尤其是低硬度材料)之间最常见。磨损速度很快，约为 10～15μm/h。

(2) 磨粒磨损。它是指滑动摩擦时，在零件表面摩擦区内存在硬质磨粒(外界进入的磨料或表面剥落的磨屑)使磨面发生局部塑性变形、磨料嵌入和被磨料切割等过程(即所谓犁切模型或微切削模型)，以致磨面材料逐步磨耗。

磨粒磨损在各种滑动速度和接触压力下都可能产生，是普遍存在的一种磨损形式，磨损速度也较大，可达 0.5～5μm/h。如农业、矿山机械的齿轮常发生严重的磨粒磨损，任何机械若润滑油过滤不良，则其磨屑随润滑油循环又进入磨擦面，再次发生和加重磨粒磨损。

2. 提高材料耐磨性的途径　材料抵抗磨损的能力称为耐磨性，可用磨损量或相对磨损性来表示，可通过磨损试验来测定(如 GB/T 12444—1990 金属磨损试验方法)。

材料的耐磨性实际上是一对摩擦副的系统性能，它取决于两个基本因素：材料因素(包括其硬度、韧性等)和摩擦条件(包括接触压力、润滑条件等)。因此提高耐磨性的基本思路有二：其一是提高材料的硬度以增强零件表面抗变形和断裂的能力；其二是改善两接触表面的接触状态以减小摩擦。对两种主要的磨损类型，提高耐磨性的具体途径不尽相同。

(1) 粘着磨损。提高其耐磨性的具体措施有：①减小表面摩擦系数或提高材料表面硬度，采用各种表面处理如磷化、渗硫、渗碳、渗氮、表面淬火、热喷涂耐磨合金等，效果极为明显，大量的试验结果表明：耐磨性正比于材料的硬度，而反比于接触面的摩擦系数和接触压力；②减小接触压力，耐磨性随接触压力的增大而下降，当接触压应力达到或超过材料布氏硬度值的 1/3 时，磨损量急剧增加，甚至发生咬死现象，故设计时摩擦副的压应力必须小于材料布氏硬度的 1/3；③合理选配摩擦副材料，实践证明，当摩擦副材料的成分、组织与性能差异较大时，粘着磨损的程度降低；④减小表面粗糙度值以增大实际接触面积，从而降低接触压应力，但表面粗糙度值不可过小，否则将影响接触面的润滑；⑤改善润滑状况。

(2) 磨粒磨损。改善其耐磨性的具体措施有：①提高材料的硬度，可通过合理选用高硬度材料如高碳钢、耐磨铸铁、陶瓷等；也可采用表面强化处理(如表面淬火、渗碳、渗氮、热喷涂或堆焊耐磨合金等)来实现，实践表明，当材料表面硬度达到磨粒硬度的 1.3 倍时，磨粒磨损已不明显，耐磨性优良，此时若再进一步提高材料硬度对耐磨性的改善并无更明显的作用；②设计时合理采用减小接触压力的措施，工作时改进润滑油过滤装置并及时清除磨屑。

第二节 物理性能

固体材料中，由原子、离子、电子及它们之间的相互作用所反映出的物理性能，不仅对工程材料(尤其是功能材料)的选用很重要，也会对材料的加工工艺产生一定的影响，而且还是材料研究的一种手段。凝聚态物理的一些基本理论，如固体能带理论、晶格振动理论、晶体结构与缺陷理论等，是理解物理性能本质的基础。此处简介常用物理性能的一般概念。

一、密度

单位体积的物质质量称为密度ρ(单位 g/cm^3 或 t/m^3)。一般而言，金属材料具有较高的密度(如钢铁密度 $7.8t/m^3$)，陶瓷材料次之，高分子材料最低。金属材料中，密度在 $4.5t/m^3$ 之下的称为轻金属，其中铝($2.7t/m^3$)为典型代表。低密度材料对轻量化设计的零件(如航天航空、运输机械等)有重要应用意义，如铝及其合金的比刚度、比强度高，故广泛用于飞机结构件。高分子材料的密度虽小，但比刚度、比强度却最低，故应用受到限制。而复合材料因其可能达到的比刚度、比强度最高，故是一种最有前途的新型结构材料。

二、热学性能

1. 熔点　熔点 T_m 反映了材料由固态变为液态的特征温度，材料的熔点与其结合键类型及强弱有关。一般来说，晶体材料具有确定的熔点(如金属材料、陶瓷晶体材料)，而非晶体材料没有一固定熔点(如高分子材料、玻璃等)。材料的熔点对其零件的耐热、耐温性能具有重要的应用意义，如高分子材料一般不能用于耐热构件，陶瓷材料的熔点较高，常用做耐高温材料或耐热涂层使用。熔点还影响了材料的熔炼、铸造和焊接工艺。

2. 热容　材料热容定义为温度每升高 1K 所需的能量，记作 C，单位 J/K；比热容记作 c，则是指单位质量物质的热容。高分子材料具有最大的热容和比热容，如聚乙烯为 2100J/(kg·K)；陶瓷材料次之，如 MgO 为 940J/(kg·K)；金属材料较低，如钢铁材料为 450～500J/(kg·K)。材料的热容首先对其使用有重要指导意义，如蓄热材料要求其热容大，可有效地储存热能，这对大规模利用各种余热和太阳能有重要价值；而散热材料则要有较小的热容。另外材料的熔炼和焊接等工艺也受其热容大小的影响，如金属材料中的铝比热容最大(900J/(kg·K))，故熔化焊时要求热输入大的热源。

3. 热膨胀性　因温度变化而引起材料体积膨胀或收缩的现象称之为热胀冷缩，绝大多数固体材料都有此特性。表征材料热膨胀性的指标有线胀系数 α_l 和

体胀系数 α_V，对各向同性材料 $\alpha_V=3\alpha_l$。原子间结合力越大，则膨胀系数就越小。工程上陶瓷材料、金属材料和高分子材料，典型线胀系数 α_l 范围大致分别为$(0.5\sim15)\times10^{-6}K^{-1}$、$(5\sim40)\times10^{-6}K^{-1}$和$(50\sim300)\times10^{-6}K^{-1}$。

热膨胀性在工程设计、选材和加工等方面的应用很广。精密仪器及形状尺寸精度要求较高的其他零件，应选用膨胀系数小的材料制造；而用于制造热双金属片的两种材料，膨胀系数差值应较大。材料在使用或加工过程中因温度的变化所产生的不均匀热胀冷缩，将造成很大的内应力(热应力)，可能导致零件发生变形或开裂，这对导热不良的材料更为如此。不同材料的零件配合在一起时也应注意其膨胀系数的差异。

4. 导热性　热能由高温区向低温区传输的能力即称为材料的导热性。表征材料导热性能的指标为热导率(λ)，单位为W/(m·K)。一般而言，金属材料是良好的热导体，λ 为20～400W/(m·K)；而陶瓷材料 λ 为2～50W/(m·K)，高分子材料 λ 约为0.3W/(m·K)，甚至更低，则均为热的不良导体。

导热性具有重要的工程意义：从设计与选材的角度看，要求良好导热性的结构应采用金属材料；要求保温或隔热功能的结构则应选用陶瓷材料或高分子材料(如冰箱、冰库等)。此外，材料内的孔隙对其降低导热性能的影响很大，这便是多孔陶瓷或泡沫塑料已被广泛用于绝热材料的原因。材料的导热性对其冷、热加工性能也有不可忽视的影响，如材料在热加工的变温过程中会因导热性不良而引起变形或开裂现象，这对热膨胀系数大的材料更为严重。

三、电学性能

1. 电阻率 ρ　电阻率用于衡量材料的导电能力(也可用电导率表示)。固体材料依据其导电性不同，常分为四大类型：即超导体($\rho\to0$)；导电体($\rho=10^{-8}\sim10^{-5}\Omega\cdot m$)；半导体($\rho=10^{-5}\sim10^{7}\Omega\cdot m$)和绝缘体($\rho=10^{7}\sim10^{20}\Omega\cdot m$)。材料的导电性主要取决于原子结构。

2. 电阻温度系数　材料的导电能力随温度的变化而变化。一般金属材料的电阻率随温度升高而增加，即具有正电阻温度系数。某些金属材料(如Sn、Zn、Hg等)在接近热力学温度0K附近时的某一临界温度 T_c 时，电阻突然消失，此即为超导电现象。超导具有重要的理论和实际意义，它可以产生极高的磁场，输电过程几乎无能量损失(目前输电能量损失可达25%)，因此研制临界温度 T_c 较高的材料是超导实际应用的关键。

3. 介电性　能把带电导体分开并能长期经受电场作用的绝缘材料称为介电材料。表征介电性的参数有介电常数、介电强度、介质损耗等。介电材料的用途极广，如用以制造电容器介质、透波材料等。许多陶瓷材料、高分子材料都是良好的介电材料。

四、磁学性能

材料在电磁场作用下表现出来的行为称为磁性，通常有抗磁性、顺磁性、铁磁性等之分，这里简介几个表征材料磁性的主要性能指标。

1. 磁导率μ　磁导率μ(单位:H/m)表示材料在单位磁场强度的外磁场作用下材料内部的磁通量密度。相对磁导率μ_r则是指材料磁导率μ与真空磁导率μ_0之比。磁化率χ则为(μ_r-1)，磁化率极小的材料在磁场中表现出一种很弱的、非永久性的磁性，即是抗磁性的，或是顺磁性的，如Au、Ag、Cu、Al及其合金、奥氏体钢、高分子材料和部分陶瓷材料(如玻璃)等均属此种材料。而磁导率、磁化率均很大的材料(如Fe、Co、Ni)即为铁磁性材料，它在外磁场的作用下产生很强的磁化强度，外磁场除去后仍能保持较大的永久磁性。

2. 饱和磁化强度M_s和磁矫顽力H_c　铁磁性材料所能达到的最大磁化强度叫做饱和磁化强度，记作M_s。M_s越大，铁磁性越强。铁磁性材料经饱和磁化后，除去外磁场仍能保留一定程度的磁化即为剩磁现象。要使剩磁为零(即退磁)，则须加上一反向磁场H_c，此即为磁矫顽力。

材料的磁性性能对工程设计与选材具有重要的指导意义。如某些精密仪表元件要求不受地磁等各种磁场的干扰，则应选择抗磁性材料或顺磁性材料制造；反之，对磁功能材料而言，磁性性能却是关键，是基础。

第三节　化学性能

材料在生产、加工和使用时，均会与环境介质(如大气,海水,各种酸、碱、盐溶液,高温等)发生复杂的化学反应，从而使其性能恶化或功能丧失，其中腐蚀问题最为普遍且重要。据统计，在发达国家因腐蚀而造成的直接与间接经济损失可达国民收入的5%以上。

腐蚀是指材料表面与周围介质发生化学反应、电化学反应或物理溶解而引起的表面损伤现象，并分别称为化学腐蚀、电化学腐蚀和物理腐蚀三大类。其中物理腐蚀(如钢铁在液态锌中的溶解)因在工程上较少见，不甚重要，故这里主要介绍化学腐蚀和电化学腐蚀的概念与防腐措施。表1-5为化学腐蚀的一些示例。

表1-5　某些化学腐蚀示例

反应体系	侵蚀过程	示　例
固-气反应	氧化	金属、非氧化物陶瓷、高分子材料的氧化劣化
	还原	高温电极材料(MHD)的还原劣化
	蒸发	SiO_2质耐火材料的高温蒸发
	分解	高分子材料的高温分解

（续）

反应体系	侵蚀过程	示　例
固-液反应	溶解 分解、溶出	电解电容器的腐蚀，高分子材料的溶解 水泥使用中 $Ca(OH)_2$ 缓慢地被溶出
固-固反应	扩散、溶出 低熔点化合物的生成	放射性废弃物从包裹体中溶出，高分子材料的迁移 粘土耐火砖与 MgO 的反应

一、化学腐蚀

化学腐蚀是指材料与周围介质直接发生化学反应，但反应过程中不产生电流的腐蚀过程，如金属材料在干燥气体中和非电解质溶液中的腐蚀、陶瓷材料在某些介质中的腐蚀等。

除少数贵金属（如金、铂等）外，绝大多数金属在空气中（尤其是高温气体）都会发生氧化，钢铁材料的氧化是最典型、最重要的化学腐蚀代表。由于氧化膜一般均较脆，其力学性能明显低于基体金属，且氧化又导致了零件的有效承载面积下降，故氧化首先影响了零件的承载能力等使用性能；其次，热加工过程中的氧化还造成了材料的损耗。

实践表明：若氧化形成的氧化膜越致密、化学稳定性越高、与基体间结合越牢固，则该氧化膜就具有防止基体继续氧化的作用，如 Al_2O_3、Cr_2O_3、SiO_2 等；反之，FeO、Fe_2O_3、Cu_2O，则不具备此特性。因此，在钢中加 Cr、Si、Al 等元素，由于这些元素与氧的亲合力较 Fe 大，优先在钢表面生成稳定致密的 Cr_2O_3、SiO_2、Al_2O_3 等氧化膜，则可提高钢的抗氧化能力，此即为耐热钢的发展思路。铝及其合金的表面化学氧化和阳极氧化处理，也是在其表面生成氧化膜，从而使其耐蚀性提高。

二、电化学腐蚀

电化学腐蚀是指材料与电解质发生电化学反应，并伴有电流产生的腐蚀过程。陶瓷材料和高分子材料一般是绝缘体，故通常不发生电化学腐蚀，而金属材料的电化学腐蚀则极其普遍，是腐蚀研究的主要对象。

电化学腐蚀的条件是在不同金属零件之间或同一金属零件的内部各个区域之间存在着电极电位差，且它们之间是相互接触并处于相互连通的电解质中构成所谓的腐蚀电池（又称原电池）。其中电极电位较低的部分为阳极，它易于失去电子变为金属离子溶入电解质中而受到腐蚀；电极电位较高的部分为阴极，它仅发生析氢过程或电解质中的金属离子在此吸收电子而发生金属沉积过程。据此可知：原电池反应也是电解工艺和电镀工艺的理论基础。其反应式为：

阳极腐蚀(溶解)　　　　$M \rightarrow M^{n+} + ne$

阴极析出(如析氢)　　　$2H^{+} + 2e \rightarrow H_2 \uparrow$

不同的金属因电极电位不同(表1-6)，其电化学腐蚀的倾向是不同的，金属的电极电位越高(即越正)，越不易发生电化学腐蚀。若将其中任意两金属接触在一起并置于电解质中，则电极电位低的金属将被腐蚀，且两者电极电位差越大，其电化学腐蚀速度就越快。

表1-6　主要金属的标准电极电位

电极反应	25℃标准电位/V	电极反应	25℃标准电位/V
$Au^{3+} + 3e^{-} \rightarrow Au$	1.500	$Cr^{3+} + 3e^{-} \rightarrow Cr$	-0.740
$Pd^{2+} + 2e^{-} \rightarrow Pd$	0.987	$Cr^{2+} + 2e^{-} \rightarrow Cr$	-0.910
$Ag^{+} + e^{-} \rightarrow Ag$	0.800	$Zn^{2+} + 2e^{-} \rightarrow Zn$	-0.763
$Cu^{+} + e^{-} \rightarrow Cu$	0.521	$Mn^{2+} + 2e^{-} \rightarrow Mn$	-1.180
$Cu^{2+} + 2e^{-} \rightarrow Cu$	0.337	$Zr^{4+} + 4e^{-} \rightarrow Zr$	-1.530
$2H^{+} + 2e^{-} \rightarrow H_2$	0(参比)	$Ti^{2+} + 2e^{-} \rightarrow Ti$	-1.630
$Pb^{2+} + 2e^{-} \rightarrow Pb$	-0.126	$Al^{3+} + 3e^{-} \rightarrow Al$	-1.660
$Sn^{2+} + 2e^{-} \rightarrow Sn$	-0.136	$Be^{2+} + 2e^{-} \rightarrow Be$	-1.850
$Ni^{2+} + 2e^{-} \rightarrow Ni$	-0.250	$Mg^{2+} + 2e^{-} \rightarrow Mg$	-2.370
$Co^{2+} + 2e^{-} \rightarrow Co$	-0.277	$Na^{+} + e^{-} \rightarrow Na$	-2.710
$Cd^{2+} + 2e^{-} \rightarrow Cd$	-0.403	$K^{+} + e^{-} \rightarrow K$	-2.930
$Fe^{2+} + 2e^{-} \rightarrow Fe$	-0.440	$Li^{+} + e^{-} \rightarrow Li$	-3.050

三、提高零件耐蚀性的主要措施

提高零件耐蚀性的基本思路涉及四方面：材料、处理(尤其是表面处理)、结构设计及环境介质控制等。

(1) 提高零件耐化学腐蚀性(主要指抗氧化性)的措施有：①选择抗氧化材料如耐热钢、耐热铸铁、耐热合金、陶瓷材料等，如发动机排气阀采用4Cr9Si2耐热钢制造；②表面处理如表面镀层、表面涂层(热喷涂铝、陶瓷等)，如工业加热炉的炉底辊采用喷涂ZrO_2陶瓷涂层，可耐900℃以上的高温氧化。

(2) 提高耐电化学腐蚀的措施有：①选择耐蚀材料如不锈钢、铜合金、陶瓷材料、高分子材料等；②表面处理如镀层(Ni、Cr)、热喷涂陶瓷、喷涂塑料与涂料等，典型的如自行车零件镀Cr；③电化学保护如采用牺牲阳极保护法，可在轮船体外挂Zn块；④加缓蚀剂以降低电解质的电解能力，如在含氧水中加入少量重铬酸钾等。

小 结

材料的使用性能包括力学性能、物理性能和化学性能。它们大多可用一定的指标表示，并可依照标准通过试验测定，所获得的数据在实际使用时要考虑材料的具体应用条件和环境。

拉伸试验是最重要的力学性能测试方法，可确定材料的屈服强度、强度极限、塑性及刚性等；硬度试验简单易行，且还可与其他力学性能建立联系，故硬度是工程上最常用的力学性能指标；疲劳性能和断裂韧度是两种较先进的力学性能指标，它们较接近实际材料的工作状态，但其测试较复杂，数据还不完善。

材料的物理性能不仅对工程材料的选用有着重要的意义，而且是功能材料的基础，也会对材料的加工工艺产生影响。比较常见重要的物理性能指标有：密度、熔点、电性能(如电导率)、磁性能(如磁导率)、热学性能(如热导率)等。

材料的化学性能是环境介质对材料作用的主要表现，其中腐蚀问题最为普遍、重要，工程上主要关注化学腐蚀和电化学腐蚀，应重视表面工程技术对材料防腐的有效作用。

习 题

1-1 某室温下使用的一紧固螺栓在工作时发现紧固力下降，试分析材料的何种性能指标没有达到要求？提出主要的可能解决措施。

1-2 假设塑性变形时材料体积不变，那么在什么情况下塑性指标 δ、ψ 之间能建立何种数学关系？

1-3 现有一碳钢制支架刚性不足，采用以下三种方法中的哪种方法可有效解决此问题？为什么？①改用合金钢；②进行热处理改性强化；③改变该支架的截面与结构形状尺寸。

1-4 对自行车座位弹簧进行设计和选材时，应涉及到材料的哪些主要性能指标？

1-5 在零件设计与选材时，如何合理选择材料的 σ_p、σ_e、$\sigma_{0.2}$、σ_b、σ_{-1} 性能指标？各举一例说明。

1-6 现有两种低强度钢在室温下测定冲击韧度，其中材料 A 的 $A_K = 80$J、材料 B 的 $A_K = 60$J，能否得出在任何情况下材料 A 的韧性高于材料 B 的结论？为什么？

1-7 在实际生产中，为什么零件设计图或工艺卡上一般是提出硬度技术要求而不是强度或塑性值？

1-8 全面说明材料的强度、硬度、塑性、韧性之间的辨证关系。

1-9 传统的强度设计采用许用应力 $[\sigma] = \sigma_{0.2}/n$，为什么不能一定保证零件的安全性？

有人说："安全系数 n 越大，零件工作时便越安全可靠。"，你怎样认识这句话？

1-10 比较冲击韧度 a_K、断裂韧度 K_{IC} 的异同点和它们用来衡量材料韧性的合理性。

1-11 一般认为铝、铜合金的耐蚀性优于普通钢铁材料，试分析在潮湿性环境下铝与铜的接触面上发生腐蚀现象的原因。

1-12 说明白炽灯的灯丝、内燃机活塞在选材时应考虑的主要使用性能。

第二章 材料的其他性能

使用性能保证了材料满足特定使用需要而具备的功能，无疑是材料最重要的性能。而材料能否容易获得规定的性能和外形(即工艺性能)、产品生产的全过程所涉及的成本问题(即经济性能)、以及材料与环境之间的交互作用(材料环境适应性和环境协调性)，也是材料行为的重要表征与判据，后两者对经济全球化、集约化及社会可持续发展尤为关键。

第一节 材料的工艺性能

材料的工艺目的在于最经济地满足产品的要求，包括材料内部的成分、组织、结构和材料外部形状、尺寸、表面质量。一般将产品分为原材料和构件(或器件、零件)两大类：材料生产的产品是原材料(如冶金厂、化工厂)；材料加工的产品是构件(如机械制造厂、塑料制品厂)。这里所谈的工艺性能则是指材料对各种加工工艺的适应能力，即加工工艺性能，它表示了材料加工的难易程度。由于工艺过程涉及到复杂的物理、化学和力学变化，故材料的工艺性能是其力学性能、物理性能和化学性能的综合。

既然材料的工艺性能代表了材料适应各种加工工艺而获得规定的性能和外形的能力。因此，一方面材料的工艺性能不仅影响到零件的性能和外观，还影响到零件的生产率和成本；另一方面，材料的工艺性能不仅取决于材料本身(即成分、组织、结构)，而且还受各种加工工艺条件的影响(如加工方式、设备、工具、温度等)。全面地掌握材料的工艺性能尚待后继课程的学习(如材料成形技术、机械制造技术等)，本课程则主要解决材料本身与其工艺性能的关系，为此，本节简单介绍几种主要加工工艺性能的基本概念。这里要指出的是：材料的工艺性能也可通过试验来测试、评定。

一、铸造性能

将熔炼好的液态材料浇注到与零件形状相适应的铸型空腔中，冷却后获得铸件的方法称为铸造。铸造性能主要包括流动性、不均匀性、收缩、疏松、铸造应力及冷热裂纹倾向等。

1. 流动性　熔融材料在型腔内的流动能力称为流动性，它主要受化学成分和浇注温度等影响。流动性好的材料容易充满型腔，从而获得外形完整、尺寸精确和轮廓清晰的铸件。

2. 不均匀性　铸件凝固后，内部化学成分和组织的不均匀现象。根据存在范围和尺度的不同，化学成分不均匀性(成分偏析)可分为宏观偏析和微观偏析。不均匀性严重的铸件各部分的力学性能有较大的差异，产品的质量降低。

3. 收缩性　是指在凝固和冷却过程中，铸件体积和尺寸减小的现象。铸件收缩不仅影响其尺寸，还会使铸件产生缩孔、疏松、内应力、变形和开裂等缺陷。因此，用于铸造的材料其收缩性越小越好。

二、锻造性能

锻造性能又称塑性加工性能或压力加工的性能，它是指利用材料的可塑性，借助外力的作用产生变形，从而获得所需形状、尺寸和一定组织性能的零件。锻造性能通常用材料的塑性(塑性变形能力)和强度(塑性变形抗力)及形变强化能力来综合衡量。塑性越好，变形抗力越小，材料的锻造性能越好。金属材料一般具有良好的塑性，故可通过各种塑性加工方法制成所需形状、尺寸的零件，这是金属材料应用最广泛的重要原因。陶瓷材料的塑性极差，不能通过塑性加工成形。热塑性塑料可经挤压和压塑成型，这与金属挤压和模压成形相似。

三、焊接性能

焊接是材料的连接成形方法之一，广泛地用于连接金属材料。材料的焊接性是指被焊材料在一定的焊接条件下获得优质焊接接头的难易程度，它包括两个主要方面：其一是焊接接头产生缺陷的倾向性(如各种焊接裂纹、气孔等)；其二是焊接接头的使用可靠性(如强度、韧性等)。

四、粘接性能

粘接也是材料的连接成形方法之一，其应用十分广泛，且重要性日益增加。评价粘接性能的主要指标是粘接强度(如抗剪强度、剥离强度)和耐久性(如耐环境介质作用)等。除粘接接头设计、粘结剂选择及固化工艺外，应特别重视材料表面处理(如脱脂、氧化、磷酸盐处理等)对粘接性能和质量的影响。不同材料的粘接性能有较大的差异，如碳钢、铝及其合金的粘接性能比不锈钢要优越。此外，被粘接的材料对粘结剂的选择性也不可忽视。

五、切削加工性能

材料进行各种切削加工(如车、铣、刨、钻、磨等)时的难易程度，称为切削加工性能。切削是一种复杂的表面层现象，牵涉到摩擦及高速弹性变形、塑性变形和断裂等过程，因此评定材料的切削加工性能也是比较复杂的，一般用材料被切削的难易程度、切削后表面粗糙度和刀具寿命等几方面来衡量。

材料的切削加工性能不仅取决于材料的化学成分，而且还受内部组织结构的影响。因此在材料化学成分确定后，通过采用热处理的方法来改变材料显微组织和力学性能，是改善材料切削加工性能的主要途径。但需指出的是，有些影响材料切削性能的物理和力学性质，如热膨胀系数、热导率、弹性模量等，是很难用改变组织的方法来改变的。改变钢的化学成分也可明显改善钢的切削性能，如易切削钢(添加了少量的S、P、Pb等元素)。

在生产中一般是以硬度作为评定材料切削加工性能的主要控制参数，硬度过高或过低均不利于切削加工。实践证明：当材料的硬度在180～230HBS范围内时，切削加工性能良好。表2-1是几种常见金属材料的切削加工性能比较。

陶瓷材料的硬度极高，难于进行切削加工，但可用于制作切削高硬度材料的刀具。

表2-1　几种常见金属材料的切削加工性能比较

等　级	材 料 类 型	切削加工性能
1	铝、镁合金	很容易加工
2	易切削钢	易加工
3	30钢正火、灰铸铁	较易加工
4	45钢	一般
5	85钢(轧材)、2Cr13不锈钢调质	较差
6	65Mn钢调质、易切削不锈钢	难加工
7	1Cr18Ni9Ti不锈钢、W18Cr4V高速钢	难加工
8	耐热合金、钴合金	很难加工

六、热处理性能

热处理是改变材料性能(使用性能和工艺性能)的主要手段，它是通过加热、保温、冷却的方法使材料在固态下的成分、组织、结构发生改变，从而获得所要求的性能的一种热加工工艺。热处理性能则是指材料热处理的难易程度和产生热处理缺陷的倾向，其衡量的指标或参数很多，如淬透性、淬硬性、耐回火性、回火脆性、氧化与脱碳倾向及热处理变形开裂倾向等，本课程将重点对此讨论。

第二节　材料的经济性能

材料的经济性能是材料科学与经济学的交叉，具体来说，应包括材料的生产(如制备合成，加工处理)、使用、维修、废弃、流通、科研、发展及规划等全过程所涉及到的经济效益，是一个复杂的系统工程概念。借助于寿命周期成本(Life cycle cost,LCC)评价技术，可全面科学地评价材料的经济性能。

一、产品的总成本分析

对产品制造者来说，产品的总成本是指可变成本与固定成本之和；但对产品的使用者来说，产品的总成本 C 应是指产品从方案构思开始，经设计、制造、使用及至报废的整个寿命周期所涉及的全部费用，即寿命周期成本。它可分为两部分：其一是产品的购入成本 C_1；其二是产品的使用成本 C_2(又称物主成本)。购入成本包括可变成本(含材料成本和制造成本)、固定成本(含管理费、研究开发费等)和制造厂利润三大部分，它随产品功能的增加而提高；使用成本则包括运行维护费、修理费、保险费和折旧费等，更先进的理念还应考虑产品废弃后可能发生的环境治理费用，在多数情况下，产品功能水平越高，使用成本将降低。

根据产品类型不同，其总成本的10%～70%可由材料成本直接贡献，其余部分仍然与材料间接相关。如电动自行车采用铅酸电池，原材料价格低廉，制造工艺较简单使其加工成本较低，故传统上售价不高；但由于铅酸电池对环境的严重污染，故必须考虑其回收处理费用。而镍氢电池没有明显的环境污染，但售价较高，这便要求材料工程技术人员要想办法降低电池材料成本与加工成本。

二、材料的经济性及影响因素

狭义上的材料经济性主要是指材料的价格成本，包括原材料的价格、材料的加工劳动消耗、材料的利用率及材料来源的丰富性等。

(一) 材料价格成本的度量

单位质量价格(成本)和单位体积价格(成本)是最常用的两种度量指标，并有着各自的适用场合。应注意的是：由于不同材料的密度差异较大，故用单位质量价格和单位体积价格表示材料成本可能会出现相反的结果。例如，当以单位质量的成本为基础进行对比时，普通钢和低合金钢的各种型材的成本并不比其他材料贵。但是，由于高分子材料的密度低，当以单位体积的成本为基础进行对比时，某些高分子材料就比普通钢和低合金钢便宜。

一般来说，工程材料的性能高，则成本也高。单位性能价格则反映了材料的性能价格比，这是材料价值工程理念的体现，是一个科学的技术经济指标。例如，在轻量化强度设计情况下，对构件的质量(甚至体积)、强度同时有要求时，采用比强度(强度/密度之比)来比较材料成本就更为实用、合理。以成本/体积/比抗拉强度为基础来比较几种工程材料可发现，很多高分子材料、混凝土、木材和镁铸件比结构钢便宜，这种比较说明尽管高分子材料的单位质量成本高，但有时还要用它代替便宜得多的钢。

（二）影响材料价格成本因素

分析影响材料价格成本因素，有利于探究降低材料成本的途径与方法。以工程上应用最广泛的金属材料为例，具体因素有：

1. 化合物的稳定性　对金属来说，含有该金属元素的化合物越稳定，则将其还原成有用金属所消耗的能量就越多，故加工成本也就越高。

2. 相对丰度　材料资源的富集程度（相对丰度）越低，提炼难度就越大。典型铁矿石含 $w_{Fe}=60\%\sim65\%$，典型的铜矿石含 $w_{Cu}=1.0\%\sim1.5\%$，典型的金矿石含 $w_{Au}=0.0001\%\sim0.001\%$。虽然从氧化物中还原铁比还原铜消耗的能量要多，但因铁有品位最高和最容易还原的矿石，所以它便宜。

3. 供求关系　经济学的基本理论认为，商品的价格由供求之间的平衡关系决定。一种新材料出现，最初通常只能少量生产，价格也高。但随着产量的增加，并与市场需求协调变化，供求关系达到平衡，就能保持价格的平稳。

4. 价格波动　当材料供应短缺时，其价格有时会因非技术原因而剧烈地波动。当制造厂必须购买价格非常不稳定的材料时，有三种基本对策，即：①加强库存管理，一般作法是价格低时增加库存，价格高时减少库存，经济繁荣时增加库存，经济衰退时期减少库存；②材料代用，例如在许多导电和导热应用中，铝可以代替铜，考虑到铝的强度不高，可用钢芯铝电缆来解决；③灵活经营，即把公司经营中某些有风险的部分转到不太敏感的其他领域。

5. 纯度的影响　金属及合金是由一定纯度的基体金属和加入所需含量的合金元素所组成，合金元素可以是纯金属，也可以是中间合金（单独制备的该元素与基体金属的含量较高的混合物，它在常规铸造条件下更易溶解和分布到熔体中）。所需基体金属的纯度将随生产的合金类型而异，如普通用途的、中等受力程度的铝合金铸件，比飞机用高强度铝合金铸件允许有较高的杂质含量。基体金属的纯度要求越高，材料也就越贵。

6. 合金化的成本　如果合金元素的成本比它要加入的基体金属高，那么这种合金必定比基体金属还要贵；反之亦然。因此，含 $w_{Ni}=9\%$ 的低温用钢的价格比低碳钢要高，而黄铜的价格则比纯铜低。还有许多其他因素，如合金用量的多少、复杂合金系中合金化时达到规定技术条件的难度等冶金复杂性，对成本也有显著影响。例如，合金中若含有少量易氧化元素，在熔化时就需要采用昂贵的熔炼工艺，以避免易氧化元素的烧损。再如，Al-5Zn-3Cu-1.5Mg 复杂的高强度沉淀强化型铝合金比 Al-4.5Mg 简单二元铝合金的冶金复杂，使其熔炼时的废品率有时会超过60%，因此这种合金就比较昂贵。

7. 期货交易价格　由于对市场供求关系变化的不同预期，期货价格与现货价格存在差额，从而也影响材料成本。对材料生产者、使用者，均应善于利用套期保值等交易手段来避免材料期货价格变化对材料成本的不利影响。

8. 数量的影响　基本材料的成本也是订货量的函数，订货量越大，单位成本就越低。即便是普通的、价格比较确定的材料，因订货量少而要付出的附加费也可能是惊人的。

第三节　材料的环境性能

材料的环境性能表征了材料与环境之间的交互作用行为，包括环境对材料（使用性能、工艺性能）的影响和材料工程对环境（环境保护、能源和资源消费）的影响两方面，前者称为材料的环境适应性，后者称为材料的环境协调性。

一、材料的环境适应性

材料一般都在大气、土壤和水等环境介质或自然介质中使用，即工况环境和自然环境。材料在与环境介质的交互作用过程中，发生能量或物质交换而失效，如金属材料的腐蚀、高分子材料的老化等。材料的环境适应性即是指材料适应其环境而抵抗失效的能力，是环境因素对材料力学性能、物理性能、化学性能乃至工艺性能的影响行为的表征。

二、材料的环境协调性

材料工业是社会与经济发展的基础，然而，在材料的制备、生产、使用及废弃的过程中消耗了大量的能源与资源，同时也造成了环境的恶化。环境协调性是指在材料工程的全过程中，资源、能源消耗少，环境污染小，再生循环利用率高等特性。同时具备较好的功能性、经济性和环境协调性的材料称为环境材料，它是人类主动考虑材料对环境的影响而开发的材料，充分体现了人类、社会、自然三者间相互和谐发展的新理念，是材料产业可持续发展的必由之路，更是社会与经济可持续发展的关键与基础。

材料的环境协调性可用寿命周期评价法（Life Cycle Assessment / Analysis，即LCA）进行评估。将评价材料从规划设计、原材料准备，到加工制造、运输安装、使用、维修、改造，直至废弃的寿命周期全过程所耗费的资源、能源以及三废排放等，进行全面的定量处理、收录汇编和综合分析，得出评价结论并给予解释。现已颁布关于LCA技术框架的国际标准草案——ISO/DIS14040系列标准。

以工厂水泥生产为例，水泥材料的环境协调性评价内容主要包括：①水泥生产的主要技术指标，包括水泥总产量、水泥标号、熟料产量、熟料标号等；②生产过程中的各项能量消耗；③生产过程中的各种原料消耗；④生产过程中废渣的利用情况；⑤生产过程中的水资源消耗；⑥生产过程中废气、废液及固体废弃物的排放情况；⑦生产过程中噪声污染指标；⑧使用过程中的环境污染情况；⑨水泥制品废弃后对环境的影响等。

材料的环境协调性评价应全面系统，否则得出的结论就未必科学、可靠。以购物包装袋材料为例，若简单从废弃处理对环境污染的角度考虑，结论是纸购物袋的环境协调性优于聚乙烯(塑料)购物袋；但美、德科学家利用 LCA 技术得出的结论却相反，即聚乙烯(塑料)购物袋的环境协调性优于纸购物袋。

小 结

材料的工艺性能主要包括各类改形工艺性能(如铸造、锻造、焊接、粘接、切削加工等)和改性工艺性能(如热处理性能、加工硬化性能等)。工艺性能是材料的力学性能、物理性能和化学性能在加工工艺过程中的综合行为，它既取决于材料内因，又受工艺外因条件的影响。

材料的经济性应包括材料在生产、制备、加工、使用与废弃全过程中所涉及的经济行为，如基本材料直接成本和材料加工等间接成本。可借助于寿命周期成本 LCC 评价技术来评估材料的经济性。

材料的环境协调性是指材料及产品在制造、使用、回收、废弃物处理的全过程中的环境影响行为，可借助于寿命周期评价技术 LCA 进行评估。

习 题

2-1 分析材料的使用性能与其工艺性能之间的关系，并举例说明。

2-2 陶瓷材料硬而脆，试说明它的工艺性能特点。

2-3 说明自行车轮轴、电站转子轴选材的经济性能特点。

2-4 根据你所学知识，分析轻量化材料(如发泡塑料)的环境协调性。

2-5 说明废旧塑料回收、再生利用的意义。

2-6 你认为科学合理的材料发展思路应是什么？

2-7 说明材料工业与可持续发展之间的关系。

第二篇

材料结构的基本理论

2

材料的性能受控于材料的结构。不同的材料具有不同的结构，而同一材料经过不同的工艺过程也可能具有不同的结构，因而性能各异。材料的结构表明材料的组成单元(组元)及其排列和运动方式。组元主要指组成材料的物质组元，如原子、分子、离子等；组元排列方式取决于相互间的结合键类型，如金属键、离子键、共价键和分子键等，而结合键又受原子结构(主要是其电子分布及运动状态)的影响；组元的运动方式有如电子运动、原子热振动与迁移等。材料结构的含义很丰富，根据不同的尺度大致可分为四个层次：原子结构、原子结合键、原子的排列和显微组织等。晶体中的结构缺陷也包含在材料结构范畴之内，它对晶体材料的许多性能及加工处理过程有着极重要的作用。每个层次的结构均从不同方面影响着材料的性能。

材料的最基本的结构单元是原子，原子的结构决定了原子的结合方式。凝聚态下的材料，原子之间的结合力称为结合键。结合键的强弱可用原子的结合能表示。结合键可大致分为两类：化学键(强键)和物理键(弱键)。化学键通常是指金属键、离子键和共价键，而物理键是指分子键(也称范德瓦尔键)和氢键。

固体材料可分为晶体和非晶体。晶体中原子在三维空间的有序排列之具体方式称为晶体结构。根据结合键类型不同，晶体可分为金属晶体、离子晶体、共价晶体和分子晶体。金属材料是最主要的工程材料，且在通常情况下均属固体晶体材料，大多数金属都具有简单的晶体结构。最常见的晶体结构有三种类型，即面心立方、体心立方和密排六方。固态合金中的相结构可分为固溶体和中间相。

理想晶体中的每一个原子都按晶体结构的要求占据它们应有的位置，但实际金属晶体中的某些局部区域，原子排列的规律性受到严重破坏，称之为晶体缺陷。按照其几何特征晶体缺陷可分为点缺陷、线缺陷和面缺陷三种类型。

高分子材料的结构包括其大分子链的结构和聚集态结构。高分子材料的性能与大分子链的结构、柔顺性、几何形状、聚合度或相对分子量及其分布、聚集态结构、取向结构、结晶度、取代基的性质等因素密切相关。

第三章　原子结构与结合键

第一节　原 子 结 构

材料的最基本结构单元是原子。原子由原子核和核外电子组成，电子围绕原子核在一定的轨道上旋转。电子的质量虽然可以忽略，但电子的分布是原子结构中最重要的问题，它不仅反映了单个原子的行为，而且对工程材料内部原子的结合及材料的某些性能起着决定性的作用，也可以说，原子结构实质上主要就是电子排列方式。

一、原子结构的量子理论

量子力学研究发现，电子在原子核周围运动的轨道不是任意的，由于电子具有波动性，所以确切途径也测不准。薛定谔方程成功地解决了电子在核外运动状态的变化规律。由薛定谔方程的解，可以得到电子的径向分布函数。根据电子的径向分布函数，可以确定电子出现大几率的区域范围，相当于给出了电子运动的“轨道”。所以，通常外层电子径向分布函数的极大值被视为原子的轨道半径。

根据量子物理，电子运动轨道可由四个量子数表征，分别为主量子数 n($=1,2,3,4,\cdots$)、角量子数 l($=0,1,2,3,\cdots$)、磁量子数 m($=0,\pm1,\pm2,\pm3,\cdots$)、自旋量子数 $m_s\left(=+\frac{1}{2},\ -\frac{1}{2}\right)$。四个量子数中最重要的是主量子数 n，它是确定电子离核远近和能级高低的主要参数。在紧邻原子核的第一壳层上，电子的主量子数 $n=1$；在第二、三、四壳层上，主量子数分别为 $n=2$、3、4。随着 n 的增加，电子的能量依次增加。在同一壳层上的电子，又可依据角量子数 l 分成若干个能量水平不同的亚壳层，通常以 s、p、d、f、g、h…，依次代表 $l=0$、1、2、3、4、5、…的状态。

角量子数 l 反映了原子轨道的不同形状，故又称为轨道量子数。主量子数 n 和角量子数 l 大体上决定了原子轨道能级(能量)的高低。n 越大，电子能量越大，离核越远；n 相同时，l 越大，能级越高；l 相同时，n 越大，能级越高；如

果 n 与 l 都不相同，情况就比较复杂，需要考虑电子间多体相互作用的一些效应，这些效应可能导致原子能级出现交错现象。由四个量子数确定的各壳层及亚壳层中的电子数目随主量子数而异（见表3-1）。

表3-1 各电子壳层及亚壳层的电子状态

主量子数（壳层序号）	角量子数（亚壳层状态）	磁量子数（轨道空间取向数目）	自旋量子数（亚壳层电子数目）	壳层（总电子数）
1	1s	1	2	$2(=2\times1^2)$
2	2s 2p	1 3	2 6	$8(=2\times2^2)$
3	3s 3p 3d	1 3 5	2 6 10	$18(=2\times3^2)$
4	4s 4p 4d 4f	1 3 5 7	2 6 10 14	$32(=2\times4^2)$

磁量子数 m 基本确定了轨道的空间取向，s、p、d、f 各轨道依次有 1、3、5、7 种空间取向。在没有外磁场的情况下，处于同一亚壳层、而空间取向不同的电子具有相同的能量；存在外磁场的情况下，不同空间取向轨道的能量会略有差别。自旋量子数 m_s 表示电子的自旋状态。在每个状态下可以存在自旋方向相反的两个电子，这两个电子只是在磁场下才略有不同的能量。m_s 只有两个数值：$+\frac{1}{2}$和$-\frac{1}{2}$。在 s、p、d、f 的各个亚壳层中可以容纳的最大电子数分别为 2、6、10、14，各壳层能够容纳的电子总数为分别为 2、8、18、32，即按 $2n^2$ 规律。

原子处于基态时，核外电子的分布规律与四个量子数有关，且遵循以下基本原则：

（1）泡利不相容原理　一个原子轨道最多只能容纳 2 个电子，且两个电子自旋方向必须相反。即一个原子中不可能存在有四个量子数完全相同的两个电子。

（2）能量最低原理　在不违背泡利不相容原理的条件下，电子优先占据能量较低的原子轨道，使整个原子体系能量最低。

（3）洪德定则　在能级相等的轨道上，电子尽可能分占不同的轨道，且电子自旋平行。在未填满的壳层中，电子的自旋量子数应尽量地大。

依据上述原则，电子在原子轨道中填充排列的顺序为：1s，2s，2p，3s，

3p，4s，3d，4p，5s，4d，5p，6s，4f，5d，6p，7s，5f，6d，…。电子从低的能量水平至高的能量水平依次排列在不同的量子状态下。决定电子能量水平的主要因素是主量子数和角量子数，如图 3-1 所示。

由图 3-1 可见，电子能量随主量子数 n 的增加而升高，同壳层内各亚壳层的能量是按 s、p、d、f 次序依次升高。需要注意的是，相邻壳层的能量范围有重叠的现象，如 4s 低于 3d，5s 低于 4d 和 4f，这说明电子填充时，有内层尚未填满前就进入外壳层的可能。

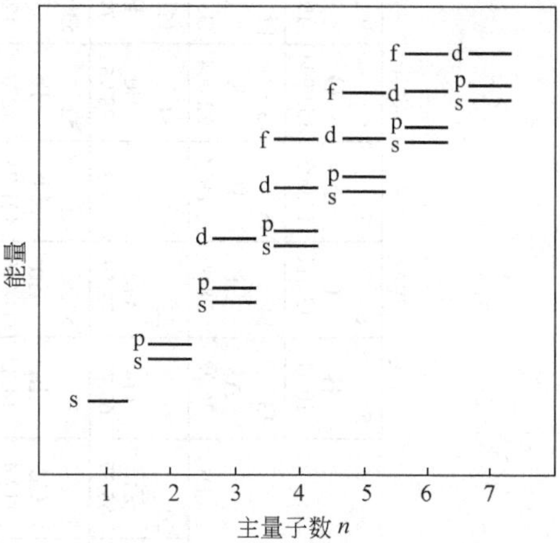

图 3-1　电子能量水平随主量子数和角量子数的变化

例：Ca 原子(原子序数为 20)有 20 个电子，填入第一壳层的电子为 $1s^2$，第二壳层为 $2s^2$、$2p^6$，电子填入第三壳层 $3s^2$、$3p^6$ 后仍有 2 个剩余电子。根据图3-1，4s 态低于 3d 态，所以这两个电子不是填入 3d，而是进入新的外壳层上的 4s 态，故 Ca 的电子排列记作：$1s^22s^22p^63s^23p^64s^2$。

各个壳层上的 s、p 态中电子的充满程度对外壳层的能量水平起着重要的作用，如果 s、p 态被填满，该壳层的能量最低，电子处于稳定的状态，元素的化学性质表现为惰性，故称为惰性元素。如原子序数为 10 的氖，其电子排列为 $1s^22s^22p^6$，外壳层的 s、p 态均被填满，该原子的电子极为稳定，是典型的惰性元素。相反，如果最外壳层上的 s、p 态没有充满，这些电子的能量较高、处于不稳定状态，与原子核结合较弱，很活泼，这些电子称为价电子。原子的价电子非常重要，它们主要决定了单原子行为并直接参与原子间的结合，对材料的性能产生重要的影响。例如，Na 原子的电子排列为 $1s^22s^22p^63s^1$，极易失去 1 个价电子；Cl 原子的电子排列为 $1s^22s^22p^63s^23p^5$，极易得到 1 个价电子，两者的化学性质均很活跃。

二、元素周期表

根据所有元素的相对原子质量及电子分布方式排列而成的元素周期表(图 3-2)，揭示了自然界物质的内在联系和规律性。

元素周期表中的周期反映了原子核外电子排列的规律性。在同一周期中，周期的开始对应着电子进入新的壳层(或主量子数 n)，而周期的结束则对应于该主量子数的 s、p 态已填满。

ⅠA	ⅡA	ⅢB	ⅣB	ⅤB	ⅥB	ⅦB	ⅧB			ⅠB	ⅡB	ⅢA	ⅣA	ⅤA	ⅥA	ⅦA	O
1 H 1.00797																	2 He 4.003
3 Li 6.939	4 Be 9.012											5 B 10.81	6 C 12.011	7 N 14.007	8 O 15.9994	9 F 19.00	10 Ne 20.183
11 Na 22.99	12 Mg 24.31											13 Al 26.98	14 Si 28.09	15 P 30.974	16 S 32.064	17 Cl 35.453	18 Ar 39.948
19 K 39.102	20 Ca 40.08	21 Sc 44.96	22 Ti 47.90	23 V 50.94	24 Cr 52.00	25 Mn 54.94	26 Fe 55.85	27 Co 58.93	28 Ni 58.71	29 Cu 63.54	30 Zn 65.37	31 Ga 69.72	32 Ge 72.59	33 As 74.92	34 Se 78.96	35 Br 79.909	36 Kr 83.80
37 Rb 85.47	38 Sr 87.62	39 Y 88.905	40 Zr 91.22	41 Nb 92.91	42 Mo 95.94	43 Tc 98	44 Ru 101.1	45 Rh 102.90	46 Pd 106.4	47 Ag 107.87	48 Cd 112.4	49 In 114.82	50 Sn 118.69	51 Sb 121.75	52 Te 127.60	53 I 126.90	54 Xe 131.30
55 Cs 132.905	56 Ba 137.34		72 Hf 178.49	73 Ta 180.95	74 W 183.85	75 Re 186.2	76 Os 190.2	77 Ir 192.2	78 Pt 195.09	79 Au 196.97	80 Hg 200.59	81 Tl 204.37	82 Pb 207.19	83 Bi 208.98	84 Po 210	85 At 210	86 Rn 222
87 Fr 223	88 Ra 226																

镧系 La

锕系 Ac

57 La 138.91	58 Ce 140.12	59 Pr 140.91	60 Nd 144.24	61 Pm 147	62 Sm 150.35	63 Eu 152	64 Gd 157.25	65 Tb 158.92	66 Dy 162.50	67 Ho 164.93	68 Er 167.26	69 Tm 168.93	70 Yb 173.04	71 Lu 174.97
89 Ac 227	90 Th 232.04	91 Pa 231	92 U 238.03	93 Np 237	94 Pu 242	95 Am 243	96 Cm 247	97 Bk 247	98 Cf 251	99 Es 254	100 Fm 253	101 Md 256	102 No 254	103 Lr 257

图 3-2　元素周期表

同一族元素具有相同的外壳层电子数，故它们具备相近的化学性质。其中ⅠA～ⅦA主族元素分别对应于外壳层价电子数为1～7，如ⅠA族元素Li、Na、K均具有1个价电子，易失去该价电子而成为正离子；而ⅦA元素F、Cl、Br外壳层只差1个电子即可填满，故极易得到电子而成为负离子；O族元素He、Ne、Ar外壳层的s、p态已充满，不易得失电子而形成离子，难于参加化学反应。ⅢB～ⅧB族元素对应着内壳层电子数逐渐填充的过程，这些内壳层未填满的元素即为过渡元素，如Fe、Co、Ni等，由于它们的外壳层均只有1～2个价电子，故都具备典型的金属性。ⅠB、ⅡB族元素外壳层价电子数分别也为1、2，但内壳层却已填满，如Cu、Zn等，其化学性质不如ⅠA、ⅡA族元素活泼。

第二节　结合键的类型

材料由原子结合成分子或晶体组成。材料处于液态和固态时，统称为凝聚态。在凝聚态下，原子间距离很近，便产生了原子间的作用力，使原子结合在一起。原子之间的结合力也称为结合键。材料的性能通常与原子间的结合键有关。

在固体材料中，原子之间相互作用时，由于其相互吸引和排斥的情况不同，从而产生不同的原子结合方式，即不同的键型。这些结合键可大致分为两类：化学键和物理键。化学键通常是指金属键、离子键和共价键；物理键是指分子键(也称范德瓦尔键)和氢键。其中金属键、离子键和共价键结合力较强，称为强键；而分子键和氢键结合力较弱，称为弱键。

一、金属键

金属原子结构特点是最外层电子数少，一般不超过3个。这些外层电子与原子核的结合力较弱，很容易脱离原子核的束缚而变成自由电子。当金属原子处于聚集状态时，几乎所有的原子都将它们的价电子贡献出来，这些电子在正离子之间自由游荡，为整个原子集体所共有，形成所谓的“电子云”。贡献出价电子的原子成为正离子，金属正是依靠正离子和自由电子之间产生的库仑引力而结合起来，这种结合方式称为金属键，它没有饱和性和方向性。

根据金属键的本质，可以解释固态金属的一些基本特性。例如，在外加电场作用下，金属中的自由电子能够沿着电场方向定向运动形成电流，显示出良好的导电性。自由电子和正离子的振动使金属具有良好的导热性。随着温度的升高，正离子和原子本身振动的幅度加大，可阻碍电子的定向运动，使电阻升高，因而金属具有正的电阻温度系数。由于金属键没有饱和性和方向性，当金属发生变形时，即金属原子或离子企图改变其彼此间的位置关系时，它们始终沉浸在电子云中，并不使金属键破坏，所以金属具有良好的塑性。金属中的自由电子能吸收可见光的能量，能被激发跃迁到较高的能级，因此金属不透明；当它跳回到原来的能级时，将所吸收的能量重新辐射出来，使金属具有金属光泽。同样，金属正离子被另一种金属的正离子取代时，也不会破坏结合键，这种金属之间的互相溶解能力也是金属的重要特性。

在金属及合金中，主要是金属键，但有时也不同程度地混有其他键。除铋、锑、锗、镓等亚金属为共价键结合外，绝大多数金属均以金属键方式结合。

二、离子键

离子键是由正、负离子间的库仑引力而形成的，常发生在活泼的金属元素（如元素周期表中ⅠA、ⅡA和ⅢA主族金属元素和低价态的过渡金属元素）与活泼的非金属元素（如ⅥA、ⅦA主族元素）之间。金属原子的外层电子容易转移至非金属原子的外壳层上，使两者都得到稳定的电子结构，因而降低了体系的能量，此时金属原子和非金属原子分别形成正离子和负离子，正、负离子之间相互吸引，使原子结合在一起，即为离子键。例如，当氯和钠原子相互接触时，由于各自的外层轨道上的电子得失，使它们各自变成正离子和负离子，二者靠静电作用结合起来，形成氯化钠。大部分盐、碱类和金属氧化物多以离子键结合；部分陶瓷材料（Al_2O_3、ZrO_2等）及钢中的一些非金属夹杂物也以此方式结合。

离子键的键能（破坏这些键所需要的能量）最高，结合力很大，外层电子被牢固地束缚在离子的外围，因而以离子键结合的材料的性能表现为硬度高、强度大、热膨胀系数小，常温下导电性很差。在熔融状态下，因所有离子均可运动，故在高温下又易于导电。在外力作用下，离子之间将失去电的平衡，而使离子键破坏，在宏观上表现为材料断裂。所以离子键材料通常表现出较大脆性。许多陶瓷材料就是完全或部分地通过离子键结合的。

三、共价键

处于周期表中间位置的三、四、五价元素，得、失电子的几率相近，原子既可能获得电子变为负离子，也可能丢失电子变为正离子。当这些元素原子之间或与邻近元素的原子形成分子或晶体时，以共用价电子形成稳定的电子满壳层的方式实现结合。被共用的价电子同时属于两相邻的原子，使它们的最外层均为满壳层；价电子主要在这两个相邻原子核之间运动，形成一负电荷较集中的地区，从而对带正电荷的原子核产生吸引力，将它们结合起来。这种由共用价电子对产生的结合方式称为共价键。某些陶瓷材料（如金刚石、碳化硅、氧化硅）和部分聚合物材料具有共价键结合。

碳是许多有机高分子材料和陶瓷材料的基本元素。碳以金刚石结构存在时，碳原子间全部为共价键结合，碳的四个价电子分别与周围的四个碳原子组成四个公用电子对，达到八个电子的稳定结构。此时各个电子对之间靠静电相互排斥，使它们在空间以最大的角度分开，互成109.5°，于是形成一个正四面体，碳原子分别处于四面体中心及四个顶角部位。金刚石正是依靠共价键使许多碳原子形成坚固的网络大分子，才成为自然界中最硬的材料之一。

共价键具有明显的饱和性和方向性。由于方向性，原子间的相对位置不允许改变，故共价键材料的塑性很差。共价键的结合力较大（但低于离子键）且变化范围宽，高结合力的共价晶体硬度高、脆性大、熔点高、沸点高而挥发性低，结构比较稳定。由于共价晶体相邻原子所共有的电子不能自由运动，所以其导电能力较差。

四、分子键

依靠粒子的偶极吸引力使原子或分子之间结合在一起，这种结合方式称为分子键，也称为范德瓦尔键。在它们结合的过程中，没有电子的得失、共有或公有化，原子或分子之间的结合力是很弱的。分子键可在很大程度上改变材料的性能，如高分子材料聚氯乙烯（PVC塑料）是由C、H、Cl构成的链状大分子（图3-3），在每个分子内原子是以共价键结合的，但是由于链与链之间形成了分子键，而这种键结合较弱，在外力作用下键易断裂，使分子链彼此发生滑动而导致很大变形，因此聚氯乙烯实际上具有较低的强度和较高的塑性。

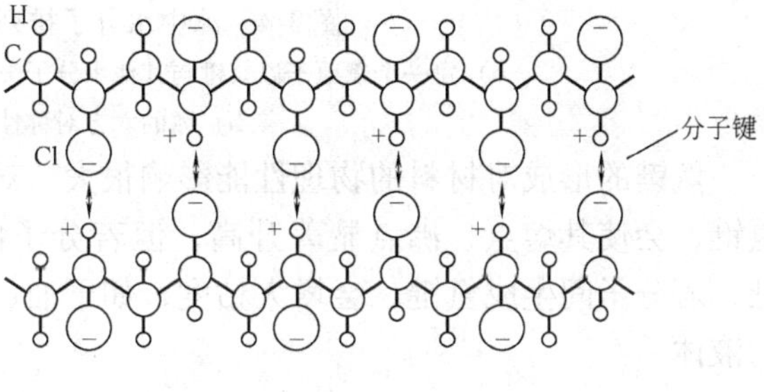

图3-3　聚氯乙烯内部结合键

分子键的键能比其他化学键的键能约低1～2个数量级，没有方向性与饱和性，稳定性很差。如将液氮倒在地面上，室温下的热扰动就足以破坏这一键力，使之转化为气体。但工程中的塑料、石蜡等却是依靠它将大分子链结合为固体的。

五、氢键

氢键与分子键的本质相同，也是靠原子（或分子、原子团）间的偶极吸引力结合起来的。但氢原子很特殊，只有一个电子，当氢原子与一个电负性很强的原子X结合成分子时，氢原子的一个电子转移到X原子壳层上，对另一个电负性较大的原子Y表现出较强的吸引力，这样氢原子便在两个电负性很强的原子x、y之间形成一个桥梁，把两者结合起来，称为氢键。

水或冰是典型的氢键结合（图3-4），其分子式H_2O具有稳定的电子结构，但由于氢原子单个电子的特点，使 H_2O 具有明显的极性，因此氢与另一水分子中的氧原子相互吸引，形成了的氢键。氢键属于分子间力的一种，与分子键不同的是氢键具有方向性和饱和性。氢键的结合力较分子键为强，在带有—COOH、—OH、—NH_2 原子团的高分子聚合物中，常出现氢键。氢键会导致分子液体中分子之间的缔合，水的某些性能异常（如沸点高达 373K,熔点以上的密度异常）是与氢键有关，长链分子依靠它结合。氢键在生物分子结构中也起重要的作用，如 DNA 与蛋白质的螺旋结构，就是靠一系列氢键连接起来的。

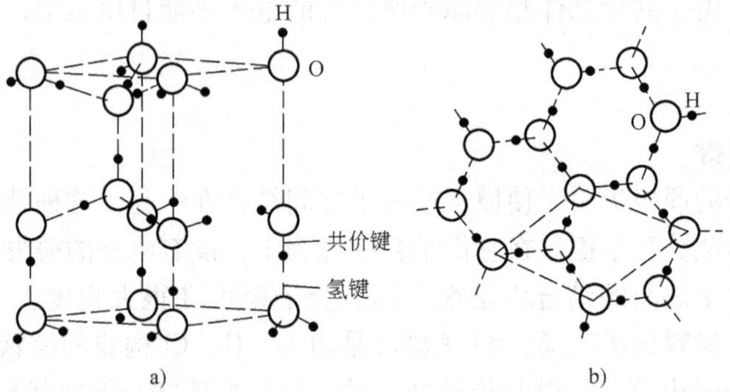

图 3-4　冰中水分子排列与氢键

a）每一个氧原子以氢键与其他水分子中的两个氢原子相连接

b）冰的六方对称性

氢键的形成对材料的物理性能影响很大。对结构相似的同系物，分子间存在氢键，会使其熔点、沸点显著升高；但若分子内生成氢键，则熔点、沸点会降低；若分子间生成氢键，会增大粘度，如干油、磷酸、硫酸等分子都是粘度很大的液体。

六、混合键

工程材料中只有一种键合机制的材料很少，大多数工程材料是以金属键、共价键、离子键混合方式结合的，称为混合键。

混合键混合情况与元素的电负性有关。电负性是用来衡量原子吸引电子能力大小的参数。表 3-2 给出了电负性数据的周期变化。电负性越强，吸引电子的能力越强，表中数值越大。在同一周期内，从左至右电负性逐渐增大；在同一族内，从上至下电负性数据逐渐减小。这一规律有助于理解材料的原子结合及晶体结构类型的变化。如 Si、Ge、Sn、Pb 元素的结合是共价键与金属键的混合。这是由于周期表中同族元素的电负性自上而下逐渐下降，即失去电子的倾向逐渐增大，这些元素在形成共价结合的同时，电子有一定的几率脱离原子成为自由电子，即存在一定比例的金属键。此外，对于金属与金属形成的金属间化合物

(CuGe)，由于两者的电负性不同，有一定的离子化倾向，可构成金属键与离子键的混合。二者的比例与组成元素的电负性有关。陶瓷化合物中离子键与共价键混合的情况较为常见。通常对于化合物 AB，电负性越大，离子键比例越高。化合物中离子键结合的相对值可用下式确定：

$$离子键结合(\%) = \left[1 - e^{-\frac{1}{4}(X_A - X_B)^2}\right] \times 100\% \tag{3-1}$$

式中，X_A、X_B 分别为化合物组成元素 A、B 的电负性数值。可见，化合物中离子键的比例取决于组成元素的电负性差。表 3-3 给出了某些陶瓷化合物中混合键的相对比例。

表 3-2 元素的电负性

H																
2.10																
Li	Be											B	C	N	O	F
0.98	1.57											2.04	2.55	3.04	3.44	3.98
Na	Mg											Al	Si	P	S	Cl
0.93	1.31											1.61	1.90	2.19	2.58	3.16
K	Ca	Sc	Ti	V	Cr	Mn	Fe	Co	Ni	Cu	Zn	Ga	Ge	As	Se	Br
0.82	1.00	1.36	1.54	1.63	1.66	1.55	1.83	1.88	1.91	1.90	1.65	1.81	2.01	2.18	2.55	2.96
Rb	Sr	Y	Zr	Nb	Mo	Tc	Ru	Rh	Pd	Ag	Cd	In	Sn	Sb	Te	I
0.82	0.95	1.22	1.33		2.16			2.28	2.20	1.93	1.69	1.78	1.96	2.05		2.65
Cs	Ba	La	Hf	Ta	W	Re	Os	Ir	Pt	Au	Hg	Ti	Pb	Bi	Po	At
0.79	0.89	1.10			2.36			2.20	2.28	2.54	2.00	2.04	2.33	2.02		

表 3-3 某些陶瓷化合物中混合键的相对比例

化合价	结合原子对	电负性差	离子键(%)	共价键(%)
MgO	Mg-O	2.13	68	32
Al_2O_3	Al-O	1.83	57	43
SiO_2	Si-O	1.54	45	55
Si_3N_4	Si-N	1.14	28	72
SiC	Si-C	0.65	10	90

例题 计算化合物(1)MgO；(2)GaAs 中离子键结合的比例。

解：(1) MgO 根据表 3-2 得电负性数据 $X_{Mg}=1.31$；$X_O=3.44$。代入式(3-1)得

$$离子键结合比例 = \left[1 - e^{-\frac{1}{4}(1.31-3.44)^2}\right] \times 100\%$$

$$=68\%$$

(2) GaAs　根据表 3-2 得电负性数据 $X_{Ga}=1.81$；$X_{As}=2.18$，代入式(3-1)得

$$离子键结合比例=\left[1-e^{-\frac{1}{4}(1.81-2.18)^2}\right]\times 100\%$$
$$=4\%$$

由此可知，MgO 是以离子键结合为主的化合物，而 GaAs 基本是共价键结合。

材料中的混合键还有一种类型，即两种类型的键独立地存在。如在聚合物和许多有机材料的长链分子内部是共价键结合，而链与链之间则是分子键或氢键结合；石墨碳的片层上是共价键结合，而片层间则为分子键结合。

工程材料的结合键大多数是混合键，混合的比例和方式可随材料的组成不同而异，故材料的性能也可以在一定的范围内变化，从而满足工程中不同的需要。

第三节　材料的结合键与性能

一、结合键的本质

固体材料中原子依靠结合键而结合。下面以最简单的双原子模型来说明。

不论是何种类型的结合键，固体中原子间总是存在两种静电作用力，即吸引力和排斥力。吸引力产生于异性电荷间的库仑引力；排斥力产生于同性电荷之间的库仑斥力及电子云的重叠所引起的斥力。根据库仑定律，吸引力和排斥力均随原子间距离 r 的增大而减小(图 3-5a)。但两者减小程度不同，排斥力具有短程力的性质。当原子间的吸引力与排斥力相等时，两原子相对稳定而处于平衡状态，此时原子间的距离称为原子的平衡距离 r_0。当原子间距 $r>r_0$时，两原子间表现为吸引力；当 $r<r_0$ 时，两原子间表现为排斥力。在物理学中，力(F)与能量(E)之间的转换关系为：

$$F=-\frac{dE}{dx}$$

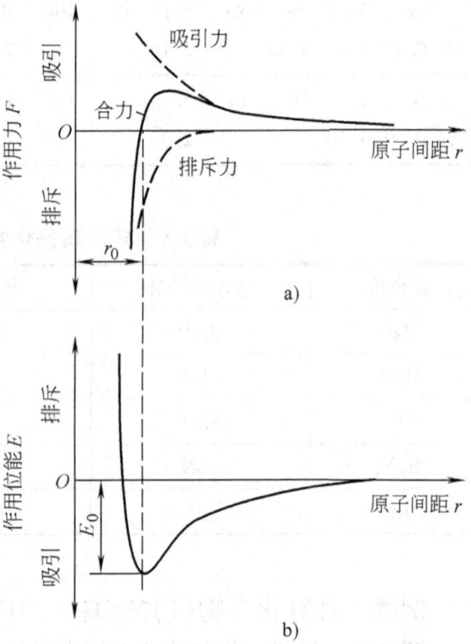

图 3-5　原子间作用力与位能
a) 作用力　b) 位能与原子间距的关系

$$E = -\int_0^\infty F\mathrm{d}x \tag{3-2}$$

所以两原子相互作用的能量随距离的变化如图 3-5b 所示。

由图可见，在作用力等于零的平衡距离 r_0 下，能量达到最低值 E_0，表明在该距离下体系处于稳定状态。当两个原子无限远时，原子间不发生作用，相互作用能量可视为零。当原子在吸引力作用下靠近时，体系的作用能量逐渐下降，到达平衡距离时，作用能量最低。当原子距离进一步接近，就必须克服反向排斥力，使作用能量重新升高。通常把平衡距离下的原子间的相互作用能量定义为原子的结合能 E_0。

结合能的大小相当于把两个原子完全分开所做的功，其数据是利用测定固体的蒸发热而得到的，又称结合键能。结合能越大，原子结合越稳定。表 3-4 给出了不同结合键的键能和熔点的数据。可见，结合方式不同，键能也不同。离子键、共价键的结合能最大；金属键的结合能次之，其中又以过渡族金属结合能最大；分子键结合能量最低，氢键的结合能稍高些，约几十 $\mathrm{kJ \cdot mol^{-1}}$。

表 3-4 不同材料的键能和熔点

键型	离子键		共价键		金属键			分子键		氢键	
物质	NaCl	MgO	Si	金刚石	Al	Fe	W	Ar	Cl_2	NH_3	H_2O
键能 /$\mathrm{kJ \cdot mol^{-1}}$	640	1000	450	713	324	406	849	7.7	3.1	35	51
熔点/℃	801	2800	1410	>3550	660	1538	3410	-189	-101	-78	0

二、结合键的性质与材料性能

材料结合键的类型及键能大小对材料某些性能有重要影响。

1. 力学性能　结合键类型对材料的弹性模量影响较为明显。弹性模量 E 是材料应力-应变曲线上弹性变形阶段的斜率，即 $E = \sigma/\varepsilon$，相当于发生单位弹性变形所需的应力。E 值越大，材料越不易发生弹性变形。若从微观分析，晶体在外力作用下发生弹性变形，对应着原子间距的变化，如拉伸时原子间距变大，压缩时原子间距变小，随着原子间距的变化，原子间将产生吸引力和排斥力；当外力去除后，原子在吸引力和排斥力作用下回到平衡位置，晶体恢复原状。这种性质与弹簧很相似，故可把原子结合比喻成很多小弹簧的连接，如图 3-6 所示。

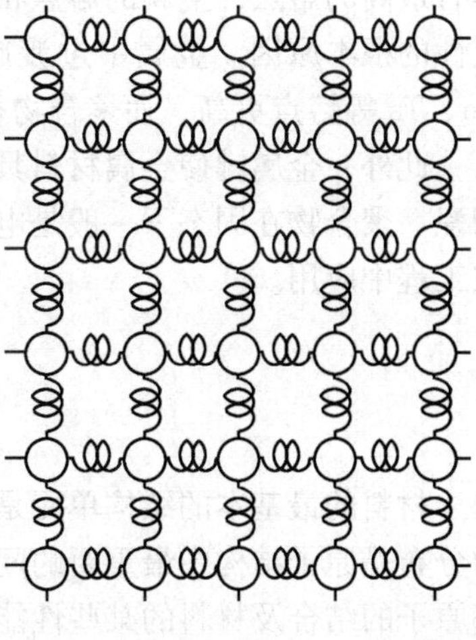

图 3-6　原子间结合力性质的模拟

结合键能是影响弹性模量的主要因素，结

合键能越大，则“弹簧”越硬，原子间距离改变就越困难，即弹性模量越大。通常结合键能与弹性模量之间有很好的对应关系。如金刚石具有最高的弹性模量($E=1000$GPa)；其他工程陶瓷如碳化物、氧化物、氮化物等结合键能也较高，弹性模量为250~600GPa；金属键结合的金属材料，弹性模量略低一点($E=70$~350GPa)；聚合物由于分子键作用，弹性模量较低($E=0.7$~3.5GPa)。

工程材料的强度与结合键也有一定的联系。一般情况下，结合键能高的强度也高；然而，强度在很大程度上还取决于材料的其他因素，如材料的组织。因此强度变化幅度较宽，与键能之间对应关系不如弹性模量明显。材料的塑性与结合键类型也有关系，金属键赋予材料良好的塑性；而离子键、共价键结合使塑性变形困难，所以陶瓷材料的塑性很差。

2. 物理性能　材料的密度与结合键的类型也有关。大多数金属材料的密度较高，其主要原因是金属键结合方式没有方向性和饱和性，使金属原子总是趋于密集排列，且金属元素具有相对较高的原子质量。如钨、铂、金的密度达到工程材料中的最高值，铅、银、铜、镍、铁等的密度也相当高。而在离子键或共价键结合的情况下，原子排列不可能很致密，共价键结合时，相邻原子的个数要受到共价键数目的限制，离子结合则要满足正负离子间电荷平衡的要求，它们的相邻原子数都不如金属多，所以陶瓷材料的密度较低。聚合物由于是弱的分子键结合，加上组成原子的质量较小(如C、H、O)，所以在工程材料中具有最低的密度值。

熔点的高低代表受热材料稳定性的程度。物质受热时，当热振动能足以破坏相邻原子间的稳定结合时，便会发生熔化，所以熔点与键能值有较好的对应关系。由表3-4可见，共价键和离子键化合物的熔点较高，其中纯共价键的金刚石具有最高的熔点；金属的熔点相对较低，这是陶瓷材料比金属材料具有更高热稳定性的根本原因。金属中过渡族金属具有较高的熔点，特别是难熔的金属W、Mo、Ta等熔点更高，而聚合物材料熔点相对偏低。

此外，金属键使金属材料具有良好的导电性和导热性；而由非金属键结合的陶瓷、聚合物在固态下一般是电、热的不良导体，故它们可作为绝缘体或绝热体在工程中应用。

小　结

材料的最基本的结构单元是原子，原子的结构决定了原子的结合方式。电子的分布是原子结构中最重要的问题，它不仅决定了单个原子的行为，也对材料内部原子的结合及材料的某些性能起着决定性的作用。

材料处于凝聚态下，原子间距离很近，便产生了原子间的作用力，使原子结合在一起。原子之间的结合方式也称为结合键。结合键可大致分为两类：化学键和物理键。化学键通常是指金属键、离子键和共价键，而物理键是指分子键(也称范德瓦尔键)和氢键。其中金属键、离子键和共价键结合力较强，称为强键；分子键和氢键结合力较弱，称为弱键。结合键的强弱可用原子的结合能表示，一般来说，离子键、共价键的结合能量最大，金属键的结合能量次之，分子键结合能量最低。

工程材料中只有一种键合机制的材料很少，大多数工程材料是以金属键、共价键、离子键混合方式结合的，称为混合键。但金属材料以金属键为主，陶瓷材料以离子键或共价键为主，而高分子材料则包括共价键和分子键。

材料结合键的类型及键能大小对材料力学性能和物理性能有重要影响。

习　题

3-1　原子中电子按照什么规律排列？原子核外电子分布服从哪些基本规则？

3-2　写出原子序数为 13 的 Al 原子和原子序数为 26 的 Fe 原子中的电子排列方式。

3-3　为什么金属键结合的固体材料的密度比离子键和共价键固体为高？

3-4　简述化学键与物理键的区别。

3-5　从结合键角度出发，解释石墨作为固体润滑材料的原因。

3-6　你认为 Au 与 Ag 相比、Na 与 Cu 相比，分别是哪个元素更稳定？为什么？

3-7　计算下列晶体的离子键与共价键的相对比例：

(1) NaF　　　(2) CaO

3-8　分析原子结合键对材料性能的主要影响。

3-9　Mg 与 S、Be 与 O 反应生成的离子化合物的分子式各是什么？说明原因。

第四章 晶 体 结 构

材料内部结构是决定其性能的最主要因素。不同的材料具有不同的性能，同一材料经不同加工工艺后也会有不同的性能，这都与其内部结构的差异有关。根据原子(或分子、离子)排列是否有序，固体材料可分为晶体和非晶体。晶体中原子在三维空间的有序排列之具体方式称为晶体结构。根据结合键类型不同，晶体可分为金属晶体、离子晶体、共价晶体和分子晶体。由于金属材料是最主要的工程材料，且在通常情况下均属固体晶体材料，故本章的讨论重点为金属晶体的结构，离子晶体与共价晶体的结构只作简要介绍，高分子材料结构在后续相关章节中讲述。

第一节 晶体与非晶体

原子(或分子、离子)在三维空间中有规则的周期性重复排列的物质称为晶体，否则为非晶体。但在绝大多数情况下，晶态结构并不是十分完整的，即在其规则排列中局部存在着各种缺陷。

晶体是固体中最大的一类。大多数固态的无机物都是晶体，例如食盐、单晶硅等；只有少数物质是非晶体，例如松香、石蜡等。金属一般均为晶体；陶瓷中的玻璃属于工程上最常见的非晶态材料；高分子材料中热固性塑料和橡胶属于非晶态类材料；热塑性塑料中有些为非晶态、有些为部分晶态。晶体往往都具有规则的外形，像食盐结晶后呈立方体形。但晶体与非晶体的根本区别不在外形，而在于其内部的原子(或离子、分子)的排列情况，如金属制品、金属构件的外观形态各异，但仍是晶体。

由于晶体与非晶体内部结构不同，其性能也有区别。晶体具有固定熔点(如纯铁晶体为1538℃)，且在不同方向上具有不同的性能，即各向异性。而非晶体没有固定的熔点，是在一个温度范围内熔化的；因其在各个方向上的原子聚集密度大致相同，故而表现出各向同性。

应当指出，晶体和非晶体在一定条件下可以互相转化。例如，玻璃经高温长时间加热能变成晶态玻璃；而通常是晶态的金属，如从液态急冷，以致金属中的原子来不及重新排列而形成了杂乱无章的组合，也可获得非晶态金属。

非晶态金属具有晶态金属所没有的一系列优异性能，故渐为人们所重视。20世纪50年代，人们便从沉积膜和电镀膜上得到非晶态的金属及合金。1960年发现了用激冷方法从液态获得非晶态共晶成分的Au-Si合金，但当时的试样仅仅是薄膜或几百毫克重的薄片，且成分极为有限。到1970年，通过连续激冷法使多种合金的线状和板状非晶态金属材料的生产成为可能，并得到迅速发展，最终制成了非晶态线材，其强度高、塑性好。进一步研究表明，非晶态材料具有各种令人十分感兴趣的特性，如超耐蚀性、高磁导率、恒弹性、低热膨胀性、高磁致伸缩等，现已能制造宽度较大的板材，并逐步实用化。目前，已知的非晶态合金大致可分为金属-半金属系和金属-金属系两类。元素周期表中大部分金属元素可以通过合金化使其非晶化，特别是含有质量分数为15%～30%的半金属硼、碳、磷、硅、锗等的合金，以及原子半径差别大的金属元素彼此组成的合金是容易非晶态化的，例如Au-Si、Pb-Si、Fe-B、Co-B、Ni-P等以及Zr-Cu、Nb-Ni、Ta-Ni等。目前，非晶态材料尚只限于生产细丝、薄带等，有些还只处于实验阶段。

第二节 晶体学基础知识

一、空间点阵与晶胞

晶体中的原子排列方式多种多样，为了描述其排列规律，通常假定晶体中的物质质点为固定的刚球，由这些刚球堆垛而成晶体，如图4-1a所示，即原子堆垛模型。为研究方便，将构成晶体的实际质点忽略而抽象成纯粹的几何点，由这些几何点在三维空间作周期性的规则排列所形成的三维阵列即称为空间点阵，其中的每一个点称为阵点或结点。为了表征空间点阵的几何规律，人为地将阵点用一系列相互平行的直线连接起来形成空间格架，这种假想的格架在晶体学上就称

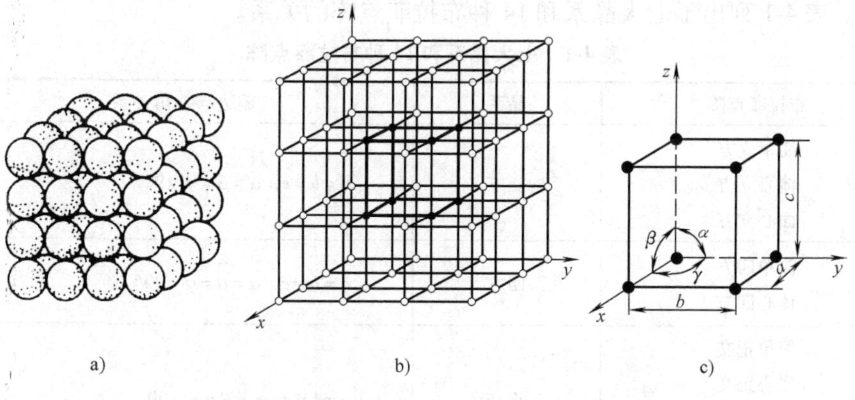

a)　　b)　　c)

图4-1　晶体结构

a）晶体中原子堆垛模型　b）晶格　c）晶胞

为晶格，如图 4-1b 所示。构成晶格的最基本单元称为晶胞，如图 4-1c 所示。可见，将晶胞在三维空间重复堆砌就构成了空间点阵，用晶胞可描述晶体结构。

在同一点阵中可以选取不同的形状和大小的晶胞，如图 4-2 所示。为统一起见，要求在选取晶胞时应满足下列条件：首先要能充分反映整个空间点阵的对称性；在此基础上晶胞要具有尽可能多的直角；此外，所选的晶胞体积应尽可能最小。

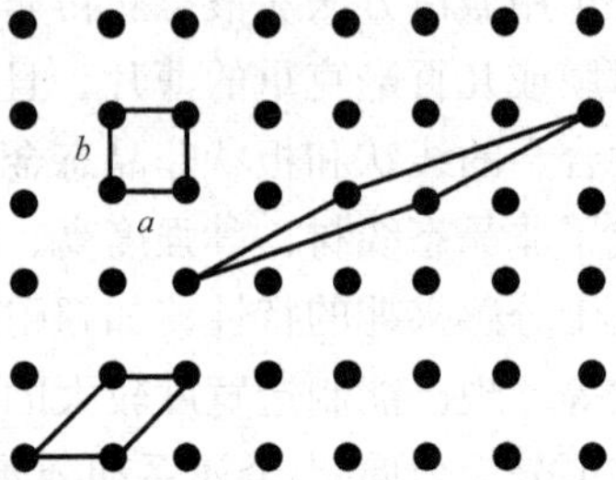

图 4-2　在同一点阵中不同晶胞的选取

为表征晶胞的形状和大小，可通过晶胞角上的一阵点作为坐标原点，相交于原点的三个棱边作为 x、y、z 坐标轴（称为晶轴），则此晶胞可由三个棱边的边长 a、b、c（称为晶格常数，单位为 nm）及晶轴之间的夹角 α、β、γ 这六个参数来表达，如图 4-1c 所示。金属的晶格常数大多为 0.1~0.7nm。

二、晶系和点阵类型

根据晶胞棱边长之间的关系和晶轴夹角的情况可以将空间点阵分成七种类型，称为七大晶系，其中立方晶系（$a=b=c$、$\alpha=\beta=\gamma=90°$）较为重要。所有的晶体均可归纳在这七大晶系中。

晶体中的原子或分子能组成各种类型的排列，因此可能存在的晶体结构是多种多样的。根据阵点的周围环境相同的要求，除了在晶胞的每个顶角上放一个阵点之外，还可以在晶胞的其他位置安放阵点。法国晶体学家布拉菲（A. Bravais）曾用数学方法证明，只可能形成 14 种空间点阵，这 14 种空间点阵被称为布拉菲点阵。表 4-1 列出了七大晶系和 14 种布拉菲点阵的关系。

表 4-1　七大晶系和 14 种布拉菲点阵

布拉菲点阵	晶系	棱边与夹角关系
简单立方 体心立方 面心立方	立方	$a=b=c$，$\alpha=\beta=\gamma=90°$
简单四方 体心四方	四方	$a=b\neq c$，$\alpha=\beta=\gamma=90°$
简单正交 底心正交 体心正交 面心正交	正交	$a\neq b\neq c$，$\alpha=\beta=\gamma=90°$

（续）

布拉菲点阵	晶系	棱边与夹角关系
简单菱方	菱方	$a=b=c$，$\alpha=\beta=\gamma\neq 90°$
简单六方	六方	$a=b\neq c$，$\alpha=\beta=90°$，$\gamma=120°$
简单单斜 底心单斜	单斜	$a\neq b\neq c$，$\alpha=\beta=90°\neq\gamma$
简单三斜	三斜	$a\neq b\neq c$，$\alpha\neq\beta\neq\gamma\neq 90°$

三、晶向与晶面

在分析研究有关晶体的生长、变形、相变以及性能等各方面的问题时，常涉及到晶体中某些原子排列方向（称为晶向）和原子所构成的平面（称为晶面）。为便于表示各种晶向和晶面，需确定一种统一的标号，称为晶向指数和晶面指数。国际上通用的是密勒（Miller）指数。

1. 晶向指数　晶向指数是表示晶体中原子排列方向的指数，由晶向上阵点的坐标值决定。其确定步骤如下：

（1）建立坐标系。以晶胞的晶轴为坐标轴 x、y、z，以点阵矢量的长度（即晶胞的边长）为坐标轴的长度单位。

（2）确定坐标值。定出所求晶向上相邻两个点的坐标值，并将该晶向上"终"点的坐标值减去"始"点的坐标值；

（3）化整并加方括号。将相减后的三个坐标值之差化为最小整数 u、v、w，并加方括号，即 $[uvw]$ 为所求的晶向指数。若其中某一数值为负，则将负号标在相应指数的上方，如 $[\bar{1}00]$、$[\bar{1}\bar{1}0]$。图 4-3 所示为立方晶胞中的一些重要晶向指数。

应该说明的是：①一个晶向指数代表着相互平行且方向一致的所有晶向；②晶体中原子排列情况相同但空间位向不同的一组晶向称为晶向族，并用 $\langle uvw \rangle$ 表示。

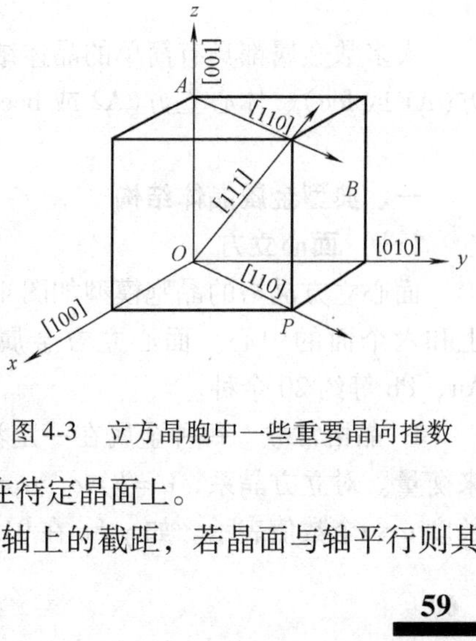

图 4-3　立方晶胞中一些重要晶向指数

2. 晶面指数　晶面指数是表示晶体中点阵平面的指数，由晶面与三个坐标轴的截距值的倒数所决定。其标定步骤如下：

（1）建立坐标系。以晶胞的晶轴为坐标轴 x、y、z，以点阵矢量的长度（即晶胞的边长）为坐标轴的长度单位；但应注意，坐标原点的选取应便于确定截距，且不能选在待定晶面上。

（2）求截距值。找出待定晶面在三个晶轴上的截距，若晶面与轴平行则其截距为∞。

(3) 取三个截距值的各自倒数。

(4) 化整并加圆括号。将上述三个截距的倒数化为最小整数 h、k、l，并加圆括号，即(hkl)为所求的晶面指数。当截距为负数时，则将负号标在相应指数的上方，如($11\bar{1}$)、($\bar{1}00$)。图4-4所示为立方晶胞中的一些重要晶面指数。

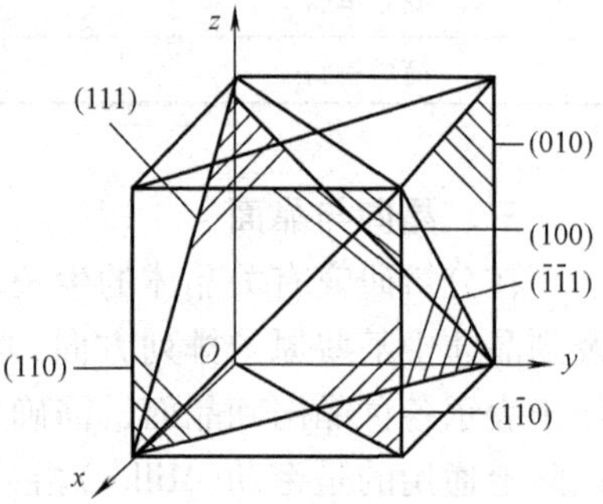

图4-4 立方晶胞中一些重要晶面指数

应该说明的是：①一个晶面指数代表着相互平行的所有晶面；②晶体中原子排列情况相同但空间位向不同的一组晶面称为晶面族，并用{hkl}表示。

3. 晶向和晶面的原子密度 晶向的原子密度是指该晶向单位长度上的原子数；晶面的原子密度是指该晶面单位面积中的原子数。由于不同晶向和晶面具有不同的原子密度，故晶体在不同方位上表现出不同的性能，即晶体的各向异性。但实际晶体材料多为多晶体，其在不同方向上并不表现出各向异性，这称为伪各向同性。

4. 晶面间距 晶面间距是指相邻两个平行晶面之间的距离。晶面上原子的排列越密集，晶面间距就越大。晶面间距最大的晶面通常是原子最密排的晶面。晶面族{hkl}指数不同，其晶面间距亦不相同，通常是低指数晶面的面间距较大。

第三节 纯金属晶体结构

大多数金属都具有简单的晶体结构。最常见的晶体结构有三种类型：面心立方(A1或fcc)、体心立方(A2或bcc)和密排六方(A3或hcp)。

一、典型金属晶体结构

(一) 面心立方

面心立方晶格的晶胞模型如图4-5所示，金属原子分布在立方晶胞的八个角上和六个面的中心。面心立方金属有：γ-Fe、Mn、Al、Co、Ni、Cu、Ag、Pt、Au、Pb等约20余种。

1. 晶格常数 每种金属在一定温度时有其特有的晶胞尺寸，可用晶格常数来衡量。对立方晶系，$a=b=c$，$\alpha=\beta=\gamma=90°$，故晶格常数只需用晶胞的棱边长度 a 一个数值表示。如γ-Fe在912℃时，其晶格常数为0.3633nm。

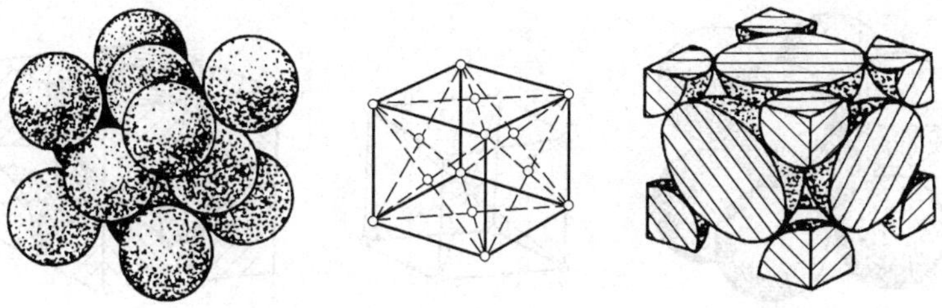

a)　　b)　　c)

图 4-5　面心立方结构

a）刚球模型　b）晶胞模型　c）晶胞中的原子数

2. 晶胞中的原子数　晶胞中原子数 n 是指一个晶胞内所包含的原子数目。由于晶体可以看成是由许多晶胞堆砌而成，故每个角上的原子由相邻的八个晶胞所共有，而面中心的原子则由两个晶胞分享。故一个面心立方晶胞有 4 个完整的原子，即 $8\times1/8+6\times1/2=4$(个)。

3. 原子半径　晶胞中原子排列密度最大的方向上相邻原子之间距离的一半称为原子半径 r。假设原子是等径的刚球质点且紧密堆积，则面心立方晶胞中密排方向 <110> 上相邻原子间距为 $\sqrt{2}a$，所以原子半径 $r=\sqrt{2}a/4$。

4. 配位数和致密度　不同的晶体结构类型直接影响其原子排列的紧密程度。通常用配位数(CN)和致密度(K)来定量描述原子排列的紧密程度。配位数是指晶体结构中，与任一原子最近邻且等距离的原子数。面心立方结构的配位数是 12。把金属晶体中的原子看作是直径相等的刚球，原子排列的密集程度可以用刚球所占空间的体积百分数来表示，称为致密度。对于一个面心立方晶胞，致密度 K 等于晶胞中原子数所占体积与晶胞体积之比，即

$$K=\frac{n\nu}{V}=\frac{4\times\frac{1}{6}\pi d^3}{a^3}=0.74$$

式中，n 是晶胞中原子数；ν 是一个原子的体积；V 是晶胞体积；d 是原子直径；a 是晶格常数。

（二）体心立方

体心立方晶格的晶胞模型如图 4-6 所示，金属原子分布在立方晶胞的八个角上和立方体的体心，α-Fe、Cr、Mo、W、V、Nb 等 30 多种金属具有体心立方晶格。

体心立方晶格的晶格常数为晶胞的棱边长度 a，晶胞原子个数 n 为 2，原子半径为 $r=\sqrt{3}a/4$，配位数 CN 为 8。根据以上推算，可计算出体心立方晶格的致密度为 0.68，即体心立方晶格的致密度比面心立方晶格的低。

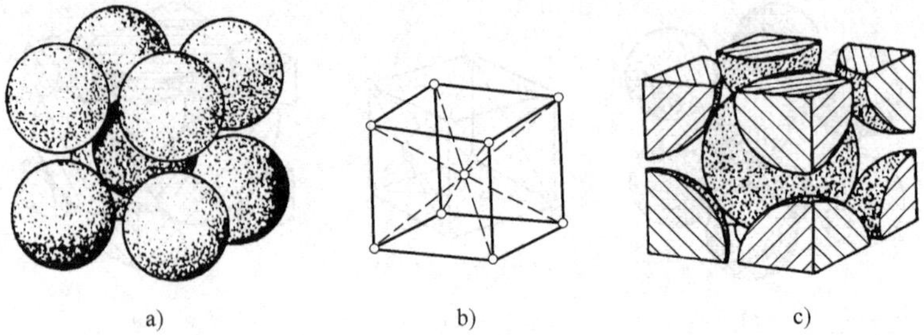

图 4-6　体心立方结构

a）刚球模型　b）晶胞模型　c）晶胞中的原子数

（三）密排六方

密排六方晶胞如图 4-7 所示，金属原子分布在六方晶胞的十二个角上以及上下两底面的中心和两底面之间的三个均匀分布的间隙里，像 Zn、Mg、Be、Cd 等少数金属具有密排六方晶格。

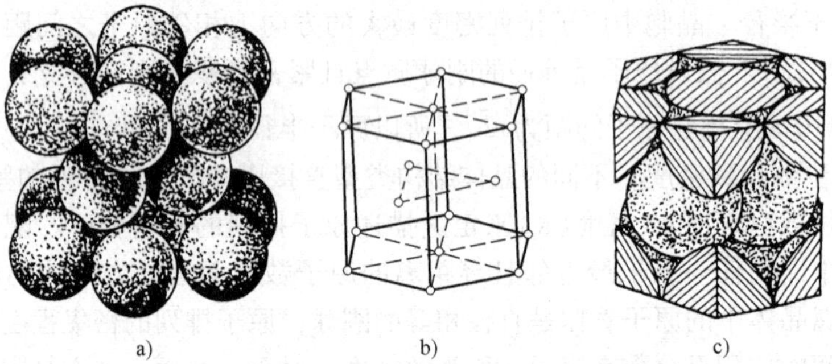

图 4-7　密排立方结构

a）刚球模型　b）晶胞模型　c）晶胞中的原子数

密排六方晶胞的晶格常数为六方底面的边长 a 和六方棱柱的高 c，c/a 称为轴比，对于理想密排六方晶胞，其轴比 $c/a=1.633$。晶胞上下底面角上的六个原子分别由 6 个晶胞分享，面中心的原子由 2 个晶胞分享，中间平面的 3 个原子则属于这个晶胞所有，故其晶胞中原子个数 n 为 6。对于典型的密排六方晶格金属，配位数和致密度分别也是 12 和 0.74。密排六方晶格的致密度与面心立方晶格相同，说明了这两种晶格晶胞中原子排列的紧密程度相同。

二、同素异构转变

有些元素（如 Fe、Mn、Ti、Co 等金属及其它元素约 40 多种）在不同的温度和压力等条件下具有不同的晶体结构，当外界条件（主要是温度和压力）发生变化时，会由一种晶体结构转变为另一种结构，称为同素异构转变。当晶体结构发生转变时，金属的性能(如密度、强度、塑性、导电性、磁性等)也将发生突变。

纯铁的同素异构转变最为典型，在常压下，铁在固态下由高温冷却至室温的过程中，先后发生了如下两次同素异构转变：

$$\text{体心立方} \xrightleftharpoons{1394℃} \text{面心立方} \xrightleftharpoons{912℃} \text{体心立方}$$

由于晶体致密度不同，故当发生晶型转变时将伴有比体积或体积突变。例如，当纯铁由室温加热至912℃时，由致密度较小的α-Fe转变为致密度较大的γ-Fe，体积突然减小；而冷却时则相反，体积将会膨胀。这样就会引起相变应力，从而使材料产生变形，甚至开裂。

同素异构转变是材料改性的内因和根据。例如，铁的同素异构转变是钢铁材料能够进行热处理的内因，也是钢铁材料性能多种多样、用途广泛的主要原因之一。

三、晶体结构中的间隙

从晶体中原子排列的刚球模型的相对致密度的分析可以看出，金属晶体中存在许多间隙，图4-8、图4-9所示分别为面心立方和体心立方结构中的间隙。其中：位于4个原子所组成的四面体中间的间隙称为四面体间隙；位于6个原子所组成的八面体中间的间隙称为八面体间隙。根据刚球模型的几何关系，可以求出三种典型晶体结构中四面体间隙和八面体间隙的尺寸。在面心立方结构中的八面体间隙、四面体间隙分别是正八面体和正四面体，且八面体间隙大于四面体间隙；而在体心立方结构中的八面体间隙却比四面体间隙小，且二者的形状都是不对称的，其棱边长度不完全相等。

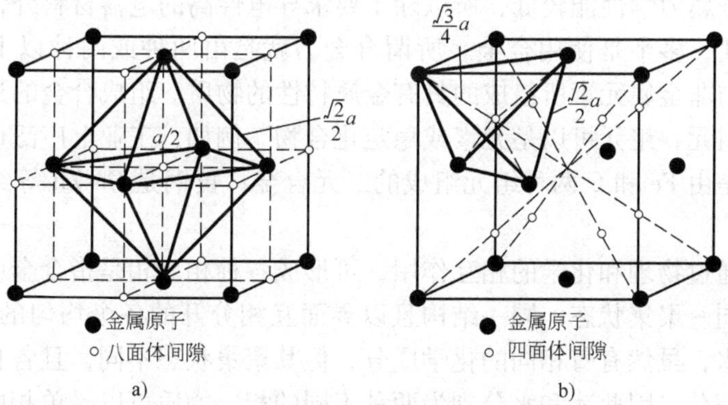

图4-8 面心立方结构中的间隙
a）八面体间隙 b）四面体间隙

晶体中的间隙溶入原子后会形成间隙固溶体，晶体结构不同致使其间隙的大小和形状也不一样，在形成间隙固溶体时溶质原子的溶解度也不同。随着溶质原子的溶入，间隙固溶体晶格将产生晶格畸变。溶质原子含量越高，晶格畸变就越大，固溶体强度和硬度的提高就越显著。例如，碳原子可溶入 α-Fe 和 γ-Fe 的间隙中，且实验证明均是八面体间隙；此外，由于 γ-Fe 的间隙大，故碳原子在 γ-Fe中的溶解度比在 α-Fe 中的溶解度要大。

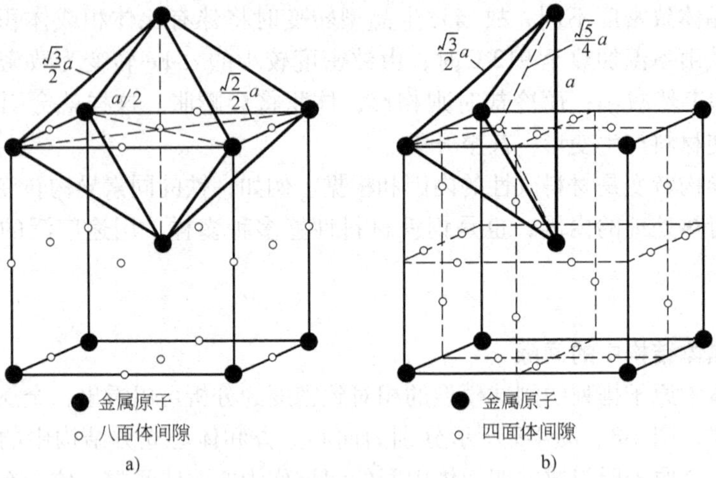

图 4-9 体心立方结构中的间隙

a）八面体间隙 b）四面体间隙

第四节 合金的相结构

由于纯金属力学性能较低，所以除了要求导电性高的电器材料外，工业上很少使用纯金属，多半是使用合金。所谓合金，就是由两种或两种以上的金属元素，或金属与非金属元素所组成的具有金属特性的物质。组成合金的最基本的独立物质称为组元，组元可以是元素或稳定化合物。例如，工业上广泛使用的碳钢和铸铁，就是由 Fe 和 C 两种组元组成的二元合金；黄铜是 Cu-Zn 等组成的二元合金。

组元间通过物理和化学的相互作用，可形成各种相。相是指合金中具有同一化学成分、同一聚集状态、同一结构且以界面互相分开的各个均匀的组成部分。例如，冰和水，虽然有着相同的化学成分，但其聚集状态不同，且各自为性质不相同的均匀部分，因此冰和水分别为两种不同的相。物质可以是单相的，也可以是由多相组成的。合金的优良性能是由合金各组成相的结构及其形态所决定的。

不同的相具有不同的晶体结构，固态合金中的相，按其晶格结构的基本属性可分为固溶体和中间相两大类。

一、固溶体

固溶体是溶质原子溶入金属溶剂中所组成的合金相。固溶体的点阵结构仍保持溶剂金属的结构，只引起晶格参数的改变和晶格畸变。工业上所使用的金属材料，绝大部分是以固溶体为基体的，有的甚至完全由固溶体所组成。例如碳钢和合金钢，其基体相均为固溶体，且含量占组织中的绝大部分。

（一）固溶体的类型

分类标准不同，固溶体的类型也不一样：

1. 按溶质原子在金属溶剂晶格中的位置　固溶体可分为置换固溶体和间隙固溶体两种，如图 4-10 所示。当溶质原子代替了一部分溶剂原子而占据着溶剂晶格中的某些阵点位置，所形成的固溶体称为置换固溶体(图 4-10a)。合金钢中的 Mn、Cr、Ni、Si、Mo 等各种元素都能与 Fe 形成置换固溶体。当溶质原子进入金属溶剂晶格的间隙时，形成的固溶体称为间隙固溶体(图 4-10b)。过渡族金属元素(如 Fe、Co、Mn、Cr、Ni、Mo)与 H、B、C、N 等原子半径较小的非金属元素结合在一起，就能形成间隙固溶体。在金属材料的相结构中，形成间隙固溶体的例子很多，例如，碳钢中碳原子溶入 α-Fe 晶格间隙中能形成间隙固溶体(称为铁素体)；碳原子溶入 γ-Fe 晶格间隙中也能形成间隙固溶体(称为奥氏体)。

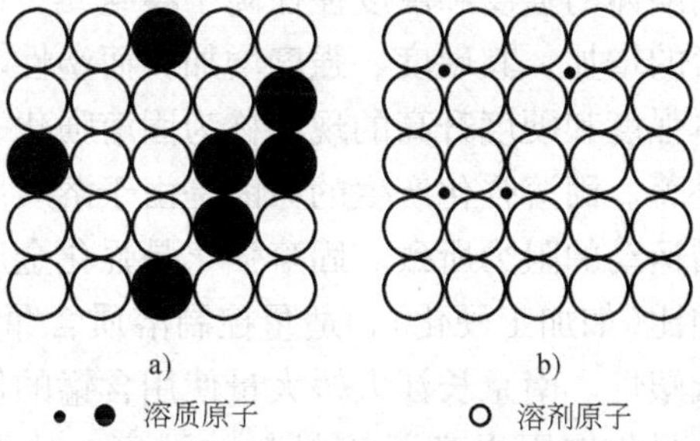

图 4-10　固溶体的两种基本类型
a）置换固溶体　b）间隙固溶体

2. 按溶质原子在金属溶剂中的溶解度　固溶体可分为有限固溶体和无限固溶体两种。当两组元在固态可部分溶解时，所形成的固溶体称为有限固溶体，大部分固溶体属于这一类，例如 Fe-C、Cu-Sn 等合金系都形成有限固溶体。两组元在固态可无限溶解时所形成的固溶体称为无限固溶体，此时固溶体的溶解度可达 100%。例如，Cu 和 Ni 都是面心立方晶格，原子直径相近，处于同一周期并相邻，可形成无限固溶体。

3. 按溶质原子在金属溶剂中的相对分布情况　固溶体可分为有序固溶体和无序固溶体两种。如果溶质原子统计地分布在溶剂的晶格中，它占据溶剂晶格的阵点位置或间隙位置，没有秩序或规律，这便是无序固溶体；若溶质原子按适当比例并在溶剂原子周围形成有规律的排列，即为有序固溶体。

（二）影响固溶体溶解度的因素

1. 电负性差　电负性差反映了两种元素化学亲和力的差别。两种元素化学性质差别越大，电负性差越大，固溶体溶解度越小。

2. 原子尺寸　由于溶质原子与溶剂原子的尺寸不可能完全相同，当溶质原子溶入溶剂晶格后会引起晶格畸变，进而使晶体能量升高，这种升高的能量称为晶格畸变能。畸变能越高，晶格便越不稳定。形成置换固溶体时，原子尺寸越相近，可溶性越强；形成间隙固溶体时，原子尺寸相差越大，可溶性越强。

3. 电子浓度　电子浓度是合金中价电子数目与原子数目之比。一定晶格排列对应着某一电子浓度。两组元的价电子差别越大，溶解度则越小。

4. 晶体结构　相同的晶体结构，溶解度较大。如 Cr、V、Mo 是体心立方，与 α-Fe 溶解度大，而与 γ-Fe 的溶解度小。形成无限固溶体的必要条件是各组元具有相同的晶体结构。

（三）固溶体的性能

1. 力学性能　随着溶质含量增加，固溶体的力学性能将发生明显的变化。固溶体的强度和硬度往往高于各组元，而塑性较低。在一般情况下，随着合金元素的增加，其硬度、强度增加，而塑性、韧性下降。由于溶质元素的溶入使固溶体强度和硬度升高的现象称为固溶强化，且间隙固溶的强化效果比置换固溶更为显著。固溶强化产生的原因是由于溶质原子的溶入引起溶剂晶格畸变，增大了位错运动的阻力所致。固溶强化是强化金属材料的重要手段之一，与其他强化方法相比（如加工硬化），适量控制溶质含量，可在提高强度、硬度的同时不明显降低塑性。南京长江大桥大量使用含锰的低合金结构钢，原因之一就是由于锰的固溶强化作用提高了该材料的强度，从而大大节约了钢材，减轻了大桥结构的自重。

应该说明的是，通过单纯的固溶强化所达到的最高强度指标毕竟有限，仍难以满足人们对结构材料的性能要求，故必须在固溶强化的基础上再进行其他的强化处理。

2. 物理与化学性能　固溶体的电学、热学、磁学等物理性质也随合金含量变化而变化。一般情况下，合金含量增加，电阻率提高，导电率下降，磁矫顽力增加；但固溶体的电阻率随温度的升高变化不大。利用固溶体的这种电学性能，可制造加热器、测量仪表和可变电阻器。另外，单相均匀的固溶体减少了材料在有腐蚀介质中内部的微电池作用，使之具有良好的抗化学腐蚀性能。

二、中间相

（一）结构与类型

当组元之间不具备形成固溶体的条件或溶质含量超过在溶剂中的溶解度时，合金中往往会出现新相，其晶格类型和特性不同于合金中任一组元，这种新相称为中间相。中间相可以是化合物，也可以是以化合物为基的固溶体，一般可用分子式来表示。除离子键和共价键外，金属键也在不同程度上参与作用，致使中间相大多具有一定程度的金属性质(如导电性)，因此中间相也称为金属化合物。像碳钢中的渗碳体(Fe_3C)、黄铜中的β相(CuZn)、铝合金中的$CuAl_2$，都是金属化合物。

根据形成条件及结构特点，金属化合物中间相主要有以下几类：

1. 正常价化合物 严格服从原子价规律的化合物称为正常价化合物，通常是由电负性相差较大的金属元素与ⅣA族、ⅤA族、ⅥA族元素所组成。这类化合物可用确定的化学式表示，通常具有较高的硬度和脆性。例如，Mg_2Si、Cu_2Se、MnS及β-SiC等，其中Mg_2Si是铝合金中常见的强化相，MnS则是钢中最常见的夹杂物。

2. 电子化合物 不遵守原子价规律，但按照一定电子浓度e/a(化合物中价电子数与原子数之比)形成的化合物称为电子化合物，由ⅠB族或过渡族金属元素(如Cu、Ag、Au等)与ⅡB族、ⅢA族、ⅣA族、ⅤA族元素(如Al、Ga、In、Sn、Zn等)所组成。电子化合物的晶体结构与电子浓度值有一定的对应关系。例如在Cu-Al合金中，当$e/a=21/14$时为β相(体心)；$e/a=21/13$时为γ相(复杂立方)；$e/a=21/12$时为ε相(密排六方)。

电子化合物的成分是可变的，它是以化合物为基的固溶体。电子化合物主要以金属键结合，具有明显的金属特性，可以导电。其熔点和硬度很高，但塑性较差，在许多有色金属中作强化相。

3. 间隙相和间隙化合物 由过渡族金属元素(如Fe、Mn、Cr、Mo等)与H、B、C、N等原子半径较小的非金属元素结合将形成间隙相和间隙化合物。它们具有金属特性、高的熔点和高的硬度。根据非金属元素(以X表示)与过渡族金属元素(以M表示)原子半径的比值大小，可分为两类：当$r_X/r_M<0.59$时，这种化合物具有简单的晶体结构，称为间隙相；当$r_X/r_M>0.59$时，化合物的晶体结构很复杂，称为间隙化合物。由于氢和氮的原子半径较小，故过渡族金属的氢化物和氮化物都是间隙相。硼的原子半径最大，故过渡族金属的硼化物都是间隙化合物。碳的原子半径比氢、氮大，但比硼小，故一部分碳化物是间隙相，如VC、TiC、WC、ZrC，其中VC的晶体结构如图4-11所示；另一部分碳化物是间隙化合物，如Fe_3C，其晶体结构如图4-12所示。碳化物是碳钢、合金钢及铁基合金中的重要组成相，其结构、形态、大小及分布对其性能影响很大。

间隙相中组元的比例满足简单的化学式，如M_4X、M_2X、MX、MX_2；成分可变，且能溶解其他组成元素而形成以间隙相为基的固溶体。间隙相有极高的熔点及硬度，它的合理存在，可有效地提高合金工具钢及硬质合金的强度、热强性和耐磨性。另外，通过对钢件表层渗入或涂层的方法使之形成含有间隙相的薄层，可显著增加钢的表面硬度和耐磨性，延长零件的使用寿命。

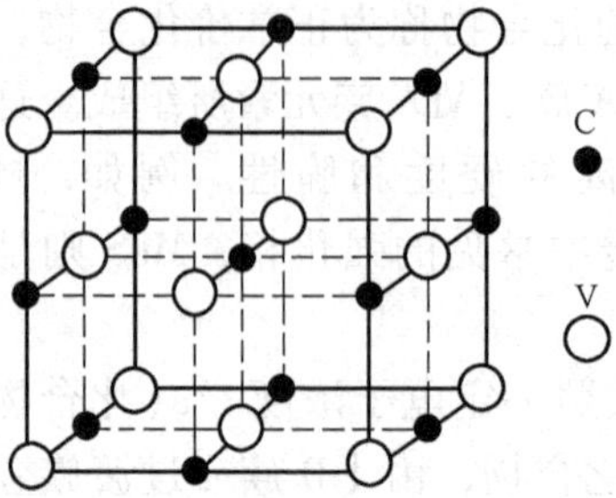

图 4-11 间隙相 VC 的晶体结构

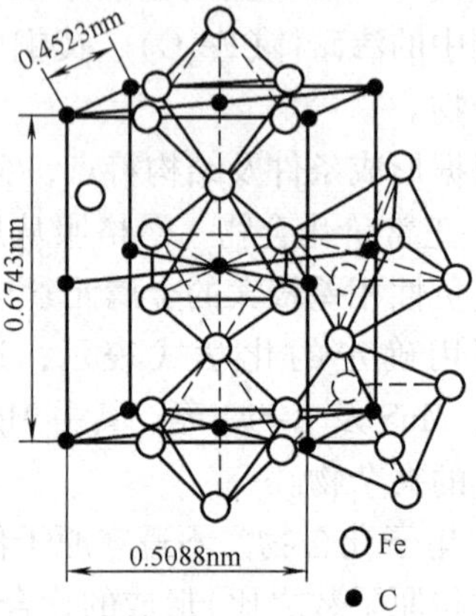

图 4-12 间隙化合物 Fe_3C 的晶体结构

间隙化合物的类型很多，合金钢中常见的有 M_3C 型（如 Fe_3C）、M_7C_3 型（如 Cr_7C_3）、$M_{23}C_6$ 型（如 $Cr_{23}C_6$）、M_6C 型（如 Fe_3W_3C）等。Fe_3C 是钢铁材料中的一个基本相，称为渗碳体，其晶体结构如图 4-12 所示，其中 Fe 原子可被 Mn、Cr、Mo、W 等原子所置换，形成以间隙化合物为基的固溶体，如 $(Fe,Mn)_3C$、$(Fe,Cr)_3C$ 等，称为合金渗碳体。间隙化合物也具有高硬度、高熔点，但比间隙相要低些。

（二）特性与作用

金属化合物中间相一般均具有较高的熔点和硬度，当合金中出现金属化合物中间相时，合金的强度、硬度、耐磨性及耐热性提高（但塑性有所降低），因此目前在工业上广泛应用的结构材料和工具材料中（如各类合金钢、硬质合金及许多有色金属等），金属化合物是其不可缺少的重要组成相。由于结合键和晶格类型的多样性，金属化合物还具有许多特殊的物理化学性能，其中已有不少正在开发应用为新的功能材料和耐热材料。例如具有半导体性能的砷化镓（GaAs），其性能远远超过了目前广泛使用的硅半导体材料，现今正应用在发光二极管的制造上，以作为超高速电子计算机的元件；此外，还有能记住原始形状的记忆合金 NiTi 和 CuZn，能作为氢能（新一代能源）的储氢材料 $LaNi_5$ 等。

应该说明注意的是，大多数工业上使用的合金极少是由单纯的固溶体单相或化合物单相组成。这是因为化合物硬度虽高，但脆性大；单纯的固溶体强度也不够高。工业上多数实用合金是由固溶体基体与少量化合物强化相所构成的混合物，其中化合物的合理存在可提高这种混合组织的强度和硬度，而塑性、韧性受到一定的损害，这就是弥散强化(或沉淀强化)现象。通过调整固溶体的溶解度和分布于其中的化合物的形态、数量、大小及分布，可使合金的力学性能发生很大的变化，以便满足不同的性能需要。例如，碳钢中的渗碳体，其形态直接影响碳钢的性能；渗碳体的形态可以是片状、粒状或网状，片有粗细之分，粒有大小之异，其性能当然不一样。

钢铁材料中碳化物的类型不同，其稳定性不同，熔点、硬度也不同，见表4-2。例如，在工具钢中加入少量钒形成 VC，可提高其耐磨性；在结构钢中加入少量钛形成少量 TiC，可防止其过热；高速钢中由于 W_2C、VC 在高温下比较稳定并成弥散分布，其在高温下能保持高硬度和切削性能；硬质合金中正是由于所含的碳化物(WC、TiC 等)的高硬度，才保证了其优越的切削性能。

表 4-2 一些碳化物的硬度及熔点

碳化物类型	间隙相						间隙化合物	
成分	TiC	ZrC	NbC	VC	WC	MoC	$Cr_{23}C_6$	Fe_3C
硬度 HV	2850	2840	2050	2010	1730	1480	1650	~860
熔点/℃	3410	3805	3770 ± 125	3023	2867	2960 ± 50	1520	~1600

第五节 离子晶体与共价晶体的结构

一、离子晶体结构

(一) 结构与类型

离子晶体在陶瓷材料中占有重要地位，例如 MgO、Al_2O_3 等都是在陶瓷材料中具有明显离子键的晶体材料。构成离子晶体的基本质点是正、负离子，它们之间以静电作用力(库仑力)相结合。例如，当 Na 与 Cl 原子相互接触时，由于各自的外层轨道上的电子一失一得，使它们各自变成正离子 Na^+ 和负离子 Cl^-，二者靠静电作用结合起来，形成 NaCl。

NaCl 的点阵是由负离子(Cl^-)构成面心立方点阵，而正离子(Na^+)占据其全部八面体间隙，如图4-13 所示。NaCl 属于立方晶系、面心立方晶格，其中正负离子的配位数均为 6。

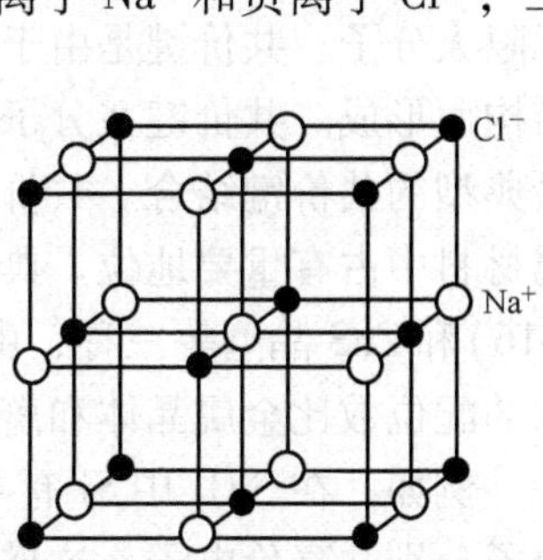

图 4-13 NaCl 晶体结构

当负离子作不同堆积时，可以构成数量不等、形状各异的空隙。由于正离子半径一般较小，负离子半径较大，故离子晶体通常看成是由负离子堆积成骨架，正离子则按其自身的大小位于相应的负离子空隙(负离子配位多面体)中。所谓负离子配位多面体是指：在离子晶体结构中，与某一个正离子成配位关系而邻接的各个负离子中心线所构成的多面体，图 4-14 所示为 MgO 晶格中的负离子配位多面体。

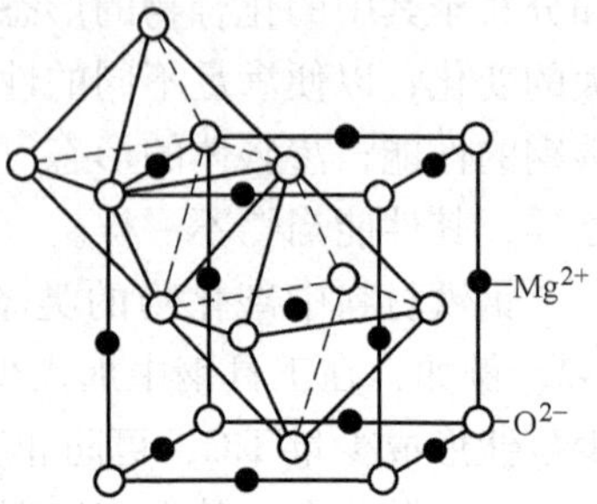

图 4-14 MgO 晶格中的负离子配位多面体

离子晶体有许多类型，对于二元离子晶体，大致有六种基本结构类型，分别是 NaCl 型、CsCl 型、立方 ZnS 型、六方 ZnS 型、CaF_2 和 TiO_2 型。

大多数盐类、碱类及金属化合物都形成离子晶体；典型的金属元素与非金属元素的化合物 NaCl、LiF、SrO、BaO 等都是离子晶体；陶瓷材料中很多金属氧化物(如 Al_2O_3、TiO_3 等)以及三元及多元化合物都可以归属于离子晶体。

(二) 特性与作用

由于离子键的键能高，结合力很大，外层电子被牢固地束缚在离子的外围，因而，以离子键结合的材料其性能表现为硬度与强度高、热膨胀系数小。在常温下，由于很难产生可以自由运动的电子，所以离子晶体的导电性很差，是良好的电绝缘体；但在熔融状态下所有离子均可运动，故在高温下又易于导电。由于离子的外层电子比较牢固地束缚在离子的外围，可见光的能量难以激发外层电子，不吸收可见光，因此离子晶体往往呈现无色透明状。在外力作用下，离子之间将失去电的平衡而使离子键破坏，宏观上表现为材料断裂，所以通常表现为较大的脆性。陶瓷材料中的晶相大多数是离子晶体，具有高硬度，例如 Al_2O_3 是用于制造刀具、砂轮、磨料的原料。

二、共价晶体结构

(一) 结构与类型

共价晶体是由同种非金属元素的原子或异种元素的原子以共价键结合而成的无限大分子。共价键是由于相邻原子共用其外部价电子，形成稳定的电子满壳层结构而形成。共价键在分子及晶体中都普遍存在，氢分子中两个氢原子的结合是最典型的共价键结合。共价键在有机化合物中也是很普遍。共价晶体在无机非金属材料中占有重要地位。典型的共价晶体有金刚石晶型(图 4-15)、SiO_2 晶型(图 4-16)和 ZnS 晶型等三种，由于共价键具有饱和性和方向性特点，使共价晶体结构的配位数比金属晶体和离子晶体均低。

例如，在 SiO_2 中 Si 有 4 个价电子，O 有 6 个价电子，每个 Si 原子与 4 个 O 原子分别共享价电子。这样，Si 原子有 8 个外层电子；每个 O 原子与 2 个 Si 原子分别共享价电子，所以 O 原子也有 8 个外层电子。

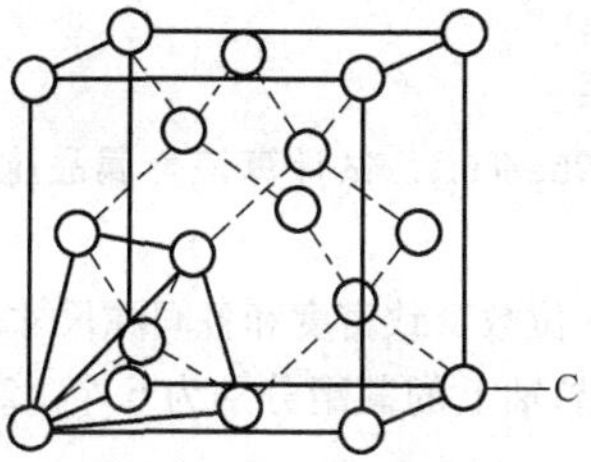

图 4-15 金刚石晶体结构

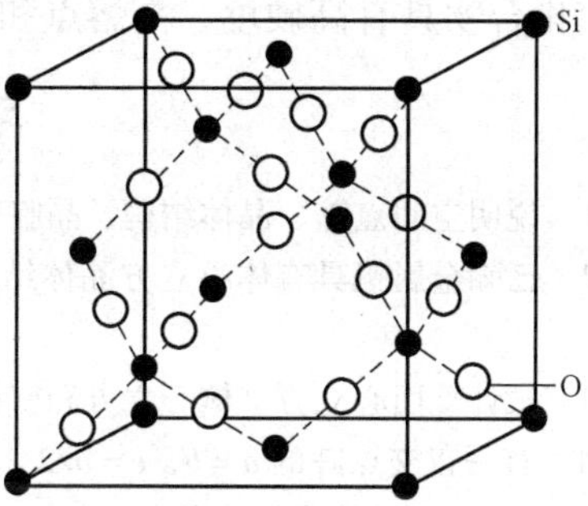

图 4-16 SiO_2 晶体四面体结构

(二) 特性与作用

由于共价键的结合力要比离子键强，故共价晶体的硬度高、熔点高、强度大，延展性和导电性都很差，这在金刚石中表现得尤其突出。金刚石是自然界中最硬的材料，其熔点也极高。高分子材料、金刚石(碳)、Bi、Si、Ga、SiC、GaAs、CH_4 和 Cl_2 等都具有共价键，但它们之间结合能的差别甚大。例如，金刚石的共价键结合能大，故它的熔点高达 3550℃；铋的共价键结合能低，熔点只有 270℃。

小 结

晶体是由原子、分子或离子在三维空间彼此有规则地排列形成的物质，这种有序排列方式称为晶体结构，它显著影响材料的性能。晶体材料分为金属晶体、离子晶体、共价晶体等。金属、许多陶瓷和一些聚合物材料都是晶体。大多数金属都具有简单的晶体结构。最常见的晶体结构有三种类型，即面心立方、体心立方和密排六方。

固态合金中的相，按其晶格结构的基本属性可分为固溶体和中间相。在固态下，合金中组元互相溶解而形成均匀的固相，称为固溶体。其中含量较多的元素称为溶剂，含量较少的元素称为溶质。固溶体一般具有与溶剂元素相同的晶体结构。固溶体有置换固溶体和间隙固溶体两种类型。固溶体在一般情况下，随着合金元素的增加，硬度、强度增加，而塑性、韧性下降。由于溶质元素的溶入使固溶体强度和硬度升高的现象，称为固溶强化。

当溶质元素超过了其在溶剂金属中的溶解度时，那么将出现新的第二相，它可以是固溶体，也可以是化合物(中间相)。化合物的晶体结构不同于此相中的任一组元。常见的化合物类型有正常价化合物、电子化合物、间隙相和间隙化合物等。化合物具有高硬度、高熔点和较大的脆性，故常作为合金中的强化相。

习　　题

4-1　说明空间点阵、晶体结构、晶胞三者之间的关系。

4-2　已知金属钒具有体心立方晶体结构，密度为 $5.96g/cm^3$，试计算该金属晶胞的原子直径 d。

4-3　试计算面心立方、体心立方和密排六方晶胞的配位数、致密度和各间隙尺寸。

4-4　有一正交点阵的 $a=b$，$c=a/2$。一晶面在三个晶轴上的截距分别为6个、2个和4个原子间距，试写出该晶面指数。

4-5　在立方晶系的一个晶胞中画出(112)、(123)、(110)、$(11\bar{1})$晶面。

4-6　在面心立方晶胞中的(111)晶面上标出此$[\bar{1}10]$、$[01\bar{1}]$、$[11\bar{2}]$、$[\bar{2}11]$晶向。

4-7　碳原子易进入α-Fe还是γ- Fe？如何解释？

4-8　在常温下，已知Fe、Cu的原子直径 d 分别为0.254nm、0.255nm，试求两者的晶格常数。

4-9　① 假设刚性球模型的球直径不变，当晶体由面心立方变成体心立方结构时，试计算其体积膨胀量。

② 在912℃时，γ-Fe的晶格常数为0.3633nm，α-Fe的晶格常数为0.2892nm，当由γ-Fe转变为α-Fe时，试计算其体积膨胀量。

③ 分析上述两结果计算差别的原因。

4-10　分析比较固溶体与金属化合物的结构与性能的异同。

4-11　简述影响固溶体溶解度的因素。

4-12　阐述离子晶体和共价晶体的结构和应用特点。

第五章　晶 体 缺 陷

理想晶体中的每一个原子都按晶体结构的要求占据它们应有的位置，但实际金属晶体中的原子排列未必完全规则，在某些局部区域，原子排列甚至很不规则。这些原子排列的规律性受到严重偏离的区域，称之为晶体缺陷。虽然这些偏离规定位置的原子数目很少，从整体结构上看还是接近完整的，但晶体缺陷对金属的许多性能有着极重要的影响，材料的烧结和固相的反应以及金属的塑性变形等都和晶体中缺陷的存在有关，因此，研究晶体缺陷有着重要的实际意义。

根据晶体缺陷的几何特征，可将它们分为三大类：

1）点缺陷：偏离区域在三维空间的各个方向上的尺度均很小，约为一个或几个原子间距，因此也称零维缺陷，如空位、间隙原子、杂质原子等。

2）线缺陷：偏离区域在二个空间方向的尺度很小，在另一个方向的尺度较大，也称一维缺陷，如位错。

3）面缺陷：偏离区域在一个空间方向的尺度很小，在另两个方向的尺度较大，也称为二维缺陷，如晶界、相界、堆垛层错等。

第一节　点　缺　陷

一、点缺陷的种类及产生

纯金属晶体中的点缺陷包括空位和自间隙原子，以及由它们组合而成的复杂形式。空位是晶体内部原子迁移到界面后，在体内留下的原子尺度的空洞；自间隙原子是进入自身晶格间隙位置的原子(图 5-1)。

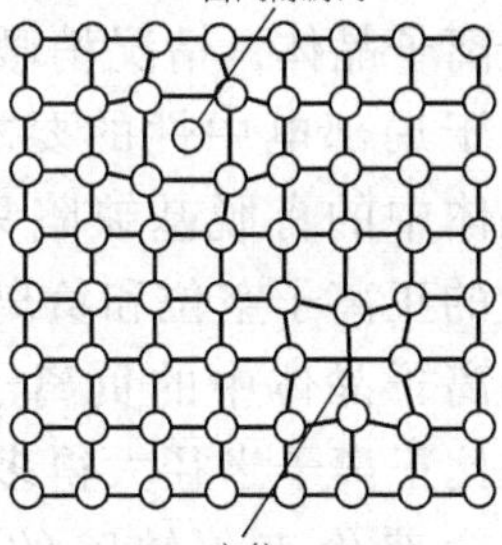

图 5-1　空位及自间隙原子示意图

异类原子的溶入也会产生点缺陷，这主要是指在有杂质或合金元素的情况下。例如，对于合金而言，由于溶质原子的半径与溶剂的半径不完全相同，它们的加入会使溶剂的晶格偏离正常的排列而形成点缺陷：当溶质原子的半径较小时，产生间隙原子；当溶质原子的半径与溶剂的大小相当时，则产生置换原子，如图 5-2 所示。实际上，点缺陷是指空位、自间隙原子和异类原子及所造成的晶格畸变区。

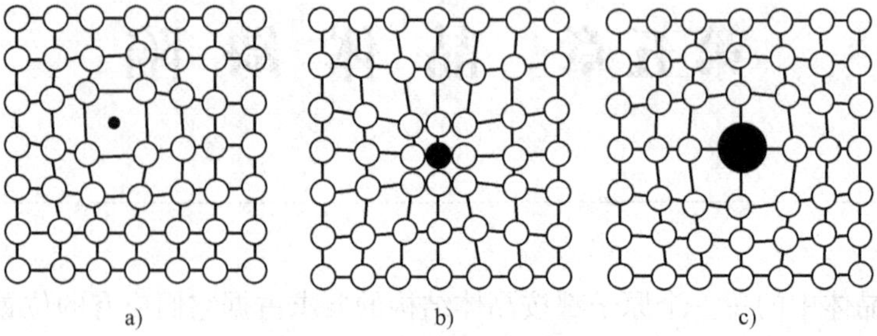

图 5-2　合金中的点缺陷类型

a）间隙原子　b）、c）置换原子

根据晶格振动理论，晶体中的原子不是静止的，它们以平衡位置为中心作热振动。如果晶体处于平衡状态，各处原子的平均振动能量是相同的。这里的平均具有双重含义：一是对大量原子的平均；二是对许多次振动的平均。如果抛开平均的概念，进而瞬时、单个地看待原子振动，则会发现各个原子的振动能量不完全相同，少数原子的振动能量可能高于平均值，如果其振动能量大到可以克服周围原子对它的束缚，该原子就可以离开原来的平衡位置。如果这个离开平衡位置的原子迁移到界面上，则在原位置上留下空位，我们称之为肖脱基缺陷(图 5-3a)；如果该原子迁移到晶体内部的间隙位置上，则将同时产生一个空位和一个自间隙原子，这个空位—自间隙原子称为弗伦克尔缺陷(图 5-3b)。对于弗伦克尔缺陷，间隙原子和空位是成对产生的，晶体的体积不发生改变；而肖脱基缺陷则使体积增加。

对于金属晶体来说，肖脱基缺陷就是金属离子空位，弗伦克尔缺陷就是金属离子空位和位于间隙中的金属离子。对于离子晶体，情况稍微复杂些，由于局部电中性的要求，离子晶体中的肖脱基缺陷只能是等量的正离子空位和负离子空位。而离子晶体中的负离子半径往往比正离子半径大得多，所以，在含弗伦克尔缺陷的晶体中，正离子空位(负电中心)的数量等于间隙正离子(正电中心)的数量。

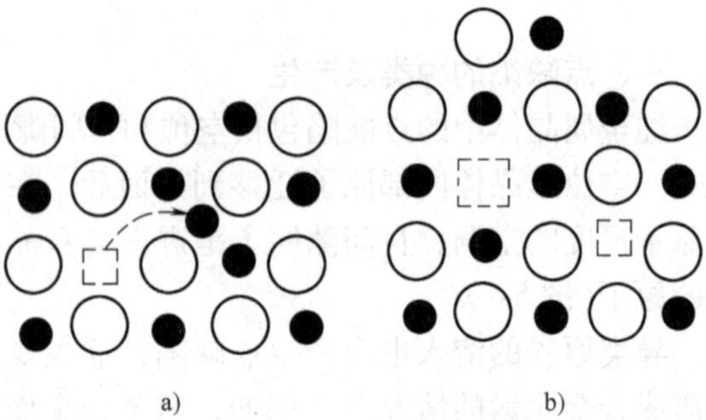

图 5-3　点缺陷示意图

a）肖脱基缺陷　b）弗伦克尔缺陷

晶体中的点缺陷并非固定不动的，由于能量起伏和原子热振动，点缺陷将不断产生、运动和消亡。例如，空位四周的原子由于热振动的能量起伏，有时可获得足够高的能量，离开原来的平衡位置而跑入空位，于是这个原子的原位置就形成了空位。这一过程也可看作是空位向邻近结点的迁移。若间隙原子与空位相遇，则两者都消失，这一过程称为复合或湮灭。

二、平衡点缺陷与过饱和点缺陷

（一）平衡点缺陷

由热力学分析可证明，在一定温度下，晶体中存在一定平衡数量的点缺陷，我们将此时点缺陷的浓度称为该温度下的缺陷的平衡浓度。计算得出某特定温度下的平衡浓度。如，空位的平衡浓度 c 为：

$$c=\frac{n}{N}=A\exp(-\Delta E_{\nu}/KT) \tag{5-1}$$

式中，n 为平衡空位数；N 为结点总数；ΔE_{ν} 为每增加一个空位的能量变化值；K 为玻尔兹曼常数；A 是与振动熵有关的常数，一般在 1～10 之间。

由式(5-1)知，空位的平衡浓度对温度十分敏感。例如，铜在1300K 时，$c=n/N\approx10^{-4}$，而在室温时仅为 10^{-19}，两者相差达15 个数量级。间隙原子的平衡浓度 c'表达式与(5-1)相似，但由于间隙原子的形成能大约是空位形成能的 3～4倍，因此，在同一温度下间隙原子的平衡浓度比空位平衡浓度小得多，通常可以忽略不计。仍以铜为例，在 1300K 时 c'仅为 10^{-15}左右。所以，在一般情况下金属晶体中点缺陷主要是指空位。

由此可知，当晶体中存在平衡浓度的空位时，不但不增加反而可以最大限度地降低晶体吉布斯自由能。从这个意义上可以说，空位是热力学稳定的晶体缺陷。

（二）过饱和点缺陷

在常温晶体中，热力学平衡的点缺陷的浓度很小，但在某些特殊情况下晶体也可以具有超过平衡浓度的点缺陷，称为过饱和点缺陷。下面介绍几种获得过饱和点缺陷的方法。

1. 淬火法　将晶体加热到高温，晶体中便形成较多的空位，然后从高温快速地冷却到低温(俗称淬火)，使空位在冷却过程来不及消失而在低温时形成过饱和空位。

2. 辐照法　高能粒子(如快速中子、重中子、电子等)辐照晶体时，能同时形成数量相等的空位和间隙原子。例如在原子反应堆中，裂变产生的高速中子的平衡能量可达到 2MeV，当它们射入金属晶体时，把原子从晶格结点上撞出，这些离位的原子再以很大的速度继续撞击其他原子，使更多的原子离位。

3. 塑性变形　对金属进行冷压力加工，使之产生塑性变形，通过位错的相互作用也可以产生过饱和点缺陷。

但过饱和点缺陷是非平衡点缺陷，是不稳定的，在加热过程中它们将通过运动而消失，最后又趋于平衡浓度。

（三）空位迁移能

金属由高温缓慢冷却时，空位浓度也将逐步减小。空位消失的机制是它们逐步迁移进入晶界、相界、位错或到达金属的表面，其驱动力是过量空位消失前后金属吉布斯自由能的差值。空位移动实质上也就是与之相邻的原子的逆向移动，原子移动需要克服周围原子对它的作用力，也就是说需要越过一个势垒，这个势垒便是空位迁移能。

点缺陷的运动实际上是原子迁移的结果，而这种运动所造成的原子迁移正是扩散现象的基础。但空位迁移能不等于自扩散激活能。金属原子进行自扩散时，一方面要克服迁移过程中遇到的势垒；另一方面还要提供原子迁移后形成空位所需的空位形成能。因此，自扩散激活能应是空位迁移能与空位形成能的总和。

三、点缺陷的应用

点缺陷对物理性能及力学性能都会产生一定的影响，点缺陷能使金属的电阻增加、体积膨胀、密度减小；同时能加速与扩散有关的相变、化学热处理及高温下的塑性变形和断裂行为等；另外，过饱和点缺陷还可以提高金属的屈服强度。

（一）点缺陷对金属物理性能和力学性能的影响

晶体中点缺陷的存在会严重影响着晶体性质，且有些是决定性的。如半导体的导电性能几乎完全是由外来的杂质原子和缺陷的存在所决定的；晶体的发光性能差不多都与杂质原子有关。在一般情形下，点缺陷主要影响晶体的物理性质，如比体积、比热容、电阻率等。

1. 比体积　为了在晶体内部产生一个空位，需将该处的原子移到晶体表面上新的位置，这将导致晶体体积的增加。

2. 比热容　由于形成点缺陷需向晶体提供附加的能量（空位生成焓），因而引起附加比热容。

3. 电阻率　金属的电阻来源于离子对传导电子的散射。在完整晶体中，电子基本上是在均匀电场中运动的，而在有缺陷的晶体中，缺陷区点阵的周期性被破坏，电场急剧变化，因而对电子产生剧烈散射，导致晶体的电阻率增大。

此外，点缺陷还影响其他物理性质，如扩散系数、内耗、介电常数等。在碱金属的卤化物晶体中，由于杂质或过多的间隙原子等点缺陷对可见光的选择性吸收，会使晶体呈现色彩，这种点缺陷便称为色心。

点缺陷对金属力学性能的影响主要是通过与位错的交互作用，阻碍位错运动而使晶体强化。

（二）点缺陷在实践中的应用

点缺陷在实践中有重要意义。在材料制备工艺中，有大量的烧结和固相反应过程，这些过程和原子在晶体内或表面上的运动有关，通常，点缺陷能加速这些过程。点缺陷的存在，有时可以通过改变电子的能量状态而对半导体的电学性能产生重要影响。此外，间隙原子能阻止晶格面相互间的滑移而使晶体的强度增加；杂质原子还能使金属的腐蚀加速或延缓。

第二节 位 错

实际晶体在结晶时由于受到杂质影响、温度变化、振动产生的应力作用，或由于受到打击、切削、研磨等机械应力的作用，使晶体内部阵点不再符合理想晶格的有序排列，形成线状的缺陷，称为位错。

一、位错的基本概念

（一）位错的类型

位错分为刃型位错、螺型位错和混合位错三种类型。

1. 刃型位错　理想的完整晶体可以被看作是由一层层原子平面按照一定的规律平行堆垛而成的，假如有一个额外的半原子面从上方切入晶体，则刀刃周围的原子必然发生位置上的偏移（图 5-4a），半原子面的最下端直线（即刀刃）便是刃型位错的中心线，称为刃型位错线。显然，离位错线越远，相对于理想晶体排列状态的偏离越小。

习惯上，将半原子面在晶体上部的位错称为正刃型位错，记作“⊥”；将半原子面在晶体下部的位错称为负刃型位错，记作“T”，如图 5-4b 所示。

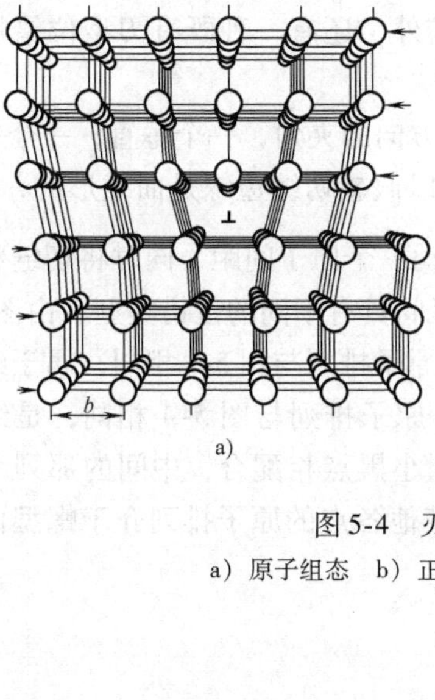

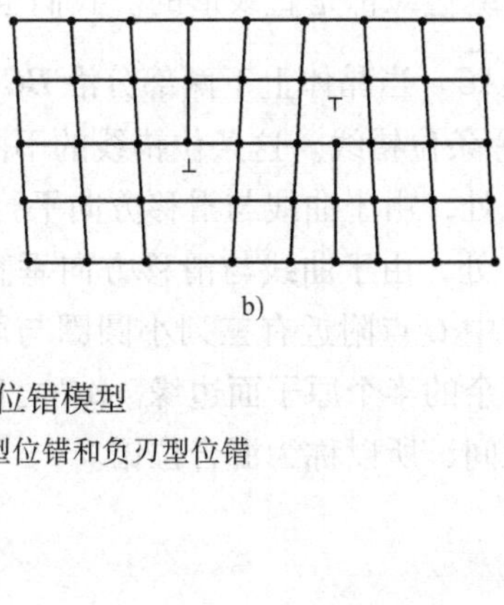

图 5-4　刃型位错模型

a）原子组态　b）正刃型位错和负刃型位错

2. 螺型位错　假设有一简单的立方晶体，沿 *ABCD* 平面局部切开，该切缝只在晶体的右侧贯穿，然后沿 *aa′* 方向使晶体上部的右侧边缘移动一个原子间距。由于晶体的左侧未被切开，结果使晶体右侧上下两部分局部发生扭动，如图 5-5 所示，其中图 b 为图 a 的俯视图，从图中可以清楚地看出在，*EF* 线与 *aa′* 线之间形成了一个上下两层原子相对错动的区域。在这个点阵严重畸变的区域里，从立体模型的正面看过去，原来的原子平面变成了螺旋面，见图 5-5c，这个严重的畸变区便是螺型位错。与刃型位错一样，离位错线越远，相对于理想晶体的排列偏离越小。

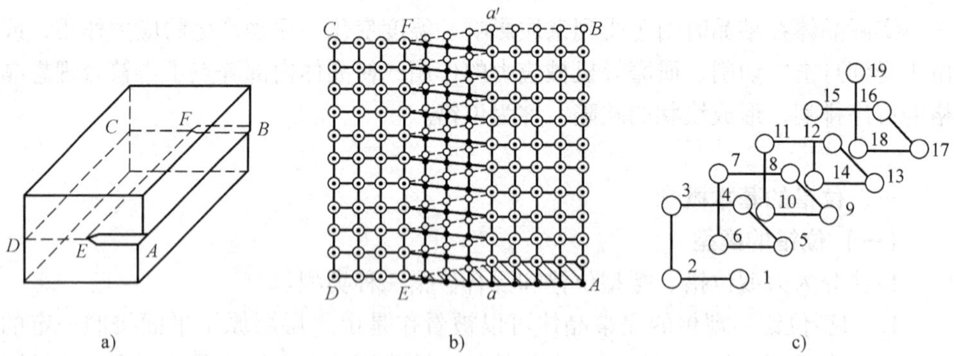

图 5-5　螺型位错模型

a）立体模型　b）原子组态　c）螺旋面

以大拇指代表螺旋面前进的方向，其他四指代表螺旋面的旋转方向，符合右手法则的称为右旋螺型位错；符合左手法则的称为左旋螺型位错。图 5-5 所示为右旋螺型位错。

3. 混合位错　除刃型位错与螺型位错外，还有一种既有刃型位错特征又有螺型位错特征的位错，称为混合位错。

刃型位错和螺型位错与局部相对滑移方向的夹角，一个垂直，一个平行，但它们的切缝边缘都是直线形的。我们也可以假想切缝边缘是曲线形的，如图 5-6 中的圆弧$\overset{\frown}{AC}$。当晶体上下两部分沿 *BC* 错动一个原子间距，同时将切缝粘合，则 *AC* 便是一条位错线。这条位错线的不同区间具有不同的位错类型。由图 5-6b 可见，在 *A* 处，由于曲线与滑移方向平行，原子排列与图 5-5 相同，属于纯螺型位错；在 *C* 处，由于曲线与滑移方向垂直，原子排列与图 5-4 相同，是纯刃型位错。图 b 中 *C* 点附近有三列小圆圈与两列小黑点相配合，中间的那列小圆圈即相当于多余的半个原子面边缘。*AC* 之间其他各点的原子排列介于螺型位错与刃型位错之间，所以称为混合位错。

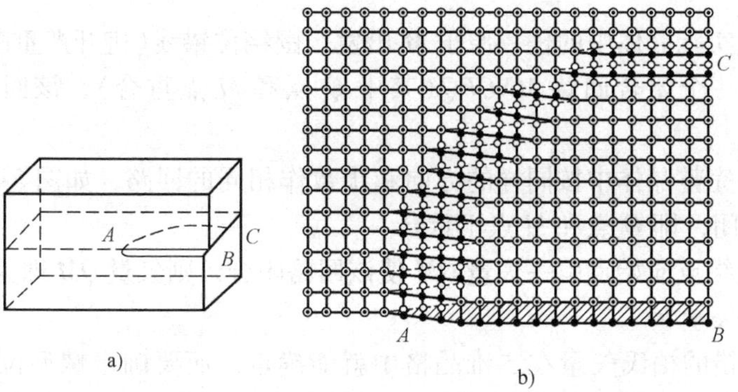

图 5-6 混合位错模型

a）立体模型 b）原子组态

（二）柏氏矢量

由以上分析可知，各种类型位错周围的点阵畸变情况有所不同。金属中的位错多数是弯曲的，一条位错线上的不同线段往往具有不同的性质，但我们没有必要用具体的原子排列图像来描述不同的位错线段。1939 年，柏格斯提出把位错抽象成一条线，用形成错位的滑移矢量定义位错矢量，并称之为柏格斯矢量，简称柏氏矢量，以 $\boldsymbol{b}$ 表示。它是位错的特征标志，只有位错才有柏氏矢量，而其他类型的缺陷均无柏氏矢量。该矢量的模 $|\boldsymbol{b}|$ 称为位错的强度，用柏氏矢量可以表示位错引起的晶格畸变。

1. 柏氏矢量的确定方法　现以刃型位错为例来说明柏氏矢量的确定方法。图 5-7a 为含有一个刃型位错的实际晶体，图 5-7b 则为用作参考的不含位错的完整晶体，确定步骤如下：

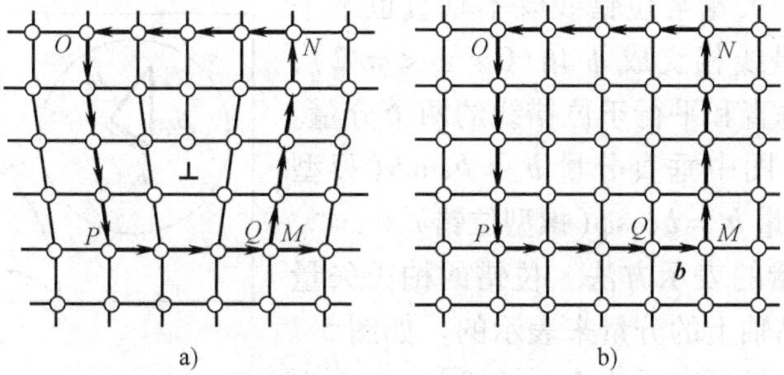

图 5-7 刃型位错柏氏矢量的确定

a）实际晶体的柏氏回路 b）完整晶体的相应回路

（1）规定位错线的正向：通常规定位错线由纸面向外伸出的方向为正向；按右手法则作回路：右手大拇指指向位错线的正向，回路方向按右手螺旋方向确定。

（2）从实际晶体中的任一原子 M 出发，围绕位错线（避开严重畸变区）以一定的步数作一个闭合回路 $MNOPQ$（其中 Q 点和 M 点重合），该回路称为柏氏回路。

（3）在完整晶体中按同样的方向和步数作相同的回路，如图 5-7b 所示，该回路并不封闭，即 Q 点和 M 点不重合。

（4）由终点向始点引一矢量 QM 使该回路闭合，则矢量 QM 即为实际晶体中位错的柏氏矢量 $\boldsymbol{b}$。

刃型位错的柏氏矢量在二维晶格中就能确定，而要确定螺型位错的柏氏矢量，则只能在三维晶格中进行。图 5-8 就是用柏氏回路确定螺型位错柏氏矢量的例子。柏氏矢量与回路起点的选择、回路的大小无关。

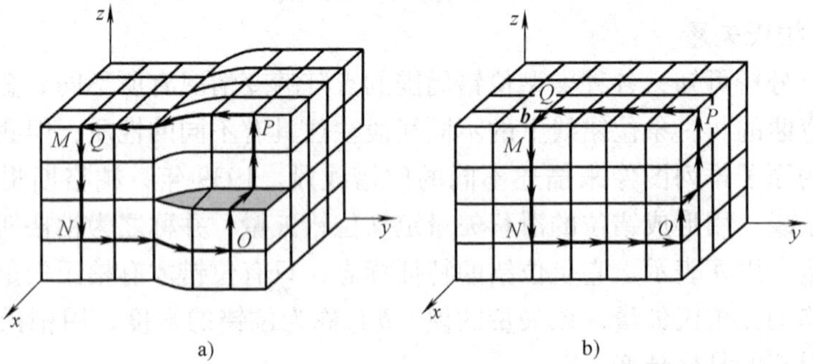

图 5-8　螺型位错柏氏矢量的确定

a）实际晶体的柏氏回路　b）完整晶体的相应回路

刃型位错的柏氏矢量与位错线垂直；螺型位错的柏氏矢量则与位错线平行；混合位错的柏氏矢量与位错线既不垂直也不平行，而是与位错线相交成 ϕ 角（$0<\phi<\pi/2$），可将其分解为垂直和平行于位错线的两个分量。如图 5-9 所示，图中垂直分量 $\boldsymbol{b}_e=\boldsymbol{b}\sin\phi$（刃型位错），平行分量 $\boldsymbol{b}_s=\boldsymbol{b}\cos\phi$（螺型位错）

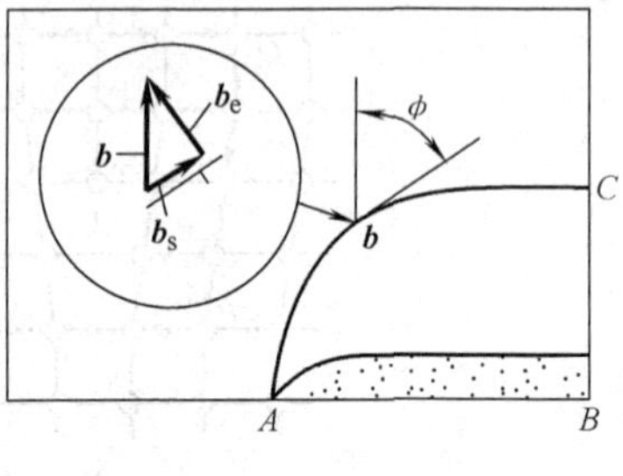

图 5-9　混合位错的柏氏矢量

2. 柏氏矢量的表示方法　位错的柏氏矢量通常是以它在晶轴上的分量来表示的。如图 5-7 中刃型位错的矢量可表示为 $\boldsymbol{b}=[0b0]$。在立方晶系中，由于 $a=b=c$，故可用与柏氏矢量 $\boldsymbol{b}$ 同方向的晶向指数来表示，例如，前面的柏氏矢量可写为作：$\boldsymbol{b}=a[010]$，其中，a 为晶格常数，[010]为滑移方向。

一般地，立方晶系的柏氏矢量可记为：$\boldsymbol{b}=\frac{a}{n}[uvw]$，表示从原点到晶体中坐标值为$\frac{u}{n}$、$\frac{v}{n}$、$\frac{w}{n}$的阵点的柏氏矢量。

柏氏矢量的模$|\boldsymbol{b}|$表示位错强度，可由下式确定：

$$|\boldsymbol{b}|=\frac{a}{n}\sqrt{u^2+v^2+w^2} \tag{5-2}$$

如$\boldsymbol{b}=\frac{a}{2}[110]$时，其强度为$\frac{1}{\sqrt{2}}a$

柏氏矢量可以进行矢量运算。如果一个柏氏矢量$\boldsymbol{b}$为另两个柏氏矢量$\boldsymbol{b}_1$与$\boldsymbol{b}_2$之和，其中$\boldsymbol{b}_1=\frac{a}{n}[u_1v_1w_1]$，$\boldsymbol{b}_2=\frac{a}{n}[u_2v_2w_2]$，则按照矢量关系有：

$$\begin{aligned}\boldsymbol{b}=\boldsymbol{b}_1+\boldsymbol{b}_2&=\left(\frac{a}{n}u_1+\frac{a}{n}v_1+\frac{a}{n}w_1\right)+\left(\frac{a}{n}u_2+\frac{a}{n}v_2+\frac{a}{n}w_2\right)\\&=\frac{a}{n}(u_1+u_2)+\frac{a}{n}(v_1+v_2)+\frac{a}{n}(w_1+w_2)\\&=\frac{a}{n}[(u_1+u_2),(v_1+v_2),(w_1+w_2)]\end{aligned} \tag{5-3}$$

柏氏矢量为研究位错提供了一种抽象而简明的方法。

3. 柏氏矢量的意义　有以下几点：

（1）根据柏氏矢量与位错线的关系可以确定位错类型。如前所述，刃型位错和螺型位错的柏氏矢量分别垂直、平行于位错线；而混合位错的位错线则是由刃型和螺型两个位错分量混合而成的。刃型位错可以是直线也可以是任意形状的曲线，而螺型位错则只能是直线。

刃型位错的正负可用右手法则来确定。右手的拇指、食指、中指构成直角坐标，若食指代表位错方向，中指代表柏氏矢量方向，则拇指就指向多余半原子面方向。拇指向上时为正刃型位错；反之，为负刃型位错。

螺型位错的位错线和柏氏矢量的方向相同时，为右螺型位错；方向相反时，为左螺型位错。

（2）柏氏矢量$\boldsymbol{b}$表示位错线周围总畸变量的大小和方向。柏氏矢量越大，位错周围的点阵畸变也就越严重。柏氏矢量的方向表示位错的性质与位错线的取向，而柏氏矢量大小$|\boldsymbol{b}|$（位错的强度）表示畸变的程度。

（3）柏氏矢量具有守恒性。一定的位错，无论柏氏回路的大小、形状如何变化，只要它不与别的位错线相交，则所测得的柏氏矢量是一定的，这一特性称为位错的柏氏矢量守恒性。由此可以得出以下结论。

1）一条位错线只有惟一的柏氏矢量。因此，位错在晶体中运动或形态改变时，其柏氏矢量是不变的。

2）如有几根位错线相交于一点，则其中任一位错的柏氏矢量等于其他各位错的柏氏矢量之和，见图 5-10，可以证明 $\boldsymbol{b}_1=\boldsymbol{b}_2+\boldsymbol{b}_3$。首先环绕柏氏矢量的 $\boldsymbol{b}_2$、$\boldsymbol{b}_3$ 的两个位错做一个大的柏氏回路，由回路所得的柏氏矢量以 $\boldsymbol{b}$ 表示，它应该是两个位错畸变的总和，即

$$\boldsymbol{b}=\boldsymbol{b}_2+\boldsymbol{b}_3$$

而且，此位错在结点 O 处和位错 $\boldsymbol{b}_1$ 联结，因此位错 $\boldsymbol{b}$ 可视为 $\boldsymbol{b}_1$ 位错线的延伸或移动而形成的，可以把它们看成是一条位错线，所以 $\boldsymbol{b}=\boldsymbol{b}_1$，故 $\boldsymbol{b}_1=\boldsymbol{b}_2+\boldsymbol{b}_3$。

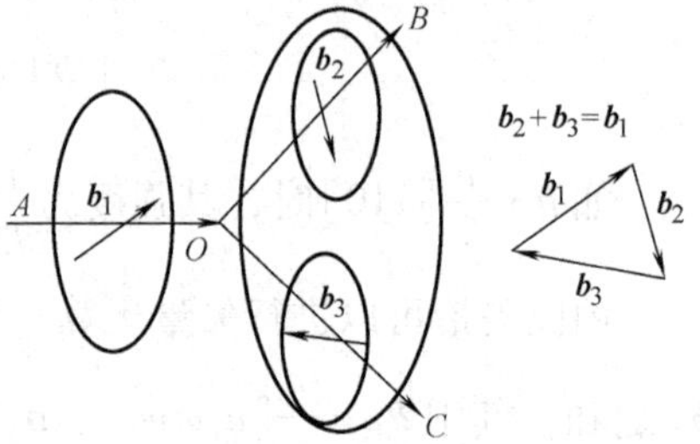

图 5-10 位错的结点

3）位错线不能在晶体内部中断。在晶体内，位错可以自成闭合的位错环，或者穿过晶体终止在晶界或晶体的表面。

总之，一条位错线只有一个柏氏矢量，柏氏矢量是位错的特征矢量。因此，以后讨论位错类型及运动时不必总是纠缠在位错处原子排列的具体情况。

（三）位错密度

晶体中的位错数量通常用位错密度 ρ 来表示。位错密度是指单位体积内位错线的总长度。其表达式为

$$\rho=S/V \tag{5-4}$$

式中，ρ 是晶体的位错密度；S 是晶体中位错线的总长度；V 是晶体的体积。因此，ρ 的单位为 cm/cm^3 或 $1/cm^2$

但是，由于实际上很难从实验中直接测出位错总长度 S，所以为了方便起见，把位错线当成直线，而且是平行地从晶体的一面延伸到另一面，这样，位错密度就等于穿过单位截面积的位错线数目，即

$$\rho=\frac{n\times l}{l\times A}=\frac{n}{A} \tag{5-5}$$

式中，n 是截面积中的位错数；A 是截面面积；l 是每根位错线的长度。实验结果表明，在充分退火后的金属中，位错密度约为 $10^5\sim10^6/cm^2$；而经过强烈塑性变形的金属中，位错密度可高达 $10^{10}\sim10^{12}/cm^2$。

二、位错的运动

运动是位错性质的一个重要方面，位错运动的难易程度则直接关系到晶体的强度。

（一）作用在位错上的力

在切应力作用下，晶体中的位错将沿滑移面运动。由于位错运动的方向总是

与位错线相垂直，故可以设想有一个垂直于位错线的力推动位错前进，这就是“作用在位错线上的力”，这个外力场对位错产生的假想行为可用“虚功原理”导出。

设有一小段位错线 dl 在切应力 τ(沿柏氏矢量的方向作用在滑移面上)的作用下，前进了 ds 距离，如图 5-11 所示。此时，位错线扫过的面积为 dA($dA = dlds$)，结果使晶体中 dA 面积的上下两部分沿滑移面产生了滑移量为 b 的滑移，因此，切应力使晶体滑移所作的功为

$$dW = (\tau dA)b = \tau dl ds b \quad (5\text{-}6)$$

而此功也可以认为是由垂直于位错线的假想作用力 F 使位错移动 ds 距离所作的。即

$$W = F ds \quad (5\text{-}7)$$

式(5-6)和式(5-7)应该相等，由此可求出 $F = \tau b dl$，作用在单位长度位错线上的力用 F_d 表示为

$$F_d = F/dl = \tau b \quad (5\text{-}8)$$

由式(5-8)知，作用在单位长度位错线上的力 F_d 与外加切应力 τ 和柏氏矢量模 $|\boldsymbol{b}|$ 成正比，方向处处垂直于位错线，并指向未滑移区，如图 5-12 所示。

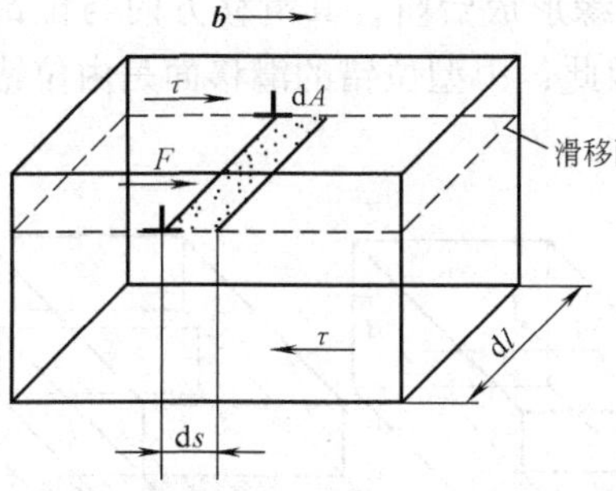

图 5-11 作用在位错线上的力

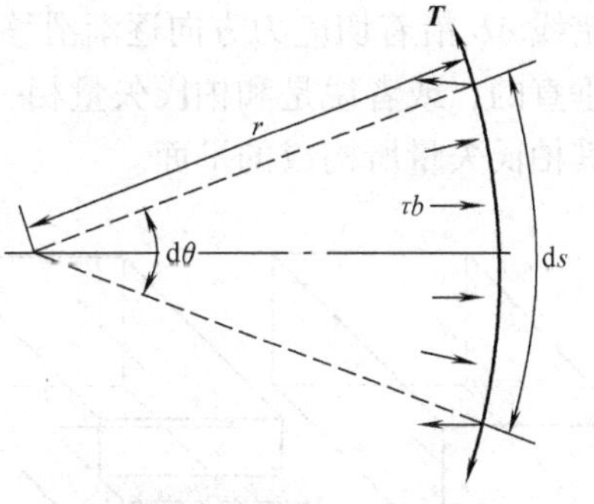

图 5-12 位错的线张力

由于一条位错线上各部分的柏氏矢量都相同，只要作用在晶体上的切应力是均匀的，那么同一条位错线中各段所受力的大小是相同的。作用在其他类型的位错线的假想力也可以按上述方法求得。必须指出：作用在位错上的力并不代表位错线附近的原子实际上所受的作用力，而是作用在位错这种组态上的假想力。这一假想力实为位错运动的驱动力，始终垂直于位错线，而和切应力与柏氏矢量的方向无确定关系。如刃型位错的 F_d 与 τ 的方向一致；而螺型位错的 F_d 与 τ 方向垂直；对于任意形状的混合位错来说，F_d 与 τ 方向既不平行也不垂直，力的方向为位错线上各点的法线方向。

位错在应力场中所受的作用力是位错理论中的一个重要问题，通过对位错受力的分析，可判断位错在应力作用下的运动状况，也是讨论位错间及位错与其他缺陷相互作用的基础。

（二）位错的运动

在应力或温度的作用下位错可能产生运动，运动方式分滑移和攀移两种。

1. 位错的滑移　位错沿滑移面的移动称为滑移，滑移面往往是密排面。

（1）刃型位错的滑移。以一个含正刃型位错的晶体为例，如图 5-13 所示。沿柏氏矢量方向外加一切应力 τ，使位错由位置“1”移到位置“2”，位错虽然移动了一个原子间距，但位错附近的原子却只有很小的移动。因此，这样的位错运动只需加一个很小的切应力就可以实现。

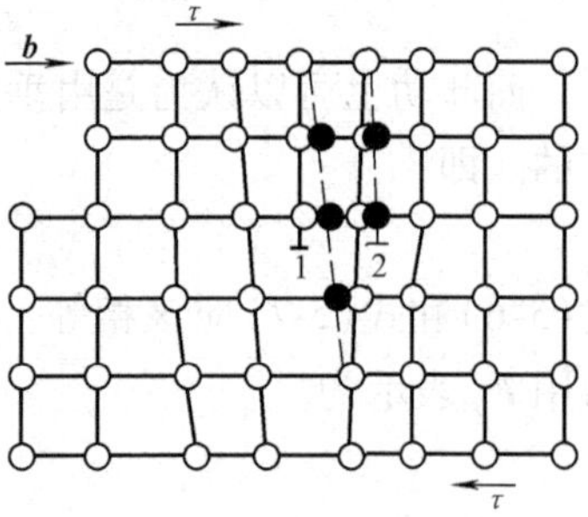

图 5-13　刃型位错的滑移

随着位错滑移进行，当其运动到晶体表面时，晶体的整个上半部相对于下半部就移动了一个柏氏矢量，从而在晶体表面产生一个宽度为柏氏矢量 $|\boldsymbol{b}|$ 的台阶，即造成了晶体的塑性变形，如图 5-14 所示。由图可以看出，在滑移过程中，位错线 AB 沿着切应力方向逐渐滑移到晶体边缘形成台阶，其滑移方向与位错线是垂直的，或者说是和柏氏矢量相一致的。因此，刃型位错的滑移面是由位错线与其柏氏矢量所构成的平面。

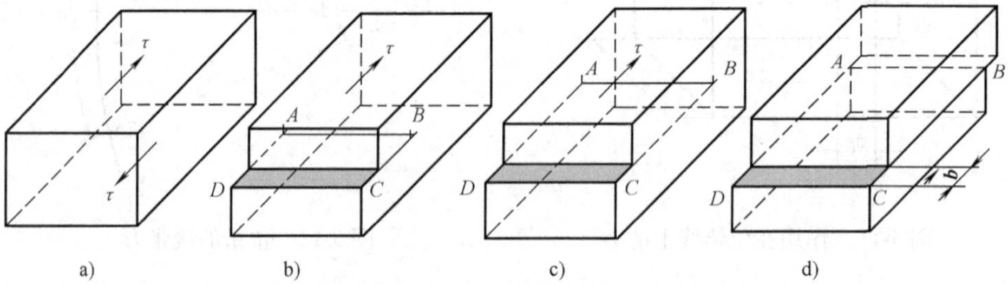

图 5-14　刃型位错的滑移过程

a）原始状态晶体　b）、c）滑移的中间阶段　d）位错滑移出晶体表面形成一个台阶

（2）螺型位错的滑移。螺型位错沿滑移面运动时，周围原子的移动情况如图 5-15 所示。图中虚线表示螺旋线的原始位置，小圆圈表示滑移面以下的原子，黑点表示滑移面以上的原子，小圆圈中有黑点的则表示滑移面上下原子位置重叠。在切应力 τ 的作用下，螺型位错向左移动到图中实线螺旋线的位置，滑移台阶（阴影部分）同时向左扩大了一个原子间距 a，即从图中第 6 列移到了第 7 列。

这一过程实际是由其中 4、5、6 列上的黑点向上移动来完成的，移动距离远小于 a。和刃型位错一样，由于原子的移动量很小，螺型位错滑移所需的外加切应力也是很小的。

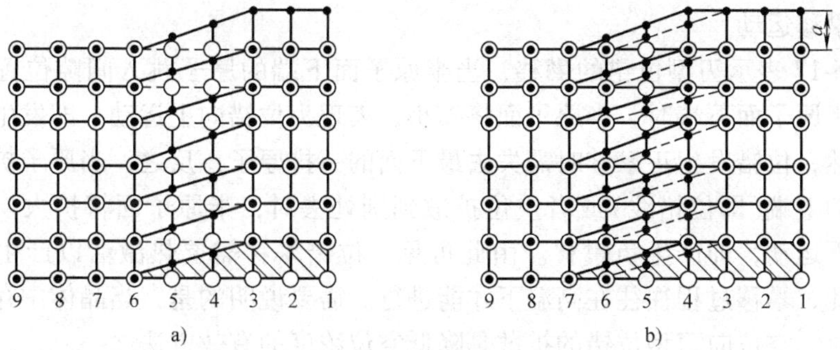

图 5-15　螺型位错的滑移
a）原始位置　b）位错向左移了一个原子间距

螺型位错的滑动过程如图 5-16 所示。螺型位错不断运动，滑移台阶不断向左扩，当位错运动到晶体表面时，也形成宽度为一个柏氏矢量 $|\boldsymbol{b}|$ 的滑移台阶。这与刃型位错的滑移结果是一样的，但对于螺型位错而言，由于位错线平行其柏氏矢量，所以它不像刃型位错那样具有确定的滑移面，而可以在包含螺型位错线的任意原子面上滑移。

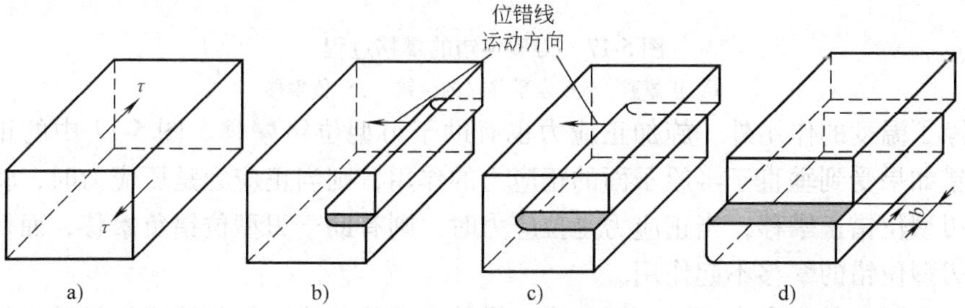

图 5-16　螺型位错的滑移过程
a）原始状态晶体　b）、c）滑移的中间阶段　d）位错滑移出晶体表面形成一个台阶

（3）滑移的特点。从上面的分析不难看出，位错滑移有以下特点：①滑移中只有位错中心线附近的原子进行微小的移动，而远离位错中心线的原子并不运动；②虽然滑移造成位错从一个平衡位置移动到另一个平衡位置，但任意一个原子的运动距离不超过柏氏矢量的数值，即原子运动并没有扩展；③滑移的实际方向沿柏氏矢量 $\boldsymbol{b}$ 的方向，它与位错线的运动方向有时一致（刃位错），有时不一

致(螺型位错)；④滑移可以造成表面台阶。

2. 攀移　刃型位错除了可以沿着滑移面作滑移运动外，还可在垂直滑移面的方向进行另一种运动——攀移，即半原子面向上或向下运动。通常规定向上运动称为正攀移，向下运动称为负攀移。螺型位错由于没有多余的半原子面，所以不存在攀移运动。

图 5-17 表示刃型位错的攀移，当半原子面下端的原子跳入间隙位置或空位迁移到半原子面下端时，半原子面将缩小，表现为位错向上运动，即发生了正攀移，显然，位错发生正攀移时需失去最下面的一排原子；反之，当原子扩散到半原子层的下端(即位错线)或者空位扩散到别处去时，半原子面将扩大，表现为位错向下运动，即产生负攀移。由此可见，位错攀移需要热激活以产生大量空位，因此，攀移过程往往在高温下才能进行。需要说明的是，当晶体中存在过饱和空位时，空位向刃型位错的扩散是降低空位浓度的有效方法之一。

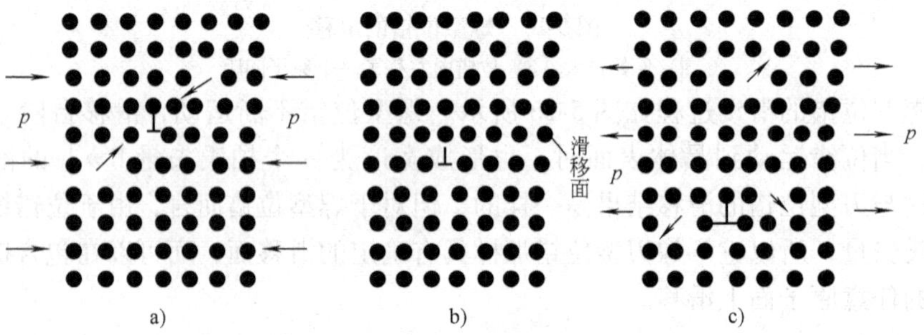

图 5-17　刃型位错的攀移过程

a) 正攀移　b) 未攀移时的位错　c) 负攀移

除了温度的作用外，施加正应力也有助于刃型位错攀移。图 5-17 中的正刃型位错如果受到垂直于半原子面的正应力的作用，则当正应力是压应力时，将有助于刃型位错正攀移；当正应力是拉应力时，则有助于刃型位错负攀移，而切应力对刃型位错的攀移不起作用。

在实际单晶生产中可以利用位错的攀移来消除位错，使位错吸附扩散来的空位或间隙原子，逐步交换位置而移到表面，直至消失。

三、位错的能量及其交互作用

(一) 应力场

晶体中存在位错时，由于位错线附近的原子偏离正常位置引起了点阵畸变，将会产生应力场。在位错的核心区，原子排列特别紊乱，超出弹性变形范围，胡克定律已不适用。中心区外，位错所形成的弹性应力场可用各向同性连续介质的弹性理论来处理。

取外半径为 R，内半径为 r_0 的各向同性材料的圆柱体两个，圆柱中心线选为 z 轴，将圆柱沿 xOz 面切开，使两个切面分别沿 z 轴方向和 x 轴方向相对位移 b，再把切面胶合起来，这样就在圆柱体内分别产生了螺型位错和刃型位错的弹性应力场，如图 5-18 所示。

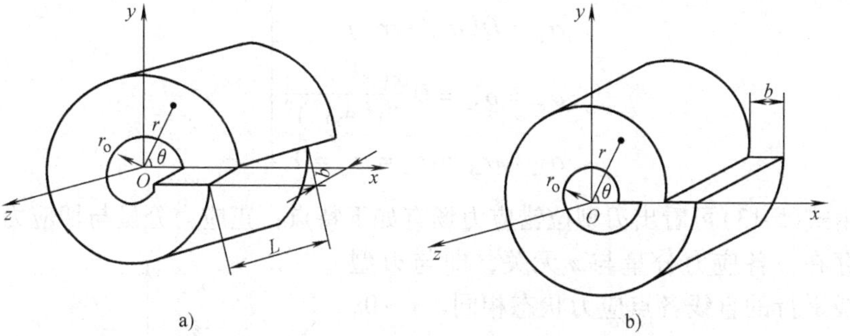

图 5-18 位错的连续介质模型

a）螺型位错 b）刃型位错

1. 螺型位错的应力场 采用圆柱坐标系，坐标选取如图 5-18a。在离开中心 r 处的切应变为

$$\varepsilon_{\theta z} = b/2\pi r \tag{5-9}$$

其相应切应力

$$\sigma_{\theta z} = \sigma_{z\theta} = G\varepsilon_{\theta z} = \frac{Gb}{2\pi r} \tag{5-10}$$

式中 G 为切变弹性模量。由于圆柱只在 z 方向有位移，x、y 方向无位移，所以其余应力分量为零。

$$\sigma_{rr} = \sigma_{\theta\theta} = \sigma_{zz} = \sigma_{r\theta} = \sigma_{\theta r} = \sigma_{rz} = \sigma_{zr} = 0 \tag{5-11}$$

如果采用直角坐标系表示

$$\left.\begin{aligned} \sigma_{xz} &= \sigma_{zx} = -\sigma_{z\theta}\sin\theta = -\frac{Gb}{2\pi}\frac{y}{x^2+y^2} \\ \sigma_{yz} &= \sigma_{zy} = \sigma_{z\theta}\cos\theta = \frac{Gb}{2\pi}\frac{x}{x^2+y^2} \\ \sigma_{xx} &= \sigma_{yy} = \sigma_{zz} = \sigma_{xy} = \sigma_{yx} = 0 \end{aligned}\right\} \tag{5-12}$$

由式(5-10)，式(5-11)知，螺型位错应力场中不存在正应力分量，切应力分量只与 r 有关，与 θ 无关，所以螺型位错的应力场是径向对称的，即同一半径上的切应力相等。当 $r\to 0$ 时，$\sigma_{\theta z}$ 与 $\sigma_{z\theta}$ 趋于无限大，显然不符合实际情况，这是由于线弹性理论不适用于位错中心的严重畸变区。

2. 刃型位错应力场　刃型位错应力场比螺型位错复杂，按图 5-18b，根据弹性理论可求得

$$\left.\begin{aligned}\sigma_{xx} &= -D\frac{y(3x^2+y^2)}{(x^2+y^2)^2}\\ \sigma_{yy} &= D\frac{y(x^2-y^2)}{(x^2+y^2)^2}\\ \sigma_{zz} &= D(\sigma_{xx}+\sigma_{yy})\\ \sigma_{xy} &= \sigma_{yx} = D\frac{x(x^2-y^2)}{(x^2+y^2)^2}\\ \sigma_{xz} &= \sigma_{zx} = \sigma_{yz} = \sigma_{zy} = 0\end{aligned}\right\} \tag{5-13}$$

由式(5-13)可看出刃型位错应力场有如下特点：正应力分量与切应力分量可同时存在，各应力分量与 z 无关，即与刃型位错线平行的直线各点应力状态相同。$y>0$，即滑移面以上，$\sigma_{zz}<0$ 为压应力；$y<0$，即滑移面以下为拉应力；$y=0$ 无正应力，此时切应力最大。此外，对于应力场中任一点 $|\sigma_{xx}|$ 总是大于 $|\sigma_{yy}|$。显然同螺型位错一样，上述公式也不适于刃型位错中心区。刃型位错周围的应力场如图 5-19 所示。

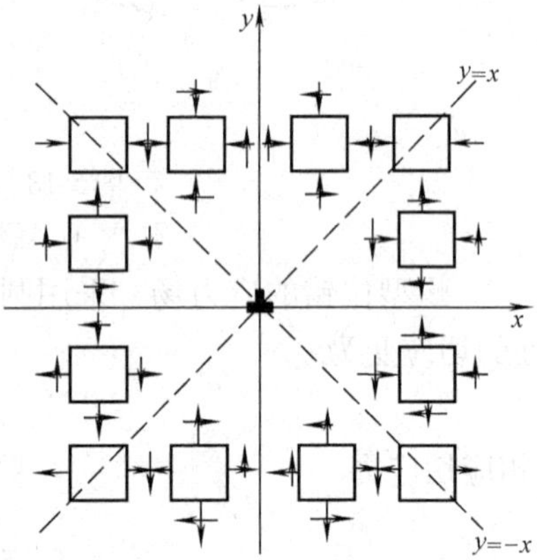

图 5-19　刃型位错周围的应力场

（二）位错应变能与位错线张力

1. 位错应变能 W　位错引起点阵畸变而使晶体内部能量增加，这部分能量的增加值称为位错应变能，它包括位错核心能与弹性应变能，其中弹性应变能约占总能量的 9/10，所以我们主要讨论弹性应变能。位错应变能 W 用单位长度位错线上的能量表示，单位为 J/m。

弹性力学计算表明，对于螺型位错，单位长度螺型位错的弹性应变能 W_s 为：

$$W_s = \left(\frac{W}{L}\right)_s = \frac{Gb^2}{4\pi}\ln\frac{R}{r_0} \tag{5-14}$$

刃型位错的弹性应变能则 W_E 为：

$$W_E = \left(\frac{W}{L}\right)_E = \frac{Gb^2}{4\pi(1-\nu)}\ln\frac{R}{r_0} \tag{5-15}$$

式中，ν 为泊松比，一般金属 $\nu=1/3$；L 为位错线长度。

式(5-14)和式(5-15)表明，单位长度位错的应变能可表示成以下形式：

$$W/L = \alpha Gb^2 \tag{5-16}$$

式中 α 是与几何因素有关的系数，约为0.5～1.0。此式表明，由于应变能与柏氏矢量的平方成正比，因此可以利用柏氏矢量的大小来判断晶体哪些地方最容易形成位错：柏氏矢量越小，弹性应变能越低，这个地方就越易形成位错。例如，无机非金属材料中氧化物系统最容易在氧紧密堆积的方向上发生滑移，就是由于在这个方向上柏氏矢量比较小的缘故。

混合位错可将其分解为螺型分量和刃型分量，然后按式(5-14)、式(5-15)计算后相加。

2. 位错线张力 T　由于位错线具有应变能，所以位错线有缩短的趋势以减小应变能，这便产生了线张力 T。线张力在数值上等于单位长度位错的应变能，即

$$T=\alpha Gb^2 \tag{5-17}$$

其中，直线位错的 $\alpha\approx1$，弯曲位错的 $\alpha=1/2$。

位错线张力既不是普通的力，也不是应力，应该把它理解为一维张力，而表面张力是二维张力。位错线张力的作用方向沿位错线，其效果是使位错线尽可能缩短；而表面张力作用于表面内，并使表面收缩。

（三）位错与晶体缺陷的交互作用

若晶体中同时含有多种缺陷，则它们之间将会发生相互作用，甚至相互转化。

1. 位错间的相互作用　实际晶体中有许多位错同时存在，每个位错周围都有一个应力场。位错之间的作用力就是它们的应力场互相作用的结果。此作用力随位错类型、柏氏矢量大小、位错线相对位向的不同而变化。现以两个平行的直线位错为例来讨论。

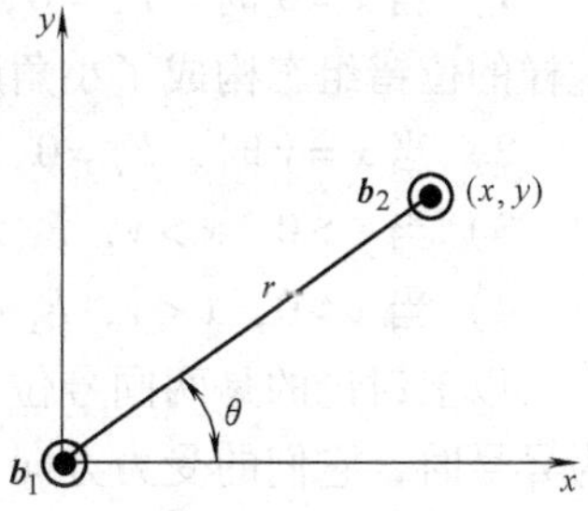

图5-20　两个平行螺型位错间的相互作用

（1）两根平行的螺型位错间的相互作用。图5-20为一对相距为 r、平行于 z 轴的螺型位错，柏氏矢量分别为 $\boldsymbol{b}_1$、$\boldsymbol{b}_2$。由于螺型位错的应力场具有径向对称性，因此，图示两个螺型位错之间只有径向作用力 F_r 存在。则

$$F_r=\tau_{\theta z}b_2 \tag{5-18}$$

由式(5-10)知：$\tau_{\theta z}=\dfrac{Gb_1}{2\pi r}$，将 $\tau_{\theta z}$ 代入式(5-18)得

$$F_r=\frac{Gb_1b_2}{2\pi r} \tag{5-19}$$

所以，两根平行的螺型位错间的相互作用是中心力，异号相吸，同号相斥，大小与位错间距成反比，与两条带电导线的相互作用相似。将其换成直角坐

标得：

$$F_x = \frac{Gb_1 b_2}{2\pi} \frac{x}{(x^2+y^2)} \tag{5-20}$$

$$F_y = \frac{Gb_1 b_2}{2\pi} \frac{y}{(x^2+y^2)}$$

（2）两根平行的刃型位错间的相互作用。图 5-21 为一对沿着 z 轴的同号平行刃型位错，柏氏矢量分别为 $\boldsymbol{b}_1$、$\boldsymbol{b}_2$。位错Ⅰ位于坐标原点，位错Ⅱ位于点 (x,y) 处。由式(5-13)可求得位错Ⅰ作用于 (x,y) 处的各应力分量，其中只有 σ_{yx} 与 σ_{xx} 对位错Ⅱ起作用。由于位错Ⅱ的滑移面与 y 轴垂直，故 σ_{yx} 可使位错Ⅱ移动，σ_{xx} 可使位错Ⅱ沿 y 方向发生攀移，因为压应力引起正攀移，故 F_y 与 σ_{xx} 反号。由公式(5-20)可求得沿 x 轴的分力 F_x 和沿 y 轴的分力 F_y：

$$F_x = \sigma_{yx} b_2 = \frac{Gb_1 b_2}{2\pi(1-\nu)} \frac{x(x^2-y^2)}{(x^2+y^2)^2} \tag{5-21}$$

$$F_y = -\sigma_{xx} b_2 = \frac{Gb_1 b_2}{2\pi(1-\nu)} \frac{y(3x^2+y^2)}{(x^2+y^2)^2}$$

由于刃型位错只能在位错线与柏氏矢量构成的滑移面上滑移，故 F_x 是决定位错行为的作用力，F_x 的正负由 $x(x^2-y^2)$ 项决定如下：

1）当 $x=0$ 时，$F_x=0$，作用力倾向于使同号位错垂直于滑移面排列起来，这样的位错组态构成了小角度晶界。

2）当 $x=y$ 时，$F_x=0$，此时位错Ⅱ处在不稳定平衡状态。

3）当 $x>0$，$x>y$，$F_x>0$ 两位错互相排斥。

4）当 $x>0$，$x<y$，$F_x<0$ 两位错吸引，位错Ⅱ受到吸向 y 轴的力。

以上讨论的是两同号位错的作用力，可形象地表示在图 5-22 中。当两位错为异号时，它们的受力方向和同号位错相反，稳定平衡与不稳定平衡位置互换。

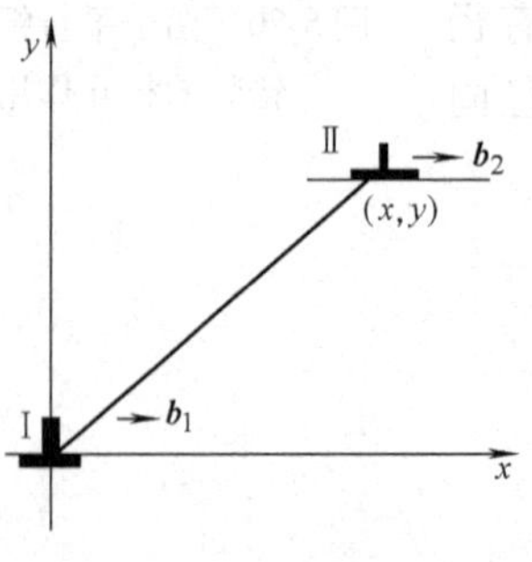

图 5-21　两个平行刃型位错间的相互作用

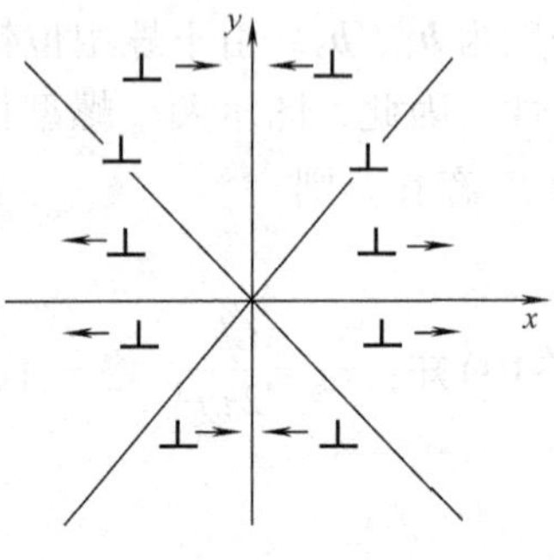

图 5-22　两个平行同号刃型位错的作用力

2. 位错与点缺陷间的交互作用　所有的点缺陷如空位、间隙原子或溶质原子等都能以多种方式与位错相互作用。在晶体中，点缺陷的应力场与位错的应力场会发生交互作用，其结果是通过点缺陷运动而使点缺陷和位错形成特定的分布，从而使体系的自由能达到较低状态。这种点缺陷和位错的特定分布对晶体的力学性能有显著的影响。

溶质原子与位错之间的交互作用，首先由柯垂耳(Cottrell)提出，在间隙固溶体中由于间隙原子的半径比晶体间隙的半径大，与位错进行弹性交互作用的结果是：间隙原子将在位错附近聚集，形成小原子集团，称为柯垂耳气团。由于位错只有从气团中挣脱或者拖着气团一起前进才能继续运动，因此，柯垂耳气团的存在使位错运动困难，需要外力作更多的功，这就是固溶强化效应。

四、位错的产生与增殖

(一) 位错的起源

与空位不同，从热力学的角度来看位错是一种不应该存在的晶体缺陷，因为位错只能使体系的自由能增大(暂不考虑它对界面能的影响)。然而实验证明，即使在经过充分退火或精心制备的金属晶体中，也存在着许多位错，它们是怎么形成的呢?

1. 过饱和空位可转换成位错环　过饱和度太高的空位往往沿着一定晶面凝聚成片状的形式从晶体中析出来，当这样的空位片长得足够大以后将失去稳定性，将面对面的崩塌并合，于是空位片的周围便形成一个位错环，如图 5-23 所示。

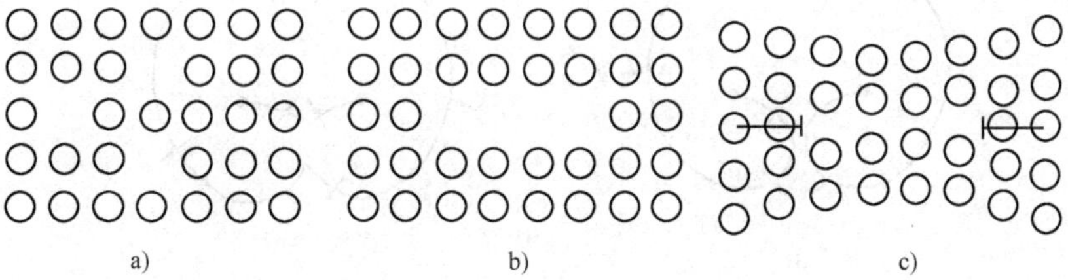

图 5-23　由空位片转化成位错环

a)、b) 过饱和空位聚集成空位片　c) 空位片崩塌形成位错环

2. 结晶时位向略有偏差的晶体在交会时可形成位错　结晶过程中，位向差较小的两部分晶体在结合处将形成位错。以这种方式产生位错的典型例子是熔体中的树枝状结晶，如果因机械扰动、温度梯度或成分偏析等引起局部应力集中，使树枝晶发生转动或弯曲，便会通过上述机制在晶体中形成位错和位错网。

3. 外力产生局部的应力集中也可能使晶体产生位错　当晶体受到力的作用

时，会在裂缝尖端、夹杂物界面、表面损伤附近等产生应力集中，若应力集中的程度达到理论切变强度水平，便有可能在这里直接产生位错。

正由于位错早在晶体的形成过程中就已存在，因而晶体在随后的加工过程中，可在远小于理论切变强度的作用下使位错逐步地转移到晶体表面而产生宏观变形。显然，若按照这种位错移动导致晶体变形的观点，变形后晶体中的位错数目应越来越少。然而，事实恰恰相反，退火金属中位错的密度为 $10^6 \sim 10^8/cm^2$；经塑性变形后，大量的位错滑出晶体，在表面形成滑移线，同时，位错密度却增加到 $10^{10} \sim 10^{12}/cm^2$ 的数量级，这就意味着，在变形过程中位错以某种机制增殖了。

（二）位错的增殖

位错的增殖机制很多，在此介绍弗兰克-瑞德源增殖机制和双交滑移增殖机制。

1. 弗兰克-瑞德(F-R)源增殖机制　该位错增殖机制实质上是由一段可滑移位错和两个被钉扎的端点构成的。现以退火状态下的晶体为例，位错线的运动过程如图 5-24 所示。

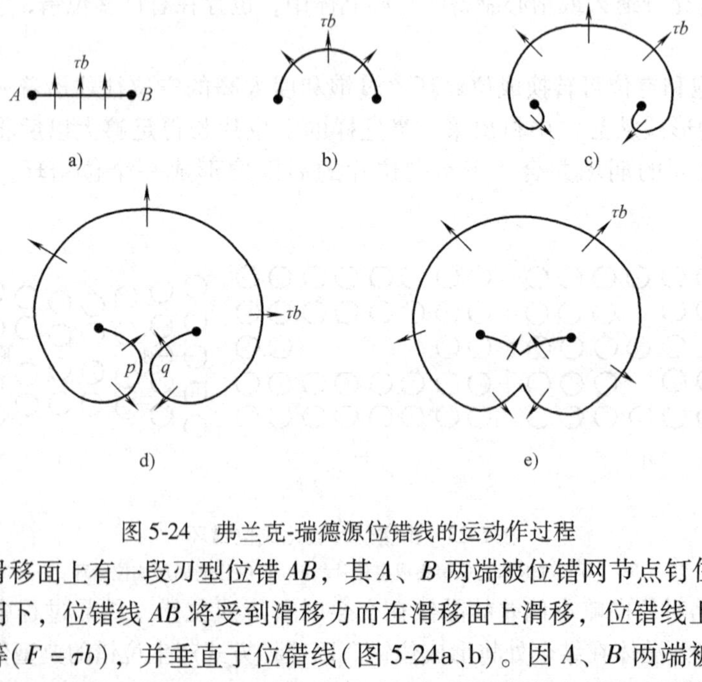

图 5-24　弗兰克-瑞德源位错线的运动作过程

设某滑移面上有一段刃型位错 AB，其 A、B 两端被位错网节点钉住，在外应力 τ 的作用下，位错线 AB 将受到滑移力而在滑移面上滑移，位错线上各处的滑移力都相等($F=\tau b$)，并垂直于位错线(图 5-24a、b)。因 A、B 两端被固定，故位错线只能向前弯曲。由于位错所受的力总是与位错线本身垂直，即使在位错线弯曲之后也是如此，因此，当它继续作用时，位错的每一微元线段都要沿它的法线方向向外运动，经历图 5-24c ~ d 的过程，直到 p、q 两点碰到一起。而从位错的柏氏矢量来看，p、q 两点处应该是一个左螺型位错，一个右螺型位错，所以当它们遇到一起时便要相互抵消，于是，原来的一条位错线就被分成了两部分，形成一闭合的位错环和一段位错线，如图 5-24e 所示。此后，外面的位错环在切应力的作用下不断扩大，直至到达晶体表面，而内部的位错线则在外应力和张应力的联合作用下（这时它们的方向相等）渐渐地变直了，回到了原始状态。这样的过程反复进行下去，源源不断地产生新的位错环，造成位错的增殖。

一些实验观察证实了晶体中弗兰克-瑞德源的存在，用红外光方法看到单晶硅中弗兰克-瑞德源及其产生的位错环，此外，在不锈钢、KCl 及镉中也观察到了弗兰克-瑞德源。

开动弗兰克-瑞德源需要施加应力。分析图中的位错线 AB，当它弯曲后需要一定的切应力于之平衡，曲率半径 R 越小，相应的切应力越大，因此，与半圆形位错相平衡的切应力就是开动弗兰克-瑞德源的临界切应力 τ_c，即

$$\tau_c = \frac{\mu b}{2R} = \frac{\mu b}{l} \tag{5-22}$$

式中 l 是 AB 的长度，如果 l 的数量级在 $10^{-3} \sim 10^{-5}$ cm 之间，同时取 b 为 10^{-8}cm，则临界切应力的数量级为 $10^{-3} \sim 10^{-5}G$，接近于实际晶体的屈服强度。

2. 双交滑移增殖机制　图 5-25 为双交滑移增殖机制的示意图，设有一螺型位错先在 P_2 面中滑移，当遇到障碍或局部应力状态变化时，位错的一段可能会交叉滑移到与之相交的 Q 面，绕过障碍后又转到与 P_2 面平行的 P_1 面。这样，在滑移面 Q 上就生成两段刃型位错。由于刃型位错不能随螺型位错一起前进，于是就以弗兰克-瑞德源方式增殖位错。这种位错增殖方式称为双交滑移增殖机制。从增殖出的位错环又可以双交滑移到与之平行的其他面增殖。这种方法可以迅速地增殖位错，是非常有效的增殖机制。

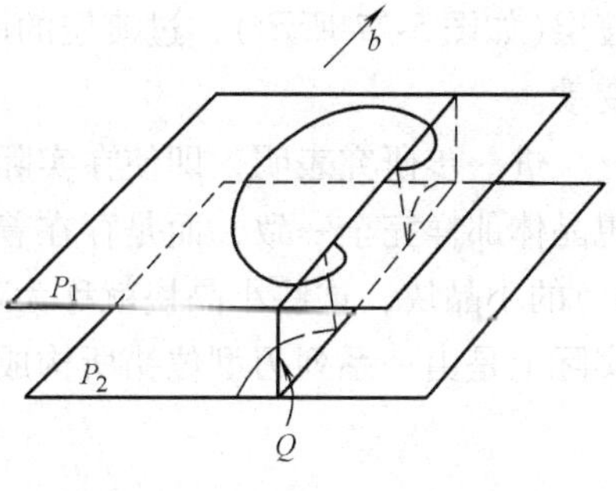

图 5-25　双交滑移增殖机制示意图

第三节　晶体的界面

如果晶体中两个相邻部分的取向、成分、点阵类型或点阵常数不同，则在它们的接触处便有界面存在，界面是晶体中的二维缺陷，它和位错一样，也是一种不平衡缺陷。

在实际金属材料中存在着大量的界面。金属材料在显微镜下呈现出的组织和结构主要是由界面和位错构成的。界面是凝固、形变和热处理过程的产物，而形

变和热处理前已经存在的界面反过来又会影响形变和热处理过程。因此，它对于材料的力学、物理、化学性能都有重要的影响。

固体材料的界面分为三种：

1）晶界：取向不同，但晶体结构相同的区域间的界面。

2）相界：固体中不同相之间的界面。

3）表面：固体与气体(或液体)的界面。

一、晶界结构与晶界能

（一）晶界与亚晶界

在研究金属的晶体结构时，是把晶体看成由原子按一定几何规律作周期性排列而成的，即晶体内部的晶格位向是完全一致的，这种晶体称为单晶体。而实际使用的金属材料一般都是多晶体，其内部包含了许多颗粒状的小晶体，即通常所说的晶粒，每个晶粒内部的晶格位向是一致的，而各个晶粒彼此间位向却是不同的，如图 5-26 所示。不同取向晶粒间的界面即称为晶界。这种实际上由许多彼此间位向不同的晶粒组成的晶体称为多晶体。在金属多晶体中，各晶粒间的位向差大多在 30°～40°左右，晶粒与晶粒交界处的原子排列很不规则，存在一个过渡层(如图 5-27 所示)，过渡层的厚度一般在几个原子间距到几百个原子间距内变动。

进一步研究表明，即使在实际金属晶体的一个晶粒内部，其晶格也并不像理想晶体那样完全一致，而是存在着许多尺寸更小、位向差也更小(一般小于 1°～2°)的小晶块，这些小晶块就称为亚晶粒。相邻亚晶粒间的界面称为亚晶界，它实际上是由一系列刃型位错所构成的如图 5-28 所示。

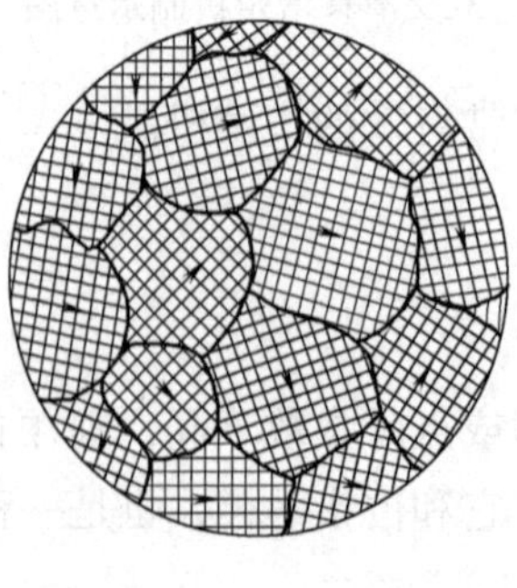

图 5-26　多晶体示意图

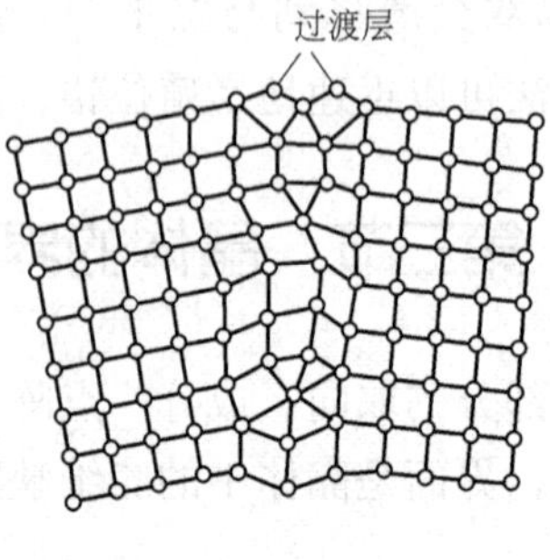

图 5-27　晶界的过渡结构示意图

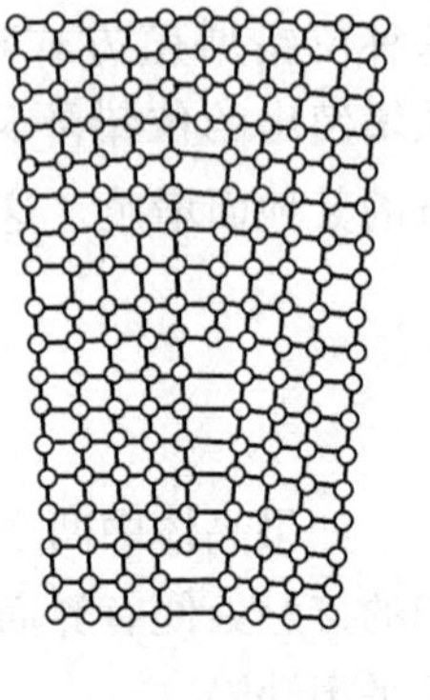

图 5-28　亚晶界结构示意图

在多晶体中晶粒的平均直径通常在0.015～0.025mm之间，而亚晶粒的直径则一般为0.001mm的数量级。因此，一个亚晶粒比较接近于理想的单晶体。

（二）晶界的分类与结构

根据相邻晶粒之间位向差的大小，晶界可分为：

1）小角度晶界：两个相邻晶粒的位向差小于10°。

2）大角度晶界：两个相邻晶粒的位向差大约在10°以上。

在多晶体金属中，晶粒之间的位向差通常在30°～40°范围内，而亚晶界的位向差往往不超过2°，这就是一种小角度晶界。与大角度晶界相比，小角度晶界不但位向差不同，其结构和性质也不相同；小角度晶界基本由位错组成，而大角度晶界的结构非常复杂。

1. 小角度晶界　最简单的小角度晶界是对称倾转晶界。图5-29所示即为一简单立方结构晶体中的对称倾转晶界，它是由一系列相隔一定距离的同号刃型位错平行排列而构成的，晶界两边对称。若晶粒两侧的位向差为θ（θ取弧度），则相当于晶界两边的晶体绕平行于位错的轴各自旋转了一个方向相反的$\theta/2$角度而成，所以称为对称倾转晶界。这种晶界只有一个变量θ，是一个自由度晶界。设柏氏矢量为b，图示晶界中刃型位错的间距$D=b/\theta$，若$\theta=1°$，$b=0.25$nm，则位错间距为14nm；当$\theta=10°$时，位错间距仅为1.4nm，相当于在对称倾转晶界上每隔5～6个原子间距就得有一个位错，此时的位错密度显得太大了，此模型就不适用了。

小角度晶界的另一类型是扭转晶界。图5-30表示将一个单晶体沿中间平面切开，使右半部分（晶粒Ⅱ）绕y轴旋转θ角度后再与左半部分（晶粒Ⅰ）结合在一起。最简单的扭转晶界可以由螺型位错构成。

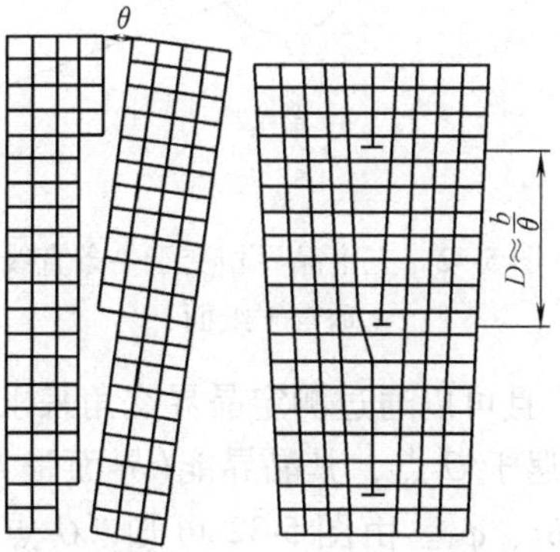

图5-29　对称倾转晶界图

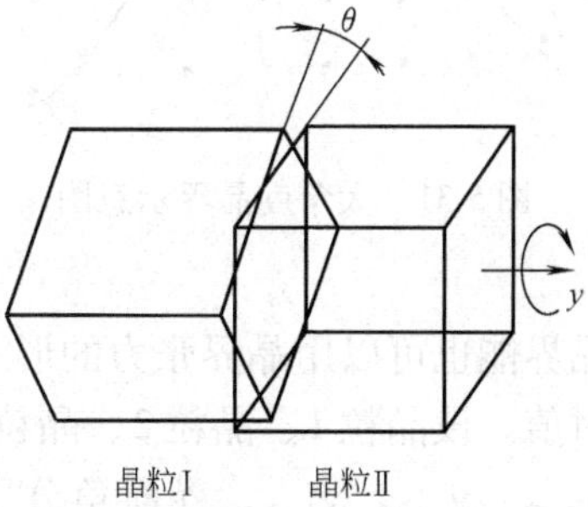

图5-30　扭转晶界的形成

单纯的倾转晶界或扭转晶界是小角度晶界的两种最简单形式，而一般的小角度晶界是这两种形式的组合。

2. 大角度晶界　研究表明，大角度晶界实际上是零点几个纳米厚的过渡区，其中原子排列很不规则，难以用位错模型来描述，为此，有人提出“重合位置点阵模型”。由于该模型比较抽象，对大角度晶界的简化认识可以如图 5-31 所示。其基本特点是，每个相邻晶粒的位向差较大，由晶界把晶粒分开，过渡层厚度仅 2 ~ 3 个原子间距，原子排列非常混乱。

（三）晶界能

由于晶界上的原子排列是畸变的，所以其吉布斯自由能较高，这额外的自由能就称为晶界能，一般以单位面积的能量 γ 来表示。

小角度晶界的晶界能 γ 主要来自位错，γ 与晶粒间位向差的关系为

$$\gamma=\frac{Gb}{4\pi(1-\nu)}\theta(A-\ln\theta) \tag{5-23}$$

式中，ν 为泊松比；G 为切变模量；A 是积分常数（取决于位错中心的原子错排能）。由上式可知，小角度晶界的晶界能随位向差的增加而增大，但上式仅适用于 $\theta<15°$ 的情况。

实际上，金属多晶体的晶界一般为大角度晶界，各晶粒间的位向差大都在 30° ~ 40°，实验测出的各种金属大角度晶界能大约在 0.25 ~ 1.0J/m^2 范围内，与晶粒间的位向差无关，大体上为定值。

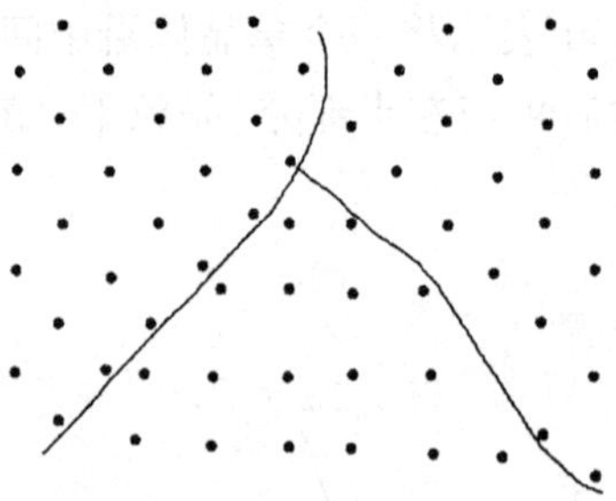

图 5-31　大角度晶界示意图

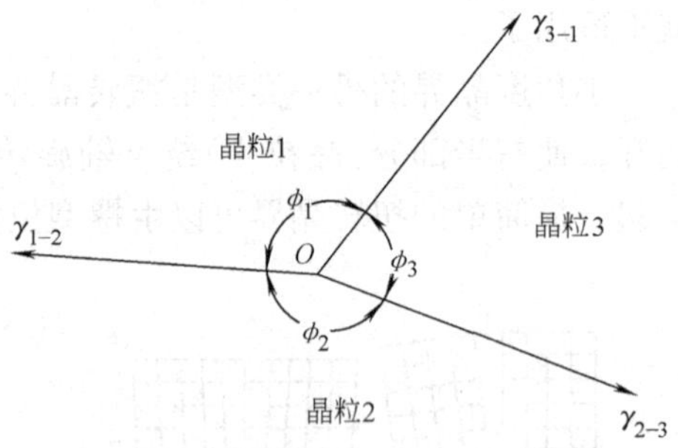

图 5-32　三个晶界相交于一条直线（垂直于纸面）

晶界能也可以用晶界张力的形式来表现，且可以通过测定晶界交角来求出它的相对值。设晶粒 1、晶粒 2、晶粒 3 共同相遇于 O 点，其晶界能（界面张力）分别为 γ_{1-2}、γ_{2-3}、γ_{3-1}，界面角分别为 ϕ_1、ϕ_2、ϕ_3。由图 5-32 可知，O 点处的界面张力应该平衡，即

$$\frac{\gamma_{1-2}}{\sin\phi_3}=\frac{\gamma_{2-3}}{\sin\phi_1}=\frac{\gamma_{3-1}}{\sin\phi_2} \tag{5-24}$$

因此，如果取某一晶界的能量作为基准，就可以通过测量 ϕ 角来计算出其他晶界的相对能量。

显然，三个晶粒间的晶界能通常是相等的，则 $\phi_1=\phi_2=\phi_3=120°$，故三个晶粒交界时，界面趋向于最稳定的 120°。这在实验中已经得到了证实，如退火状态下的三叉晶界往往呈 120°。

（四）晶界的特性

晶界处较高的晶界能表明它有自发地向低能态转化的趋势，如晶粒的长大和晶界的平直化都能减小晶界的总面积而使晶界的能量降低。钢在热处理时，奥氏体晶粒随着加热温度的升高而增大，就是这个原因。

晶界处原子排列的不规则性，使其在常温下对金属的塑性变形起阻碍作用。显然，金属材料的晶粒越细，则晶界越多，抵抗塑性变形的能力就越大，其常温下强度、硬度也越高。而在高温下使用的金属和合金，晶界的作用恰好与常温相反。因此，对于在较低温度下使用的金属材料，一般总是希望获得较细小的晶粒。

晶界处的原子因偏离平衡而具有较高的动能，同时，晶界处又是杂质原子、空位、位错等缺陷集中的地方，故原子的扩散速度比晶粒内部快得多，而且晶界的熔点较低，因而金属的熔化首先从晶界开始。热加工和热处理过程中产生的“过烧”缺陷，就是因加热温度过高而导致晶界熔化并氧化所致。

此外，金属在腐蚀介质中使用时，晶界的腐蚀速度一般都比晶粒内部快。例如，在金相分析中，用化学试剂浸蚀抛光试样的表面时，晶界首先被腐蚀而形成凹槽，所以在显微镜下很容易观察到黑色的晶界。

二、晶体中的相界与相界能

合金的组织往往由两个或更多的相组成，这种具有不同晶体结构的两相之间的分界面就叫做相界或相界面。钢中铁素体与渗碳体间的界面就是最常见的相界。

（一）相界的分类

根据相界面上原子与两相点阵的匹配情况，相界可分为共格相界、半共格相界、非共格相界三种类型，如图 5-33 所示。

1. 共格相界　如果两相界面上的所有原子均成一一对应的完全匹配关系，即界面上的原子同时处于两相晶格的阵点上，为相邻两晶体所共有，这种相界就称为共格相界。不难理解，只有在两相具有特定的位向关系时，它们之间才可能形成共格相界。由于两相的晶体结构或原子间距总有些差别，实际共格相界周围的点阵均会产生一定的畸变。

2. 半共格相界　若两相的晶体结构或晶格常数相差较大，则相界面上只有部分原子位于两相晶格的阵点，这样的相界称为半共格相界。这种相界面由共格

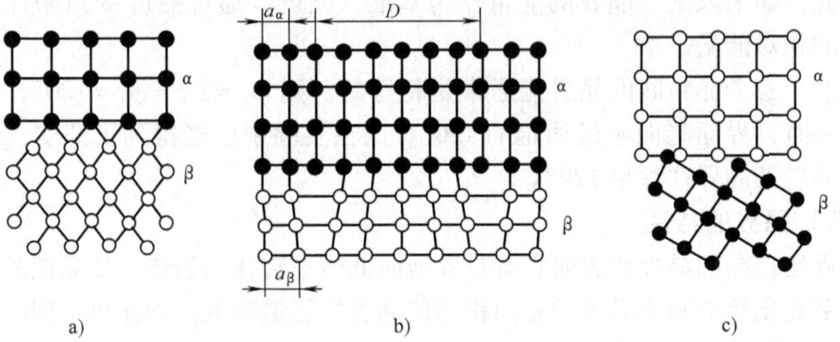

图 5-33　各种相界结构示意图

a）共格相界　b）半共格相界　c）非共格相界

区与半共格区(刃型位错区)间隔组成，存在一定的失配度，以 δ 表示。设 α 相和 β 相的晶格常数分别 a_α 和 a_β，则失配度为：

$$\delta = \frac{a_\alpha - a_\beta}{a_\alpha} \tag{5-25}$$

失配度越大，界面位错间距 D 越小。失配度 $\delta < 0.05$ 时为完全共格；$\delta = 0.05 \sim 0.25$ 时为半共格相界面；当 $\delta > 0.25$ 时，则完全失去匹配能力，成为非共格相界面。

3. 非共格相界　完全没有匹配关系的相界称为非共格相界。这种相界与大角度晶界类似，是原子不规则排列的过渡层。

（二）相界能

理论上讲，相界能包括两部分：一是涉及原子相互作用的键能；二是弹性应变能，后者的作用可能更大些。共格界面、半共格界面和非共格界面，相应的相界能数值的粗略估计依次为 $20 \sim 200\text{mJ/m}^2$，$200 \sim 500\text{mJ/m}^2$，$500 \sim 600\text{mJ/m}^2$。

不难理解，共格界面的弹性应变能较大，因此它产生的应力场阻碍位错运动更为有效。大角度界面的弹性应变能较小，因此它对滑移到自己的位错运动的阻力较小。然而，界面对位错运动产生阻力更重要的一面，是阻碍位错穿过自身而向相邻晶粒运动。显然，两个晶粒的角度差越大，后一种阻碍作用越大，因此，大角度界面会更有效地阻碍位错的传播。

三、晶体表面

前面讨论的都是物体内部的情况。在物体内部，任意一个质点(原子、离子、和分子)，周围对它的作用状况是完全相同的。但在物体的表面却呈现出一系列与物体内部不同的特殊性质，主要原因在于表面质点的受力情况不同以及表面层结构的不同所致。

（一）表面结构

在晶体外表面的大约几个原子层内，其结构、性质与晶体内部不同，这层物质叫做晶体表面。晶体表面结构可从微观质点的排列状态和表面几何状态两方面来描述。

威尔等人对晶体的表面结构进行了研究，认为晶体质点间的相互作用，键强是影响表面结构的重要因素。

以离子晶体为例，其表面力的作用影响如图 5-34 所示。处于表面层的负离子(X^-)只受到上下两侧和内侧正离子(M^+)的作用，而外侧是不饱和的，电子云将被拉向内侧的正离子一方而变形，使该负离子诱导成偶极子(图 5-34b)，这样就降低了晶体表面的负电场。然后，表面层离子开始重排以使之在能量上趋于稳定。为此，表面的负离子被推向外侧；正离子被拉向内侧，从而形成了表面双电子层(图 5-34c)，与此同时，表面层中离子间的键性逐渐过渡为共价键性。结果，固体表面好像被一层负离子所屏蔽，由此导致了表面层在组成上成为非化学计量的。图 5-35 是威尔以 NaCl 为例所作的计算结果，数据表明，在 NaCl 晶体表面，最外层与次层质点的面网之间 Na^+离子的距离为 2.66×10^{-10}m，而 Cl^-离子间的距离为 2.86×10^{-10}m，因而形成一个厚度为 0.20×10^{-10}m 的表面双电层。此外，在真空中分解 $MgCO_3$ 制得的 MgO 粒子呈现相互排斥的现象也是一个例子。对于其他由半径大的负离子和半径小的正离子组成的化合物也会有相应的效应，特别是金属氧化物如 Al_2O_3、SiO_2 等，这些氧化物的表面可能大部分由氧离子组成，正离子则被氧离子所屏蔽。产生这种变化的程度主要取决于离子极化性能。

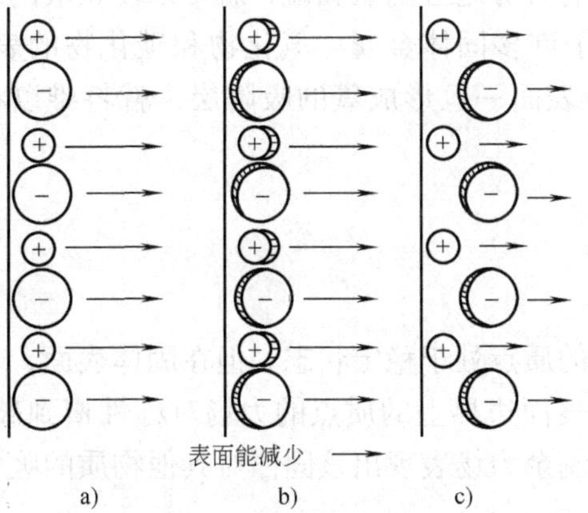

图 5-34 离子晶体的表面结构

a）原始状态 b）电子云变形 c）离子重排

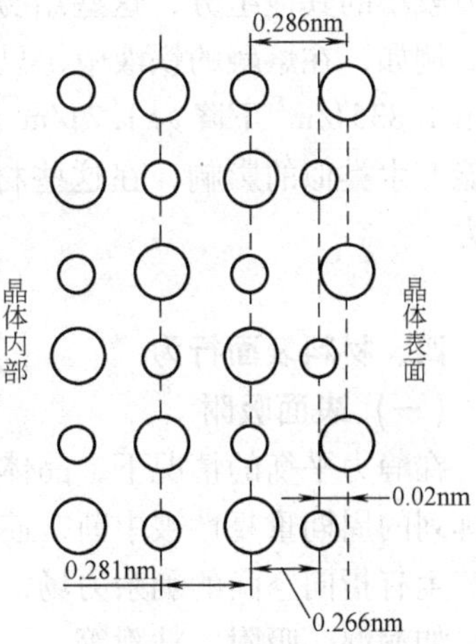

图 5-35 NaCl 晶体表面层

固体的表面与晶体一样，总会存在一些缺陷，诸如台阶、裂纹、孔洞、凹凸不平的峰谷等。因此，固体的实际表面是不规则而粗糙的，这将导致表面力场的不均匀，进而影响其表面结构，其活性和其他表面性质也随之发生变化。例如，对于吸附非极性分子的色散力来说，位于凹谷深处质点的色散力最大，凹谷面平面上的次之，位于峰顶处的最小。其次，表面粗糙度还直接影响到固体表面积以及与之相关的属性，如强度、密度、润湿性、孔隙率、透气性等。此外，表面粗糙度还关系到两种材料间的封接、结合界面之间的啮合和结合强度等。

表面微裂纹可以因晶体缺陷或外力作用而产生，它同样会强烈地影响着表面性质，并且同时影响着材料的强度，尤其对铸铁、玻璃、陶瓷等脆性材料的强度影响更大。

（二）表面能

由于在表面以外，没有原子来和表面内的原子相互作用，为了保持平衡，表面内的原子将偏离结点的平衡位置，并具有较高的能量，这就是表面能的来源。

根据定义，表面能是指增加单位面积的表面所需做的功，其单位为 J/m^2，它既与表面内能有关，又与表面熵有关。但对处于室温下的金属晶体，表面内能的作用一般远大于表面熵，因此可将表面内能视为表面能，此时的表面是光滑的，即没有原子尺度的表面空位。

单晶体的表面能是各向异性的，即不同晶面的表面能不同。多晶体的表面包含很多位向不同的小晶粒，因此，多晶体的表面能没有方向性，只用一个参数就可以描述。

杂质的存在可对物质的表面能产生显著的影响，即使物质中含有极少量表面张力较小的其他组分，这些组分也会在表面层中富集，使该物质的表面张力减小。例如，在熔融的铁液中，只要含有万分之五的氧和硫，就可以使铁液的表面能由 $1.835J/m^2$ 下降为 $1.2J/m^2$。对于许多固体金属、氮化物和碳化物的表面，氧能产生类似的影响，在这些材料的表面一旦形成氧的吸附层，就将难以将其除去。

四、材料表面行为

（一）表面吸附

在静力平衡的情况下，晶体内部的质点处于稳定状态。但在固体表面，若质点排列的周期重复性被中断，使处于表面边界上的质点的力场对称性遭到破坏，便产生有指向空间的剩余力场，这种剩余力场表现出该固体对其他物质的吸引作用，如润湿、吸附、粘附等。

气体分子在固体表面上发生的浓集现象称为气体在固体表面的吸附。吸附作用使固体表面能降低，吸附过程是自发过程，因而真正干净的固体表面难以获得吸附。

固体表面的吸附现象普遍存在。以固体表面与吸附分子间作用力的性质来区分，吸附大致可分为物理吸附与化学吸附两类。发生物理吸附的吸附力主要是分子间力。发生物理吸附时，吸附分子和固体表面的组成都不变；发生化学吸附时，吸附的分子与固体表面间有某种化学作用，即它们之间有电子的交换、转移或共有，从而可导致原子的重排、化学键的形成与破坏。

由于吸附力本质的不同，物理吸附和化学吸附在吸附热、吸附速度、吸附的选择性、吸附层数、发生吸附的温度、解吸状态等方面都有明显的差异。

物理吸附与化学吸附的基本区别见表5-1。

表5-1 吸附特征对比

主要特征	物理吸附	化学吸附
吸附力	分子间力	化学键力
选择性	不明显	很显著
吸附热	接近于液化热 $0 \sim 20kJ \cdot mol^{-1}$	接近于反应热 $80 \sim 400kJ \cdot mol^{-1}$
吸附速度	速度快且易平衡	速度慢且难平衡
吸附层	单或多分子	只能单分子

物理吸附通常进行得很快，并且可逆，被吸附了的气体在一定条件下可定量脱附。物理吸附是放热过程，吸附热与气体的液化热相近。物理吸附可以在任何固体界面上发生，即物理吸附无选择性。当因吸附剂孔径的大小限制某些分子进入时，也可呈现选择性吸附。物理吸附可以是单层的，也可以是多层的，这是因为在一层吸附分子之上仍有分子间力的作用。

化学吸附速度与化学反应类似，需要活化能的化学吸附常需在较高温度下才能以较快的速度进行。化学吸附常是不可逆的，常伴有化学变化的产物析出。化学吸附的吸附热与化学反应热相似，大多仍为放热过程，个别情况为吸热过程。化学吸附是单层吸附，且有明显的选择性。

物理吸附常用于脱水、脱气、气体的净化与分离等；化学吸附是发生多相催化反应的前提，并且在多种学科中有广泛的应用。在实际的吸附过程中，两类吸附有时会交替进行。

（二）界面偏析

由于缺陷伴随着应力场，因此，各种缺陷之间都会产生相互作用。界面与点缺陷之间相互作用的结果导致了界面的平衡偏析，也叫晶界偏析，即界面与晶体内部出现组分含量不一致的现象。例如在Cu-Sn合金中，晶界上Sn含量高于晶内。这种偏析会降低体系吉布斯自由能，使体系处于平衡稳定的状态，因此称为平衡偏析。

晶界偏析的一般规律如下：

1）根据合金种类的不同，晶界上溶质的浓度可比晶内溶质的含量高出10～1000倍。

2）从高温的平衡状态急冷到某一较低温度并保温时，晶界上的偏析量将逐渐增高，增高的速度是先快后慢。

3）晶界上的偏析量随着合金中溶质元素含量的增高成正比，并在某一较高的数值时达到饱和。

4）晶界上溶质元素的偏析量还取决于相邻晶粒间的位向差和晶界的位向。

5）温度升高时，晶界上的偏析量和偏析区的宽度下降。

6）在某些情况下可产生晶界上溶质原子的贫化。

界面平衡偏析的产生涉及扩散过程。根据扩散的微观理论，原子半径比较小的间隙溶质原子（如C、N、B、P等）可直接扩散，从而产生偏析。如果产生偏析的溶质原子半径较大，其扩散往往通过与空位的交换位置来完成。

（三）润湿

在干净的玻璃面上滴一滴水，水滴将迅速扩散；而滴在固体石蜡上的水滴仍将保持原样而不展开。我们将前者叫做润湿，后者叫做不润湿。

润湿过程可以分为三类：附着润湿（沾湿）、浸渍润湿（浸润）和铺展，如图5-36所示。它们的共同点是：液体将气体从固体表面排挤开，使原有的固-气或液-气界面消失，而代之以固-液界面。三种过程自发进行的条件分别如下：

$$\text{沾湿}\quad W_{\alpha}=\gamma_{Sg}-\gamma_{SL}+\gamma_{Lg}>0 \tag{5-26}$$

$$\text{浸润}\quad W_{i}=\gamma_{Sg}-\gamma_{SL}>0 \tag{5-27}$$

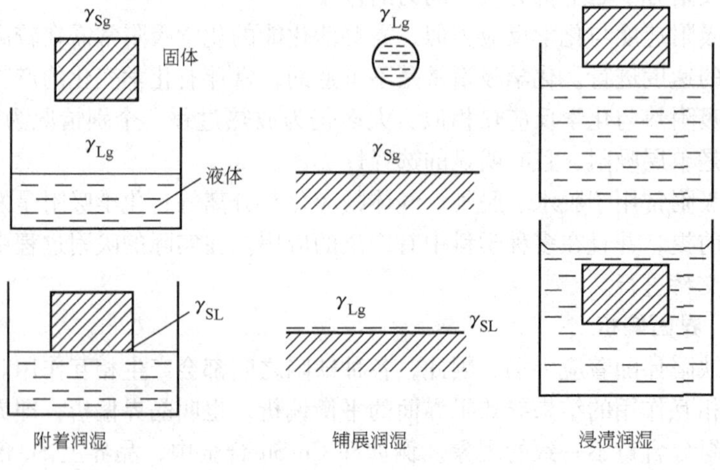

图5-36　润湿的三种方式

$$铺展\quad S=\gamma_{Sg}-\gamma_{SL}+\gamma_{Lg}>0 \tag{5-28}$$

式中，γ_{Sg}为气-固界面能；γ_{Lg}为液-气界面能；γ_{SL}为固-液界面能；W_α 称为粘附功；W_i 称为浸润功；S 称为铺展系数。对于同一物系，$W_\alpha>W_i>S$，所以，若 $S>0$，则 W_i、W_α 必大于零，因此，人们一般以铺展系数的大小来衡量润湿性。

其实，分析润湿条件最直观的方法是用接触角 θ 来表达，如图 5-37 所示。当气-液-固三相接触达到平衡时，从三相交接处取一长度微元沿液-气界面作切线，该切线与固-液界面的夹角就称为接触角，也叫润湿角。接触角与三个界面自由能有如下关系：

$$\cos\theta=\frac{\gamma_{Sg}-\gamma_{SL}}{\gamma_{Lg}} \tag{5-29}$$

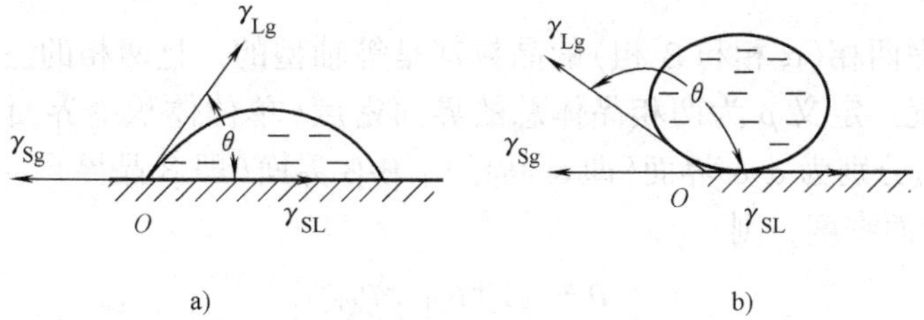

图 5-37 润湿角示意图

此即著名的杨氏方程，也叫润湿方程，接触角越小，润湿性越好。人们习惯上将 $\theta=0°$叫完全润湿或称铺展；$\theta=180°$叫完全不润湿；而将 $0°<\theta<90°$称为润湿(图 5-37a)；$90°<\theta<180°$叫不完全润湿(图 5-37b)。

从杨氏方程可以看出，表面能 γ_{Sg}高的固体易润湿，通常将固体有机物及高聚物的表面视为低能表面，金属及其氧化物、无机盐等的表面视为高能表面。几种固体表面的润湿性由弱到强渐次为：碳氟化合物 < 碳氢化合物 < 含杂原子的有机物 < 金属等无机物。

五、界面能与材料显微组织的关系

对理想晶体状态的描述非常简单，因为晶体结构类型和晶格常数反映了理想晶体的所有特征。然而，实际晶体不但是非理想的，而且往往是多相的，这就造成实际晶体状态描述的复杂性。为了比较全面地描述实际晶体的状态，人们提出了显微组织(简称组织)的概念，即通常所说的实际晶体在光学显微镜下所呈现的结构状态。

(一) 单相晶体

只由一个相组成的晶体称为单相晶体。根据晶体缺陷的概念，即使是单相晶体，其内部也会有各种形式的缺陷。如果这些缺陷中包含晶界，则该晶体就是多晶体。单位体积内的晶界面积越大，则晶粒就越小，因此常用晶粒大小来描述多晶体的组织。晶粒大小可以通过光学显微镜直接测量。

多晶体如果经受了较大的塑性变形，晶粒的形状将发生变化，如从等轴晶粒（三个空间方向上尺度接近的晶粒）变为非等轴晶粒。在这种情况下，由于晶粒有了方向性，只用晶粒大小还不足以完全描述多晶体的组织；此外，塑性变形还会产生大量的位错，这些位错缠结在一起，在晶粒内部形成亚晶界。显然，亚晶粒的大小也是描述多晶体组织的参数之一。

（二）两相晶体

由两种不同相组成的晶体称为两相晶体。两相晶体的显微组织更为复杂，这是因为其内部不但有两种相（每一相中还有各种缺陷），而且两相之间还有相界面。

首先考虑两相（α 相和 β 相）的晶粒都是等轴型的，且两相的空间分布也基本均匀的情况。定义 ρ 为两相晶体总的界面密度（单位体积中界面的总面积），$\rho_{\alpha\alpha}$、$\rho_{\beta\beta}$、$\rho_{\alpha\beta}$分别为 α-α 界面（即 α 晶界）、β-β 界面（即 β 晶界）、α-β 界面（即相晶界）的界面密度，则

$$\rho = \rho_{\alpha\alpha} + \rho_{\beta\beta} + \rho_{\alpha\beta} \tag{5-30}$$

两相晶体的重要组织参数是它们的体积百分比 f_α 和 f_β（$f_\alpha + f_\beta = 1$），按照 f_α / f_β 的不同可分为以下两种情况：

（1）$f_\alpha \gg f_\beta$。这种情况意味着 α 相占压倒优势，比时 β 相将弥散分布，且不存在 β 晶界（$\rho_{\beta\beta} = 0$）。两种具体情况如下：一是 β 相高度弥散，此时 α-β 界面密度非常大；二是 β 相择优分布在 α 晶界上，且将 α 晶界布满（$\rho_{\alpha\alpha} = 0$），此时，β 相呈网络分布。

（2）$f_\alpha \approx f_\beta$。这种情况也可进一步分为两类：一是双复式组织，即数量相等而平均尺寸大体相同的两相晶粒在混合体中无规则分布（图 5-38a）；二是第二相的形状或分布各向异性（图 5-38b、c）。

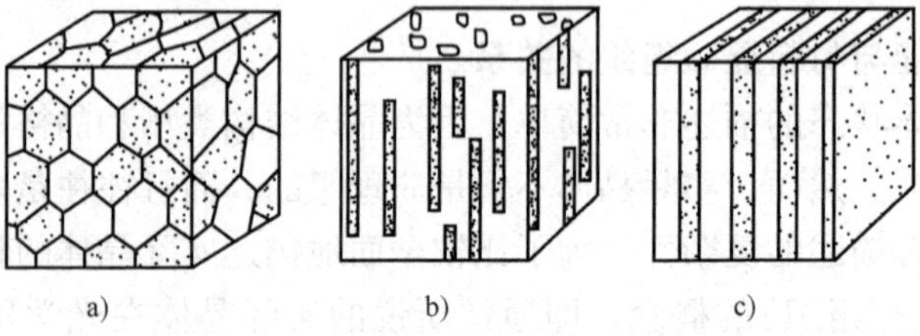

图 5-38　两相组织

a）双复式分布　b）纤维分布　c）片层分布

实际上，两相晶体的组织远不止上述情况，它们可以呈现极为复杂的形式。

小结

在实际晶体中总是存在着偏离理想结构的区域，此即晶体缺陷，按照几何特征可将其分为点缺陷、线缺陷和面缺陷三种类型。

点缺陷包括弗伦克尔空位、肖脱基空位、间隙原子等。点缺陷在一定的温度下处于不断产生和复合的过程，是一种热力学平衡的缺陷，可由热力学统计的方法计算出其平衡浓度。

位错分为刃型位错、螺型位错和混合位错三种类型，相当于滑移面上已滑移区与未滑移区的交界。位错附近的点阵将发生畸变，位错区的畸变总量和方向由柏氏矢量反映，柏氏矢量的模 $|\boldsymbol{b}|$ 称为位错的强度，它表示畸变的程度。柏氏矢量是表征位错的最基本的物理量，因此，常将位错定义为柏氏矢量不为零的晶体缺陷。位错的分布、密度、运动等对金属的性能有很大的影响，滑移和攀移是位错运动的两种方式。金属及合金的强化机制也可由位错运动受阻得到解释。位错的增殖主要有弗兰克-瑞德源增殖机制和双交滑移增殖机制。

实际金属材料中存在着大量的界面，固体材料的界面分为晶界、相界和表面三种。它们是金属晶体中非平衡的面缺陷。单相合金中的界面主要是晶界和亚晶界，根据界面两侧原子的位向差，晶界可分为大角度晶界和小角度晶界。在金属材料的晶界中，90%以上是大角度晶界。多相合金中不同相之间的界面叫相界，相界的结构可分为共格相界、半共格相界以及非共格相界三类。由于界面上的原子组态和晶体内部不同，相界面具有较高的能量，小角度晶界的界面能随着晶粒间位向差的增大而增大；大角度晶界的界面能一般较高，并在一定金属材料中为一常数；共格界面的界面能则较低。界面偏析对于合金的组织转变和性能具有重要意义。

固体的表面总会存在一些诸如台阶、裂纹、孔洞等缺陷，从而影响到材料的强度、密度、润湿、透气性等性质。由于固体表面质点排列的周期性被中断，使表面产生剩余力场，从而对其他物质产生润湿、吸附等吸引作用。

习题

5-1 对于正、负刃型位错和左右螺型位错，区别其柏氏矢量和位错运动方向，并确定两者之间的关系。（设位错线垂直于纸面，从纸背到纸面为位错线的正向）

5-2 图5-39示晶体的二维图形中，晶格间距为 a，内含一个正刃型位错和一个负刃型位错。

（1）围绕两个位错作柏氏回路，得到的柏氏矢量是多少？

（2）围绕每个位错作柏氏回路，得到的柏氏矢量各是多少？（标明方向和强度）

5-3　有两个相同符号的刃型位错，在同一滑移面上相遇，它们是排斥还是吸引？

5-4　某晶体中一条柏氏矢量为 $a[001]$ 的位错线，一端位于晶体表面，另一端与两条位错线相连接，其中一条的柏氏矢量为 $\frac{a}{2}[111]$。(1)若考虑三条位错线都指向(或离开)该节点；(2)若与之相交的两条位错线是由这条位错线生成的。请分别求上述两种情况下剩下一条未知位错线的柏氏矢量。

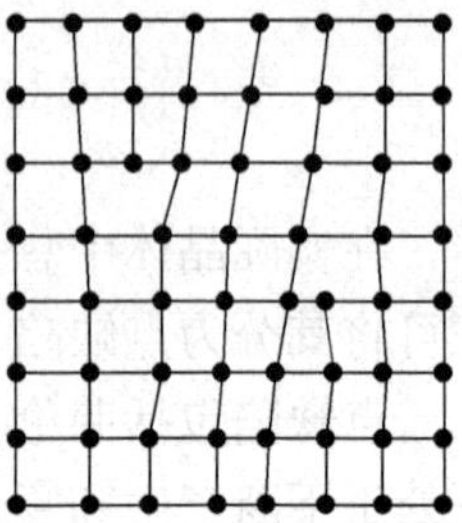

图　5-39

5-5　某平面内有一个位错环，该位错环的各个部分可能都是刃型位错吗？可能都是螺型位错吗？为什么？

5-6　晶界有小角度晶界和大角度晶界之分，大角度晶界能用位错的陈列来描述吗？解释之。

5-7　晶格常数为 0.361nm 的面心立方晶体，计算其角度为 2°的对称倾转晶界中的位错间距。

5-8　设有两个 α 相晶粒与一个 β 相晶粒相交于一公共晶棱，形成一三叉晶界。β 相所张的二面角为 90°，且界面能 $\gamma_{\alpha\alpha}$ 为 0.3J/m²，求 α 相与 β 相相界的界面能 $\gamma_{\alpha\beta}$。

第六章　高分子材料结构

高分子材料（又称高聚物材料）是指相对分子质量较大，且具有一定使用性能和工艺性能（如高的强度、塑性、弹性、加工成型性等）的有机化合物总称。工程中使用最多是人工合成高分子材料，通常包括通用高分子材料（常用塑料、橡胶、纤维等）、特殊高分子材料（具有如耐高温、高模量等特性）、功能高分子材料（具有光、电、磁、化学反应等物理化学功能）、仿生高分子材料（具有类似动植物高分子生物活性）以及各种无机高分子材料和高分子复合材料。

天然高分子存在于棉、麻、毛、丝、革、胶等天然材料以及动植物机体的细胞中，如蛋白质、纤维素等。用化学方法人工制造的高分子称为合成高分子。

第一节　高分子结构的基本概念

高分子材料的相对分子质量很大，但其化学组成一般比较简单，是由许多结构单元按一定方式以共价键连接起来的。

一、单体

组成高分子的大分子链通常是由一种或几种简单的小分子化合物聚合而成，因此，合成高分子又称为聚合物或高聚物。例如：

$$\underset{\text{乙烯}}{nCH_2=CH_2} \xrightarrow{\text{聚合}} \underset{\text{聚乙烯}}{\cdots—CH_2—CH_2—CH_2\,\overbrace{—CH_2—CH_2—}^{\text{结构单元}}\,CH_2—\cdots}$$

其缩写式为：$\{CH_2—CH_2\}_n$。其中简单小分子化合物称为单体，如乙烯。单体分子在聚合反应中先变成高分子化合物的结构单元，然后形成聚合物。

二、链节

组成高分子大分子链的结构单元称为链节，其组成与单体相同或相似。例如，聚乙烯分子的链节为：$—CH_2—CH_2—$，此又称为链节分子式。聚乙烯分子只有一种结构单元，而有些高分子由两种或两种以上结构单元。例如，尼龙-66

的分子含有“$—\mathrm{CO—(CH_2)_4—CO}—$”和“$—\mathrm{NH—(CH_2)_6—NH}—$”两种结构单元，两者以共价键形式结合成尼龙分子的结构单元“$\lbrack \mathrm{CO—(CH_2)_4—CO—NH—(CH_2)_6—NH} \rbrack$”，然后由这种结构单元重复排列成尼龙-66 大分子。分子链中结构相同的单位称为重复单元。

三、聚合度

反应缩写式中的 n 为高分子大分子链所含链节的数目，称为聚合度。它是衡量高分子大小的指标，是一平均值。高分子材料可用链节分子式和聚合度来表示，如聚氯乙烯可写成：$\lbrack \underset{\underset{\mathrm{Cl}}{|}}{\mathrm{CH}}—\mathrm{CH_2} \rbrack_n$，称为高分子结构式。

聚合度的大小与聚合反应的工艺方法有关。例如,高压法生产的低密度聚乙烯聚合度小,低压法生产的高密度聚乙烯聚合度大。

四、相对分子质量 *M*

高分子的相对分子质量俗称分子量,是链节分子量 Mo 与聚合度 n 的乘积:$M = n \times Mo$,也常指平均分子量。高分子没有一个固定的相对分子量,而是不同相对分子质量同系物的混合体系,故高分子的相对分子质量是一平均值。如平均相对分子质量为 8×10^4 的聚苯乙烯($n = 80$)，其相对分子质量可在几百($n < 10$)至 26 万($n = 2600$)之间变动，此现象称为高分子分子量的多分散性。分散程度主要受高分子形成过程中的各种因素影响，如聚合中的支化、交联、环化、链转移等，以及试样处理、存放条件等外在因素的影响。高分子大小的多分散性可用相对分子质量分布的宽窄来表示，分布宽则表示分子大小不均一，且大小分子相差悬殊；分布窄则表示分子大小比较均一。

相对分子质量及其分布都直接影响高分子材料的性能，它们是高分子产品的重要指标。

在高分子的合成、成型加工和应用中，分子量是首先要考虑的指标。在通常情况下，分子量大，强度和硬度高，而塑性、弹性和韧性低，加工成型性也变差。分子量分布也与高分子的物理性能和加工过程(如模塑、成膜、纺丝等)有密切的关系，因而，研究分子量分布是控制和改进产品质量的一个重要因素。分子量分布宽，材料流动性好，易于加工，制品表面光滑；分子量分布窄，则强度高，力学性能好。但当某些高分子材料的低分子部分含量过多时，则易引起应力开裂、交联老化等缺陷。

五、高分子材料的命名

由大分子链组成的高分子统称为高分子树脂，其命名方式通常有三种：

（1）按其化学组成来命名。对于热塑性高分子材料，在生成高分子的原料或单体前常加“聚”字，如聚乙烯、聚氯乙烯、聚甲醛、聚苯醚、聚氨酯、聚醚醚酮、聚对苯二甲酸乙二酯等；由两种或两种以上单体聚合而成的高分子材料，可在原料或单体后加“共聚物”，如腈(丙烯腈)苯(苯乙烯)共聚物、腈丁苯(丙烯腈、丁二烯、苯乙烯)共聚物。对于热固性高分子材料，在生成高分子的原料或单体后加“树脂”，如酚醛树脂、尿醛树脂、环氧树脂、呋喃树脂、不饱和树脂、醇酸树脂等。

（2）用高分子材料的商品名和习惯名。可以是代号、英文缩写、译音等，如尼龙(聚酰胺)、有机玻璃(聚甲基丙烯酸酯)、丁苯橡胶、PVC(聚氯乙烯)、UPC(超高分子量聚乙烯)、F4(聚四氟乙烯代号)、ABS(丙丁苯共聚物)、维尼纶(聚乙烯醇纤维)、丙纶(聚丙烯)等。对聚四氟乙烯有几种可用名称，如F4、特氟隆、塑料王、聚四氟乙烯等。

（3）以结构为基础的系统命名法。由国际纯化学和应用联合会(IUPAC)提出，其程序是：①确定重复单元结构；②排好重复单元中的次级单元(Sunit)的次序；③给重复单元命名；④再重复单元名称的前面加一个“聚”字，就成为聚合物的名称了。例如，聚氯乙烯应称为聚1-氯代乙烯。此方法较为繁琐，故而多用其英文缩写，如聚甲基丙烯酸酯的英文缩写符号是PMMA。

第二节　高分子的结构

高分子是由一系列分子量不同的大分子链组成，这些大分子链形成高分子的主链。高分子的结构包括其大分子链结构和大分子链的聚集态结构。

一、高分子大分子链的结构

1. 高分子大分子链的化学组成　高分子大分子链的原子以共价键相结合，通常由C、H、N、O、S、Cl、F等非金属原子组成，另外还可含有B、Si、Ti、Al等半金属或金属原子。

根据主链结构可分为：

（1）碳链高分子。主链上全由碳原子组成的高分子，如聚乙烯、聚丙烯、聚氯乙烯、聚苯乙烯等。大多数碳链高分子具有可塑性好、易加工成型等优点，但耐热性较差，并易燃烧、易老化。与杂链高分子相比，则具有较高的耐水解性能。

（2）杂链高分子。主链上除碳原子外还有氧、氮、硫等其他元素的高分子。如聚酰胺、聚酯、聚砜、呋喃树脂、脲醛树脂等，酚醛树脂主链上虽无杂原子，但有芳环，故也属杂链高分子。杂链高分子具有较高的强度和耐热性，但由于分子链带有极性基团，故易水解。

(3) 元素有机高分子。大分子主链中没有碳原子，而由硅、氧、氮、氯、钛、硼、磷、砷等元素组成，侧基为有机基团(如甲基、乙基、乙烯基、芳基等)，如有机硅橡胶、有机硅树脂、聚元素有机硅氧烷等。这类高分子兼有无机高分子和有机高分子的特性，具有较高的耐热性和耐寒性，同时具有较高的弹性、韧性和可塑性。

(4) 无机高分子。如果主链和侧基均无碳原子，则为无机高分子，如聚氯化铝、聚六偏磷酸钠、聚二硫化硅等。无机高分子的分子量较小，很易水解。

2. 高分子大分子链间作用力　高分子大分子链链上原子间的作用力是共价键力，又称主价力；次价力为分子链链间的作用力，即分子间力为范力(取向力、诱导力和色散力)和氢键。由于高分子大分子链很长，次价力往往占主导地位，故高分子破坏时常常是化学键(共价键)的断裂。因而，高分子受热时只能熔化，而不能汽化。当加热温度高于高分子化合物分解温度时，高分子大分子链分解或断裂，并有小分子产生。

3. 高分子大分子链的构象

(1) 高分子大分子链的柔顺性。在大多数高分子大分子链中都存在着许多单键，如聚烯烃中的C—C单键。C—C单键能够绕两个碳原子形成的键轴自由旋转，即内旋转。旋转时键长和键角不变，如图6-1所示。键ⓒ绕键ⓑ旋转，键ⓑ绕键ⓐ旋转。因此，大分子链的空间形状不是唯一和固定不变的，而有不同的空间形状且在不断变化着。这种高分子大分子链的空间形状称为构象。若每一种形状称为一种“构象”，则一个大分子链具有许多不断变化的构象。大分子链具有极高的长径比，即其长度往往是其直径的几万至几十万倍，且存在单键的内旋转和次价力，故绝大部分大分子链有着强烈卷曲的倾向，易卷曲成无规则的线团状，这种特性称为高分子大分子链的柔顺性。

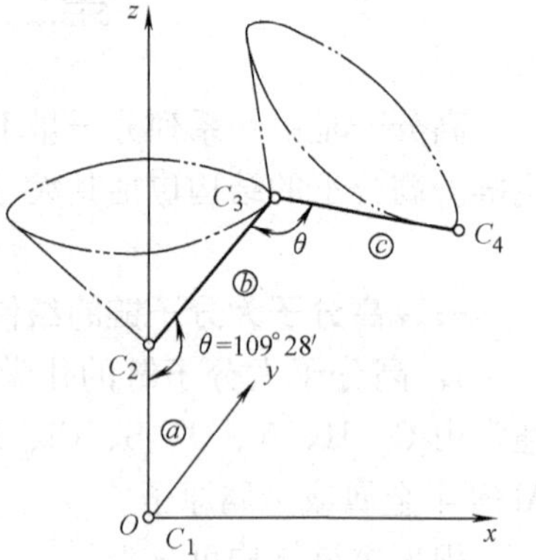

图6-1　单键的内旋转

大分子链的柔顺性与高分子材料的性能有着密切的关系，对于力学性能来说，柔顺性好，高分子的塑性、弹性和韧性好，强度和硬度差；反之，强度和硬度高，而塑性、弹性和韧性差。一般说来，分子链越长，存在内旋转的键越多，分子链越具有强烈卷曲的倾向，柔顺性越好。这点可从内部和外部影响因素两方面分析。

1) 内部因素。如高分子的主链结构和高分子链上取代基的性质、体积、比例及其位置等，其中主链结构起决定性作用。形成大分子链的原子间的共价键长度大、极性小、键能小，则柔顺性好，刚度小。在碳链高分子中，极性最小的是C—H化合物，分子内相互作用不大，分子链具有很大柔性。如聚乙烯、无规聚丙烯、乙丙共聚物等。杂链高分子中C—O、C—N、Si—O都比C—C更容易旋转，所以尼龙、聚酯、聚氨酯等都是柔性键，其耐低温性能好，聚氨酯的耐低温性能最好。Si—O键比C—O、C—C键长，键角大，更容易内旋转，故聚硅氧烷在低温下分子链仍能活动，是优良的耐寒橡胶。主链上有芳环(如苯环)或杂环结构、共轭结构，则柔顺性差，刚度大。已二酸乙二酯和对苯二甲酸乙二酯，后者由于存在芳环，芳环不易内旋转而刚性增加，故前者用作涂料，而后者可用作纤维。聚碳酸酯、聚砜、聚苯醚等分子链上均有芳环，其耐热性好于没有芳环的高分子。聚乙烯含有共轭双键(C ═ C—C ═ C)，因共轭双键没有对称性，分子不能内旋转，故其刚性很大，耐热性好，但脆性大。

取代基的极性小、体积小、同一位置的取代基数量少，则大分子链的柔顺性好，刚度小。取代基的极性越小，作用力越小，主链易旋转，分子链柔顺性好；取代基的极性大，则分子间作用力大，分子内旋转阻力大，则柔性差。例如聚丙烯、聚氯乙烯、丙烯腈三者的取代基极性递增，它们的分子链柔顺性依次递减。取代基的体积大，则内旋转的阻力大，如聚苯乙烯中的苯基极性虽小，但体积大，不易旋转，故而柔顺性小。但同一碳原子上连有两个不同的取代基时，会使链柔顺性降低。如聚甲基丙烯酸甲酯的一个碳原子上含有两个取代基：甲基(CH_3)和酯基($COOCH_3$)，它的柔顺性比含有一个酯基($COOCH_3$)聚丙烯酸甲酯小。

2）外部因素。温度越高，热运动越大，分子内旋转越自由，分子链越柔顺；外力作用快，大分子来不及运动，则表现出刚性。如柔顺的橡胶轮胎在低温下或高速运动中显得僵硬。

因此，高分子大分子链的柔顺性大小，直接影响着高分子的一系列性能，如弹性、流动性、粘度、耐热性、强度等。橡胶需要高的弹性，故用柔顺性好的分子链；耐高温或要求高力学性能的塑料结构件和纤维，则用刚性链。

(2) 高分子大分子链的几何形状。高分子大分子链常有的几何形状如图6-2所示。

线型高分子是指高分子的大分子链节互连成线型长链，这些大分子链通常卷曲成无规则线团状(图6-2a)，此类高分子材料塑性、弹性和韧性好，如聚丙烯、聚酯、聚醚类高分子等，具有可溶可熔特性，即溶于有机溶剂，加热可以熔化。但随其分子量的增大，强度和硬度也增加，通常用于各种结构件和非结构件的制造，产量和用量都很大。

支链型高分子是指在主链的某些链节上带有侧链(或称支链)，其长短和数量不同，或支链上还有支链(图 6-2b)，如高压聚乙烯、接支型 ABS 树脂等，也是可溶可熔结构。支链的长短不同，其对高分子性能的影响也不同。短支链使高分子链之间的距离增大，有利于活动，故流动性好；而支链过长则阻碍高分子流动，晶相结晶，降低弹性。一般支链高分子堆砌松散，密度低，结晶度低，故其硬度、强度、耐热性、耐腐蚀性等指标随之降低。

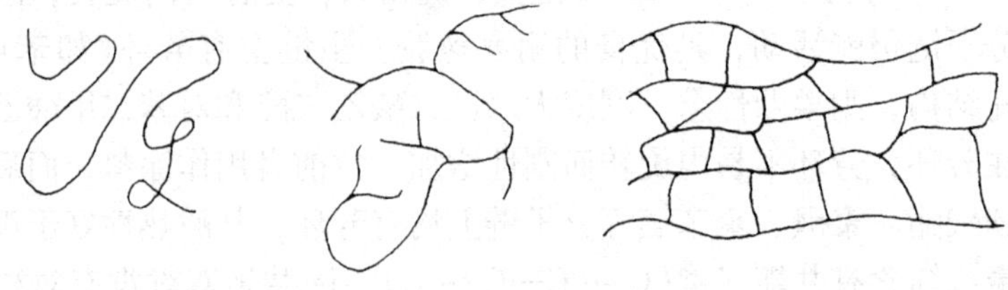

a)　　b)　　c)

图 6-2　高分子材料大分子链的几何形状

a）线型　b）支链型　c）体型

近年来合成了一些新型支链高分子材料，如图 6-3 所示。这些新型支链的出现，使高分子性能改变。如聚苯、聚酰亚胺等高分子具有梯形结构，热稳定性高，可用做重要结构材料和耐高温材料。

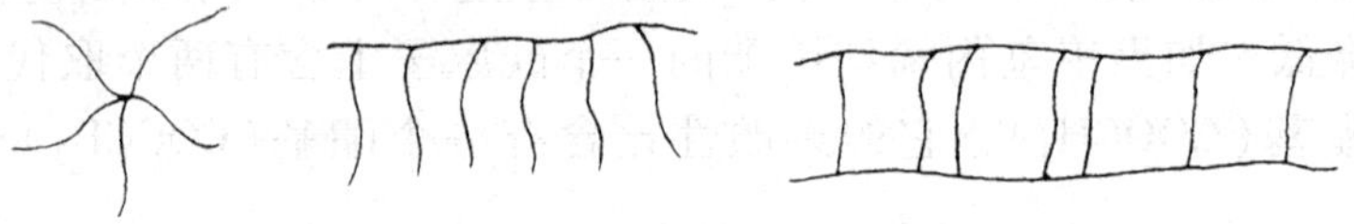

a)　　b)　　c)

图 6-3　一些新型支链高分子材料示意图

a）星型　b）梳型　c）梯型

线型高分子材料(包括支链型)由于具有可溶可熔特性，它们受热时软化，冷却时硬化，反复加热和冷却仍具有可塑性，通常称之为热塑性高分子材料。

体型高分子是线型或支链型高分子以化学键交联形成的，又称网形或交联高分子，具有空间网状结构(图 6-2c)，如酚醛树脂、脲醛树脂、环氧树脂固化交联后形成体型结构，还有硫化橡胶等体型结构等。

体型高分子材料具有不溶不熔结构。交联程度小的，受热时软化，但不熔融，适当溶剂可使其溶胀，但不溶解；交联程度大的，则不能软化，也难溶胀。这类高分子材料的成型加工只能在其形成网状结构前进行，一旦形成网状结构，就不能再改变其形状。在加热或有固化剂(交联剂)存在条件下能形成体型的高分子材料，称为热固性高分子材料。该类材料具有耐热、耐熔剂、尺寸稳定等特性，且有较高的强度和硬度，但塑性、弹性和韧性较低，故极少单独使用，可用加入添加剂的方法来提高和改变性能。在合成橡胶生产中，过度的交联会影响产品的质量，如弹性和韧性下降，脆性增加，耐低温性差，易开裂。表6-1是三种不同几何形状链型的聚乙烯性能比较。

表6-1　三种聚乙烯性能的比较

项目名称	高分子链形态	结晶度(%)	密度/g·cm^{-3}	抗拉强度/MPa	断后伸长率(%)	熔点/℃	最高使用温度/℃	主要用途
低密度聚乙烯	支链型	60—70	0.91—0.94	7—15	90—800	105	80—100	软塑件、薄膜
高密度聚乙烯	线型	95	0.95—0.97	21—37	50—1000	135	120	硬塑件、纤维
网形聚乙烯	体型	—	0.93—1.4	10—21	180—600	—	135	电缆、电工材料

二、高分子的聚集态结构

高分子的聚集态结构是指其大分子链间的空间几何排列，是在加工成型过程中形成的。具有相同链结构的同一种高分子材料的加工成型条件不同，其聚集态结构也不同，性能也各异，这对选用高分子材料很重要。

1. 非晶态结构　非晶态结构即无规则排列的无定形结构，众多长短不一的大分子链呈杂乱无序线团状聚集(图6-5c)。

2. 晶态结构　凡能结晶的高分子在适当条件下从不同溶液或熔融体中生成不同形状的晶体，成为结晶性高分子。

结晶性高分子从熔融体冷却到 T_m(熔点)，与 T_g(玻璃化温度)之间的任意温度都能发生结晶，总的过程是从无序进而有序，生成有序结构单元后生长成晶体。其过程如图6-4所示。类似于金属晶体的结晶过程，其过程也是形核与长大并生成晶体的过程。

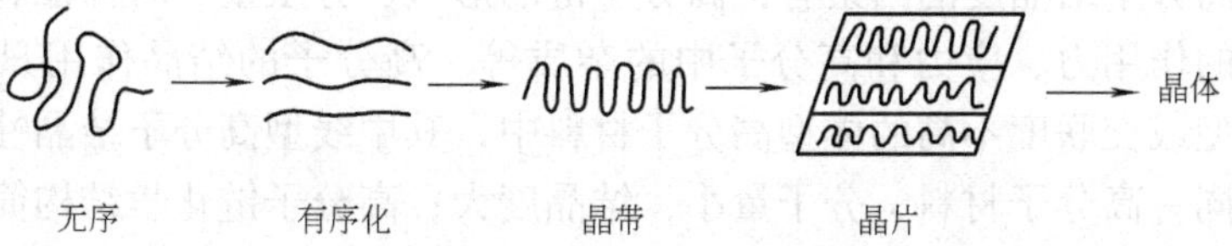

图6-4　高分子的结晶过程

晶态结构的大分子链排列规整有序，分为单晶高分子和多晶高分子。单晶高分子只有在一定特殊条件下才能形成，结晶条件不同，它们的结晶习性也不同。单晶的形状可按其结晶习性分为以下八类：薄片形、宽板形、平板形、棱柱形、立方形、短针状、长针状、纤维状。高分子比较容易形成的单晶形状有薄片形和纤维状。习惯上把薄片形单晶称为片晶，又可分为折叠链片晶结构(大分子链呈横向有序排列)和伸直链片晶结构(大分子链呈纵向有序排列)。

高分子片晶可用两种方法来制备：一是从稀溶液中沉淀的方法来培养，它们有规则的外形；另一类片晶则是在较高的压力下由熔体等温结晶而成。

高分子的纤维状结晶可以在聚合时结晶而成，例如聚四氟乙烯聚合时使结晶成纤维状。也可以由高分子被拉伸或是高分子受剪切力作用而得到(加工成型中会受到剪切力)，或在搅拌高分子，或使高分子溶液流动时结晶而成。例如聚乙烯溶液在搅拌下形成纤维状结晶。此外，共晶时也会形成纤维状结晶。

球晶是多晶高分子的一种主要形式，它可以从溶液中沉淀出来，也可以从熔体冷却时得到。当它生长不受阻碍时，其外形呈球状；但当球晶密集地生长在一起时，就得到多面体的外形。

大多数高分子材料都只能产生部分结晶(图 6-5b)。通常用结晶部分所占的质量或体积分数表示其结晶程度，称为结晶度。大多数结晶高分子的结晶度在 50% 左右，只有少数在 80% 以上。

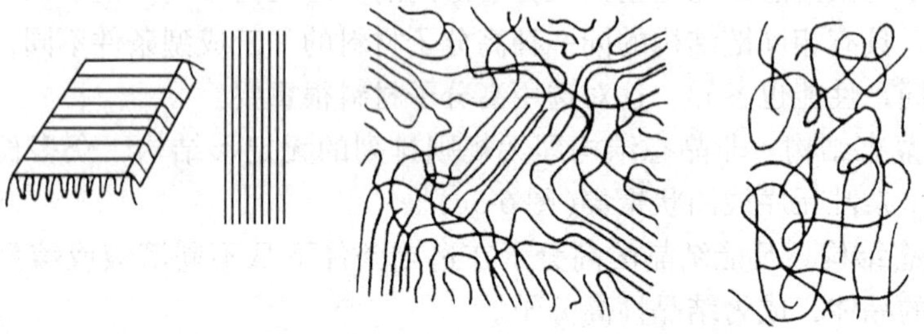

图 6-5　高分子材料三种聚集态结构示意图
a）晶态　b）部分晶态　c）非晶态

影响高分子结晶度的因素有：高分子链的形状、分子量、对称性、柔顺性及分子链间的作用力、应力和高分子中的杂质等。高分子的结晶作用只发生于线型、支链型或交联度不高的体型高分子材料中，其中线型高分子结晶性最好，结晶度大。同一高分子材料，分子量小，结晶度大；高分子链化学结构简单，链节的对称性高，取代基小，则容易结晶，结晶度大，如聚乙烯、聚四氟乙烯、聚酯、聚酰胺等；主链的规整性高，结晶容易，故无规聚苯乙烯、无规聚丙烯、无规聚甲基丙烯酸酯等极难结晶，结晶度极低；一般分子链间作用力大，高分子柔性差，不利于结晶，但分子间作用力大有利于敛集紧密，故一旦结晶，其结晶结构稳定，有利于结晶进一步进行，可获得高结晶度，如具有高极性基团的聚酰胺、聚酯、聚氨酯等结晶度都很大；应力能使大分子按力的方向排列，增加有序性，有利于结晶，尤其在较低温度下不易结晶的高分子，应力能加速其结晶，例如在80～100℃下，拉伸涤纶薄膜，其结晶速率可提高上千倍；结晶的过程中利于结晶的杂质可作为结晶的晶核(也可人工加入)，也能加速结晶并提高结晶度，还可使晶粒尺寸减小，提高性能。

3. 实际高分子材料的聚集态结构　在实际高分子材料的聚集态结构中存在着结晶和无定形态两部分，其组织一般状态为大小不同、形状各异的晶态结构分布在非晶态结构的基体中(图6-5b)。

4. 高分子结晶度与性能的关系　晶态结构的分子链排列规整而紧密，结晶度的大小对高分子材料的性能有很大的影响。一般高分子材料的强度、硬度、刚度、密度和热变形温度、熔点(或软化点)都随着结晶度的增加而提高；而弹性、韧性和断后伸长率以及溶解性和透气性则随着结晶度的增加而降低；化学稳定性和热稳定性随着结晶度的增加而提高。结晶的存在和结晶度的提高扩展了高分子材料的应用领域。

表6-2、表6-3分别是两种不同结晶度的高分子材料的性能对照。表6-4是高分子力学性能随结晶度的变化趋势。

表6-2　高密度和低密度聚乙烯的性能

	结晶度(%)	抗拉强度/MPa	断后伸长率(%)	弹性模量/MPa	硬度HS	密度/g·cm^{-3}	耐有机溶剂性
低密度聚乙烯	40～50	7～16	90～800	11～25	41～46	0.91～0.93	60℃以下耐
高密度聚乙烯	60～80	22～39	15～100	42～110	60～70	0.94～0.97	80℃以下耐

表6-3　不同结晶度的聚三氟氯乙烯的性能

性　能	中等结晶度	低结晶度	性　能	中等结晶度	低结晶度
密度	2.13	2.11	断后伸长率(%)	125%	190%
硬度(布氏)/MPa	1.2～1.3	0.9～1	抗拉强度/MPa	35～40	30～35
弯曲弹性模量/MPa	1800	1300	冲击韧度/J·cm^{-2}	1.7	3.7

表6-4　高分子力学性能随结晶度的增加趋势

状态	温度	模量	硬度	冲击韧度	抗拉强度	伸长率	蠕变	应力松弛
皮革态	$T_m \sim T_g$	↑	↑	↓	↑	↓	↓	↓
玻璃态	$< T_m$	—	—	↓	↓	—	—	—

5. 高分子的取向结构　在外力的作用下，高分子还可得到取向结构。高分子在外力作用下，分子链或链段沿力场方向有序排列，或晶态高分子在拉伸变形后形成微纤维晶结构，这就是高分子的取向。取向是高分子链有序化的过程，图6-6是非晶态高分子的取向。图6-7是晶态高分子的取向。

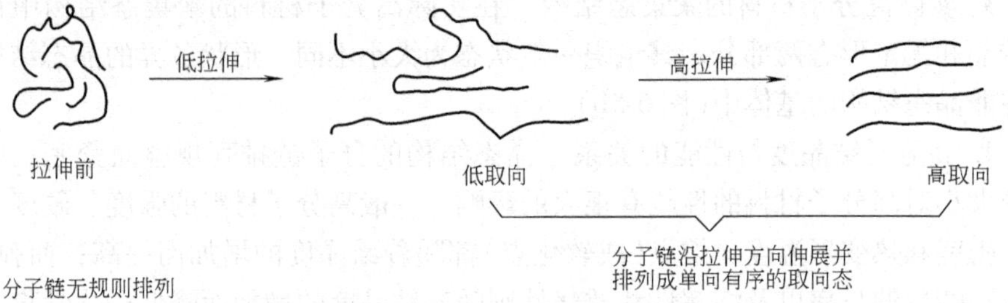

图6-6　非晶态高分子的取向

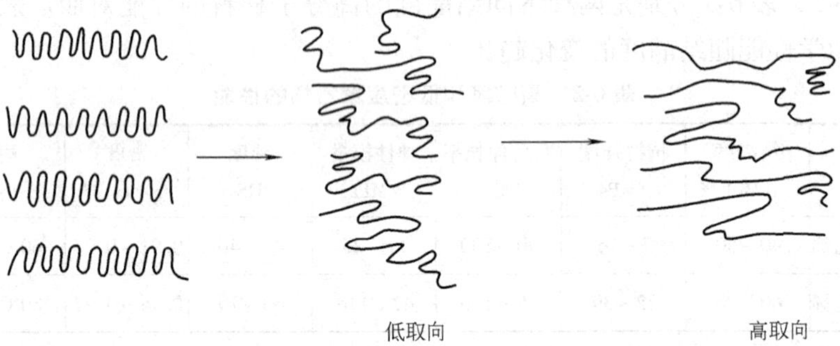

图6-7　晶态高分子的取向

高分子拉伸取向后，沿取向方向上的强度增高，这种现象称为取向强化。如拉伸后的纤维，其强度可增加数倍，可作各种织物和绳材。取向的薄膜可用于要求很高的录音录机磁带。对高分材料子进行取向处理，可改变和提高其性能，如提高强韧性、使用温度等。若控制拉伸条件，可以得到超高强度材料。表6-5是超拉伸聚乙烯纤维的性能与其他材料的比较，可以看出，超拉伸聚乙烯(含伸直链20%)的强度可达碳钢水平。

表6-5　超拉伸聚乙烯纤维的性能与其他材料的比较

材　料	抗拉强度/MPa	断裂伸长率(%)	材　料	抗拉强度/MPa	断裂伸长率(%)
碳钢	450～620	25～32	玻璃纤维	390～690	4.8～5.4
铝	70～170	15～45	取向聚乙烯纤维	480	3.2

表6-6是两种高分子薄膜取向前后的力学性能比较。

表6-6　薄膜取向前、后的力学性能比较

性　能	聚丙烯薄膜		聚酯薄膜	
	取向前	双轴取向	取向前	双轴取向
抗拉强度/MPa	20～40	130～250	60～70	140～250
断后伸长率(%)	300	400	3.5	35
冲击韧度 /$J\cdot cm^{-2}$	20	150		250

小　结

高分子材料是相对分子质量很大的化合物。工程中使用最多的是合成有机高分子材料，包括通用高分子材料、特殊高分子材料、功能高分子材料、仿生高分子材料等。高分子材料是由一种或几种简单的低分子或小分子化合物单体经聚合而成，其实质是由一系列聚合度或相对分子质量不同的大分子链组成，聚合度或相对分子质量的大小直接影响高分子材料的性能。

高分子材料的结构包括其大分子链的结构和聚集态结构。大分子链的结构包括其化学组成和几何形状。高分子材料按其大分子链的化学组成分为碳链高分子、杂链高分子、元素有机高分子和无机高分子。高分子材料的聚集态结构是在加工成型过程中形成的，分为晶态和非晶态结构，结晶度的大小是不同的。高分子材料的性能随其结晶性和结晶度的不同而不同。为了改变和提高高分子材料的性能，还可对其拉伸取向。结晶和拉伸取向都是高分子材料的强化方法。

高分子大分子链具有柔顺性，这决定了高分子材料与其他材料相比具有独特的性能。分子链的长短，主链结构，分子间作用力的大小，链上取代基的性质、体积、位置和数量等内部因素，以及环境温度和应力等外部因素都影响大分子链的柔顺性。高分子大分子链的几何形状通常分为线型、支链型和体型三种，还可以合成一些其他形状的大分子链。

高分子材料的性能与大分子链的结构、柔顺性、几何形状、聚合度，以及高分子材料的相对分子质量及其分布、聚集态结构、取向结构、结晶度、取代基的性质等因素密切相联。

习　题

6-1　高分子材料的力学性能与其结构有何关系？

6-2　高分子材料的电绝缘性与其结构有何关系？

6-3　从结构上分析比较聚乙烯和聚氯乙烯的耐热性、机械强度、电绝缘性能。

6-4　找出几种大分子链具有新型几何形状的高分子聚合物。

6-5　试比较聚乙烯和聚苯乙烯的柔顺性，各适合做何种材料？

6-6　全部是结晶态的聚乙烯的密度是1.03g/cm^3，无定型态的聚乙烯的密度是0.90g/cm^3，现有一种低密度聚乙烯的密度是0.916 g/cm^3，求其结晶度值。

6-7　如何获得弹性与韧性好的高分子材料？

6-8　线型高分子材料为什么具有热塑性？

6-9　写出你所认识的高分子材料。

6-10　列举你所乘坐的交通工具（汽车、火车）上常见的高分子材料零件。

第三篇

材料的组织结构与性能控制技术基础

3

材料的组织、结构、性能是可以通过一定的技术方法进行控制的，如改变材料的化学组成、改变材料内部的结构缺陷数量与组态、改变相组分与组织组分等。一般来说，用来控制组织和性能的重要机制有六种：即固溶强化、加工硬化(应变硬化、形变强化)、细晶强化、弥散强化、时效强化和相转变。

本篇将主要是从材料加工处理的过程出发来讨论控制组织和性能的技术基础，重点是材料的凝固、合金化、形变和热处理。某些理论也同样适用于材料制备的过程。

扩散是热运动引起的物质传输过程。材料在生产使用中的许多现象及材料的某些性能都与扩散密切相关，如合金中的固态相变，冷变形金属的回复与再结晶、凝固、偏析、沉淀，粉末冶金中的烧结，均匀化退火及氧化、蠕变等。

相图是表示材料成分、温度、压力及其状态之间关系的几何图形，也称为状态图。铁碳相图是最重要的相图。根据相图可以确定不同成分的材料在不同的温度和压力下的相组成、各相的成分和相对量，以及随温度变化各相可能发生的变化。因此，相图是确定材料制备(包括新材料研究开发)和加工工艺的重要依据。应注意的是，相图反映的是平衡条件下合金中的相，而在实际生产条件下常发生非平衡转变。

材料由液态转变为固态的过程谓之凝固。凝固后得到的固态物质可能是晶体，也可能是非晶体。凝固后若得到的是晶态固体，则可称为结晶过程。材料制备和材料加工(如铸造、焊接等)均涉及凝固过程，研究和控制的凝固(结晶)过程就显得尤其重要。

材料在力的作用下要产生变形。掌握材料的变形规律，特别是其塑性变形的机理，探讨材料塑性变形后的组织和性能的变化，以及研究材料在重新加热后的回复和再结晶过程中的组织、结构和性能变化，对材料制备、加工和使用均具有重要意义。

固态物质内部发生的组织结构变化称之为固态相变。控制相变过程(常用措施是加热和冷却)，获得预期的组织，可使固态材料具有特定的性能。如过饱和固溶体分解使合金时效强化、钢淬火时的马氏体相变使钢强化等。固态相变理论的进步，推动了材料处理的发展，还促进了新材料的开发，如形状记忆合金、增韧陶瓷等新材料的出现。

第七章　固体材料中的原子扩散

物质在一定的温度下，处于晶格平衡位置上的原子进行快速热振动。当获得的能量足够大时，部分原子可脱离晶格的束缚而发生微观意义上的跃迁，并因此而导致一种宏观上的物质流动现象，即为扩散。在固体材料中，扩散是实现物质传输的唯一方式。材料在生产使用中的许多现象及材料的某些性能都与扩散密切相关，如合金中的固态相变、冷变形金属的回复与再结晶、凝固、偏析、沉淀、粉末冶金的烧结、均匀化退火及氧化、蠕变等。因此，阐述扩散宏观定律及微观机制，了解影响扩散的重要因素，以此为基础深入研究扩散行为具有理论与现实的双重意义。

第一节　扩散定律

扩散是一种由热运动引起的物质传输过程。考察一个扩散偶的扩散行为，如对焊两根固溶体长棒，其扩散组元相同而浓度分别为 C_1、C_2 且 $C_1 < C_2$，将此扩散偶加热到某一温度并保温一段时间使之进行扩散，跟踪观察固溶体长棒中扩散组元浓度分布随保温时间的演化。如图 7-1 所示，随保温时间的延长，对焊界面两侧的扩散组元浓度变化趋向于浓度差减小的方向，且越靠近对焊界面其两侧的浓度差越小。这种实验现象证明，在扩散偶中当扩散组元获得足够能量时就发生迁移，导致对焊界面附近扩散组元浓度分布的变化并趋于均匀化。

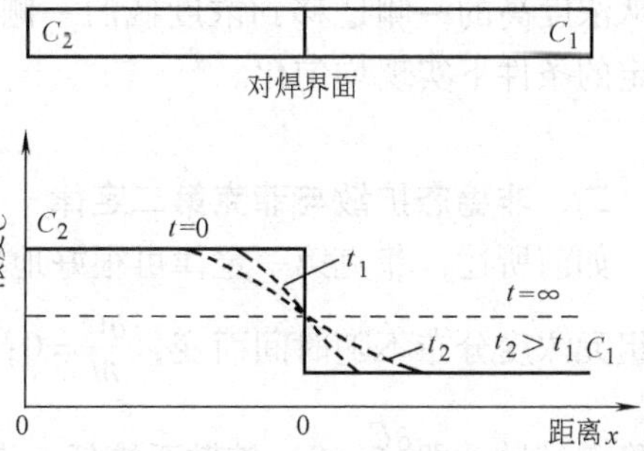

图 7-1　扩散偶中浓度随距离、时间变化示意图

那么组元扩散的速率及方向性又取决于什么呢？1855 年，阿道夫·菲克 (Adolf. Fick) 首先提出了菲克第一定律（又称扩散第一定律）用以描述扩散这一传质过程，定量地解决了这个问题，并以此为基础推导出菲克第二定律。

一、稳态扩散与菲克第一定律

在一个扩散系统中，若任一点的浓度不随时间而变化，即任一时刻流入和流出该系统中任一体积元的物质量相等，称之为稳态扩散，菲克第一定律描述了这种情况下的物质扩散。

扩散的发生需要驱动力——浓度梯度，菲克第一定律阐明了两者的关系

$$J = -D\frac{\partial C}{\partial x} \tag{7-1}$$

式中，J 为扩散通量（$g \cdot m^{-2} \cdot s^{-1}$ 或 $mol \cdot m^{-2} \cdot s^{-1}$）；$D$ 为扩散系数（$m^2 \cdot s^{-1}$）；C 为扩散物质的体积浓度（$g \cdot m^{-3}$ 或 $mol \cdot m^{-3}$）；x 为沿 x 轴单向扩散时的扩散距离（m）；$\frac{\partial C}{\partial x}$为浓度梯度$\left(当\frac{\partial C}{\partial t}=0 时,可记作\frac{dC}{dx}\right)$。

上式即为菲克第一定律的数学表达式，又称扩散第一方程，它适用于稳态扩散$\left(即\frac{\partial C}{\partial t}=0, t 为扩散时间\right)$。式中不但给出单位时间内通过垂直于扩散方向（$x$ 轴）单位面积的扩散物质通量 J 与浓度梯度$\frac{\partial C}{\partial x}$的正比关系，而且负号还说明扩散方向与浓度梯度方向相反。如图 7-2 即当系统中存在浓度梯度时，扩散就发生，且扩散组元是从浓度高的一侧迁移到浓度低的一侧，在一定的条件下实现均匀化。

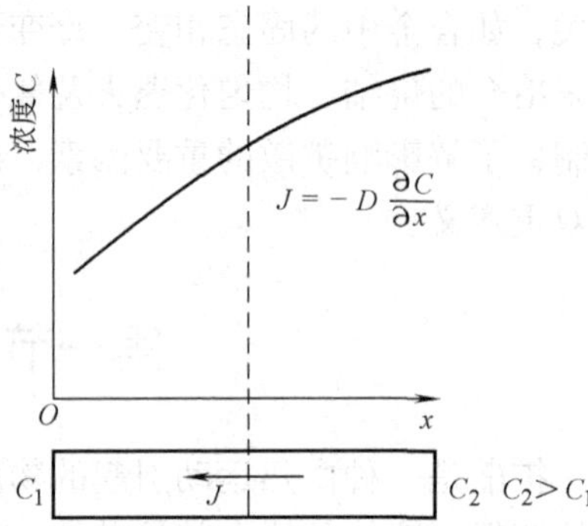

图 7-2　溶质原子的流动方向与浓度梯度的关系

二、非稳态扩散与菲克第二定律

如前所述，菲克第一定律可很好地处理稳态扩散问题，此时在扩散过程中扩散组元浓度分布不随时间而变，$\frac{\partial C}{\partial t}=0$；但在实际生产中，大多数的扩散过程是非稳态扩散，即$\frac{\partial C}{\partial t}\neq 0$，扩散系统任一点的浓度随时间而变化，用菲克第一定律无法解决。在此基础上考虑时间的影响，结合质量守恒原理推导出适用于非稳态扩散的菲克第二定律。如图 7-3 所示，先考察在沿 x 轴的单向扩散中的一个垂直于 x 轴的微体积元 $A\Delta x$，A 为截面积，J_1、J_2 分别表示某一时刻体积元内流入、流出的扩散通量，则 Δt 时间内从体积元内流入、流出的扩散物质量分别是

$$m_1 = J_1 A \Delta t$$

$$m_2 = J_2 A \Delta t$$

根据质量守恒条件，在 Δt 时间内留存在体积元中的扩散物质量为

$$\Delta m = m_1 - m_2 = (J_1 - J_2) A \Delta t$$

则

$$\frac{\Delta C}{\Delta t} = \frac{J_1 - J_2}{\Delta x} = -\frac{\Delta J}{\Delta x}$$

由偏导数定义得

$$\frac{\partial C}{\partial t} = -\frac{\partial J}{\partial x}$$

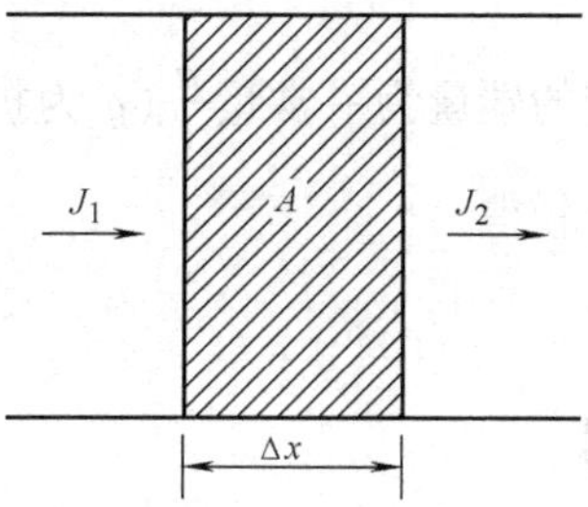

图 7-3　单向扩散通过微小体积单元

结合扩散第一方程，可得出下面的菲克第二定律数学表达式（扩散第二方程）

$$\frac{\partial C}{\partial t} = \frac{\partial}{\partial x}\left(D \frac{\partial C}{\partial x}\right) \tag{7-2}$$

当浓度变化范围不大时，扩散系数可视为与浓度无关，则上式可简化为

$$\frac{\partial C}{\partial t} = D \frac{\partial^2 C}{\partial x^2} \tag{7-3}$$

在考察了一维非稳态扩散后，我们可以类似地推广到空间三维扩散，并假设在 x、y、z 三个方向上的扩散系数 D_x、D_y、D_z 均相等，令 $D_x = D_y = D_z = D$（D 为常数），则扩散第二方程为

$$\begin{aligned}\frac{\partial C}{\partial t} &= \frac{\partial}{\partial x}\left(D_x \frac{\partial C}{\partial x}\right) + \frac{\partial}{\partial y}\left(D_y \frac{\partial C}{\partial y}\right) + \frac{\partial}{\partial z}\left(D_z \frac{\partial C}{\partial z}\right) \\ &= D\left(\frac{\partial^2 C}{\partial x^2} + \frac{\partial^2 C}{\partial y^2} + \frac{\partial^2 C}{\partial z^2}\right) \\ &= D \nabla^2 C \end{aligned} \tag{7-4}$$

三、扩散方程的实际应用

与气体、液体不同，扩散是固体材料中物质的唯一传输方式，而材料在生产使用中的许多物理化学过程，如表面处理、扩散退火等都与之相关，因此菲克定律不仅奠定了扩散的理论基础，其数学表达式—扩散方程更可以直接应用于实践中。下面我们举例说明扩散方程的求解。

（一）稳态扩散中扩散第一方程的解

史密斯运用菲克第一定律成功测定了碳在 γ-Fe 中的扩散系数 D，其实验条件为：将一个纯铁空心薄壁管在 1000℃ 进行碳化处理，管内、外分别为渗碳、脱碳气氛，管的长度为 L，半径为 R，在一定的碳势下经过一段时间后，当管壁

内任一点的碳浓度不再变化时，则$\frac{\partial C}{\partial t}=0$，为稳态扩散，此时单位时间内通过管壁的碳量为一常量$\frac{q}{t}$（q 为扩散碳量），而扩散通量 $J=\frac{q}{2\pi RLt}$，与扩散第一方程比较得

$$-D\frac{\mathrm{d}C}{\mathrm{d}R}=\frac{q}{2\pi RLt}$$

则

$$q=-D(2\pi Lt)\frac{\mathrm{d}C}{\mathrm{dln}R}$$

在上式中，q、L、t 及碳含量沿管壁的径向分布均为可测量值，如果扩散系数 D 也假设为常数，则$\frac{\mathrm{d}C}{\mathrm{dln}R}=K$（$K$ 为常数），即“C-ln$R$”作图为一直线；但实测结果如图 7-4 所示为一曲线，说明假设不成立，D 是与碳浓度有关的变量，在高碳浓度区域，$\frac{\mathrm{d}C}{\mathrm{dln}R}$小，$D$ 大；反之亦然。这样，由作出的“C-ln$R$”图在曲线上任一点的斜率即可确定对应的扩散系数。如在 1000℃高温时，当碳含量分别为 $w_C=0.15\%$ 和 1.4%（质量分数）时，相应的碳在 γ-Fe 中的扩散系数 D 为 $2.5\times10^{-11}\mathrm{m^2/s}$ 和 $7.7\times10^{-11}\mathrm{m^2/s}$。

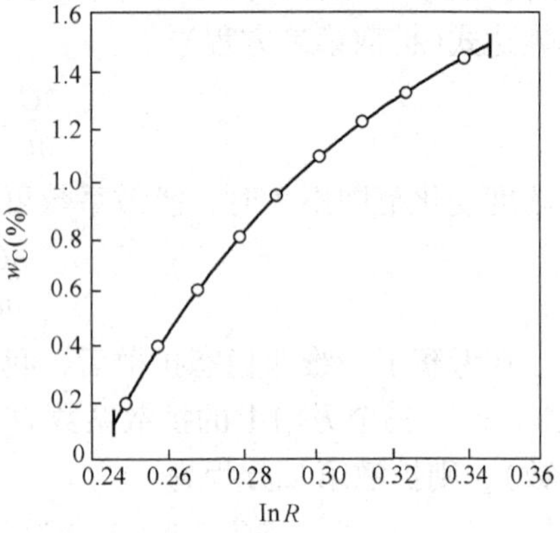

图 7-4　在 1000℃碳通过薄壁铁管稳定扩散时的 C-ln$R$ 图

（二）非稳态扩散中扩散第二方程的解

由于在材料工业中绝大多数扩散过程是非稳态扩散，扩散组元浓度分布 C 是扩散距离 x 与扩散时间 t 的函数，$C=C(x,t)$，故用扩散第二方程解决生产中的具体问题更有实际意义。与稳态扩散问题中相当于求解一阶微分方程不同，从式(7-2)中可看出，利用菲克第二定律解决非稳态扩散问题相当于求解具有两个自变量的偏微分方程，比较复杂，其解决方法应根据具体扩散系统的初始条件和边界条件而定，下面介绍几种常用的方程解及其应用。

1. 扩散第二方程的误差函数解及应用　这种解法适用于数学意义上的无限长或半无限长物体的非稳态扩散。

将两个具有相同扩散组元而其浓度相异的“无限”长或厚的试样（如两根含碳量不同的截面均匀的碳钢长棒）对焊，构成一个扩散偶，把它加热到一定温度并保温使之进行扩散，其浓度分布将随扩散时间及相对于对焊界面的距离不同而

呈现如图 7-5 所示的变化，“无限”长试样 A、B 的扩散组元浓度分别为 C_2、C_1 且 $C_2>C_1$，以对焊界面为基准建立“浓度-距离”坐标系，对焊界面垂直于扩散方向(x 轴)。实际上扩散偶的长度当然是有限的，但由于在不太高的温度下固体材料中物质的迁移相当缓慢，所以相对而言，具有足够长度的试样即可视为“无限”长。从这个意义上讲，扩散偶两端距离对焊界面的位置为 $x=\infty$，在扩散进行中两端浓度保持恒定(即试样原始浓度)，由此我们在利用菲克第二定律解决这类非稳态扩散问题时可以确定，扩散第二方程的初始条件和边界条件如下：

$$C=\begin{cases}C_1，当 t=0，x>0 时\\C_2，当 t=0，x<0 时\end{cases}\qquad C=\begin{cases}C_1，当 t\geqslant 0，x=+\infty 时\\C_2，当 t\geqslant 0，x=-\infty 时\end{cases}$$

由式(7-2)及上述初始条件、边界条件可得出扩散第二方程的解，即

$$C=\frac{C_2+C_1}{2}-\frac{C_2-C_1}{2}\mathrm{erf}\left(\frac{x}{2\sqrt{Dt}}\right) \tag{7-5}$$

式中 $\mathrm{erf}\left(\frac{x}{2\sqrt{Dt}}\right)=\mathrm{erf}(\beta)$，称之为误差函数，其表达式为

$$\mathrm{erf}(\beta)=\mathrm{erf}\left(\frac{x}{2\sqrt{Dt}}\right)=\frac{2}{\sqrt{\pi}}\int_0^{\frac{x}{2\sqrt{Dt}}}\exp(-\beta^2)\,\mathrm{d}\beta \tag{7-6}$$

表 7-1 列出 β 与对应的 $\mathrm{erf}(\beta)$ 值。由此可见，经过一段时间 t 后，距离对焊界面 x 处的扩散组元浓度 C 可由式(7-5)确定，特别是在对焊界面处 $x=0$，$\mathrm{erf}(\beta)=\mathrm{erf}(0)=0$，则对焊界面处的扩散组元浓度 $C=\frac{C_2+C_1}{2}$ 且在扩散进行中保持不变。由图 7-5 可见，不同扩散距离处的浓度分布以对焊界面上的浓度 C 为对称中心；或者对于给定的扩散距离 x 处的组元浓度 C 可确定所需的扩散时间 t。

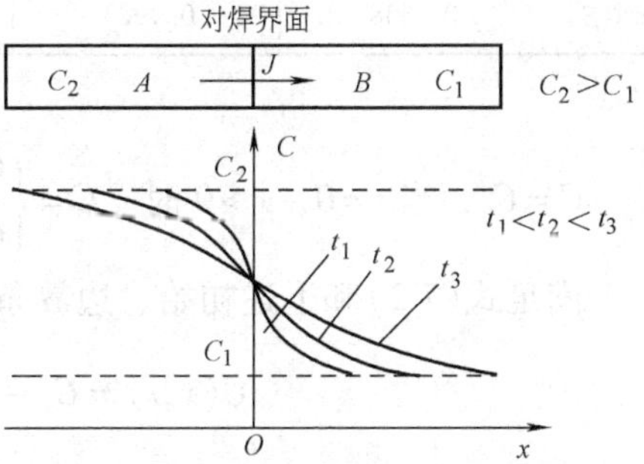

图 7-5　无限长扩散偶的浓度-距离曲线

误差函数解还适用于半无限长物体的非稳态扩散，只是其边界条件和初始条件有所变化。所谓半无限长物体即指一个具有足够长度的扩散体，其原始扩散组元浓度为 C_0，在扩散进行中保持试样表面扩散组元浓度不随时间而变化。在生产中最典型的例子是低碳钢奥氏体化后的渗碳表面强化工艺，如长度(或厚度)足够的渗碳工件的原始碳浓度为 C_0，渗碳气氛的碳浓度为 C_s，假设渗碳一开始，表面碳浓度即达到 C_s 并始终保持不变，则可写出相应的初始条件和边界条件：

表 7-1 β 与对应的 erf(β) 值

β	0	1	2	3	4	5	6	7	8	9
0.0	0.0000	0.0119	0.0226	0.0338	0.0451	0.0564	0.0676	0.0789	0.0901	0.1013
0.1	0.1125	0.1236	0.1348	0.1459	0.1569	0.1680	0.1790	0.1900	0.2009	0.2118
0.2	0.2227	0.2335	0.2443	0.2550	0.2657	0.2763	0.2969	0.2974	0.3079	0.3183
0.3	0.3286	0.3389	0.3491	0.3593	0.3694	0.3794	0.3893	0.3992	0.4090	0.4187
0.4	0.4284	0.4386	0.4475	0.4569	0.4662	0.4755	0.4847	0.4937	0.5027	0.5117
0.5	0.5205	0.5292	0.5790	0.5465	0.5549	0.5633	0.5716	0.5798	0.5879	0.5959
0.6	0.6039	0.6117	0.6194	0.6270	0.6346	0.6420	0.6494	0.6566	0.6638	0.6708
0.7	0.6778	0.6847	0.6914	0.6981	0.7047	0.7112	0.7175	0.7238	0.7300	0.7361
0.8	0.7421	0.7480	0.7538	0.7595	0.7651	0.7707	0.7751	0.7814	0.7867	0.7918
0.9	0.7969	0.8019	0.8068	0.8116	0.8163	0.8209	0.8254	0.8299	0.8342	0.8385
1.0	0.8427	0.8468	0.8508	0.8548	0.8586	0.8624	0.8651	0.8698	0.8733	0.8768
1.1	0.8802	0.8835	0.8868	0.8900	0.8931	0.8961	0.8991	0.9020	0.9048	0.9076
1.2	0.9130	0.9130	0.9155	0.9181	0.9205	0.9229	0.9252	0.9275	0.9297	0.9319
1.3	0.9340	0.9361	0.9381	0.9400	0.9419	0.9438	0.9456	0.9473	0.9490	0.9507
1.4	0.9523	0.9539	0.9554	0.9569	0.9583	0.9597	0.9611	0.9624	0.9637	0.9649
1.5	0.9661	0.9673	0.9687	0.9695	0.9705	0.9716	0.9726	0.9736	0.9745	0.9755

β	1.7	1.9	2.2	2.7	
erf(β)	0.9838	0.9928	0.9981	0.9999	

$C=C_0$，当 $t=0$，$x>0$ 时 $C=\begin{cases}C_s, & 当 t\geqslant 0, x=0 时\\ C_0, & 当 t\geqslant 0, x=\infty 时\end{cases}$

满足式(7-2)和上述初始、边界条件的解为：

$$C(x,t)=C_s-(C_s-C_0)\,\mathrm{erf}\left(\frac{x}{2\sqrt{Dt}}\right) \tag{7-7}$$

由式(7-7)即可求出渗碳工件在经过 t 时间后，距表面任意位置 x 处的碳浓度 $C(x,t)$；而在渗碳工艺中，若给定渗层厚度 x 处的渗碳浓度为定值 C，则对式(7-7)可改写为：

$$\frac{C_s-C}{C_s-C_0}=\mathrm{erf}\left(\frac{x}{2\sqrt{Dt}}\right) \tag{7-8}$$

上式中左边均为已知值，则 $\mathrm{erf}\left(\frac{x}{2\sqrt{Dt}}\right)=\mathrm{erf}(\beta)=$ 定值。由表 7-1 可查得对应于已知 erf(β) 的定值 β，即 $\beta=\frac{x}{2\sqrt{Dt}}$。所以 $x\propto\sqrt{t}$ 或 $x^2\propto t$。这一结果表明：规定浓度的渗层厚度正比于渗碳时间的平方根。显然，同一条件下要使渗层厚度增大

一倍，则渗碳时间将为原来的4倍。

[**例1**]　对一足够长的碳含量为 $w_C=0.1\%$ 的低碳钢棒材渗碳，渗碳温度为930℃，设渗碳开始时棒材表面碳含量即达 $w_C=1\%$ 且始终保持这一水平，试求渗碳进行4h后距表面 4×10^{-4}m 处的碳浓度 C。（已知碳在 γ-Fe 中的扩散系数 $D=1.61\times10^{-12}\mathrm{m^2/s}$）

解：这是一个半无限长物体的非稳态扩散问题，利用扩散第二方程的解式(7-7)可得

$$C=1-(1-0.1)\mathrm{erf}\left(\frac{x}{2\sqrt{Dt}}\right)$$

而 $\mathrm{erf}\left(\frac{x}{2\sqrt{Dt}}\right)=\mathrm{erf}\left(\frac{4\times10^{-4}}{2\sqrt{1.61\times10^{-12}\times14400}}\right)=\mathrm{erf}1.314$

查表7-1并利用内插法得 $\mathrm{erf}(1.314)=0.937$

则 $C=1-0.9\times0.937=0.157$

2. 扩散第二方程的高斯解及应用　高斯解（又称薄膜解）适用于满足以下条件的扩散：

扩散组元先集中在表面形成一层厚度可忽略的薄膜，在扩散进行中其总量保持定值 M。例如，在半导体器件生产中，往往先在硅表面沉积一层硼薄膜，然后加热使硼在硅中扩散，则扩散第二方程的初始、边界条件是：

$$C=\begin{cases}\infty，当 t=0，x=0 时，\\ 0，当 t=0，x>0 时\end{cases}\qquad C=0，当 t\geqslant0，x=\infty 时$$

其解为

$$C(x,t)=\frac{M}{\sqrt{\pi Dt}}\exp\left(-\frac{x^2}{4Dt}\right)\tag{7-9}$$

[**例2**]　制作半导体元件时，在硅表面涂敷总量 $M=9.43\times10^{19}$ 原子的硼薄层，加热到1100℃扩散 7×10^7s 后，表面硼浓度有多少？测得此温度下硼在硅中的扩散系数 $D=4\times10^{-7}\mathrm{m^2/s}$。

解：表面处即 $x=0$，利用高斯解可得

$$C=\frac{9.43\times10^{19}}{\sqrt{\pi\times4\times10^{-7}\times7\times10^{7}}}=1\times10^{19}(原子/\mathrm{m^3})$$

如果沉积薄层处于一对扩散偶的对焊面上，则扩散由原来的一侧扩散变为向左右两侧扩散。若组成扩散偶的两个扩散体性质完全相同，则式(7-9)改写为：

$$C(x,t)=\frac{M}{2\sqrt{\pi Dt}}\exp\left(-\frac{x^2}{4Dt}\right)\tag{7-10}$$

由上式可知，在一定温度下扩散一定时间后，扩散组元浓度将以对焊界面为

中心呈对称分布，如图 7-6 所示。

3. 扩散第二方程的正弦解及应用　铸件、锻件在结晶过程中常发生显微偏析(晶内偏析)，热处理工艺采用均匀化退火可消除或减缓偏析程度，促使成分均匀化。产生晶内偏析的合金其扩散组元沿某方向的浓度分布可近似用一正弦波表示，如图 7-7 所示。原始组元浓度为 $C(x)=C_a+A\sin\left(\frac{2\pi x}{l}\right)$，加热到高温保温 t 时间后，组元浓度为

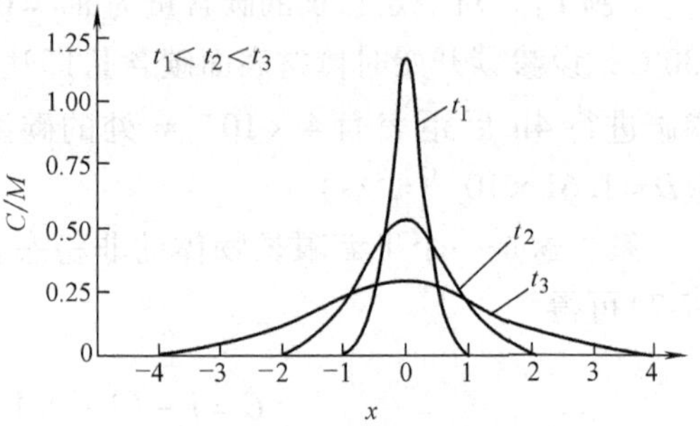

图 7-6　扩散组元浓度随时间、位置的变化曲线

$$C(x,t)=A\exp\left(-\frac{4\pi^2 Dt}{l^2}\right)\sin\left(\frac{2\pi x}{l}\right)+C_a \tag{7-11}$$

式(7-11)就是扩散第二方程的正弦解，式中的 C_a 为平均浓度；l 相当于晶粒平均直径；A 视为原始振幅，$A\exp\left(-\frac{4\pi^2 Dt}{l^2}\right)$为任一时刻的振幅，它等于晶粒中心与晶界附近溶质浓度差的一半。由正弦解可求得已知退火温度和保温时间的振幅衰减值，或已知振幅衰减程度而求所需的时间。例如，规定退火后浓度波动衰减为原来的 1%，则 $\exp\left(-\frac{4\pi^2 Dt}{l^2}\right)=0.01$，可求得时间 $t=0.467\frac{l^2}{D}$。由此可见，均匀化扩散时间取决于晶粒大小和扩散系数，晶粒细化可大大缩短均匀化退火时间，提高均匀化速率；温度升高则扩散系数增大，也可使 t 减小。

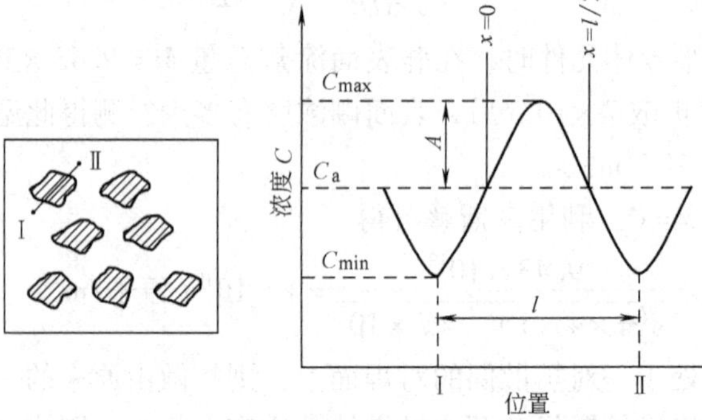

图 7-7　晶内偏析按正弦波表示

第二节　扩散机制

上一节给出固体材料中物质扩散的宏观规律，为进一步明确扩散的本质，有必要深入了解扩散的微观机制，从原子(或分子)的热振动出发研究其扩散行为。

一、扩散微观机制

原子扩散既可以沿晶体的表面或晶体缺陷进行，也可以在晶体内部通过晶体点阵进行体扩散，对于后者提出了多种可能的扩散机制，目前被普遍认可的是间隙机制和空位机制。

（一）间隙机制

按照发生迁移的原子尺寸大小，可将间隙机制分为直接和间接两种间隙机制。

1. 直接间隙机制　在间隙型固溶体中，像氢、碳、氧、氮等尺寸较小的间隙型溶质原子在晶格中从一个间隙位置跳动到另一个相邻的间隙位置，即是以这种方式进行。如图 7-8 所示，从原子的初始位置 1 跳到相邻的间隙 2 时，必须推开紧邻的原子 3、4 及附近的某些原子，使得晶格局部瞬时畸变，这部分畸变能将成为原子跃迁的阻力，使得要发生从位置 1 到 2 的跃迁需要克服一定的能垒 $\Delta G = G_2 - G_1$，所以只有那些吉布斯自由能高于 G_2 的原子才可能发生这样的跃迁。

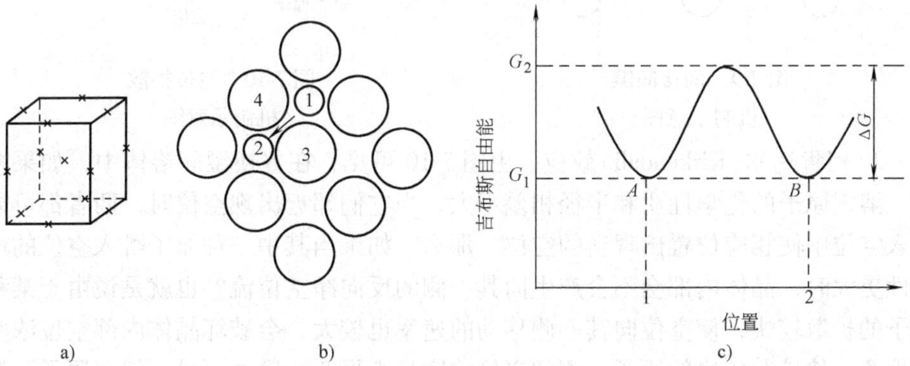

图 7-8　直接间隙机制示意图
a）fcc 晶体的八面体间隙　b）（100）晶面　c）原子的自由能与其位置的关系

2. 间接间隙机制　置换型溶质原子的尺寸相对较大，当它进入晶格的间隙时很难像间隙型原子那样跳动到邻近间隙位置，为此提出间接间隙机制又称为填隙机制。如图 7-9 所示，A 是处于间隙位置的溶质原子，B 是晶格阵点上的原子，在这种机制中 A、B 两原子都发生了迁移，A 将 B 原子挤到附近的间隙位置 C 或 D 上，而自己则“填充”到这个阵点位置上去。离子材料如氟石结构中阴离子的迁移即符合这种机制。

（二）空位机制

1. 空位扩散机制　由热力学可知，在 0K 以上温度的晶体中，有对应于相应温度的平衡空位浓度，且随温度升高而呈指数规律增加。空位的存在使原子借助于它能更容易进行迁移，因此空位机制适于大多数的原子扩散。如图 7-10 所示，当扩散原子具备可越过一定能垒的自由能且邻近有空位时，它就可以跳入邻近空位中，而原来原子所在的地方成为一个新的空位，看起来好像是空位沿着与原子跃迁方向相反的路线跳动了，因此也可以认为这种机制的扩散是晶体中空位移动的结果。在置换型固溶体中，原子的跃迁和纯金属的自扩散都是以空位机制进行的。

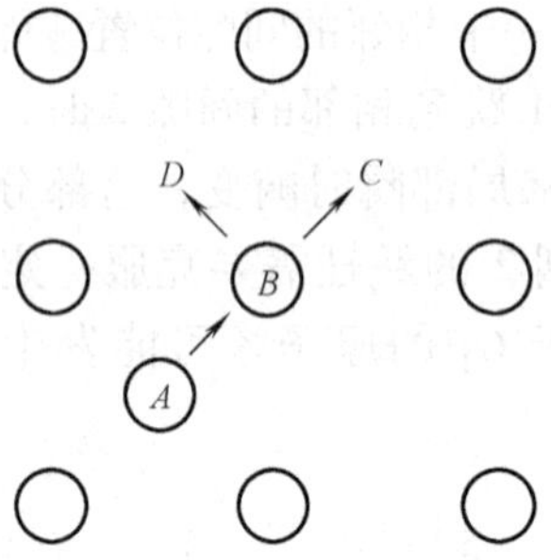

图 7-9　间接间隙机制示意图

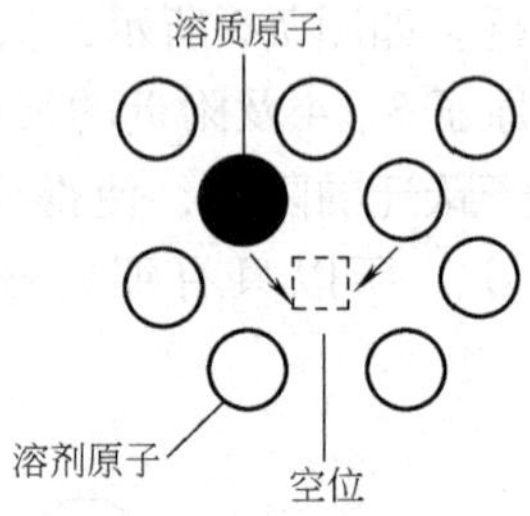

图 7-10　空位扩散机制示意图

2. 柯肯达尔(Kirkendall)效应　由图 7-10 可见，在置换型固溶体中，如果溶质、溶剂原子的化学性质和半径相差不大，当它们邻近出现空位时，两者都可能跳入空位中使相应位置出现新的空位。那么，如果当其中一种原子跳入空位的可能性更大时，晶体内部会不会产生向其一侧的反向净空位流？也就是说由于某种原子的扩散较快，使空位向其一侧移动的速率也较大，会破坏晶体内部空位浓度的平衡，使扩散较快的原子一侧的空位浓度高于平衡浓度，而另一组元原子一侧的空位浓度则低于平衡浓度呢？

柯肯达尔等人设计了一个著名的实验可以回答上述问题，同时验证了在置换型固溶体中原子的扩散的确是以空位机制发生的，这就是有名的柯肯达尔效应。其实验样品如图 7-11 所示：在置换型固溶体 α-黄铜（Cu- w_{Zn}30%）的表面铺设一些很细的 Mo 丝作为标记面，然后在其上镀铜，将此样品加热到 785℃ 保温，使黄铜中的 Zn 向外、纯铜中的 Cu 向内互扩散，并利用标记面 Mo 丝观察记录。经测量，发现一天之后上下两侧钼丝的距离缩短了 0.03mm，而 28 天后缩短了 0.184mm，56 天后则缩短了 0.248mm，说明在均匀化退火中钼丝向黄铜一侧发生了漂移。如果仅考虑两种原子的晶格常数差异导致在互扩散中标记面发生了移动，但经计算这种移动量只有上述观测值的 1/10 左右。结果告诉我们，标记面移动的主要原因应该是两种原子扩散速率的差异造成 Zn 向纯铜一侧的扩散通量大于 Cu 向黄铜一侧的。这种在置换型固溶体中，由于两组元原子扩散速率的差异引起的标记面漂移现象，就称为柯肯达尔效应。

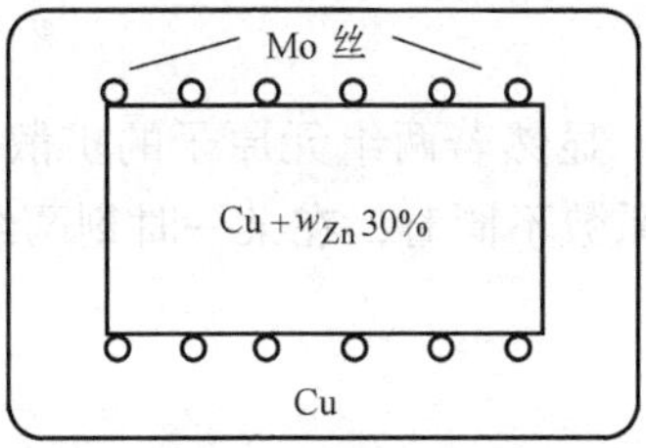

图 7-11　柯肯达尔效应的实验样品

在前面所述的空位扩散机制中，我们知道当原子跃入邻近的空位时，相当于空位发生了反向移动。结合柯肯达尔效应，如果置换型固溶体原子确实是以空位机制进行扩散的，那么由于 Zn 原子的扩散速率较大，在相同的时间内必然出现 Zn 原子借助于空位向纯铜一侧的净原子流，与此同时也就出现了向黄铜一侧的净空位流，使黄铜一侧的空位数目增多。这与在柯肯达尔实验样品中发现黄铜一侧较多的空位，甚至聚集而成小空洞的事实相吻合。

除了在 α-黄铜-Cu 扩散偶中，柯肯达尔效应已被证实出现在许多其他的置换型扩散偶中，如 Ni-Cu、Au-Cu、Ag-Cu、Au-Ag、Ti-Mo、Ni-Mo、Ni-Co 等。

3. 达肯方程　达肯最先深入分析了柯肯达尔效应。我们可以假设建立两个坐标系，一个是独立于实验样品之外的静止坐标系，另一个固定于标记面(Mo 丝)上，在均匀化退火进行时与标记面一起移动，并假定 Zn、Cu 原子的扩散行为是相互独立的。从固定于钼丝上的坐标系来看，Zn、Cu 原子在某一时刻越过标记面的扩散通量 J_1、J_2 满足菲克第一定律的方程形式，其扩散系数分别为 D_1、D_2 称为组元的本征扩散系数或称偏扩散系数，它们在标记面处的浓度分别为 C_1、C_2，则

$$J_1 = -D_1 \frac{\partial C_1}{\partial x}$$

$$J_2 = -D_2 \frac{\partial C_2}{\partial x} \tag{7-12}$$

而对于静止坐标系，除了两组元的扩散引起的物质传输外，还有标记面的移动引起的附加物质传输。设标记面移动的速度为 v，其表达式为：

$$v = (D_1 - D_2)\frac{\partial \theta_1}{\partial x} = (D_2 - D_1)\frac{\partial \theta_2}{\partial x} \tag{7-13}$$

式中，$\theta_i = \frac{C_i}{C}(i=1,2)$，$C = C_1 + C_2$。则

$$v = \frac{1}{C}\left(D_1 \frac{\partial C_1}{\partial x} + D_2 \frac{\partial C_2}{\partial x}\right) \tag{7-14}$$

显然若两组元原子的扩散系数相等，则 $v=0$，即标记面不漂移；而两者扩散系数不同时，在某一时刻两组元的总扩散通量分别是：

$$J_1' = J_1 + vC_1$$
$$J_2' = J_2 + vC_2 \tag{7-15}$$

将式(7-12)、式(7-14)代入式(7-15)整理得

$$J_1' = -D\frac{\partial C_1}{\partial x}$$
$$J_2' = -D\frac{\partial C_2}{\partial x} \tag{7-16}$$

可见，其总的扩散通量仍具有菲克第一定律的形式，与式(7-12)比较只是扩散系数不同，D 称为互扩散系数或称化学扩散系数，它并不表示一种原子的扩散系数，它与本征扩散系数 D_1、D_2 具有如下关系

$$D = D_1\theta_2 + D_2\theta_1 \tag{7-17}$$

式(7-13)与式(7-17)合称为达肯方程。在置换型稀固溶体中，若溶质原子 1 的浓度趋于零，即 $\theta_1 \to 0$，此时溶剂原子 2 浓度趋于 C，即 $\theta_2 \to 1$，则 $D = D_1$；若 $C_1 = C_2 = \frac{1}{2}C$ 时，$D = \frac{1}{2}(D_1 + D_2)$，随着固溶体中溶质原子浓度的增大，$D$ 与 D_1（或 D_2）也就有了差别。对于 α 黄铜-Cu 扩散偶，保持标记面上的 Zn 含量为 $w_{Zn} = 22.5\%$，达肯计算出此时 $D_{Cu} = 2.2 \times 10^{-9}\ cm^2/s$，$D_{Zn} = 5.1 \times 10^{-9}\ cm^2/s$，$D_{Zn}$是 D_{Cu}的 2.3 倍；若 Zn 含量趋于零时，$D \approx D_{Zn} = 0.3 \times 10^{-9}\ cm^2/s$。可见，当 Zn 的含量由趋近于零增加到 $w_{Zn} = 22.5\%$ 时，D_{Zn}增加了 17 倍。

（三）其他扩散机制

在固体材料中，原子的扩散除了以间隙机制和空位机制进行外，还提出了换位机制，即相邻的两个或两个以上的原子直接交换位置。按照交换方式不同又分为直接换位机制和环形换位机制，如图 7-12。在直接换位机制中，两个相邻原子协同跳动，互相交换位置的过程中势必要“用力”挤开它们邻近的原子以获得足够的空间，因而以这种方式扩散的原子周围的晶格瞬时畸变很大，所需克服的能垒也相当大，即原子所需的能量很高，因而在密排结构中不可能实现。

图 7-12b 为甄纳提出的环形换位机制，4 个原子协同合作按某一方向完成交换，它显然要比直接换位产生的点阵畸变小，因而从能量角度而言较容易实现；但由于参与迁移的原子数目增多，因而协作性要求更高，所以它和直接换位机制

一样，到目前为止鲜有实验结果能加以证明，只有在非晶态合金、液态金属中有可能发生，对此还有待证实。

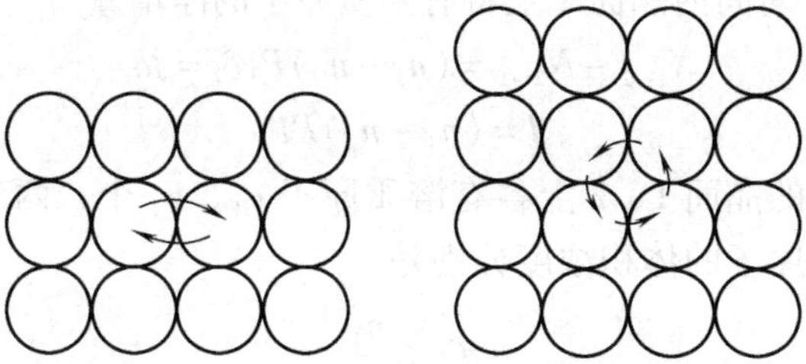

a)　　　　　　　　　　b)

图 7-12　换位机制

a）直接换位机制　b）环形换位机制

二、原子随机跃迁与扩散系数表达式

固体中的原子在各自的平衡位置上振动，当从外界获得足够能量时，部分原子就能克服一定的能垒以上述扩散机制之一发生跳跃。一个原子跃迁一次的距离只有一个原子间距，且仅从原子本身而言，其跃迁方向是随机的，无规则的。所以单个原子随机跃迁(也称为原子的无规则行走)多次后的距离很难测出，但可以利用统计学方法求解大量原子作了次数可观的跃迁后的平均距离。微观上的原子跃迁导致了固体中的宏观扩散流，因而扩散系数与表征原子跃迁的参量之间存在对应关系，在这里将进行扩散系数表达式的推导。

（一）原子随机跃迁的平均距离

大量原子在无规则跳动次数非常大的情况下，可应用随机行走的统计理论求出原子无规跳动与跃迁平均距离之间的关系。以立方点阵晶体为例，假设一个原子从所在的平衡位置出发经过 n 次跳跃，各次跳跃用矢量 $r_i(i=1,2,\cdots,n)$ 表示，方向随机即与各次跳跃方向无关，而由于在立方点阵中原子各次跃迁的长度相等，所以可记 $|\boldsymbol{r}_i|=r$，这个原子从初始位置经 n 次跃迁到终了位置的总的位移矢量记作 $\boldsymbol{R}_n$，可推出

$$\overline{R_n^2}=nr^2 \tag{7-18}$$

（二）扩散系数表达式

原子在各个方向上的跃迁是随机的，我们可以考察发生在间距为 a 的两个相邻平行晶面之间的原子跳跃。假设晶面 1 和 2 均为单位面积且垂直于纸面，在两个晶面上分别含有 n_1 和 n_2 个溶质原子，其跳跃频率是 Γ，原子从晶面 1 跳到 2 或从晶面 2 跳到 1 的几率相等，记为 P，在 δ_t 时间内从晶面 1 跳到晶面 2 和由晶面 2 跳到晶面 1 的溶质原子数 N 分别为：

$$N_{1\to 2} = n_1 P\Gamma\delta_t$$
$$N_{2\to 1} = n_2 P\Gamma\delta_t \tag{7-19}$$

若 $n_2 < n_1$，则在 δ_t 时间内晶面 2 上将有溶质原子的净增量

$$N_{1\to 2} - N_{2\to 1} = (n_1 - n_2) P\Gamma\delta_t = J\delta_t$$

所以
$$J = (n_1 - n_2) P\Gamma \tag{7-20}$$

因为单位面积的晶面 1、2 上各有溶质原子 n_1、n_2 个，两者相距 a，故容易求得两晶面上溶质原子的体积浓度分别是

$$C_1 = \frac{n_1}{a}$$

$$C_2 = \frac{n_2}{a} \tag{7-21}$$

从溶质原子沿水平方向的浓度分布可知

$$C_2 = C_1 + \frac{\partial C}{\partial x}a \tag{7-22}$$

将式(7-21)、式(7-22)代入式(7-20)中可得

$$J = -a^2 P\Gamma \frac{\partial C}{\partial x} \tag{7-23}$$

将上式与菲克第一定律表达式对比，即可得出

$$D = a^2 P\Gamma \tag{7-24}$$

式(7-24)是从微观角度给出了扩散系数 D 的表达式，它表明扩散组元在给定晶体中不同晶向上的扩散速度不同。式中前两项取决于晶体的结构及扩散机制等，而第三项 Γ 则与温度、扩散组元性质相关，尤其是温度的影响较大。例如，可由 925℃时碳在 γ-Fe 中的扩散系数求出原子的跳跃频率 Γ 为 1.7×10^9/s，而同理得到室温下碳在 γ-Fe 中的 Γ 为 2.1×10^{-9}/s，可见两温度下的 Γ 值相差约 10^{18} 倍。正是因为 Γ 与温度密切相关，则扩散系数 D 也必然受温度的较大影响。

三、扩散激活能

固体材料中的原子，无论以何种扩散机制从一个平衡位置跳跃到另一个平衡位置都会受到周围原子的阻碍，为克服由于迁移带来的局部点阵畸变引起的阻力，发生跳跃的原子必须具有一定的能量，才能克服如图 7-8 所示的自由能 $\Delta G = G_2 - G_1$，ΔG 就是原子脱离原始位置 A 跃迁到新的位置 B 所必须越过的能垒值，称为该原子的扩散激活能。扩散激活能大小与扩散机制密切相关的，且还取决于物质的性质及晶体点阵类型，如在致密度较高的晶体中的激活能较大。不同的扩散机制，原子发生迁移所需的扩散激活能不同，而表征扩散快慢程度的扩散系数 D 也不同，下面将以间隙机制和空位机制为例，推导扩散系数与扩散激活

能之间的关系式。

（一）间隙扩散系数与扩散激活能

在间隙型固溶体中，设间隙原子数为 N，如前所述（图 7-8）原子发生跃迁的一个必要条件就是该原子必须具有大于 G_2 的自由能，当热力学温度为 T 时，原子的吉布斯自由能服从麦克斯韦—波耳兹曼分布，则设满足 $G > G_1$ 的原子数为 n_1，满足 $G > G_2$ 的原子数为 n_2，且

$$n_1 = N\exp(-G_1/kT)$$
$$n_2 = N\exp(-G_2/kT)$$

两式相比得

$$n_2/n_1 = \exp(-\Delta G/kT) \tag{7-25}$$

当原子处于初始平衡间隙位置 A 时，所具有的能量 G_1 可认为是间隙原子的最低自由能值，那么可近似有 $n_1 \approx N$，代入式(7-25)得

$$n_2/N \approx n_2/n_1 = \exp(-\Delta G/kT) \tag{7-26}$$

这就是 T 温度时可能克服点阵畸变阻力发生跃迁的原子分数，也可认为是固溶体中间隙原子可能具有足够能量跃迁的几率，记作 ρ，即

$$\rho = n_2/N = \exp(-\Delta G/kT) \tag{7-27}$$

若原子振动频率为 ν_0，一个间隙原子的间隙配位数为 Z，并假定这 Z 个最近邻间隙都为空，则间隙原子的跃迁频率 Γ——单位时间内发生跳动的次数为

$$\Gamma = \nu_0 Z\rho = \nu_0 Z\exp(-\Delta G/kT) \tag{7-28}$$

将上式代入式(7-24)得

$$D = a^2 P\nu_0 Z\exp(-\Delta G/kT) \tag{7-29}$$

由热力学有，$\Delta G = \Delta H - T\Delta S \approx \Delta E - T\Delta S$，而固态中的熵变 ΔS 随温度变化不大，可视为常数，则式(7-29)可写为

$$D = a^2 P\nu_0 Z\exp(\Delta S/k)\exp(-\Delta E/kT) \tag{7-30}$$

其中，令

$$D_0 = a^2 P\nu_0 Z\exp(\Delta S/k)$$

则

$$D = D_0\exp(-\Delta E/kT) \tag{7-31}$$

式中，D_0 称为扩散常数；k 是波耳兹曼常数；ΔE 是单个原子以间隙机制发生跃迁所需具有的内能，称为间隙扩散激活能，常以 Q 表示之，则

$$D = D_0\exp(-Q/kT) \tag{7-32}$$

如果考虑每摩尔原子的扩散激活能，则式(7-32)可写为

$$D = D_0\exp(-Q/RT) \tag{7-33}$$

式中，Q 为每摩尔原子的扩散激活能（$J \cdot mol^{-1}$）；R 是摩尔气体常数，$R = 8.314 J \cdot mol^{-1} \cdot K^{-1}$。

（二）空位扩散系数与扩散激活能

在置换型固溶体和纯金属的自扩散中，原子以空位机制迁移，同样要越过局部点阵畸变导致的能垒，且由于原子迁移要借助空位，所以原子邻近的空位浓度也是制约因素之一。设晶体中空位数量为 n_V，则温度为 T 时的空位浓度 C_V 为

$$C_V = \exp(-\Delta E_V/kT + \Delta S_V/k) \tag{7-34}$$

式中，ΔE_V 是空位形成能；ΔS_V 是形成空位时的熵变。

如果设置换型固溶体点阵结构的配位数为 Z，而 ν_0 仍是原子的振动频率，ρ 是温度 T 时可能跃迁到邻近空位中的原子分数，则同理跃迁频率 Γ 为

$$\begin{aligned}\Gamma &= \nu_0 Z C_V \rho \\ &= \nu_0 Z\exp(-\Delta E_V/kT + \Delta S_V/k)\exp(-\Delta G/kT) \\ &= \nu_0 Z\exp(\Delta S + \Delta S_V/k)\exp(-\Delta E + \Delta E_V/kT)\end{aligned} \tag{7-35}$$

将式(7-35)代入式(7-24)得

$$\begin{aligned}D &= [a^2 P\nu_0 Z\exp(\Delta S + \Delta S_V/k)]\exp(-\Delta E + \Delta E_V/kT) \\ &= D_0\exp(-\Delta E + \Delta E_V/kT)\end{aligned} \tag{7-36}$$

式中，D_0 称为扩散常数；ΔS、ΔE 是空位发生迁移时的熵变和所需的内能。

对照式(7-36)和式(7-31)可见，以空位机制扩散时多出了一项空位形成能 ΔE_V，同样令 $Q = \Delta E + \Delta E_V$ 称为空位扩散激活能，则

$$D = D_0\exp(-Q/kT) \tag{7-37}$$

显然以空位机制扩散要比间隙机制扩散所需的能量更大。同理考察每摩尔原子的空位扩散激活能，则式(7-37)亦可写为

$$D = D_0\exp(-Q/RT) \tag{7-38}$$

式中的 Q 为每摩尔原子以空位机制扩散时的激活能值。所以以两种不同机制扩散时，其扩散系数表达式的形式完全一样，只是式中的 D_0 和 Q 值不同。

表 7-2 示出了几种常见扩散系统的 D_0 和 Q 值（近似值）。从表中可以看出，置换型固溶体和纯金属自扩散的激活能远大于间隙型固溶体的激活能。

表 7-2　几种常见扩散系统的 D_0 和 Q 值（近似值）

扩散组元	基体金属	$D_0/10^{-5}\mathrm{m^2 \cdot s^{-1}}$	$Q/10^3\mathrm{J \cdot mol^{-1}}$
C	γ-Fe	2.0	140
C	α-Fe	0.20	84
Fe	α-Fe	19	239
Fe	γ-Fe	1.8	270
Ni	γ-Fe	4.4	283
Mn	γ-Fe	5.7	277
Cu	Al	0.84	136
Zn	Cu	2.1	171
Ag	Ag（体积扩散）	1.2	190
Ag	Ag（晶界扩散）	1.4	96

第三节　反应扩散

一、反应扩散概述

在许多扩散系统中存在一个重要现象：随着扩散组元由基体金属表面向内部渗透，当其浓度超过固溶度时，将形成某种新相(中间相)，往往使得基体金属表层结构发生突变。这种伴随有新相产生的扩散定义为反应扩散或相变扩散。

在化学热处理过程中普遍存在反应扩散现象，如渗碳、渗氮工艺等。将纯铁在约520℃温度下渗氮，随着扩散的延续，纯铁表层组织中氮的质量分数越来越高，当超过一定限度时就产生了新相，可以结合Fe-N相图(图7-13)来分析在此温度下渗氮时纯铁表层出现的新相。当渗氮使得纯铁表面的氮浓度 $w_N \geqslant 7.8\%$ 时，将形成密排六方结构的ε相(一种 $w_N = 7.8\% \sim 11.0\%$ 范围内变化的Fe-N化合物)，对应具体的氮含量，将以不同的形式(Fe_3N、$Fe_{2\text{-}3}N$ 或 Fe_2N)出现。由表及里随着离开表面的距离增大，氮含量也将随之减少。当其降低 $w_N = 6.1\% \sim 5.7\%$ 时，在此可形成另一种面心立方点阵的新相——γ′相(以 Fe_4N 为基的固溶体)。再向里则是体心立方结构的α固溶体，其氮含量更低，这以后才是纯铁内层。图7-14示出纯铁渗氮层结构和氮含量的变化。

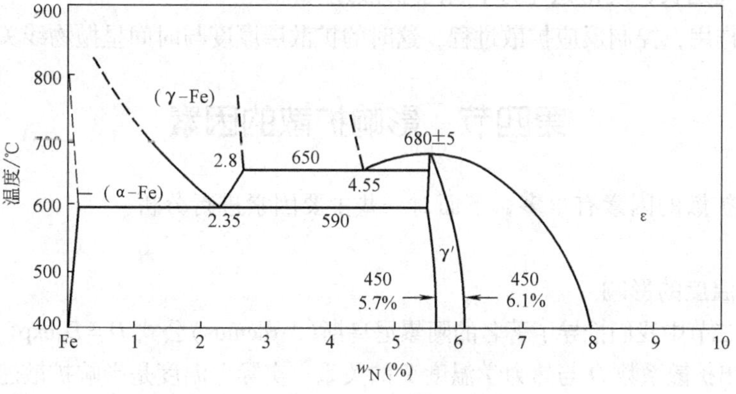

图7-13　Fe-N相图

二、反应扩散的特点及控制因素

反应扩散有两个主要特点：其一如图7-14b所示，在两相界面处产生含量突变，突变处的含量(w_N)与相图(图7-13)中该相在一定温度下的极限溶解度相对应；其二从图7-14还可看出在纯铁氮化的反应扩散层中没有两相混合区的存在，这是反应扩散的另一个重要特点。在其他如渗碳、渗金属、二元合金系等反应扩散系统中也具有上述两个特点。之所以没有出现两相区的原因，在于相的热力学平衡条件；如果渗层结构中存在两相混合区，那么这两平衡相的化学成分虽然不同，但化学位相等，即该两相区的化学位梯度为0，扩散没有驱动力，则扩散中断于此，这不符合实际情况，因此说明二元系反应扩散不应出现两相混合区。同理在三元系的反应扩散层中，不会出现三相共存区，但可出现两相混合区，依次类推结论同样成立。

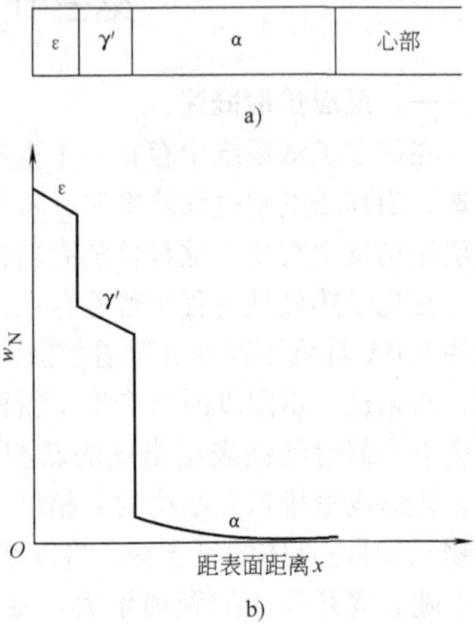

图 7-14　纯铁渗氮层的结构和氮含量变化

a）结构　b）氮含量变化

在整个反应扩散中，其扩散层增厚的速度(即反应扩散速度)取决于相界面的化学反应(相变过程)速度和原子扩散速度两个因素。在实际反应扩散中，初始阶段由于扩散层很薄，原子扩散速度不是主要制约因素，反应扩散速度受界面反应速度控制，经计算此时扩散层的厚度与时间呈线性关系；随扩散时间延长，反应层增厚，原子扩散速度起主要作用，控制反应扩散过程，这时的扩散层厚度与时间呈抛物线关系。

第四节　影响扩散的因素

影响扩散的因素有很多，下面对一些主要因素进行分析。

一、温度的影响

在第二节中我们推导了著名的阿累尼乌斯(Arrhenius)公式 $D=D_0\exp(-Q/RT)$，由此可看出扩散系数 D 与热力学温度 T 的关系。实际上温度是影响扩散速率的最主要因素，温度越高，扩散进行得越快。将阿累尼乌斯公式两边同时取对数，得

$$\ln D=\ln D_0-\frac{Q}{RT} \tag{7-39}$$

可见 $\ln D$ 与 T^{-1} 呈直线关系，其斜率为 $-Q/R$，$\ln D_0$ 为截距，Q 与 D_0 值可由实验确定。

［例 3］　计算当扩散温度分别为927℃和1027℃时，碳在γ-Fe 中的扩散系数。

解：查表7-2，碳在γ-Fe 中的 $D_0=2.0\times10^{-5}\text{m}^2/\text{s}$，$Q=140\times10^3\text{J/mol}$，由阿累尼乌斯公式可得：

$$D_{927℃} = 2.0 \times 10^{-5} \exp\left[-\frac{140 \times 10^3}{8.314 \times (927+273)}\right] = 1.61 \times 10^{-11}(m^2/s)$$

$$D_{1027℃} = 2.0 \times 10^{-5} \exp\left[-\frac{140 \times 10^3}{8.314 \times (1027+273)}\right] = 4.74 \times 10^{-11}(m^2/s)$$

比较上述结果，可知当温度从927℃升高到1027℃时，扩散系数增大了约2倍，因此在生产中对于受扩散控制的过程必须考虑温度的重要影响。

表7-3给出在不同温度下一些常见的元素在铁中的扩散系数，从中可以看出温度对扩散系数的强烈影响。

表7-3　不同温度时各元素在铁中的扩散系数

扩散元素	扩散温度/℃	$10^5 D/cm^2 \cdot (24h)^{-1}$	扩散元素	扩散温度/℃	$10^5 D/cm^2 \cdot (24h)^{-1}$
C	925	1205	Cr	1150	5.9
	1100	8640		1300	190～460
Al	900	33	Mo	1200	20～130
	1150	170	W	1280	3.2
Si	960	65		1330	21
	1150	125	Mn	960	2.6
Ni	1200	0.8		1400	830

二、原子键合力的影响

原子在迁跃中，会排挤邻近的原子引起局部的点阵畸变，这些邻近原子的结合键势必遭到不同程度的破坏，故原子键合力显然也是影响扩散的因素之一，键合力越强，破坏它所需具有的能量越高，即扩散激活能越大，而扩散系数越小。原子键合的强弱可以从一些宏观参量上体现出来，如T_m、L_s、L_m、α分别表示物质的熔点、升华潜热、熔化潜热、体积膨胀系数。换言之，从这些宏观参量的大小即可比较物质的键合强弱程度和扩散激活能值的大小，它们之间分别存在以下的经验关系：$Q=32T_m$或$Q=40T_m$；$Q=0.7L_s$；$Q=16.5L_m$；$Q=2.4/\alpha$。

三、固溶体类型的影响

由于间隙型固溶体和置换型固溶体的原子扩散微观机制不同，从扩散系数表达式来看，其形式一样而D_0与Q取值不同。置换型固溶体表达式中多了一项空位形成能，空位的浓度也制约着原子的跃迁，故扩散激活能值一般较大。表7-4列出一些溶质原子在铁中的扩散激活能。

从表中可以看出，置换型溶质原子在γ-Fe中的扩散激活能值较高，则扩散进行缓慢，而其在γ-Fe中的扩散激活能大多在185～335kJ·mol^{-1}范围内，多数在250kJ·mol^{-1}左右。因此同等条件下在钢件表面热处理时，渗C、N比渗金属Cr、Al等所需的时间短。

表 7-4 溶质原子在铁中的扩散激活能

溶质原子类型	置换型(在 γ-Fe 中)						间隙型					
							在 α-Fe 中			在 γ-Fe 中		
溶质元素在铁中	Al	Ni	Mn	Cr	Mo	W	N	C	H	N	C	H
的 $Q/kJ \cdot mol^{-1}$	184	282.5	276	323	247	261.5	76.2	85.4	8.2	146	134	42

四、晶体结构的影响

从表 7-4 还可看出，同样的间隙型原子在不同晶体结构的基体中的激活能值也有显著差异，说明晶体结构对扩散的影响也不容忽视。晶体结构反映了原子的空间排列状况，排列越紧密(即致密度越高)，则原子跃迁时所需克服的周围原子的束缚就越强，扩散激活能越大，扩散系数越小。从表 7-4 可看出，同一间隙型原子在 α-Fe 中的 Q 值小于在 γ-Fe 中的，就在于体心立方点阵的致密度小于面心立方点阵所致。例如扩散原子碳 912℃时在 α-Fe 中的扩散系数约为 γ-Fe 中的 100 倍。晶体点阵的致密度越高，则扩散系数越小的规律同样适用于铁的自扩散和置换型溶质原子的扩散。如 912℃时，铁在 α-Fe 中的自扩散系数约为在 γ-Fe 中的 280 倍；而置换型原子镍 900℃时的 $D_{\alpha\text{-Fe}}(\text{Ni}) \approx 1400 D_{\gamma\text{-Fe}}(\text{Ni})$。

晶体结构影响扩散的另一表现是晶体的各向异性。在对称性较高的立方晶体中虽然几乎不出现扩散的各向异性，但在对称性较低的晶体如菱方结构的铋中则有显著的扩散系数各向异性。据测量，铋平行于 c 轴和垂直于 c 轴的自扩散系数相差约 1000 倍。一般而言，晶体的对称性越低，扩散系数的各向异性越显著。

五、化学成分的影响

在求解扩散方程时，为方便起见常假定扩散系数是与溶质浓度无关的量，但这一假设在不同情况下会产生程度不同的误差。在有的扩散系统中，扩散系数随扩散组元浓度的不同变化相当大，如 Au-Ni 合金中浓度的变化使两者的自扩散系数发生显著的变化；而考察 927℃时碳在 γ-Fe 中的扩散，随 γ-Fe 中碳含量的增加其扩散系数也有所增大，只是这种趋势并不强烈而已。事实上，若扩散发生在稀薄固溶体中或是小浓度变化范围内的扩散，假设 D 是常量引起的误差并不大。

如果在二元合金系中加入第三组元(或二元系中存在杂质)时，它们对扩散系数有着较复杂的影响。图 7-15 所示为某些合金元素对碳在 γ-Fe 中扩散系数的影响，可分为三种情况：其一是合金元素加入后促进扩散元素，如钴是不形成碳

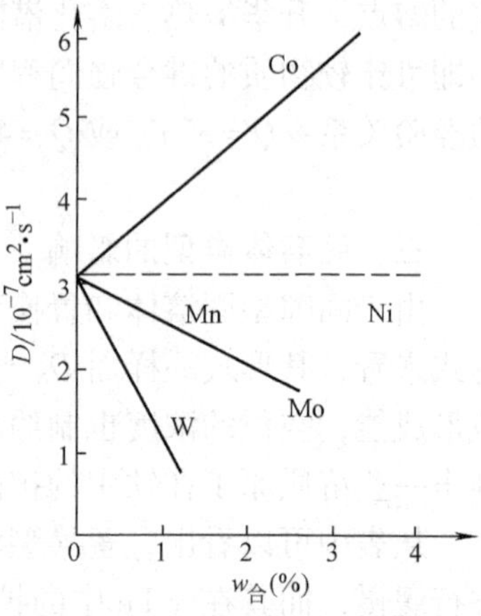

图 7-15 合金元素对碳在 γ-Fe 中扩散系数的影响

化物而溶于固溶体的元素，当加入的量达到 $w_{Co}=4\%$ 时，可使碳在 γ-Fe 中的扩散速率增加一倍；其二是像 Mn、Ni 这样的不形成稳定碳化物但易溶于碳化物的元素，在加入后对扩散系数的影响很小；其三是碳化物形成元素如 W、Mo 等，它们易与碳形成稳定碳化物而阻止碳的扩散，使扩散系数降低，如当加入 $w_{Mo}=3\%$ 或 $w_W=1\%$ 时，可使碳在 γ-Fe 中的扩散系数减少一半。

六、晶体缺陷的影响

在晶体点阵内部进行的原子扩散称为体扩散，除此途径外，原子还可以沿晶界、表面、位错等晶体缺陷扩散，称之为短路扩散。由于这些晶界、表面等处产生了较大的局部点阵畸变，这里的原子处于高能状态且排列混乱，对邻近可能产生跃迁的原子所施加的束缚作用较弱，就是说原子跳动所需克服的阻力较小，在宏观上表现为扩散速率快。而线缺陷位错对扩散的影响也很强烈，除了周围同样发生点阵局部畸变外，刃型位错线更是为扩散提供了一条管状通道，使原子扩散沿此管道进行的激活能只占体扩散的一半，因而位错可以加速扩散。

但由于晶界、表面、位错等晶体缺陷在整个试样中所占的体积分数非常小，因此温度较高时（此时体扩散速度也相应较高）晶体缺陷的短路扩散作用并不显著。只有当温度较低时，体扩散相对困难，或者晶粒非常细小使晶界所占比例增大，这时短路扩散的加速作用才表现得较明显。如图 7-16 为单晶体银（无晶界）和多晶体银的自扩散系数随温度的变化。当温度在 700℃ 以上时，单晶体与多晶体银的“$\ln D$-T^{-1}”曲线几乎重合，说明在较高温度时两者的扩散速率基本相同；当温度低于 700℃ 时，多晶体的扩散系数高于单晶体的，并且温度越低，差异越明显，说明较低温度下晶界短路扩散起着重要作用。沿位错管道的短路扩散，也由于同样的原因，只有在较低温度时才发挥其重要作用，如在过饱和固溶体时效脱溶时，脱溶相在位错线上优先形核后，溶质原子沿位错线加速迁移至脱溶相，使其迅速长大。

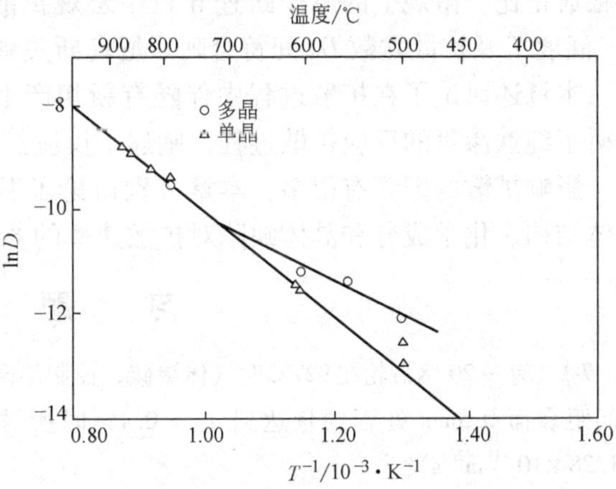

图 7-16　单晶体银和多晶体银的自扩散系数（$\ln D$-T^{-1} 曲线）

小　结

扩散是热运动引起的物质传输过程，作为固体材料中物质传输的唯一方式，研究扩散的宏观定律和微观机制是很重要的。

菲克扩散第一定律定量地解决了扩散速率的问题，并在此基础上又推导出菲克第二定律。利用扩散方程可以解决生产中的许多实际问题，本章给出了扩散第二方程的三种主要的解：误差函数解、高斯解和正弦解，并结合如渗碳、渗薄膜元素等及均匀化扩散退火生产中的实例阐述了扩散第二方程解的应用。

原子扩散主要是以间隙方式、空位方式或换位方式进行迁移的。间隙型固溶体中的间隙型原子以间隙机制扩散，扩散中需要克服周围原子的束缚，引起局部点阵畸变。具有一定能量的原子从一个平衡位置跃迁到另一个平衡位置上时所需越过的能垒值，称为该原子的扩散激活能。对于置换型固溶体，它的扩散机制是空位扩散(柯肯达尔效应有力地证明了这一点)，除了需越过一定的能垒外，晶体内空位浓度也是原子迁移的制约因素，因此空位扩散激活能多出了一项空位形成能，即原子要具有更高的能量才能进行空位扩散。

原子的跃迁方向是无规则的，但可利用统计学方法求出大量原子在作了次数非常大的随机跳动后的平均距离，表明原子随机跃迁的平均距离与跳动次数的平方根成正比。微观上的原子跃迁导致了宏观扩散流，扩散系数 D 与扩散激活能 Q、温度 T 及扩散常数 D_0 间符合阿累尼乌斯关系式。

本章还讨论了在扩散过程中伴随有新相产生的反应扩散，并结合铁-氮相图分析了纯铁渗氮的反应扩散过程，阐述了反应扩散的特点及控制因素。

影响扩散的因素有很多，本章分别讨论了温度、原子键合力、固溶体类型、晶体结构、化学成分和晶体缺陷对扩散速率的各种影响。

习　题

7-1　有一20钢齿轮在927℃时气体渗碳，控制渗碳气氛使工件表面碳含量 $w_C=0.9\%$，试问距表面0.5mm处含碳量达到 $w_C=0.4\%$ 时所需的时间(碳在927℃的扩散系数 $D=1.28\times10^{-11}m^2/s$)？

7-2　结合 $Fe\text{-}Fe_3C$ 相图说明若低碳钢在 $\alpha+\gamma$ 两相区温度下渗碳会出现什么现象？

7-3　扩散系数的微观表达式 $D=a^2P\Gamma$ 的物理意义是什么？试区别不同扩散机制中扩散系数的表达式。

7-4　名词解释：非稳态扩散、反应扩散、短路扩散、扩散激活能、扩散通量、柯肯达尔效应。

7-5　热处理车间的常规渗碳一般在奥氏体状态下而不是铁素体状态下进行，为什么？

7-6　合金在冷变形之后进行时效与直接时效的效果有何不同？为什么？

7-7 1000℃时铝在硅中的扩散系数是 $2\times10^{-13}\mathrm{cm}^2/\mathrm{s}$，1100℃时则为 $2\times10^{-12}\mathrm{mm}^2/\mathrm{s}$，计算：(1)铝在硅中的扩散常数和激活能值；(2)1200℃时铝在硅中的扩散系数。

7-8 用相律原理证明在二元系的反应扩散层中不会存在两相混合区。

7-9 如何理解柯肯达尔效应是置换型固溶体以空位机制扩散的有力明证？

7-10 晶体如果经高能粒子辐照或高温急冷会产生大量过饱和空位，试述它对于置换型固溶体和间隙型固溶体中的原子扩散分别有何作用？

7-11 870℃渗碳与927℃渗碳相比较，优点是热处理产品晶粒细，且淬火后变形也较小。若已知 $D_0=2.0\times10^{-5}\ \mathrm{m}^2/\mathrm{s}$，$Q=140\times10^3\mathrm{J/mol}$，试求：(1)讨论两种温度下的 $D_{\gamma\text{-Fe}}$；(2)870℃渗碳需用多少时间才可获得927℃渗碳10h的渗层深度(假设不同温度下碳在γ-Fe中的溶解度差别忽略不计)？

7-12 “晶界上原子排列混乱，不存在空位，所以空位机制扩散的原子在晶界处无法扩散”，此话对吗？为什么？

第八章　相平衡与相图原理

材料的微观组织及其性能是由材料的相所决定的。要研究和掌握材料的组织与性能之间的关系，就必须了解材料中各种相的形成与变化规律。相图正是研究这些规律的重要工具。

相图是表示材料成分、温度、压力及其状态之间关系的几何图形，故相图又称之为状态图。根据相图可以确定不同成分的材料在不同的温度和压力下的相组成、各相的成分和相对量，以及随温度变化时各相可能发生的变化。掌握相图的分析、使用方法，有助于了解材料的组织状态和预测其性能。因此，相图既是确定材料制备和加工工艺的重要依据，也是进行新材料研究开发的重要依据。

第一节　相、相平衡与相律

一、相的概念

相是一个宏观均匀的部分，同一相中各点的物理性质和化学性质相同。在多相体系中，相与相之间必定有“相”界面隔开，并且可由机械方法将它们分离开来。必须注意，尽管相与相之间必定存在界面(相界面)，然而，反过来并不确定。这是因为同一组成的固体，即使分成许多块，它们也仍然是同一种相。所以，虽然一个相是均匀的，但不一定是连续的。

一般来说，由于各种气体都能以任何比例均匀混合，故无论多少种气体混合都只能形成一个相(气相)。对于多种液体组成的体系，则视液体间的互溶程度不同，有的形成单相(如水和乙醇)；有的形成多相(如水和苯)。对于多种固体组成的体系来说，通常情况下有几种固体就有几种相。当然，如果两种或多种固体完全互溶形成固溶体，则是一个相。

二、相平衡

相与相之间的转变称为相变。若多相体系的各相中每种物质的浓度不随时间而变，或者说多相体系中各相的相对量不随时间而变，则体系达到相平衡。相平衡实际上是一个动态平衡。从微观的角度看，在相界面处两相之间的转化是不停地进行着的，只是同一时间内各相之间的转化速率相等而已。

三、相律

（一）组元与独立组元

组成体系的每一种能独立存在的物质称为组元或组分、成分。独立组元则是体系中不受限制可独立变动的组元。独立组元数 C 是确定平衡体系中各相组成所需的最少组元数。所以，独立组元数通常是等于、或小于体系中存在的组元数 n，这是因为平衡体系中各组元之间往往存在着某种关系或约束条件。

（二）自由度

在一定条件下平衡体系中可在一定范围内独立变化而不影响（不破坏）相平衡的变量数称之为自由度 f。如单元单相系统——液态水，温度和压力可在一定范围内独立变动而体系不会发生变化，即体系中不会出现冰或水蒸气，故自由度 $f=2$。对单元二相平衡体系——水和水蒸气，温度与压力只有一个可在一定的范围内独立变化而不引起平衡体系的变化，故此体系的自由度 $f=1$。而对单元三相平衡体系——水的三相平衡点，温度和压力中任意一个发生变化时都将引起平衡体系的变化，故此时自由度 $f=0$。可见，体系的自由度是随体系中相数的增加而减少的。

（三）相律

相律（吉布斯相律）是描述平衡体系中可以平衡共存的相的数量、独立组元的数量及影响体系平衡状态的外界和内部因素与体系自由度之间关系的数学表达式。即

$$f=C-\Phi+N \tag{8-1}$$

式中，f 为体系自由度；C 为独立组元数；Φ 为相数；N 为影响体系平衡状态的外界或内部因素数（如温度、压力、重力场、电磁场、表面张力等）。因在通常情况下只需考虑温度和压力对体系平衡状态的影响，则 $N=2$，故式（8-1）可改写为：

$$f=C-\Phi+2 \tag{8-2}$$

对于纯凝聚相（液相和固相）体系或气相可以忽略的体系，由于在常压范围内压力变化对体系平衡的影响很小可以忽略，此时式（8-2）可表示为：

$$f=C-\Phi+1 \tag{8-3}$$

利用相律可验证相图的正确与否。如相律可以确定在温度和压力变化的单元系中最多只能三相共存，但不能回答究竟有几个三相共存，也不能回答三相共存的温度和压力是多少。故相律普遍性只能是定性而不能定量。并且，相律只适用于平衡体系，而不能用于非平衡体系。

第二节 二元相图

一、二元相图的表示与建立方法

（一）二元相图的表示方法

对二组元凝聚系统，常压范围内压力对体系的影响可忽略不计，体系最多有两个独立变量(温度 T 和成分 C)，故二元凝聚系统的相图可用一个二维平面图形来表示。通常以温度和成分为坐标轴的温度-成分图来表示，如图 8-1 所示。图中任一点(如 E 点)叫做“表象点”，表象点的坐标值反映了一个给定合金的成分和温度。如 E 点合金的成分为 $w_B = 40\%$、$w_A = 60\%$，温度为 500℃。同时，根据表象点在相图中所处的区域(相区)可确定该材料在此温度下由哪些相所组成。

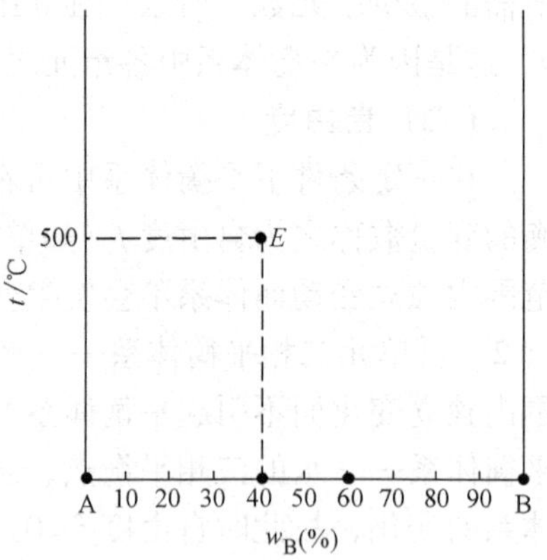

图 8-1 二元相图的表示方法示意图

（二）二元相图的建立方法

相图的建立有实验测定和理论计算两种，但到目前为止绝大部分相图都是由实验测定的。实验测定相图的方法有很多种，如热分析法、金相法、磁性法、电阻法、X 射线结构分析法等。其理论依据是如果体系保持其相的种类和特点不变的话，则当决定体系状态的温度、压力、成分等作连续变化时，整个体系的状态性质的变化应该是连续的。但若体系中发生了相变，则体系的状态性质必然出现突变，发生突变的奇异点就是相变的临界点。通过实验测定不同成分材料的各个相变临界点(温度)并将其标注在温度-成分图中，然后将相同意义的各点连接起来就得到了所需的相图。相图中相同意义的各点连线(截面)称为相界线(相界面)。由相界线(相界面)所围成的区域称为相区，表明在此区域内存在的平衡相类型和数目。下面以 Cu-Ni 二元合金为例来说明热分析法测定相图的过程。

（1）首先配制不同成分的 Cu-Ni 合金，并将各自熔化至液态。

1）纯 Cu。

2）$w_{Cu}70\% + w_{Ni}30\%$ 的合金。

3）$w_{Cu}50\% + w_{Ni}50\%$ 的合金。

4）$w_{Cu}30\% + w_{Ni}70\%$ 的合金。

5）纯 Ni。

（2）然后分别测定各合金从液态到室温的冷却曲线，如图 8-2a 所示。可见，在纯 Cu 和纯 Ni 的冷却曲线上都有一水平台阶，这是因为纯金属凝固时释放的潜热补偿了冷却时的热量散失，故温度维持不变。说明纯金属的凝固是一个恒温过程，这一平台就是其凝固转变的临界点。其余三种成分合金的冷却曲线都没有水平平台，而是呈现出二次转折，这是因为合金凝固时所释放的潜热只能部分补偿冷却时的热量损失，从而使冷却速率降低，于是冷却曲线上出现第一个拐点。凝固结束后，由于没有潜热的补偿，故冷却速率加快，故冷却曲线上出现第二个拐点。说明这三种合金的凝固都是在一定的温度范围内进行的。二个拐点分别为凝固转变的二个临界点：凝固开始点和凝固结束点。

（3）以温度为纵坐标，合金成分为横坐标建立温度-成分图，同时在图上标出上述实验测得的各临界点，并将同类临界点连接起来便得到如图 8-2b 所示的 Cu-Ni 二元合金相图。图中由凝固开始点 a、b、c…连接而成的曲线称为液相线，由凝固结束点 a'、b'、c'…连接而成的曲线称为固相线。由图可见，液相线与固相线将相图分隔成三个相区。液相线以上是液相区，在此区域内合金全部是液相状态；液相线以下固相线以上是液-固二相区，在此区域内合金是液-固二相平衡共存状态；固相线以下是固相区，在此区域内合金全部是固相状态。

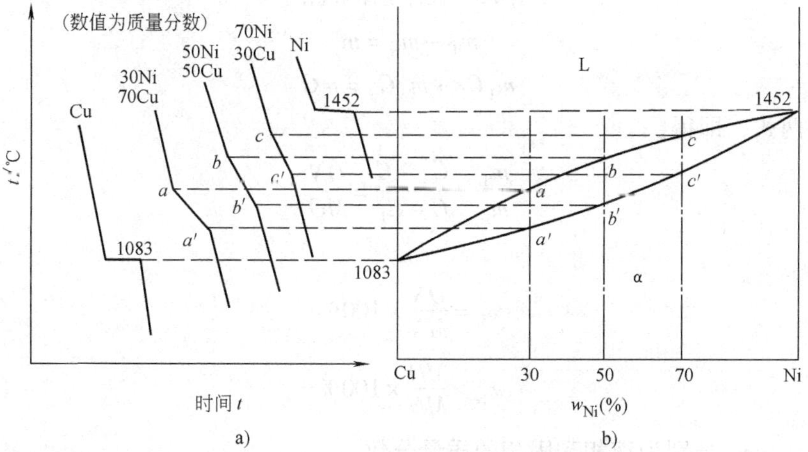

图 8-2 热分析法测定 Cu-Ni 合金相图

a）冷却曲线 b）相图

二、杠杆定律

在合金凝固过程中，各相成分以及相对量都随着凝固的进行而不断变化着，利用杠杆定律可确定在任一平衡状态下各平衡相的成分及相对量。如图 8-3 所示的 A-B 二元合金的相图，设有成分为 C 的合金在 O 点处于液-固二相平衡状态。

为了确立液、固两相的成分和相对量，过 O 点作一水平线段分别与液相线和固相线交于 M 和 N，则 M、N 两点的成分 C_L 和 C_α 即分别为液、固两相的成分。水平线段 MN 是连接同一温度下同时平衡共存的两个相的连线，称为结线。M 液相和 N 固相称为该结线上的共轭相。结线这个概念对所有相图都适用，特别在三元相图中尤为重要。为求得液、固两相的相对量，现假设合金质量为 m，液相质量为 m_L，固相质量为 m_α，显然有：

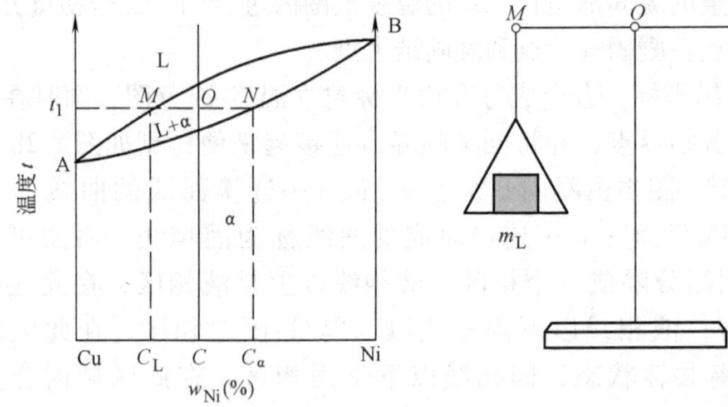

图 8-3　杠杆定律示意图

$$m_L + m_\alpha = m$$

$$m_L C_L + m_\alpha C_\alpha = mC$$

解上述两式，即得：

$$\frac{m_L}{m_\alpha} = \frac{C_\alpha - C}{C - C_L} = \frac{ON}{MO} \tag{8-4}$$

或

$$w_L = \frac{ON}{MN} \times 100\% \tag{8-5a}$$

$$w_\alpha = \frac{MO}{MN} \times 100\% \tag{8-5b}$$

式中，w_L、w_α分别为液相和固相的质量分数。

式(8-4)或式(8-5)就是杠杆定律的数学表达式。因为此式反映的关系如同力学中杠杆平衡原理，故称之为杠杆定律或杠杆法则。需要说明的是，在二元相图中，杠杆定律只适用于两相平衡区，其余情况均不适用。

三、二元相图的基本类型

相图是以所发生的相变类型来分类的。二元相图的类型主要有：匀晶相图、共晶相图、包晶相图等。

（一）匀晶相图

两组元在液态和固态时都能以任何比例完全互溶的相系称为匀晶型二元系，其相图就是匀晶型相图，如 Cu-Ni、Au-Ag、Au-Pt、Fe-Ni、Fe-Cr 等。此类合金凝固时由液相结晶出单相固溶体，这一过程称为匀晶转变。图 8-4 所示为 Cu-Ni 二元匀晶相图。

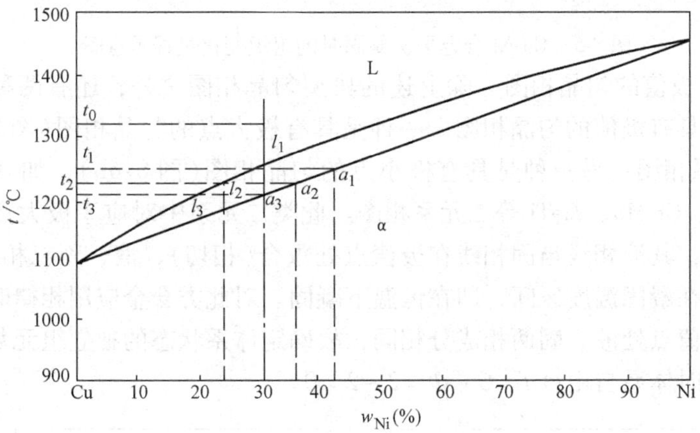

图 8-4 Cu-Ni 二元匀晶相图

由图可见，整个相图划分为三个相区：液相线以上的区域为液相区 L，固相线以下区域为固相区 α，液相线与固相线之间的区域为液-固二相区 L + α。α 是固溶体，即 Cu、Ni 两组元组成的一个二元互溶体。

1. 固溶体的平衡凝固　平衡凝固是指凝固过程中的每一时刻都处于平衡状态。这是一种理想状态，实际上很难达到，因此通常是指极缓慢冷却条件下的凝固或者冷却速率足够小的条件下的凝固。平衡凝固所得到的组织称为平衡组织。下面我们根据图 8-4 以 w_{Ni} = 30% 的 Cu-Ni 合金为例来分析平衡凝固过程。

液态合金自高温缓冷至液相线温度 t_1 后，开始从液相中凝固析出 α 固溶体，此时液相成分就是结线 l_1a_1 与液相线的交点 l_1 的成分，固相成分就是交点 a_1 的成分，即成分为 l_1 点的液相与成分为 a_1 的固相在此温度(t_1)达到两相平衡。随着冷凝过程的不断进行，液-固两相平衡的成分分别沿液相线($l_1 \to l_2 \to l_3$)和固相线($a_1 \to a_2 \to a_3$)变化，同时两相的相对量也不断地发生变化。

当冷凝到固相线温度 t_3(a_3 点)时，液相趋于消失，体系将全部凝固为合金原始成分 w_{Ni} =30% 的 α 固溶体。图 8-5 示意性地表示了合金平衡凝固时的组织变化过程。合金的凝固过程是一个形核与长大的过程，将在第九章“材料的凝固”中分析讨论。

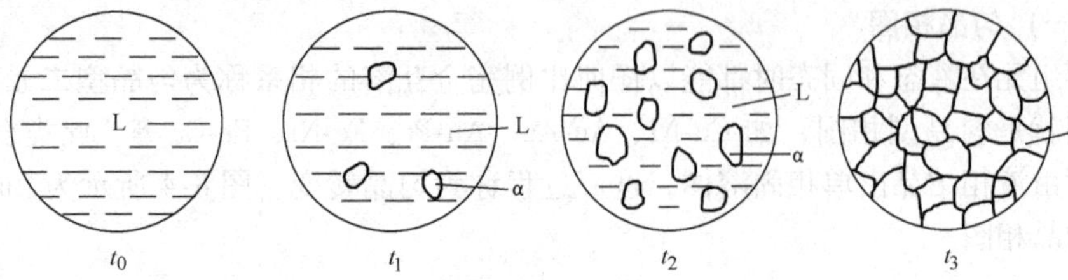

图 8-5　Cu-Ni 合金平衡凝固时的组织变化过程示意图

2. 具有极值的匀晶相图　除上述的典型匀晶相图之外，还有两种特殊的匀晶相图——具有极值的匀晶相图。一种是具有极大点的匀晶相图(图 8-6a)，如 Pb-Ti 二元系相图；另一种是具有极小点的匀晶相图(图 8-6b)，如 Au-Cu、Fe-Co、Mn-Co、Cr-Mo、Zr-Ti 等二元系相图。此类二元系中对应于极大点和极小点成分的合金，其液相线与固相线在极值点处重合(相切)，液、固二相成分相同，凝固时不存在凝固温度区间，即在恒温下凝固。对此类合金应用相律时要特别注意，由于极值点处液、固两相成分相同，故确定体系状态的独立组元数应减少一个，所以此时体系自由度 $f = C - \Phi = 2 - 2 = 0$。

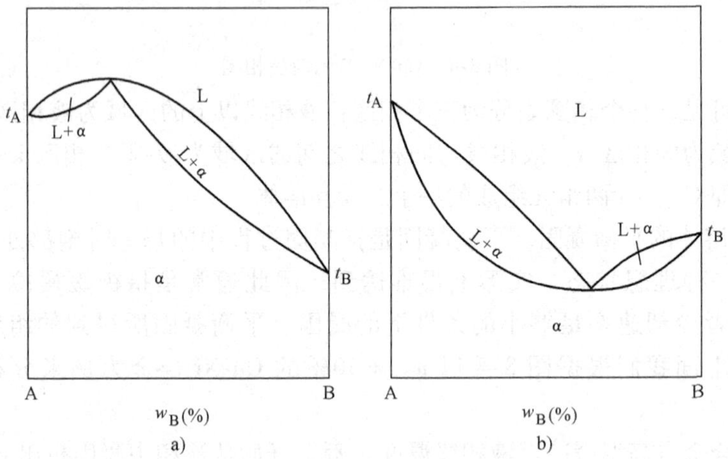

图 8-6　具有极值的匀晶相图

a）具有极大点的匀晶相图　b）具有极小点的匀晶相图

(二) 共晶相图

由一种确定成分的液相同时凝固产生另外两种不同成分的固相的过程称为共晶转变(共晶反应)，其产物是这两种固相的机械混合物，称为共晶组织。两组元在液态时能以任何比例互溶，而固态时有限互溶或完全不相溶且发生共晶转变的相系就称为共晶型二元系，其相图就是共晶型相图。图 8-7 为 Pb-Sn 相图，是一个典型的二元共晶相图。

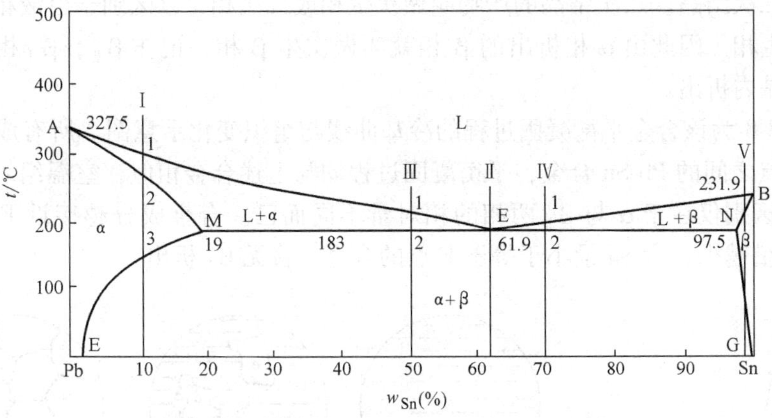

图 8-7　共晶型二元相图(Pb-Sn 二元相图)

由图可见，整个相图由三个单相区(液相 L，固相 α 固溶体和固相 β 固溶体)，三个两相区(L + α、L + β、α + β)和一个三相区(L + α + β)组成。图中 AE 和 BE 为液相线，分别表示 α 相和 β 相开始凝固的温度。AM 和 BN 为固相线，分别表示 α 相和 β 相凝固终了的温度。而 MEN 水平线则是 L、α 和 β 三相平衡共存线，称为共晶线，E 点称为共晶点。当温度达到共晶线温度时，成分为 E 点的液相 L_E 将发生共晶转变，同时凝固析出成分为 M 点的固相 α_M 和成分为 N 点的固相 β_N，该共晶反应可表示为：

$$L_E \rightleftharpoons \alpha_M + \beta_N$$

根据相律可知，在二元系中，三相共存时自由度 $f = 2 - 3 + 1 = 0$，故共晶转变必定是恒温过程，共晶线必为一水平线，且三个相的成分各为定值。

以图 8-7 所示的 Pb-Sn 二元合金为例，分别讨论共晶系各种典型成分合金的平衡凝固及其显微组织。

(1) $w_{Sn} < 19\%$ 的合金Ⅰ。现以 $w_{Sn} = 10\%$ 的合金为例进行分析。由图 8-7 可见，当合金由液相缓冷至点 1 时，开始从液相中凝固出 α 固溶体，称作初生 α 固溶体(也可记作 $\alpha_{Ⅰ}$)。随着温度不断降低，固溶体 α 的量不断增多，液相 L 的量则不断减少。在此过程中，液、固两相的成分分别沿液相线 AE 和固相线 AM 变化。当温度到达点 2 时，凝固过程结束，合金由液相 L 全部转变成固相 α，初生 α 固溶体的成分与原液态合金的成分完全相同。这一凝固过程与二元匀晶系合金的平衡凝固过程相同。凝固结束后，随着温度的继续降低，在点 2 与点 3 之间温度区域内，α 固溶体不发生任何变化，而当达到点 3 后 Sn 在 α 固溶体中呈饱和状态，因此当温度进一步下降时，随着 Sn 在 α 固溶体中溶解度的降低，过剩的 Sn 便以 β 固溶体的形式从 α 固溶体中析出，α 和 β 固溶体的成分分别沿各自的固溶线 MF 和 NG 变化。这种从一个固溶体中析出另一种固溶体的过程称为

脱溶或二次结晶。二次结晶的产物叫做次生相或二次相，以区别于由液相凝固析出的初生相。因此由 α 相析出的 β 相就叫做次生 β 相，记作 β_{II}，β_{II} 相可在晶界上或晶内析出。

图 8-8 为该合金平衡凝固过程的冷却曲线与组织变化示意图。所有成分位于 F 与 M 点之间的 Pb-Sn 合金，平衡凝固过程均与上述合金相似，室温组织都是 α + β_{II}，区别仅在于 α 与 β_{II} 两相的相对量不同而已。合金成分越接近 F 点，其 β_{II} 的数量越少，含 Sn 量小于等于 F 点的合金，将无 β_{II} 析出。

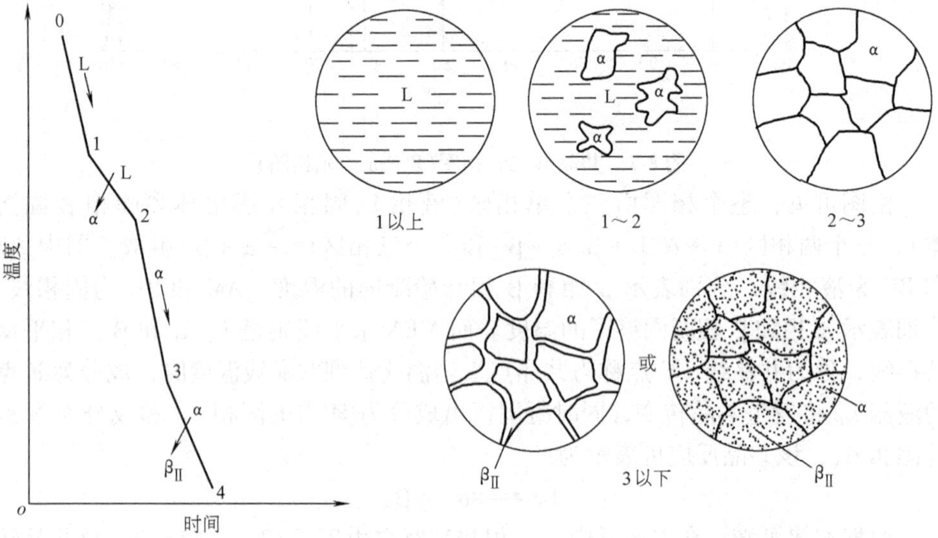

图 8-8　合金 I 平衡凝固过程的冷却曲线与组织变化示意图

（2）w_{Sn} = 61.9% 的合金Ⅱ。该合金液态缓冷至共晶温度 t_E = 183℃时，液相 L_E 中 Pb 和 Sn 同时达到饱和状态，故同时从液相中凝固析出 α 和 β 两种固溶体，即发生共晶转变，即

$$L_E \rightleftharpoons \alpha_M + \beta_N$$

该转变过程在恒温下进行直至凝固完毕，共晶组织中 α 和 β 两相的相对质量分数可由杠杆定律求得：

$$w_\alpha = \frac{EN}{MN} \times 100\% = \frac{97.5 - 61.9}{97.5 - 19} \times 100\% = 45.4\%$$

$$w_\beta = \frac{ME}{MN} \times 100\% = \frac{61.9 - 19}{97.5 - 19} \times 100\% = 54.6\%$$

共晶转变结束后，随着冷却的继续进行，α 相和 β 相的固溶度均随温度的降低而减少，其成分变化分别沿固溶度线 FM 和 NG 变化，从而由 α 相中析出次生 β_{II} 相，由 β 相中析出次生 α_{II} 相。由于共晶组织中次生相与初生相混在一起，在显微镜下很难分辨，故一般不作区分。图 8-9 为共晶合金的平衡凝固过程的冷却曲线与组织变化示意图。图 8-10 是该合金室温组织金相照片，其中黑色为 α 相，白色为 β 相，α 和 β 两相呈层片状交替分布。

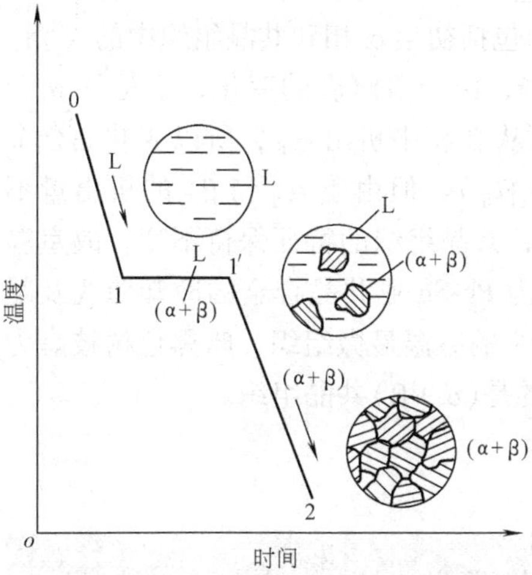

图 8-9　Pb-Sn 共晶合金冷却曲线及凝固过程示意图

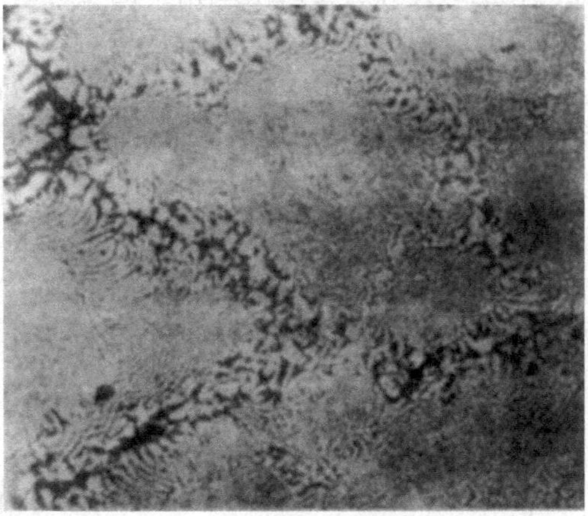

图 8-10　Pb-Sn 共晶显微组织

（3）$19\% < w_{Sn} < 61.9\%$ 的亚共晶合金Ⅲ。成分位于 ME 之间的合金为亚共晶合金，现以 $w_{Sn} = 50\%$ 的合金为例来分析亚共晶合金的平衡凝固过程。如图 8-7 所示，该合金缓冷至点 1 与点 2 之间温度区域时，初生 α 相以匀晶方式从液相中析出。随温度下降，α 相不断增多、液相不断减少，两相的成分分别沿 AM 固相线和 AE 液相线变化。当温度达到点 2 温度，即共晶温度 t_E 时，α 相的成分达到 M 点，而剩余液相的成分达到共晶点（E 点），于是剩余的液相便发生共晶转变：

$$L_E \rightleftharpoons \alpha_M + \beta_N$$

此反应一直进行到剩余液相全部形成共晶体为止。共晶转变结束后，合金的平衡组织为初生 α 相（亦叫作先共晶相）和共晶体（α + β），写作 α +（α + β）。初生相 α 和共晶体（α + β）具有不同的显微形态而成为不同的组织组成物。这两种组织组成物的相对质量分数，亦可由杠杆定律计算：

$$w_{\alpha} = \frac{2E}{ME} \times 100\% = \frac{61.9 - 50}{61.9 - 19} \times 100\% = 27.8\%$$

$$w_{(\alpha+\beta)} = \frac{M2}{ME} \times 100\% = \frac{50 - 19}{61.9 - 19} \times 100\% = 72.2\%$$

上述两种组织组成物是由 α 相和 β 相所组成的，故称 α 相和 β 相为组成相。

在共晶反应刚刚结束时，也可用杠杆定律计算出组成相 α 和 β 的相对质量分数：

$$w_\alpha = \frac{2N}{MN} \times 100\% = \frac{97.5 - 50}{97.5 - 19} \times 100\% = 60.5\%$$

$$w_\beta = \frac{M2}{MN} \times 100\% = \frac{50 - 19}{97.5 - 19} \times 100\% = 39.5\%$$

显然，上式计算所得的组成相 α 的相对量中包括初生 α 相和共晶组织中的 α 相。

在点 2 温度以下，随着温度的继续下降，由于溶解度的变化，于是从 α 相（包括初生 α 相和共晶 α 相）中析出 β_{II}，而从 β 相中析出 α_{II}，所以亚共晶合金的室温组织应为：$\alpha_I + \beta_{II} + (\alpha + \beta + \alpha_{II} + \beta_{II})$。但由于 α_{II} 和 β_{II} 的析出量不多，除了在初生 α 固溶体中可能看到 β_{II} 外，共晶组织的特征保持不变，故室温组织通常写成 $\alpha_I + \beta_{II} + (\alpha + \beta)$。图 8-11 为 Pb-Sn 亚共晶合金的冷却曲线及凝固示意图。图 8-12 是 $w_{Sn} = 50\%$ 的 Pb-Sn 合金的室温显微组织，暗黑色树枝晶为初生 α，其中的白点为 β_{II}，黑白相间分布的是 (α + β) 共晶组织。

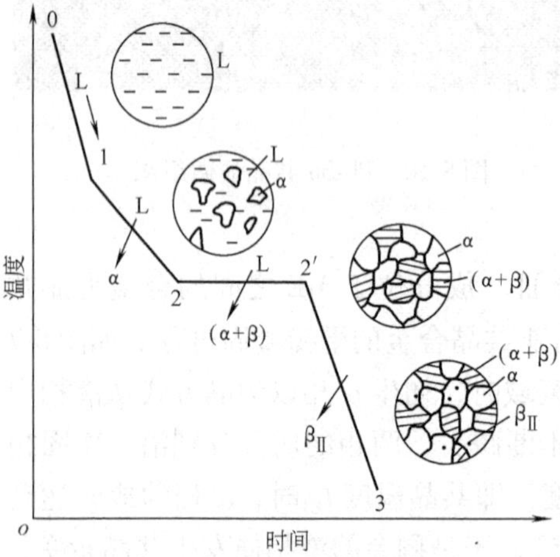

图 8-11 Pb-Sn 亚共晶合金的冷却曲线及凝固示意图

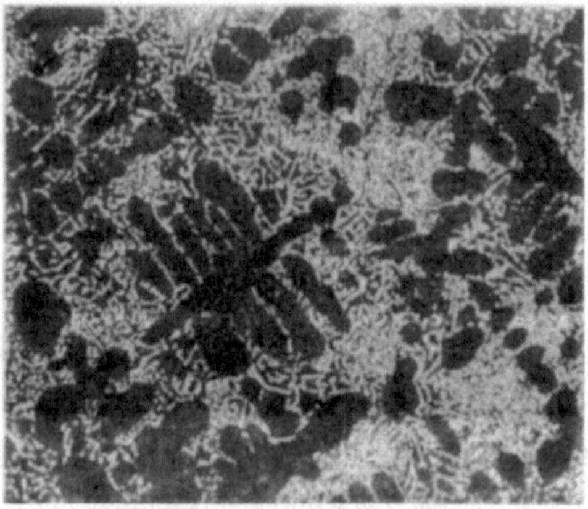

图 8-12 $w_{Sn} = 50\%$ 的 Pb-Sn 合金的室温显微组织

（4）$61.9\% < w_{Sn} < 97.5\%$ 的过共晶合金Ⅳ。成分位于 EN 之间的合金为过共晶合金，其平衡凝固过程完全与亚共晶合金的平衡凝固过程相似，所不同的仅在于初生相为 β 固溶体而非 α 固溶体，其室温组织为：$\beta_I + \alpha_{II} + (\alpha + \beta)$。图 8-13 是 Pb-Sn 过共晶合金的冷却曲线及凝固示意图。图 8-14 是 $w_{Sn} = 85\%$ 的 Pb-Sn 合金的室温显微组织。

（5）$w_{Sn} > 97.5\%$ 的合金Ⅴ。此类 Pb-Sn 合金的平衡凝固过程与 $w_{Sn} < 19\%$ 的合金Ⅰ完全相似，区别在于从液相中凝固析出的不是 α 相而是 β 相，并在凝固

结束后的冷却过程中从 β 相析出 α_{II}。

由上分析可知，尽管不同成分的合金其室温组织都是由 α 和 β 这二个基本相所构成的，然而，由于合金成分的不同和凝固过程的差别，最终室温组织中相的大小、数量和分布状况，即合金的显微组织将差别很大，甚至完全不同。如共晶合金完全是(α + β)共晶组织，亚共晶合金的组织为 $\alpha_I + \beta_{II} + (\alpha + \beta)$，过共晶合金组织则为 $\beta_I + \alpha_{II} + (\alpha + \beta)$。因为 α_I、β_I、α_{II}、β_{II} 及(α + β)在显微镜下都能清楚地区分，是组成显微组织的独立部分，故称为组织组成物。但是从相的本质来看，它们都是由 α 和 β 这二个基本相所构成的，所以将 α 和 β 称为相组成物。合金的显微组织就是通过组成相的不同形态、数量、大小及分布等形式体现出来的，从而得到不同性能的合金。

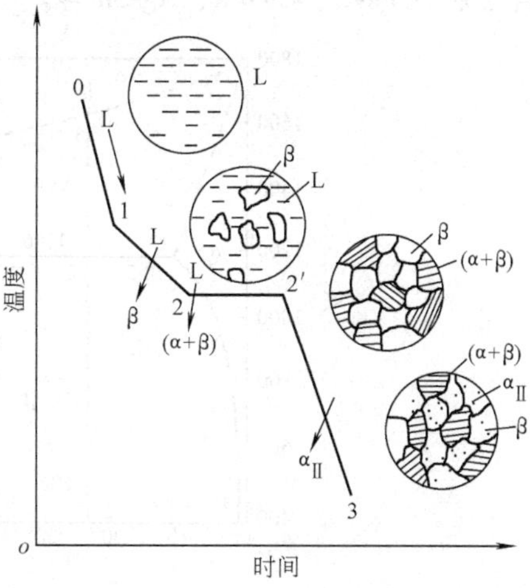

图 8-13　Pb-Sn 过共晶合金的冷却曲线及凝固示意图

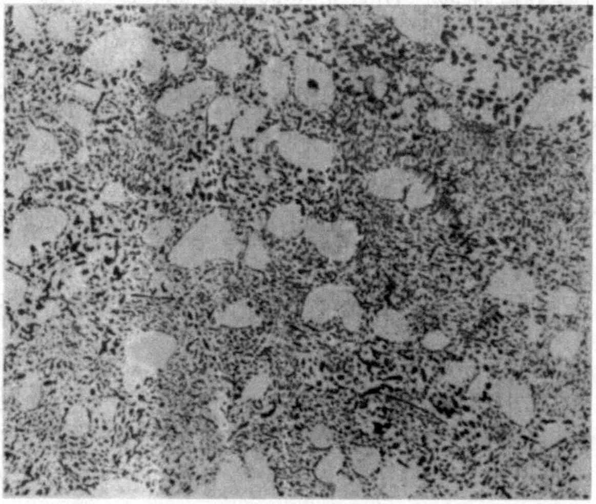

图 8-14　w_{Sn} = 85% 的 Pb-Sn 过共晶合金的室温显微组织

（三）包晶相图

由一定成分的液相与一定成分的固相发生反应而生成另一种成分的固相的过程，称为包晶转变(包晶反应)。两组元在液态时可以无限互溶，而固态时有限互溶且发生包晶转变的相系就称为包晶型二元系，其相图就是包晶型相图。图8-15所示的Pt-Ag二元合金相图就是一种典型的包晶相图。具有包晶转变的二元合金还有Fe-C、Cu-Zn、Ag-Sn等。

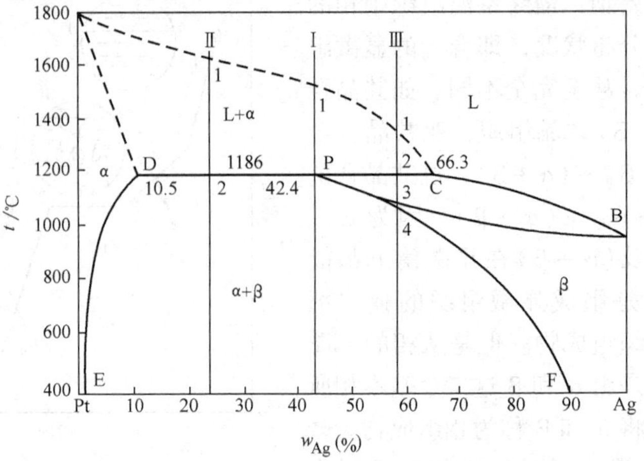

图8-15 Pt-Ag二元合金相图

如图所示，ACB是液相线，AD、PB是固相线，DE、PF分别是α固溶体和β固溶体的溶解度曲线，DPC水平线是包晶（转变）线，P点为包晶（转变）点，对应的温度为包晶（转变）温度 t_P。该相图有三个单相区：液相L、固相α和固相β。三个二相区：L+α、L+β和α+β。一个三相区L+α+β，即包晶线DPC。凡是成分位于DC范围内的合金在包晶温度 t_P 都将发生包晶转变：$L_c + \alpha_D \rightleftharpoons \beta_P$。

包晶转变时，体系自由度 $f = 2 - 3 + 1 = 0$，说明包晶转变一定是一个恒温过程，且三个平衡相的成分也是固定不变的。

下面以图8-15所示的Pt-Ag二元合金为例讨论包晶系合金的平衡凝固及其显微组织。

（1）$w_{Ag} = 42.4\%$ 的合金Ⅰ。由图8-15可见，合金Ⅰ由液相缓冷至点1时，开始由液相中凝固析出初生相α固溶体。随着温度不断下降，α相数量增加而液相L的量减少。在此过程中液、固两相的成分分别沿液相线AC和固相线AD变化。当温度达到P点，即包晶温度 $t_P = 1186℃$ 时，α相的成分达到D点，液相成分达到C点。在包晶反应将要开始的瞬间，两相的含量可用杠杆定律求得：

$$w_L = \frac{DP}{DC} \times 100\% = \frac{42.4 - 10.5}{66.3 - 10.5} \times 100\% = 57.17\%$$

$$w_\alpha = \frac{PC}{DC} \times 100\% = \frac{66.3 - 42.4}{66.3 - 10.5} \times 100\% = 42.83\%$$

当包晶转变结束后，液相 L 和固相 α 恰好全部转变成固相 β 固溶体。由于 Pt 在 β 固溶体中的溶解度随温度的降低而沿固溶线 PF 逐步减少，所以在随后的冷却过程中，将不断地从 β 固溶体析出次生相 $\alpha_{\text{Ⅱ}}$，合金的室温组织为 $\beta+\alpha_{\text{Ⅱ}}$。其平衡凝固过程如图 8-16 所示。

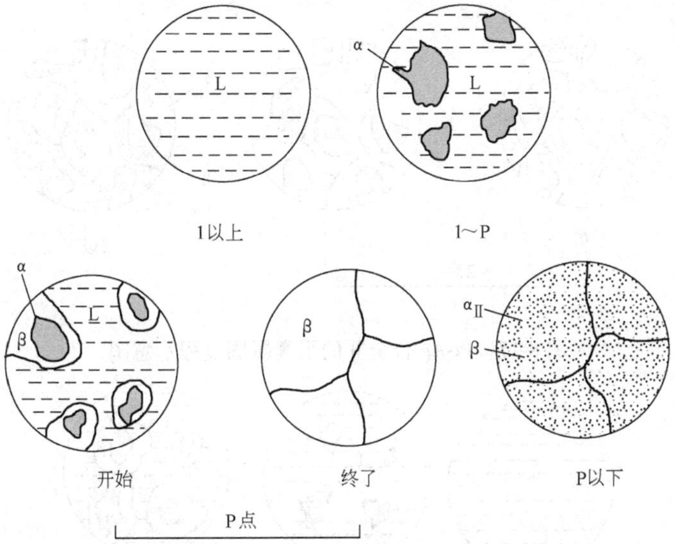

图 8-16　Pt-Ag 合金Ⅰ的平衡凝固过程示意图

（2）$10.5\% < w_{Ag} < 42.4\%$ 的合金Ⅱ。合金Ⅱ由液态缓冷至包晶反应开始前，其凝固过程与合金Ⅰ相同，但在包晶转变过程中，由于 α 相的相对量大于包晶反应所需的量，故包晶转变结束后，除了新生成的 β 相外还有剩余的 α 相存在。在随后的继续冷却过程中，随着固溶体溶解度的减小，α 相中将析出 $\beta_{\text{Ⅱ}}$，而 β 相中将析出 $\alpha_{\text{Ⅱ}}$。合金Ⅱ的室温组织是：$\alpha+\beta+\alpha_{\text{Ⅱ}}+\beta_{\text{Ⅱ}}$。其平衡凝固过程如图 8-17 所示。

（3）$42.4\% < w_{Ag} < 66.3\%$ 的合金Ⅲ。合金Ⅲ在包晶反应前的平衡凝固过程与前述合金Ⅰ、合金Ⅱ均相同。区别在于包晶转变过程中，由于液相 L 的相对量大于包晶反应所需的量，所以包晶转变结束后，除了新生成的 β 相外还有剩余的液相存在。剩余的液相在随后的继续冷却过程中将按匀晶转变的方式凝固析出 β 相。在此阶段，液相成分将沿液相线 CB 变化，而 β 相的成分则沿固相线 PB 变化。当温度达到点 3 时，剩余的液相全部凝固完毕，此时 β 相的成分就是原始合金的成分。在点 3 与点 4 温度区间内，β 相不发生任何变化。当温度达到点 4 后，随温度的降低，因为溶解度的变化将从 β 相中析出 $\alpha_{\text{Ⅱ}}$。合金Ⅲ的室温组织为 $\beta+\alpha_{\text{Ⅱ}}$，其平衡凝固过程如图 8-18 所示。

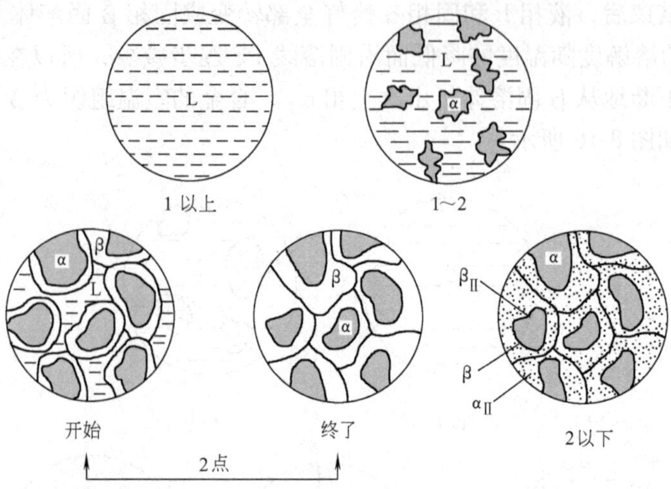

图 8-17　Pt-Ag 合金Ⅱ的平衡凝固过程示意图

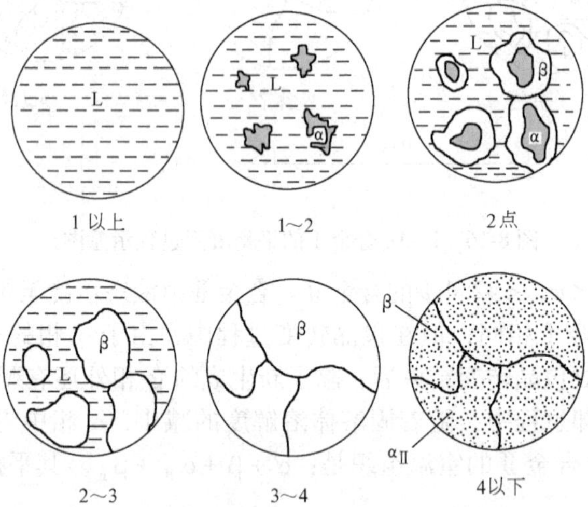

图 8-18　Pt-Ag 合金Ⅲ的平衡凝固示意图

（四）其他类型的相图

除了前面所述的匀晶、共晶和包晶这三种最基本的二元相图外，还有其他类型的二元相图，下面分别进行简要介绍。

1. 形成化合物的相图　有些二元系中，两组元可以形成一种或几种化合物，由于其位于相图的中间，故又称为中间相。根据化合物的稳定性，形成化合物的二元系可分为形成稳定化合物的相图与形成不稳定化合物的相图两种类型。

（1）形成稳定化合物的相图。所谓稳定化合物是指具有确定的熔点，可熔化成与固态成分相同的液体，而在熔点以下保持固有结构不发生分解的化合物。图 8-19 是含有稳定化合物 Mg_2Si 的 Mg-Si 二元合金相图。可见，化合物 Mg_2Si 在相图中是一条垂直线，表明其在熔点以下保持固有结构而不发生分解。因此可将 Mg_2Si 当成一个独立的组元而将 Mg-Si 相图视为是由 Mg-Mg_2Si 与 Mg_2Si-Si 两个独立的共晶相图合成的。

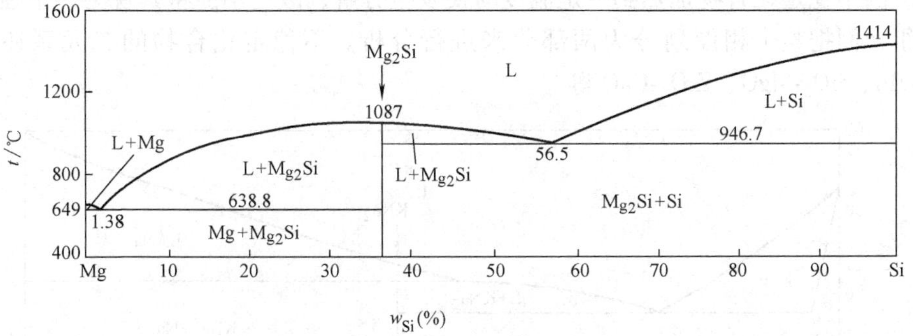

图 8-19 Mg-Si 相图

若所形成的化合物对组元有一定的溶解度，即形成以化合物为基的固溶体，则化合物在相图中就不再是一条垂直线，而是一个相区，如图 8-20 所示的 Cd-Sb 相图。对此情况，可假设有一条过熔点的垂线将相图一分为二，而将 Cd-Sb 相图视作 Cd-β 与 β-Sb 两个独立的相图。形成稳定化合物的二元系还有 Mg-Cu、Fe-P、FeO-Al_2O_3、SiO_2-MgO 等。

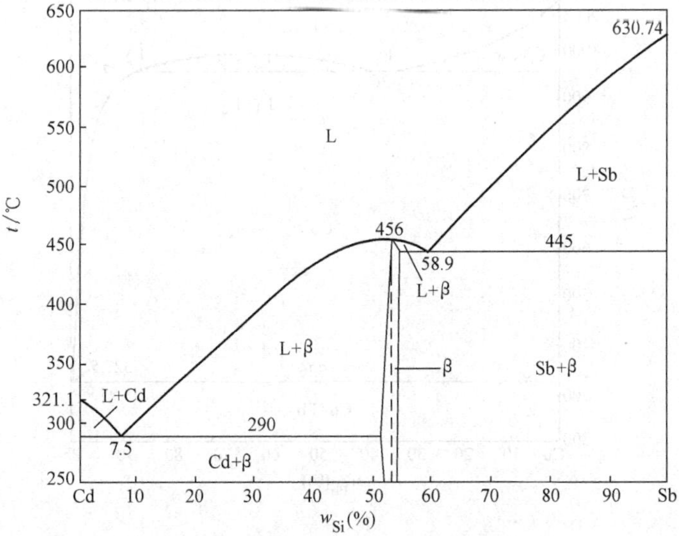

图 8-20 Cd-Sb 相图

（2）形成不稳定化合物的相图。所谓不稳定化合物，是指加热到一定温度时发生分解转变为两个相，而不能熔化成与固态成分相同的液体的化合物。图8-21就是具有形成不稳定化合物 KNa_2 的 K-Na 相图。当 $w_{Na}=54.4\%$ 的 K-Na 合金所形成的不稳定化合物（KNa_2）被加热到6.9℃，便会分解为成分与之不同的液相和 Na 晶体。不稳定化合物也可能有一定的溶解度，此时在相图上就是一个相区。因不稳定化合物加热到一定温度时便发生分解，故均不能将其视为一个独立的组元而把整个相图划分为两部分来进行分析。不稳定化合物的二元系还有 Al-Mn、SiO_2-MgO、ZrO_2-CaO 等。

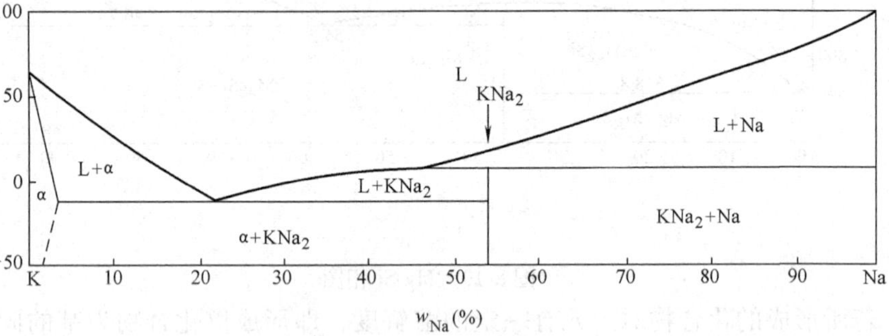

图 8-21　K-Na 相图

2. 偏晶相图　由一定成分的液相 L_1 恒温转变为一定成分的固相和另一成分的液相 L_2 的过程称为偏晶转变。图8-22所示的 Cu-Pb 二元相图就是有偏晶转变

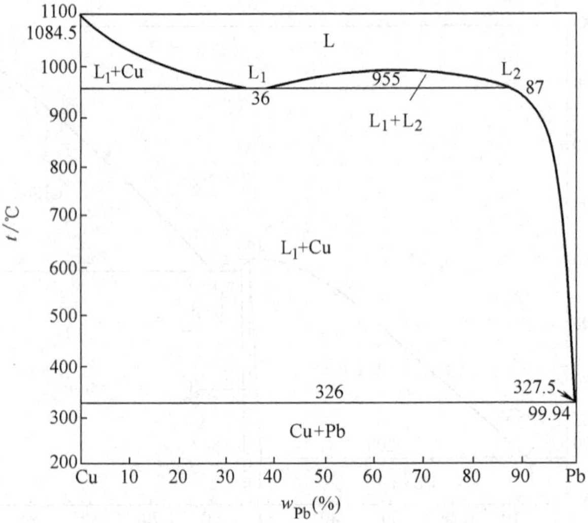

图 8-22　Cu-Pb 相图

的相图。成分为 w_{Pb}36% 的液相 L_{36} 在 955℃将发生偏晶转变：

$$L_{36} \rightleftharpoons Cu + L_{87}$$

相图中温度为 955℃的等温线称为偏晶线，w_{Pb}36% 的成分点称为偏晶点。具有偏晶转变的二元系还有 Cu-S、Mn-Pb、Fe-O、Bi-Zn 等。

3. 熔晶相图　由一个固相转变为一个液相和另一个固相的过程称为熔晶转变。熔晶转变亦是一个恒温转变。图 8-23 是具有熔晶转变的 Fe-B 二元相图。图中温度为 1381℃的水平等温线就是熔晶线。含微量 B 的 Fe-B 合金在此温度发生熔晶转变：$\delta \rightleftharpoons \gamma + L$。具有熔晶转变的二元系还有 Fe-S、Cu-Sb、Ca-Mn 等合金。

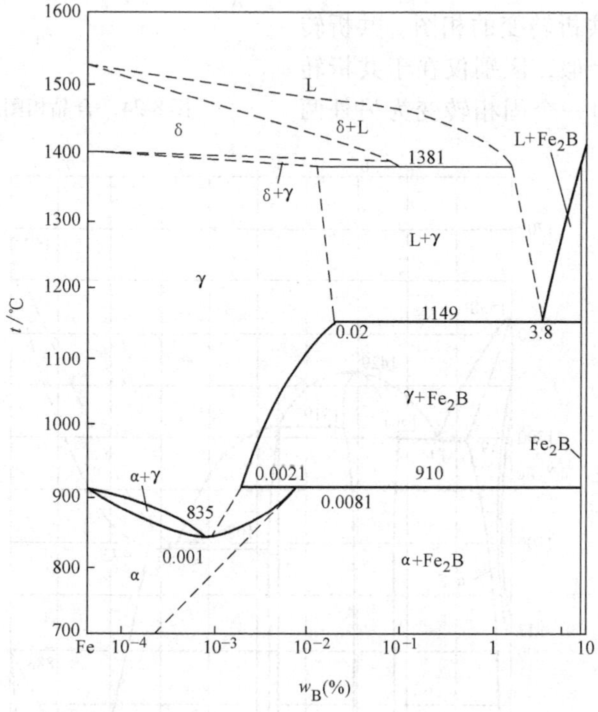

图 8-23　Fe-B 二元相图

4. 合晶相图　由成分不同的两个液相 L_1 和 L_2 相互作用形成一个固相的过程称为合晶转变。合晶转变同样是一个恒温转变过程。具有合晶转变的二元相图如图 8-24 所示，图中 cfd 水平线为合晶线，f 点为合晶点。当成分为 f 点的合金冷凝到合晶线温度时即发生合晶转变：$L_c + L_d \rightleftharpoons \beta_f$。具有合晶转变的二元系很少，主要有 Na-Zn、K-Zn、Cr-Pt 等。

5. 具有固态转变的二元相图

（1）具有固溶体多晶型转变的相图。如果体系中组元具有同素异构转变时，则形成的固溶体常有多晶型转变，相应地在相图中将出现晶型转变曲线。图 8-25 为 Fe-Ti 相图。Fe 和 Ti 在固态均发生同素异晶转变，故相图在近钛一边有 β 相（体心立方）⟶α 相（密排六方）的固溶体多晶型转变；而在近 Fe 一边有 α（或 δ）⟶γ ⟶α 的固溶体多晶型转变。

（2）具有共析转变的相图。共析转变与共晶转变相似，区别仅在于共析转变是在恒温下由一个固相转变为另外两

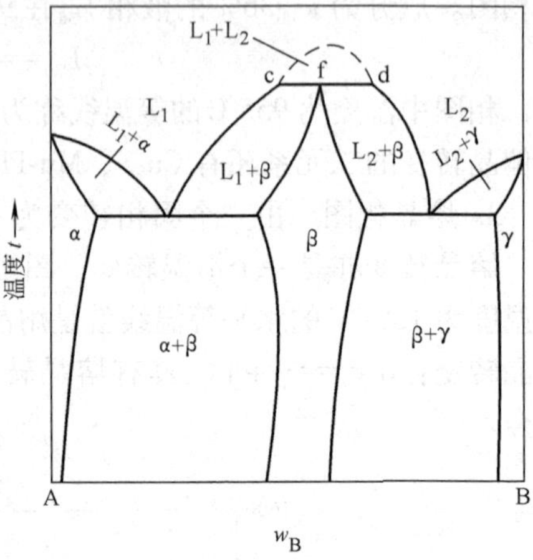

图 8-24　合晶相图示意图

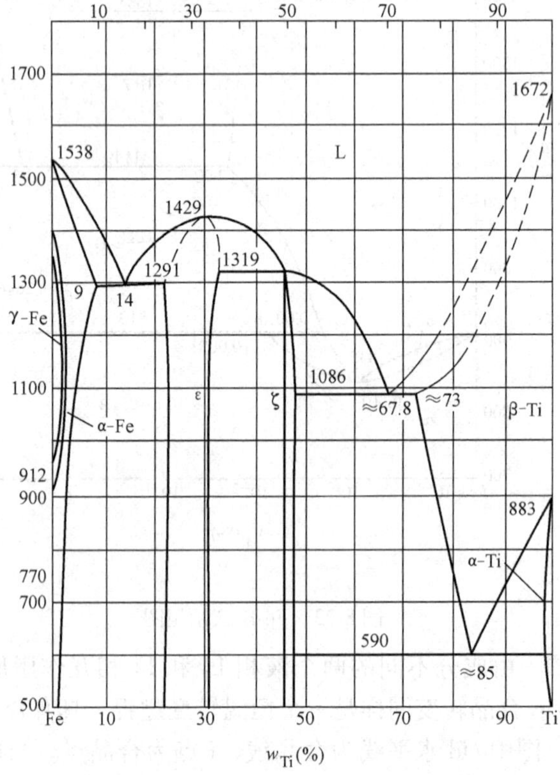

图 8-25　Fe-Ti 二元相图

个固相的过程。共析转变的产物称为共析组织(或共析体)。图 8-26 所示为具有共析转变的相图，图中发生共析转变的成分点 e 称为共析点，发生共析转变的 ced 水平等温线称为共析线。共析转变的表达式为：

$$\gamma_e \rightleftharpoons \alpha_c + \beta_d$$

由于共析反应温度较共晶反应温度低，原子扩散较困难，故共析组织比共晶组织要细致均匀的多。

(3) 具有包析转变的相图。包析转变与包晶转变相似，区别在于包析转变是由两个成分不同的固相相互作用转变成另一个固相的过程。如图 8-23 所示的 Fe-B 二元相图，含 B 量为 $w_B = 0.0081\%$ 的合金在 910℃时就发生包析反应：$\gamma + Fe_2B \rightleftharpoons \alpha$。

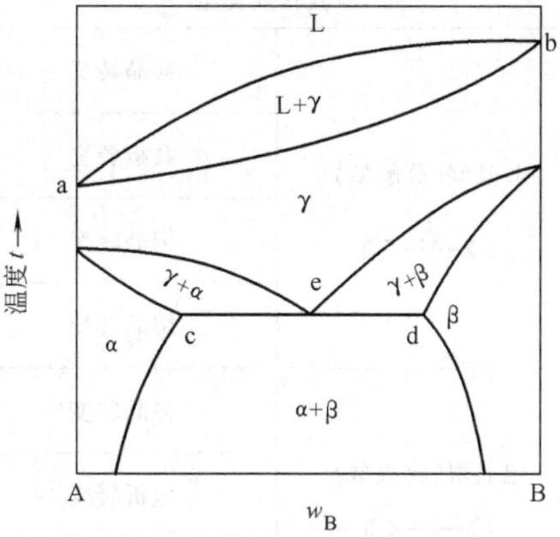

图 8-26　具有共析转变的 A-B 二元相图

四、二元相图的分析

(一) 二元相图的几何规律

根据热力学原理和相律，可得出二元相图具有以下一些几何规律：

1) 图中相界线是相平衡的体现，平衡相的成分必定沿相界线随温度而变化。

2) 相邻相区的相数差为 1(点接触情况除外)，这一规律称为相区接触法则。两个单相区之间是由这两个相所构成的两相区所隔开，两个两相区由单相区或三相水平线隔开。

3) 三相平衡共存区是一条水平线段，此水平线段上有三个表示平衡相浓度的成分点，且该水平线段的上下方分别与由两两平衡相组合而成的三个两相区相邻。三相平衡共存区自由度为零，故三个平衡相的成分固定不变而只发生相对量的变化。表 8-1 列出了各种类型的恒温转变在相图上的特征。

4) 若两个恒温转变中有两个相是相同的，则此两个恒温转变的两条水平等温线间一定是由相同的这两个相所构成的两相区。如图 8-27 所示，在共晶转变 $L \longrightarrow \gamma + Fe_3C$ 和共析转变 $\gamma \longrightarrow \alpha + Fe_3C$ 这两个恒温转变中都有 γ 和 Fe_3C，则这两个恒温转变水平线之间是 $\gamma + Fe_3C$ 两相区。

5) 当两相区和单相区的分界线与三相水平等温线相交时，则该分界线的延伸线一定进入另一个两相区，而不会进入单相区，如图 8-28 所示。

表 8-1　二元系各类恒温转变相图特征

恒温转变类型		反应式	相图特征
共晶型(分解型) Ⅱ≻—∨—≺Ⅲ（上方 Ⅰ）	共晶转变	L⇌α + β	α≻—∨—≺β（上方 L）
	共析转变	γ⇌α + β	α≻—∨—≺β（上方 γ）
	偏晶转变	L_1⇌L_2 + α	L_2≻—∨—≺α（上方 L_1）
	熔晶转变	δ⇌L + γ	L≻—∨—≺γ（上方 δ）
包晶型(合成型) Ⅰ≻—∧—≺Ⅱ（下方 Ⅲ）	包晶转变	L + β⇌α	L≻—∧—≺β（下方 α）
	包析转变	γ + β⇌α	γ≻—∧—≺β（下方 α）
	合晶转变	L_1 + L_2⇌α	L_1≻—∧—≺L_2（下方 α）

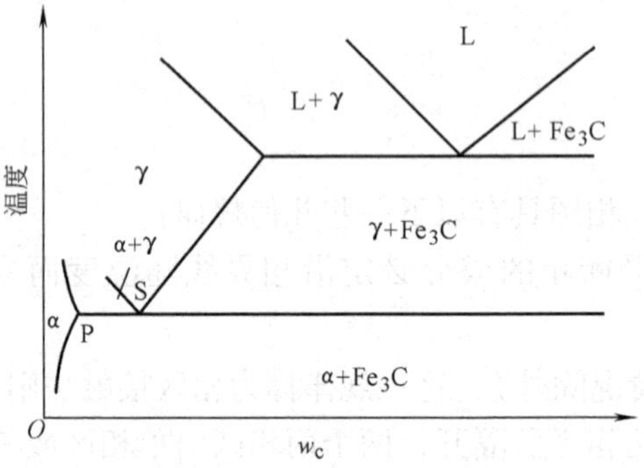

图 8-27　三相平衡水平线

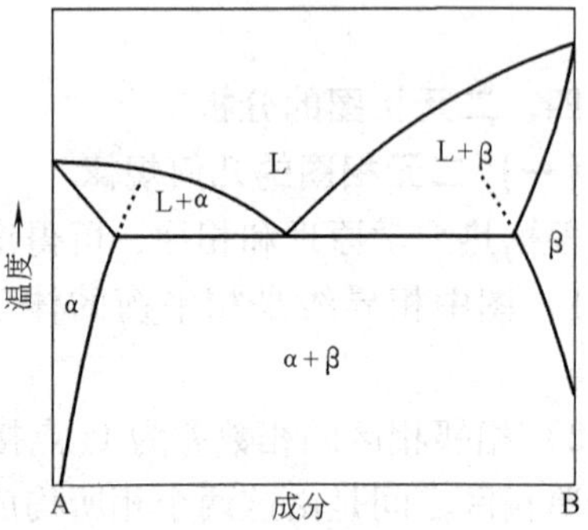

图 8-28　两相区与单相区分界线的走向示意图

(二) 二元相图的分析

1. 分析方法　由于复杂二元相图都可以看成是由基本相图组合而成的，所以分析复杂二元相图时可以采取如下步骤：

(1) 先看相图中是否存在稳定化合物，如有稳定化合物，则可将这些稳定化合物视作独立组元而将相图分成几个部分进行分析。

(2) 根据相区接触法则，分清各个不同的相区。

(3) 找出三相平衡共存水平线，并根据与其相接触的三个单相区与水平线的位置关系确定恒温转变的类型。

(4) 运用相图分析具体合金随温度变化而发生的相变和组织变化。在单相区，该相的成分与原始合金相同。在两相区内，不同温度下平衡两相的成分各自沿其相界线变化，两相的相对量可根据所观察的温度画出结线，然而由杠杆定律进行求解。三相平衡共存时，三个相的成分是固定不变的。恒温转变前、后各组成相的相对量亦可由杠杆定律计算得出。

相图只给出了体系在平衡状态下存在的相和相对量，而并不能表示出相的形状、大小和分布。而且在实际生产条件下，体系几乎不可能达到平衡状态，因此要特别重视材料在非平衡条件下可能出现的相和组织，尤其是陶瓷材料，其熔体的粘度较金属材料大，组元的扩散比合金慢，因此许多陶瓷材料极易凝固形成非晶体或亚稳相。

2. 二元相图分析举例　以 Ni-Be 系、Al-Mn 系为例

（1）Ni-Be 系。图 8-29 是 Ni-Be 合金相图。图中 γ 是以金属间化合物 NiBe 为基的固溶体，δ 是以金属间化合物 Ni_5Be_{21} 为基的固溶体。故可以 X(γ) 和 Y(δ) 为界将 Ni-Be 相图分成三个独立的部分：Ni-X、X-Y 和 Y-Be。

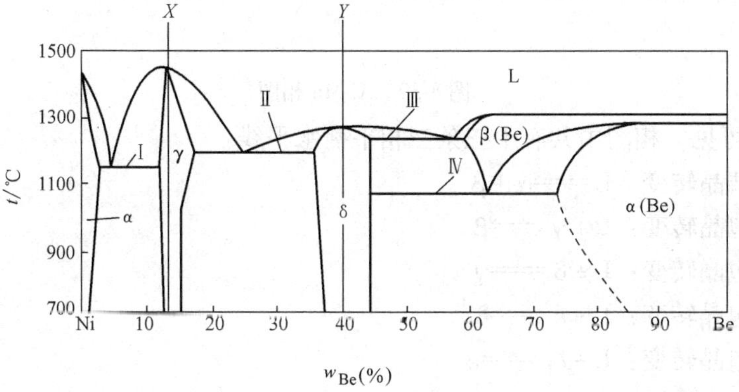

图 8-29　Ni-Be 相图

由图可见，Ni-Be 二元系中共有四条水平线，即四个三相恒温转变，分别是：

Ⅰ. 共晶转变：$L \rightleftharpoons \alpha + \gamma$

Ⅱ. 共晶转变：$L \rightleftharpoons \gamma + \delta$

Ⅲ. 共晶转变：$L \rightleftharpoons \delta + \beta(Be)$

Ⅳ. 共析转变：$\beta(Be) \rightleftharpoons \delta + \alpha(Be)$

（2）Al-Mn 系。其相图如图 8-30。图中 β 是以 Al_6Mn、γ 是以 Al_4Mn 为基的固溶体，δ 的结构未定，ε 为 $Al_{10}Mn_3$，ζ_1 为 Al_3Mn，ζ_2 为 $Al_{11}Mn_4$，η_1 为 η-Al-Mn，η_2 是 Al_8Mn_5 为基的固溶体，θ 是 ε-Al-Mn。Mn 有四种结构，自高温到低温，分别为 λ(Mn)、K(Mn)、β(Mn)、α(Mn)。

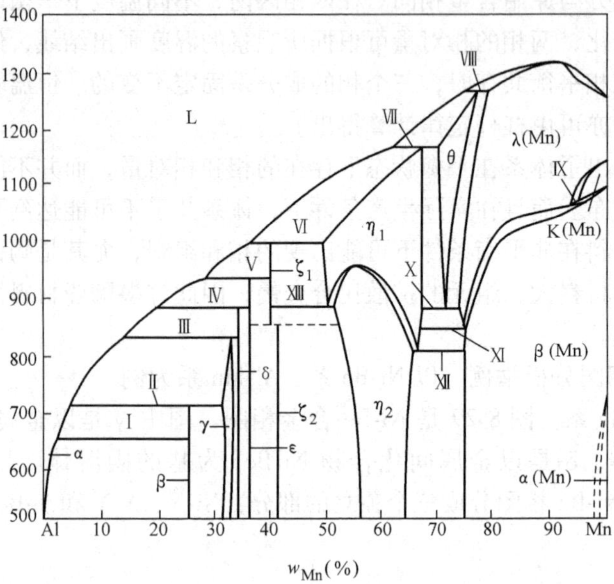

图 8-30　Al-Mn 相图

由图可见，相图中共有十三条三相平衡水平线：

Ⅰ. 共晶转变：$L \rightleftharpoons \alpha + \beta$

Ⅱ. 包晶转变：$L + \gamma \rightleftharpoons \beta$

Ⅲ. 包晶转变：$L + \delta \rightleftharpoons \gamma$

Ⅳ. 包晶转变：$L + \varepsilon \rightleftharpoons \delta$

Ⅴ. 包晶转变：$L + \zeta_1 \rightleftharpoons \varepsilon$

Ⅵ. 包晶转变：$L + \eta_1 \rightleftharpoons \zeta_1$

Ⅶ. 包晶转变：$L + \theta \rightleftharpoons \eta_1$

Ⅷ. 包晶转变：$L + \lambda \rightleftharpoons \theta$

Ⅸ. 共析转变：$K \rightleftharpoons \lambda + \beta(Mn)$

Ⅹ. 共析转变：$\theta \rightleftharpoons \eta_1 + \lambda\ (Mn)$

Ⅺ. 共析转变：$\lambda(Mn) \rightleftharpoons \eta_1 + \beta(Mn)$

Ⅻ. 共析转变：$\eta_1 \rightleftharpoons \eta_2 + \beta(Mn)$

ⅩⅢ. 共析转变：$\eta_1 \rightleftharpoons \zeta_1 + \eta_2$

五、相图与性能的关系

合金的性能在很大程度上取决于组元的特性及其所形成的组织和相对量，而相图反映了平衡状态下合金成分与其组织的关系，故可通过相图所反映出的这些特性和参量来判断合金的使用性能与工艺性能，对于实际生产有一定的指导作用。

（一）相图与合金使用性能的关系

图 8-31 列出了几种基本类型二元合金相图与合金力学性能和物理性能之间的关系。由图可见，形成固溶体的合金其强度、硬度随成分按抛物线状变化，这是由于固溶体中溶质原子对位错的钉扎作用，阻碍位错运动，从而产生所谓的固溶强化所致。对于形成两相机械混合物的共晶系合金，其性能则是两组成相的加权平均值，即性能与成分呈线性关系。由于在形成机械混合物的合金中，各相的分散度对组织敏感性能有较大的影响，而共晶成分和接近共晶成分的合金，其组成相通常比较细小分散，故其强度、硬度均有所提高，如图中虚线所示。当形成稳定化合物（中间相）时，其性能具有硬而脆的特点，并在性能曲线上出现奇点。

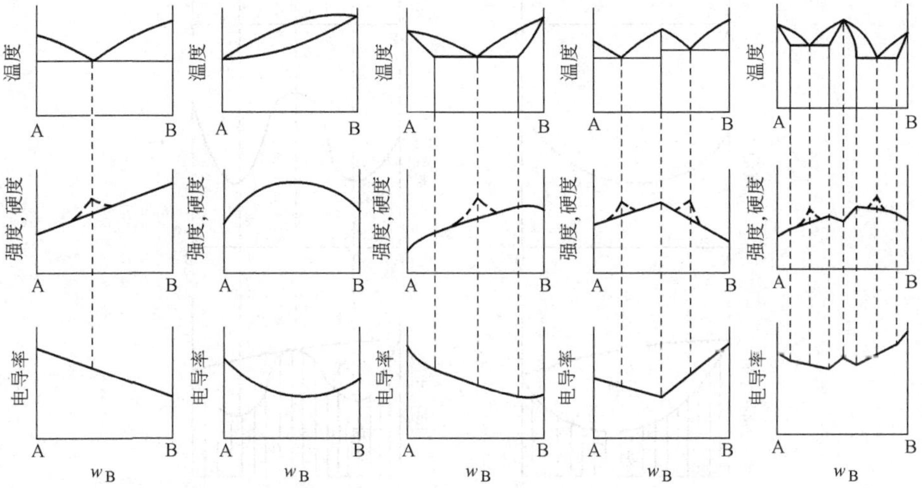

图 8-31　相图与合金硬度、强度及电导率之间的关系

（二）相图与合金工艺性能的关系

图 8-32 表示了相图与合金铸造性能的关系。由图可见，合金的流动性与凝固温度范围有很大的关系。凝固温度范围小，流动性好；随凝固温度范围增大，流动性降低。由于共晶合金或纯金属的熔点较低，且是恒温转变，所以流动性好，凝固后易形成集中缩孔，致密度高，故铸造合金宜选择共晶成分或接近共晶成分。

固溶体的强度较低、塑性好、变形均匀，故单相固溶体合金的压力加工性较好。而两相混合物因其强度不同、变形不均匀，且变形大时两相界面也易开裂，如果存在脆性的中间相时对压力加工更为不利，故压力加工合金通常是选取单相固溶体或接近单相固溶体的合金。

相图更是判断合金热处理可能性和制订热处理工艺不可或缺的工具。例如，相图中没有固态相变的合金不能进行热处理，但能进行消除枝晶偏析的扩散退火。具有同素异构转变的合金能够通过再结晶退火和正火处理来细化晶粒。具有溶解度变化的合金可以采用时效处理进行强化。而像 Fe-C 合金中的各种钢等具有共析转变的合金，则可以通过淬火处理而获得性能不同的各种组织。

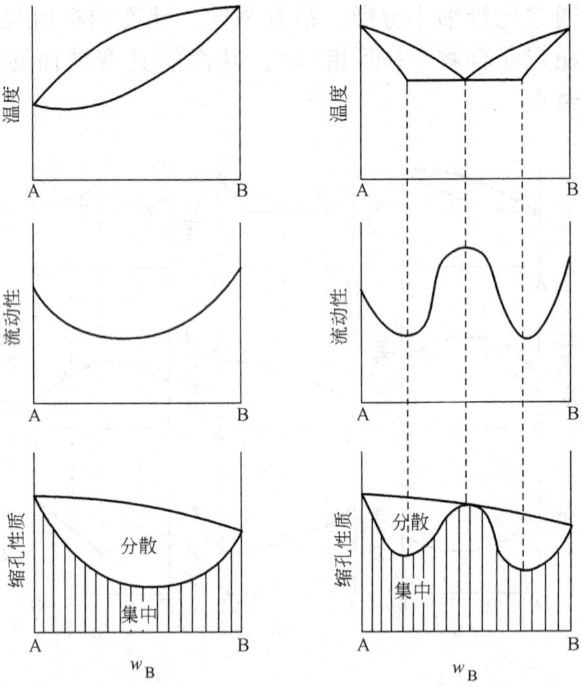

图 8-32　相图与合金铸造工艺性能之间的关系

第三节　铁碳相图

铁碳合金是工业生产中使用最为广泛的金属材料。铁碳相图则是研究铁碳合金组织、性能及其热加工工艺的基本工具。

在铁碳合金中，通常碳可以下面几种形式存在：碳原子溶于铁中形成固溶体；与铁原子形成复杂结构的化合物(如 Fe_3C)；以游离态石墨(稳定相)形式存在。在通常情况下，铁碳合金是以 Fe-Fe_3C 系进行转变的，由于 Fe_3C 是亚稳相，在一定条件下可以分解成铁和石墨，即 $Fe_3C \longrightarrow 3Fe + G$(石墨)。因此铁碳相图就有两种形式：Fe-$Fe_3C$ 相图和 Fe-G 相图。而且为了使用方便，常常将两者组合在一起，形成所谓的铁碳双重相图，如图 8-33 所示。但通常所说的铁碳相图一般是指 Fe-Fe_3C 相图。

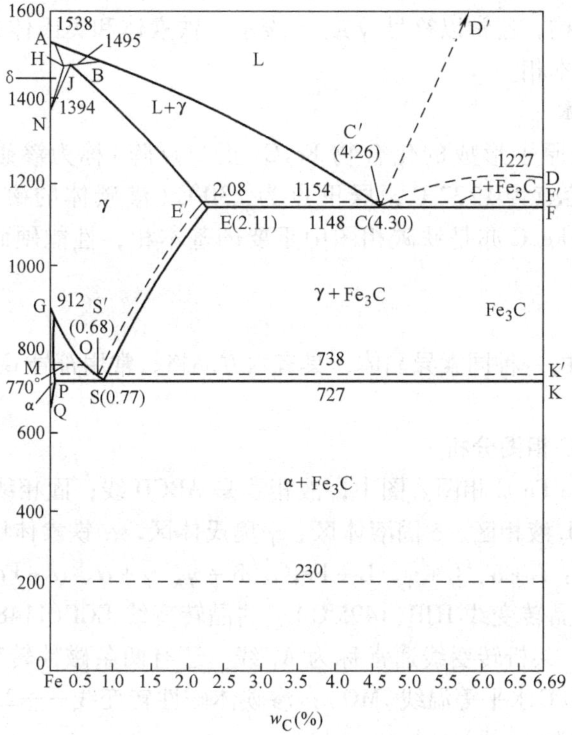

图 8-33　铁碳相图

一、铁碳合金基本相

（一）纯铁

铁的熔点为 1538℃。铁有三种同素异晶结构：温度在 1538 ~ 1394℃之间为体心立方晶格的 δ-Fe；在 1394 ~ 912℃之间为面心立方的 γ-Fe；在 912℃以下则是体心立方的 α-Fe。铁在 1394℃发生的同素异构转变：δ-Fe $\rightleftharpoons$ γ-Fe 称为 A_4 转变，转变的平衡临界点称为 A_4 点。而在 912℃发生的同素异构转变：γ-Fe $\rightleftharpoons$ α-Fe 则称为 A_3 转变，相应的平衡临界点称为 A_3 点。同素异构转变也是一种相变过程，为了与液态凝固过程的结晶相区别，通常将固态相变过程的结晶叫做重结晶。此外，α-Fe 在 770℃还将发生磁性转变，由高温下的顺磁性状态转变为低温下的铁磁性状态，这一转变称为 A_2 转变，铁的磁性转变温度又称为铁的居里点。

（二）铁素体和奥氏体

碳原子溶于 α-Fe 中形成的固溶体称为铁素体，其晶体结构是体心立方结构，通常用 α 或 F 表示。而奥氏体则是碳原子溶于 γ-Fe 中形成的固溶体，其晶体结构是面心立方结构，通常以符号 γ 或 A 表示。铁素体和奥氏体是铁碳相图中非常重要的两个基本相。

（三）渗碳体

碳原子与铁原子形成的化合物 Fe_3C（正交点阵）称为渗碳体，其碳含量 $w_C = 6.69\%$，熔点为 1227℃，居里点为 230℃（渗碳体的磁性转变称作 A_0 转变）。渗碳体 Fe_3C 亦是铁碳相图中重要的基本相，性能硬而脆，也可用符号 Cm 表示。

（四）石墨

石墨是纯碳的一种同素异晶体，具有六方晶格，常用符号 G 或 C 表示。

二、Fe-Fe_3C 相图分析

图 8-33 为 Fe-Fe_3C 相图。图中，液相线是 ABCD 线；固相线是 AHJECF 线。有五个单相区：L 液相区、δ 固溶体区、γ 奥氏体区、α 铁素体区、Fe_3C 渗碳体区；七个两相区：L + δ、L + γ、L + Fe_3C、δ + γ、γ + α、α + Fe_3C 和 γ + Fe_3C；三条水平线：包晶转变线 HJB（1495℃）、共晶转变线 ECF（1148℃）、共析转变线 PSK（727℃），共析转变线通常称为 A_1 线。还有两条磁性转变线：铁素体磁性转变线——770℃水平等温线（MO）；渗碳体磁性转变线——230℃水平等温线（图中虚线、常称为 A_0 线）。

另外，有三条重要的固态转变线：GS 线是奥氏体开始析出铁素体（降温时）或铁素体全部溶入奥氏体（升温时）的转变线，通常将此线称为 A_3 线，相应的温度称为 A_3 温度；ES 线为碳在奥氏体中的溶解度线，通常称为 A_{cm} 线（A_{cm} 温度），低于此温度时奥氏体中将析出渗碳体，叫做二次渗碳体 Fe_3C_{II}，以区别于由液体中析出的一次渗碳体 Fe_3C_I；PQ 线为碳在铁素体中的溶解度线，727℃时，碳在铁素体中的最大溶解度仅为 $w_C = 0.0218\%$、600℃时降低到 $w_C = 0.0057\%$。故铁素体从 727℃冷却下来时亦会析出极少量的渗碳体，称为三次渗碳体 Fe_3C_{III}。

Fe-Fe_3C 相图中各特性点的温度、成分及其含义列于表 8-2 中。

表 8-2 $Fe\text{-}Fe_3C$ 相图中各特性点及其含义

符号	温度/℃	w_C(%)	含义	符号	温度/℃	w_C(%)	含义
A	1538	0	纯铁的熔点	J	1495	0.17	包晶点
B	1495	0.53	包晶转变时的液相成分	K	727	6.69	共析渗碳体成分点
C	1148	4.30	共晶点	M	770	0	纯铁磁性转变点(A_2)
D	1227	6.69	渗碳体的熔点	N	1394	0	$\gamma-Fe \rightleftharpoons \delta-Fe$ 同素异构转变点(A_4)
E	1148	2.11	碳在 γ 中的最大溶解度	O	770		
F	1148	6.69	共晶渗碳体成分点	P	727	0.0218	碳在 α-Fe 中的最大溶解度
G	912	0	$\alpha-Fe \rightleftharpoons \gamma-Fe$ 同素异构转变点(A_3)	S	727	0.77	共析点(A_1)
H	1495	0.09	碳在 δ-Fe 中的最大溶解度	Q	600	0.0057	600℃时碳在 α－Fe 中的溶解度

三、铁碳合金及其平衡转变与组织

(一) 铁碳合金

铁碳合金通常按碳含量及其室温平衡组织分为三大类：工业纯铁、碳钢和铸铁。工业纯铁的碳含量 $w_C<0.0218\%$。碳钢和铸铁按其有无共晶转变来分的，即碳含量 $w_C<2.11\%$，无共晶转变(室温组织无莱氏体)的铁碳合金称为碳钢；碳含量 $w_C=2.11\%\sim6.69\%$，有共晶转变(室温组织有莱氏体)的铁碳合金称为铸铁。若铸铁按 $Fe\text{-}Fe_3C$ 相图转变，由于碳是以 Fe_3C 的形式存在，其断口呈亮白色，故称为白口铸铁。如果铸铁是按 Fe-G 相图转变，则碳是以石墨的形式存在，其断口呈暗灰色，所以也就称为灰铸铁。

根据碳含量以及不同的组织特征，可将铁碳合金划分成七种类型：

(1) 工业纯铁 $w_C<0.0218\%$

(2) 共析钢 $w_C=0.77\%$

(3) 亚共析钢 $w_C=0.0218\%\sim0.77\%$

(4) 过共析钢 $w_C=0.77\%\sim2.11\%$

(5) 共晶白口铸铁 $w_C=4.30\%$

(6) 亚共晶白口铸铁 $w_C=2.11\%\sim4.30\%$

(7) 过共晶白口铸铁 $w_C=4.30\%\sim6.69\%$

（二）典型铁碳合金的平衡转变过程及其组织

所选典型成分合金在相图中的位置如图 8-34 所示。

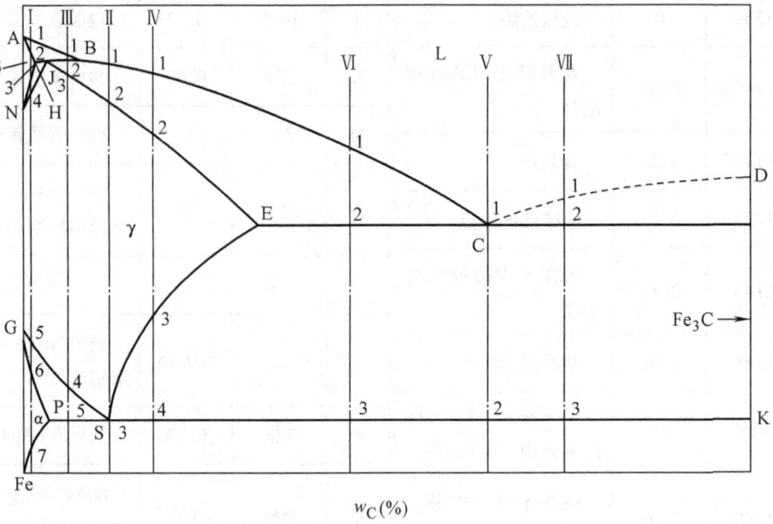

图 8-34　典型铁碳合金平衡转变过程分析示意图

1. 合金Ⅰ　碳含量 $w_C=0.01\%$ 的工业纯铁。此合金平衡转变过程如图 8-35a 所示。

（1）液态合金在点 1～2 温度区域内按匀晶转变 L ⟶ δ 凝固，析出 δ 固溶体。

（2）在点 2～3 之间为单相 δ 固溶体。

（3）达到点 3～4 温度区间时发生同素异晶转变 δ ⟶ γ。γ 相不断地在 δ 相的晶界上优先形核、长大，这一转变持续到点 4 温度时结束。

（4）在点 4～5 之间，合金全部是单相奥氏体 γ。

（5）当温度下降到点 5～6 之间时，又发生同素异晶转变 γ ⟶ α，α 相也是在 γ 相的晶界上优先形核与长大。

（6）达到点 6 温度时，γ 相全部转变为 α 相。

（7）在点 6～7 温度范围，合金全部是单相铁素体 α。

（8）冷却到点 7 后，因碳在铁素体中的溶解度变化，将从铁素体中析出三次渗碳体 Fe_3C_{III}。

工业纯铁的室温组织如图 8-35b 所示。

2. 合金Ⅱ　碳含量 $w_C=0.77\%$ 的共析钢。此合金平衡转变过程如图 8-36a 所示。

（1）合金液冷却到点 1～2 温度区间内按匀晶转变 L ⟶ γ 凝固，析出奥氏

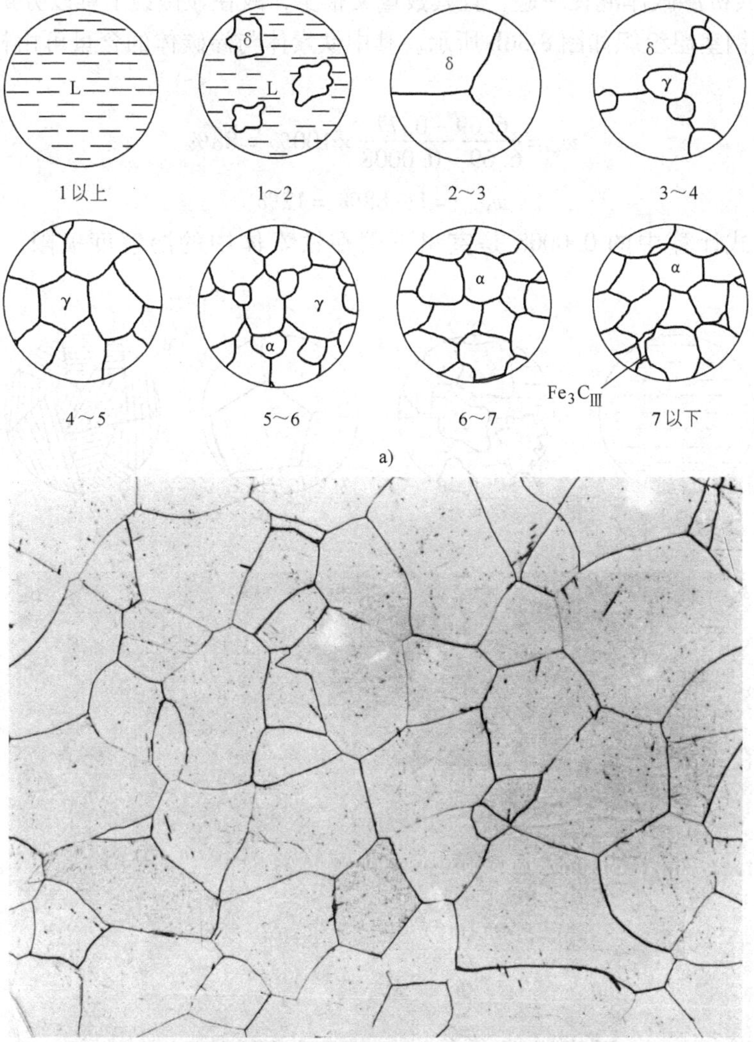

图 8-35　工业纯铁凝固过程示意图及其室温组织

体 γ。

（2）到达点 2 温度时凝固结束，并在点 2～3 温度区间内保持单相奥氏体 γ。

（3）当温度降至点 3（727℃）时，即发生共析转变：$\gamma_S \longrightarrow \alpha_P + Fe_3C_K$，转变产物为铁素体 α 与渗碳体 Fe_3C 的层片状机械混合物，称为珠光体，常用符号 P 表示。

（4）共析转变结束后温度继续下降时，将从铁素体中析出 $Fe_3C_{Ⅲ}$。但由于

$Fe_3C_{Ⅲ}$与共析渗碳体混在一起，且其数量又很少，故在显微镜下难以分辨。

共析钢室温组织如图 8-36b 所示。其中铁素体与渗碳体的含量可由杠杆定律求得：

$$w_{\alpha}=\frac{6.69-0.77}{6.69-0.0008}\times100\%=88\%$$

$$w_{Fe3C}=1-88\%=12\%$$

注意，上式计算中的 0.0008 是室温下碳在铁素体中的溶解度极限，即 $w_C=0.0008\%$。

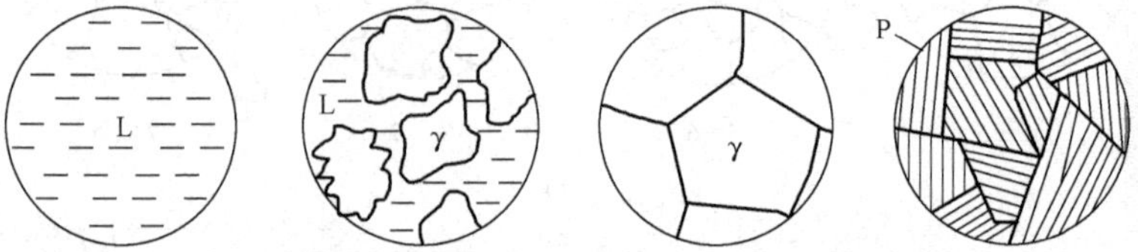

1以上 1~2 2~3 3以下

a)

b)

图 8-36 共析钢凝固过程示意图及其室温组织

3. 合金Ⅲ 碳含量 $w_C=0.45\%$ 的亚共析钢。该合金平衡转变过程如图 8-37 所示。

（1）液相合金在点 1～2 温度范围内按匀晶转变 L ⟶δ 凝固，析出 δ 固溶体。

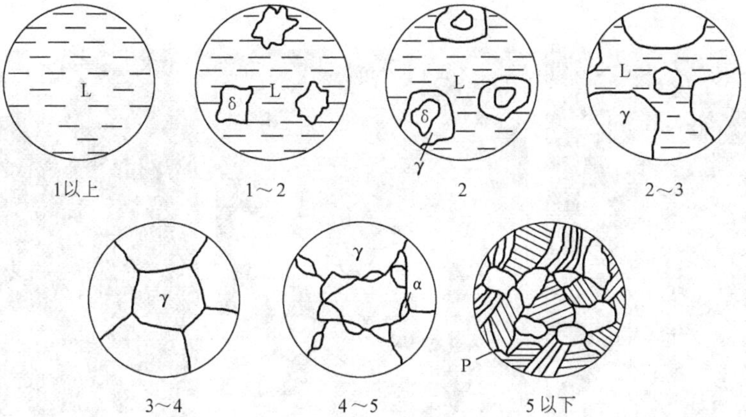

图 8-37 亚共析钢凝固过程示意图

(2) 当冷却到点 2(1495℃)时，发生包晶转变：$L_B + \delta_H \longrightarrow \gamma_J$，产生奥氏体 γ。因合金的碳含量($w_C = 0.45\%$)大于包晶点成分($w_C = 0.07\%$)，故包晶转变结束后还有剩余的液相。

(3) 在点 2 ~ 3 温度区间继续冷却时，包晶反应剩余的液相将按匀晶转变 $L \longrightarrow \gamma$ 凝固析出奥氏体 γ，在此过程中液相成分沿 BC 线变化，而奥氏体则沿 JE 线变化。

(4) 当温度降至点 3 时凝固结束，合金全部转变为原始合金成分($w_C = 0.45\%$)的单相奥氏体 γ，并在点 3 ~ 4 温度区间保持不变。

(5) 温度继续下降到点 4 后，开始析出铁素体(称为先共析铁素体)，随着温度的不断下降，先共析铁素体的量不断增加，其间铁素体成分沿 GP 线变化，奥氏体成分沿 GS 线变化。

(6) 当温度达到点 5(727℃)时，剩余奥氏体的成分达到共析点 S 的成分($w_C = 0.77\%$)，于是发生共析转变：$\gamma_S \longrightarrow \alpha_P + Fe_3C_K$，形成珠光体 P。

(7) 在点 5 温度以下，先共析铁素体和珠光体中的共析铁素体都将析出三次渗碳体 $Fe_3C_{Ⅲ}$，但数量很少，一般可以忽略不计。

亚共析钢的室温组织为先共析铁素体和珠光体，如图 8-38。碳含量越高，则室温组织中的珠光体含量就越多，而先共析铁素体的含量就越少。且室温组织的组织组成物和相组成物的相对量均可用杠杆定律计算。如：$w_C = 0.45\%$ 的合金Ⅲ，其组织组成物含量为：

$$w_\alpha = \frac{0.77 - 0.45}{0.77 - 0.0218} \times 100\% = 42.8\%$$

$$w_P = 1 - 42.8\% = 57.2\%$$

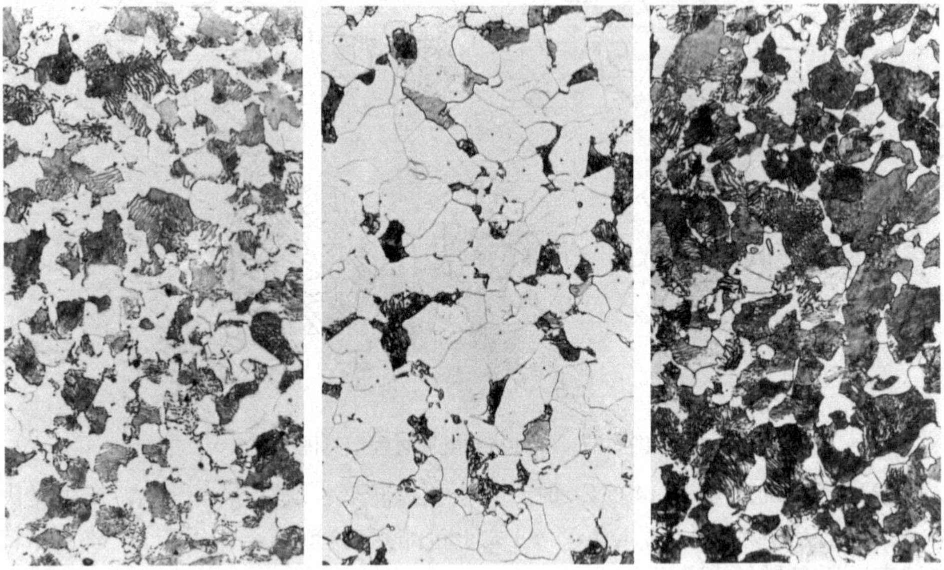

a)　　b)　　c)

图 8-38　亚共析钢的室温组织

a）$w_C=0.45\%$　b）$w_C=0.20\%$　c）$w_C=0.60\%$

而相组成物含量为：

$$w_\alpha=\frac{6.69-0.45}{6.69}\times100\%=93.3\%$$

$$w_{Fe3C}=1-93.3\%=6.7\%$$

由于亚共析钢中碳基本上都集中在珠光体上，所以根据其平衡组织中珠光体的含量可大致估算出钢的碳含量：

$$w_C\approx w_P\times0.77\%$$

4. 合金Ⅳ　碳含量 $w_C=1.2\%$ 的过共析钢。此合金的平衡转变过程如图 8-39 所示。

（1）液相合金在点 1 ~ 2 温度之间按匀晶转变 $L\longrightarrow\gamma$ 凝固析出奥氏体。

（2）当温度下降到点 2 时，凝固结束，合金为单相奥氏体，并在 2 ~ 3 之间保持不变。

（3）温度达到点 3 后，开始从奥氏体中析出 Fe_3C_{II}，亦称作先共析渗碳体。在点 3 ~ 4 温度区间随温度下降，Fe_3C_{II} 不断增加，直到点 4 为止。此期间奥氏体的碳含量沿 ES 线变化。Fe_3C_{II} 一般沿晶界析出，量多时可形成网，降低钢的韧性。

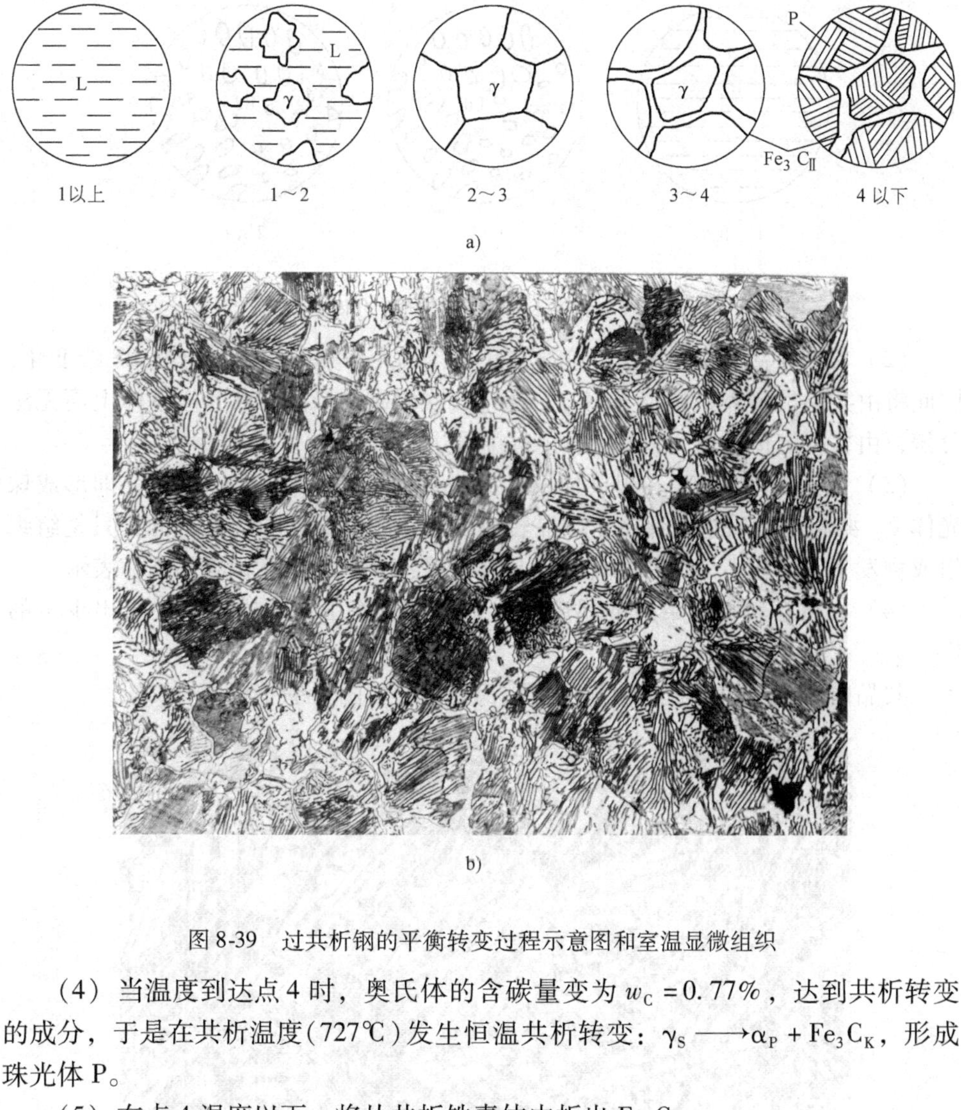

图 8-39　过共析钢的平衡转变过程示意图和室温显微组织

（4）当温度到达点 4 时，奥氏体的含碳量变为 $w_C=0.77\%$，达到共析转变的成分，于是在共析温度(727℃)发生恒温共析转变：$\gamma_S \longrightarrow \alpha_P + Fe_3C_K$，形成珠光体 P。

（5）在点 4 温度以下，将从共析铁素体中析出 $Fe_3C_{Ⅲ}$。

过共析钢的室温组织为先共析渗碳体 $Fe_3C_{Ⅱ}$ 和珠光体 P，如图 8-39b 所示。

5. 合金Ⅴ　碳含量 $w_C=4.3\%$ 的共晶白口铸铁，该合金平衡转变过程如图 8-40 所示。

（1）合金液冷却到点 1 共晶温度时，在恒温下发生共晶转变：$L_C \longrightarrow \gamma_E + Fe_3C$，产物($\gamma + Fe_3C$)称为莱氏体(高温莱氏体)，用符号 Ld 表示，其中奥氏体称为共晶奥氏体，渗碳体称为共晶渗碳体。

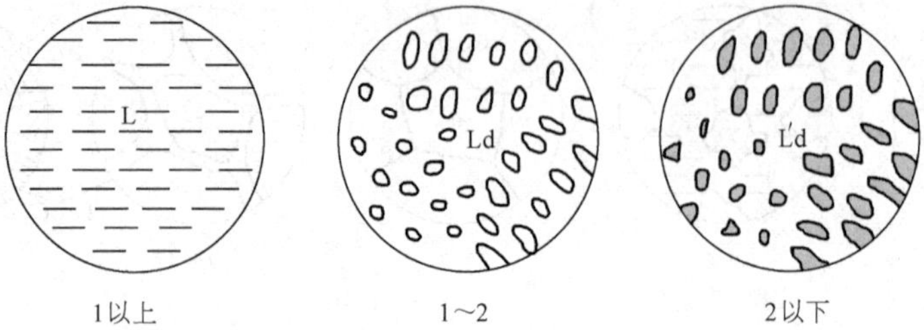

图 8-40　共晶白口铁的平衡转变过程示意图

（2）在点 1 ~ 2 温度范围，随着温度的降低共晶奥氏体的成分沿 ES 线变化，因此将由共晶奥氏体中析出 Fe_3C_{II}。通常二次渗碳体依附在共晶渗碳体上而无法分辨，由杠杆定律计算，Fe_3C_{II} 的相对量可达 11.8%。

（3）温度下降到点 2，奥氏体发生共析转变：$\gamma_S \longrightarrow \alpha_P + Fe_3C_K$，即形成珠光体 P。共析结束后组织保持了共晶转变所产生的莱氏体的形态特征，只是组织组成物发生了变化，所以称为低温莱氏体或变态莱氏体，常以符号 L′d 表示。

（4）在共析转变结束后的温度下降过程中，将由共析铁素体中析出少量的 Fe_3C_{III}。

共晶白口铸铁的室温组织为低温莱氏体 L′d 如图 8-41 所示。

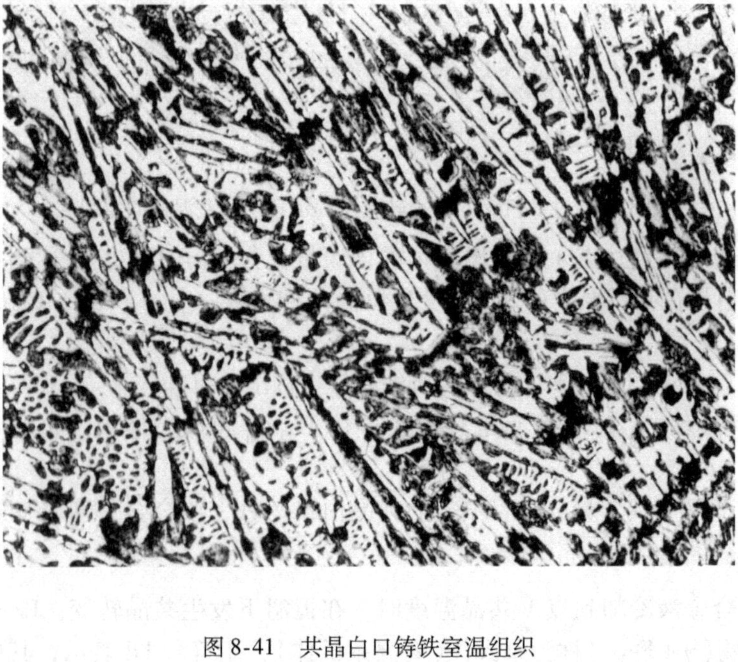

图 8-41　共晶白口铸铁室温组织

6. 合金Ⅵ　碳含量 $w_C = 3.0\%$ 的亚共晶白口铸铁。该合金的平衡转变过程如图 8-42 所示。

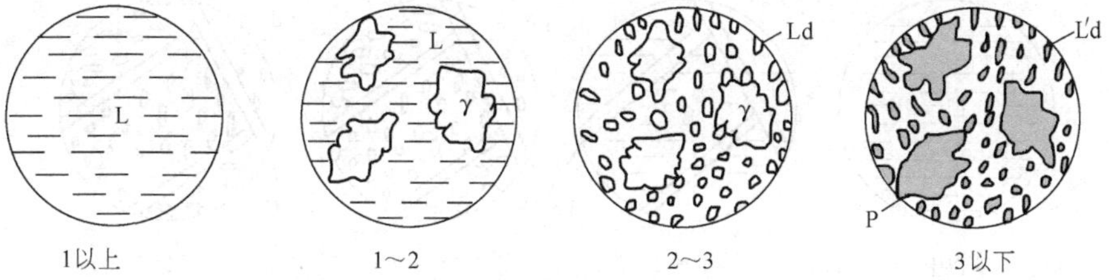

图 8-42　亚共晶白口铸铁平衡转变过程示意图

（1）合金液冷却到点 1～2 之间时按匀晶转变凝固析出奥氏体（称为先共晶奥氏体）γ，期间液相成分沿 BC 线变化，而先共晶奥氏体成分沿 JE 线变化。

（2）当温度达到点 2 共晶温度时，液相成分达到共晶点 C 成分，于是发生共晶转变，形成高温莱氏体 Ld。

（3）温度在点 2～3 范围内，随温度下降，先共晶奥氏体和共晶奥氏体中都将析出 Fe_3C_{II}，同时奥氏体成分沿 ES 线变化。

（4）温度达到点 3 时，发生共析转变：$\gamma_S \longrightarrow \alpha_P + Fe_3C$，所有的奥氏体都转变成珠光体 P。

亚共晶白口铸铁的室温组织为 $P + Fe_3C_{II} + L'd$，如图 8-43 所示。

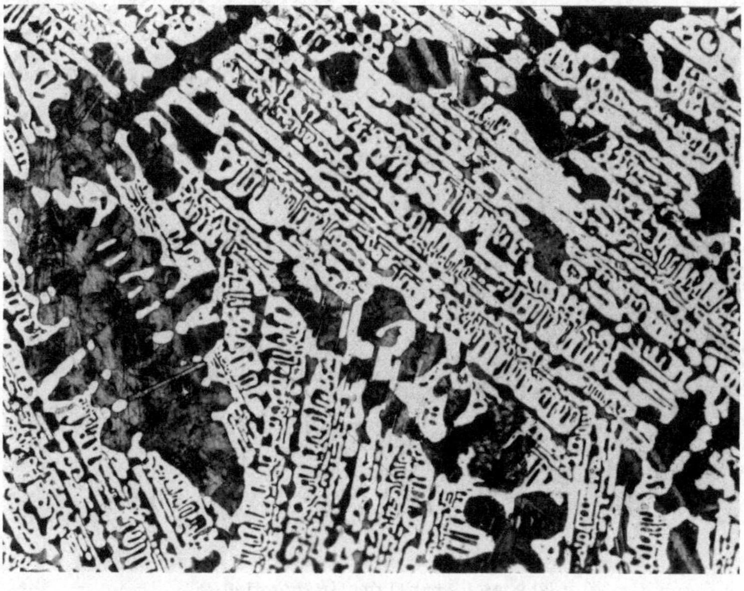

图 8-43　亚共晶白口铸铁室温组织

7. 合金Ⅶ　碳含量 $w_C = 5.0\%$ 的过共晶白口铸铁。此合金的平衡转变过程如图 8-44 所示。

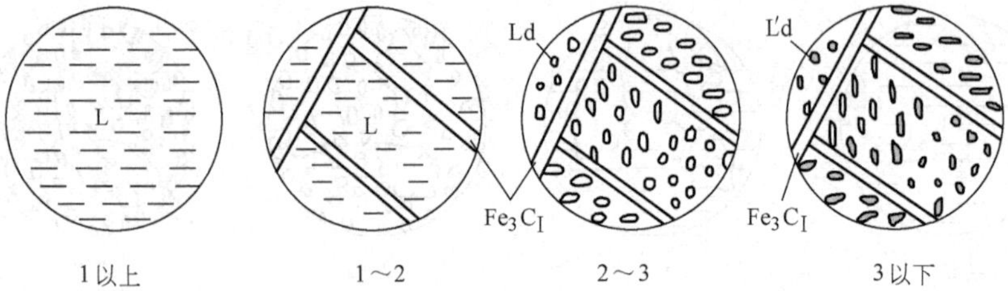

图 8-44　过共晶白口铸铁平衡转变过程示意图

（1）液态合金冷却到点 1 温度后便开始凝固析出渗碳体 Fe_3C，称为先共晶渗碳体或一次渗碳体，同时液相成分沿 CD 线变化。

（2）温度达到点 2 时发生共晶转变形成高温莱氏体 Ld。

（3）温度在点 2 ~ 3 区间时，共晶奥氏体将析出 $Fe_3C_Ⅱ$，奥氏体成分则沿 ES 线变化。

（4）温度达到点 3 时发生共析转变，奥氏体转变为珠光体 P。

过共晶白口铸铁的室温组织是先共晶渗碳体和低温莱氏体 $Fe_3C_Ⅰ + L'd$，如图 8-45 所示。

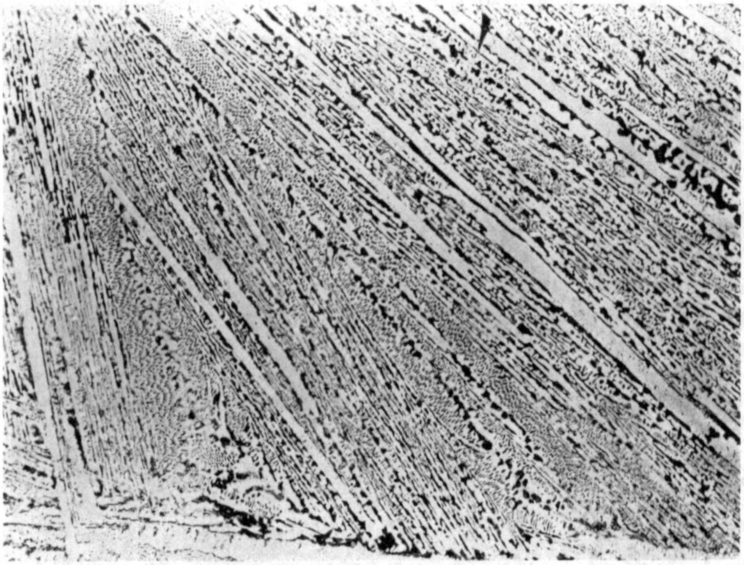

图 8-45　过共晶白口铸铁室温组织

四、铁碳合金组织与性能的关系

（一）铁碳组织图和铁碳合金成分与组织的关系

前面所讲的 Fe-Fe_3C 相图，在相图的各个区域中所标明的是各种平衡相。例如在 PSK 线以下的区域为 α 与 Fe_3C 两相区，这表明任何成分的铁碳合金在共析转变温度以下都是 α 与 Fe_3C 两相组织。若将前面对各种成分铁碳合金平衡转变过程及组织分析结果标注在 Fe-Fe_3C 相图中的相应区域中，便得到如图 8-46 所示的按组织分区的 Fe-Fe_3C 组织图。由图可清楚看出，常温下，亚共析钢的组织为(α + P)；过共析钢组织为($Fe_3C_{Ⅱ}$ + P)；亚共晶白口铸铁的组织是(P + L′d + $Fe_3C_{Ⅱ}$)等。此外，由杠杆定理可以计算铁碳合金成分与相组成物的相对量及与组织组成物的相对量之间的定量关系，如图 8-47 所示。

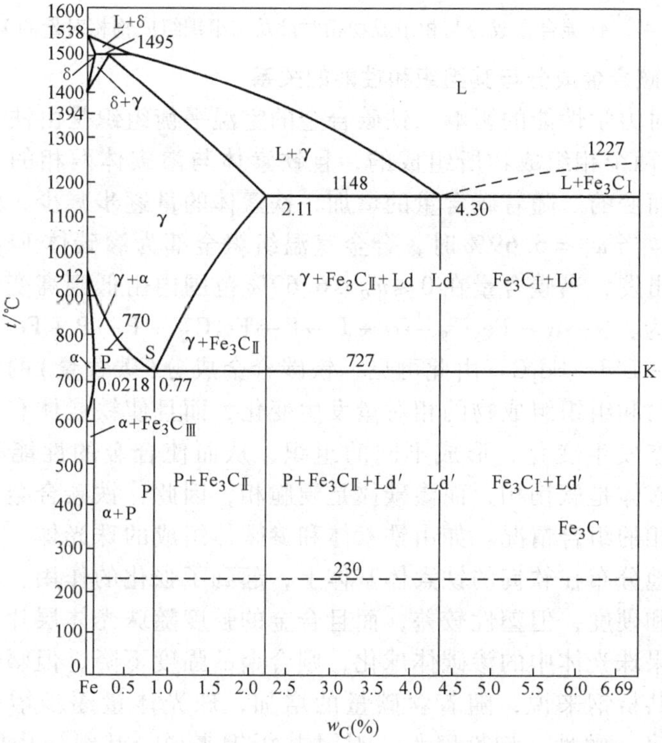

图 8-46 Fe-Fe_3C 组织图(按组织分区的 Fe-Fe_3C 相图)

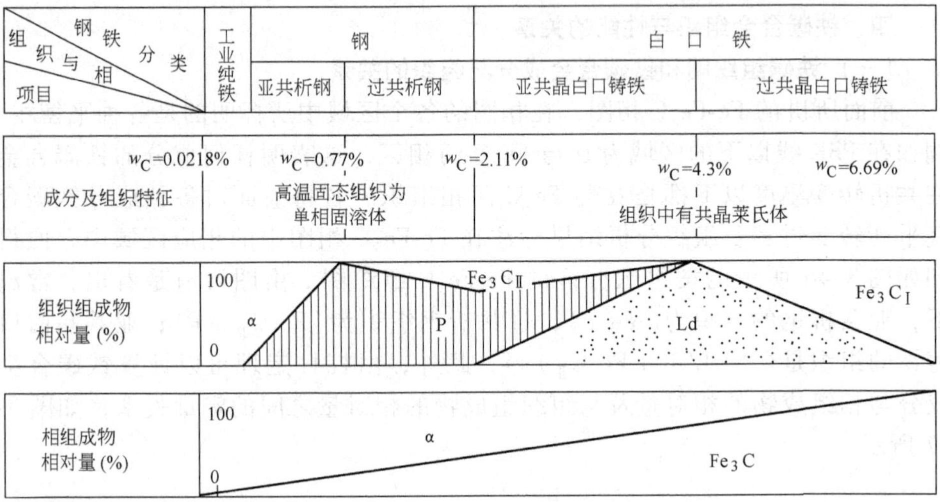

图 8-47　铁碳合金成分与相组成物相对量及与组织组成物相对量的关系

（二）铁碳合金成分与其组织和性能的关系

1. 成分对力学性能的影响　铁碳合金的室温平衡组织是由铁素体 α 和渗碳体 Fe_3C 这两个相组成物所组成的，且铁素体与渗碳体两相的相对量是随合金的成分而变的。随着碳含量的增加，铁素体的量逐步减少，渗碳体的量则逐步增多。当 $w_C=6.69\%$ 时，合金室温组织全部为渗碳体 Fe_3C。从组织组成物角度出发，当碳含量在 $0\leqslant w_C\leqslant 6.69\%$ 范围内由低到高变化时，其组织变化顺序为：$\alpha\rightarrow\alpha+Fe_3C_{Ⅲ}\rightarrow\alpha+P\rightarrow P\rightarrow Fe_3C_{Ⅱ}+P\rightarrow P+Fe_3C_{Ⅱ}+L'd\rightarrow L'd\rightarrow Fe_3C_{Ⅰ}+L'd\rightarrow Fe_3C$。由此可见，铁碳合金成分（碳含量）的变化，不仅使其相组成物和组织组成物的相对量发生变化，而且使铁素体和渗碳体的形态与分布状态发生变化，形成不同的组织，从而使合金的性能有很大的差别。由于铁素体是软韧相，而渗碳体是硬脆相，因此，铁碳合金的性能主要取决于这两相的组合情况。如由铁素体和渗碳体组成的珠光体，因渗碳体以细片状分散地分布在软韧的铁素体基体上，起到了强化的作用，故珠光体有较高的强度和硬度，但塑性较差，而且合金的强度随珠光体层片间距的减小而提高。如果珠光体中的渗碳体球化，则合金的强度下降，但塑性与韧性提高。故对亚共析钢来说，随着含碳量的增加，珠光体量逐步增多，因而强度、硬度升高，塑性、韧性降低。对过共析钢来说，其组织中除了珠光体外，还出现了 $Fe_3C_{Ⅱ}$，故其性能还受到 $Fe_3C_{Ⅱ}$ 的影响。当 $w_C<1\%$ 时，由于沿晶界析出的 $Fe_3C_{Ⅱ}$ 量较少，还不足以形成连续的网状分布，故对性能的影响不大。当 $w_C>1\%$ 时，因 $Fe_3C_{Ⅱ}$ 析出量增加且在晶界上形成连续的网状分布，从而导致钢的强度降低，脆性很高而塑性很低。

2. 成分对工艺性能的影响

（1）切削加工性能。铁碳合金碳含量的变化改变了合金的组织结构，从而对切削加工性能产生影响。低碳钢的铁素体量较多，故塑性、韧性较好；但是，因此而造成切削加工时产生的切削热量大，容易粘刀，而且不易断屑，影响表面粗糙度，故低碳钢的切削性能并不佳。高碳钢中渗碳体量较多，硬度高，切削刀具易于磨损，切削性能亦不好。中碳钢中铁素体与渗碳体量的比例适中，硬度、塑性都比较适中，因此其切削性能就比较好。一般钢的硬度在 170 ~ 230HBS 左右时的切削加工性能较好。

（2）铸造性能。材料的铸造性能主要指流动性、充型能力、收缩性、偏析等。

流动性是指液态合金本身的流动能力，与合金的成分、温度、杂质含量及其物理性质有关。充型能力是指液态合金充满铸型型腔并获得形状完整、轮廓清晰的铸件的能力。一般来说，在相同的条件下，流动性越好，则充型能力亦越好。影响流动性的主要因素有化学成分和浇注温度。化学成分主要是通过影响合金的凝固温度区间反映出来的，合金的凝固温度区间越大，其流动性就越差。浇注温度越高，流动性越好。对钢来说，随碳含量的增加，凝固温度范围增大，这对流动性是不利的；但碳含量增加时钢的液相线温度降低，这对流动性又是有利的。因铸铁的液相线温度较钢的低很多，而且凝固温度区间亦较小，故铸铁的流动性比钢好。共晶铸铁的液相线温度最低，且是在恒温下凝固，故其流动性最好。

收缩性是指合金从浇注温度冷凝到室温的过程中体积和尺寸收缩减小的现象。收缩性是材料本身的物理性质之一，是铸件产生缩孔、缩松、应力应变和裂纹等缺陷的根本原因。铸造合金从浇注冷凝至室温要经过三个收缩阶段：液态收缩、凝固收缩和固态收缩。液态收缩是从浇注温度冷却到凝固开始温度（液相线温度）这一阶段的收缩；凝固收缩是从凝固开始到凝固结束（固相线温度）这一阶段内的收缩；固态收缩是从凝固结束冷却到室温这一阶段内的收缩。通常铸件的缩孔（松）缺陷是由液态收缩和凝固收缩引起的，应力应变和裂纹缺陷则由固态收缩所造成。影响铁碳合金收缩性的主要因素也是化学成分和浇注温度。当浇注温度一定时，随着碳量增加，钢的凝固温度区间增大，则液态收缩和凝固收缩增大。如果合金的成分一定，则浇注温度越高，合金的液态收缩就越大。

（3）可锻性。金属的可锻性是指金属材料经受压力加工改变形状而不产生裂纹的性能。钢的碳含量越低，其塑性越好，故可锻性越好。随着碳含量的增加，钢的塑性降低，可锻性变差。白口铸铁中有大量硬而脆的渗碳体，可锻性极差，不能进行压力加工。

五、铁碳相图的应用简介

铁碳相图在材料成形与控制工程中的应用非常广泛。在材料选用、铸造、锻造、焊接以及热处理等工艺设计中都有非常重要的意义和作用。

（一）在材料选用方面的应用

铁碳相图反映了铁碳合金成分与其组织和性能的关系，这就为我们根据工件的工况条件和性能要求来选择合适的材料提供了依据。

如需要塑性、韧性较高的材料，应选择低碳钢（$w_C=0.1\%\sim0.25\%$）；要求强度、韧性及塑性都较好的材料，则应选用中碳钢（$w_C=0.25\%\sim0.60\%$）；要求硬度高、耐磨性好的材料，就应选择高碳钢（$w_C=0.60\%\sim1.30\%$）。一般来说，低碳钢和中碳钢主要适用于制造机械零件或建筑结构，高碳钢主要适用于制造各种工具。当然，为了提高钢的性能，还需要配以相应的合理工艺。

白口铁具有很高的硬度和脆性，无法切削加工，也不能锻造。但白口铸铁耐磨性能很好，可用于生产要求耐磨但不受冲击载荷的工件。

（二）制订热加工工艺方面的应用

铁碳相图反映了不同成分的合金组织与温度的关系，为制订热加工工艺提供了依据。

制订铸造工艺，根据相图可知所用合金的熔点，由此可制订合适的浇注温度。

钢处于奥氏体状态时，强度低而塑性好，故制订锻造工艺时都将锻造温度选择在单相奥氏体区的某一适当温度范围。一般始锻温度控制在固相线以下100～200℃范围内，始锻温度不能选得过高，以免钢材严重氧化和发生奥氏体晶界熔化；终锻温度也不能过低，以免由于温度低而塑性差，导致裂纹产生。一般亚共析钢终锻温度控制在稍高于GS线温度，过共析钢控制在稍高于PSK线温度。

对于各种热处理工艺的制订，更是离不开铁碳相图，在第十一章中将作详细的介绍。

第四节　三元相图

工业上应用的合金多数是由两种以上的组元构成的多元合金，例如，高速钢（Fe-W-Cr-C系）、硬铝（Al-Cu-Mg系）、陶瓷材料、玻璃及ABS塑料等。由于第三以上组元的加入，不仅改变了组元之间的溶解度，而且会因新组成相的出现致使组织转变过程和相图发生变化。因此，必须研究三元甚至多元相图。合金相图一般采用热分析方法测定，考虑到三元以上的相图过于复杂，故有时常将多元相图近似作为三元相图处理。

对于三元合金而言，在常规压力条件下有三个独立参数：温度和两个成分参数，故三元相图是一个立体图形。这首先要建立各种基本图形的空间及其投影概念，特别是一些特殊面，如液相面、固相面、溶解度面以及它们的投影图；其次，分析立体图中某些截面(如等温截面、变温截面或垂直截面)；最后，必须初步学会分析与运用实际三元合金相图。

一、三元相图表示方法

(一) 等边成分三角形

在三元合金中有三个组元，其成分需要用一个平面来表示。图 8-48 为等边成分三角形。在等边三角形中任选一点 o，通过 o 点分别作三条边的平行线 a_1-a_1、b_2-b_2、c_3-c_3。与顶角 A 相对应的平行线 a_1-a_1 在 AC 边上的截距为 a；与顶角 B 相对的平行线 b_2-b_2 在 AB 边上的截距为 b；与顶角 C 相对的平行线 c_3-c_3 在 BC 上的截距为 c。根据等边三角形的性质，可得 $a + b + c = AB = BC = AC = 100\%$。据此表示三个组元之间的含量关系如下：

等边三角形三个顶点和三条边，分别表示 A、B、C 三个纯组元和 A－B、B－A、C－A 二元合金。位于等边三角形内任意一点的合金都是三元合金。如图 8-48 中的 o 点合金中组元 A、B、C 的含量分别为 $w_A = a\%$、$w_B = b\%$ 及 $w_C = c\%$。

位于平行等边三角形某一边直线上的所有合金，含所对角组元的成分相等，如图 8-49 中平行 AC 的直线 ef 上的合金所含 B 组元的数量相同，即均含有 $w_B =$

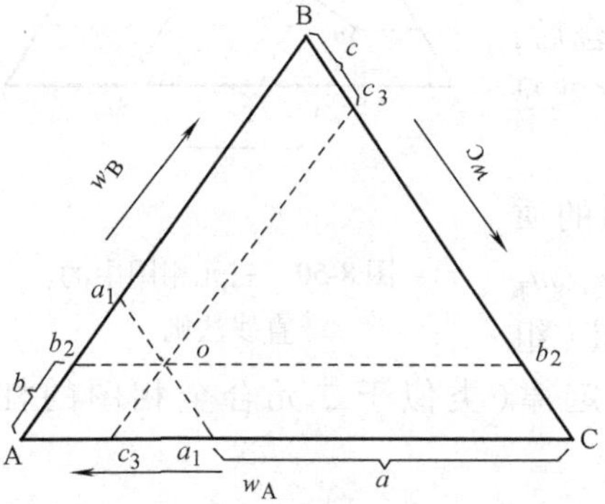

图 8-48　等边成分三角形

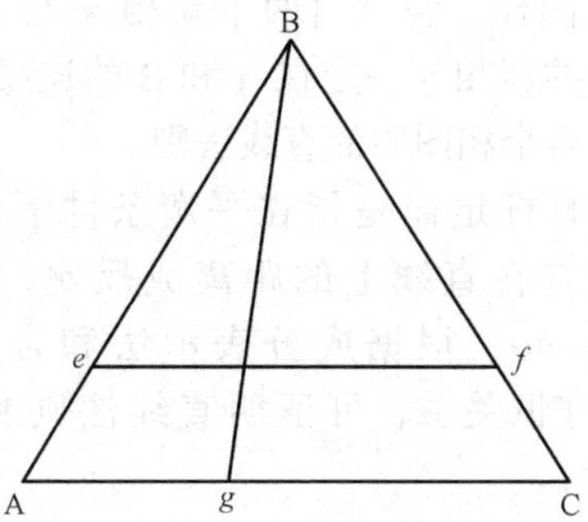

图 8-49　等边成分三角形中的特殊线

$Ae = Cf$ 的 B 组元。

成分点位于通过等边三角形某一顶角的直线上的所有三元合金，其所含另外两个组元成分的比值为一常数，如图 8-49 所示。Bg 线上的所有合金分别含 A、C 两个组元的成分比值保持不变，即 $w_A\%/w_C\% = Cg/Ag =$ 常数。

（二）成分的其他表示方法

为了更好地表达三元相图的成分，还可以采用等腰成分三角形和直角三角形。所谓等腰成分三角形，是指当三元系中某一组元含量较少，而另两个组元含量较多时，合金成分点将靠近等边三角形的某一边。为了使该部分相图清晰地表示出来，可以将成分三角形两腰放大，成为等腰三角形。同样，采用直角坐标表示三元系成分以某一组元为主，其他两个组元含量较少时，合金成分点将靠近三角形直角的顶角，这种成分表示方法即为成分直角三角形法。

二、三元相图平衡相的定量法则

利用直线法则、杠杆定律或重心定律等定量法则，可确定已知成分材料在不同温度下的平衡组成相的成分及相对量。

（一）直线法则和杠杆定律

如图 8-50 所示，假设三元合金 o 分解为 α 与 β 两个新相，这两个新相和原合金 o 点的浓度必定在同一条直线上，且 α 与 β 两相的相对质量，与截距 $o\alpha$ 与 $o\beta$ 呈反比关系。即

$$m_\alpha/m_\beta = o\beta/o\alpha$$

同样，假设由两个新相 α 与 β，混合后，组成的新相 o 一定在 α 和 β 的连线上。这就是三元合金相图中的直线法则。

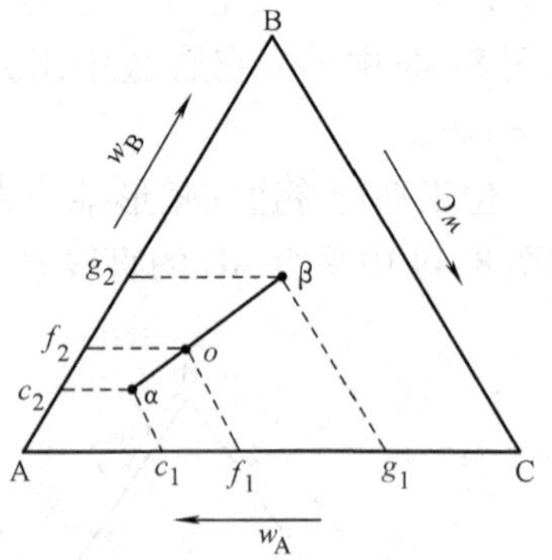

图 8-50　三元相图中的直线法则

杠杆定律是指在平衡条件下，两相的质量比与在直线上的距离成反比，即：$m_\alpha/m_\beta = o\beta/o\alpha$。根据成分表示法和合金质量（组元）守恒关系，可证明直线法则和杠杆定律（类似于二元合金相图的杠杆定律）。

（二）重心定律

如图 8-51 所示，在三元合金相图中，假设 R 相分解为 α、β、γ 三个相，则 R 相的浓度点必定位于 Δαβγ 重心（是三相质量重心而非三角形几何重心）位置

上，且 R 相质量与 α、β、γ 三个相的质量有如下关系：

$$m_R RU = m_\alpha \alpha U$$

$$m_R RV = m_\beta \beta V$$

$$m_R RX = m_\gamma \gamma X$$

这就是重心定律。根据上式可以求得各相的质量分数，即：

$$w_\alpha\% = RU/\alpha U \times 100\%$$

$$w_\beta\% = RV/\beta V \times 100\%$$

$$w_\gamma\% = RX/\gamma X \times 100\%$$

重心定律的证明如下：设 β 与 γ 两相混合后，混合相的成分点一定落在直线 βγ 上。则 $m_\beta \beta U = m_\gamma \gamma U$，其中 U 点是 βγ 的重心。故可以理解为 R 相是由 α 相与 β、γ 两相的混合相 U 所组成。根据直线定律 αRU 必定在一条直线上，且 $m_R RU = m_\alpha \alpha U$，R 为 αU 线段的重心。同理，R 为 βV 线段及 γX 线段的重心。故 R 为三角形 αβγ 的质量重心。

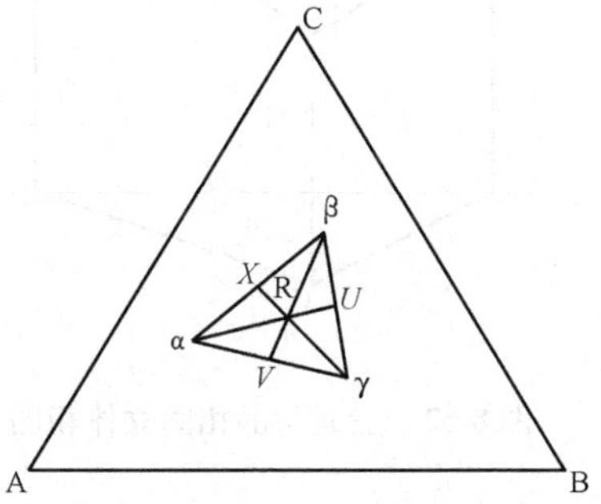

图 8-51 三元相图中的重心定律

三、三元匀晶相图

任意两个组元在液态与固态均可无限互溶的三元相图，称为三元匀晶相图。

（一）立体图及其投影

图 8-52 为三元匀晶相图的立体图。图中三角形 ABC 为等边成分三角形，表示合金的成分；三根垂直线表示温度坐标。图中凸面 $A_1B_1C_1d_L$ 为液相面，凹面 $A_1B_1C_1d_S$ 为固相面。

液相面以上的区域为单相液体(L)，固相面以下的区域为单相固溶体(α)，液相面与固相面之间的区域为液相与固相两相混合区(L + α)。

从立体图上可以看出：三个侧面是由三个二元匀晶相图所组成。液相面和固相面在等边成分三角形上的投影一样的，都是三角形 ABC。

（二）三元固溶体合金的凝固过程

图 8-53 中为 O 合金的凝固过程，当温度降至 T_1 点时开始凝固，由液体中凝固出固溶体 α；继续降温，液体中不断凝固出固溶体 α，直至温度 T_3 时凝固完毕。

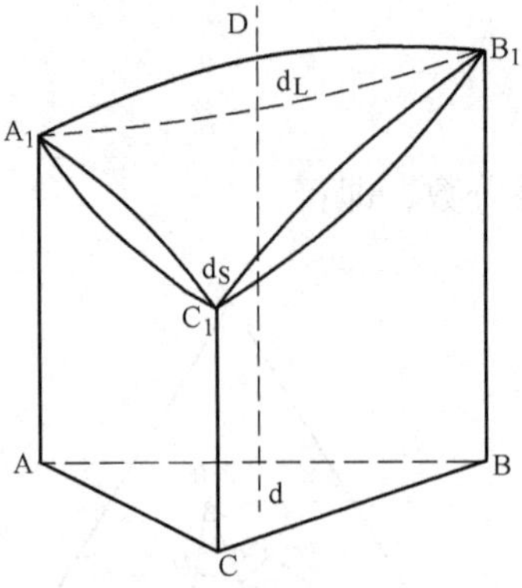

图 8-52　三元匀晶相图立体相图

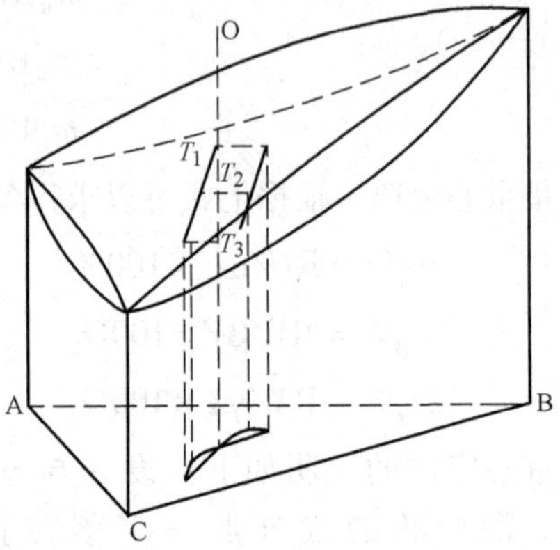

图 8-53　三元固溶体合金的凝固过程

合金 O 的凝固过程中，液相与固相平衡浓度及相对重量有如下的变化规律：当温度降至 T_1 时，由液相内凝固出来的固溶体 α，其浓度为固相面上的 S_1 点，以 α_{S1} 表示，此时两相平衡关系为 $L_1 \rightleftarrows \alpha_{S1}$；继续凝固，液相的浓度沿着液相面上的空间曲线 $L_1L_2L_3$ 变化，而固溶体 α 的浓度沿着固相面上的空间曲线 $S_1S_2S_3$ 变化。在不同的温度下，具有不同的两相平衡关系，如 T_2 时为 $L_2 \rightleftarrows \alpha_{S2}$。当温度降至 T_3 时，固溶体 α 的浓度和原合金的成分完全相同。由于 $L_1L_2L_3$ 和 $S_1S_2S_3$ 这两条曲线都是空间曲线，且不处在同一垂直平面上，在等边成分三角形上的投影分别为 $L_1'L_2'L_3'$ 和 $S_1'S_2'S_3'$。这两条曲线的平衡关系为共轭关系，因投影图形很像一只蝴蝶，所以称为蝴蝶形变化规律，如图 8-54 所示。

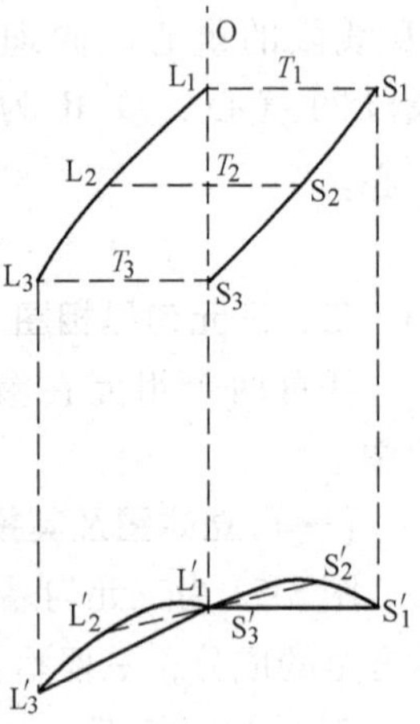

图 8-54　三元固溶体合金的蝴蝶形含量变化规律

在凝固过程中，任何温度下都可以用直线定律求得平衡两相的重量。如合金 O 于温度 T_2 时，液相 L 和固相 α 的相对质量为：

$$L_{T2}\% = T_2S_2/L_2S_2 \times 100\%$$

或

$$L_{T2}\% = OS_2/L_2S_2 \times 100\%$$

而

$$\alpha_{T2}\% = T_2L_2/L_2S_2 \times 100\%$$

或

$$\alpha_{T2}\% = L_2O/L_2S_2 \times 100\%$$

（三）等温截面与等温线

等温截面图又称水平截面，是以一定温度所作的平面与三元相图立体图相截，所截得的平面在成分三角形上的投影，如图 8-55 所示。等温截面上的 ab 线为截面与液相面相交曲线的投影（液相面等温线），而 cd 线为截面与固相面相交曲线的投影（固相面等温线）。在液相面等温线一边的相区为液相 L 区；在固相面等温线另一边的相区为单相固溶体 α 区；液相与固相面等温线之间为液相 L 与固相 α 的两相并存区（α + L）。

不同的温度有不同的等温截面图，其液相与固相等温线的位置也各不相同。由图 8-52 中可以看出，当等温温度降低时，固相 α 区增大，液相 L 区缩小，（α + L）两相平衡区移向液相区一方。

在等温截面的两相区内，成分一定的合金，其液相 L 和固相 α 的含量与相对质量可用直线定律来确定。如图 8-56 中的合金 x、y，在温度 T 时，合金 x 中含量为 m 的 L 相与含量为 n 的 α 相平衡；合金 y 中含量为 g 的 L 相与含量为 f 的 α 相平衡。两相的相对质量比：

x 合金为　$m_L/m_\alpha = xn/xm$

y 合金为　$m_L/m_\alpha = yf/yg$

根据相律，当温度一定时，三元合金两相平衡时只有一个自由度，即一个相的含量可独立改变，而另一个相的含量必然随之而变。故在等温截面的两相区内，若已知液相的含量为 m，则固相的含量一定在 mx 的延长线上，并与固相线相交接，如图 8-56 所示。

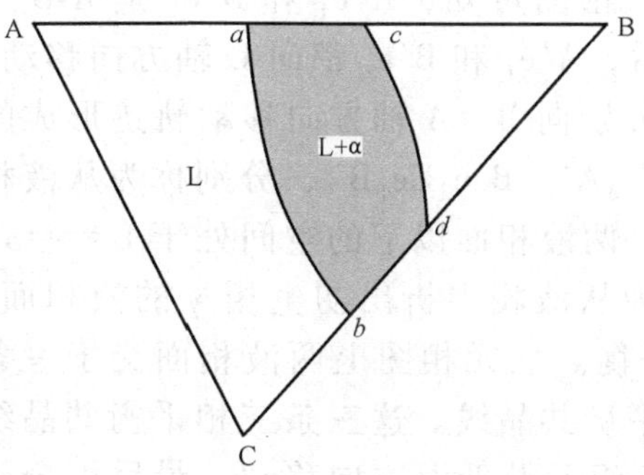

图 8-55　三元匀晶相图的等温截面投影图

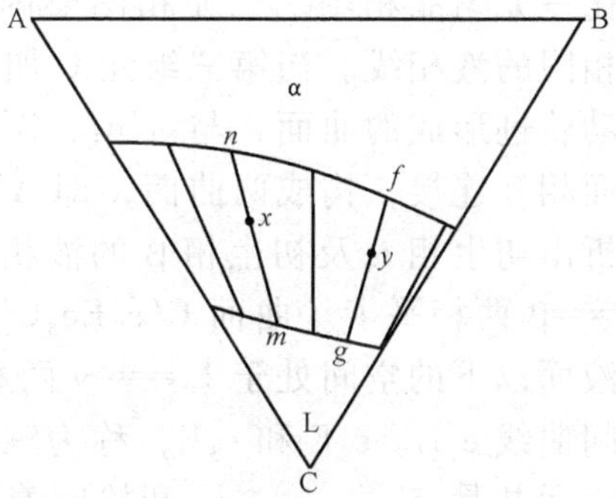

图 8-56　等温截面上两相区直线定律的应用

（四）垂直截面（变温截面）

垂直截面是以垂直于等边成分三角形的平面与立体相图交截所得的截面图，

如图8-57所示。垂直截面上的线条表示该截面与立体图上各个临界面的交线。从图上可以清楚地看出，合金凝固过程中组织的变化及开始凝固温度 T_1、凝固终了温度 T_2。常用的垂直截面有两种：一种是通过等边成分三角形的顶角，使其他两顶角的组元成分比例不变；另一种是固定一个组元的成分，其他两个组元的成分可以相对变动。

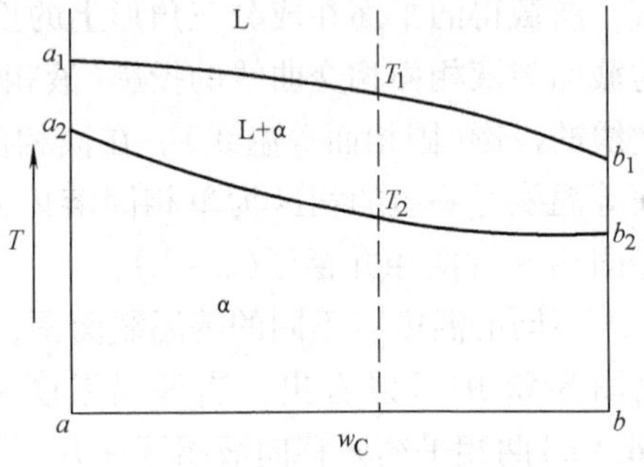

图8-57　三元匀晶相图上的垂直截面

三元合金相图上的垂直截面与二元合金相图的形状虽很相似，但它们之间存在着本质上的区别。二元合金相图的液相线与固相线可以用来表示合金在平衡凝固过程中的液相与固相含量随温度变化的规律，而三元合金相图的垂直截面就不能表示相含量随温度而变化的关系。故在三元合金相图的垂直截面上，不能应用直线定律来确定两相的含量，也不能计算两相的相对质量。

四、三元共晶相图

三个组元在液态时无限互溶，在固态时有限互溶或完全不互溶，冷却过程中发生共晶转变的，称为三元共晶相图。

（一）立体图及其投影图

图8-58是三元共晶相图的立体图。可见，立体的相图相当复杂，其分析比三元匀晶相图、二元相图要困难。由图可知，$A'e_1$ 和 $B'e_1$ 是A-B二元相图的液相线。当第三组元C加入后，$A'e_1$ 和 $B'e_1$ 都向C轴方向移动，移动轨迹形成的曲面，与 $A'e_3$、$B'e_2$ 分别向B、A轴方向移动轨迹形成的曲面相互连接，构成两曲面，即 $A'e_1Ee_3A'$、$B'e_2Ee_1B'_1$，分别称为从液相中析出初生相α及初生相β的液相面。两液相面以下的空间处于 $L \rightleftharpoons \alpha$、$L \rightleftharpoons \beta$ 两相平衡。曲面 $C'e_2Ee_3C'$ 则为从液相中析出初生相γ的液相面，该液面以下的空间处于 $L \rightleftharpoons \gamma$ 两相平衡。三元相图上两液相面交于一条空间曲线 e_1E、e_2E 和 e_3E，称为三相平衡共晶线。这三条三相平衡共晶线从三元共晶点 e_1、e_2、e_3 开始向着第三组元及低温方向移动，最后汇合于一点E。因此，三条三相平衡共晶线，将三元共晶相图上的液相面分成独立的三个部分。

1. 液相面及其投影　三元共晶相图液相面的投影，如图8-59所示。从图8-59中可以看出，三个液相面在等边成分三角形上的投影分别为 Ae_1Ee_3A、Be_2Ee_1B 及 Ce_3Ee_2C。因此，凡位于这三个液相面投影内的三元合金，结晶过程

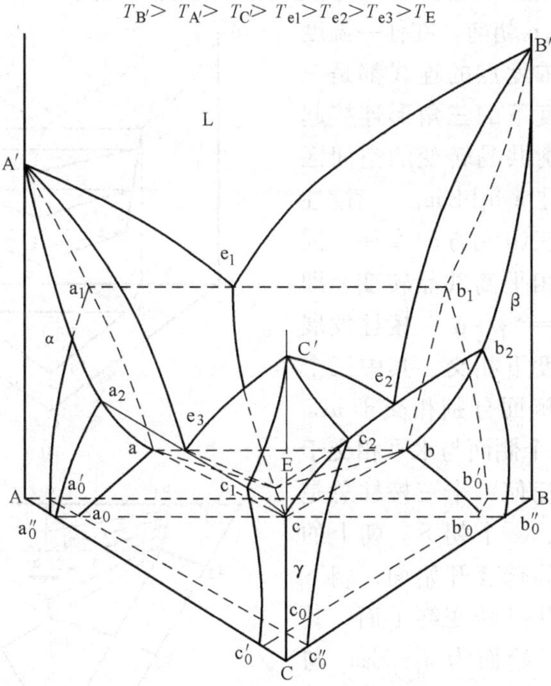

图 8-58　三元共晶相图立体图

中总会分别析出初生相 α、β、γ。

2. 平衡共晶面及其投影　位于 e_1E、e_2E 及 e_3E 三条三相平衡共晶线上的液相，将分别发生下列共晶反应：

$$L \rightleftharpoons \alpha + \beta,\ L \rightleftharpoons \beta + \gamma,\ L \rightleftharpoons \gamma + \alpha$$

根据相律计算，三相平衡共晶转变时有三个组元、三个相，则自由度 $f = 3 - 3 + 1$。这说明该转变进行时只允许一个独立变化因素。即温度改变，三相的浓度同时跟着改变。还说明三相共晶转变是在一个温度范围内进行的。

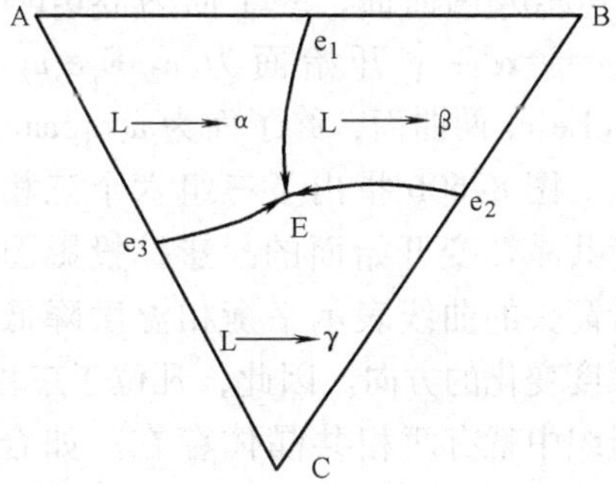

图 8-59　三元共晶相图液相面投影图

三相平衡共晶 $L \rightleftharpoons \alpha + \beta$ 转变的立体图及投影图如图 8-60 所示。图中指出，三相平衡共晶转变开始于 A-B 二元相图上的共晶线 a_1b_1，随着温度的降低，液相的浓度从二元共晶点 e_1 开始向第三组元方向移动，即 e_1E；同时与液相平衡的两个固相的浓度分别从最大溶解度点 a_1 及 b_1 也向着第三组方向移动，即 a_1a、b_1b。由于三个平衡相浓度点移动的速率不同，即液相含第三组元数量的增加率较两个固相中的增加率快得多，也就是说液相浓度变化曲线 e_1E 较两个固相浓度变化曲线 a_1a 及 b_1b 朝前。在任一温度下，平衡的三相浓度点的连线都是三角形。将不同温度下的三角形连接起来，便是三相平衡共晶转变的空间区域，即构成三棱柱 $a_1b_1bEaa_1$。三棱柱总是向低温和第三组元方向发展。因受到另外两个三相平衡共晶转变，即 $L \rightleftharpoons \beta+\gamma$、$L \rightleftharpoons \gamma+\alpha$ 三棱柱发展的限制于一定温度下相交，其中三个三棱柱中的两个侧面分别相交于 aE、bE 及 cE，而另一个侧面与水平相交于 ab、bc 及 ca。故任何一个三棱柱总是有两个侧面朝上、一个朝下。朝上的面为三相平衡共晶转变开始面，朝下的面为三相平衡共晶转变终了面。其中 $L \rightleftharpoons \alpha+\beta$ 开始面为 $a_1e_1Eaa_1$ 与 $b_1e_1Ebb_1$ 两曲面，终了面为 $a_1b_1baa_1$；$L \rightleftharpoons \beta+\gamma$ 开始面为 $c_2cEe_2c_2$ 与 $b_2bEe_2b_2$ 两曲面，终了面为 $c_2b_2bcc_2$；$L \rightleftharpoons \alpha+\gamma$ 开始面为 $a_2aE_1e_3a_2$ 与 $c_1cEe_3c_1$ 两曲面，终了面为 $a_2c_1caa_2$。

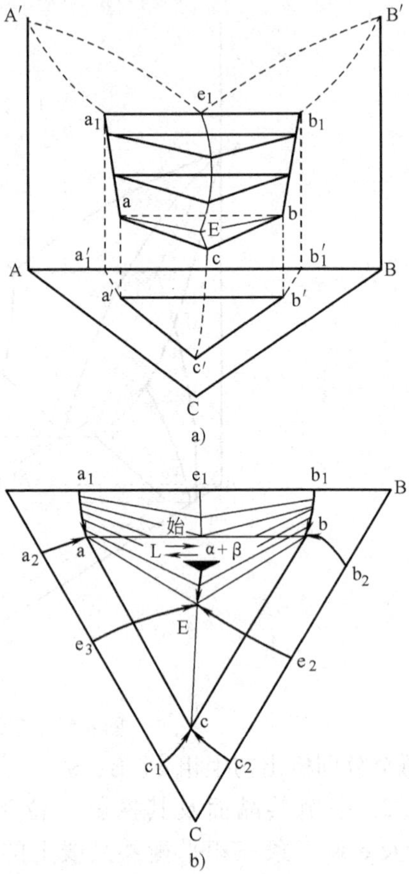

图 8-60　三相平衡共晶转变的立体图

a）$L \rightleftharpoons \alpha+\beta$　b）投影图

图 8-60b 指出了三组六个三相平衡共晶转变开始面的投影。投影图上带箭头的曲线表示平衡相温度降低及浓度变化的方向。因此，凡位于三相平衡共晶转变开始面投影内的合金，结晶后组织中就有两相共晶体存在。如合金位于 $L \longrightarrow \alpha+\beta$ 共晶转变开始面投影 $a_1b_1bEaa_1$ 内(影线区)，则组织内有 $\alpha+\beta$ 共晶体。

三元相图中三相平衡共晶转变开始面以上或以下区域内都有液相存在，故它属于中间面。而三相平衡共晶转变终了面以上区域有液相存在，以下区域不存在液相，所以它是固相面的一部分。

3. 固相面及其投影　三元共晶相图的固相面一般由三部分组成，如图 8-61 所示。

（1）四相平衡共晶转变面。如前所述，e_1E、e_2E 及 e_3E 三条三相平衡共晶线交于 E 点(四相平衡共晶点)。该浓度的液相 L_E 于恒定的温度 T_E(四相平衡共

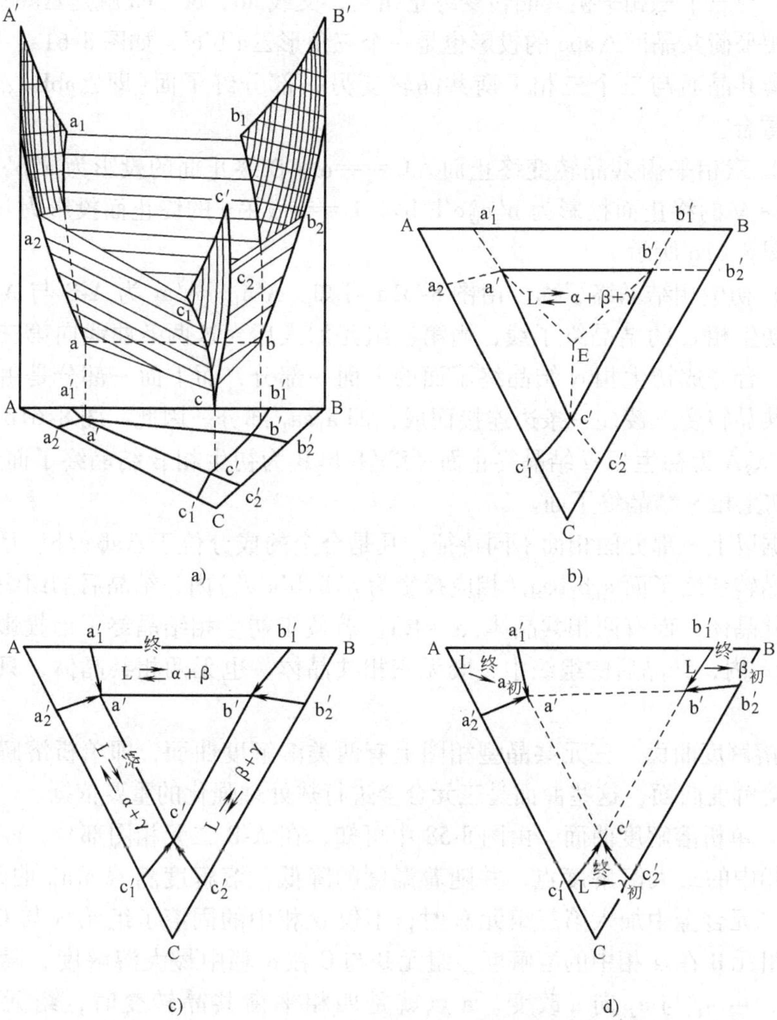

图 8-61　三元共晶相图固相面及其投影与分解图

a）固相面及其投影　b）四相平衡共晶面投影

c）三相平衡共晶转变终了面投影　d）初生相凝固终止面投影

晶温度）下将同时析出固定浓度的三个平衡固相 α、β、γ，即发生四相平衡共晶转变：

$$L_E \rightleftharpoons \alpha_a + \beta_b + \gamma_c$$

根据相律计算，四相平衡共晶转变时的自由度为 $f = 3 - 4 + 1 = 0$，这就是说转变是在恒温下进行的。四相平衡共晶转变在立体图上用一个水平三角形表示，如图 8-61a 中 △abc 的三条边。四相平衡共晶面就是通过四相平衡共晶点作一个水平面，与三个三相平衡共晶转变终止相交，交线 ab、bc、ca 就是△abc 的三条边。四相平衡共晶面△abc 的投影也是一个三角形△a′b′c′，如图 8-61a、b 所示。四相平衡共晶面与三个三相平衡共晶转变另一部分终了面(即△abE、△bcE 及△caE)重合。

(2) 三相平衡共晶转变终止面。$L \rightleftharpoons \alpha+\beta$ 终止面的投影为 $a'_1b'_1b'a'a'_1$；$L \rightleftharpoons \beta+\gamma$ 的终止面投影为 $b'_2c'_2c'b'b'_2$；$L \rightleftharpoons \alpha+\gamma$ 的终止面投影为 $c'_1a'_2a'c'c'_1$，如图 8-61c 所示。

(3) 初生相结晶终了面。由图 8-61a 可知，$A'a_1$、$A'a_2$ 为 A-B 与 A-C 二元相图上初生相 α 的结晶终了线，当第三组元加入后，这两条曲线向第三组元方向发展，合并成初生相 α 结晶终了面的上面一部分，而下面一部分是由两个三相平衡共晶转变三棱柱一条边连接而成，即 a_1aa_2 部分。因此，图 8-61d 投影图上 $Aa'_1a'a'_2A$ 为初生相 α 结晶终止面；$Bb'_1b'b'_2B$ 为初生相 β 结晶终了面；$Cc'_1c'c'_2C$ 为初生相 γ 结晶终了面。

根据以上三部分固相面不同特征，凡是合金的成分位于△abc 外、且在三相平衡共晶转变终了面 $a_1b_1baa_1$(相应投影为 $a'_1b'_1b'a'a'_1$)内，结晶后的组织中就没有三相共晶体，而有两相共晶体(α+β)。若位于初生相结晶终了面投影内，即 $Aa'_1a'a'_2A$ 内，结晶后的组织中，既无三相共晶体、也无两相共晶体，只有初生相 α。

4. 溶解度曲面　三元共晶型相图上有两类溶解度曲面，即单析溶解度曲面和双析溶解度曲面，这些曲面是三元合金进行热处理强化的重要依据。

(1) 单析溶解度曲面。由图 8-58 中可知，在 A-B 二元相图部分，a_1 是组元 B 在 α 相中的最大溶解度点，并随着温度的降低，溶解度随着 $a_1a'_0$ 曲线减小。当 A-B 二元合金中加入第三组元 C 时，不仅 α 相中的固溶了组元 B 与 C，且还改变了组元 B 在 α 相中的溶解度。组元 B 与 C 在 α 相中最大溶解度，随着温度的降低，由 a_1 与 a_2 向 a 改变。a 点就是四相平衡共晶转变时，组元 B 与 C 在 α 相的最大溶解度。当温度降至四相平衡共晶转变温度后，组元 B 与 C 在 α 相中的溶解度都沿着空间曲线 aa_0 方向减少。a_0 点为室温时组元 B 与 C 在 α 相中的最大溶解度。因此，连接曲线 $a_1a'_0$、a'_0a_0、a_0a、aa_1 形成的空间曲面 $a_1a'_0a_0aa_1$，即为组元 B 与 C 在 α 相中的溶解度曲面。与此相对的空间曲面 $b_1b'_0b_0bb_1$ 为组元 A 与 C 在 β 相中的溶解度曲面。通过上述一对溶解度曲面，分别发生脱溶转变：

$$\alpha \longrightarrow \beta_{\text{II}},\quad \beta \longrightarrow \alpha_{\text{II}}$$

即从一个固溶体相中析出另一个相，这个曲面就称单析溶解度曲面。

同理，通过其他两对四个单析溶解度曲面，发生相同的转变：

$$\beta \longrightarrow \gamma_{\text{II}},\ \gamma \longrightarrow \beta_{\text{II}},\ \gamma \longrightarrow \alpha_{\text{II}},\ \alpha \longrightarrow \gamma_{\text{II}}$$

图 8-62 为一组单析溶解度曲面的投影。$\alpha \longrightarrow \beta_{Ⅱ}$ 与 $\beta \longrightarrow \alpha_{Ⅱ}$ 一对单析溶解度曲面的投影为影线部分 $aa_0a'_0a'_1a$、$bb_0b'_0b'_1b$。另外还有两对单析溶解曲面的投影，即 $aa_0a''_0a'_2a$（$\alpha \longrightarrow \gamma_{Ⅱ}$）、$bb_0b''_0b'_2b$（$\beta \longrightarrow \gamma_{Ⅱ}$）和 $cc_0c''_0c'_2c$（$\gamma \longrightarrow \beta_{Ⅱ}$）、$cc_0c'_0c'_1c$（$\gamma \longrightarrow \alpha_{Ⅱ}$）。

因此，凡是成分位于单析溶解度曲面投影及三相平衡共晶转变终止面投影内的合金，其室温组织中都存在单个的次生相。

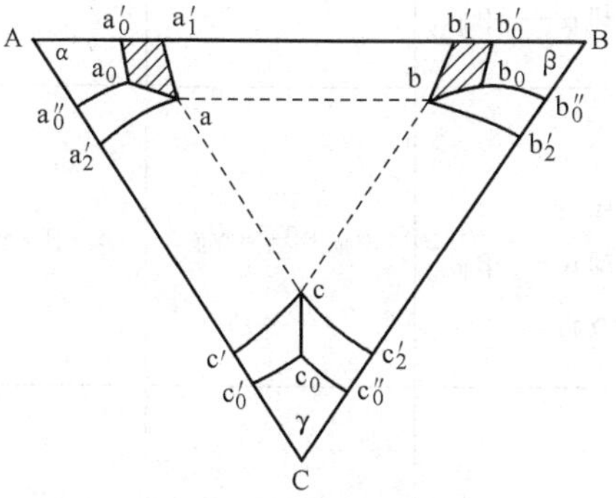

图 8-62　一组单析溶解度曲面的投影图

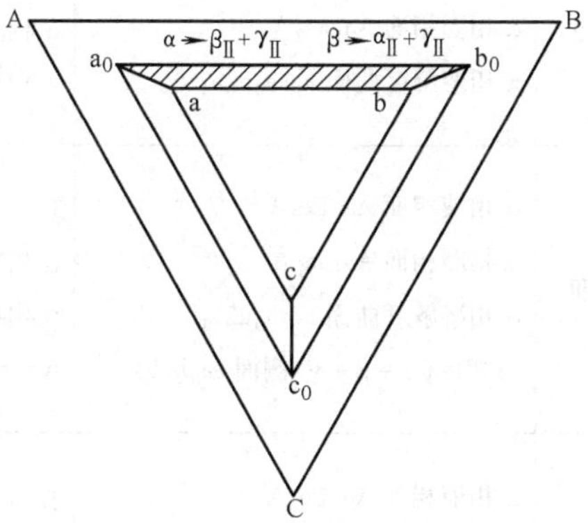

图 8-63　双析溶解度曲面的投影

（2）双析溶解度曲面。图 8-62 中 $aa_0a'_0a'_1a$ 为 α 相溶解度曲面，通过该曲面发生单析转变，析出次生相 $\beta_{Ⅱ}$。图 8-63 为双析溶解度度曲面的投影图。曲面 abb_0a_0a 投影中的 abb_0a_0a 部分 α 相中含组元 B 和 C 较高，因此随着温度的进一步降低，α 相不但被 β 相所饱和，而且同时被 γ 相所饱和。故通过该曲面，从 α 相内将同时析出两个次生相，即 $\alpha \longrightarrow \beta_{Ⅱ} + \gamma_{Ⅱ}$。同理，通过投影 abb_0a_0a 也要发生类似的转变，即 $\beta \longrightarrow \alpha_{Ⅱ} + \gamma_{Ⅱ}$。

曲面 abb_0a_0a 称为双析溶解度曲面，其投影面亦为 abb_0a_0a。双析溶解度曲面还有两个：投影 bb_0c_0cb 与 cc_0a_0ac，如图 8-63 中所示。

双析溶解度曲面两端的边线 aa_0、bb_0 及 cc_0 分别为 α、β 及 γ 相的最大溶解度曲线，也称共析线。在冷却过程中，各相的浓度沿着共析线变化，随着发生共析转变：

$\alpha \longrightarrow \beta_{Ⅱ} + \gamma_{Ⅱ}$　　$\beta \longrightarrow \gamma_{Ⅱ} + \alpha_{Ⅱ}$　　$\gamma \longrightarrow \alpha_{Ⅱ} + \beta_{Ⅱ}$

同时，凡位于△abc 投影内的合金也都要发生：

$\alpha \longrightarrow \beta_{Ⅱ} + \gamma_{Ⅱ}$　　$\beta \longrightarrow \alpha_{Ⅱ} + \gamma_{Ⅱ}$　　$\gamma \longrightarrow \alpha_{Ⅱ} + \beta_{Ⅱ}$

（二）典型合金的结晶过程及其组织

三元共晶相图各投影区域合金的结晶过程及其组织组成物与相组成物，如图

8-64 和表 8-3 所示。

表 8-3　三元共晶型相图各相区的组织组成与相组成物

区域	冷却通过的曲面	转　变	组织组成物	相组成物
Ⅰ	α 相液相面 Ae_1Ee_3A α 相固相面 Aa_1aa_2A	L ⟶ α 开始 α 相凝固完毕	α	α
Ⅱ	α 相液相面 Ae_1Ee_3A α 相固相面 Aa_1aa_2A α 相溶解度曲面 $a_1aa_0a'_0a_1$	$L \longrightarrow \alpha_{初}$ α 相凝固完毕 α 相均匀冷却 $\alpha \longrightarrow \beta_{Ⅱ}$	$\alpha_{初}+\beta_{Ⅱ}$	$\alpha+\beta$
Ⅲ	α 相液相面 Ae_1Ee_3A α 相固相面 Aa_1aa_2A α 相溶解度曲面 $a_1aa_0a'_0a_1$ 三相区$(\alpha+\beta+\gamma)$侧面 aa_0b_0ba	$L \longrightarrow \alpha_{初}$ α 相凝固完毕 α 相均匀冷却 $\alpha \longrightarrow \beta_{Ⅱ}$ $\alpha \longrightarrow \beta_{Ⅱ}+\gamma_{Ⅱ}$	$\alpha_{初}+\beta_{Ⅱ}+\gamma_{Ⅱ}$	$\alpha+\beta+\gamma$
Ⅳ	α 相液相面 Ae_1Ee_3A 三相平衡共晶开始面 $a_1aEe_1a_1$ 三相平衡共晶终了面 $a_1abb_1a_1$ 溶解度曲面 $a_1aa_0a'_0a_1$ $b_1bb_0b'_0b_1$	$L \longrightarrow \alpha_{初}$ $L \longrightarrow \alpha+\beta$ $(\alpha+\beta)$共晶转变完毕 $\alpha \longrightarrow \beta_{Ⅱ}$ $\beta \longrightarrow \alpha_{Ⅱ}$	$\alpha_{初}+(\alpha+\beta)+\beta_{Ⅱ}$ [$\alpha_{Ⅱ}$在$(\alpha+\beta)$内]	$\alpha+\beta$
Ⅴ	α 相液相面 Ae_1Ee_3A 三相平衡共晶开始面 $a_1aEe_1a_1$ 三相平衡共晶终了面 $a_1abb_1a_1$ 溶解度曲面 $a_1aa_0a'_0a_1$ $b_1bb_0b'_0b_1$ 三相区$(\alpha+\beta+\gamma)$侧面 aa_0b_0ba bcc_0b_0b	$L \longrightarrow \alpha_{初}$ $L \longrightarrow \alpha+\beta$ $(\alpha+\beta)$共晶转变完毕 $\alpha \longrightarrow \beta_{Ⅱ}$ $\beta \longrightarrow \alpha_{Ⅱ}$ $\alpha \longrightarrow \beta_{Ⅱ}+\gamma_{Ⅱ}$ $\beta \longrightarrow \alpha_{Ⅱ}+\gamma_{Ⅱ}$	$\alpha_{初}+(\alpha+\beta)+$ $\alpha_{Ⅱ}+\beta_{Ⅱ}+\gamma_{Ⅱ}$	$\alpha+\beta+\gamma$
Ⅵ	α 相液相面 Ae_1Ee_3A 三相平衡共晶开始面 $a_1aEe_1a_1$ 四相平衡共晶面 abc 三相区$(\alpha+\beta+\gamma)$侧面aa_0b_0ba, bcc_0b_0b, cc_0a_0ac	$L \longrightarrow \alpha_{初}$ $L \longrightarrow \alpha+\beta$ $L \longrightarrow \alpha+\beta+\gamma$ $\alpha \longrightarrow \beta_{Ⅱ}+\gamma_{Ⅱ}$ $\beta \longrightarrow \alpha_{Ⅱ}+\gamma_{Ⅱ}$ $\gamma \longrightarrow \alpha_{Ⅱ}+\beta_{Ⅱ}$	$\alpha_{初}+(\alpha+\beta)+$ $(\alpha+\beta+\gamma)+\alpha_{Ⅱ}$ $+\beta_{Ⅱ}+\gamma_{Ⅱ}$	$\alpha+\beta+\gamma$

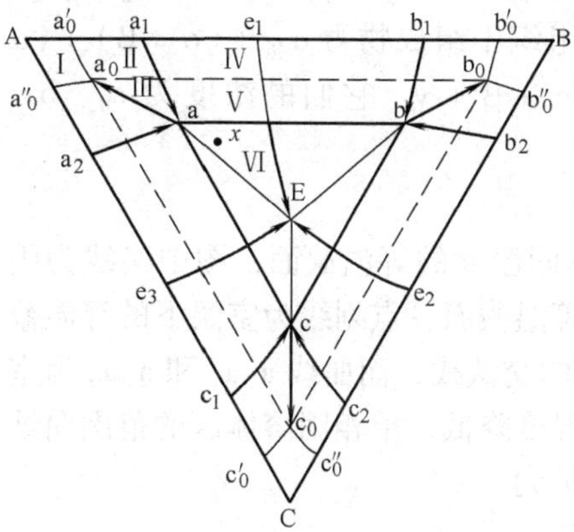

图 8-64　三元共晶型相图投影图各区域分布

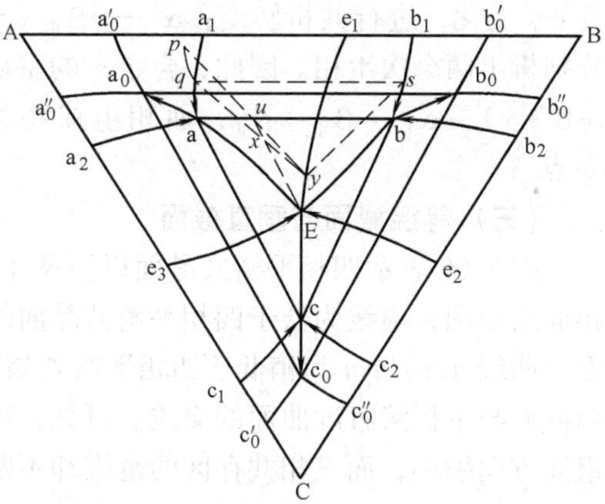

图 8-65　合金 x 的结晶过程

图 8-65 表示位于四相平衡共晶转变三角形内合金 x（图 8-64 中Ⅵ区）的结晶过程。合金 x 位于液相面 Ae_1Ee_3A 的投影内，从液相中首先结晶初生相 α，随着温度的降低，初生相 α 不断增加，而两相浓度呈“蝴蝶形”的变化，其中 α、L 相分别沿、固液相面上空间曲线投影 pq、xy 变化。最后分别交于 α 相最大溶解度曲线 a_1a 于 q 点，交三相平衡共晶转变曲线 e_1E 于 y 点。应指出，α 相与 L 相的浓度变化曲线是通过实验测定的。当合金 x 冷却到三相平衡共晶开始面上，初生相停止析出，并开始三相平衡共晶转变，即 $L \rightleftharpoons \alpha+\beta$。随着温度的降低，从液相中不断形成两相共晶体（$\alpha+\beta$）。同时，三相平衡浓度分别沿着曲线 yE、qa 及 sb 变化，并始终保持平衡三角形的关系。如图中虚线三角形 qys 及 aEb 所示。

当合金 x 冷却到四相平衡共晶面上时，三相平衡共晶转变停止，并进行四相平衡共晶转变，即 $L \rightleftharpoons \alpha+\beta+\gamma$，液相于恒温下全部转变成三相共晶体。合金凝固终了时的组织为初生相 α 加两相共晶体（$\alpha+\beta$）加三相共晶体（$\alpha+\beta+\gamma$），根据杠杆定律计算可它们的相对含量：

$$w_{\alpha}=\frac{xy}{qy}\times 100\%$$

$$w_{(\alpha+\beta)}=\left(\frac{\mathrm{E}x}{u\mathrm{E}}-\frac{xy}{qy}\right)\times 100\%$$

$$w_{(\alpha+\beta+\gamma)}=W_{\mathrm{L}_{剩余}}=\frac{ux}{u\mathrm{E}}\times 100\%$$

当合金 x 全部凝固后，再继续冷却时，各相的浓度分别沿着共析线 aa_0、bb_0 及 cc_0 变化，进行共析转变：$\alpha \longrightarrow \beta_{II} + \gamma_{II}$，$\beta \longrightarrow \alpha_{II} + \gamma_{II}$，$\gamma \longrightarrow \alpha_{II} + \beta_{II}$。分别析出两个次生相。因此，合金 x 的室温组织中组成物为 $\alpha_{初} + (\alpha + \beta) + (\alpha + \beta + \gamma) + \alpha_{II} + \beta_{II} + \gamma_{II}$，而相组成物为 $\alpha + \beta + \gamma$。它们的浓度为 a_0、b_0、c_0 点。

（三）等温截面与垂直截面

图 8-66 表示四相平衡共晶面以下两个不同温度的等温截面，图中实线为固相面投影图，虚线为低于四相平衡共晶面的等温截面；点划线为室温下的等温截面。曲线 n_1n、n_2n 为稍低于四相平衡共晶面的交截线，而曲线 a'_0a_0 和 a''_0a_0 为室温截面与单析溶解度曲面的交线。可见，随温度降低，单相固溶体区的范围向纯组元方向缩小，而三相共存区的范围却不断扩大。

将图中合金 1、2、3 加热至稍低于四相平衡共晶温度，呈单相固溶体 α 状态。随后平衡冷却下来，其中合金 1 仍为单相固溶体，合金 2 中将析出 β_{II}，而合金 3 中将析出 $\beta_{II} + \gamma_{II}$。若加热至相同的温度后迅速地冷却下来，则合金 1、2、3 均呈单相固溶体状态，其中合金 2、3 处于过饱和固溶体状态，这种过饱和固溶体是进行热处理强化的基础。从图中还可看出，合金成分点越接近 a_1a 线，则平衡冷却时析出的次生相越多，快速冷却时固溶体的过饱和程度也越大。另外，从合金成分点的位置可以看出热处理强化的效果，如合金 3 比合金 2 多一个强化相，所以前者的强化效果较大。

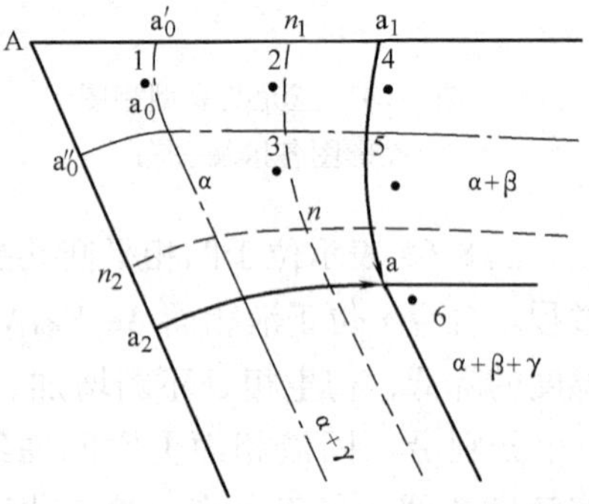

图 8-66　四相平衡共晶面以下的两个等温截面

将合金 4、5、6 加热至接近四相平衡共晶转变温度时，仍处于(α + β)或(α + β + γ)的共晶组织状态。尽管快速冷却后各相都呈过饱和状态，强化效果可能高于合金 2 与 3，但室温下组织中却有共晶体，热处理温度再高也不能消除，故这些合金的塑性要比合金 2、3 低。

图 8-67 为平行于等边成分三角形 AB 边的 *MN* 垂直截面（变温截面）。利用变温截面，可方便地分析合金的组织转变过程。

除三元共晶相图外，还有许多的其他转变类型的三元相图，如包共晶型（反应式为 $L + \alpha \rightleftharpoons \delta + \gamma$）、包晶型（反应式为 $L + \alpha + \beta \rightleftharpoons \gamma$）及具有固态转变等图型。

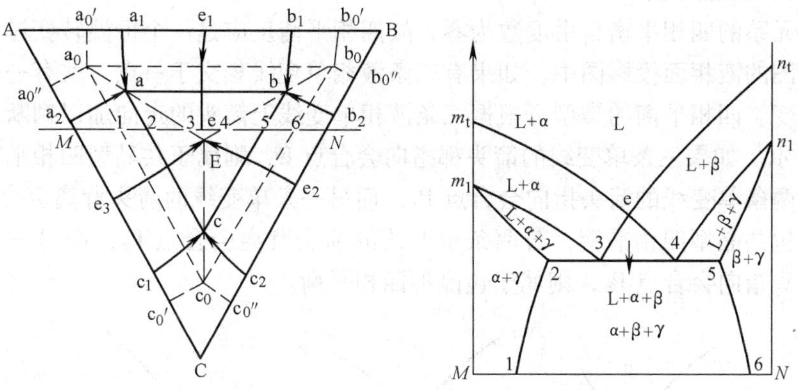

a)　　　　　　　　　　　　b)

图 8-67　*MN* 垂直截面及其与投影图的关系

a）投影图　b）*MN* 垂直截面

五、三元相图的相平衡判断方法

三元相图的组元数比二元相图多，不但有两相平衡和三相平衡，还存在四相平衡。由于三相与四相平衡比较复杂，下面就介绍液相面投影图直接判断相平衡。

（一）三相平衡

三元系三相平衡时自由度为 1，因此三相平衡反应是一个变温过程。三相平衡中液相浓度的变化曲线，称为液相 L 单变线。在三相平衡投影图中，凡是液相单变线穿过平衡三角形，属于共晶三相平衡，如图 8-68a 所示。如果液相单变线切过平衡三角形的顶点，则属于包晶三相平衡，如图 8-68b 所示。

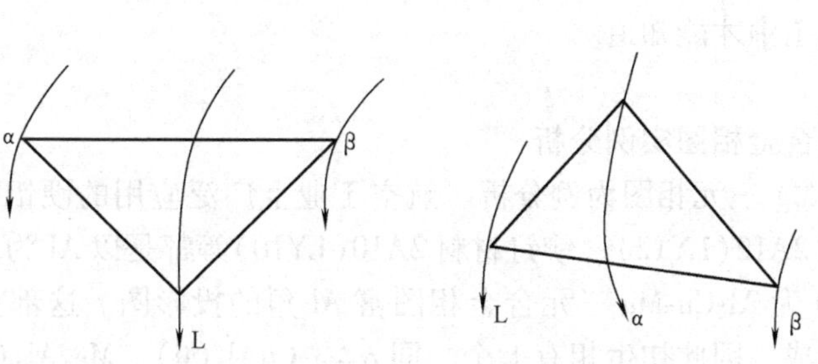

a)　　　　　　　　　　　　b)

图 8-68　液相单变线的走向判断三相平衡

a）共晶转变　b）包晶转变

（二）四相平衡

三元系的四相平衡自由度数为零，故四相平衡反应是一个恒温转变过程。在三元相图的液相面投影图中，如果有三条液相单变线相交于一点，就有一个四相平衡转变。四相平衡的类型可根据三条液相单变线上箭头的走向加以判断，如图 8-69 所示。如果三条单变线的箭头都指向会合点 E，则属于共晶型四相平衡；如果只有两条单变线的箭头指向会合点 P_1，而另一条单变线的箭头背离会合点 P_1，则属于包共晶型四相平衡；若两条单变线的箭头背离会合点 P_2，而另一条单变线的箭头指向会合点 P_2，则属于包晶型四相平衡。

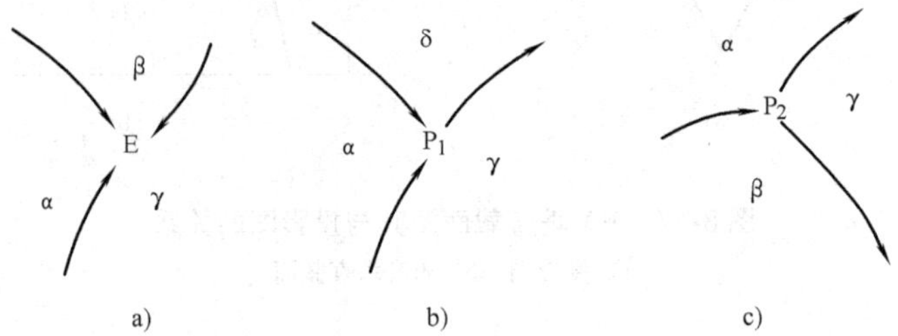

图 8-69 用液相面投影图中三条单变线的走向判断四相平衡
a）共晶型 b）包共晶型 c）包晶型

在液相面投影图中，如果指出单变线两侧的初生相，还可以写出四相平衡的反应式，图 8-69a 中的四相平衡共晶转变的生成相，是三条液相单变线两侧的初生相 α、β 及 γ，其反应式为 $L \rightleftharpoons \alpha + \beta + \gamma$；图 8-69b 中四相平衡包共晶转变的生成相，是背离会合点 P_1 的那条单变线两侧的初生相 δ 与 γ，反应式为 $L + \alpha \rightleftharpoons \delta + \gamma$；图 8-69c 中四相平衡包晶转变生成相则是背离会合点 P_2 的两条单变线之间的初生相 γ，所以它反应式为 $L + \alpha + \beta \rightleftharpoons \gamma$。

从液相面投影图只能判断四相平衡的类型及反应式，而四相平衡的浓度关系应从固相投影图中才能知道。

六、三元合金相图实例分析

以 Al-Cu-Mg 三元相图为例分析。航空工业上广泛应用的硬铝合金，如飞机骨架和蒙皮的 2A12（LY12）、铆钉材料 2A10（LY10）等都是以 Al 为基的 Al-Cu-Mg 合金。图 8-70 为 Al-Cu-Mg 三元合金相图富 Al 角的投影图。这部分投影图的液相面由七块组成，因此初生相有七个，即 α_{Al}、$CuAl_2$（θ）、Mg_2Al_3（β）、$Mg_{17}Al_{12}$（γ）、Al_2CuMg（S）、$(Al、Cu)_{49}Mg_{32}$（T）及 $Al_7Cu_3Mg_6$（Q）等。液相面的交线主要有七条，即为三相平衡液相单变线，其相平衡关系见表 8-4。液相单变线的交点有三个，即为四相平衡液相点，其相平衡关系见表 8-5。此部分固相面投影由一个初生相 α_{Al} 结晶终了面，四个三相平衡共晶转变终了面，即（α_{Al} + θ）、（α_{Al} +

S)、(α_{Al} + T)及(α_{Al} + β)；两个四相平衡共晶转变面(α_{Al} + θ + S)、(α_{Al} + β + T)及一个四相平衡包共晶转变面一部分所组成的(α_{Al} + S + T)。

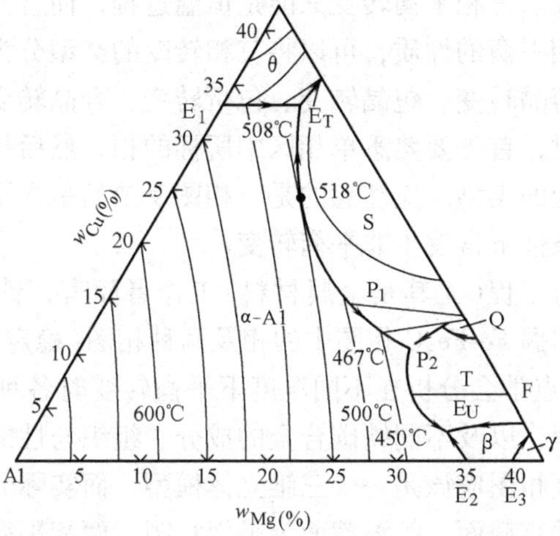

图 8-70　Al-Cu-Mg 三元相图液相面投影图

表 8-4　凝固过程中 Al-Cu-Mg 三元系四个主要的三相平衡

单　变　线	平衡温度/℃	三相反应式
E_1E_T	548 ~ 508	$L \rightleftharpoons \alpha_{Al} + \theta$
P_2E_T	467 ~ 518 ~ 508	$L \rightleftharpoons \alpha_{Al} + S$
P_2E_U	467 ~ 450	$L \rightleftharpoons \alpha_{Al} + T$
E_2E_U	451 ~ 450	$L \rightleftharpoons \alpha_{Al} + \beta$

表 8-5　凝固过程中 Al-Cu-Mg 三元系中三个主要的四相平衡

平　衡　点	平衡温度/℃	平衡点元素的质量分数	四相平衡反应式
E_T	508	Cu33.1%、Mg6.0%	$L \rightleftharpoons \alpha_{Al} + \theta + S$
E_U	450	Cu2.7%、Mg32.0%	$L \rightleftharpoons \alpha_{Al} + \beta + T$
P_2	467	Cu10.4%、Mg25.6%	$L + S \rightleftharpoons \alpha_{Al} + T$

小　　结

相图反映了不同合金的成分、温度与其平衡相之间的关系。根椐合金表征点在相图中的位置可确定给定合金在给定温度下的平衡相。

由常压条件下的相律公式 $f = C - \Phi + 1$ 可知，二元合金最大平衡相数为 3。对于二元合金而言，两相平衡时有一个自由度，因而匀晶转变及过剩相析出等两相平衡转变都在一定温度范围内进行，温度变化时，两个平衡相的成分将分别沿两条相界线变化。给定合金在给定温度下二相平衡时，可用杠杆定律求得在该温度下两相的质量分数。三相平衡转变只能是恒温过程，而且三个平衡相的成分都是恒定的。根据三相平衡的性质，可以将三相转变的类型分为：共晶转变、共析转变、偏晶转变、熔晶转变、包晶转变、包析转变、合晶转变等。

分析复杂相图时，首先要熟悉单相区中所标的相，然后找出各三相区，并弄清具体三相平衡转变的类型。应注意的是，相图反映的是在平衡条件下合金中的相，而在实际生产条件下常发生非平衡转变。

对于材料科学与工程(尤其是金属材料)工作者而言，铁碳相图是最重要的二元相图。应该在掌握 $Fe-Fe_3C$ 相图中的相及两种相图(稳定及亚稳定的 $Fe-Fe_3C$ 相图)的基础上，重点学会分析在不同温度下平衡转变时各种成分的铁碳合金的组织组织物转变过程，以及不同铁碳合金的成分、组织与性能间的关系。

完整的三元合金相图应该是一个三维立体模型。而实际分析和使用的三元合金相图是投影图、垂直截面、等温截面等平面相图。两相平衡时两平衡相的成分存在共轭关系，可采用杠杆定律来确定两相的相对量。三相平衡区时可根据重心法则确定给定温度下处于三相平衡状态的三元合金中各相的质量分数。三元合金相图中四相平衡相区是一个水平面。由四相平衡平面的形状或投影图上液相单变线的相交特点均可推断四相平衡转变的类型。利用综合投影图可以分析合金相变全过程，从而预测其平衡组织。

习　题

8-1　什么是凝聚系统？什么是组元？什么是相？组成相与组元有什么不同？

8-2　何谓平衡状态？影响平衡的因素有哪些？什么是相律？它有什么实际意义？

8-3　决定合金平衡状态的变量有哪些？如何理解二元合金单相平衡的两个自由度？三元合金单相平衡时自由度为3，这三个变量指的是什么？

8-4　根据Pb-Sn相图，说明 $w_{Sn}=30\%$ 的Pb-Sn合金在下列温度其组织中存在哪些相？并求出各相的相对含量。(1)高于300℃；(2)在183℃(共晶转变尚未开始)；(3)在183℃共晶转变完毕；(4)冷到室温。

8-5　比较共晶转变、包晶转变、共析转变与匀晶转变的异同。

8-6　分析 $w_C=0.2\%$、0.6%、1.0% 等铁碳合金的液态平衡结晶过程，用冷却曲线和组织示意图说明每个阶段的组织，并计算室温下的组织组成物和相组成物的含量。

8-7　分析 $w_C=3.5\%$、4.5% 铁碳合金的液态平衡结晶过程，画出冷却曲线和组织转变示意图，并计算室温下的组织组成物和相组成物的含量。

8-8　分析相图与合金流动性、收缩情况间的关系。

8-9　有一碳钢试样，室温平衡组织为珠光体＋网状二次渗碳体，二次渗碳体的质量分数约为1%。试估算这种钢的含碳量。

8-10　厚 20mm 的共析钢在强烈脱碳性气体中加热至 930℃ 和 780℃ 两种温度，并长时间保温，然后缓慢冷至室温，试画出钢板从表面至心部的组织示意图，并解释之。

8-11　二元与三元合金系中固溶体转变与共晶转变的自由度有无区别？如何解释？

8-12　为什么在三元相图的一般垂直截面的两相区内，杠杆定律不适用？举例说明。

8-13　在三元相图中，只有单析溶解度曲面或双析溶解度曲面投影内的合金才有一个次生相或两个次生相析出，此说法是否正确？

8-14　说明三元相图的垂直截面、等温截面、投影图的作用及局限性。

8-15　说明固相析出与合金强化之间的关系。

第九章　材料的凝固

材料由液态转变为固态的过程称为凝固。根据其内部结构，材料可分为晶体材料和非晶体(玻璃体)材料两类。对于晶体材料，由液态凝固后得到的是晶态固体，所以其凝固过程也经常称为结晶过程。对非晶体材料，由液态凝固后得到的是非晶态固体，故其凝固过程常称为非晶转变或玻璃化转变。由于通常情况下固态金属都是晶体，所以金属材料的凝固过程也就常称为结晶过程。

第一节　晶体材料凝固概述

一、液态金属结构

材料结晶过程是晶核形成与长大的过程，而晶核的形成与长大都与液态金属的结构密切相关。因此，了解液态金属的结构特点，对于深入理解形核与长大过程是很重要的。

在大量实验和分析结果的基础上，总结液态纯金属结构具有以下几个特点：

1）原子间仍保持较强的结合力，故原子的排列仍具有一定的规律性。

2）熔化时原子间的结合键遭到部分破坏，故原子排列的规律性仅保持在较小的范围内，约为十几个到几百个原子组成的原子集团，在原子集团内部原子保持着固态的有序排列，即所谓的“近程有序排列”，简称“近程有序”。液相就是由这样的原子集团所组成的。

3）由于液相中原子能量较高且能量起伏也大，原子热运动较固态大为增加，故“近程有序”的原子集团始终处于不断的此起彼伏变化之中，此现象称为“结构起伏”或“相起伏”。

4）各原子集团之间的距离较大，犹如存在着“空穴”，且空穴与原子集团一样，也是此起彼伏。对于原子集团，其原子间的结合是金属键，一些自由电子归此原子集团所共有，故仍具有金属导电的特征。而在各原子集团之间，自由电子难以自己飞越空穴，只能伴随原子集团间的原子交换而跟着正离子一同运动，故从某种意义上说，空穴的导电具有离子导电的特征。所以大部分金属在熔化时，电阻率突增 1 ~2 倍。

5）原子集团的平均尺寸及“游动”速度都与温度有关。温度越高，原子集团的平均尺寸就越小，“游动”速度越快。由于能量起伏，各原子集团的尺寸不同，而不同尺寸的原子集团数的分布可以用 Maxwell-Boltzmann 分布律来描述：

$$n_i = N\exp\left(-\frac{\Delta G_i}{kT}\right)$$

式中，n_i 为由 i 个原子组成的原子集团数，i 越大，即原子集团尺寸越大；N 为液相中总原子数；ΔG_i 为 i 个原子的原子集团与单个原子的自由能差。由上式可见，在温度 T 一定时，ΔG_i 越大，则 n_i 越小，即原子集团的尺寸越小。

以上所述的是理想的纯金属的液态结构。由于即使是非常纯的金属中也存在着大量的一种或多种杂质原子，它们在液相中的存在方式不同且分布也不均匀。故在实际液态金属中各原子集团的成分是各不相同的，且每个原子集团的成分也是随着原子集团本身不断的变化而变化不定的，即是说在实际液态金属中除了能量起伏、结构起伏外，还存在这成分(浓度)起伏。

综上所述，液态合金结构的特点是存在着起伏现象：能量起伏，结构起伏和成分起伏。起伏现象的产生原因是粒子(原子、分子)的热运动。对于起伏现象需要理解二层含义：其一是偏离体系平均值，或者说各部分之间量的不均匀性；其二是量的不均匀性随时间而变，即具有不稳定性。

二、凝固的热力学条件

由最小自由能原理可知，恒温、恒压过程自动进行的方向是体系自由能或称吉布斯自由能降低的方向。

由物理化学可知，吉布斯自由能 G 为：

$$G = H - TS = U + pV - TS \tag{9-1}$$

式中，H 是焓；T 为热力学温度；S 是熵；p 为压力；v 为体积。

对于可逆过程，非体积功 $W' = 0$，且为封闭体系，则有：

$$dG = -SdT + Vdp \tag{9-2}$$

对于恒压过程，有 $dp = 0$，所以：

$$dG = -SdT \quad 即\left(\frac{dG}{dT}\right)_p = -S \tag{9-3}$$

由于熵 S 恒大于零，所以$\left(\frac{dG}{dT}\right)_p$ 恒小于零。说明恒压过程自由能 G 随温度 T 的上升而下降。图 9-1 为纯金属液、固二相吉布斯自由能 G 随温度 T 变化的示意图。

由图可见，当 $T = T_m$ 时，$G_L = G_S$，此时液、固两相处于平衡状态。当 $T > T_m$ 时，$G_L < G_S$，此时液相较固相稳定，固相向液相转变的过程是自发过程。当 $T < T_m$ 时，$G_S < G_L$，此时固相较液相稳定，液相向固相转变的过程是自发过程。由式(9-3)可知，$-S$ 是 $G-T$ 曲线的斜率，S 越大，则曲线越陡，即曲线下降速率

越快。而晶体熔化时破坏了晶态原子排列的长程有序，使原子空间几何配置的混乱度增加，从而表征体系混乱度的熵值 S 必然增大，故组态熵增加；同时，原子振动振幅增大，故振动熵亦有所增加，结果导致液态熵值 S_L 大于固态熵值 S_S。即液相的自由能随温度变化的曲线斜率大于固相的自由能随温度变化的曲线斜率。这样，两条斜率不同的曲线必然会相交于某一点，液、固两相的自由能在该点相等，两相处于平衡共存状态。此温度即为理论凝固温度，即晶体的熔点温度 T_m。当 $T \neq T_m$ 时，$\Delta G \neq 0$，ΔG 就是驱使相变进行的动力。显然，只有当体系所处的温度 $T < T_m$ 时，凝固才能发生，液、固两相的自由能差 $\Delta G = G_S - G_L < 0$ 构成了凝固的驱动力，此即凝固的热力学条件。

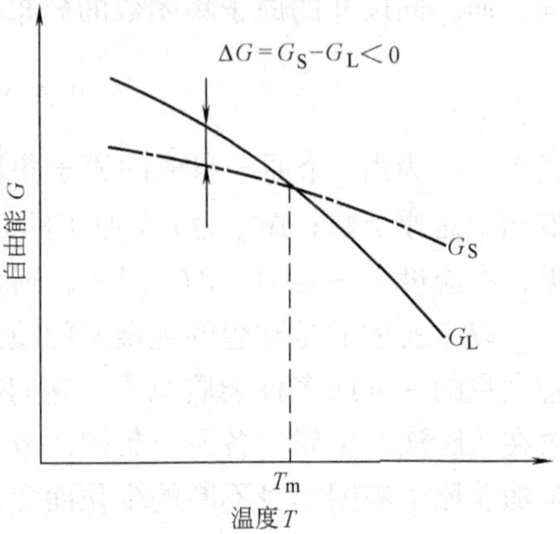

图 9-1　吉布斯自由能随温度变化示意图

三、过冷

假设液相转变为固相时的单位体积吉布斯自由能变化为 ΔG_V，由式(9-1)即得：

$$\Delta G_V = G_S - G_L = (H_S - H_L) - T(S_S - S_L) \tag{9-4}$$

由于在恒压过程中

$$\Delta H_m = H_L - H_S = L_m \tag{9-5}$$

$$\Delta S_m = S_L - S_S = \frac{L_m}{T_m} \tag{9-6}$$

式中，L_m 为熔化潜热，规定体系吸热时 L_m 为正值，体系放热时 L_m 为负值；ΔS_m 为熔化熵。

将式(9-5)、式(9-6)代入式(9-4)即得：

$$\Delta G_V = -\frac{L_m(T_m - T)}{T_m} = -\frac{L_m \Delta T}{T_m} \tag{9-7}$$

式中，$\Delta T = T_m - T$，T 是实际相变(凝固)时的温度。

由式(9-7)可见，欲使凝固(结晶)过程能够进行，$\Delta G_V < 0$，则需 $\Delta T > 0$，即 $T < T_m$，这种现象称为过冷，ΔT 称为过冷度。这也进一步说明了金属凝固的热力学条件。需要说明的是，过冷度 ΔT 并不是一个恒定值，而是与金属的性质、纯度及其冷却速率等许多因素有关。对于同一种液态金属，冷却速率越大，过冷度亦越大，也就是实际凝固开始的温度越低。

四、结晶的一般过程

结晶过程是晶核不断形成与不断长大的过程。当液态金属过冷到熔点 T_m 以下某个温度 T 时，开始在过冷液体内形成一些稳定的微小晶体——晶核，随后晶核开始长大。与此同时，液相中又不断形成新的晶核并不断长大，直至液相耗尽凝固结束，晶核长大成为晶粒。很显然，在结晶过程中，晶核越多，生长速率越慢，则凝固后的晶粒越细小；反之，则晶粒越粗大。图 9-2 是结晶过程示意图。

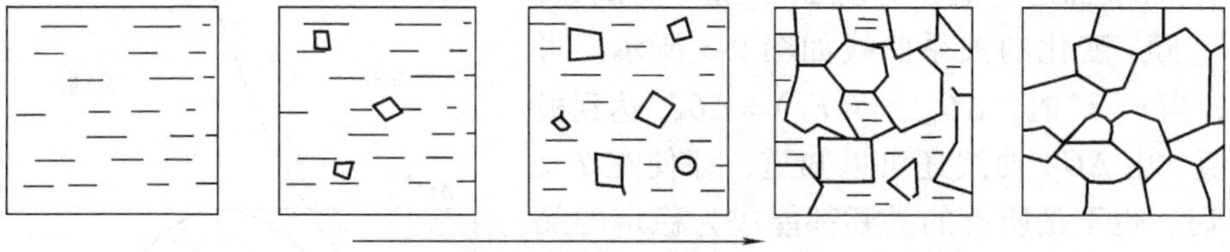

图 9-2　结晶过程示意图

第二节　纯金属的结晶

一、晶体的形核

晶体的形核有两种形式：均匀形核与非均匀形核。

均匀形核，又称为匀质形核、自发形核。这种形核方式是新相晶核在母相中均匀地形成，即晶核是通过结构(相)起伏，由液相中“近程有序”的原子集团直接形成的。

非均匀形核，又称为异质形核、非自发形核。这种形核方式是新相晶核在母相中的异质处形成，即晶核是通过依附于液相中的杂质或外来质点的表面作为基底而形成的。

对实际液态金属，由于不可避免地存在杂质或外来质点(如容器的表面、加入的孕育剂等)，故几乎不可能发生均匀形核。且实验证实均匀形核可能达到的过冷度 $\Delta T_{max} \approx 0.2T_m$，而通常铸件结晶时的过冷度 $\Delta T < 0.02T_m$ 约 20℃，故实际金属的结晶方式主要是非均匀形核。

(一) 均匀形核

1. 形核热力学条件　当温度下降到熔点 T_m 以下时，液态金属中此起彼伏的近程有序的原子集团就可能成为均匀形核的“胚芽”——晶胚。当过冷液体中产生晶胚时，一方面因原子由液态转变为固态的有序排列状态使体系内体积自由能下降；另一方面，由于晶胚与液相构成新的界面，引起界面自由能增加。如此，形成一个晶胚时总的自由能变化为：

$$\Delta G_{hom} = V\Delta G_V + A\sigma_{LS} \tag{9-8}$$

式中，ΔG_V 为单位体积自由能变化；V 为晶胚体积；σ_{LS} 为比界面自由能（比界面能）；A 为晶胚表面积，下标 hom 表示“均匀(homogeneous)”。假设晶胚为球形，半径为 r，则：

$$\Delta G_{hom} = \frac{4}{3}\pi r^3 \Delta G_V + 4\pi r^2 \sigma_{LS} \tag{9-9}$$

由式(9-9)可知，由于在一定温度下，ΔG_V 和 σ_{LS} 都是定值，所以 ΔG_{hom} 是 r 的函数，ΔG_{hom} 随 r 变化的关系曲线如图 9-3 所示。可见，当 $r = r^*$ 时，$\Delta G_{hom} = f(r^*) = \Delta G^*_{hom}$ 达到极大值。由 ΔG-r 曲线还可以知道，即使在 $T < T_m$ 时，也不是所有的晶胚都能成为稳定的晶核的。如晶胚的 $r < r^*$，则其生长将导致体系自由能 G 的升高，故这种晶胚是不稳定的，不能成为晶核，只能重新熔化使体系自由能降低。而当 $r \geqslant r^*$ 时，随晶胚的生长体系自由能降低，此类晶胚才能成为稳定的晶核，并在随后的过程中不断长大。故此半径 $r = r^*$ 的晶核称为临界晶核，r^* 称为临界半径，它可以通过数学上求极值的方法获得。由式(9-9)，令：

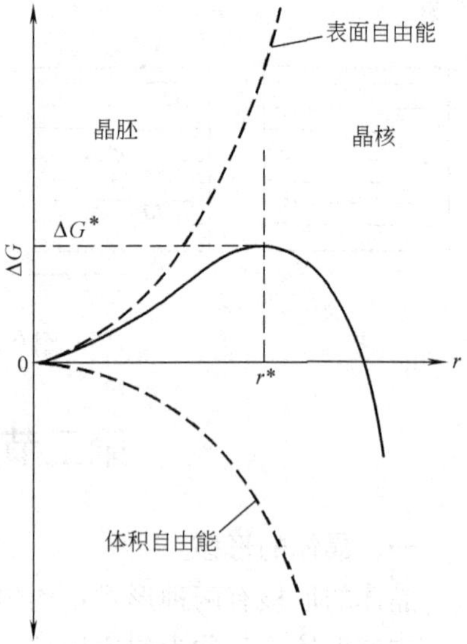

图 9-3　ΔG-r 关系曲线示意图

$$\left.\frac{\mathrm{d}\Delta G_{hom}}{\mathrm{d}r}\right|_{r=r^*} = 4\pi r^{*2}\Delta G_V + 8\pi r^* \sigma_{LS} = 0$$

即得：

$$r^* = -\frac{2\sigma_{LS}}{\Delta G_V} \tag{9-10}$$

将式(9-7)代入式(9-10)，得：

$$r^* = \frac{2\sigma_{LS} T_m}{L_m \Delta T} \tag{9-11}$$

可见，临界半径 r^* 由 σ_{LS} 和 ΔT 这两个因素决定。由于 σ_{LS} 随温度的变化较小，一般可近似地看作常数，故 r^* 主要随过冷度 ΔT 而变。ΔT 越大，则 r^* 越小，这意味着较小的原子集团也能成为晶核，形核几率增大，形核的数量增多；反之亦然。而当液相处于熔点温度 T_m 时，$\Delta T = 0$，$r^* \to \infty$，意味着任何尺寸的晶胚都不可能成为晶核，凝固不可能进行。

将式(9-10)代入式(9-9)可得：

$$\Delta G_{hom}^{*}=\frac{4}{3}\pi r^{*3}\Delta G_{V}+4\pi r^{*2}\sigma_{LS}=\frac{16\pi\sigma_{LS}^{3}}{3(\Delta G_{V})^{2}} \tag{9-12}$$

再将式(9-7)代入式(9-12)得到：

$$\Delta G_{hom}^{*}=\frac{16\pi\sigma_{LS}^{3}T_{m}^{2}}{3(L_{m}\Delta T)^{2}} \tag{9-13}$$

式中，ΔG_{hom}^{*}是形成临界晶核所需的功，称为临界形核功。如果将临界晶核的表面积$A^{*}=4\pi r^{*2}$代入式(9-12)，可得：

$$\Delta G_{hom}^{*}=\frac{1}{3}A^{*}\sigma_{LS} \tag{9-14}$$

式(9-14)说明，形成临界晶核时临界形核功等于其界面能的三分之一，即是说液、固相之间的自由能差值只能提供形成临界晶核所需界面能的2/3，而另外的1/3界面能则需依靠过冷液相中的能量起伏来提供。综上所述，液体必须在一定的过冷条件下才能凝固，而液体中客观存在的结构起伏和能量起伏是促成均匀形核的必要因素。

2. 形核动力学　以上所讨论的是均匀形核的热力学条件，即临界晶核与温度(过冷度)的关系，但未涉及到形核的动力学问题，即形核速率问题。

通常，形核速率是以单位时间、单位体积中所形成的晶核数，即“形核率”N来表示的。形核率N受到两个相互矛盾的因素制约：一方面，随着过冷度ΔT的增大，晶核的临界半径r^{*}减小，形核功ΔG^{*}降低，因而所需的能量起伏小，稳定的晶核容易形成；另一方面，随着过冷度ΔT的增大，原子热运动减弱，从而原于从液相跃迁到固相上去的几率降低，不利于晶核的形成。因此，综合起来形核率N可由下式表示：

$$N=N_{1}N_{2}$$

其中，$N_{1}\propto\exp\left(-\frac{\Delta G_{hom}^{*}}{kT}\right)$为受形核功影响的形核率因子，称为形核功因子；$N_{2}\propto\exp\left(-\frac{Q}{kT}\right)$为受原子扩散影响的形核率因子，称为原子扩散几率因子。所以：

$$N_{hom}=K\exp\left(-\frac{\Delta G_{hom}^{*}}{kT}\right)\exp\left(-\frac{Q}{kT}\right) \tag{9-15}$$

式中，K为比例常数；Q为扩散激活能；k为波耳兹曼常数；T为热力学温度。N-T关系曲线如图9-4所示。

事实上，温度T对扩散激活能Q的影响很小，Q值可近似为常数。因此N_2随温度的降低(过冷度增加)而下降。由于$\Delta G^{*}\propto 1/\Delta T^{2}$，故$\Delta T$增大时，$\Delta G^{*}$降低，从而$N_1$增大。

综上可知，当温度较高(过冷度较小)时，过冷液体的形核率 N 主要取决于形核功 ΔG^*。当温度较低(过冷度较大)时，形核率 N 主要取决于原子扩散激活能 Q。当温度适当时，N_1 与 N_2 有一最佳配合，此时形核率达到最大值，形核率曲线上出现“峰值”（图 9-4）。

实际上，金属的形核率 N 与过冷度 ΔT 的关系如图 9-5 所示，看不到 N 随 ΔT 增大而下降的部分，即是说很难于过冷到越过形核率峰值的温度范围而达到足以抑制形核的程度。其原因可解释为：金属原子的活动(扩散)能力强，不易使形核率 N 出现极大值点，故在通常的冷却条件下不出现 N 下降的部分；或者说金属形核对温度很敏感，结晶倾向大，当温度达到 T^* 时形核率 N 突然急剧增大，T^* 称为有效过冷温度，相应的过冷度 ΔT^* 为有效过冷度。随着过冷度的增加，形核率继续增大，并在尚未达到图 9-4 所示的曲线峰值之前结晶即告结束。实验结果表明，许多金属液的有效形核过冷度 $\Delta T^* \approx 0.2T_m(K)$。

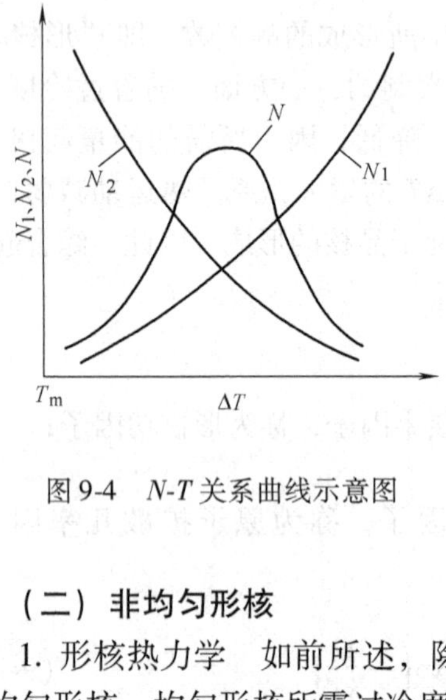

图 9-4　N-T 关系曲线示意图

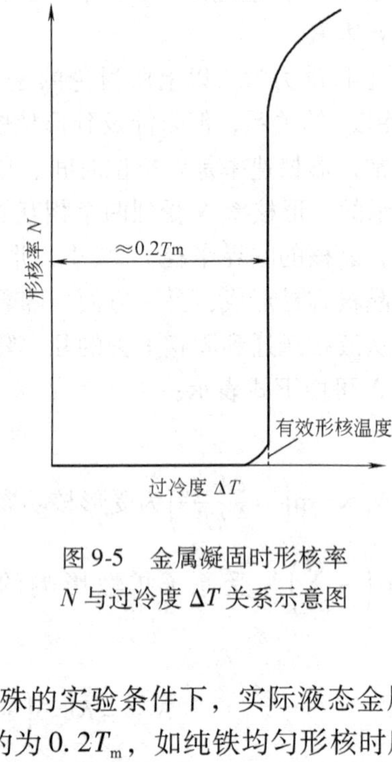

图 9-5　金属凝固时形核率 N 与过冷度 ΔT 关系示意图

（二）非均匀形核

1. 形核热力学　如前所述，除非在特殊的实验条件下，实际液态金属中难于均匀形核。均匀形核所需过冷度很大，约为 $0.2T_m$，如纯铁均匀形核时所需过冷度可达 295℃。而通常情况下，金属凝固形核过冷度一般不大于 20℃（约 $0.02T_m$），其根本原因在于非均匀形核，使形核界面能降低，形核可在较小的过冷度下发生。

如图 9-6 所示，设有一晶胚在液相中现成的表面为平面的固体质点(W)上形成，晶胚 S 的形状为截自半径为 r 的圆球球冠，晶核与基底的接触角(湿润角)为

θ，S/L、S/W 和 L/W 界面的界面能(界面张力)分别为 σ_{LS}，σ_{SW}，σ_{LW}。故当晶胚形成时体系自由能的变化为：

$$\Delta G_{het} = \Delta G_V V + \Delta(\sum A\sigma) \tag{9-16}$$

式中，下标 het 表示"非均质(heterogeneous)"。

显然：$\Delta(\sum A\sigma) = A_{LS}\sigma_{LS} + A_{SW}\sigma_{SW} - A_{SW}\sigma_{LW} = A_{LS}\sigma_{LS} + A_{SW}(\sigma_{SW} - \sigma_{LW})$ (9-17)

并且，在三相交点处，界面张力达到平衡：

$$\sigma_{LW} = \sigma_{LS}\cos\theta + \sigma_{SW} \tag{9-18}$$

球冠形晶核与基底的接触面积 A_{SW}，与液相接触部分的表面积 A_{LS}，以及其体积 V 分别为：

$$A_{SW} = \pi r^2 \sin^2\theta \tag{9-19}$$

$$A_{LS} = 2\pi r^2(1 - \cos\theta) \tag{9-20}$$

$$V = \pi r^3\left(\frac{2 - 3\cos\theta + \cos^3\theta}{3}\right) \tag{9-21}$$

将以上诸式代入式(9-16)即得：

$$\Delta G_{het} = \left(\frac{4}{3}\pi r^3\Delta G_V + 4\pi r^2\sigma_{LS}\right)\left(\frac{2 - 3\cos\theta + \cos^3\theta}{4}\right) = \Delta G_{hom} f(\theta) \tag{9-22}$$

同样令 $\frac{dG_{het}}{dr} = 0$，可求得非均匀形核时的临界晶核半径 r^*：

$$r^* = -\frac{2\sigma_{LS}}{\Delta G_V} \tag{9-23}$$

将式(9-23)代入式(9-22)即得非均匀形核的临界形核功 ΔG_{het}^* 为：

$$\Delta G_{het}^* = \Delta G_{hom}^* f(\theta) \tag{9-24}$$

由此可见，均匀形核与非均匀形核时，两者的临界晶核半径是相同的，而自由能变化与临界形核功都只是相差 $f(\theta) = \frac{2 - 3\cos\theta + \cos^3\theta}{4}$ 这一个比例系数。

由于 $0 \leqslant \theta \leqslant \pi$，$-1 \leqslant \cos\theta \leqslant 1$，$0 \leqslant f(\theta) \leqslant 1$，所以 $\Delta G_{het} \leqslant \Delta G_{hom}$，$\Delta G_{het}^* \leqslant \Delta G_{hom}^*$。这表明非均匀形核较均匀形核所需的形核功要小，所以非均匀形核可以在较小的过冷度下发生，并且 θ 越小，ΔG_{het}^* 也越小。

当 $\theta = 0$ 时，$\cos\theta = 1$，$f(\theta) = 0$，此时 $\Delta G_{het}^* = 0$，这表明非均匀形核基底 W 相当于现成的晶核，故不需形核功。这是一种极端情况。

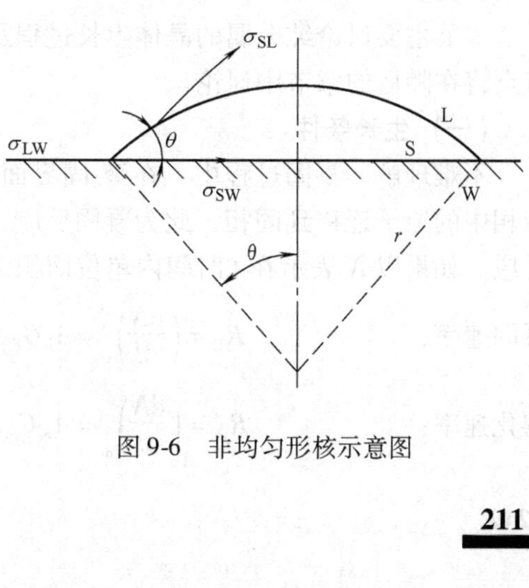

图 9-6　非均匀形核示意图

当 $\theta=\pi$ 时，$\cos\theta=-1$，$f(\theta)=1$，此时 $\Delta G_{het}^{*}=\Delta G_{hom}^{*}$，这表明基底 W 对形核不起作用，等于进行均匀形核。这是另一种极端情况。

2. 形核动力学　非均匀形核与均匀形核的形核率在形式上是一样的，即

$$N_{het}=K_{het}\exp\left(-\frac{\Delta G_{het}^{*}}{kT}\right)\exp\left(-\frac{Q}{kT}\right) \tag{9-25}$$

由于 $\Delta G_{het}^{*}\leqslant\Delta G_{hom}^{*}$，所以非均匀形核可在较小的过冷度下获得较高的形核率。图 9-7 所示为非均匀形核率和均匀形核率与过冷度之间的关系示意图。由图可见，非均匀形核时，当过冷度达到 $0.02T_m$ 时形核率已达到高峰值，且形核率由低到高的变化相对比较平缓。达到峰值后，随过冷度继续增加形核率下降。

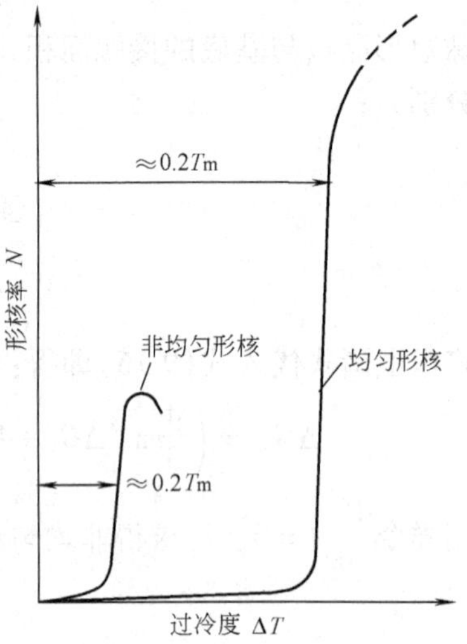

图 9-7　非均匀自发形核率与均匀形核率与过冷度的关系示意图

二、晶体的生长

晶核形成之后就要开始长大。晶核长大的驱动力是随晶核长大体系自由能的降低，其过程是一个由液相中原子向晶核表面迁移或堆砌的过程。原子堆砌的方式及速率与凝固驱动力和液-固界面的结构有关。晶体长大的方式可分别从微观和宏观的角度来分析，微观长大方式讨论的是液相原子向固相界面堆砌的方式；宏观长大方式讨论的则是液-固界面的形态。影响晶体生长的因素很多，但主要是：①液-固界面前沿的温度条件；②液-固界面结构；③对合金来说，还与界面前沿合金成分及性质有关。

本节主要讨论纯金属的晶体生长过程及其基本规律，有关合金中晶体生长的特点将在随后的章节中讨论。

（一）生长条件

不难理解，凝固过程中，在液-固界面处同时存在两种情况的原子迁移，即液相中的原子迁移到固相，此为凝固反应；固相中的原子迁移到液相，此为熔化反应。如果以 N 表示在 t 时间内单位面积上发生迁移的原子数，则有：

凝固速率：
$$R_F=\left(\frac{dN}{dt}\right)_F=A_F G_F N_L \nu_L\exp\left(-\frac{Q_F}{kT}\right) \tag{9-26}$$

熔化速率：
$$R_m=\left(\frac{dN}{dt}\right)_m=A_m G_m N_s \nu_s\exp\left(-\frac{Q_m}{kT}\right) \tag{9-27}$$

式中，N_L 和 N_S 分别为界面处单位面积上液相和固相的原子迁移数；G_F 和 G_m 分别是液相原子跃迁到固相和固相原子跃迁到液相的几率；A_F 和 A_m 分别是液相原子到达固相和固相原子到达液相后能够定居（不因碰撞而被弹回）的几率；ν_L 和 ν_S 分别是液相和固相原子的振动频率；Q_F 和 Q_m 分别为原子由液相跃迁到向固相和固相向液相跃迁的激活能。

由式(9-26)和(9-27)作出 R_F 和 R_m 与温度 T 的关系曲线如图 9-8 所示。图中 T_m 为熔点温度，T_i 为界面温度。可见，若 $T_i = T_m$，则 $R_F = R_m$，凝固和熔化达到动态平衡，即由液相迁移到固相晶核上的原子数与由晶核上迁移到液相中的原子数相等，故晶核不可能长大。欲使晶核长大，也就是固-液界面能向液相中推进，必须 $R_F > R_m$，满足这一条件的界面温度 T_i 必定小于 T_m，即在界面处要有一定的过冷度 $\Delta T_k(=T_m - T_i)$，ΔT_k 称为动态（动力学）过冷度。通常情况下，晶粒长大所需的动态过冷度 ΔT_k 很小，0.01 ~0.05℃即可。

（二）生长机制（微观生长方式）

晶体生长机制是指晶体生长过程中液相原子是如何堆砌到固相上去的，这与液-固界面的微观结构有关。

按原子尺度，液-固界面可分为光滑界面和粗糙界面两类，如图 9-9 所示。

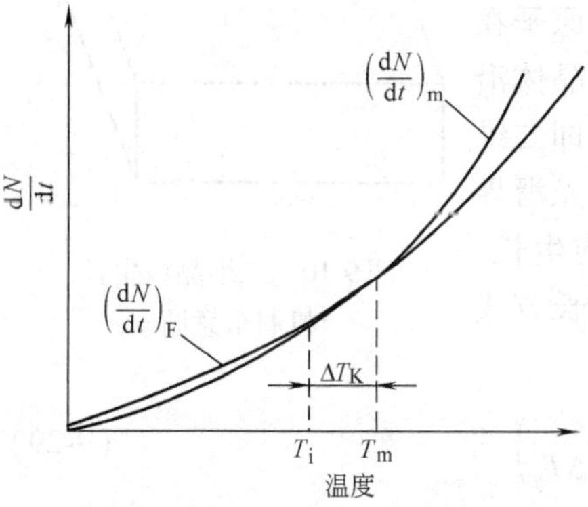

图 9-8 凝固和熔化速率与温度的关系

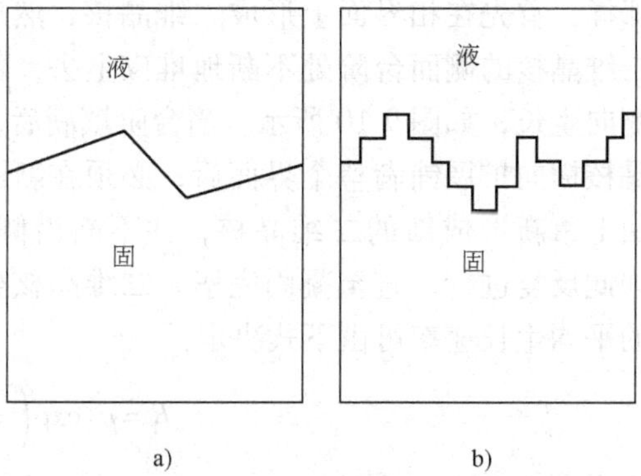

图 9-9 液-固界面结构示意图

a）光滑界面 b）粗糙界面

可认为光滑界面是在界面处液-固两相是截然分开的，如图 9-9a 所示。界面以上为液相，界面以下是固相。固相表面为基本完整的原子密排面，所以从微观角度来看界面是光滑的，而从宏观角度来说，界面往往是由不同位向的水平面所组成，故亦称为小平面界面。

对粗糙界面，则可认为液-固界面微观上是高低不平的，存在着几个原子层厚度的过渡层，过渡层中只有半数左右的位置为固相原子所占据。因过渡层很薄，故从宏观上来看界面平直而不出现小平面。故粗糙界面亦称为非小平面界面。

对于不同的液-固界面结构，晶体生长的机制是不同的，有连续生长、二维晶核生长、螺型位错生长等。

1. 连续生长　连续生长方式主要发生在粗糙界面上。由于粗糙界面上原子只占50%左右的位置，其余的一半位置空着，液相原子可以很容易进入这些空位与晶体结合起来，晶体便连续不断地向液相中生长，故连续生长方式又称为垂直生长。连续生长方式的特点为：

1）所需的动态过冷度很小，$\Delta T_k=(0.01\sim0.05)\mathrm{K}$。

2）生长速度较快，原子的扩散速度决定了液相中原子向界面处迁移并跃迁到界面上的速度，凝固潜热的导出速度决定了在界面前沿保持一个使晶体得以生长的动力学过冷 ΔT_k。连续生长时生长速率 R 可用下式表示：

$$R=\mu_1\Delta T_k \tag{9-28}$$

式中，μ_1 为比例系数，对大多数金属，$\mu_1\approx10^{-2}$ $(\mathrm{m/(s\cdot K)})$。

2. 二维晶核生长　对光滑界面，由于单个原子很难在界面上堆砌，故其生长方式是如同均匀形核那样，首先在相界面上形成二维晶核，然后原子在二维晶核的侧面台阶处不断地堆砌上去，使晶体沿侧向生长，如图9-10所示。当台阶填满后，即二维晶核横向扩展铺满整个界面后，必须在新的光滑界面上重新形成新的二维晶核，并不断沿侧向生长。如此反复进行，直至凝固完毕。二维晶核生长方式的平均生长速率可由下式决定：

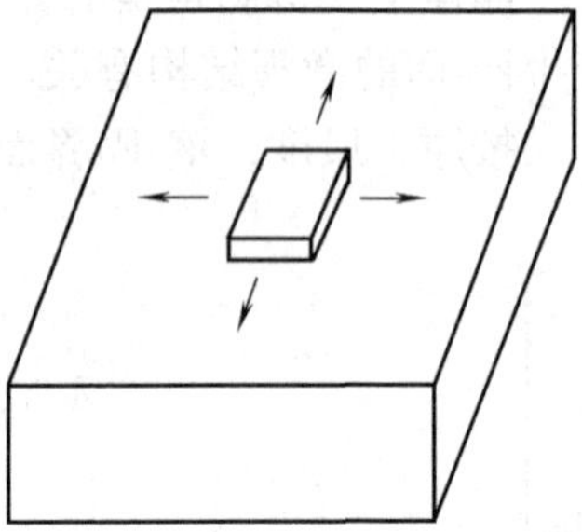

图9-10　二维晶核生长机制示意图

$$R=\mu_2\exp\left(-\frac{b}{\Delta T_k}\right) \tag{9-29}$$

式中，μ_2 和 b 为常数。

3. 螺型位错生长　如果光滑界面上存在螺型位错，则界面上位错露头处的台阶就成为现成的晶体生长台阶，如图9-11所示。原子在台阶上堆砌时，台阶便绕位错线旋转。台阶每旋转一周，界面便生长了一个原子层厚度。晶体生长过程中螺型位错的台阶不会消失，可保证晶体界面沿螺型位错线连续生长。由于不需要二维形核，且能连续生长，故其生长速率较二维晶核生长快许多。但螺型位错生长机制与二维晶核生长机制一样，原子也只能堆砌在台阶部分而不是界面上任何部位，故其生长速率还是比粗糙界面的连续生长机制的慢。螺型位错生长速率与动态过冷度 ΔT_k 的关系可由下式表示：

$$R = \mu_3 \Delta T_k^2 \tag{9-30}$$

式中，μ_3 为比例常数。

（三）生长形态（宏观生长方式）

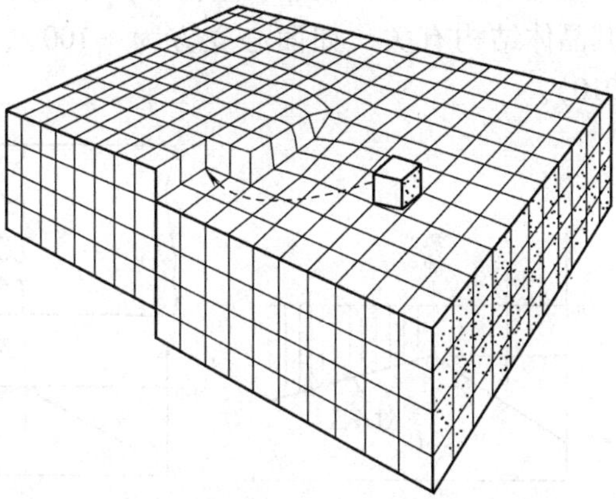

图 9-11 螺型位错生长机制示意图

在不同的凝固条件下，晶体生长的形态不同，凝固后的晶体形状、大小及分布亦不同。纯金属的晶体生长形态主要有两种：平面状生长和枝晶状生长。而具体以哪一种方式生长则取决于凝固时液-固界面前沿液相内的温度分布。

1. 平面状生长 平面状生长是指纯金属凝固时，其液-固界面宏观上始终是平面。这种生长形态的条件是液固界面前沿液相内温度分布始终呈现正的温度梯度，即 $G_L > 0$，如图 9-12 所示。此种情况下，凝固潜热只能通过固相导出，界面推进速度受固相传热速度所控制。当界面上偶尔出现凸起部分而伸入温度较高的液相中时，凸起部分的生长速率就会减缓或停止，甚至可能被重新熔化，结果就是凸起部分消失，液-固界面保持平面形态。

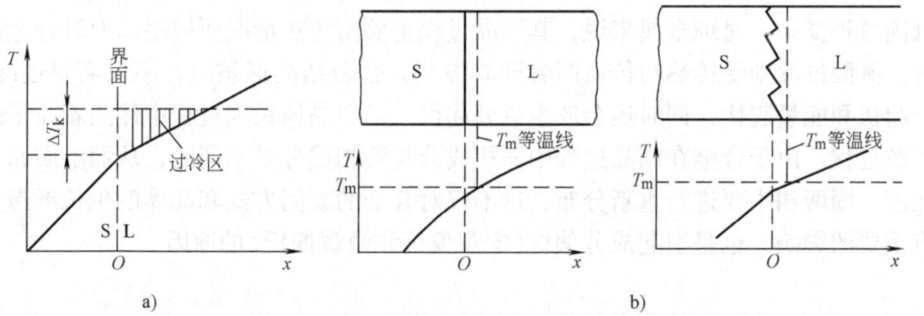

图 9-12 界面前沿液相内温度分布与生长形态示意图

a）温度分布 b）界面形态

2. 枝晶状生长 枝晶状生长又称为树枝状生长。这种生长形态发生在液-固界面前沿液相内温度分布呈负的温度梯度，如图 9-13 所示。此时，凝固潜热既可通过固相导出，也可通过液相导出。当生长界面上偶尔出现凸起部分时，由于所处的温度更低，亦即过冷度更大，使得凸出部分的生长速率更快而进一步深入液相中，如此液-固界面就会出现许多伸向液体的树枝状晶枝，称为一次晶枝或一次轴。同时在一次晶枝上又会生长出二次晶枝，二次晶枝上再长出三次晶枝…，如图 9-13 所示。枝晶状生长时，伸展的晶枝(轴)具有一定的晶体取向，这与其晶体结构有关，如面心立方为〈100〉、体心立方为〈100〉、密排六方为〈$10\bar{1}0$〉。

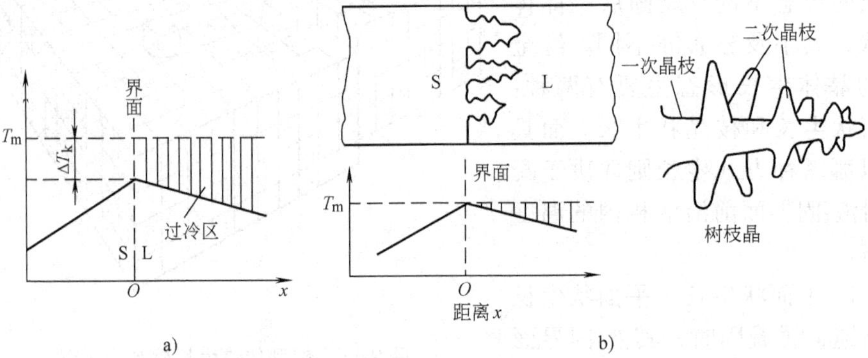

图 9-13　界面前沿液相内温度分布与枝晶生长形态示意图

a）温度分布　　b）枝晶生长形态

第三节　固溶体合金的凝固

由两种或两种以上组元组成的合金，液相的凝固过程较单一组元的纯金属的凝固过程复杂。对纯金属来说，其结晶过程主要由传热情况所控制。而对合金而言，液固过程则受传热与传质两者同时控制。合金结晶形核时，不仅需要过冷、相起伏和能量起伏，同时还会产生成分起伏，且在晶体长大过程中伴随着原子的扩散过程。由于合金在结晶过程中固相成分与液相成分是不同的，从而溶质原子在液、固两相中要进行重新分布，这不仅对合金的凝固方式和晶体的生长形态具有重要的影响，也是引起成分偏析(宏观偏析和微观偏析)的原因。

一、固溶体合金的平衡与非平衡凝固

固溶体合金的平衡凝固在第八章中已作过介绍，但当时没有涉及凝固过程中原子扩散及溶质再分配问题，也没有讨论非平衡凝固的问题。

(一) 平衡凝固

如图 9-14 所示，成分为 C_0 的液相合金在平衡条件下过冷到 T_1 温度时满足形核所需的过冷度要求，开始结晶出成分为 C_{α_1} 的晶核 α_1，对应的液相成分为 C_{L_1}，此时在液-固界面处建立起 C_{α_1}-C_{L_1} 的局部瞬间平衡。由于 $C_{L_1} > C_0$，液相中

存在浓度梯度，必然引起组元的扩散，在扩散的同时，固相继续长大，这两个过程一直进行到液相成分为均一成分 C_{L_1} 为止。同样，固相中也存在浓度梯度，也有原子扩散，只是其扩散速率远较液相原子的小，固相达到均一成分 C_{α_1} 需要的时间较长。在随后的冷却凝固中，每一步都重复上述过程。由于平衡凝固时液、固两相中的原子扩散都能充分进行，故凝固结束后得到均匀原始成分 C_0 的固溶体合金。

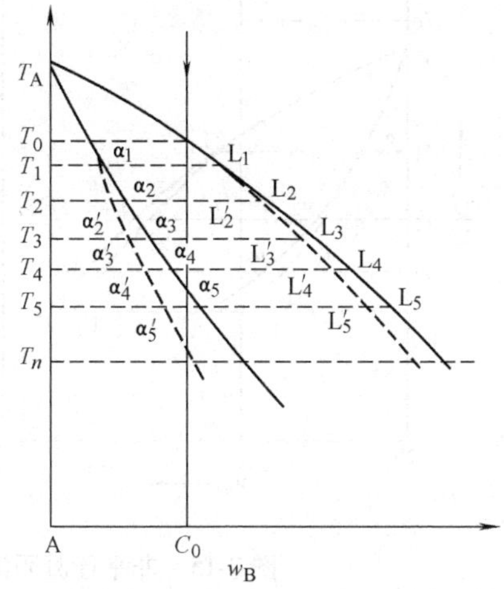

图 9-14 固溶体平衡与非平衡凝固时液、固两相成分变化示意图

（二）非平衡凝固

平衡凝固必须有足够的时间使原子扩散能充分进行。但在实际工况条件下，凝固时间是有限的，不可能有足够的扩散时间，故凝固过程都是偏离平衡状态的，称为非平衡凝固。

在非平衡凝固中，由于原子扩散不充分，从而导致液、固两相的成分偏离平衡相图中的液相线和固相线。固相内原子扩散较液相内原子扩散更困难，故固相成分偏离固相线的程度也就大得多，如图 9-14 虚线所示。成分为 C_0 的合金在 T_1 温度时首先结晶出成分为 C_{α_1} 的固相，因其成分 C_{α_1} 远小于原始成分 C_0，液-固界面处液相的成分于 C_{L_1} 势必大于原始成分 C_0。当冷却到 T_2 温度时，固相的平衡成分为 C_{α_2}，液相平衡成分则应为于 C_{L_2}。但由于冷凝速度较快，液、固两相中，尤其是固相中的扩散不充分，因此界面处固相成分大于其内部的成分，或者说后结晶部分的成分大于先结晶部分的成分，即固相内的成分是不均匀的。显然，如以 C'_{α_2} 表示此时固相的平均成分，则有 $C_{\alpha_1} < C'_{\alpha_2} < C_{\alpha_2}$。同理，整个液相的平均成分 C'_{L_2} 应在 C_{L_1} 与 C_{L_2} 之间。如此，凝固过程一直进行到 T_n 温度时，固相平均成分才达到合金的原始成分 C_0，凝固才告以结束。将此过程中每一温度下的液相与固相的平均成分点分别连接起来就得到图 9-14 中虚线 $\alpha_1\alpha'_2\cdots$ 和 $L_1L'_2\cdots$，分别称作固相平均成分线和液相平均成分线。非平衡凝固液、固两相的成分及组织变化如图 9-15 所示。由此可知，非平衡凝固有如下几个要点：

（1）液、固两相的平均成分线与液相线和固相线不同，它们取决于凝固冷却速度。冷速越快，偏离液相线和固相线的程度越严重；反之则偏离程度较轻。

（2）先结晶部分富含高熔点组元(A)，后结晶部分则富含低熔点组元(B)。也就是说晶体各部分的成分是不均匀的，这种现象就称为偏析。

（3）非平衡凝固的结束温度总是低于平衡凝固的结束温度。

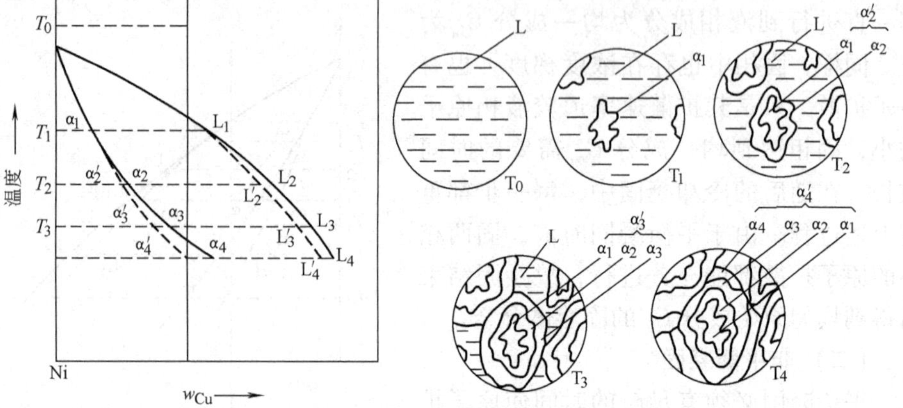

图 9-15　非平衡凝固液、固两相成分及组织变化示意图

二、溶质再分配

合金材料凝固时，溶质要发生重新分布，这不仅会形成宏观和微观偏析，而且会对晶体的生长形态产生影响。

（一）溶质分配系数

溶质分配系数 k 的定义是：凝固过程中固-凝界面处固相溶质含量 C_s^* 与液相溶质含量 C_L^* 之比，即

$$k = \frac{C_S^*}{C_L^*} \tag{9-31}$$

图 9-16 所示是 k 的两种情况，图 9-16a 是 $k<1$ 的情况，即液、固相线温度

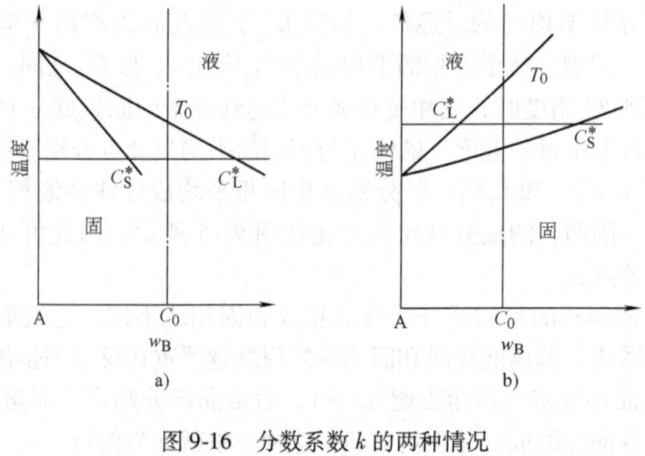

图 9-16　分数系数 k 的两种情况

a）$k<1$　　b）$k>1$

随溶质增加而下降的情况。图 9-16b 是与图 9-16a 正好相反的情况（$k>1$）。

（二）平衡凝固时的溶质再分配

为便于讨论起见，假设原始成分为 C_0 的固溶体合金在一长度为 l 的棒形铸型内自左向右逐渐凝固，固-液界面为平面，平衡凝固分配系数 $k_0<1$，如图 9-17 所示。

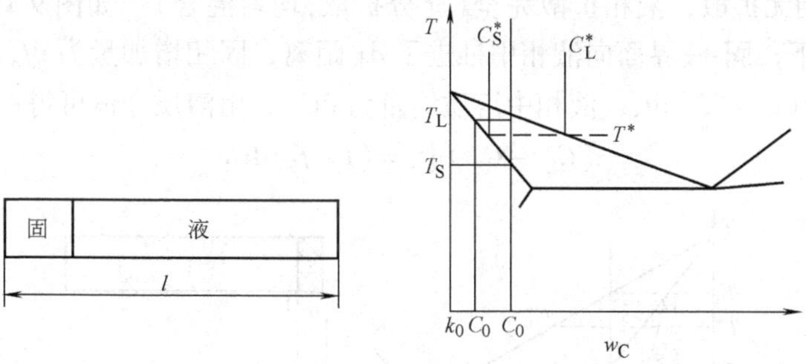

a)　　　　b)

图 9-17　棒形铸型内凝固过程

a）长度为 l 的棒形锭子　b）平衡分配系数 k_0 示意图

平衡凝固时固、液两相的成分均沿相图上固相线和液相线变化，溶质分布满足杠杆定律，由质量守恒即得：

$$C_S f_S + C_L f_L = C_0 \tag{9-32}$$

$$f_S + f_L = 1 \tag{9-33}$$

式中，f_S 为固相分数；f_L 为液相分数。

由式(9-32)、式(9-33)并注意到 $k_0 = C_S/C_L$，可解得：

$$C_S = \frac{k_0 C_0}{1+(k_0-1)f_S} \tag{9-34}$$

$$C_L = \frac{C_0}{k_0+(1-k_0)f_L} \tag{9-35}$$

式(9-34)、式(9-35)为平衡凝固时溶质再分配的数学表达式，由此可得平衡凝固过程中任一时刻液、固两相的溶质浓度，如图 9-18 所示。当刚开始凝固时，

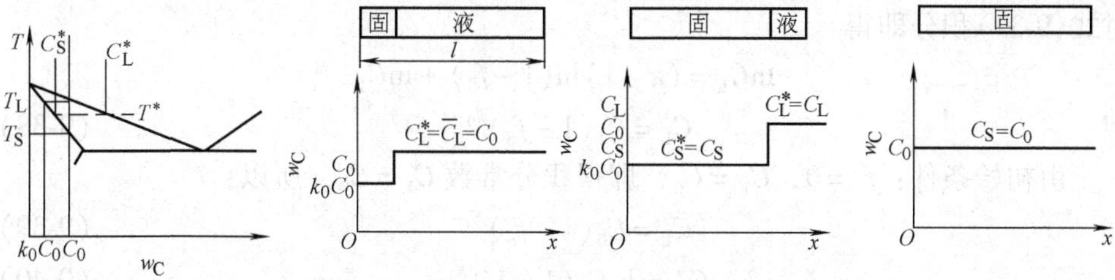

图 9-18　平衡凝固过程溶质再分配示意图

$f_S \approx 0, f_L \approx 1$，$C_S = k_0 C_0$，$C_L = C_0$；当凝固将要结束时，$f_S \approx 1$，$f_L \approx 0$，$C_S = C_0$，$C_L = C_0/k_0$。

（三）非平衡凝固时的溶质再分配

非平衡凝固时的溶质再分配较平衡凝固时复杂得多，分三种情况进行讨论。

1. 固相无扩散，液相扩散完全（充分扩散，均匀混合） 如图9-19所示，设在温度 T^* 下，固-液界面向液相中推进了 dx 距离，固相增加量为 df_S，由此排出的溶质量为（C_L^*-C_S^*）df_S，液相中溶质增量为 dC_L^*，由溶质守恒可得：

$$(C_L^* - C_S^*)\mathrm{d}f_S = (1 - f_S)\mathrm{d}C_L^* \tag{9-36}$$

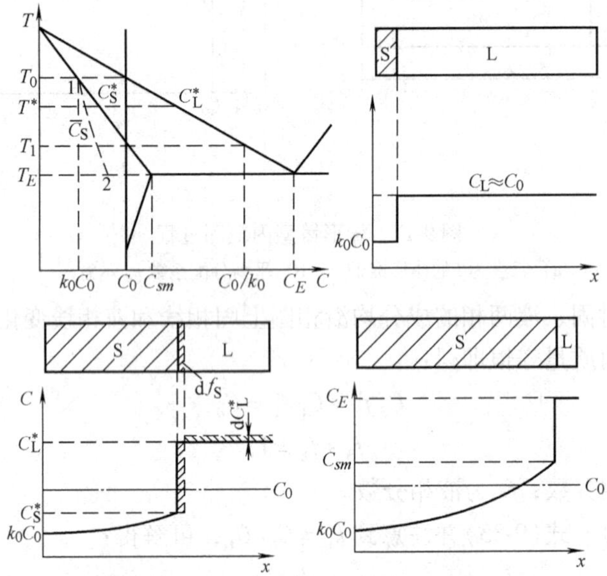

图9-19 固相无扩散，液相充分扩散的溶质再分配示意图

因为液相扩散完全，故 $C_L^* = C_L$，$k_0 = C_S^*/C_L^* = C_S^*/C_L$，$\mathrm{d}C_L = \mathrm{d}C_S^*/k$，代入式(9-36)得到：

$$\frac{1}{C_L}\mathrm{d}C_L = (1 - k_0)\frac{1}{(1 - f_S)}\mathrm{d}f_S \tag{9-37}$$

对式(9-37)积分即得：

$$\ln C_L = (k - 1)\ln(1 - f_S) + \ln C_1$$

即

$$C_L = C_1(1 - f_S)^{k_0 - 1} \tag{9-38}$$

由初始条件：$f_S = 0$，$C_L = C_0$，即得积分常数 $C_1 = C_0$，所以：

$$C_L = C_0(1 - f_S)^{k_0 - 1} \tag{9-39}$$

$$C_S^* = k_0 C_0(1 - f_S)^{k_0 - 1} \tag{9-40}$$

式(9-39)、式(9-40)亦称非平衡杠杆定律。

2. 固相无扩散、液相有限扩散而无对流　对于这种情况，凝固过程可分为三个阶段：起始暂态(非稳态)阶段、稳态阶段和终端暂态(非稳态)阶段。应注意的是，平衡和非平衡凝固与稳态和非稳态凝固是两个不同的概念。平衡凝固时溶质分布能按相图确定，不平衡凝固时溶质分布则不能由相图确定；而稳态是指凝固过程中溶质分布不随时间而变，非稳态则溶质分布随时间而变。

(1) 起始暂态阶段。凝固开始后，在固-液界面前沿两相处于局部平衡，即 $C_S^*/C_L^*=k_0$。而远离界面的液相成分保持为 C_0。随着凝固的进行，界面前沿厚度为 δ 的液相层内的溶质浓度逐渐升高，这一富集溶质原子的液体层称为溶质富集层(亦称为边界层)。当边界层的浓度达到动态平衡时，即进入边界层的溶质等于通过扩散排出边界层进入液相深处的溶质量时，起始阶段暂态就告结束，凝固过程进入稳态阶段，如图 9-20 所示。

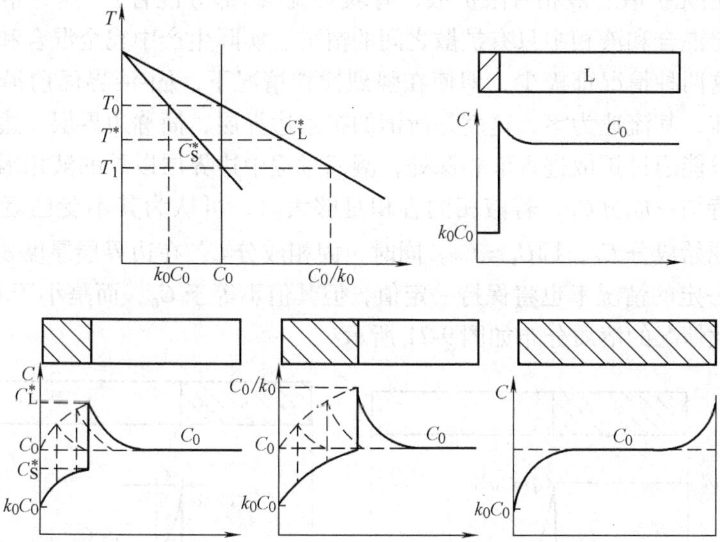

图 9-20　固相无扩散，液相有限扩散而无对流时溶质分布示意图

Smith 等对起始暂态区的溶质分布数学模型作过严格推导，得出结果为：

$$C_S=C_0\left[1-(1-k_0)\exp\left(-\frac{k_0R}{D_L}\cdot x\right)\right] \tag{9-41}$$

式中，R 为固-液界面推进速率(凝固速率)；D_L 为液相中原子扩散系数；x 为坐标值。

(2) 稳态阶段。当凝固达到稳态阶段时，$C_S^*=C_0$，$C_L^*=C_S^*/k_0=C_0/k_0$，如图 9-20 所示。此时富集层内溶质分布可由下式描述：

$$C_L(x')=C_0\left[1+\frac{1-k_0}{k_0}\exp\left(-\frac{R}{D_L}x'\right)\right] \tag{9-42}$$

式中，x'为动坐标值，其原点为固-液界面处。

如将式(9-42)式改写成：

$$C_L - C_0 = C_0 \frac{1-k_0}{k_0}\exp\left(-\frac{R}{D_L}x'\right)$$

当 $x' = \frac{D_L}{R}$时，$C_L - C_0 = C_0 \frac{1-k_0}{k_0}e^{-1}$ = 常数，故 $x' = \frac{D_L}{R}$称为特性距离。

(3) 终端暂态阶段。凝固将结束时，液相量很少，溶质扩散受到末端边界的影响而几乎无法进行，此时固-液界面处两相溶质浓度 C_S^* 和 C_L^* 将同时升高，从而进入终端暂态阶段，如图 9-20 所示。终端暂态区要比起始暂态区小得多，其长度与溶质边界层的特性距离(D_L/R)为同一数量级，终端液相内的溶质分布可粗略地用式(9-39)、式(9-40)作近似计算。

3. 固相无扩散、液相有限扩散、有弱对流(即部分混合)　这一情况是介于液相中完全混合和液相中只有扩散之间的情况。实际生产中完全混合和只有扩散而无对流这两种情况都极少，即使在强烈搅拌情况下，固-液界面前沿仍然存在一薄层液体，其流速为零，这就是所谓的扩散边界层，简称边界层。边界层内的溶质原子只能通过扩散进入液相深处，凝固过程中边界层以外的液相因有对流作用得以保持均一成分$\overline{C}_L$，若液相的容积足够大时，可认为其不受已凝固体的影响而等于原始成分 C_0，即$\overline{C}_L = C_0$。同时，固相成分 C_S^* 在边界层厚度 δ 和界面推进速率 R 一定的情况下也将保持一定值，但其值不等于 C_0，而是小于 C_0 的某一个数值。此情况的溶质分布如图 9-21 所示。

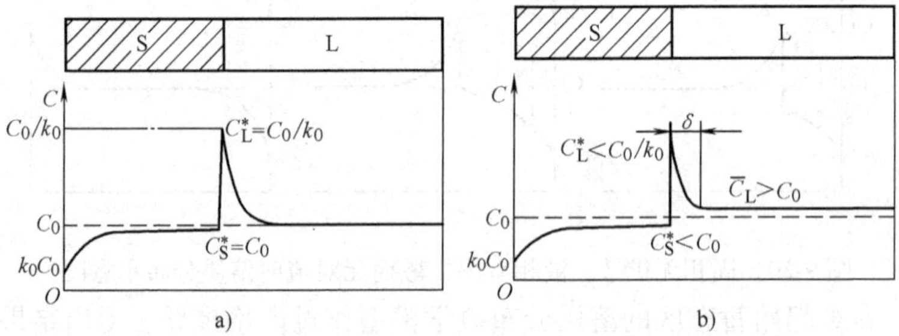

图 9-21　固相无扩散，液相部分混合时溶质分布示意图

a) 液相容积足够大　b) 液相容积有限

当达到稳态阶段时，溶质分布的数学表达式为：

$$C_S^* = \frac{k_0 \overline{C}_L}{k_0 + (1-k_0)\exp\left(-\frac{R}{D_L}\delta\right)} \tag{9-43}$$

$$C_L^* = \frac{\overline{C}_L}{k_0 + (1-k_0)\exp\left(-\frac{R}{D_L}\delta\right)} \tag{9-44}$$

如果液相量足够大，$\overline{C}_L = C_0$，则有：

$$C_S^* = \frac{k_0 C_0}{k_0 + (1-k_0)\exp\left(-\frac{R}{D_L}\delta\right)} \tag{9-45}$$

$$C_L^* = \frac{C_0}{k_0 + (1-k_0)\exp\left(-\frac{R}{D_L}\delta\right)} \tag{9-46}$$

如果定义有效分配系数 $k_e = \frac{C_S^*}{\overline{C}_L}$，则由上面公式可得：

$$k_e = \frac{C_S^*}{\overline{C}_L} = \frac{k_0}{k_0 + (1-k_0)\exp\left(-\frac{R}{D_L}\delta\right)} \tag{9-47}$$

式(9-47)说明了有效分配系数 k_e 是平衡分配系数 k_0 和无量纲参数$\frac{R\delta}{D_L}$的函数。当 k_0 值一定时，k_e 值随$\frac{R\delta}{D_L}$的变化如图 9-22 所示，可见 $k_0 \leqslant k_e \leqslant 1$。有效分配系数 k_e 实际上表征了液体混合的程度。下面作一简要的讨论：

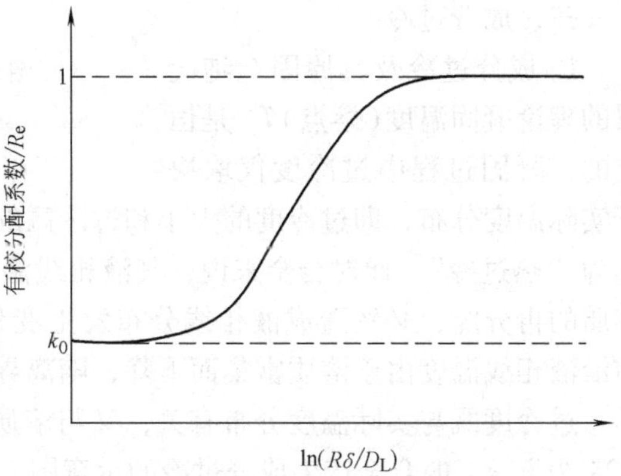

图 9-22　k_e-$\ln\left(\frac{R\delta}{D_L}\right)$关系曲线

（1）凝固速度极快，即 $R\to\infty$，则 $\exp\left(-\frac{R\delta}{D_L}\right)\to 0$，$k_e\to 1$，说明 $C_S^* = \overline{C}_L = C_0$，这表示了液相完全不混合状态。其原因是边界层外的液体对流被抑制，仅靠扩散无法使溶质得到混合。此时边界层厚度 δ 为最大，通常 $\delta = (0.01 \sim 0.02)$ m。

（2）凝固速度极慢，即 $R\to 0$，则 $\exp\left(-\frac{R\delta}{D_L}\right)\to 1$，$k_e\to k_0$，说明 $C_L^* = \overline{C}_L$，这表示了液相完全混合状态，液相中的充分对流使边界层不复存在，溶质完全混合均匀。

（3）凝固速度介于上述两者之间，此时 $k_0 < k_e < 1$，当达到稳态阶段时，R、δ 一定，故 k_e 亦一定。这表示了边界层外的液相中有对流但不充分，从而使溶质

得到一定程度的混合。此种情况下的边界层厚度通常为 $\delta \approx 0.001\mathrm{m}$。

图 9-23 给出了有效分配系数 k_e 取不同值时溶质分布的情况。

以上所给出的方程式都限于凝固界面为平面的假设。此外，从上面的讨论中可知，当希望获得成分均匀的材料时，则 k_e 越大越好，即要求高的凝固速度和液相无混合，以获得最大的边界层厚度 δ。这样在初始暂态区建立后即可获得成分的均匀分布（暂态区除外）。若要求最大程度的提纯时，则应使 k_e 越小越好，即要求低的凝固速度和液相充分混合，以得到尽可能小的边界层厚度 δ。

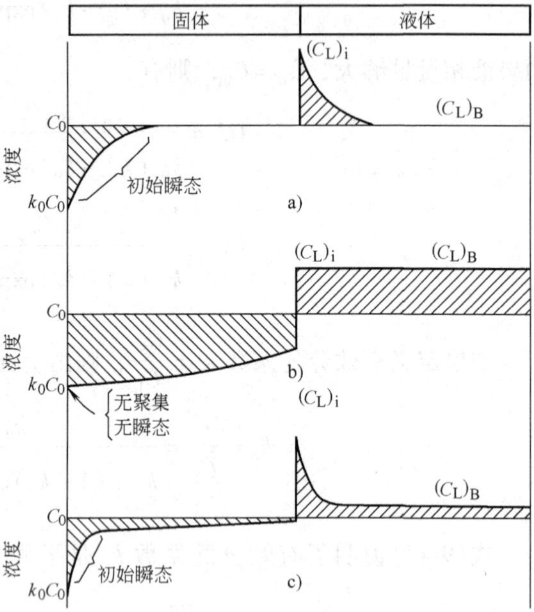

图 9-23　有效分配系数 k_e 值不同时的溶质分布示意图

a）$k_e = 1$　b）$k_e = k_0$　c）$k_0 < k_e < 1$

三、成分过冷

1. 成分过冷及其原因　纯金属的理论凝固温度（熔点）T_m 是恒定的，凝固过程中过冷度仅取决于实际温度分布，即过冷度的大小和过冷区的形态是由传热所控制的，这种过冷称为“热过冷”。而对合金来说，其液相线温度随成分而变，故凝固过程中由于溶质的再分配，必然造成液相线分布发生变化。如对 $k_0 < 1$ 的合金，固-液界面前沿液相线温度由于溶质富集而下降，随离界面距离的增加液相线温度升高。这样，过冷度既与实际温度分布有关，又与溶质分布有关，此即“成分过冷”。图 9-24 为 $k_0 < 1$ 的合金产生成分过冷的示意图。

2. 稳态生长过程中成分过冷 ΔT_C 的大小　为讨论简便起见，设液相线为直线，即液相线斜率 m_L 为常数，并且液相中仅有扩散而无对流。如此可得界面前沿液相内由于溶质再分配（C_L）所造成的液相线温度 T_L 为：

$$T_L = T_A - m_L C_L \tag{9-48}$$

式中 T_A 为组元 A 的熔点，$C_L = C_0\left[1 + \frac{1-k_0}{k_0}\exp\left(-\frac{R}{D_L}x'\right)\right]$，代入上式即得：

$$T_L = T_A - m_L C_0\left[1 + \frac{1-k_0}{k_0}\exp\left(-\frac{R}{D_L}x'\right)\right] \tag{9-49}$$

设液相中实际温度梯度为 G_L，固-液界面处温度为 T_i，则在忽略动力学过冷

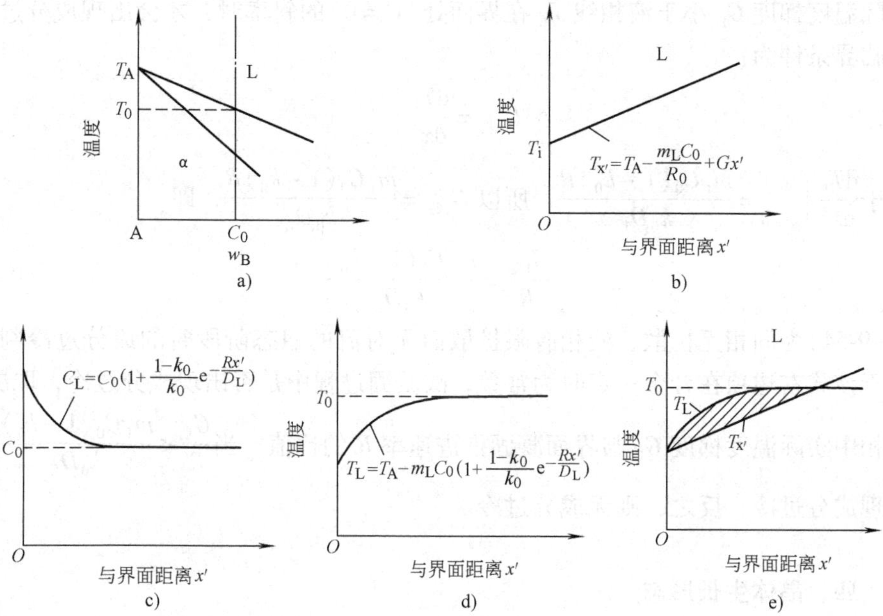

图 9-24　$k_0<1$ 的合金成分过冷示意图

ΔT_k 的情况下，液相内的实际温度 $T_{x'}$ 为：

$$T_{x'} = T_i + G_L x' \tag{9-50}$$

由式(9-49)可得：

$$T_i = T_L \Big|_{x'=0} = T_A - m_L \frac{C_0}{k_0} \tag{9-51}$$

代入式(9-50)即得：

$$T_{x'} = T_A - m_L \frac{C_0}{k_0} + G_L x' \tag{9-52}$$

所以成分过冷 ΔT_C 为：

$$\Delta T_C = T_L - T_{x'} = m_L C_0 \frac{1-k_0}{k_0}\left[1-\exp\left(-\frac{R}{D_L}x'\right)\right] - G_L x' \tag{9-53}$$

从式(9-53)可见，成分过冷 ΔT_C 是 m_L、C_0、k_0、D_L、R 和 G_L 的函数。当合金原始成分 C_0 一定时，m_L、k_0、D_L 亦一定，故实际情况是 ΔT_C 与 R 和 G_L 这两个因素有关。

令 $\frac{d(\Delta T_C)}{dx'}=0$，即可求得成分过冷的极大值 ΔT_{Cmax} 为：

$$\Delta T_{Cmax} = \frac{m_L C_0 (1-k_0)}{k_0} - \frac{G_L D_L}{R}\left[1 + \ln \frac{m_L C_0 (1-k_0) R}{k_0 D_L G_L}\right] \tag{9-54}$$

3. 稳态生长过程中成分过冷的判据　成分过冷的判据是用于判断在何种条件下存在成分过冷，何种条件下不存在成分过冷。如图 9-24e 所示，显然当液相

实际温度梯度 G_L 小于液相线 T_L 在界面处($x'=0$)的斜率时，才会出现成分过冷，即临界条件为：

$$G_{L临} = \left.\frac{dT_L}{dx'}\right|_{x'=0}$$

由于 $\left.\frac{dT_L}{dx'}\right|_{x'=0} = \frac{m_L C_0(1-k_0)R}{k_0 D_L}$，所以 $G_{L临} = \frac{m_L C_0(1-k_0)R}{k_0 D_L}$，即

$$\frac{G_{L临}}{R} = \frac{m_L C_0(1-k_0)}{k_0 D_L} \tag{9-55}$$

式(9-54)为固相无扩散、液相有限扩散而无对流的稳态阶段时的成分过冷判据，由于该式右边项在合金一定时为常数，故凝固过程中是否出现成分过冷，取决于液相中实际温度梯度 G_L 与界面凝固推进速率 R 的比值。当 $\frac{G_L}{R} < \frac{m_L C_0(1-k_0)}{k_0 D_L}$ 时，出现成分过冷；反之，则无成分过冷。

四、晶体生长形态

纯金属的凝固时，界面前沿液相内的温度分布决定着界面生长形态。对固溶体合金来说，若凝固过程中不出现成分过冷，则其生长形态基本上与纯金属相似。但通常情况下，实际合金在凝固过程中不可避免地要出现成分过冷。故合金的生长形态与成分过冷有着密切的关系，一般可分为四种情况：平面生长、胞状生长、枝晶状生长和等轴枝晶状生长。

1. 平面生长　当凝固过程中无成分过冷时，固-液界面将保持稳定的平面形状，从而合金晶体以平面状方式生长。

2. 胞状生长　胞状生长的条件是凝固过程中出现较小的成分过冷，且过冷区较窄，由此使得界面凸起部位可略有发展而呈胞状，但又不能充分发展，故而最终形成胞状晶，因此称为胞状生长。

3. 枝晶状生长　当凝固过程中出现较大的成分过冷且过冷区较宽时，便产生枝状晶生长。这是因为成分过冷的存在相当于在液相内形成了负温度梯度，从而使得晶体以枝晶状方式生长。

4. 等轴枝晶状生长　若凝固过程中固-液界面前方液相中出现大范围的成分过冷，且其最大值 ΔT_{Cmax} 又大于非均匀形核所需的过冷度 ΔT^*_{het} 时，则在此液相区域内将发生新的形核并长大。由于固-液界面以枝晶状生长时，这些晶核亦在不断生长，当两者相遇时，原有枝晶生长受阻便不能继续向液相内延伸。新生的晶核处于过冷的液相中，也是以枝晶状生长，但是其凝固潜热是通过液相散失的，不存在某个特定的散热方向，故枝晶在各个方向生长比较均等，没有明显的单向延伸的分枝，所形成的晶体呈颗粒状，内部呈现各向等轴的枝晶组织，通常称为等轴晶。

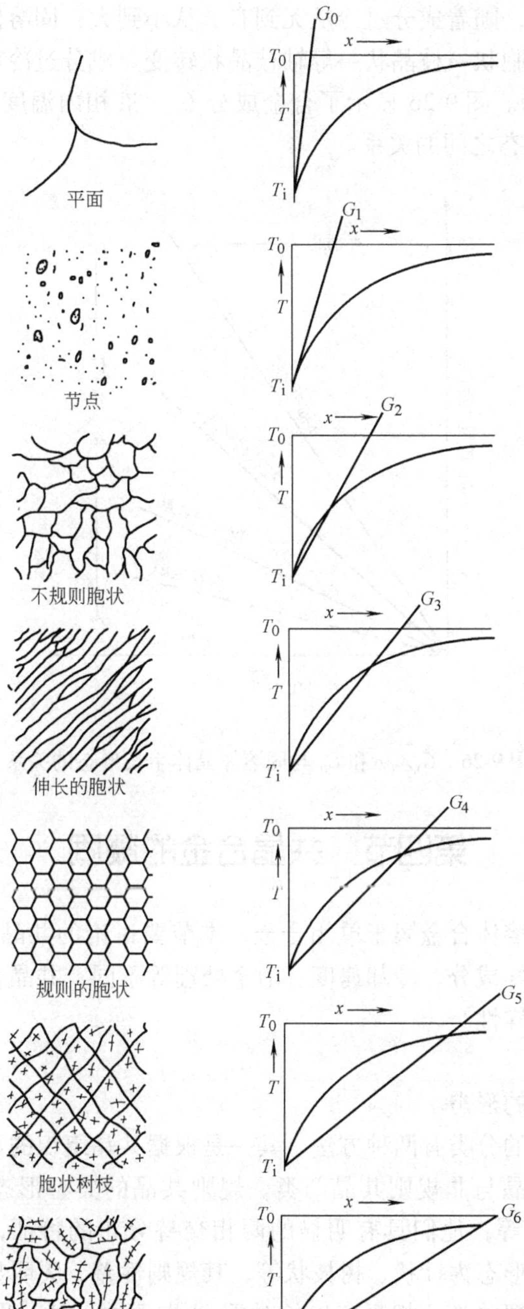

图 9-25　成分过冷对晶体生长形态的影响示意图

$G_0 \sim G_6$—温度梯度

由上所述可见，随着成分过冷从无到有、从小到大，固溶体合金凝固时的生长形态由平面状→胞状→枝晶状→等轴枝晶状转变。成分过冷对晶体生长形态的影响如图 9-25 所示。图 9-26 显示了合金成分 C_0、液相内温度梯度 G_L 及凝固速率 R 与晶体生长形态之间的关系。

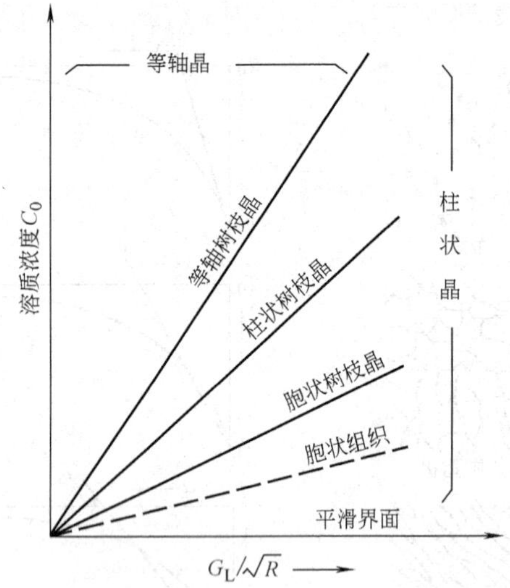

图 9-26　$G_L/\sqrt{R}$和 C_0 与固溶体晶体生长形态的关系

第四节　共晶合金的凝固

以上讨论的固溶体合金属于单相合金，本节要讨论的共晶合金属多相合金。根据凝固条件、化学成分、冷却速度、冶金处理等不同，共晶合金的相和组织及特性呈现出复杂多样性。

一、共晶合金的形态

共晶组织形态的分类有两种方法。其一是根据共晶组织的显微形貌特征将共晶组织分成规则共晶与非规则共晶两类。规则共晶的典型形态为层片状、棒状（纤维状）、螺旋状等，他们具有明显的两相交替分布的特征，如图 9-27 所示；非规则共晶的典型形态为针状、树枝状等，其规则性差，无明显的两相交替分布的特征。其二是根据共晶两相凝固生长时固-液界面的性质，即微观结构，将共晶组织分成三类：金属-金属型（粗糙-粗糙界面）、金属-非金属（粗糙-光滑界面）和非金属-非金属（光滑-光滑界面）。对非金属-非金属型共晶的组织形态研究较少，故不加以讨论。

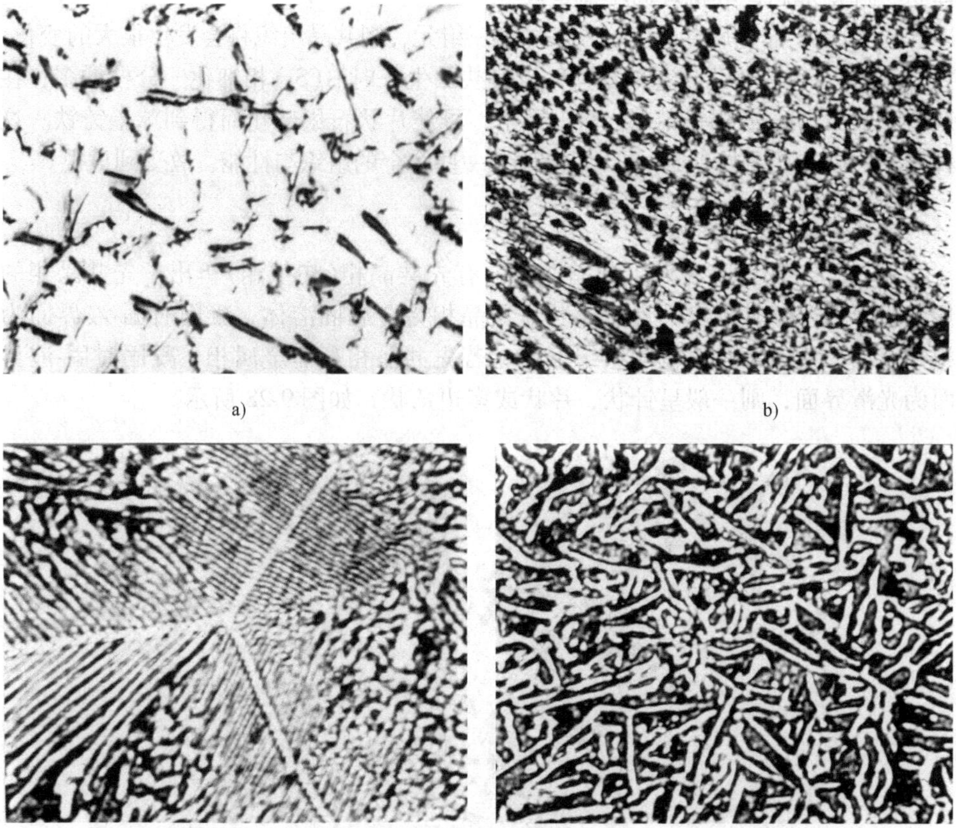

a) b) c) d)

图 9-27 共晶组织形态

a) Al-Si b) Ca-Zn c) Pb-Bi d) Sb-Pb

（一）金属-金属型共晶

此类共晶大多为规则的层片状或棒状，究竟是何种形态，主要取决于两个组成相之间的界面能，要满足界面能最小原理。若共晶组织中两相的界面能是各向同性的，则当某一相体积分数 $f<\sqrt{3}/2\pi$ 时，则有利于形成棒状共晶；反之则利于形成层片状共晶。但当两相界面能呈现强烈的各向异性时，则易于形成层片状共晶结构。

（二）金属-非金属型共晶

此类共晶大多为不规则或复杂的组织形态，如树枝状、针状等。这是由于两个相的性质和界面结构明显不同，两相生长的动态过冷度相差极大所致。通常金属型粗糙界面前沿液相的动态过冷度仅为 0.02℃ 左右，而非金属光滑界面前沿液相的动态过冷度为 1～2℃，故此两相的生长速率明显不同，生长过程中不能较好地协调、匹配长大，从而得不到规则的组织形态。但是并非所有的金属-非金属共晶系统都是不规则组织形态，如 Ag-Bi、Al-Al_3Ni 等共晶仍具有层片状或棒状等规则形态，其机理尚不清楚。

若在金属-非金属共晶中加入某种第三组元，则共晶组织将会发生很大的变化。如在 Al-Si 合金中加入少量的钠盐，可使共晶生长时 β(Si) 相细化、分枝增多；在灰铸铁中加入适量的镁和(或)稀土元素，可使片状石墨球化而得到球墨铸铁。这种方法称为“变质处理”，它可显著改善一些合金的组织与性能，故受到重视。

二、先共晶体的形态

亚(过)共晶合金在发生共晶转变前有先共晶相(初生相)析出，先共晶相的形态主要取决于其本身的性质。若先共晶相为金属固溶体，凝固时固-液界面为粗糙界面，则通常是树枝状组织形态；若先共晶相是非金属相，凝固时固-液界面为光滑界面，则一般呈针状、片状或多边角状，如图 9-28 所示。

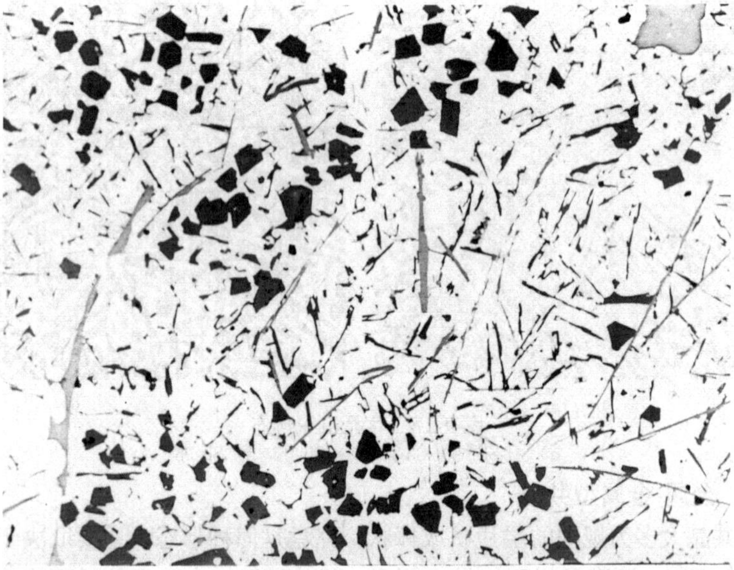

图 9-28　先共晶组织形态

三、共晶系合金的非平衡凝固

(一) 伪共晶

在实际生产中，经常发现非共晶成分的合金凝固后得到 100% 的典型共晶组织，此即为伪共晶，它是非平衡凝固的结果。在非平衡凝固条件下，由于冷却速率较快，液相合金很快过冷到如图 9-29 所示的所谓的伪共晶区(两条液相线的延长线所围的阴影区域)，此时过冷液相具备了同时结晶出 α 相与 β 相的热力学条件，在动力学条件也满足时，α、β 相的共同析出长大，就形成了具有共晶组织特征的伪共晶组织。对于不同的合金，伪共晶区在相图中的位置可能有很大的差别，图 9-30 显示了四种不同形状和位置的伪共晶区，其规律是：当两组元的熔点相近时，伪共晶区呈图 9-30a 所示的对称分布；若两组元的熔点相差很大，则共晶点偏向低熔点组元一侧，伪共晶区偏向高熔点组元一侧(图 9-30b、c、d)。

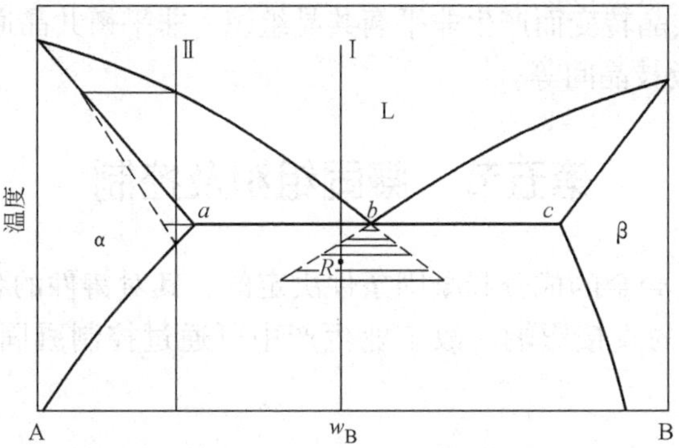

图 9-29　伪共晶区示意图

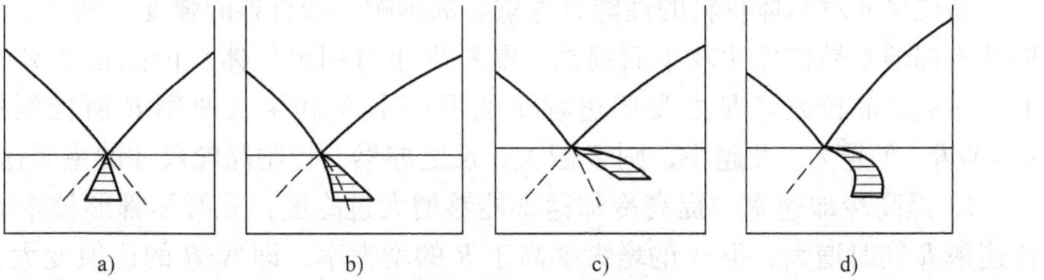

图 9-30　伪共晶区的四种形状

（二）离异共晶

非共晶成分的合金凝固时首先析出先共晶相，随后共晶成分的剩余液相发生共晶转变，所得组织应该是在先共晶相之间存在共晶组织。但剩余的共晶成分液相也可能不采取共生生长的方式结晶，而是两相各自独立生长，从而所得组织中的两相呈离异状态，丧失了共晶组织的特征，这种组织就称为离异共晶。离异共晶产生的原因主要是合金成分偏离共晶点较远，先共晶相较多、共晶量很少，共晶转变时与先共晶相相同的那个相就会在先共晶相上形核、生长，而将另一相单独留在先共晶相的界面处，从而共晶组织特征消失。图 9-31 为 Pb-Sn 合金离异共晶组织。

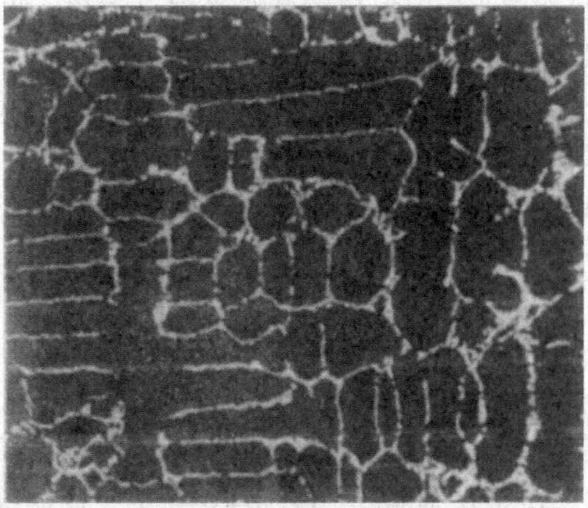

图 9-31　Pb-Sn 合金离异共晶组织

（三）非平衡共晶组织

某些固溶体合金（如图 9-29 中的合金Ⅱ）在非平衡凝固时，由于固相平均成分线下移偏离固相线，使得合金达到共晶温度时仍未凝固完毕，尚有少量液相剩余，其随后发生共晶转变而产生非平衡共晶组织。非平衡共晶通常是分布在最后凝固的 α 相晶界及枝晶间等。

第五节　凝固组织及控制

凝固组织是由合金的成分和凝固条件决定的，其对铸件的各种性能（尤其是力学性能）有显著的直接影响。故工业生产中可通过控制凝固组织来控制铸件性能。

一、晶粒尺寸控制

晶粒尺寸对晶体材料的性能有着重要的影响，如材料的强度、硬度、塑性和韧性等都随着晶粒尺寸减小而提高。晶粒大小可用单位体积内晶粒数 Z 来表示的。显然，晶粒数 Z 是由凝固过程中的形核率 N 和生长速率 R 所控制的，且 $Z \propto N/R$。N 越大、R 越小，则 Z 越大；反之亦然。控制晶粒尺寸的主要途径有：

1. 提高冷却速率　提高冷却速率能够增大过冷度，此时尽管形核率 N 和生长速率 R 同时增大，但 N 的增大率高于 R 的增大率，即 N/R 的比值变大，故而晶粒数 Z 增多，晶粒细化。需要指出的是，通过提高冷却速率的方法来细化晶粒的作用是有限的，一般仅适用于中小件或薄壁件，而对厚壁件和大件很难达到目的。此外，冷却速率也不能太快，否则易于产生裂纹等缺陷。

2. 孕育处理　孕育处理是在液相中人为地加入一些形核剂（通常称作孕育剂）作为非均匀形核的基底来促进形核，提高形核率 N，从而晶粒得以显著的细化。

3. 振动处理　合金在振动作用下进行凝固能够得到细小的晶粒，其细化晶粒的机理可解释为：由于振动能输入液相而使形核率提高，同时亦使晶体破碎而提供了更多的结晶核心所致。振动源可以是机械振动、电磁振动、超声振动等。

二、铸态组织及控制

（一）铸态宏观组织

典型的铸态宏观组织（晶粒组织）由三个区组成：表层细晶区、内部柱状晶区和中心等轴晶区，如图 9-32 所示。三晶区组织的形成机理如下所述：

1. 表层细晶区　传统理论认为，高温液态金属浇入低温的铸型内，与型壁接触的一层液态金属受到“激冷”产生很大的过冷度，加之型壁对非均匀形核的促进作用，从而形成了大量的无方向性的表层细等轴晶区，亦称作表层激冷区。近代理论则认为液体的流动对表层细晶区的形成起着决定性的作用，浇注时液流的冲刷和浇注刚结束时由于温度梯度很大而产生的强烈的热对流均会引起型壁表面晶体的脱落和以后的增殖，使得激冷区内大量生核，从而形成表层细晶区。因此形成细晶区的条件是过冷加上金属液的流动(对流)。

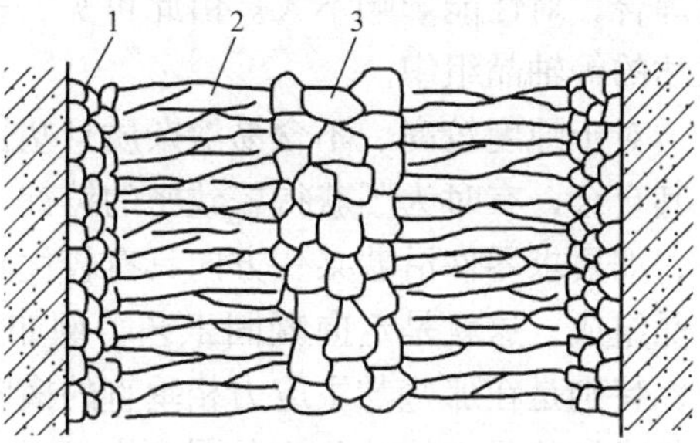

图 9-32 铸件(锭)典型宏观组织

1—表层细晶区 2—内部柱状晶区 3—中心等轴晶区

尽管表层细晶区的晶粒细小、组织致密，力学性能很好，但纯金属铸锭的表层细晶区一般都很薄，有的只有几个毫米厚，故实用意义不大，而合金铸锭的表层细晶区可较厚。

2. 内部柱状晶区 在表层细晶区形成的同时，型壁被液态金属加热，温度不断升高，温度梯度减小，导致冷却速度变慢。并且因结晶潜热的释放，细晶区界面前沿液相内的过冷度减小，形核变得困难，细晶区不能进一步发展，只有已生成的晶体继续向液相中生长。然而，这些晶体沿各方向生长的机会并不是相等的，相邻的晶体间由于相互接触而阻碍其生长，只有一次晶(即生长速度最快的晶向)垂直于型壁方向(即沿热流方向)的晶体才能得到优先发展，其余方向的生长较慢，这就是晶体的择优生长。如此晶体就沿着与热流方向相反的方向择优生长而形成柱状晶。若生长过程中条件合适，柱状晶能够一直延伸到铸件(锭)中心而与对面型壁上长出的柱状晶相遇而止，这种情况就谓之“穿晶”。

纯金属凝固时，凝固前沿的液相一般具有正的温度梯度，柱状晶前沿大致呈平面状生长，此时较易形成“穿晶”。合金凝固时，由于具有一定的凝固温度范围和溶质再分配而产生成分过冷，其效果相当于负的温度梯度，柱状晶便以树枝状方式生长。若成分过冷区较小，且凝固前沿无新的晶核形成，那么柱状晶也可能生长形成“穿晶”；若成分过冷区较大，界面前沿液相中产生新的晶核，则柱状晶生长过程中与这些晶核相遇时，柱状晶的长大便停止，于是在铸件(锭)中心部位形成等轴晶区。成分过冷越大，则柱状晶区越窄而等轴晶区越大。

柱状晶的性能是各向异性的，除了某些特殊要求的零部件(如航空发动机叶片)以外，一般都不希望得到柱状晶而要求等轴晶。

3. 中心等轴晶区 中心等轴晶的形成是由液态金属内部生核和长大的结果，其形成机理众说不一，各有实验依据。

与柱状晶区相比，等轴晶区的各个晶粒在长大时彼此交叉，枝叉间的搭接牢固，晶粒彼此咬合，裂纹不易扩展，不存在明显的脆弱界面；各晶粒取向不尽相同，其性能也没有方向性。等轴晶的树枝状晶体比较发达、分枝较多，显微缩孔也较多，组织不够致密。但显微缩孔一般均未氧化，因此经热变形加工后一般均可焊合，对性能影响不大。由此可见，一般的铸锭（尤其是铸件），都要求得到发达的等轴晶组织。

对于纯度较高、不含易溶杂质且塑性较好的非铁金属，如铝、铜等有色金属及其合金，有时为了获得较致密的铸锭，希望增大柱状晶区的宽度。在某些场合下，如要求零件沿着某一方向具有较优越的性能，可使铸件全部由同一方向的柱状晶组成，这就是定向凝固工艺。例如涡轮叶片在高温工作过程中常呈晶间断裂，特别是在那些与主应力相垂直的横向晶界中发生，若采用定向凝固工艺让晶粒长成柱状晶，使叶片中的晶界与主应力相平行，则可使叶片的性能得到显著提高。

对钢铁等许多材料的铸锭和大部分铸件来说，一般都希望得到尽可能多的等轴晶。限制柱状晶的发展、细化晶粒，是改善铸造组织和提高铸件性能的重要途径。

（二）铸态宏观组织的控制

控制铸态宏观组织就是要控制其各个晶区的相对比例，这就需要控制凝固条件。一般是希望形成等轴晶和抑制柱状晶，根据前面所讨论的晶粒尺寸的控制和铸态宏观组织中各晶区的形成机理，可知获得等轴晶、抑制柱状晶的具体措施有：①低温浇注；②增大冷却速度，即增大液相内的温度梯度；③加强金属液的流动；④进行孕育处理和变质处理。

三、铸态组织缺陷

铸态组织中比较常见的缺陷有：缩孔（松）、气孔、夹杂、裂纹、偏析等。

（一）缩孔（松）

缩孔（松）是铸件（锭）凝固时因体积收缩而在最后凝固的部位所产生的孔洞。容积大而集中的孔洞就称为集中缩孔，简称缩孔；细小而分散的孔洞则称为分散性缩孔，简称为缩松。一般来说缩孔（松）的形状不规则，表面粗糙，有时可看到发达的树枝晶末梢，故可以与气孔相区别。影响铸件（锭）缩孔（松）的因素很多，主要有：

（1）合金的物理性质。合金的液态收缩系数和凝固收缩系数越大，缩孔（松）容积越大；而合金的固态收缩系数越大，则缩孔（松）容积越小。

（2）铸型条件。铸型的激冷能力大，液相内温度梯度就大，易于造成边浇注边凝固的条件，因此可以减小缩孔（松）的容积。

（3）浇注条件。浇注温度越低，液态收缩也就越小；浇注速度越慢，浇注时间也就越长，这样后浇入的金属液可以起到补缩作用，缩孔的容积就越小。总之，浇注条件对缩松的影响不大。

（4）铸件尺寸。铸件壁厚越厚，越易形成缩孔(松)。

缩孔(松)的防止方法主要是从工艺措施入手。最直接的工艺方法就是采用冒口进行补缩，使缩孔集中到冒口内，最后将冒口切除而得到健全铸件。

（二）气孔

气孔是气体以分子形式(即气泡形式)残留在铸件(锭)内而形成的孔洞。铸件(锭)中的气孔可分成三类：

（1）析出性气孔。液态金属冷却凝固过程中因气体溶解度下降，析出的气体未能从液相内排出而产生的气孔。

（2）反应性气孔。液态金属与铸型之间、或液态金属内部发生化学反应所产生的气孔。由于金属与铸型之间发生的反应性气孔，其位置通常是铸件(锭)表面以下1~3mm的表皮层，故称为皮下气孔。

（3）侵入性气孔。这主要是由于铸造工艺设计不当，造成浇注过程中卷入的气体侵入铸件内部而产生的气孔。

（三）夹杂

夹杂是指铸件(锭)内夹有一些非金属夹杂物，其来源较广，主要有：①炉料，如金属炉料表面的泥砂、锈蚀，焦炭内的灰分及溶剂等；②熔炼过程中发生的化学反应产物SiO_2、MnO，炉衬侵蚀后的产物等；③铸造过程发生的化学反应产物，如金属液氧化后的产物，孕育处理、球化处理等过程产生的某些化合物及浇包材料侵蚀后的产物等。

夹杂物的分类方法有很多，按来源可分为外来夹杂和内生夹杂。外来夹杂是指由炉膛、浇注系统中带入的夹杂；内生夹杂则是指在熔炼和凝固过程中液态金属内由化学反应生成的夹杂。

夹杂物对铸件(锭)的力学性能影响很大，特别是对承受动载荷的铸件的影响更大，容易产生疲劳裂纹，强韧性降低。夹杂物的存在也使得铸造性能变差、流动性降低、热裂倾向和气孔倾向上升。但对某些特殊用途的材料，有时反而需要某些非金属夹杂物，如高磷耐磨铸铁，则利用磷共晶来提高材料硬度和耐磨性。

（四）裂纹

裂纹是铸件中常见的缺陷之一，其分类方法多种多样，若根据裂纹的位置可分为外裂纹和内裂纹。处于铸件的表面，可以看见的裂纹称为外裂纹；内裂纹位于铸件内部，外表面看不见，需经X射线、超声波等才能检查出来。若根据裂纹的尺寸大小，则可以分为宏观裂纹和微观(显微)裂纹。如按裂纹形成时的温度，又可分为热裂纹和冷裂纹。

裂纹产生的根本原因就是铸件(锭)内的应力水平超过了材料的强度极限。

因此防止裂纹产生的基本方法就是降低或消除铸件(锭)内的应力和改善铸态组织。

(五) 偏析

所谓偏析是指铸件(锭)内各部位(微观或宏观)的化学成分不均匀的现象。铸件(锭)总是存在着不同程度的偏析，这是由其凝固特点所决定的。其根本原因就是凝固过程中的溶质再分配。通常偏析可分成宏观偏析和微观偏析两大类。

1. 宏观偏析　宏观偏析是指宏观尺度范围内的偏析，也称为区域偏析，按其所呈现的形式不同又可分为正偏析、反偏析和密度偏析。

(1) 正偏析。正偏析是铸件(锭)内的成分分布符合由相图所确定的分布规律。即对于分配系数 $k_0<1$ 的合金而言，其先凝固部分的溶质含量较低，后凝固部分的溶质含量较高；对 $k_0>1$ 的合金来说，其溶质分布情况恰好与前述反之。故正偏析又称为正常偏析。

(2) 反偏析。反偏析是相对于正偏析而言的，即其溶质分布情况与正偏析相反。对 $k_0<1$ 的合金，其溶质分布是先凝固部分溶质含量高而后凝固部分溶质含量低，而对于 $k_0>1$ 的合金来说，则反之。故反偏析又称为反常偏析或逆偏析。

(3) 密度偏析。密度偏析是凝固初期，由于固相和液相之间的密度相差较大，使得初生相上浮或者下沉，造成铸件上下部分成分不均匀而产生的偏析，习惯上常称为比重偏析或重力偏析。灰铸铁和球墨铸铁中出现的石墨漂浮是密度偏析的典型例子。

2. 微观偏析　微观偏析是指发生在微观尺度范围内的偏析，按其位置可分为胞状偏析、枝晶(晶内)偏析和晶界偏析。

(1) 胞状偏析。晶体以胞状方式生长时，若合金的分配系数 $k_0<1$ 则在胞壁处出现溶质富集，若 $k_0>1$ 则出现溶质贫化，这种情况称为胞状偏析。因胞体尺寸较小，即成分不均匀范围较小，故胞状偏析比较容易通过均匀化退火来消除。

(2) 枝晶偏析。枝晶偏析多产生于具有一定凝固温度范围、能够形成固溶体的合金中，是由于非平衡凝固所造成的先后凝固的晶枝间的成分不均匀。因枝晶偏析发生在晶粒范围内，故也称为晶内偏析。影响枝晶偏析的主要因素有：凝固速度 R、偏析元素在固溶体中的扩散系数 D 及凝固温度区间等。凝固速度越大、扩散系数越小、凝固温度范围越宽，则枝晶偏析越严重。通过高温均匀化退火可减轻但不能完全消除枝晶偏析。

(3) 晶界偏析。晶界偏析是由于溶质原子富集($k_0<1$)在最后凝固的晶界处造成的。晶界偏析往往降低合金的高温性能，容易引起晶界断裂，增大铸件的热裂倾向。除了采用均匀化退火方法消除晶界偏析外，也可通过控制溶质含量或适当加入第三种元素来减小晶界偏析的程度。如在铁中加入碳来减弱氧和硫的晶界偏析，加入铜来减弱磷的晶界偏析等。

第六节　凝固技术应用

一、定向凝固

定向凝固是凝固过程中使晶体全部沿同一个方向生长的凝固技术，常用于制备柱状晶和单晶。获得定向凝固的基本条件是合金凝固时的热流方向必须是定向的，固-液界面前沿应有足够大的温度梯度，避免凝固界面前沿出现成分过冷或外来核心。由于 G_L/R 值决定着合金凝固时的组织形态，又影响着各组成相的尺寸，而液相中的温度梯度 G_L 在很大程度上受到设备条件的限制，故凝固速率 R 就成为控制柱状晶组织的主要参数。

二、单晶制备

单晶是由一个晶粒生长成的具有宏观尺寸的晶体材料，是电子、激光元件等的重要原材料。单晶在生长过程中要避免固-液界面不稳定而长出胞状晶或柱状晶，故固-液界面前沿液相内不允许出现热过冷或成分过冷，凝固潜热只能通过生长着的晶体导出；此外，还必须保证在凝固过程中有且只有一个晶核生成和长大。单晶的制备方法有多种，其中垂直提拉法和尖端形核法是常用的两种方法。

（一）垂直提拉法

垂直提拉法是制备大尺寸单晶的主要方法，其简要工作原理如图 9-33a 所示。首先将坩埚中的原材料加热熔化，并使温度保持在稍高于材料的熔点温度。

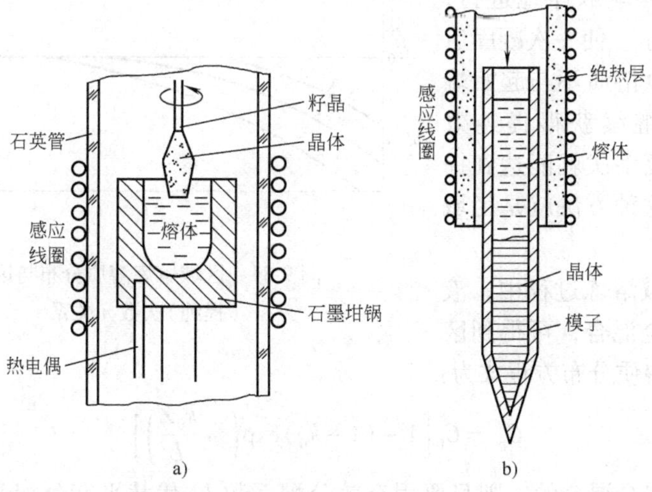

图 9-33　单晶制备原理示意图

a）垂直提拉法　b）尖端形核法

待温度均匀之后，将预先准备好的籽晶按所需的一定的晶向夹持在籽晶杆上，然后将籽晶杆下降至与金属液面接触。接着缓慢降温，同时边旋转边向上提拉籽晶杆，以籽晶为晶核不断凝固长大而形成单晶。

（二）尖端形核法

图 9-33b 所示是尖端形核法的简要工作原理，采用如图所示的底部为尖端形的坩埚。当原材料熔化后，使坩埚尖端先冷却并缓慢下降，如此通过控制有关的影响因素可在坩埚底部尖端处只形成一个晶核，且随着坩埚的缓慢下降、冷却，晶核不断长大，得到所需的单晶。

三、区域提纯

区域提纯是通过区域熔炼来实现的，其理论基础就是凝固过程中的溶质再分配。由于溶质再分配，结果是先凝固部分溶质贫化而后凝固部分溶质富集（$k_0<1$）。换言之，先凝固部分获得了净化提纯的效果。然而，这种提纯的效果不可能通过第二次整体熔化、凝固的方法得到进一步提高。但是，如果使熔化与凝固仅局限于一个很窄的区域，并从一端向另一端顺序地进行，如图 9-34 所示，使一次凝固后末端的高浓度溶质不与起始端接触，就能继续获得提纯效果。如此重复多次就能达到提纯的目的，这种方法就是区域提纯。

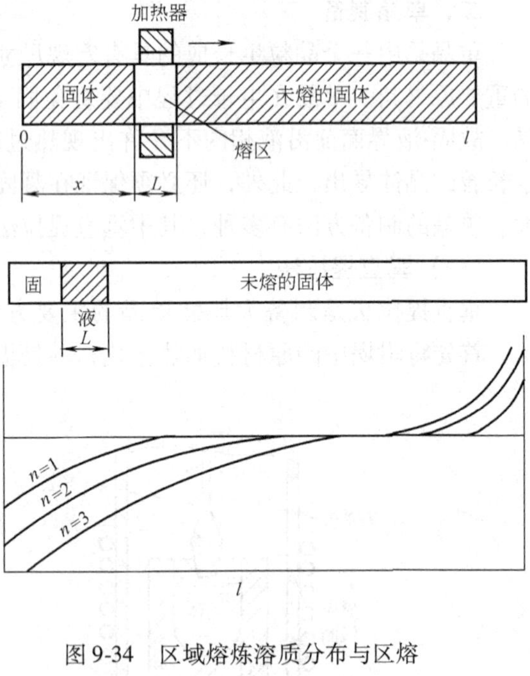

图 9-34 区域熔炼溶质分布与区熔（提纯）次数 n 关系

假设区域熔炼过程中，液相内溶质完全混合，可得到区域熔炼时的溶质分布方程式为：

$$C_S^*=C_0\left[1-(1-k_0)\exp\left(-\frac{k_0Z}{L}\right)\right] \qquad (9\text{-}56)$$

若液相不是完全混合的，则只要用有效分配系数 k_e 代替平衡分配系数 k_0 即可。式(9-56)是经一次区域熔炼后的溶质分布公式。为了获得最大程度的提纯效果，就要求 k_e 尽可能接近 k_0，即($R\delta/D$)值应尽可能小。也就是说固-液界面推进速率(凝固速率)要小，液相中溶质混合程度要高，以尽量减小边界层厚度 δ。图 9-34 为溶质分布与提纯次数 n 的关系示意图。

四、快速凝固技术

一般凝固冷却速率均 $<10^2$℃/s，通过喷射雾化法、液态拉丝法、双辊法、单辊法和离心法等手段，可实现快速凝固技术，其冷却速率可达 $10^4 \sim 10^9$℃/s。在快速凝固情况下，质量的传输受到抑制，可使有些合金凝固出现异常现象，例如，合金固溶体的固溶度增大、某些共晶系合金获得无限连续固溶体(Cu-Ag)、某些合金系中出现新的亚稳相(Ag-Ge)、某些合金得到非晶体(Au-25% Si)，更多的则是得到微晶。快速凝固还可增大合金化程度，进而提高合金强化效果，可抑制或减少成分偏析，可制备低维材料(粉末、纤维和薄膜等)。

第七节　高分子材料的凝固

高分子材料的基本成分是有机高分子化合物，它可分为天然的和人工合成的两大类。这里讨论的是人工合成的高分子化合物。

除了化学成分之外，高分子化合物分子在材料内部的聚集和排列状态对高分子材料的性能有很大的影响。因此，要了解一种高分子材料的性能，需要从高分子化合物大分子链的构成和它的聚集状态这两个方面着手。

高分子材料的结构是多层次的。由特定的结构单元所构成的大分子链是一次结构；高分子的长链又可以采取伸展状、线团状、折迭状、螺旋状等形式，这是二次结构；许多高分子链集合在一起，有的整齐地排列(结晶态)，有的无规则地堆砌(无定形或称非晶态)，这是三次结构。此外，还可形成更复杂的高次结构。表 9-1 列出了高分子材料的各个结构层次，图 9-35 给出了各结构层次示意图。

表 9-1　高分子材料的各个结构层次

一次结构	二次结构	三次结构	高次结构
微结构	螺旋链	织态结构	球晶
支化链	无规线团	伸展链的晶体	复合材料
共聚(接枝，嵌段)	折迭链	片晶	泡沫
	伸展链	网状胶团	
交联		非晶结构	嵌段共聚物
			接枝共聚物

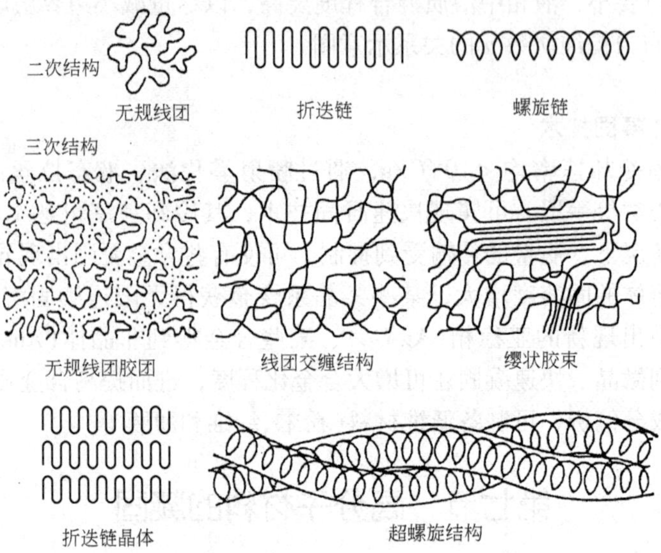

图 9-35 高分子材料的结构层次示意图

一、高分子材料的熔体结构

高分子材料的熔体结构仍然是大分子链，但是由于分子链动能高，足以克服大分子间的作用力(范德华力)，使分子间发生相对位移，宏观上表现出熔体的粘性运动，此种状态称为粘流态。大多数高分子材料都是在粘流态下加工成型的。高分子材料的粘流态具有下述特点：

1）高分子熔体都是非牛顿流体，其表观粘度强烈地依赖于剪切速率，如图 9-36 所示。

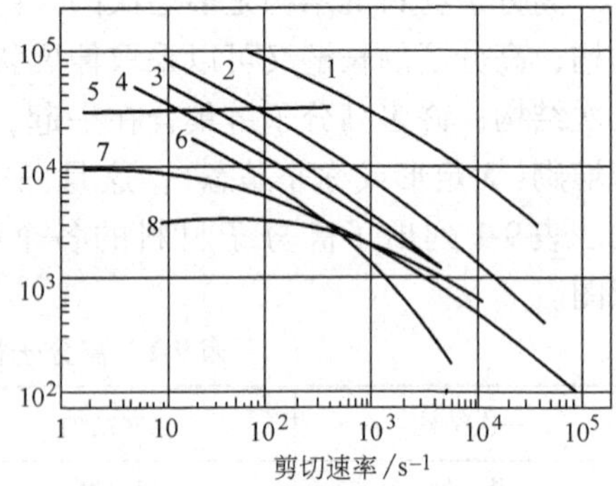

图 9-36 一些塑料表观粘度与剪切速率的关系

1—聚苯乙烯(230℃) 2—有机玻璃(200℃) 3—高密度聚乙烯(232℃) 4—低密度聚乙烯(235℃) 5—聚碳酸酯(288℃) 6—聚丙烯(230℃) 7—有机玻璃(250℃) 8—尼龙(280℃)

2）依据 Arrhenius 定律：

$$\eta = A\exp\left(-\frac{\Delta H_f}{RT}\right) \tag{9-57}$$

式中，η 为表观粘度；ΔH_f 称作“流动活化能”。在测定不同分子量的高分子化合物的 ΔH_f 时，发现高分子化合物的聚合度超过一定值后 ΔH_f 不再随分子量而变动。一些常见高分子化合物的 ΔH_f 有接近固定的值，见表 9-2。根

据实测的 ΔH_f 值，可以认为，高分子化合物流动时不像低分子化合物那样以整个分子为跃迁单位，而是以类似于蛇行那样的方式，通过链段的逐步跃迁来实现整个大分子的位移，所以 ΔH_f 与整个相对分子质量无关。

表 9-2 一些高分子化合物的 ΔH_f

高分子化合物	聚乙烯	聚丙烯	聚异丁烯	聚苯乙烯	聚 α-甲醛苯乙烯
ΔH_f/J · mol^{-1}	$(2.7 \sim 2.9) \times 10^4$	$(3.8 \sim 4.0) \times 10^4$	$(5.0 \sim 6.8) \times 10^4$	9.5×10^4	1.3×10^5

3）当温度高于(T_g+100)℃时（T_g 为玻璃化温度），ΔH_f 基本保持不变；低于(T_g+100)℃时，ΔH_f 随温度降低而急剧增大。这说明在(T_g+100)℃以下，自由体积已不足以保证大分子链段跃迁的需要，故需要吸收更多能量才能实现链段运动。

4）高分子材料熔体在流动中伴随着高弹形变。其弹性行为表现为熔体从模口挤出时立即膨胀，挤出物的截面积大于模口的截面积（图 9-37a）。如果提高挤出速率，挤出物常出现外表粗糙、竹节状、疙瘩，甚至出现不规则断裂（图 9-37b），这一现象称为熔体破坏。这些现象可以用高分子化合物的链段运动来解释：当高分子材料熔体高速流经流道时，整个大分子链段被舒展成直线状，平行靠拢起来；当熔体流出模口时，舒展的链段有自发回复到卷曲状态的趋势，链距增大，故此出现出口膨胀和熔体破坏现象。

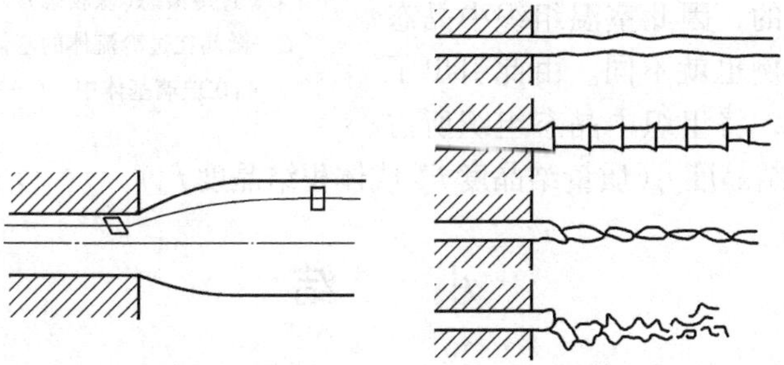

a) b)

图 9-37 高分子材料熔体的高弹变形

a）出口膨胀 b）熔体破坏现象

二、高分子材料的凝固过程及其控制

由于高分子材料的沸点 T_v 较高，在尚未达到 T_v 温度之前其大分子就已分解，故高分子材料的宏观状态只有固态和液态而无气态，因而也只有液、固两态之间的转变。高分子材料由液态（熔体）冷却凝固可得到两种固态聚合物。如图 9-38 所示，一种是凝固过程以非常缓慢的冷却速率沿路径 ABG 进行，在 T_m 温度以下发生结晶转变，得到晶态聚合物，其大分子链呈规则长程有序排列，结晶转变过程遵循相变规律，结晶时体积发生突变，结晶后体系处于最低能态；另一种是凝固过程在快冷条件下沿路径 *ABCD* 进行，在 *AB* 段温度区间是稳定的熔体，冷却到 *C* 段温度区域时呈不稳定状态的过冷熔体，并随着温度的下降粘度不断增大而成为柔韧的高弹态(亦称橡胶态)，当温度达到玻璃化温度 T_g 后，转变成为硬而脆的玻璃态(非晶态)聚合物，此种情况下没有发生相变，故基本结构不变，冷却过程中体积变化是连续的。

在通常情况下，冷却速率是介于上述两种情况之间，此时凝固过程将沿路径 *ABEF* 进行。当熔体达到熔点温度 T_m 后，在过冷熔体内的某些区域形成一定量的晶态核心并长大(图 9-38 中的 *E* 区)，形成过冷液体中存在一些微晶的两相混合组织。当温度进一步下降到 T_g 时，其余过冷液相转变成硬脆的玻璃态。室温组织是微晶分散分布在玻璃态基体上的两相混合组织(图 9-38*F* 区)。对于不同的高分子材料，其冷却凝固时的结晶倾向是不同的，因此室温组织中晶态组织所占的比例也就不同。由此引出了结晶度的概念，将组织中晶态组织所占的百分数称为结晶度 f_c(质量结晶度 f_c^w 或体积结晶度 f_c^v)。

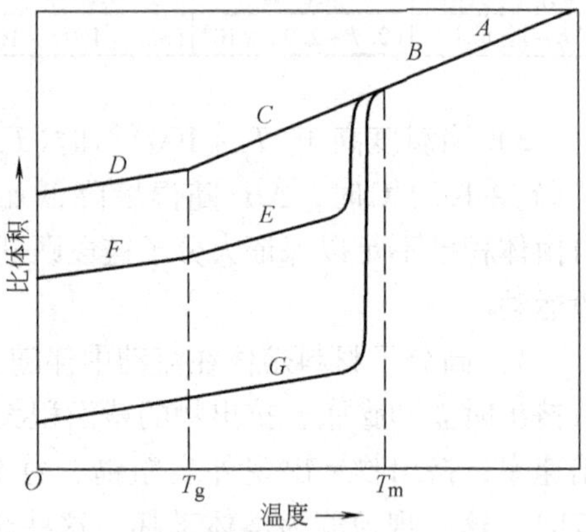

图 9-38　有结晶倾向的聚合物冷却时比体积与温度的关系

A—液态　*B*—液态(有某些弹性反应)　*C*—过冷液态(橡胶态)　*D*—玻璃态　*E*—微晶在过冷流体的基体中　*F*—微晶在玻璃基体中　*G*—完全晶态

小　　结

金属材料实际开始凝固的温度低于其理论熔点的现象称为过冷，其过冷度随液体冷却速度的提高而增大。凝固结晶的基本过程是形核与晶核长大。形核的热力学驱动力是固相与液相间的自由能差，只有在过冷的条件下才具有这一驱动力。形核的热力学阻力是固-液界面能，即晶核的表面能。

形核有两种方式：均匀形核和非均匀形核。均匀形核的过冷度比非均匀形核的过冷度大得多，通常情况下凝固均以非均匀形核方式进行。形核率主要与过冷度有关。晶核长大时还需要一定的动态过冷度，但数值较小。晶核长大机制决定于液-固界面的微观结构。一般地，使金属液体快速冷却或加入促进非均匀形核的物质，均可细化铸态金属的晶粒并改善其力学性能。

在合金凝固过程中，固相与液相成分不同，随着凝固的进行，液相成分不断变化，这样，后凝固的固相与先凝固的固相成分随之发生差异。由于不平衡凝固，凝固过程中固相在界面处向液相排出溶质，使界面处液相成分与剩余液相不同，并引起成分过冷现象。剩余液相试图通过对流及扩散使成分趋向均匀，凝固条件不同，均匀化程度也不同，通常可分为完全混合、完全不混合及部分混合等三种情况。液相混合越均匀，铸锭凝固后表面与中心成分差异越大。成分过冷是形成胞状界面和树枝状界面的决定性因素。此外，伪共晶、离异共晶、非平衡共晶组织、偏析等都是由非平衡凝固所造成。

合金铸件由表层细晶区、内部柱状晶区、中心等轴晶区构成。其中可能出现的宏观组织缺陷有偏析、疏松、缩孔、气孔等。

利用合金凝固理论开发的技术有区域熔炼提纯、定向凝固、单晶制备等。

高分子材料的熔体结构是大分子链，宏观表现出熔体的粘性运动，此种状态称为粘流态。高分子熔体都是非牛顿流体，熔体在流动中夹杂着高弹形变，其弹性行为表现为出口膨胀和熔体破坏现象。高分子材料的宏观状态只有固态和液态，而没有气态，故也只有液、固两态之间的转变。高分子材料由液态(熔体)冷却凝固可得到两种固态聚合物，一种是晶态聚合物，另一种是玻璃态(非晶态)聚合物。

习　题

9-1　试说明液态金属的结构特点。

9-2　金属冷却凝固时必须过冷，请问金属加热熔化时是否必须过热？为什么？

9-3　试分别说明液态金属凝固的热力学条件和动力学条件，并解释液态金属凝固时为什么必须过冷？

9-4　设自发形核时形成边长为 a^* 的立方体形状的临界晶核，试导出 a^* 与 ΔG^* 的关系式。

9-5　试证明在相同的过冷度下，均质形核时球形晶核较立方形晶核更易形成。

9-6　设非自发形核时形成球冠状的晶核，试证成立下列关系式：$\Delta G_{\text{het}}^* = \frac{1}{2} V \Delta G_V$

9-7　试述晶体生长的影响因素，讨论液-固界面结构与晶体生长形态的关系。

9-8　设 ΔH、ΔS 与温度无关，试证金属在熔点温度 T_m 不可能凝固。

9-9　试述平衡分配系数 k_0 与有效分配系数 k_e 的关系。

9-10　试述凝固速度对偏析的影响。

9-11　试述稳态凝固阶段，凝固速度 R 的变化对固相中溶质分布的影响。

9-12　请导出成分过冷判据 $\frac{G_L}{R} < \frac{m_L c_0 (1-k_0)}{k_0 D_L}$。

9-13　试述产生成分过冷的原因。

9-14　试述成分过冷对晶体生长形态的影响。

9-15　何谓伪共晶？何谓离异共晶？

9-16　试述区域提纯的理论依据，并导出经一次区域熔炼后的溶质分布的数学表达式（设 $k_0 < 1$）。

9-17　含 $w_{Cu} = 5.65\%$ 的 Al-Cu 合金圆棒，置于水平钢模中加热熔化，然后采用按一端顺序结晶方式冷却，试求合金圆棒内组织组成物的分布，各组成物所占圆棒的百分数及沿圆棒长度上 Cu 浓度的分布曲线（假设液相内完全混合，固相内无扩散，界面平直移动，液相线与固相线呈直线）。

9-18　对 $k_0 > 1$ 的合金，能否通过区域熔炼进行提纯？为什么？与 $k_0 < 1$ 的合金相比较，两者差别何在？

9-19　试述定向凝固的必要条件及在工业中的应用。

9-20　铸件（锭）的宏观组织由哪几部分组成？其形成机理如何？

第十章　材料的变形与回复再结晶

材料在力的作用下要发生变形。材料的变形就其基本特征而言可分为三类：弹性变形、塑性变形和粘性变形。一般说来，晶体(包括金属和陶瓷)多为弹-塑性体。而高分子材料和非晶陶瓷可呈现从弹性至粘性的各种状态。

掌握材料的变形规律，特别是其塑性变形的机理，探讨材料塑性变形后的组织和性能的变化，以及研究材料在重新加热后的回复和再结晶过程中的组织、结构和性能变化，具有十分重要的理论价值和实际应用意义。

第一节　金属的弹性变形

一、弹性变形的本质

弹性变形本质上是金属内部原子结合力的反映。根据双原子相互作用的模型，原子间既有引力，也有斥力。当无外力作用时，内部原子应基本处于平衡位置，它们相互间的作用合力表现为零，此时位能也最低，状态最稳定。当金属晶体受到外力时，相邻原子间的这种平衡关系被破坏，内部原子因受力立即偏离其平衡位置；但原子间的相互作用力却力求使原子回复到它们的原来的位置，当两者达到平衡时，晶体便处于一定的弹性变形状态。若此时去除外力，这个平衡即被破坏了，原子立即恢复到原来的平衡位置，弹性变形也就随之而消失了。因此，弹性变形与应力之间存在近似于直线关系。

二、弹性变形的主要特点

弹性变形的主要特点是：

(1) 理想的弹性变形是可逆的，加载时变形，卸载后变形消失并恢复原状。

(2) 应力与应变之间有线性关系，即服从胡克(Hooke)定律：

$$\text{在正应力下}\quad \sigma = E\varepsilon, \tag{10-1}$$

$$\text{在切应力下}\quad \tau = G\gamma, \tag{10-2}$$

式中，σ、τ 分别为正应力和切应力；ε、γ 分别为正应变和切应变；E 和 G 分别为正弹性模量和切变弹性模量。

弹性模量与切变弹性模量之间的关系为：

$$G = E/2(1-\nu), \tag{10-3}$$

式中，ν 为材料泊松(Poisson)比，一般金属的 $\nu = 0.25 \sim 0.35$。

(3) 金属材料的弹性变形量很小，多数金属的弹性变形量小于0.5%。

三、弹性模量及其影响因素

弹性模量 E 和 G 是材料重要的物理和力学参量，它是材料结合键键合强度的反映，代表了使原子离开平衡位置的难易程度。金刚石类的共价键晶体由于其原子间结合力很大，故其弹性模量很大；金属和离子晶体的则相对较低；而分子键的固体如塑料、橡胶的键合力更弱，故其弹性模量更低。与弹性模量有关的因素主要有以下几个方面：

1. 原子结构的影响　既然材料的弹性性质与其原子结合键的键合强度有直接关系，因此它随原子序数有一定的关系也是很自然的。过渡族金属与其他元素相比，其弹性模量值高，如 Ti、V、Cr、Mn、Fe、Co、Ni 等。

2. 温度的影响　温度升高时，原子的热振动加剧，因而将引起晶格势能和势能曲线斜率的变化，弹性模量也将变化。一般说来，随温度升高，金属及合金的弹性模量将降低。

3. 变形的影响　冷加工一般使金属的弹性模量下降，如体心立方的 α-Fe、面心立方的 Al、Cu、Ni 都是如此。冷加工的 Ag、Cu 和一些铜合金经退火后，弹性模量可上升 2% ~30%。

4. 合金元素的影响　由于弹性是非结构敏感性质，因此少量的合金化和热处理对弹性模量的影响不大，但大量的合金元素可以使弹性模量产生显著变化。

一般来说，固溶体中的溶质元素在其周围晶体引起畸变，因而使弹性模量下降。但当溶质原子可能阻碍位错运动，或有的溶质-基体原子键合强度较基体-基体原子间的键合强度更强时，溶质原子可能提高弹性模量0.25%左右。

第二节　金属的塑性变形

一、塑性变形机制

(一) 滑移

常温下金属的塑性变形有滑移、孪生和扭折等方式，其中滑移是最主要的塑性变形。

1. 滑移现象　滑移是晶体的两部分之间沿着一定的晶面(滑移面)和一定的晶向(滑移方向)而发生的一种相对切变，这种切变不改变晶体的点阵类型和晶体位向，只是在晶体表面出现了一系列的台阶状的痕迹，这就是在显微镜下所呈现的滑移带，如图10-1所示。

滑移带在晶体中的分布是很不均匀的，且是由一些更细微的小台阶(称为滑移线)组成的，如图 10-2 所示。假若单纯以滑移进行塑性变形，那么正是这些大小分布不均匀的台阶的综合效果导致了晶体的宏观变形。

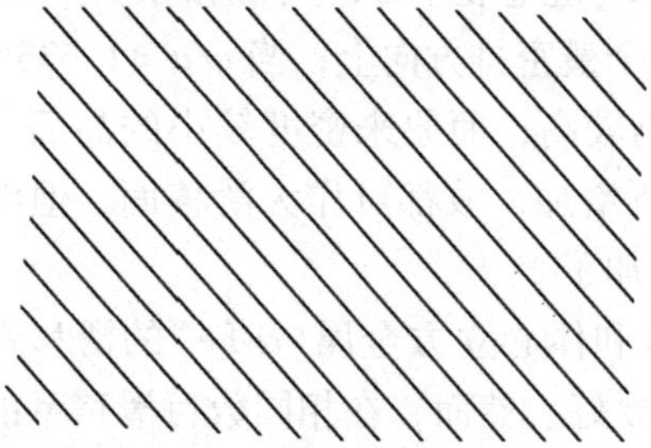

图 10-1 铜单晶体变形后出现的滑移带

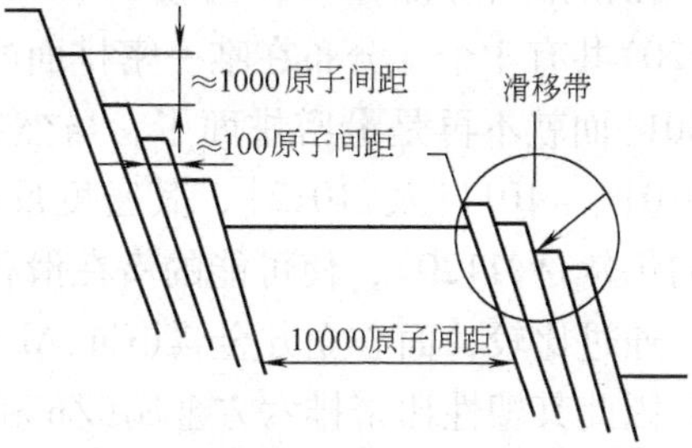

图 10-2 单晶滑移示意图

2. 滑移系 如上所述，塑性变形时，滑移只沿着一定的晶面和晶向进行，这些晶面和晶向分别被称为“滑移面”和“滑移方向”。一个滑移面和一个滑移方向组成一个滑移系，可用{*hkl*}〈*uvw*〉来表示。晶体结构不同，其滑移面和滑移方向不同，滑移系的数量也就不同。常见金属晶体结构的滑移系如图 10-3 所示。

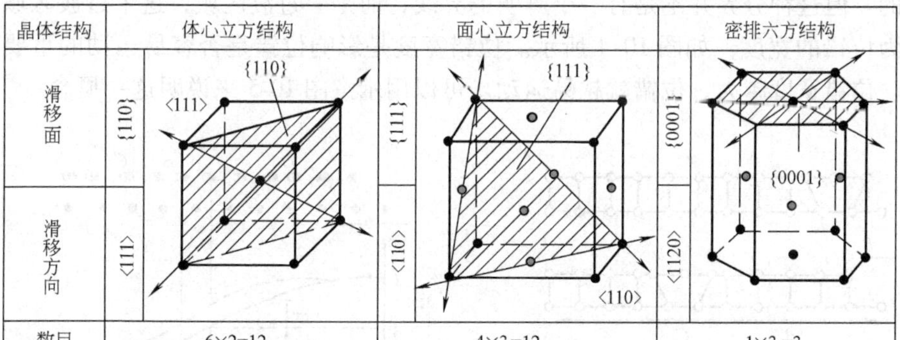

图 10-3 三种常见金属晶体结构的滑移系

在面心立方晶体中，最可能发生滑移的晶面是{111}面，这种晶面共有四组，每个晶面上有三个密排晶向，所以共有 3×4 = 12 可能的潜在滑移系。

在体心立方晶体中，最可能发生滑移的晶面是{110}，其次是{112}和{123}，这些面上的原子密度都是较大的，而最可能发生滑移的晶向只有〈111〉，它是原子最密排的晶向。{110}面共有六组，每组中有两个〈111〉；{112}共 12

组，每组中有一个⟨111⟩；{123}面共有24组，每组有一个⟨111⟩，这样，体心立方晶体可能的潜在滑移系总共为$2\times6+1\times12+1\times24=48$，但其中只有前12个滑移系是较普遍的。

在密排六方晶体中，当轴比$c/a\geqslant1.633$（理想值）时，其滑移系为{0001}⟨1120⟩共有3个，分布在唯一密排面的那三个最密排方向上；当$c/a<1.633$时，{0001}面就不再是最密排面了，虽然密度仍较高，而原来密度较小的晶面，如{1010}、{1011}及{1012}，其密度反而有所增加，故都可作为滑移面，但滑移方向仍然是⟨1120⟩，使可能的潜在滑移系增加了。

通过比较，面心立方金属（Cu、Al和Ni）和体心立方金属（α-Fe）的滑移系较多，因此其塑性比密排六方金属（Zn和Mg）要好。然而，在相同数目滑移系的情况下，金属塑性的好坏还与滑移面原子密排程度和滑移方向的数目等有关。

晶体的滑移大多优先发生在原子密度最大的晶面（密排面）上，并几乎是沿着原子线密度最大的那些晶向（密排方向）进行。这是因为晶体中密排面的面间距大、密排方向上原子间距最短，晶体的滑移阻力小所致。从位错的运动来看也是这样，位错在面间距最大的晶面上沿着原子间距最短的晶向运动的过程中，引起的点阵畸变也应该是最小的，因而所需的能量也最小；但这并不意味着沿其他晶面就不能滑移，而只是机率的大小不同而已。

3. 滑移的机理　晶体中已滑移的部分与未滑移部分的分界是以位错作为表征的。但这种分界并不是有一个鲜明的界线，而是一过渡区域，这个过渡区域就称为位错的宽度，如图10-4所示。位错宽度是影响位错是否容易运动的重要参数。位错宽度越大，位错就越易运动。可以用示意图10-5来说明这一概念。

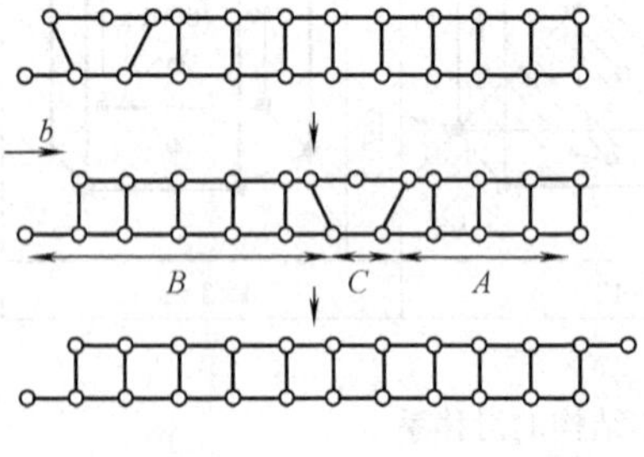

图10-4　滑移过程存在一位错宽度

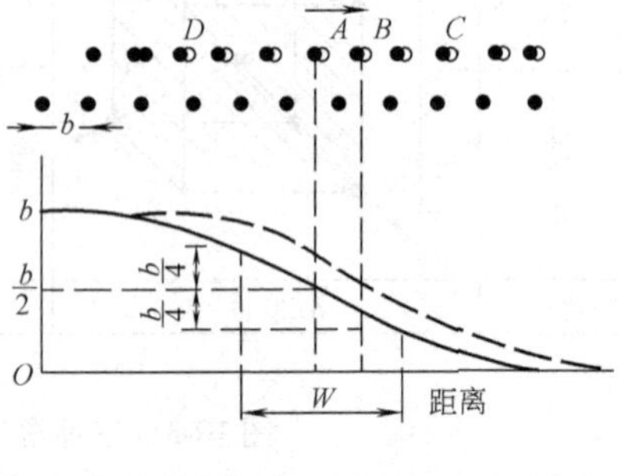

图10-5　位错在点阵周期场中运动时受到阻力

当位错中心由A移动到B位置时，如图10-5所示，若A和B对于位错两侧的原子列是对称位置的话（图中位移为b或$b/2$时），位错并不受力。因为位错中心移动到B时，在位错前方的某一距离如C处被推离开平衡位置（以空心圆圈表示），这一原子列对位错中心必有一作用力阻碍位错运动，但在位错后方的等距离处也有一原子列对位错施加一反向力正好抵消了前者。但假如位错中心 A 不是移动到 B 位置，而是移动了一很小的距离，此时位错两侧的原子列不再保持等距离和对称，由于位错两侧原子列对位错的作用力不能抵消，于是位错运动时便产生了阻力。位错宽度大时，这种非对称性的影响较弱，因为每一原子列偏离其平衡位置较小，相应地对位错的作用力也较小，因此位错运动就变得容易些。从能量角度看，位错宽度大时位错运动所需克服的能垒小，而位错宽度窄时需克服的能垒大。位错宽度的界定是：在位错中心 A 处，它离左右两端的平衡位置是 $b/2$，在位错中心附近的各原子列相对它们原来所处的平衡位置有些偏离，只是离位错中心越远偏离其自身的平衡位置越小，现规定到减小为偏离自身平衡位置的位移为 $b/4$ 时，位错两侧的宽度范围以 W 表示，即位错宽度，见图 10-6 所示。

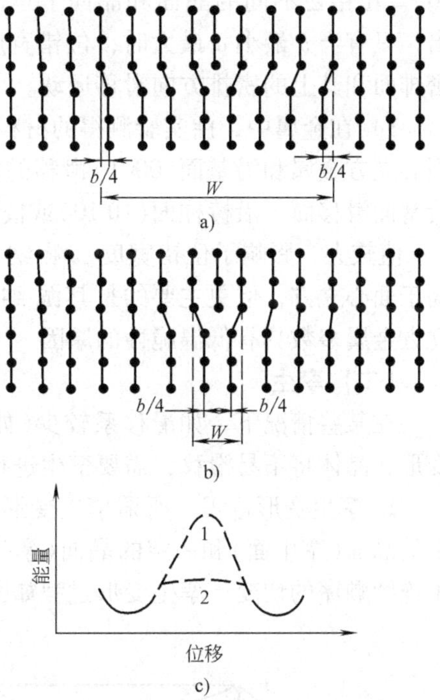

图 10-6 位错宽度 W 与位错运动的示意图

a）$W_{大}$ b）$W_{小}$ c）位错移动性与 W 关系

1—$W_{小}$ 2—$W_{大}$

理想晶体中位错在点阵周期场中运动时所需克服的阻力叫派-纳力。通过连续介质模型可近似地计算派-纳力，可以下式表达：

$$\tau_{p\text{-}N} = 2\pi G e^{-2\pi W/b}/(1-\nu) \tag{10-4}$$

$$W = a/(1-\nu) \tag{10-5}$$

式中，W 为位错宽度；a 为滑移面的面间距；b 为滑移方向上的原子间距；ν 为泊松比。

通过对派-纳力计算公式(10-4)的分析可知：

1）从本质上说，$\tau_{p\text{-}N}$ 的大小主要取决于位错宽度 W，位错宽度越小，派-纳力越大，材料就难以变形，相应地屈服强度越高。

2）位错宽度主要决定于结合键的本性和晶体结构，对于方向性很强的共价键，其键角和键长度都很难改变，位错宽度很窄（$W \approx b$），故派-纳力很高，因而其宏观上屈服强度很高但很脆；金属键因无方向性，位错有较大的宽度，对面心立方金属如 Cu，其 $W \approx 6b$，派-纳力很低。派-纳力的计算公式定量地指出了因位错的存在，金属晶体的实际屈服强度($\tau_{p\text{-}N} \approx 10^{-4}G$)可远低于理论的屈服强度($G/30$)。位错在不同的晶面和晶向上运动，其位错宽度是不一样的，式(10-5)指出，只有当 b 最小 a 最大时，位错宽度才最大，派-纳力最小，故位错只有沿着密排面和其上的密排方向滑移运动。

3）在金属中，由实验测得的材料屈服强度与派-纳力的概念联系起来，可知面心立方金属和沿基面(0001)滑移的密排六方金属，其派-纳力最低；对于不是沿基面滑移而是沿棱柱面($10\bar{1}0$)或棱锥面($10\bar{1}1$)滑移的密排六方金属，由于 b/a 比值较大，影响了位错宽度，派-纳力增高了。对于体心立方金属，派-纳力稍高于面心立方，但更主要的是其派-纳力随温度降低而急剧增高，这可能是体心立方金属多数具有低温脆性的原因。

（二）孪生

在某些情况下，如滑移系较少(如密排六方金属)，或低温环境及冲击加载变形，晶体将不易滑移，需要孪生进行塑性变形。

1. 孪生变形过程　所谓孪生变形，就是在切应力作用下晶体的一部分沿一定的晶面(孪生面)和一定的晶向(孪生方向)相对于另一部分，在一个区域内发生连续顺序的切变。孪生变形过程如图 10-7 所示。

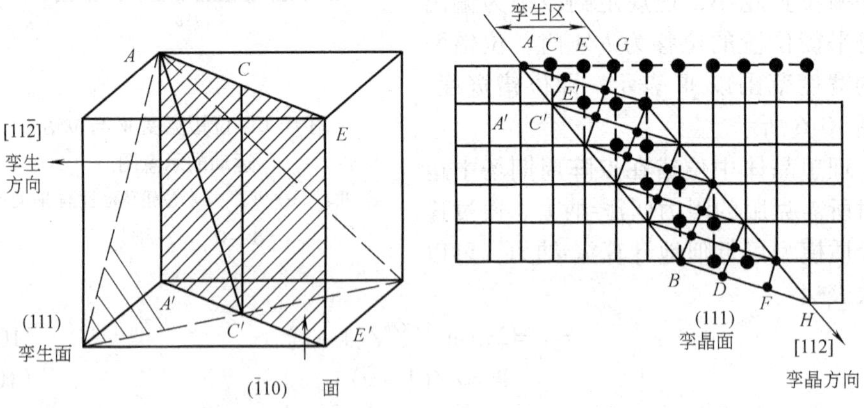

图 10-7　面心立方晶体孪生变形示意图

a）孪生面和孪生方向　b）孪生变形时原子的移动

由晶体学基础得知，面心立方可看成一系列(111)沿着[111]方向按 $ABCABC\cdots$ 的规律堆垛而成。当晶体在切应力作用下发生孪生变形时，晶体内局部地区的各个(111)晶面沿着[112]方向(即 AC' 方向)产生了均匀切变，每层(111)晶面都相对于其相邻晶面移动了 1/3 个原子间距。这样第三层 GH 面相对于基准

面 AB(即孪晶面)的位移恰好为一个原子间距。各层晶面的位移量与其距孪晶面的距离成正比，且变形部分与未变形部分以孪晶面为准，形成了镜面对称的位向关系。对称的两部分晶体称为孪晶，形成孪晶的过程称为孪生。

2. 孪生变形的特点　与滑移比较，孪生具有以下特点：①孪生使一部分晶体发生了均匀的切变，而滑移只集中在一些晶面上；②孪生后晶体变形部分的位向关系发生了改变，而滑移后晶体的位向关系并未改变；③孪生变形是通常出现于滑移受阻而引起的应力集中区，因此孪生的临界切应力比滑移时大得多；④孪生对塑性变形的作用比滑移小得多。

（三）扭折

虽然滑移和孪生是两种最重要的变形方式，但当受力晶体处于既不能进行滑移又不能进行孪生的某种取向时，它就可能以其他方式来适应所作用的外力。如压缩一个 c 轴与试棒轴线平行的 Cd 晶体或 Zn 晶体，如图 10-8 所示。由于不能发生滑移，且孪生过程阻力也大而无法进行。在此情况下，如继续增大压力，则为了使晶体的形状与“外力”相适应，晶体就会发生局部弯曲，这种变形方式称为扭折。变形区域则称为扭折带。扭折是一种协调性变形，它能引起应力松弛，使晶体不致断裂。晶体经扭折后，扭折区的晶体取向发生改变，其后有可能再发生滑移和孪生。

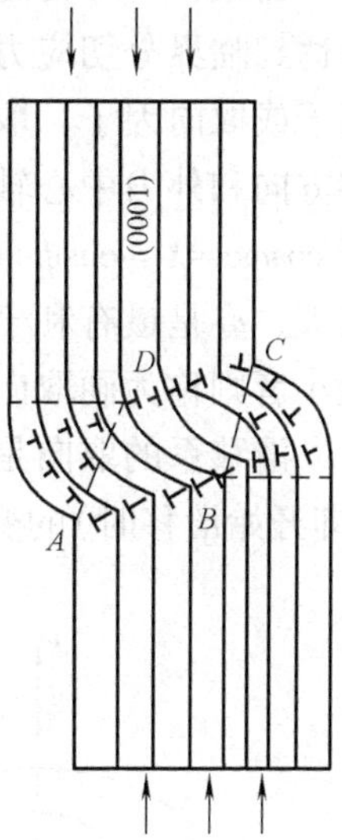

图 10-8　单晶 Cd 被压缩时的扭折示意图

二、单晶体的塑性变形

（一）施密特定律

前已述及，金属晶体的潜在滑移系是较多的，有的多达 48 个(如 α-Fe)，最少的也有 3 个(如 Cd、Zn 等)。但这些滑移系并不能同时参与滑移，而是要由变形的具体条件(首先是晶体的受力状态)来决定的。

单晶体的拉伸实验表明，一个滑移系只有当受到所需要的一定大小的切应力时才能开始滑移。开始滑移所需的最小分切应力，称为临界分切应力。

设取一个只有一组滑移面的单晶体试样进行拉伸，如图 10-9 所示。其横截面积为 A，轴向拉力为 F，滑移面 A' 的法线与外力 N 中心轴的夹角为 ϕ，滑移方向与外力 F 中心轴的夹角为 λ，滑移面的面积为 $A/\cos\phi$，滑移面的法向分力为 $F\cos\phi$，切向分力为 τ。由此可以求出，外力在滑移方向上的分切应力

$$\tau = F/A \cdot \cos\phi\cos\lambda \qquad (10\text{-}6)$$

当 $\sigma=\sigma_s=F/A$，$\tau=\tau_k$，则

$$\tau_k=\sigma_s\cos\phi\cos\lambda \tag{10-7}$$

公式(10-7)为施密特(Schmid)定律，即当在滑移面的滑移方向上的分切应力达到临界分切应力 τ_k 时，晶体开始屈服，此时 $\sigma=\sigma_s$。$\cos\phi\cos\lambda$ 称为施密特因子或取向因子，取向因子越大，则分切应力越大。显然，当滑移面的法线、滑移方向和外力中心轴三者处于同一平面时，且滑移面的倾斜角为45°时，取向因子 $\cos\phi\cos\lambda=\cos\phi\cos(90°-\phi)=1/2\sin2\phi$ 具有最大值0.5，此时的分切应力也最大，亦是最有利于滑移的取向，$\cos\phi\cos\lambda$ 值大者称为软取向；反之，$\cos\phi\cos\lambda$ 值小者则称为硬取向。当然，一般所谓软、硬取向只是相对而言的。

滑移系的取向是由晶体的取向来决定的。晶体的取向不同，试样开始屈服时(即开始滑移时)的变化很大，如图10-10所示。

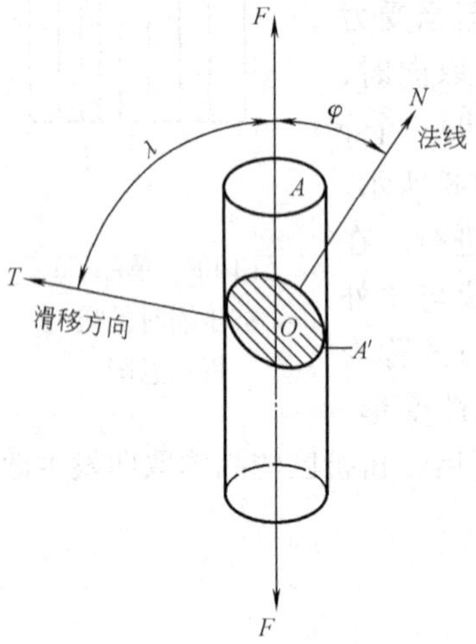

图10-9　外力 F 在滑移方向上的分切应力

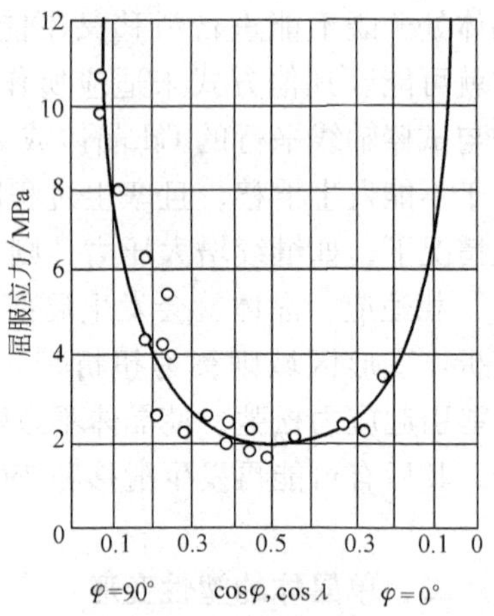

图10-10　Mg晶体的屈服应力与晶体取向的关系

临界分切应力 τ_k 是表示晶体屈服实质的一个物理量，它不随试样的取向而变化，只取决于晶体内部的实际状态。τ_k 值既与晶体的类型、纯度以及温度等因素有关，还与该晶体加工和处理状态、变形速度以及滑移系类型因素有关。例如，除了少数金属如Fe、Ni的 τ_k 略大外，大多数金属的 $\tau_k<1\text{MPa}$，它比按理想晶体所计算出的值小3~4个数量级。又如滑移系较多的面心立方或体心立方金属，其塑性一般大于滑移系较少的六方金属，但是在三向等拉伸的受力条件下，由于不产生切应力，即使塑性很好的材料也可不发生塑性变形而脆断；反之，一些塑性较低的材料，如果给予合适的受力条件，使晶体只产生单纯的切应

力或主要为切应力，而正应力很小(例如挤压成型法)，则可使塑性显著增大。

（二）单滑移、多滑移和交滑移

滑移一般有单滑移、多滑移和交滑移等类型。图 10-11 为多晶铝在发生单滑移、多滑移和交滑移的图像。

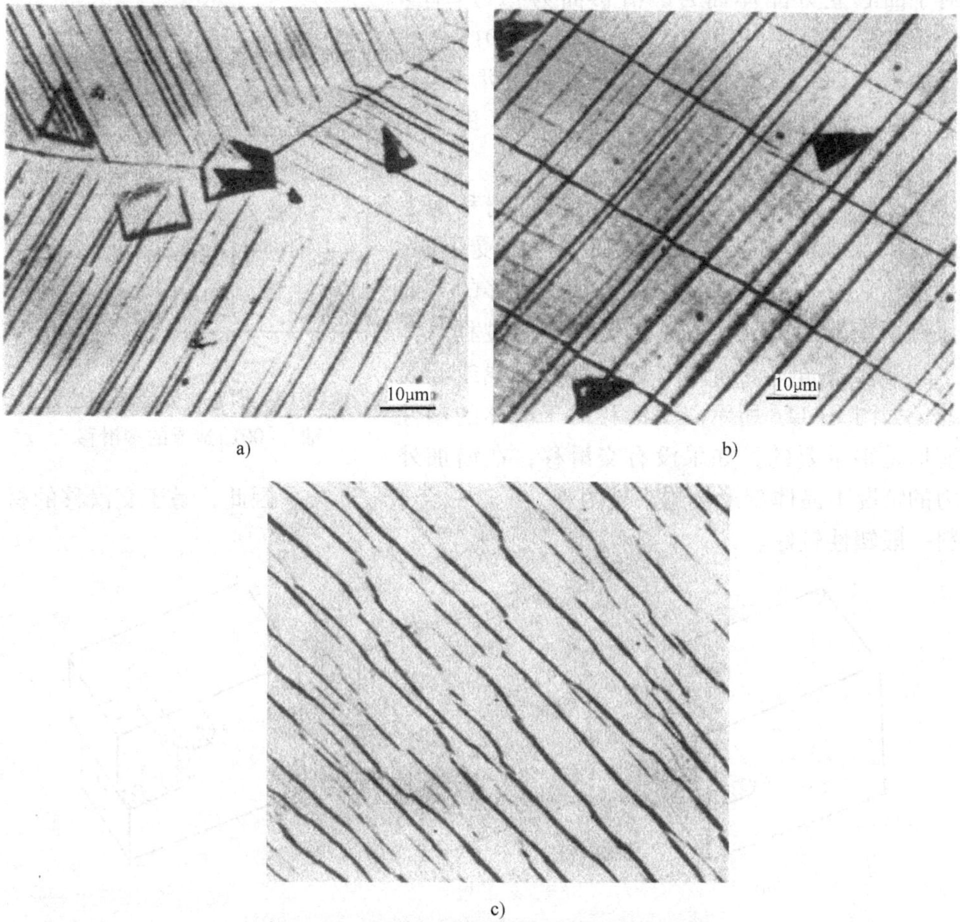

图 10-11　铝晶体的滑移

a）单滑移 ×100　b）多滑移 ×100　c）交滑移 ×200

单滑移是指只有一个滑移系上的分切应力最大并达到了临界分切应力而进行的滑移。在一个晶粒内只有一组平行的滑移线(带)，通常在变形量很小的情况下发生，更多是发生在只有一组滑移面的密排六方晶体。由于位错在滑移过程中不会与其他位错交互作用，因此加工硬化作用也很弱。

多滑移是指晶体上有两个或两个以上的滑移系满足施密特定律的条件，各自滑移面上的位错同时启动。多滑移时，两个滑移面上的位错必将产生交互作用，形成割阶或扭折，使位错进一步运动的阻力增加，故多滑移比单滑移要困难，进而造成比单滑移大的强化效果。参与的滑移系越多，强化效果也越大。晶体表面的滑移线不止是一组平行线，而是两组或两组以上的滑移线(图 10-11b)。例如，对于面心立方晶体而言，滑移面为{111}有 4 个，滑移方向为⟨110⟩有 3 个，当沿[001]方向施加外力时，共有 4×2 = 8 个相同的滑移系，当达到了临界分切应力时可同时启动，即产生了多滑移，如图 10-12 所示。

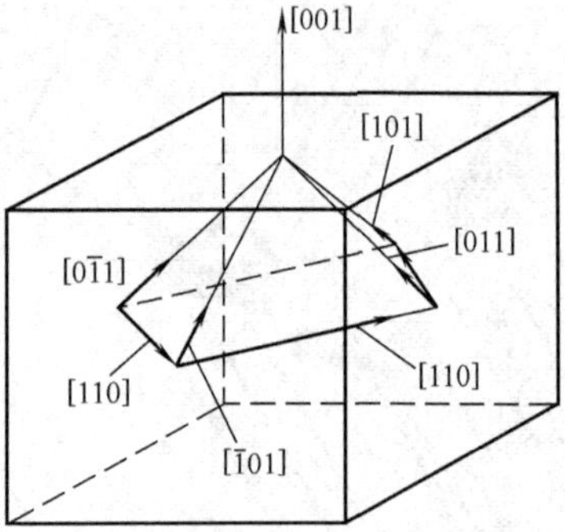

图 10-12　面心立方金属，拉力轴为[001]造成的多滑移

交滑移是指螺位错在两个相交的滑移面上运动，当螺位错在一个滑移面上运动受阻时，会转移到另一滑移面上继续滑移，滑移的方向保持不变。图 10-13 显示了交滑移的过程。产生交滑移的晶体表面的滑移线呈曲折线或波纹线，如图 10-11c 所示。交滑移对于晶体的塑性变形是很重要的，如果没有交滑移，在增加外力的情况下晶体变形会越来越困难，最后只会造成断裂。因此，易于交滑移的材料一般塑性较好。

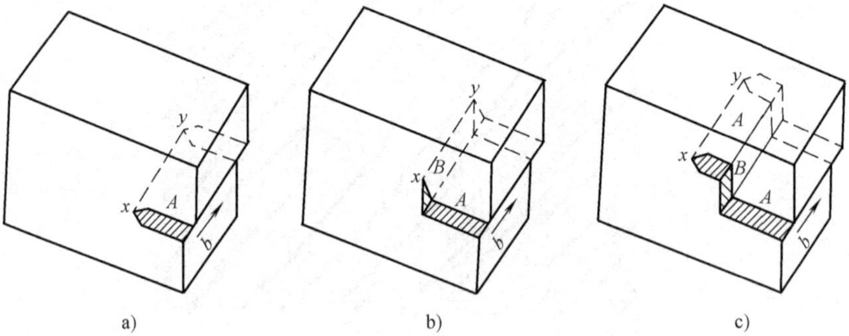

图 10-13　螺位错 *xy* 的交滑移

a）滑移面为 *A* 面　b）交滑移到 *B* 面　c）再次交滑移到 *A* 面

（三）晶体的转动

晶体在纯切应力作用下而进行的滑移是不会引起晶体取向变化的。但当滑移面上同时还存在着分正应力的条件下(如上述拉伸试验)，因力轴的错动，晶体在滑移时还会同时发生转动，这对只有一组滑移面的密排六方结构金属尤为明显。晶体的转动会引起角 ϕ、λ 的变化，即引起取向因子的变化，从而影响到滑移。

晶体在拉伸时，其转动是力求使作用滑移系转到与力轴平行的方向，如图10-14所示。晶体在压缩时同样要转动，力求使作用滑移系转向与力轴相垂直的方向，如图10-15所示。

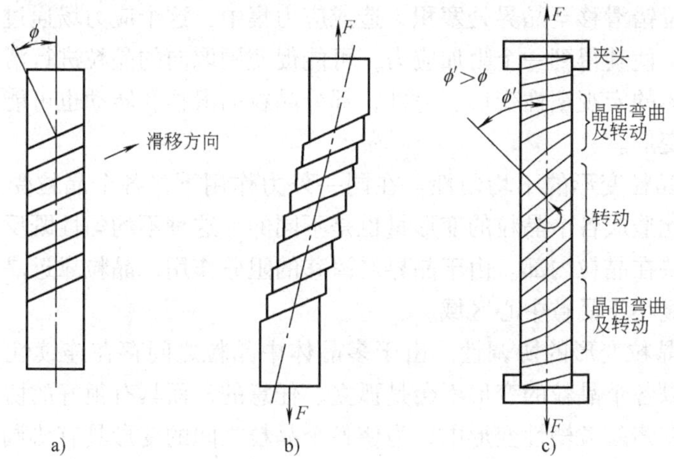

图10-14　拉伸时晶体的转动

a）原始试样　b）自由滑移变形　c）受夹头限制时的变形

单晶体拉伸时，若作用滑移系的起始角 ϕ 小于45°，那么随着晶体的转动，分切应力 τ 将逐步增大，至45°时达到最大，而后又逐步减小。若起始角 ϕ 大于45°，则分切应力 τ 的变化只能逐步减小。因分切应力 τ 值的增大有利于滑移，测出的 σ_s 小；τ 减小不利于滑移，测出的 σ_s 大。故前者称几何软化，后者称几何硬化。

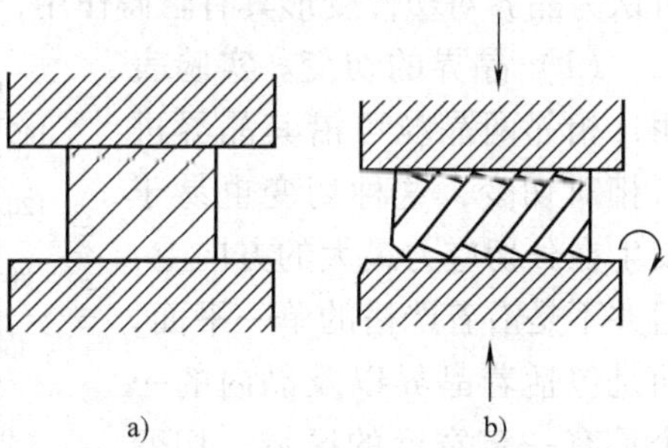

图10-15　压缩时晶体的转动

a）变形前　b）变形后

三、多晶体的塑性变形

（一）多晶体塑性变形的特点

实际金属结构材料绝大部分是多晶体。多晶体塑性变形的基本方式仍然是滑移和孪生。但多晶体是由许多形状、大小、取向各不相同的晶粒所组成，晶粒之间存在着晶界，故多晶体的塑性变形比较复杂，但可在单晶体的塑性变形的基础上对多晶体的塑性变形进行定性的讨论。多晶体的塑性变形具有以下的特点：

(1) 各晶粒变形的不同步性。由于多晶体中各个晶粒的位向不同，在外力作用下滑移系的受力情况各不相同。处于软取向的晶粒，滑移方向上的分切应力较早达到临界分切应力，塑性变形开始进行；而处于硬取向的晶粒，滑移方向上的分切应力尚未达到临界值，尚未开始塑性变形。这样，随着外力的增加，已变形晶粒内的位错滑移至晶界处塞积，造成应力集中，这个应力场通过晶界作用到相邻晶粒上，使其得到一个附加应力，可能促使硬取向的晶粒进行滑移，从而导致整个多晶体的宏观塑性变形。另外，部分晶粒的滑移和转动也可能促使硬取向的晶粒进行变形。

(2) 各晶粒变形的不均匀性。在同一外力作用下，各个晶粒受到的应力是不同的，因此造成各个晶粒的变形量也是不同的。这种不均匀性既反映在各晶粒之间，也反映在晶粒内部。由于晶界对滑移的阻碍作用，晶粒靠近晶界区域的滑移变形量明显小于晶粒中心区域。

(3) 各晶粒变形的协调性。由于多晶体中晶粒之间存在连续性，并作为一个整体，所以各个晶粒的变形不会是孤立、任意的，而具有很好的协调性。理论分析表明：在多晶粒塑性变形中，为使各个晶粒之间的变形具有协调性，每个晶粒至少需要 5 个独立的滑移系，否则不能保证变形的连续性。

(二) 晶界的作用

由于晶界上原子排列不规则，点阵畸变严重，晶界两侧的晶粒取向不同，故可认为晶界对塑性变形具有阻碍作用，如图 10-16 所示。主要反映在以下两点：

(1) 晶界的切变。实验表明，相邻两晶粒可沿其晶界进行相对切变，这种切变也易于发生在分切应力最大的方向上，但并不是沿着严格的单一平面，而是包括着晶界以及晶内的一个具有一定宽度的区域。切变在空间和时间上都是不连续的，即一个晶界上不同点的切变量是不同的，而一个给定点的切变量则又是随时间而变化的。对不同晶界来说，屈服此起彼伏。晶界切变可松弛相邻晶粒间由于不均匀变形而引起的应力集中。

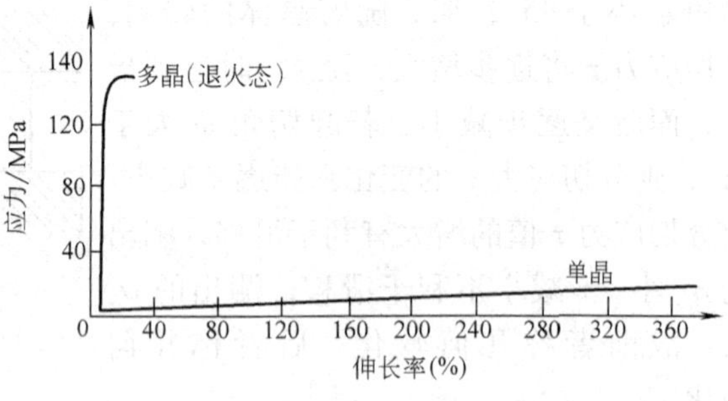

图 10-16 锌的单晶体与多晶体的应力-应变曲线

(2) 晶界的协调作用。在变形过程中，晶界处于两个取向不同、因而变形程度也不同的晶粒之间的中间区域，要维持变形的连续性，晶界势必要起过渡作用。即是说，晶界一方面要抑制那些易于变形的晶粒进行变形，另一方面又要促进那些不利于变形的晶粒进行变形，这就是晶界对变形所起作用的二重性，但晶界对变形的阻碍作用则始终占主导地位。

（三）霍耳-配奇(Hall-Petch)公式

晶界对变形的影响，主要取决于晶界的数量。而晶粒大小又决定了晶界的数量。图 10-17 为低碳钢的晶粒大小与屈服点的关系曲线。由图可见，钢的屈服点与晶粒直径平方根的倒数呈线性关系。即晶粒越小，晶粒的数量越多，则屈服点越大，且当变形量较小时，这种效果更为显著。晶粒平均直径 d 与屈服点 σ_s 的关系可写为

$$\sigma_s = \sigma_0 + kd^{1/2} \tag{10-8}$$

此即霍耳-配奇(Hall-Petch)公式。式中 σ_0 和 k 为常数，前者表示晶内对变形的抗力，约相当于单晶体 τ_k 的 2～3 倍左右；后者表征晶界对变形的影响，随结构而定。进一步的实验证明，材料的屈服点与其亚晶粒尺寸之间也存在上述关系。利用霍耳-配奇(Hall-Petch)公式可以解释细晶强化的机理。

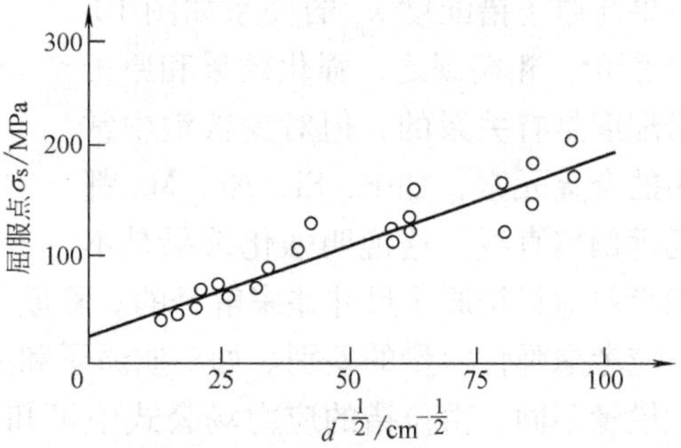

图 10-17　低碳钢的晶粒大小与屈服点的关系曲线

晶粒细小导致强度硬度提高的同时塑性韧性也得到改善，其原因是：在相同的外力作用下，晶粒越细小，各个晶粒变形越均匀，应力集中的几率较小，裂纹不易萌生和扩展，在断裂前可承受较大的变形量，故室温下常利用细晶强化来提高材料的强韧性，称为细晶强韧化。

四、合金的塑性变形

合金塑性变形的基本方式仍然是滑移和孪生，但由于合金的组织、结构在纯金属的基础上有所变化，因此，其塑性变形具有一些新的特点。根据合金的组成相不同，可以把合金分为单相合金和复相合金。

（一）单相合金的塑性变形

合金在形成单相固溶体后，溶质原子的存在及其固溶度的增加，使合金变形时的临界切应力高于纯金属，表现为强度、硬度不断增加，而塑性、韧性不断下降(图 10-18)，这种现象叫做固溶强化。

固溶强化对具体合金来说，表现出的规律可能不一样。如对无限互溶的 Cu-Ni 合金、Ag-Au 合金，其强化随溶质的含量成抛物线关系，在约 $w_{Ni}=50\%$ 左右强化有极大值。对多数合金，因溶解度有限，强化与溶质含量简化成线性关系。固溶强化有各种理论，其实质在于合金的晶体结构中的弹性交互作用、电交互作

用、化学交互作用，最主要的是溶质原子与位错的弹性交互作用阻碍了位错的运动所致。

对于置换式的溶质原子，主要考虑溶质原子和溶剂原子尺寸的差别。两者原子的尺寸差越大，溶解度越小，则强化效果越大。这主要是因为原子尺寸差别(或称错配度)所引起的晶格畸变，会产生一内应力场，位错在这内应力场中运动会受到阻力。如铁中加入不同合金元素所引起的强化效果与原子错配度 ε_a 的关系如图 10-19 所示。粗略观之，强化效果和原子错配度是有关系的，但对少数钢中常用的合金元素，如 P、Si、Ni、Mn 都远远偏离直线。这说明强化效果是不能简单地只用原子尺寸差来解释的。除原子尺寸差别外，对一些合金的固溶强化还应考虑弹性模量的差别。如溶质原子和溶剂原子即使在尺寸上差别不大，但弹性模量不同，由位错的应力场公式中可知，位错在溶剂原子附近的应力是不同的，当溶质原子的切变模量较大时，对位错有斥力；反之切变模量较小时则有吸力。不管哪种情况，对位错的运动都要额外作功，从而导致固溶强化。

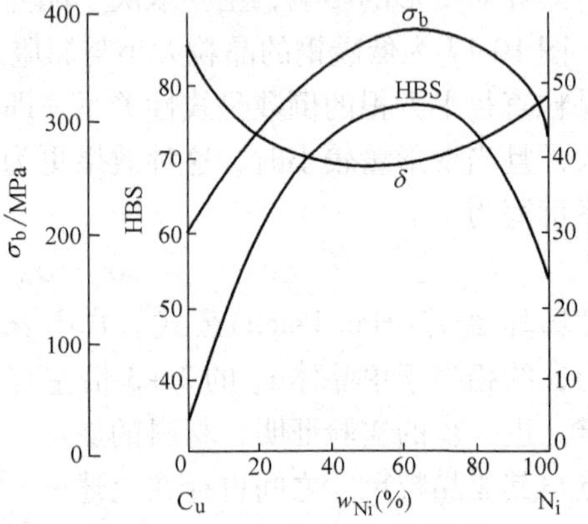

图 10-18　铜镍固溶体的力学性能与成分的关系

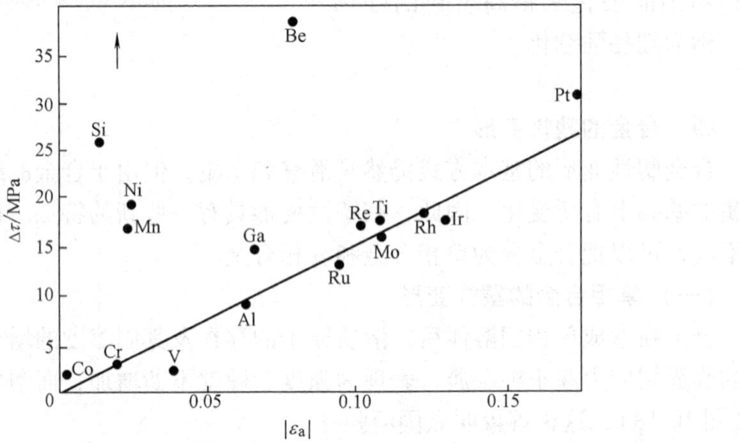

图 10-19　铁的固溶强化与错配度的关系

对于间隙式的溶质原子如碳原子，当其固溶于体心立方如 α-Fe 中，会造成不对称畸变，形成体心正方，其正方度 c/a 随碳含量增加而增加，因为螺位错的应力场中只有切应力，当溶质原子(如置换式溶质原子)引起的晶格畸变是对称时，则和螺位错无交互作用，强化效果就弱。而碳原子当被强制地(急剧冷却)固溶于 α-Fe 中，形成所谓马氏体时，会造成显著的晶格不对称畸变，这时碳原子不仅和刃位错，也和螺位错有强烈的交互作用，因而产生了很强的固溶强化效果，这就是热处理中的淬火工艺。

此外，溶质原子和溶剂原子的价电子数差越大，固溶强化的作用也越明显。

（二）复相合金的塑性变形

复相合金与单相合金相比，除基体相以外，还有第二相的存在。因此，复相合金的塑性变形不仅取决于基体相的性质，更取决于第二相本身强度、塑性，以及第二相的尺寸大小、形状、数量及其分布等因素。如果第二相的尺寸和基体晶粒尺寸同属一个数量级，称为聚合型合金；如果第二相十分细小，且弥散分布在基体晶粒内，称为弥散分布型合金。

1. 聚合型合金的塑性变形　聚合型合金的塑性变形可以分为两种：两相均为塑性相；两相中有一个塑性相和一个脆性相。

聚合型合金的两相均为塑性相时，其变形能力取决于两相的体积分数。可假设合金变形时两相的应力和应变相同，于是合金在一定应变下的平均流变应力 σ 和一定应力下的平均应变 ε 可由下式表示：

$$\sigma = \varphi_1\sigma_1 + \varphi_2\sigma_2 \tag{10-9}$$

$$\varepsilon = \varphi_1\varepsilon_1 + \varphi_2\varepsilon_2 \tag{10-10}$$

式中，σ_1 和 σ_2 分别表示一定应变时两相的流变应力；ε_1 和 ε_2 分别表示一定应力时两相的流变应变；φ_1 和 φ_2 分别为两相的体积分数。

聚合型合金两相中一个是塑性相，另一个是脆性相时，则合金在塑性变形时的性能，不仅取决于第二相的相对数量，而且与其形状、大小和分布有密切的关系。碳钢中的渗碳体(硬而脆)在铁素体基体中的存在即属于此种情况。

2. 弥散分布型合金的塑性变形　当第二相以细小弥散的微粒均匀分布于基体相中时，将会产生显著的强化作用。第二相强化的主要原因是它们与位错间的交互作用，阻碍了位错运动，提高了合金的变形抗力。对位错的运动来说，合金所含的第二相有以下两种情况：

（1）不可变形微粒的强化作用。当运动位错受到第二相粒子的阻挡时，由于粒子不可变形，位错只能绕过粒子向前运动，如图 10-20 所示。根据位错理论，迫使位错线绕过平均间距为 R 的第二相粒子时的切应力为

$$\tau = Gb/2R \tag{10-11}$$

式中，G 为切变弹性模量；b 为柏氏矢量。可见，这种强化作用与第二相粒子的间距成反比，即粒子越多、粒子间距越小，强化作用越明显。故提高粒子的体积分数或减小粒子尺寸都有利于提高合金的强度。

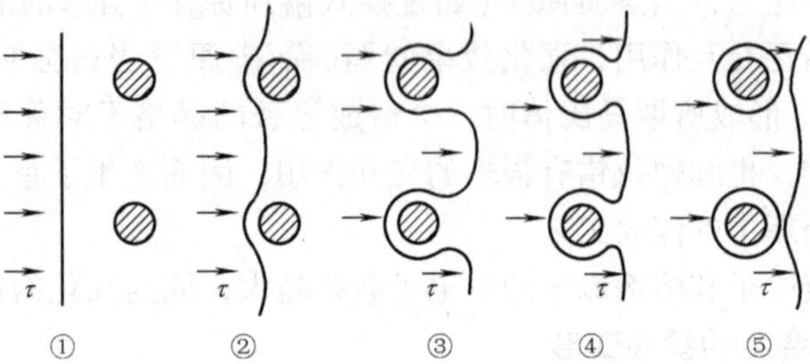

图 10-20　位错绕过第二相粒子示意图

上述为奥罗万(E·Orowan)机制，也即位错绕过机制。一般弥散型强化属于此类强化。例如，钢中的碳(氮)化物弥散强化，粉末冶金(如铝合金加入氧化铝)弥散强化。

(2) 可变形微粒的强化作用。当第二相粒子为可变形微粒时，位错将切过粒子使其与基体一起变形，即位错切过机制，如图 10-21 所示。此时强化作用主要取决于第二相粒子本身的性质以及它与基体的联系。强化的主要机理较为复杂，主要原因与位错切过微粒后界面能升高、错排能的增加以及微粒变形带来的应力场增加，从而造成使位错的运动阻力升高等有关。沉淀强化类合金即属于此种类型。

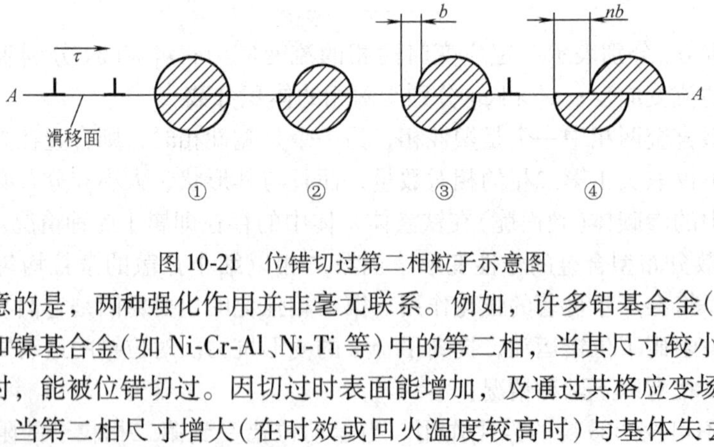

图 10-21　位错切过第二相粒子示意图

应注意的是，两种强化作用并非毫无联系。例如，许多铝基合金(如 Al-Cu、Al-Li 等)和镍基合金(如 Ni-Cr-Al、Ni-Ti 等)中的第二相，当其尺寸较小并与基体保持共格时，能被位错切过。因切过时表面能增加，及通过共格应变场等因素使合金强化。当第二相尺寸增大(在时效或回火温度较高时)与基体失去共格后，位错不能切过而只能绕过。

(三) 低碳钢的屈服和应变时效

1. 低碳钢的屈服　图 10-22 所示为低碳钢拉伸时的应力-应变曲线，有明显的屈服点。低碳钢在上屈服点开始塑性变形，当应力达到上屈服点之后应力逐渐降低；在下屈服点发生连续变形而应力并不升高，即出现屈服水平台。在屈服平台范围，试样的变形先自夹头两端开始向中间延伸，当表面变形完成之后再扩展至心部。在预先磨光抛光的拉伸试样上，可清楚地看到与外力成一定角度(约呈45°)的变形条纹，称为吕德斯带。吕德斯带穿过了试样横截面的各个晶粒，说明当应力达到上屈服点时，首先滑移的晶粒已能触发邻近晶粒也发生滑移，由许多已屈服的晶粒构成一个塑性变形区——吕德斯带。屈服平台就是吕德斯带的延伸和扩展过程。屈服平台之后产生明显的加工硬化。屈服平台的长短和钢的碳含量有关，随着碳含量增加，平台渐短乃至消失。

低碳钢的变形有上下屈服点和屈服平台的原因，是由于钢中碳原子(或氮原子)和位错的交互作用形成柯氏气团以及位错增殖这两个因素共同作用的结果。

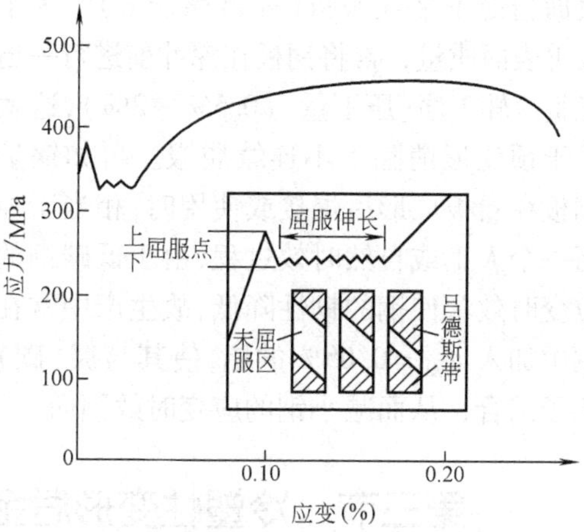

图 10-22 低碳钢拉伸时的屈服现象

由刃位错的应力场可知，在滑移面以上，位错中心区域为压应力，而滑移面以下的区域为拉应力。若有间隙式的溶质原子 C、N 或比溶剂尺寸大的置换式溶质原子在位错附近，会与位错交互作用，作用的结果是这类原子(如 C、N)会偏聚于刃位错的下方。由于可以抵消部分或全部(当碳原子在位错线的下方达到饱和)的张应力，因此可使位错的弹性应变能降低。当位错处于能量较低的状态时，位错更加稳定而不易运动。

碳原子偏聚于刃位错下方而“钉扎”位错，使位错不易运动。位错要运动，只有摆脱碳原子的钉扎。柯垂尔(Cottrell)用溶质原子与位错的弹性交互作用形成气团(即柯氏气团)来解释低碳钢的屈服。位错要从气团中挣脱出来，需要较大的力，此即上屈服点；而一旦挣脱之后位错的运动就较容易，故有应力降落，出现下屈服点和水平台。

吉尔曼和翰逊提出了位错增殖理论，认为晶体开始变形之后，即引起大量的位错增殖，当位错大量增殖后，在维持一定的应变速率时流变应力就要降低，这就会造成屈服降落。

上述这两种理论互相补充，可把低碳钢的屈服现象解释得更全面。例如单纯的位错增殖理论，其前提要求原晶体材料中的可动位错密度很低。而低碳钢中的原始位错密度为 $10^8/cm^2$，但可动位错密度只有 $10^3/cm^2$，低碳钢中可动位错密度之所以如此低，正是因为碳原子强烈钉扎位错，形成了柯氏气团之故。

2. 低碳钢应变时效 低碳钢经过少量的预变形可以不出现明显的屈服行为，如图 10-23b 线，这是卸载后立即加载的情况。但如变形后在室温下放置一较长的时间或在低温经过短时加热，再进行拉伸试验，则屈服点又复出现，且屈服应力提高(图 10-23c)，此即低碳钢的应变时效。这一过程很可能与碳(氮)原子重新扩散到位错周围形成柯氏气团有关。

低碳钢的屈服和应变时效现象在实际生产中很有影响。例如低碳钢薄板深冲成形时，由于低碳钢出现不连续屈服，致使表面粗糙不平或皱折(即吕德斯带)。为了改善表面质量，常将钢板在深冲前进行一道光整冷轧工序(压下量为0.5% ~2%)，这就等于预变形消除了不连续屈服。再如锅炉钢板在卷板成形后焊接或使用时，相当于经历一个人工或自然时效过程，由于低碳钢的应变时效常使钢的韧性降低，故生产中常在钢中加入 $w_{Al}=0.05\%$ 的铝，使其与氮(碳)原子结合，从而减小钢的应变时效倾向。

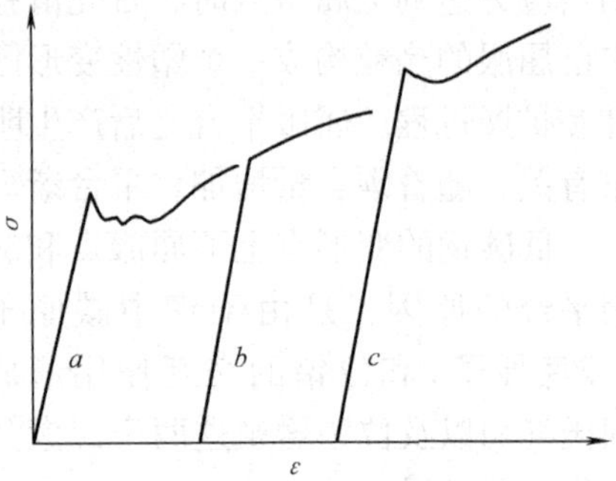

图 10-23　低碳钢的应力-应变曲线

a—预塑性变形　*b*—去载后立即再行加载

c—去载后放置一段时间或在 200℃ 加热后加载

第三节　冷塑性变形后金属的组织与性能变化

冷塑性变形不但改变了金属材料的外形和尺寸，而且使金属内部组织和各种性能发生了变化，主要表现在下述几个方面。

一、显微组织和结构的变化

金属材料经过塑性变形后，显微组织发生了明显的改变。随变形量的增加，除了晶粒内部出现大量的滑移带和孪晶带外，金属晶粒沿着变形方向被拉长，由多面体变为扁平形或长条形。当变形量较大时，晶粒逐渐被拉长成纤维状，即纤维组织。纤维组织使金属的性能具有明显的方向性，其纵向的强度和塑性高于横向。

塑性变形时，随着金属晶粒形状的改变和纤维化，晶界上各种夹杂物和第二相的形状及分布也将改变。塑性好的将被拉成长条形；塑性较差的在拉长时发生断裂，成为沿金属纤维分布的索状物；脆性大的则被压碎成更细的颗粒。这些夹杂物将对金属的变形性能产生很大影响，并经常成为金属在发生破坏时的断裂源。

金属在塑性变形时，位错不断运动和增殖。在被拉长成纤维状的晶粒内部出现许多位错胞，胞壁上有大量位错；当变形量很大时，胞壁上位错数目增多，形成以其分割的变形亚晶。层错能较高的金属和合金(如铝和铁等)，容易产生明显的胞状结构；而层错能较低的金属材料(如不锈钢、黄铜等)，则易观察到位错塞集群的存在，出现胞状亚结构的倾向性较小。

二、变形织构

在塑性变形中，晶体要发生转动。随变形度的增加，各晶粒的滑移面和滑移方向都要向主变形方向转动，逐渐使多晶体中原来的任意位向在空间上呈现一定程度相同的取向。变形晶体中的这种择优取向，称为变形织构。

变形织构的特征与变形金属的原始条件、变形方式、变形程度等有关。随变形方式的不同，主要有两种类型：

(1) 丝织构。材料在拔丝时形成的，其主要特征是各晶粒的某一晶向大致与拔丝方向平行。

(2) 板织构。材料在轧制时形成，其主要特征是各晶粒的某一晶面和晶向分别与轧制面和轧制方向相平行。

几种常见的金属的丝织构和板织构见表10-1。

表10-1　常见金属的丝织构和板织构

晶体结构	金属或合金	丝　织　构	板　织　构
面心立方	Cu，Ni，Ag，Al Cu-Ni，Cu-Zn	〈111〉+〈100〉	{110}〈112〉
体心立方	α-Fe，Mo，W 铁素体	〈110〉	{001}〈110〉 {110}〈100〉 {111}〈112〉
密排立方	Mg，Mg Zn	〈2130〉 〈0000〉与丝轴成70°	{0001}〈1110〉 {0001}与轧制面成70°

变形织构使金属呈现明显的各向异性，对材料的性能和加工工艺都有很大影响。在有些情况下变形织构是有害的，它使金属材料在冷变形过程中的变形量分布不均匀，例如用有织构的板材冲制杯状工件时，由于板材各个方向的塑性差别很大，变形能力不同，使得加工出来的工件杯口边缘不齐、厚薄不均，即产生所谓的“制耳”现象。当然，在某些情况下，织构的存在是有利的，如用有织构的硅钢片制作电动机或变压器的铁心时，有意地使特定的晶面和晶向平行于磁力线方向，可使铁损大大减少。

三、残余应力

金属和合金塑性变形时，外力所做的功除大部分转化为热量之外，还有一小部分(＜10%)被保留于变形金属内部，这部分能量称为储存能，其大小随金属变形量、变形方式、变形温度以及材料本身性质的不同而异，具体表现为残余应力的存在。残余应力是一种内应力，其特点是与外力相伴而生，但当外力去除后却仍然平衡残存在体内。按残余应力平衡范围的大小，通常可以分为：

（1）第一类内应力，又称宏观内应力。它是由于材料塑性变形时，工件各部分之间的变形不均匀而产生的，其平衡范围包括整个工件。这类内应力所对应的畸变能不大，仅占总储存能的0.1%左右。

（2）第二类内应力，又称微观内应力。它是由塑性变形时，各晶粒和亚晶粒内或之间的变形不均匀而产生的，其平衡范围与晶粒尺寸相当。虽然这种内应力所占储存能的比例也不大(1%～2%)，但其应力数值却可能很大，甚至造成显微裂纹并进而导致工件断裂。

（3）第三类内应力，又称点阵畸变。金属及合金塑性变形后，位错、空位等晶体缺陷增加，使点阵中的一部分原子偏离其平衡位置，造成了点阵畸变。变形金属中储存能的绝大部分(80%～90%)为点阵畸变能。这部分能量使变形金属结构处于热力学不稳定状态。

变形金属中的残余应力有时是有害的，易导致材料和工件的变形、开裂或应力腐蚀；但有时也是有利的，例如，沿工件表层的残余压应力可使承受交变载荷的零件(如弹簧、齿轮等)的疲劳寿命增高。在生产上广为采用的表面滚压或喷丸处理，就是根据这一原理进行的。对于变形金属已经产生的残余应力，可通过适当的热处理(如去应力退火处理等)加以消除。

四、金属性能的变化

由于塑性变形改变了金属内部的组织，故必然导致其性能的变化。

（一）力学性能的变化

图10-24是铜材经不同程度冷轧后的强度和塑性变化情况，由图可见，随塑性变形程度的增加，材料的强度、硬度显著升高，而塑性、韧性显著下降。这一现象称为加工硬化，有时也称为冷变形强化或冷作硬化等。

由图10-24还可看出，随着冷变形量的增加，材料的屈服强度往往较其抗拉强度提高得更快，导致两者之间的差值减小。这就要求在某些成形加工时应恰当地控制所加载荷，它既应高于此时的屈服强度以产生所要求的塑性变形，又必须低于其抗拉强度以免发生破坏。两者之差值越小，载荷的控制就要求越严。

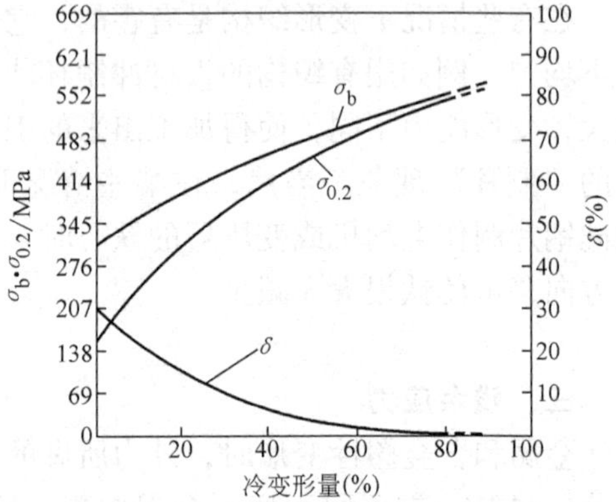

图10-24 冷轧对铜材力学性能的影响

加工硬化的实质在于位错运动受阻。在实际材料中有许多位错运动的障碍，最主要的是：①其他位错；②晶界和亚晶界；③溶质原子；④第二相微粒；⑤表面膜。其中第②、③、④种障碍分别相对应于细晶强化、固溶强化和第二相强化（包括沉淀强化及弥散强化）。对于纯金属单晶体而言，上述三种阻碍位错运动的障碍都不存在，但仍能出现加工硬化现象，因此可以认为，其他位错对运动位错的阻碍是产生加工硬化的根本原因。

有关加工硬化的机制针对不同条件和不同材料有不同的解释，但总的表达形式相同，即流变应力是位错密度的平方根的线性函数。因此，在塑性变形过程中位错密度的增加及其所产生的钉扎作用是导致加工硬化的决定性因素。加工硬化现象在金属材料的生产与使用过程中有重要的实际意义：

1）它是一种非常重要的强化手段，可用来提高金属的强度，特别是对那些无法用热处理强化的合金（如铝、铜、某些不锈钢等）尤其重要。汽轮发电机的无磁钢护环就是通过冷锻成形以提高其强度。再如奥氏体不锈钢，变形前 $\sigma_{0.2}=200\text{MPa}$、$\sigma_b=600\text{MPa}$；经40%轧制后 $\sigma_{0.2}=800\sim1000\text{MPa}$、$\sigma_b=1200\text{MPa}$。

2）加工硬化是某些工件或半成品能够拉伸或冷冲压加工成形的重要基础，有利于金属均匀变形。冷拔钢丝时，当钢丝拉过模孔后，其断面尺寸相应减小，单位面积上所受的力自然增加，如果金属不产生加工硬化使强度提高，那么钢丝将会被拉断。正是由于钢丝经冷塑性变形后产生了加工硬化，尽管钢丝截面尺寸减小，但由于其强度显著增加，因而不再继续变形，从而使变形转移到尚未拉拔的部分，这样，钢丝可以持续地、均匀地经拉拔而成形。金属薄板在冲压时，也是利用加工硬化现象保证得到厚薄均匀的冲压件。

3）加工硬化可提高金属零件在使用过程中的安全性。即使经最精确的设计和最精密的加工生产出来的零件，在使用过程中各部位的受力也是不均匀的，何况还有偶然过载等意想不到的情况，这往往会在局部出现应力集中和过载。但由于加工硬化特性，这些局部地区的变形会自行停止，应力集中也可自行减弱，从而提高了零件的安全性。

但是加工硬化也会给金属材料的生产和使用带来某些不利的影响：①金属冷加工到一定程度后，变形抗力会增加，继续变形越来越困难，欲进一步变形就必须加大设备功率、增加动力消耗及设备损耗；②因屈服强度和抗拉强度差值减小，载荷控制要求严格，生产操作相对困难；③对那些已进行了深度冷变形加工的材料，塑性、韧性大大降低，若直接投入使用，会因无塑性储备而处于较脆的危险状态。为此，要消除加工硬化，使金属重新恢复变形的能力，以便于继续进行塑性加工或使其处于韧性的安全状态，就必须对其适时进行退火，因此必将提高生产成本，延长生产周期。

（二）物理和化学性能的变化

塑性变形后，由于点阵畸变、空位和位错等结构缺陷的增加，会导致金属的电阻率增高，电阻温度系数下降，导磁率下降，热导率有所降低，铁磁性材料的磁滞损耗及矫顽力增大。

由于塑性变形使得金属中的晶体缺陷增多，吉布斯自由能升高，因而导致金属的扩散过程加速，金属的化学活性增大，腐蚀速度加快。

第四节　冷塑性变形金属的回复再结晶

金属经过冷塑性变形后，其组织结构和性能发生一系列变化的同时，金属材料内部存在有各种不同的形式的储存能（残余弹性应变能和结构缺陷能），使金属处于不稳定状态。当冷变形金属加热时，随着温度的升高，原子的扩散能力增强，其组织和性能又将产生一系列的变化，如图10-25、图10-26所示。依据不同温度和保温时间产生的组织变化，可以分为回复、再结晶和晶粒长大三个阶段。

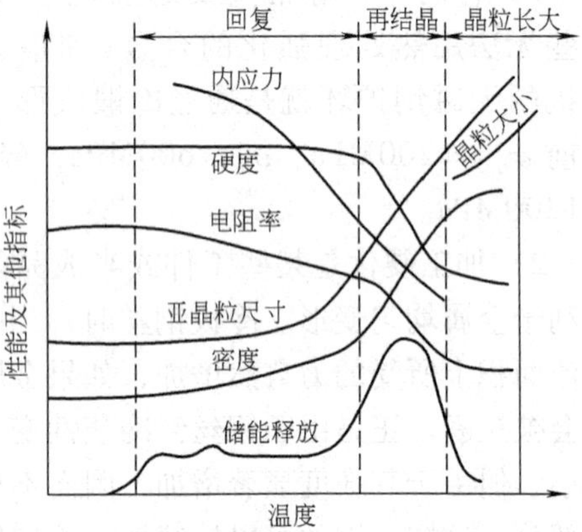

图10-25　冷变形金属加热时某些性能的变化过程

一、冷变形金属的回复

（一）回复过程的特征

所谓回复是指冷塑性变形金属加热时，尚未发生光学显微组织变化前（即再结晶之前）所产生的亚结构与性能变化的过程。该阶段具有以下特点：

（1）回复过程中组织不发生改变，光学显微镜下看到的仍然是晶粒被拉长

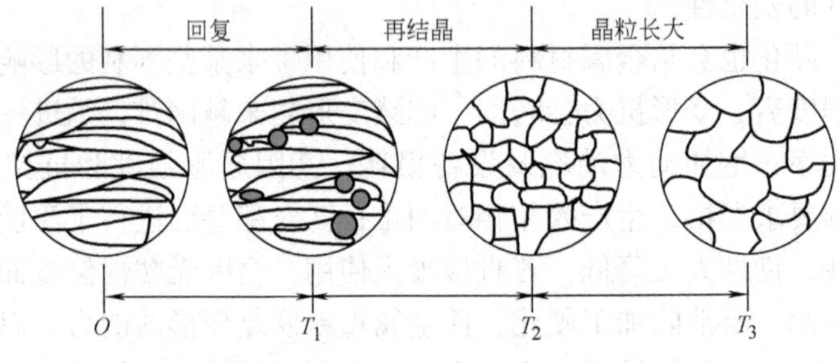

图10-26　冷变形金属加热时显微组织的变化过程

的组织形态，但经高温回复后，在电镜下可以观察到胞状位错缠结转变成的亚晶。

（2）经过回复可基本消除宏观残余内应力，但微观残余内应力仍部分残存。去应力退火工艺就是将发生明显几何形状变化的工件（如锻件、冲压件及切削加工件）进行回复，在降低残余应力的同时仍保持加工硬化效果。

（3）回复过程中力学性能变化不大，由图 10-25 可见，回复阶段储存能释放较为平缓，说明主要结构缺陷（位错）密度变化不大，因此与位错关系密切的强度、硬度变化很小。

（4）回复过程对物理性能的影响较大，图 10-25 中电阻率的降低和密度的增加，说明回复期间点缺陷的浓度有了明显的降低。

（二）回复机制

回复过程中所发生的组织结构变化及程度主要取决于回复温度。随着温度由低到高，冷变形金属所发生的回复主要与三种不同的缺陷运动方式有关。

1. 低温回复　这一阶段的回复主要涉及点缺陷（即空位）的变化。低温回复过程因温度较低，原子活动能力有限，部分空位通过迁移至晶界、表面和位错处，或与间隙原子相遇而消失，从而使空位浓度力求趋于平衡以降低能量。

2. 中温回复　该阶段回复除点缺陷的运动外，位错还会发生运动和重新分布。由于在此温度下原子活动能力不够强，位错的运动只是滑移而无攀移。位错的密度略有下降，原因主要有以下两种：①异号位错在同一滑移面上会聚抵消；不在同一滑移面上的异号位错，则通过空位凝聚消除半原子面或通过空位逃逸制造半原子面而消失。②缠结位错重新排列构成亚晶，位错胞在回复时滑向胞壁，并与壁内异号位错对消，使胞壁位错密度减小、变窄而逐渐清晰成亚晶界，位错胞也因此转化为亚晶粒，如图 10-27 所示。

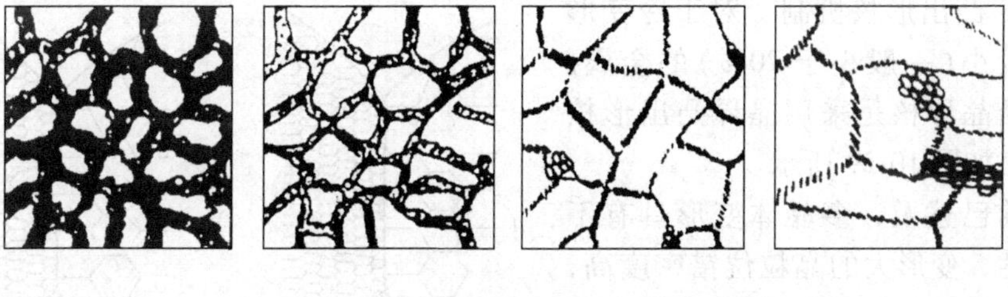

图 10-27　亚组织在加热时的变化

3. 高温回复（$\approx 0.3T_m$）　该阶段主要涉及由位错攀移所造成的位错组态的变化，如图 10-28 所示。多晶体塑性变形后，滑移面上塞积的同号刃位错沿原滑移面成水平排列（图 a），高温回复时，通过所示的滑移和攀移使位错变成沿垂直滑移面的排列（图 b、c），这就是所谓的位错墙。形成位错墙的过程称为多边化。

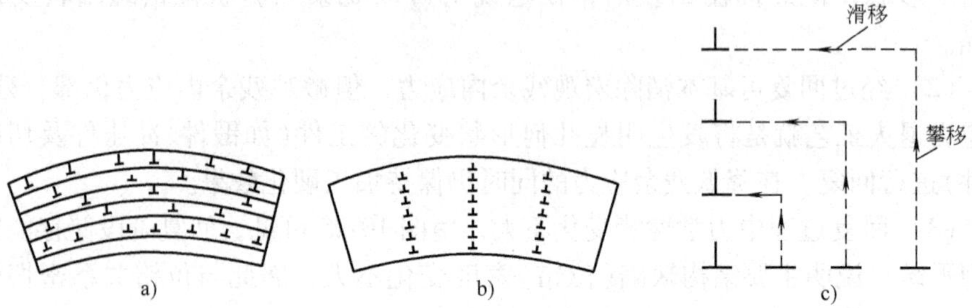

图 10-28　高温回复时的多边化示意图

二、冷变形金属的再结晶

再结晶是指无畸变的等轴新晶粒逐渐取代变形晶粒的过程。再结晶完成后，冷变形金属的储存能全部释放，组织和性能发生了明显的变化。金属的强度、硬度下降，塑性、韧性得以回升，加工硬化消失，此即为再结晶软化。值得注意的是，再结晶虽然也是形核、长大过程，但晶体结构没有改变，只是组织发生了变化。

再结晶的驱动力是变形金属经回复后未被释放的储存能。通过再结晶退火工艺可以消除冷变形的影响。

（一）再结晶的形核与长大

近代再结晶形核理论认为，再结晶核心是在邻接严重畸变区的无畸变区或低畸变区首先形成的。实验观察到的再结晶核心常产生在大角度界面上，如晶界、相界、孪晶或滑移带界面上，有时也产生在晶粒内某些特定的位向差较大的亚晶界上。其主要方式有以下两种：

1. 凸出形核机制　对于冷变形程度较小（一般小于 20%）的金属，其再结晶形核是采用晶界凸出形核机制，如图 10-29 所示。

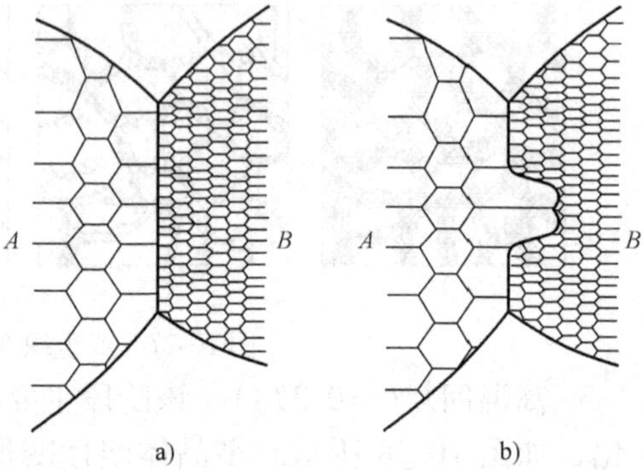

图 10-29　具有亚晶粒组织的晶粒间的凸出形核示意图

前已述及，多晶体变形具有不均匀性，变形大的晶粒位错密度高，变形小的晶粒位错密度低。*A*、*B* 分别为两相邻晶粒（图 a），由于位错密度不同，其形成的亚晶粒尺寸亦有所不同。为了降低系统的自由能，在一定温度条件下，晶界处 *A* 晶粒的某些亚晶将开始通过晶界凸出迁

移而凸入 B 晶粒中(图 b)，以蚕食 B 晶粒中的亚晶的方式开始形成无畸变的再结晶晶核。

2. 亚晶形核机制　对冷变形较大的金属，再结晶形核是采用亚晶形核机制。当变形程度较大时，晶体中位错不断增殖，由位错缠结组成的胞状亚结构直接发生多边化，并形成亚晶，借助亚晶成为周围再结晶形核的核心。

亚晶形核方式有两种，如图 10-30 所示。① 亚晶直接长大形核。由于位错密度较高的亚晶界，其两侧亚晶的位向差比较大，在加热时容易发生迁移并逐渐变为大角度晶界，从而作为再结晶核心而长大。此机制适合于低层错能的金属。②亚晶合并形核。在高温回复阶段后期，已出现了亚晶及亚晶的合并，在再结晶温度下这一过程更容易进行。此机制适合于高层错能的金属。

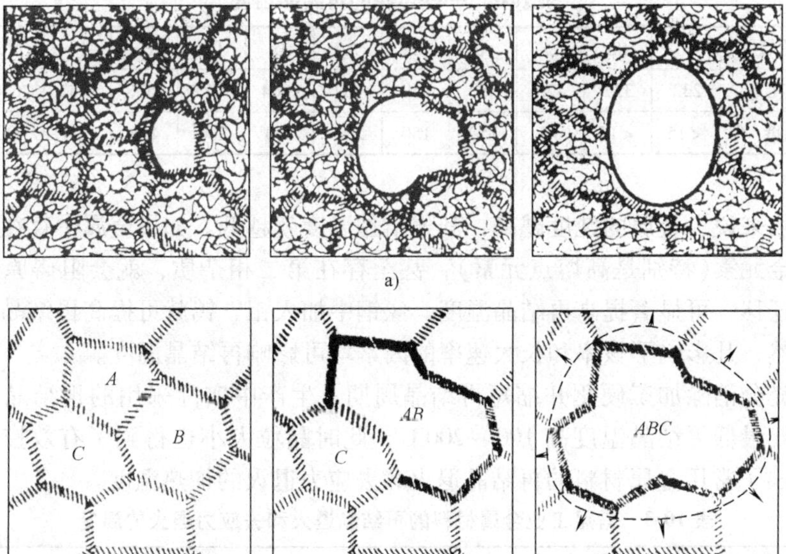

图 10-30　再结晶亚晶形核机制示意图

a）亚晶直接长大形核　b）亚晶合并形核

3. 再结晶晶核的长大　再结晶晶核形成之后，它就借界面的移动而向周围畸变区域长大。界面迁移的推动力是无畸变的新晶粒本身与周围畸变的母体(即旧晶粒)之间的应变能差。晶界总是背离其曲率中心，向着畸变区域推进，直至全部形成无畸变的等轴晶粒为止，再结晶即告完成。

（二）再结晶温度 T_R

冷变形金属开始进行再结晶的最低温度称为再结晶温度。再结晶开始的主要标志是金相组织观察看到的第一个新晶粒或因晶界突出形核出现的锯齿状边缘的形貌。

再结晶温度可由实验具体测定，工业上通常以经 1h 保温能完成再结晶的最低退火温度作为材料的再结晶温度。再结晶温度并不是一个物理常数，而是一个自某一温度开始的温度范围。金属冷变形程度越大，产生的位错等晶体缺陷便越多，内能越高，组织越不稳定，再结晶温度便越低。当变形量达到一定程度后，再结晶温度将趋于某一极限值，称为最低再结晶温度。大量实验结果表明，许多工业纯金属的最低再结晶温度 T_R 与其熔点 T_m 按热力学温度存在如下经验关系：

$$T_R \approx (0.4 \sim 0.5) T_m \tag{10-12}$$

一些工业纯金属的最低再结晶温度见表 10-2。显然，金属的熔点越高，其最低再结晶温度也越高。

表 10-2　一些金属的再结晶温度

金　属	Sn	Pb	Zn	Al	Mg	Ag	Au	Cu	Fe	Ni	Mo	W
熔点/℃	232	327	420	660	650	962	1064	1085	1538	1453	2610	3410
再结晶温度/℃	<15	<15	15	150	150	200	200	200	450	600	900	1200

一般来说，金属的纯度越高，其再结晶温度就越低。如果金属中存在微量杂质和合金元素(特别是高熔点元素)，甚至存在第二相杂质，就会阻碍原子扩散和晶界迁移，可显著提高再结晶温度。像钢中加入钼、钨就可提高再结晶温度。

显然，凡影响形核率和长大速率的因素均可影响再结晶温度。

为充分消除加工硬化并缩短再结晶周期，生产中实际采用的再结晶退火温度，要比最低再结晶温度高 100～200℃，此时晶粒大小也得到了有效控制。表 10-3 列出了常用金属材料的再结晶退火和去应力退火的加热温度。

表 10-3　常见工业金属材料的再结晶退火和去应力退火的温度

金属材料		去应力退火温度/℃	再结晶退火温度/℃
钢	碳素结构钢及合金结构钢	500～650	680～720
	碳素弹簧钢	280～300	—
铝及其合金	工业纯铝	≈100	250～300
	普通硬铝合金	≈100	350～370
铜合金(黄铜)		270～300	600～700

(三) 再结晶晶粒大小

当无畸变的等轴新晶粒全部取代了变形晶粒后，再结晶随即完成，此时的晶粒大小(d)与形核率(N)和长大速率(G)密切相关，即

$$d = C(G/N)^{1/4} \tag{10-13}$$

式中，C 是与晶粒形状有关的常数。

变形量是影响再结晶晶粒大小的最主要因素，如图 10-31 所示。如纯铝在变形量很小时不发生再结晶；变形量在 2% ~8% 范围（临界变形量 ε_c）时再结晶晶粒特别粗大；此后随变形量增加，晶粒尺寸变小。其原因是，当变形量太小时，不足以形核；在临界变形量时，N 很小，G 较大，故形成特别粗大的晶粒；变形量增大时，G/N 降低，晶粒尺寸减小。当金属的原始晶粒细小及有微量溶质原子存在时，G/N 的比值均减小，再结晶后可得到细小的晶粒。

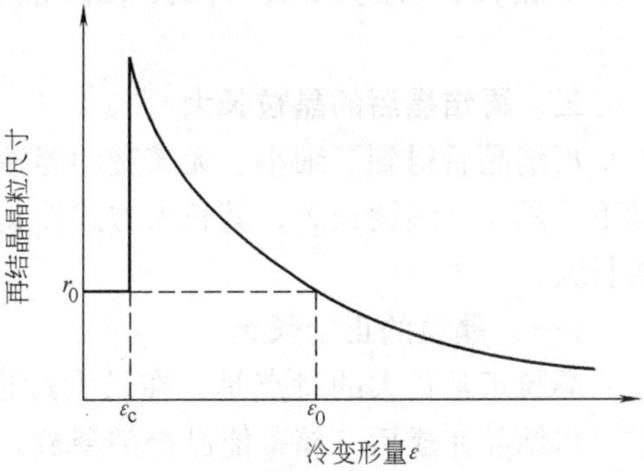

图 10-31　变形量与再结晶晶粒尺寸的关系

（四）影响再结晶的因素

凡是影响再结晶的形核率 N、长大速率 G 和再结晶温度 T_R 的因素都是影响再结晶的因素。其影响因素主要有以下几方面。

（1）温度。再结晶温度越高，位错的攀移和亚晶界的移动、转动及聚合都变得容易，因此使 N 增加。同时温度越高，晶界迁移率越大，G 也随之增大。

（2）变形程度。随变形量增大，再结晶的形核率和长大速率均呈上升趋势，这是由于变形量大，储存能高，使再结晶形核及长大的驱动力增加的必然结果。另外，在形成再结晶晶核时，体系要有足够的储存能来克服界面能增加的阻力。故发生再结晶需要一个最小变形量，称为临界变形量，低于此变形量不能发生再结晶。一般地，临界变形量约为 2% ~8%。

（3）微量溶质原子。微量溶质原子对 N 和 G 的影响有着截然不同的两重性。一方面微量溶质原子阻碍变形，使储存能增加，N 和 G 增大，有利于再结晶；另一方面，杂质又钉扎晶界降低界面迁移率，使形核率减小，生长速率减慢，故不利于再结晶。

（4）原始晶粒大小。在其他条件相同的情况下，材料的原始组织晶粒越细小，阻碍变形的能力越强，储存能越高，从而 N 和 G 也就越大，有利于再结晶。另外，晶粒越细小，晶界面积越多，可提供形核的位置越多，N 也会相应增大，也有利于再结晶。

（5）第二相粒子。第二相粒子的存在既可能促进基体金属的再结晶，也可能阻碍再结晶，这主要取决于基体上第二相粒子的大小及其分布。当第二相粒子平均直径较大、平均间距较宽，再结晶核心能在其表面产生时，将促进再结晶，如在钢中常见到再结晶核心在夹杂物 MnO 或第二相粒状 Fe_3C 表面上产生。当第二相粒子平均直径很小且又较密集时，则会阻碍再结晶的进行，在钢中常加入 Nb、V 或 Al，形成 NbC、V_4C_3、AlN 等尺寸很小的化合物，则会抑制形核。

三、再结晶后的晶粒长大

再结晶后得到了细小、无畸变的等轴新晶粒。当继续加热时，在界面能的驱动下，晶粒会继续长大，其长大方式按其特点可以分为：正常晶粒长大和异常晶粒长大。

（一）晶粒的正常长大

晶粒正常长大的特点是，在长大过程中晶粒尺寸比较均匀且其变化是连续的。再结晶完成后，储存能已全部释放。但随着温度的升高或保温时间的延长，晶粒仍然可以长大。长大方式总体而言，是一种大晶粒吞并小晶粒、晶界向着曲率中心方向移动的过程，如图 10-32 所示。晶粒长大过程中晶界的迁移方向与再结晶形核和长大时相反，这与晶粒长大的驱动力不同于再结晶驱动力有关。晶粒长大的驱动力是降低总界面能，晶粒界面的不同曲率是造成晶界迁移的直接原因。

冷变形金属再结晶时，晶界的迁移率受到很多因素影响，通常，晶粒长大到一定程度后晶界可以全部变为平直状，晶界迁移便趋停止，故再结晶后的晶粒长大有一定的限度。在三晶粒会聚处，界面交角呈 120° 才能保证界面张力维持平衡，因此，晶粒长大的稳定形态应为规则的六边形，且界面平直。对于小于六边的小晶粒，具有自发缩小以至消失的趋势；相反，大于六边的大晶粒可以自发长大。晶粒长大至稳态时的形状必须符合两个条件：其一，晶界应为平直状；其二，晶界各顶角在二维时应为 120°。

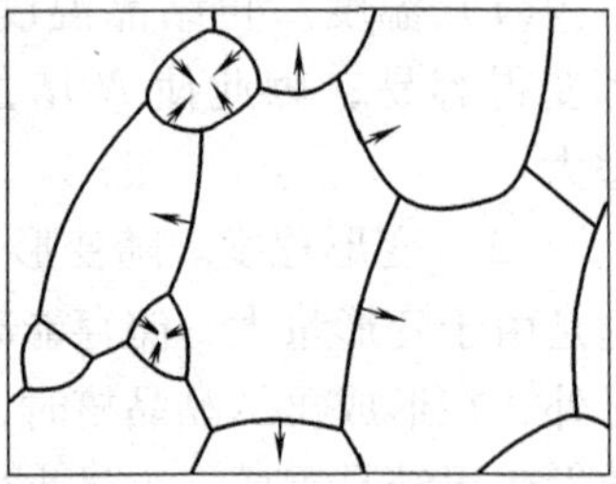

图 10-32　晶粒长大时的晶界迁移示意图

再结晶后的晶粒长大使得晶界总面积减小。这在热力学上是可行的，而在动力学上是否可行就要看晶界的迁移。影响晶界迁移的因素主要有：

1）温度。温度越高，原子扩散越容易，界面迁移率越大，晶粒长大速度也就越快，且升温过程的影响远大于保温过程。

2）第二相粒子。实验表明，晶界迁移碰到第二相粒子时往往受阻，晶粒长大速率降低。一般而言，第二相粒子尺寸越小，体积分数越大，再结晶晶粒就越细小。若第二相粒子为球形，半径为 r、体积分数 f，则再结晶后的晶粒尺寸 $R=4r/3f$。生产上加铝脱氧的镇静钢，加 Nb、V、Ti 等会阻止钢的奥氏体晶粒长大，就是基于这个原理。

3）晶粒间的位向差。晶界两侧的晶粒位向较为接近或具有孪晶位向时，晶界迁移速度较小。但若晶粒间具有大角度晶界的位向差时，则由于晶界能和扩散系数相应增大，故其晶界的迁移速度也随之加快。

4）杂质和微量合金元素。一般认为，杂质与微量合金元素的存在会不同程度地降低晶界的迁移速度。

（二）晶粒的异常长大

晶粒异常长大是指晶粒正常长大(又称一次再结晶)后又有少数几个晶粒突发性的生长成为特大晶粒的不均匀长大过程，也称二次再结晶，如图 10-33 所示。由图可见，大部分晶粒尺寸相当，只有一个晶粒发生明显的长大。

产生二次再结晶的条件有以下三点：

1）具有稳定的基体。在一次再结晶的正常晶粒长大过程中，由于弥散分布的第二相、变形织构及板材表面热蚀沟的存在，阻碍晶界迁移，使大部分晶粒长大缓慢，以致在晶粒长大结束时整体上形成了细晶组织。

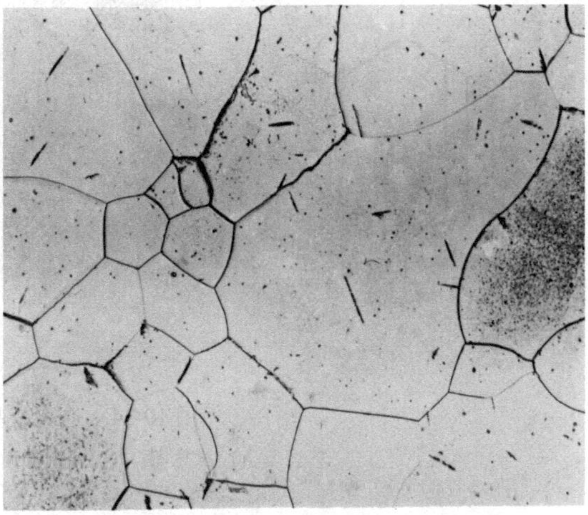

图 10-33 纯铁二次再结晶的反常晶粒

2）具有利于生长的晶粒。在一次再结晶后的细晶组织中，存在少数具有继续长大趋势的晶粒。如第二相溶解或分布稀少的晶粒、某些再结晶织构及具有低表面能和低体积畸变能的晶粒等。这些有利生长的晶粒，可以作为二次再结晶的“核心”，吞吃周围小晶粒而长大。

3）具有高温加热的条件。

四、再结晶织构与退火孪晶

（一）再结晶织构

通常具有变形织构的金属经再结晶后的新晶粒若仍具有择优取向，称为再结晶织构。再结晶织构与原变形织构之间可存在以下三种情况：①与原有的织构相一致；②原有织构消失而代之以新的织构；③原有织构消失不再形成新的织构。

（二）退火孪晶

某些面心立方金属和合金如铜及铜合金、镍及镍合金和奥氏体不锈钢等，冷变形后经再结晶退火后，其晶粒中会出现图 10-34 所示的退火孪晶。图中 *A*、*B*、*C* 分别代表三种典型的退火孪晶形态：*A* 为晶界交角处的退火孪晶；*B* 为贯穿晶粒的完整退火孪晶；*C* 为一端终止于晶内的不完整退火孪晶。关于退火孪晶的形成机制，一般认为是在晶粒生长过程中形成的。通常，层错能低的晶体容易形成退火孪晶。

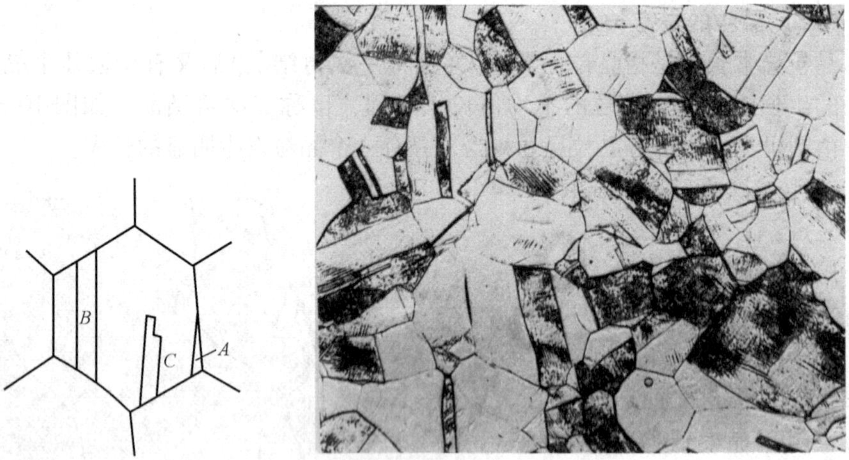

a)　　　　b)

图 10-34　退火孪晶

a）示意图　b）纯铜的退火孪晶

第五节　金属的高温变形

高温通常是指金属材料中原子具有较大热运动能力的温度环境，一般认为，$T/T_m > 0.5$ 即为高温。认识高温变形规律对材料加工成形和高温构件使用变形的控制有着重要意义。

一、热变形

热变形是指金属材料在再结晶温度以上进行的塑性变形，在生产上又简称热加工。材料在高温下变形的同时伴随着回复和再结晶。考虑到变形速率的影响，热变形可以定义为：金属材料的加工硬化率和软化速率相平衡的温度以上进行的变形过程。由于高温下回复和再结晶与变形同时发生，因此为了区别常温下先变形后回复和再结晶的情况，把此回复和再结晶称为动态回复、动态再结晶。

（一）动态回复和动态再结晶

1. 动态回复 图 10-35 为具有动态回复过程的应力-应变曲线。根据曲线的形状，可将其拉伸过程分为三个阶段。开始阶段应力先随应变增大而增大；中间阶段表现为曲线的斜率逐渐下降，材料逐渐均匀塑性变形，并发生加工硬化；最后曲线转为水平，加工硬化率为零，这个阶段称为稳定流变阶段。在达到这个阶段后，即可实现持续变形。这一特性已用于钢材在 750℃下进行的温加工。

当应变速率 ε 增大时，曲线整体移向上方，即稳态流变应力增大。温度也有很大的影响，温度升高时，曲线下移，稳态流变应力下降。

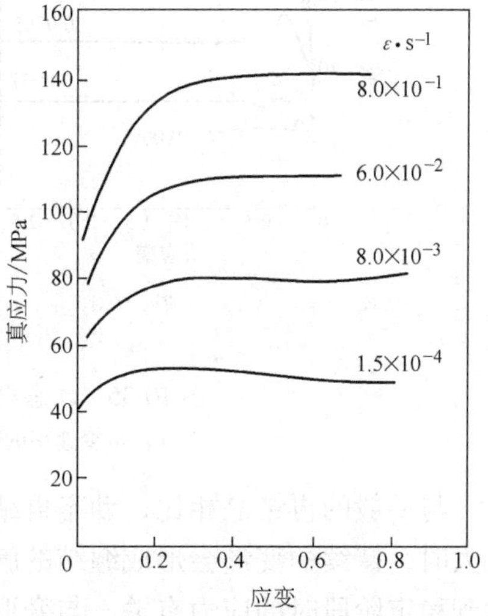

图 10-35 动态回复阶段的应力-应变曲线（工业纯铁，700℃）

动态回复时组织结构的变化主要有两方面。其一，位错密度的变化，开始时金属中的位错密度增大，和冷变形时相同的是，金属中也形成位错缠结和位错胞。位错密度的增大导致了回复过程的发生，位错消失的速率随应变的增大而不断增大，最后位错增殖与消失达到平衡，进入不再发生加工硬化的稳态流变阶段。在此阶段，位错构成亚晶界，形成亚晶粒。其二，亚晶粒始终保持为等轴状，这是由动态回复过程中亚晶界的迁移和多边化造成的结果。对于给定金属材料，动态回复亚晶粒的大小受变形温度和变形速率的影响。

2. 动态再结晶 动态再结晶也是不断通过形核及长大而进行的。发生动态再结晶时，应力-应变曲线的特性如图 10-36 所示。当真应变达到开始发生动态再结晶的临界应变量时，再结晶刚刚开始，加工硬化仍占上风，故曲线继续上升，但斜率渐减。当流变应力达到极大值 σ_{max} 后，再结晶加快，流变应力降低并保持恒值，形成稳态流变。此时加工硬化与再结晶软化达到动态平衡。故动态再结晶曲线也可分为三个阶段，即加工硬化阶段、动态再结晶的初始阶段和稳态流变阶段。

当应变速率低时，由于位错增殖速度小，在发生动态再结晶软化后继续进行再结晶的驱动力减小，再结晶软化作用减弱，以致不能与新的加工硬化平衡，从而重新发生硬化，曲线重新上升。等到位错再积累到一定程度，使再结晶又占上风，曲线又逐渐下降。这种反复变化的过程将不断进行下去，变化周期大致不变，但振幅逐渐衰减。

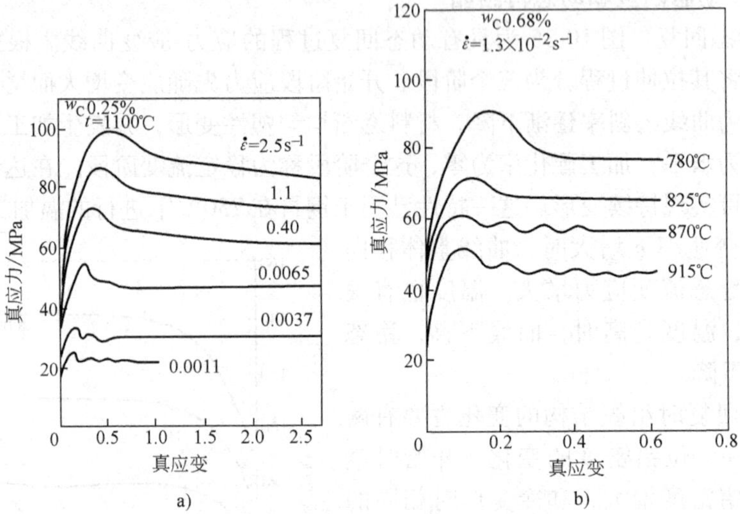

图 10-36 动态再结晶阶段的应力-应变曲线

a）应变速率的影响 b）变形温度的影响

与一般的再结晶相比，动态再结晶有以下特点：①动态再结晶晶粒发生有限长大时，持续的变形会形成缠结的胞状亚结构；②动态再结晶的晶粒大小与变形达到稳定阶段时的应力有关，与变形温度无关；③在高温下变形结束时再结晶并未结束，仍会发生静态再结晶。

（二）热加工后金属的组织与性能

热加工是金属成形或制成半成品的重要手段。通过热加工，可以改善铸态组织，将粗大的铸态柱状晶和树枝晶改变成细小、均匀的等轴晶粒；改善夹杂物或脆性相的分布；减少热加工成形中的各种缺陷（如气孔和疏松等）；可部分消除结晶的偏析。因此，通过热加工可以提高金属材料的致密性和强韧性，见表10-4。

表 10-4 碳钢（w_C = 0.30%）铸造和锻造后的力学性能比较

状 态	σ_b/MPa	σ_s/MPa	δ(%)	ψ(%)	α_K/J·cm^{-2}
锻造	519	304	20	45	69
铸造	490	274	15	27	34

在热加工过程中，材料中的偏析、夹杂物、第二相、晶界等，将沿金属变形方向呈断续、链状（脆析夹杂）和带状（塑性夹杂）延伸，形成流动状的纤维组织，称为加工流线。流线使材料的性能呈各向异性，通常是沿流线方向（纵向）比垂

直流线方向(横向)具有较高的力学性能，横向的塑韧性显著降低(表10-5)，切削性能也变坏。随变形量的增加，这种各向异性越明显。在亚共析钢中，热加工可使铁素体和珠光体沿变形方向呈带状或层状分布，称为带状组织，如图10-37所示。

表10-5　45钢力学性能与流线方向的关系

取样方向	σ_b/MPa	σ_s/ MPa	δ(%)	ψ(%)	α_K/J·cm^{-2}
沿流线方向	700	460	17.5	62.8	61
垂直流线方向	658	431	10.0	31.0	29

在生产中必须严格控制热加工工艺，使流线分布合理，尽量使流线方向与零件工作时所受的最大拉应力方向一致，而与外加切应力或冲击力的方向相垂直。

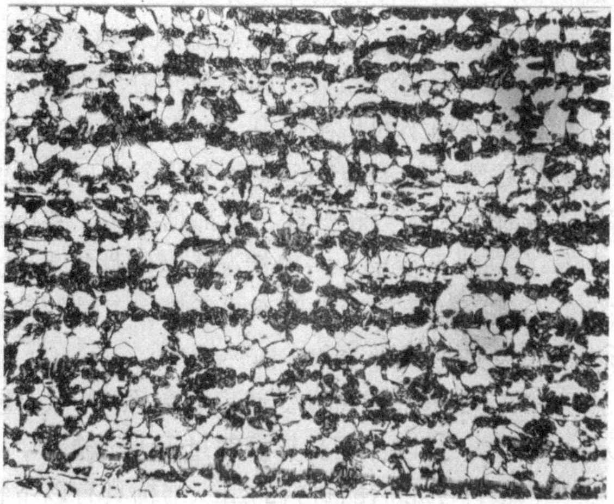

图10-37　带状组织

金属材料的热加工必须控制在一定温度范围之内。热加工上限温度一般控制在固相线以下100～200℃范围内，若超过此温度就会造成晶界氧化，使晶粒之间失去结合力，塑性变坏。热加工的下限温度一般应在再结晶温度以上一定范围，若超过再结晶温度过多，会造成晶粒粗大；而低于再结晶温度则可能会产生裂纹甚至开裂。常用金属的热加工温度范围见表10-6。

表10-6　常用金属材料的热加工(锻造)温度范围

材　　料	始锻温度/℃	终锻温度/℃
碳素结构钢及合金结构钢	1200～1280	750～800
碳素工具钢及合金工具钢	1150～1180	800～850
高速钢	1090～1150	930～950
铬不锈钢(1Cr13)	1120～1180	870～925
铬镍不锈钢(1Cr18Ni9Ti)	1175～1200	870～925
纯铝	450	350
纯铜	860	650

二、超塑性

金属及合金在某种显微组织、变形温度和变形速度条件下表现出特别大的均匀塑性变形(伸长率达到500%～2000%)而不产生颈缩，这种现象称为超塑性。由于这种超塑性的范围主要取决于显微组织的变化，所以也称组织超塑性。

超塑性的本质特点是与流变应力 σ 和应变速率 $\dot{\varepsilon}$ 有关，其状态方程为：

$$\sigma = k\dot{\varepsilon}^m \tag{10-14}$$

式中，k 是由材料决定的常数；m 称为应变速率敏感系数，对于不同的材料和同种材料不同的组织，m 值是不同的。要使材料具有超塑性，m 值至少在0.3以上，一般应在0.5左右。

关于超塑性的本质，现在多数的观点认为与晶界的滑动和晶粒的转动有关。金属材料产生超塑性的条件主要有：

1. 材料具有细小等轴的原始组织　材料产生超塑性的必要的条件之一就是显微组织尺寸为超细晶粒，同时要求在热加工过程中晶粒不能长大，或长得很慢，即要保持细小的晶粒组织。由于第二相的存在是稳定晶粒尺寸的最佳方法，因此产生超塑性的最佳组织应是由两个或多个紧密交错相的超细晶粒组成。这就解释了为什么大多数超塑性材料都是共晶、共析或析出型合金的原因。

2. 在高温下变形　一般情况下超塑性材料的加工温度范围在$(0.5 \sim 0.65)T_m$之间。高温下的超塑性变形不同于热加工时的动态回复和动态再结晶变形，其变形机制主要是晶界滑动和扩散性蠕变。

3. 低应变速率和高应变速率敏感系数　超塑性加工时的应变速率 $\dot{\varepsilon}$ 通常在 $10^{-2} \sim 10^{-4}s^{-1}$，以保证晶界扩散过程充分进行，但应变速率的敏感系数 m 要大。

经超塑性变形后的材料的组织结构具有以下特征：①超塑性变形时尽管变形量很大，但晶粒没有被拉长，仍保持等轴状；②超塑性变形没有晶内滑移和位错密度的变化；③超塑性变形过程中晶粒有所长大，且变形量越大，应变速率越小，晶粒长大越明显；④超塑性变形时产生晶粒换位，使晶粒趋于无规则排列，并可因此消除再结晶织构和带状组织。

具有超塑性的合金有如Ti-6Al-4V、Al-6Cu-0.5Zr等。

三、蠕变

蠕变是指材料在恒定的小应力及较高的温度($(0.3 \sim 0.4)T_m$)下发生的缓慢而连续的塑性流变过程。蠕变变形不仅与应力有关，而且还与应力的作用时间有关，且应变速率很小，约为 $10^{-10} \sim 10^{-8}s^{-1}$。图10-38是表示在恒定温度和恒定载荷下应力随时间变化的典型蠕变曲线，整个的蠕变过程可分成3个阶段。

第Ⅰ阶段：减速阶段(图中AB段)。在加载的瞬间产生了的弹性变形 ε_0，以后随加载时间的延续，变形连续进行，但应变速率不断降低。

第Ⅱ阶段：恒定阶段(图中 BC 段)。此阶段蠕变应变速率随加载时间的延续而保持恒定，且为最小蠕变速率。

第Ⅲ阶段：加速阶段(图中从 C 点到 D 点断裂为止)。随蠕变过程的进行，应变速率显著增加，直至最终产生蠕变断裂。D 点对应的 t_r 就是蠕变断裂时间，ε_r 是总的蠕变应变量。

随着温度和应力的增加，蠕变第Ⅱ阶段渐短，金属的蠕变很快由第Ⅰ阶段过渡到第Ⅲ阶段。在低温($<0.3T_m$)、低应力下实际上不存在蠕变第Ⅲ阶段，而且在第Ⅱ阶段的蠕变速率接近于零；在高温($>0.8T_m$)、高应力下主要是蠕变第Ⅲ阶段，而且第Ⅱ阶段几乎不存在。

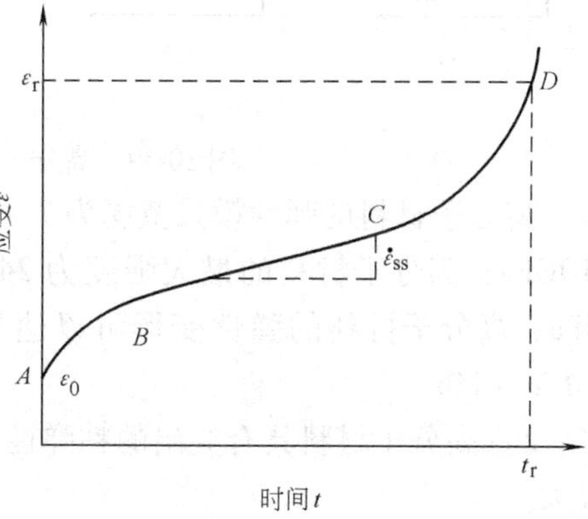

图 10-38 典型的蠕变曲线

蠕变的微观机制是与材料内部组织结构的变化、位错组态与行为密切相关的，主要蠕变机制有三种：

1）位错滑移，高温蠕变时滑移的特点是随温度的升高和应变速率的降低，滑移带变粗和间距增大，以致在滑移带间距超过晶粒尺度时晶内不显示滑移带，而只显示晶界的粗化；此外，高温变形时滑移系增多，更利于产生多滑移和交滑移。

2）亚晶形成，蠕变时晶粒内部变形不均匀，积聚到一定程度会导致晶粒“碎化”而形成亚晶；此外，位错的多边化也会形成亚晶。

3）晶界变形，在高温蠕变条件下，晶界强度降低，晶界参与变形且对总变形量作出贡献，最高可达到40%～50%。晶界参与变形是通过晶界的滑动来实现的。

第六节 高分子材料的变形

一、变形特点

与金属材料一样，高分子材料受到外力作用时也显示出弹性和塑性变形行为。图 10-39 为室温下高分子材料的应力-应变曲线。主要有以下四种：(1)刚而脆，如聚苯乙烯塑料；(2)刚而强，如有机玻璃；(3)软而韧，如橡胶；(4)刚而韧，如聚碳酸脂和一些部分结晶高聚物。

大多数高分子变形时应力-应变曲线表明：

1）与金属材料相比，高分子具有弹性模量和强度低、弹性变形能力大的特

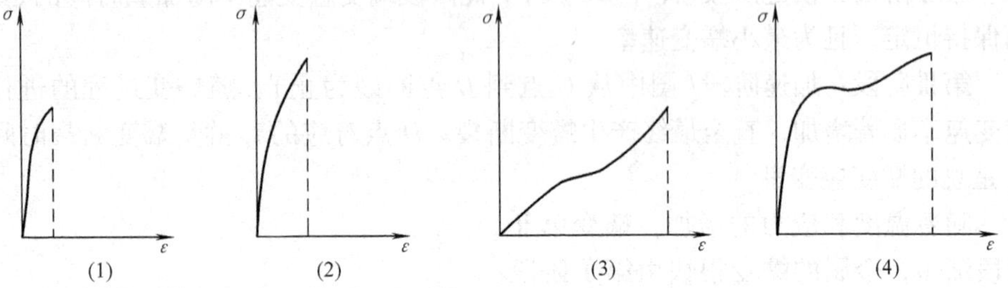

图 10-39　高分子材料的应力-应变曲线

点。高分子材料的弹性模量范围为 7 ~ 35GPa，金属材料的弹性模量范围为 48 ~ 410GPa；高分子材料的最大强度为 240MPa，而某些金属材料的强度可达 4100 MPa；高分子材料的弹性变形可以达到 100% ~ 1000%，而金属材料一般只有 0.1% ~ 1%。

2）高分子材料具有突出的粘弹性，应力-应变行为受温度和应变速率的影响很大。

3）不同类型的高分子材料呈现出不同的变形行为，如热固性塑料和热塑性塑料的变形行为就有差别。

二、变形机制

在一定条件下，高分子材料变形时也会出现屈服，但其本质与金属材料不同。图 10-40 为典型的结晶高分子在单向拉伸时的应力-应变曲线。整个曲线分为三阶段，第一阶段，应力随应变线性增加，试样被均匀地拉长，伸长率可达百分之十几。过了屈服点，开始进入第二阶段，试样的截面出现缩颈，出现一个或几个细颈。在第二阶段，细颈与非细颈部分的截面积分别维持不变，而细颈部分不断扩展，非细颈部分逐渐缩短，直至整个试样完全变细为止，此阶段应力几乎不变，而应变不断增加。第三阶段，应力随应变增加而提高，直至断裂。

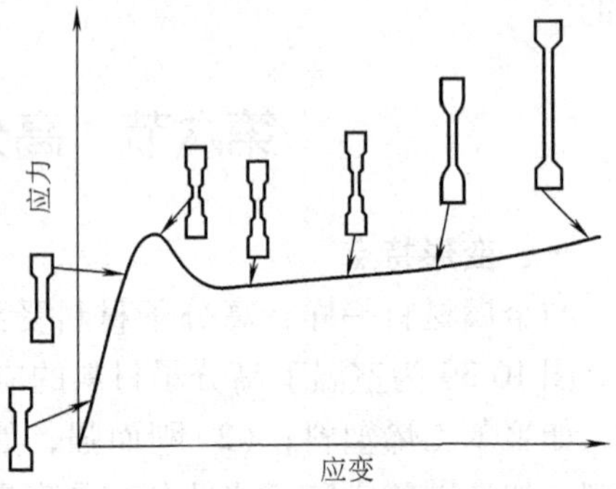

图 10-40　高分子材料的应力-应变曲线及试样外变形化示意图

在第一阶段为典型的弹性变形阶段，其变形机制有两种，即高分子内部链的拉伸和畸变，以及部分链段微小的可回复运动。

第二阶段和第三阶段可合称为高分子的塑性变形。与晶体材料不同，变形机制主要不是依靠滑移，而是依赖整个链段的运动，从而造成较大的变形。当整个链段产生较大的滑动时，高分子材料呈现出很大的应变。而当链段的结合完全被打破，材料出现断裂。由于其变形与温度和应变速率等有关，因此可以认为高分子的塑性变形为粘性变形。塑性变形的难易程度与高分子的粘度有关，如果粘度高，则材料的粘性变形小。高分子的粘性变形常表现为蠕变、应力松弛、滞后和力学损耗等现象。

三、变形后的组织和性能

半结晶高分子材料在受拉变形前后的组织形态如图 10-41 所示。由高分子材料的应力-应变曲线可知，在开始出现缩颈后，继续变形时试样原缩颈处出现加工硬化。前已述及，金属的加工硬化是位错的增殖和位错的交互作用使得位错难以运动的结果。X 射线证明，塑料中的大分子无论是呈无定形态还是呈结晶态，随着变形程度的增加，都逐渐发生了沿外力方向的定向排列，由于键的方向性（主要是共价键），在产生定向排列之后引起了应变硬化。

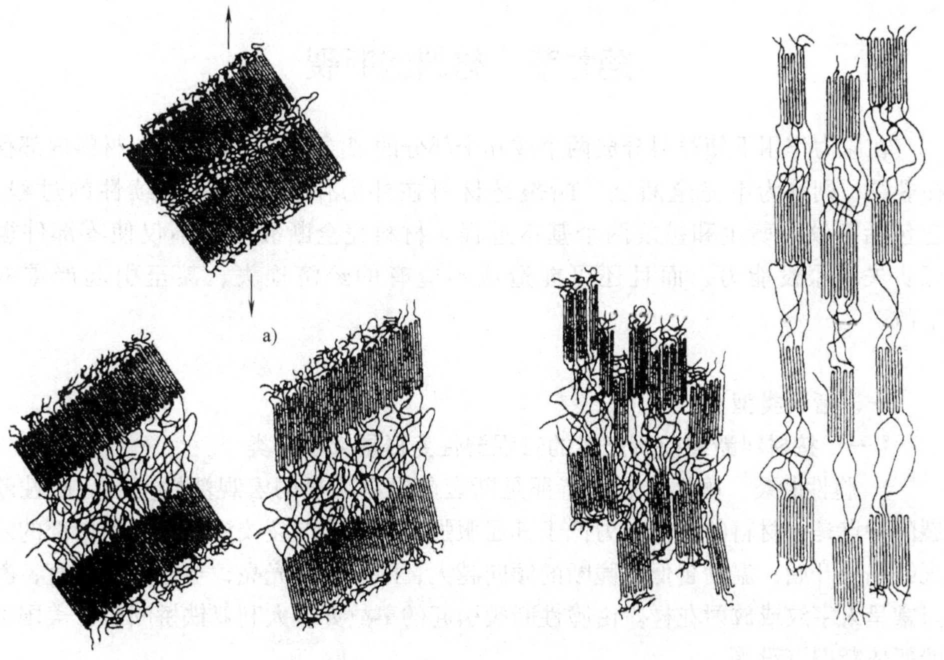

图 10-41　半结晶高分子材料的变形步骤

a）变形之前两相邻折叠链片晶及片晶无定型区　b）变形的第一阶段无定型系带链的伸展

c）第二阶段折叠链片晶的倾斜　d）第三阶段晶体链段的分离

e）最后变形阶段晶体和系带链沿着拉伸方向取向

另外，高分子材料塑性变形时会出现特有的银纹现象。所谓“银纹”是指材料在拉应力作用下表面和内部出现许多与应力方向垂直的微细凹槽或“类裂纹”，如图10-42所示。银纹不同于裂纹，银纹的内部只有40%的体积是空穴，故银纹仍具有一定的强度。

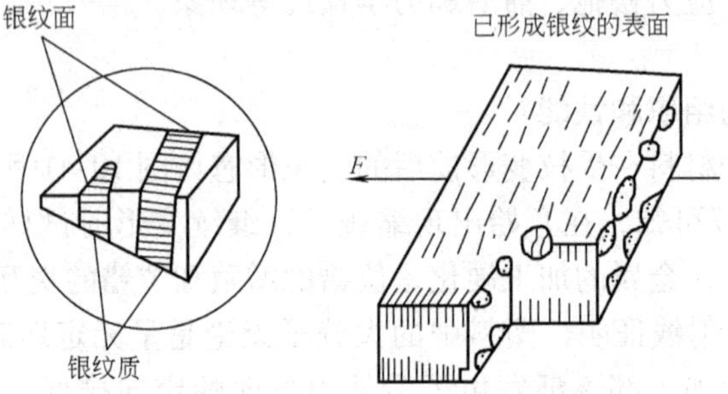

图10-42　银纹示意图

第七节　材料的断裂

在应力作用下使材料分成两个或几个部分的现象称为完全断裂；材料内部存在裂纹，则称为不完全断裂。断裂是材料在外力作用下丧失连续性的过程，它包括裂纹的萌生和扩展两个基本过程。材料完全断裂后，不仅使零部件彻底丧失了服役能力，而且还可能造成不应有的经济损失，甚至引起严重的事故。

一、断裂类型

（一）按材料断裂前所产生的宏观塑性变形量大小分类

1. 脆性断裂　脆性断裂的特征是断裂前没有明显的宏观塑性变形。脆性断裂的特点是：材料的工作应力低于其屈服强度；脆断的裂纹源多从材料内部的宏观缺陷处开始；温度越低，脆断的倾向越大；断口平齐光亮，与正应力垂直，断口常呈人字纹或放射花样。由脆性断裂引起的事故如澳大利亚铁桥断裂、美国油船船体断裂沉没等。

2. 延性断裂　延性断裂的特征是断裂前产生了明显的宏观塑性变形，故容易引起人们的注意，其产生的破坏性影响小于脆性断裂。断裂时的工作应力高于材料的屈服强度。延性断裂的断口多为纤维状或剪切状，具有剪切唇和韧窝特征。已有研究表明，大多数面心立方金属如Cu、Al、Au、Ni及其固溶体和ZrO_2增韧陶瓷等材料的断裂均属延性断裂。

（二）按裂纹扩展路径分类

1. 穿晶断裂　裂纹穿过晶体内部扩展的断裂，如低碳钢在室温下的拉伸断裂。穿晶断裂可以是延性断裂，也可以脆性断裂。

2. 沿晶断裂(晶间断裂)　沿晶断裂是指裂纹沿晶界扩展。沿晶断裂多为脆性断裂，断口上可见明显的晶界撕裂棱。

（三）按断裂的微观机制分类

1. 剪切断裂　在切应力作用下，沿滑移面滑移而形成的滑移面分离断裂称为剪切断裂。根据断口的形态，它又可分为纯剪切断裂和微孔聚集型断裂。

2. 解理断裂　在正应力作用下产生的一种穿晶断裂，其断裂面是沿一定的晶面(解理面)而分离。一般而言，面心立方金属很少发生解理断裂。

（四）按受力状态、环境介质不同分类

按受力状态不同可以分为：静载断裂、冲击断裂、疲劳断裂等。按环境介质的状况可以分为：低温冷脆断裂、高温蠕变断裂、应力腐蚀断裂、氢脆断裂等。

二、断裂强度

（一）理论断裂强度

假借原子结合力模型，可近似计算材料的理论断裂强度 σ_m。图 10-43 为原子间作用力 σ 与位移 x 之间关系曲线，纵坐标正向为引力、负向为斥力，可将应力和位移函数关系表示为

$$\sigma = \sigma_m \sin 2\pi x/\lambda \tag{10-15}$$

式中，σ_m 为将原子拉开所需要的最大应力，对应着材料的理论断裂强度；λ 为正弦波的波长。当 x 很小时，$\sin 2\pi x/\lambda \approx 2\pi x/\lambda$，且晶体处于弹性变形范围，应满足胡克定律，即 $\sigma = E\varepsilon = Ex/a$，将这些条件代入式(10-15)得

$$\lambda = 2\pi a\sigma_m/E \tag{10-16}$$

晶体断裂时会增加两个新表面，此时外力在单位面积上所做的功近似为

$$\int_0^{\lambda/2} \sigma_m \sin 2\pi x/\lambda \, dx = \gamma\sigma_m/\pi = 2\gamma \tag{10-17}$$

将式(10-17)代入式(10-16)得到

$$\sigma_m = (E\gamma/a)^{1/2} \tag{10-18}$$

这就是脆性材料的理论断裂强度。式中：γ 为晶体的单位表面能；a 为平衡位置原子的平均距离。通常按该式计算材料的理论强度约为 $E/10$ 左右。

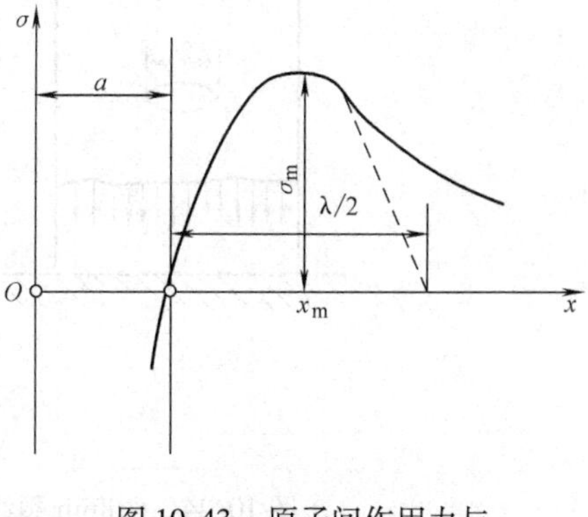

图 10-43　原子间作用力与原子间位移的关系

（二）实际断裂强度

材料的实际断裂强度 σ_f 要比理论计算的断裂强度 σ_m 低许多，一般而言，只有理论断裂强度的1/10，约相当于 $E/100$。一些金属晶须(晶体结构接近理想晶体)的强度接近理论强度，这表明材料的实际强度低的原因是由于材料晶体中存在有缺陷或微裂纹所致。

格里菲斯(Griffith)认为实际晶体中原本就存在着一些微裂纹(表面微裂纹和内部微裂纹)。裂纹前沿存在应力集中，在局部应力集中处就可能达到临界应力而造成材料的断裂，从而使材料的断裂强度大大降低。

假设厚板材料中的裂纹为扁平椭圆形，长度为 $2c$ 且与正应力垂直。如图10-44a 所示，在均匀张应力 σ 作用下，裂纹面为自由表面、不受力，而应力都集中在裂纹端部，且超过平均应力 σ。经计算，由于裂纹的形成，使每单位厚度晶体所释放的弹性能为

$$U = -\pi c^2\sigma^2/E \tag{10-19}$$

每单位厚度裂纹两侧表面的表面能为

$$W = 4c\gamma \tag{10-20}$$

如图 10-44b 所示，裂纹扩展时，弹性能 U 随裂纹长度加长而降低，表面能 W_S 则增加，总能量为两项之和，呈现出先增加后降低的变化趋势，并存在一能量极值，该极值所对应的裂纹长度为临界裂纹长度。裂纹长度大于此值时，系统总能量降低，裂纹可自发扩展。因此，极值处的应力即裂纹扩展出现脆性断裂的临界应力，用 σ_f 表示，按照数学上求极值的方法，可求出

$$\sigma_f = (2E\gamma/\pi c)^{1/2} \tag{10-21}$$

Griffith 理论很好地解释了实际断裂强度 σ_f 远小于理论值的原因，式(10-21)

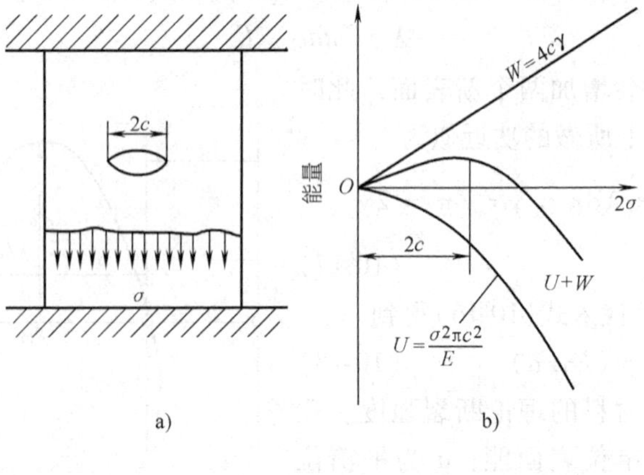

图 10-44　Griffith 裂纹及裂纹能量与长度的关系

a）Griffith 裂纹　b）裂纹能量与裂纹长度的关系

表明，晶体中原来存在的裂纹长度 c 越大，强度降低越多，σ_f 越小。因此，要提高材料的断裂强度，必须避免裂纹的形成和控制裂纹的长度。

需要注意的是，格里菲斯的强度理论(式 10-21)只适用于完全脆性材料的实际断裂强度问题。对于塑性材料的断裂强度计算，可以采用 Griffith-Orowan-Irwin 公式，如下：

$$\sigma_f = [E(2\gamma + \gamma_p)/\pi c]^{1/2} \tag{10-22}$$

研究表明，塑性材料中裂纹扩展时不仅要增加表面能 γ，而且裂纹尖端处发生塑性变形还要增加塑性变形功 γ_p。对于塑性材料 γ_p 往往比 γ 大 3 个数量级，是裂纹扩展的主要阻力。

三、影响断裂的基本因素

材料的断裂不仅与其本身的性质有关，而且与外界的因素有关。影响断裂的因素主要有：

1. 裂纹的影响　研究表明，大量脆性断裂事故是由于材料中存在微裂纹和缺陷引起的。裂纹尺寸越大，断裂强度越低。当裂纹尺寸达到一定值时，即使是韧性材料，也可能不会发生宏观塑性变形而产生脆性断裂。此外，裂纹的扩展方式不同也会对断裂强度产生影响。

2. 应力状态的影响　材料内部存在裂纹时，会在裂纹尖端引起较高的应力集中，并产生复杂的应力状态。断裂力学分析表明，当裂纹尺寸较小且靠近试样表面时，裂尖前沿为平面应力状态；当裂纹较深且试样厚度较大时，裂纹尖端前沿处于三向拉应力的平面应变状态，而平面应变状态下材料脆性断裂的倾向远大于平面应力状态。

加载方式不同也会引起应力状态的不同，因此也可能改变材料的断裂行为。例如，在拉伸或弯曲时，很脆的材料(如铸铁、大理石等)在受到三向压应力时，却表现出一定的塑性。

3. 温度的影响　温度是影响材料断裂的一个重要因素。大多数具有一定塑性的工程金属材料具有随着温度的降低从延性断裂向脆性断裂过渡的倾向(即冷脆转变)。尤其是当试件上带有缺口和裂纹时，这种倾向更为明显。历史上发生的大型构件(如轮船、桥梁)突然断裂的恶性事故提醒我们，在选用工程金属材料时必须充分注意温度这一影响因素。

当温度降至某一温度时，材料急剧脆化，这个温度即为韧脆转变温度 T_K。T_K 与材料的成分、纯度、晶粒大小、组织状态及晶体结构等因素有关。比较三种典型晶体结构，体心立方结构的金属冷脆断裂倾向大、韧脆转变温度高；密排六方金属次之；面心立方金属则基本无此效应，故大多数用作低温构件是面心立方结构材料，如奥氏体不锈钢等。

4. 环境介质的影响　不同的环境介质对断裂有很大的影响。如某些金属或合金在腐蚀性的介质和拉应力的同时作用下产生应力腐蚀断裂、冷加工黄铜的“季裂”即为此例。金属材料在酸洗、电镀等过程中可能吸收氢，从而产生氢脆断裂。

小　结

材料在外力作用下会产生变形，其类型主要有弹性变形、塑性变形和粘弹性变形。塑性变形的主要方式是滑移，其次是孪生和扭折。滑移是沿着滑移面和滑移方向进行的，滑移的动力是在滑移面上沿着滑移方向的分切应力，只有当这个分切应力超过晶体的临界分切应力时，滑移过程才能开始。滑移类型一般有单滑移、多滑移和交滑移。晶体滑移的本质是位错运动的过程。对于多晶体而言，其塑性变形必须考虑晶界和晶粒大小的影响。霍耳—配奇公式清楚地表明，晶粒越细小，其强度越大，并且塑性变形能力增强。合金的塑性变形取决于组成相的性质、相对量、分布和形态。

金属冷塑性变形后出现加工硬化和组织结构变化，并处于热力学不平衡状态。当对其加热时，就会发生回复和再结晶。再结晶要有形核和核长大过程。在这一过程中，新的、位错密度低的晶粒在冷变形基体上逐步形成。再结晶完成后，金属的组织结构和性能基本上恢复到冷变形前的状态。冷变形量大的金属再结晶后会出现织构，导致金属性能的各向异性。再结晶完成后继续加热或保温，晶粒将正常长大。加热超过某一温度，晶粒会异常长大(二次再结晶)。材料在一定温度下进行变形时，金属将发生动态回复、动态再结晶、超塑性和蠕变。高分子材料将会产生粘弹性变形。

习　题

10-1　作图表示三种典型金属结构最重要的滑移系。哪种晶体的塑性最好？哪个次之？为什么？

10-2　试区别单滑移、多滑移和交滑移三者的滑移线形貌各有什么特点？怎样解释？

10-3　影响临界分切应力的主要因素是什么，单晶体屈服强度与外力轴方向有关系吗？为什么？

10-4　滑移线与滑移带有何区别？位错线和滑移线相同吗？为什么？

10-5　多晶体变形有何特点？与单晶体相比哪个强度高？为什么？

10-6　孪生和滑移的主要异同点是什么？为什么在一般条件下进行拉伸塑性变形时锌中易出现孪生晶，而铁易出现滑移带？

10-7　工业纯铁拉伸时会出现屈服吗？

10-8　固溶强化的实质是什么？螺型位错附近是否会形成柯氏气团？

10-9　试分析沉淀强化与弥散强化的异同点。

10-10　纤维组织及织构是怎样形成的？它们有何不同？对金属的性能有何影响？

10-11　加工硬化的实质是什么？在工程上有哪些应用？

10-12　断裂有几种分类方法？各有什么优缺点？

10-13　说明金属在冷塑变形、回复、再结晶及晶粒长大各阶段的微观组织及力学性能特点与主要区别。

10-14　说明金属在冷变形、回复、再结晶及晶粒长大各阶段晶体缺陷的行为表现，并说明各阶段促使这些晶体缺陷运动的驱动力是什么？

10-15　去应力退火过程与动态回复相比，位错运动的主要区别是什么？从微观组织上如何区分动、静态回复和动、静态再结晶？

10-16　为细化某纯铜晶粒，将某冷变形5%后于650℃退火1h，组织反而粗化，增大冷变形量至80%，再于650℃退火1h，仍然得到粗大晶粒。试分析其原因，并指出上述两种工艺不合理之处，请制订一种合理的细化工艺。

10-17　试比较液-固结晶、重结晶(同素异构转变)、再结晶、动态再结晶之间的异同。

10-18　用冷拔铜丝作导线，冷拔后应如何热处理？为什么？

10-19　超塑性的本质及其影响因素是什么？

10-20　简要分析加工强化、细晶强化、固溶强化与第二相强化在本质上有何异同。

第十一章　固态相变与材料处理

温度和压力等因素改变时，固态物质内部发生的组织结构变化称为固态相变。固态相变的类型很多，如涉及成分、结构和有序度的变化等。控制相变过程，获得预期的组织，可使固态材料具有特定的性能。控制相变过程的常用措施是加热和冷却，如过饱和固溶体分解使合金时效强化、钢淬火时的马氏体相变使钢强化等。固态相变理论的发展，不仅推动了材料处理的发展，还有力地促进了新材料的开发，如形状记忆合金、增韧陶瓷等新材料的出现。

材料处理作为一种重要的材料改性方法，其目的不是改变材料的形状，而是通过改变材料的组织和性能来满足工程中对材料的服役性能和加工要求。所以，认识固态相变规律，选择正确、先进的处理工艺，对于挖掘材料的性能潜力、提高产品质量、延长零件的使用寿命、节约材料均具有重要的意义；同时，还对改善零件毛坯的工艺性能，以利于冷热加工的进行起着重要的作用。

第一节　固态相变总论

一、固态相变的特点与分类

（一）固态相变的特点

具有相同的(或连续变化的)成分、结构和性能的区域称为相。固态相变时，至少存在着以下变化之一：①晶体结构的变化，如纯金属的同素异构转变、马氏体相变；②化学成分的变化，如单相固溶体的调幅分解，只有成分转变而无相结构的变化；③有序度的变化，如合金的有序化转变，即点阵中原子的配位发生变化，以及与电子结构变化相关的转变(磁性转变、超导转变)。

固态相变与液态凝固相变过程一样，也符合最小自由能原理。相变的驱动力为新相与母相间的自由能差。大多数固态相变也包括形核和生长两个基本阶段，且驱动力也是靠过冷度来获得，过冷度对形核、生长的机制和速率都会产生重要影响。但固态相变的新相、母相均是固体，因此又有一系列不同于液态凝固的特点。

1. 固态相变阻力大　新相晶核形成时引起界面能和体积应变能均是相变阻力。界面能中一部分是在母相中形成新相界面时由同类键、异类键的强度和数量变化引起的化学项；另一部分是由界面原子不匹配(失配)，原子间距发生应变引起的界面能，称为界面能中的几何项。体积应变能是在母相中产生新相时，由于两者的比体积不同而引起两者的体积应变，结果产生体积应变能。

2. 原子迁移率低　液态金属中原子的扩散系数为 $10^{-7}cm^2/s$，而固态仅为 $10^{-11}\sim10^{-12}cm^2/s$，即使在熔点附近的温度，固态原子的扩散还比液态中慢约10万倍。同时固态更易于过冷，当冷却速度增加时，可获得更大的实际过冷度。

3. 非均匀形核　如同液相中一样，固相中的形核几乎总是非均匀的。如非平衡空位、位错、晶粒边界、堆垛层错、夹杂物和自由表面等非平衡缺陷都提高了材料的自由能，它们都是合适的形核位置。

4. 新相有特定形状　固态相变生成析出物的形状是由相变中体积应变能和界面能共同作用的结果。新相与母相保持弹性关系时，相同体积的晶核比较，新相呈片状的应变能最小，针状次之，球状最大。当应变能为主要控制因素时，析出物则多为碟状或针状。

5. 相界面结构关系　固态相变时，新相与母相的相界面原子排列不同，存在共格界面、半共格界面和非共格界面。界面能与界面结构有关，共格界面能最小，半共格界面能居中，而非共格界面能则最大。界面结构对固态相变的生核和长大过程以及相变后的组织形态都有很大影响。

6. 存在一定的位向关系和惯习面　为减少界面能，新相与母相之间往往存在一定的晶体学关系，它们常以原子密度大而彼此匹配较好的低指数晶面相互平行来保持这种位向关系。若界面结构非共格，新、旧相之间则无确定的晶体学关系。

固态相变时，新相还往往在母相的一定晶面上开始形成，这个晶面称为惯习面。例如从亚共析钢的粗大奥氏体中析出铁素体时，除沿奥氏体晶界析出外，还沿奥氏体的{111}面析出，呈魏氏组织，此{111}面即为铁素体的惯习面。

(二) 固态相变的分类

按热力学分类，有一级相变和二级相变。一级相变特征是有体积变化，有相变潜热(放热或吸热)，大多数相变属一级相变；二级相变的特征是仅比热容、压缩系数、热膨胀系数变化，如磁性转变、有序转化。

按动力学分类，依据原子运动特征，分为扩散型相变和无扩散型相变。扩散型相变时有原子长距离扩散(超过原子间距)，导致成分变化，大多数相变属扩散型，如过饱和固溶体的分解转变和钢的共析转变等。无扩散型相变时没有原子扩散，相变前后没有成分变化，马氏体相变是典型的无扩散型。

按相变方式分类，有形核-长大型和无核相变。对于形核-长大型，新相的核与母相间有界面，如大多数相变均属此类。无核相变新、旧相之间无明显界面，如调幅分解。

二、相变的热力学

相变是为适应外界条件、降低系统能量而发生的相之间的转变。系统的自由能与其本身的化学成分、结构以及外部的温度、压力有关。温度变化会导致自由能变化，原来自由能较低的相的自由能升高，或者原来自由能较高的相的自由能降低，于是发生了相变。

（一）相变时自由能变化

假定在均匀母相 α 中形成一个半径为 r 的球形新相 β，则系统的总自由能变化量 ΔG 为：

$$\Delta G = G_{\beta} - G_{\alpha} \tag{11-1}$$

式中，G_{α}、G_{β}分别为母相 α、新相 β 的自由能。

新相形成的体积自由能变化量 ΔG_1 可表示为：

$$\Delta G_1 = \frac{4}{3}\pi r^3 \Delta G_V \tag{11-2}$$

式中，ΔG_V 为生成单位体积新相晶核的化学自由能变化量（此时 $\Delta G_V < 0$）。

新相形成产生的界面能变化量 ΔG_2 为：

$$\Delta G_2 = 4\pi r^2 \gamma_{\alpha\beta} \tag{11-3}$$

式中，$\gamma_{\alpha\beta}$为生成单位面积新相晶核的界面能。

新相形成引起弹性应变能变化量 ΔG_3 为：

$$\Delta G_3 = \frac{4}{3}\pi r^3 \Delta G_E \tag{11-4}$$

式中，ΔG_E 为生成单位体积新相晶核的应变能。

由式(11-2)、式(11-3)和式(11-4)可计算出形成球形半径为 r 新相总的自由能变化为：

$$\Delta G = -\frac{4}{3}\pi(\Delta G_V + \Delta G_E) r^3 + 4\pi\gamma_{\alpha\beta} r^2 \tag{11-5}$$

即：化学自由能使系统的总自由能降低，是相变的驱动力；而界面能和应变能是相变的阻力。相变发生的条件是系统的总自由能下降，即 $\Delta G < 0$ 。

（二）相变时临界形核条件

在一定过冷度条件下，母相中形成具有稳定生长的晶胚尺寸，需满足：

$$\frac{\partial(\Delta G)}{\partial r} \leqslant 0 \tag{11-6}$$

令$\frac{\partial(\Delta G)}{\partial r} = 0$，可以得出临界晶核半径 r^* 值：

$$r^* = -\frac{2\gamma_{\alpha\beta}}{\Delta G_V + \Delta G_E} \tag{11-7}$$

将式(11-7)代入式(11-5)，则可得出临界形成功 ΔG^*

$$\Delta G^* = \frac{16\pi\gamma_{\alpha\beta}^3}{3(\Delta G_V + \Delta G_E)^2} \tag{11-8}$$

式(11-8)表明，形成临界晶核时要有 ΔG^* 值的自由能增加。过冷度越大，形核功减小，新相易形核；当界面能和应变能增大时，临界晶核尺寸增大，形成功增高，新相生成困难。

三、相变的动力学

相变动力学主要涉及相变的形核速率和长大速率，这对扩散型相变和非扩散型相变有很大的差别，此处只讨论扩散型相变动力学问题。

（一）形核速率

固态相变时均匀形核的形核速率 I：

$$I = k\exp\left(\frac{-\Delta G^*}{KT}\right)\exp\left(-\frac{Q}{KT}\right) \tag{11-9}$$

式中，k 是系数；ΔG^* 是临界形核功；Q 是扩散激活能；K 是玻尔兹曼常数；T 为热力学温度。

在冷却相变时，从图 11-1 所描述的形核速率与过冷度的关系曲线中可以看出，形核速率存在一个极大值。这是由于随着温度降低，一方面过冷度增大，形核及相变驱动力增大；另一方面扩散系数降低，原子的迁移率降低，扩散速度下降，不利于晶核的形成。

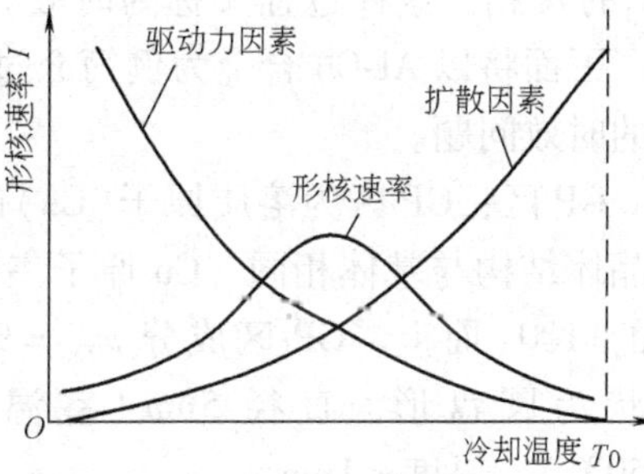

图 11-1　形核速率与过冷度的关系曲线

在加热转变时，随转变温度的升高，过热度和扩散系数同时增大，因此形核速率呈单调迅速增加的趋势。

（二）长大速率

新相长大速率主要对扩散型相变有实际意义。在扩散型相变中，新相长大有两种情况：一是新相形成时没有成分的改变，只有结构或有序度的变化，如纯金属的同素异构转变等，只要紧邻相界的母相原子作近程扩散越过相界，新相即长大，此为“界面控制长大”；另一种情况是新旧两相的成分不同，如过饱和固溶体的分解等，需要溶质原子进行长程扩散迁移到新相，才能使新相长大，此为“扩散控制长大”。

界面控制的新相长大速率 u 受相变驱动力 ΔG 和扩散系数 D 两个因素控制，而这两个因素又都是温度的函数。具体表达为：

$$u = \frac{D}{\lambda}\left[1 - \exp\left(\frac{-\Delta G}{KT}\right)\right] \quad (11\text{-}10)$$

式中，λ 为原子每次跃迁距离。

扩散控制的新相长大速率与扩散系数及相界附近母相的浓度梯度成正比，与相界两侧的两相之成分浓度差成反比。

第二节　过饱和固溶体的分解

过饱和固溶体的分解转变是一种扩散型转变。对有溶解度变化的合金，且溶解度随温度的下降而减小时，会发生这种转变。过饱和固溶体的分解转变主要通过脱溶分解和调幅分解来进行。

一、脱溶分解

从过饱和固溶体中析出第二相或形成溶质富集的亚稳定区过渡相的过程，称为脱溶分解。图 11-2 是有过饱和固溶体分解转变的合金相图。C_0 合金经 T_0 温度均匀化，冷却到 T_1 温度时处于$(\alpha+\beta)$两相区，析出成分为 $C_{\beta/\alpha}$的 β 相和成分为 $C_{\alpha/\beta}$的 α 相，这种过程又称为时效。由于铝合金较为重要，且其时效的研究最多，下面将以 Al-Cu 合金为例简介过饱和固溶体的时效问题。

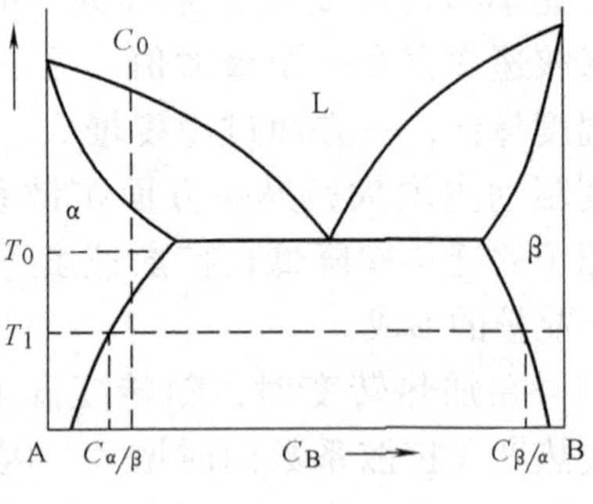

图 11-2　有过饱和固溶体分解转变的合金相图

GP 区：GP 区为溶质原子(Cu)的富集区，其晶体结构与基体相同，Cu 原子集中在 Al 晶格的{100}面上。GP 区成分 $w_{Cu}=90\%$ 左右，形状为圆盘形，直径 5nm（室温）~ 60nm（150℃），厚度 <1nm。

θ″相：是一种亚稳过渡相，其成分接近平衡相 $CuAl_2$，为正方晶型、有序结构。θ″相一般沿{100}面析出，共格，碟形，直径约 30nm，厚度约 2nm。

θ′相：也是一种亚稳过渡相，成分近于 $CuAl_2$，正方结构，片状，直径约 100nm。θ′相一般在位错线或亚组织边界析出，与基体半共格。

θ 相：平衡相，成分为 $CuAl_2$，正方结构，与基体非共格。在光学显微镜下可看到稀疏分布的粗大脱溶物。

时效可显著提高合金的硬度和强度(称为时效硬化或时效强化)，是一种强化材料的重要方法。在时效强化达到某一极大值之后，随时效时间继续延长硬度和强度值将下降，这种现象称为过时效。实验结果表明：GP 区和 θ″相的硬化作用较好，θ′相的析出并长大将引起过时效。

二、调幅分解

调幅分解又称增幅分解，其特点是新相的形成不经形核长大，而是通过自发的成分涨落、浓度的振幅不断增加，由一种成分为 C_0 的固溶体 α 最终自发地分解成结构相同而成分不同(C_1、C_2)的两种固溶体($\alpha_1+\alpha_2$)的过程，如图 11-3 所示。已在如 Ni 基、Cu 基和 Fe 基等许多合金及玻璃系统中发现有调幅分解。

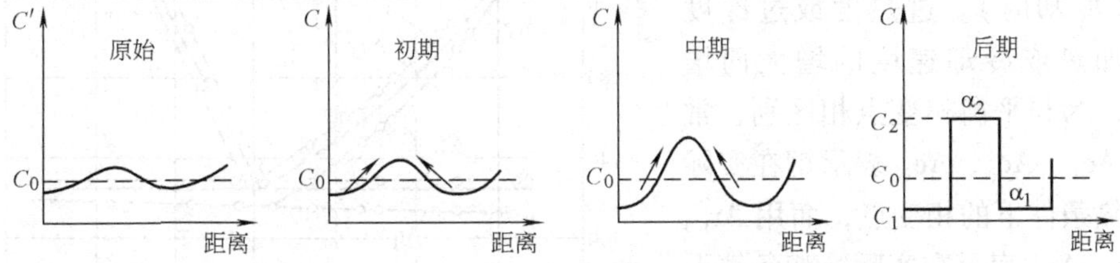

图 11-3　调幅分解溶质含量变化与分布示意图

调幅分解的最重要特征是不经过形核，不出现另一种晶体结构，也不存在明显相界，直接通过扩散(上坡扩散)形成析出相。

调幅分解的产物是一种由溶质原子组成的共格贫、富区域，但在光学显微镜下难以分辨。两相成分不同，但晶体结构相同，并相互保持共格，组织细小，呈周期性图案。

因调幅组织的弥散度很大且分布均匀，故调幅组织具有较高的强度。利用调幅组织强化材料，对韧性影响不大。在硬磁材料中，通过获得具有方向性的调幅组织，可提高硬磁性能。

第三节　钢的加热及组织转变

热处理是将材料(主要是金属材料)在固态下采用适当的方式进行加热、保温和冷却，以获得所需的组织结构与性能的工艺，其中钢的热处理最为重要。普通热处理的基本操作有退火、正火、淬火和回火等。进行热处理时，加热温度、保温时间和冷却方式是最重要的三个基本工艺参数。

固态相变是材料能进行热处理的基础，在加热或冷却过程中发生相变的温度称为相变点或临界温度。对钢而言，可参照 $Fe\text{-}Fe_3C$ 相图并根据实验测定。共析钢在加热或冷却过程中经过 PSK 线(A_1)时，发生珠光体与奥氏体之间的转变；亚共析钢经过 GS 线(A_3)时，发生先共析铁素体完全溶入奥氏体或先共析铁素体开始从奥氏体中析出的转变；过共析钢经过 ES 线(A_{cm})时，发生先共析渗碳体完全溶入奥氏体或先共析渗碳体开始从奥氏体中析出的转变。A_1、A_3、A_{cm} 称为碳钢加热或冷却过程中的相变点。但 Fe-Fe_3C 相图上反映出的相变点 A_1、A_3、A_{cm}是平衡条件下的固态相变点，即在非常缓慢加热或冷却条件下钢发生组织转变的温度。钢在实际热处理时的组织转变并不是在平衡相变点发生的，大多有不同的滞后现象，实际相变点与平衡相变点的温度差称为过热度（加热时）或过冷度（冷却时）。过热度或过冷度随加热或冷却速度的增大而增大，为与平衡相变点相区别，常用 Ac_1、Ac_3、Ac_{cm}表示钢在实际加热条件下的相变点，而用 Ar_1、Ar_3、Ar_{cm}表示在实际冷却条件下的相变点，如图 11-4 所示。

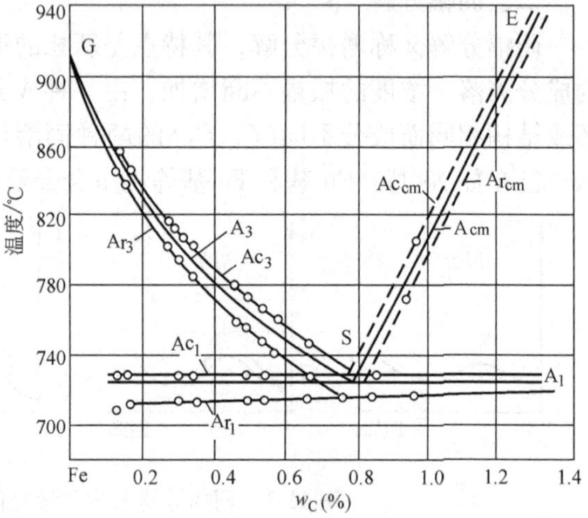

图 11-4　碳钢加热和冷却时的相变点

加热是钢热处理的第一道工序。大多数热处理工艺都要将钢加热到相变点以上，获得全部或部分奥氏体组织，即进行奥氏体化。

一、奥氏体的形成

以共析钢的奥氏体化过程为例说明珠光体向奥氏体的转变过程。共析钢加热到 Ac_1 以上时，珠光体将转变为奥氏体。

（一）奥氏体化过程

奥氏体化包括奥氏体晶核的形成、奥氏体晶核的长大、残余渗碳体的溶解及奥氏体成分的均匀化四个基本过程，如图 11-5 所示。

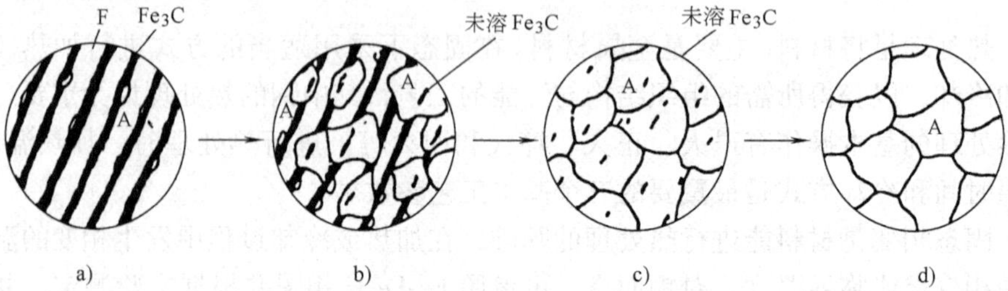

图 11-5　珠光体向奥氏体转变示意图

a）奥氏体形核　b）奥氏体长大　c）残余 Fe_3C 溶解　d）奥氏体均匀化

1. 奥氏体晶核的形成　晶核在渗碳体 Fe_3C 与铁素体 F 的相界面上形成，因为此处原子排列较紊乱，缺陷密度多，能量高。在 F 与 Fe_3C 的相界处，通过碳原子扩散并借助于 F 中的碳浓度起伏，使其局部区域的碳含量达到形成奥氏体 A 所需的碳含量。

2. 奥氏体晶核的长大　奥氏体晶核形成后，它一面与渗碳体相邻，另一面与铁素体相邻。它的碳含量是不均匀的，与铁素体相邻处碳含量较低，而与渗碳体相邻处碳含量较高，故在奥氏体中出现了碳浓度梯度，引起碳在奥氏体中不断地由高浓度向低浓度的扩散。随着碳扩散的进行，破坏了碳浓度原先的平衡，势必促使铁素体向奥氏体转变及渗碳体的溶解。这样碳浓度破坏平衡和恢复平衡的反复循环过程，就使奥氏体逐渐向渗碳体和铁素体两方面长大，直至铁素体全部转变为奥氏体。

奥氏体的长大速度，既受碳在奥氏体中的扩散控制，又受碳在铁素体中的扩散控制，碳的扩散系数及浓度梯度对其有明显影响。

3. 残余渗碳体的溶解　由于奥氏体与铁素体相界处的碳浓度差显著小于渗碳体与奥氏体相界处的碳浓度差，故奥氏体只需溶解一小部分渗碳体即可达到饱和，而铁素体则必须大量溶解。因此，在奥氏体的长大过程中，铁素体溶于奥氏体比渗碳体快，当铁素体溶解完成后，渗碳体仍有部分未溶解。未溶的残余渗碳体随着保温时间的延长逐渐被溶解。

4. 奥氏体的均匀化　当残余渗碳体刚刚完全溶解时，碳在奥氏体中的分布是不均匀的，原来渗碳体的区域含碳量较高，而原铁素体区域含碳量较低。只有继续加热保温或延长保温时间，通过碳原子扩散，才能获得成分均匀的奥氏体。

亚共析钢和过共析钢在加热过程中，除了发生由珠光体向奥氏体的转变以外，还存在先共析相铁素体或二次渗碳体进一步向奥氏体转变，但必须加热到 Ac_3（亚共析钢）或 Ac_{cm}（过共析钢）以上时才获得单一的奥氏体组织。

（二）影响奥氏体转变速度的因素

1. 加热温度　随加热温度的提高，原子扩散能力提高，特别是碳在奥氏体中的扩散能力提高；同时 Fe-Fe_3C 相图中 GS 线与 SE 线间的距离加大，即增大了奥氏体中的碳浓度梯度，这些均使奥氏体化速度加快。

2. 加热速度　加热速度越快，发生转变的温度越高，转变所需的时间越短。

3. 钢中碳含量　碳含量增加，铁素体与渗碳体的相界面增大，转变速度加快。

4. 合金元素　钢中加入合金元素，并不改变奥氏体形成的基本过程，但显著影响其形成速度，如 Cr、Mo、V 等减慢奥氏体化过程。由于合金元素的扩散速度比碳慢得多，所以合金钢的热处理加热温度一般较高，保温时间较长。

5. 原始组织　原始组织中渗碳体为片状时奥氏体形成速度快，且渗碳体间距越小，转变速度越快，同时奥氏体晶粒中碳浓度梯度也大，所以长大速度更快。

(三) 奥氏体的组织、结构和性能

奥氏体是碳在 γ-Fe 中的间隙固溶体，晶格类型为面心立方结构。奥氏体的塑性高、屈服强度低，易塑性变形，因此钢的锻压成形通常在有奥氏体存在的高温区进行。奥氏体的比体积是钢各种相中最小的，且线膨胀系数大，导热性差，因此奥氏体在加热时为避免产生热应力不可采用过大的加热速度。奥氏体还具有顺磁性和良好的低温韧性。

对碳钢而言，奥氏体属于高温相；而对加入大量合金元素(如 Mn、Ni 等)的合金钢，奥氏体可存在于室温，如高锰耐磨钢、奥氏体不锈钢等。

二、奥氏体晶粒长大及其控制

(一) 钢的奥氏体晶粒度

晶粒度是指多晶体内的晶粒大小，常用晶粒度等级来表达。按晶粒大小，晶粒度等级分为 00、0、1 ~ 10 共 12 级。其中：1 ~ 4 级为粗晶粒度，5 ~ 8 级为细晶粒度，超过 8 级的为超细晶粒度。晶粒度可用标准评级图片评定，也可用直接测量法来测定。

在加热转变中，新形成并刚好互相接触时的奥氏体晶粒，称为奥氏体起始晶粒，其大小称为起始晶粒度。奥氏体的起始晶粒一般都很细小，但随着加热温度的升高和保温时间的延长，其晶粒将不断长大，长大到钢开始冷却时的奥氏体晶粒称为实际晶粒，其大小称为实际晶粒度。奥氏体的实际晶粒度直接影响钢热处理后的组织与性能。

本质晶粒度表示钢在加热时奥氏体晶粒长大的倾向，它是将钢加热到 930℃ ±10℃、保温 8h、冷却后测得的。若测得的晶粒细小，则该钢称为本质细晶粒钢；反之，叫本质粗晶粒钢。

(二) 奥氏体晶粒的长大与控制

加热时，奥氏体晶粒长大倾向取决钢的成分和冶炼条件。冶炼时用 Al 脱氧，使之形成 AlN 微粒；或加入 Nb、Zr、V、Ti 等强碳化物形成元素，形成难溶的碳化物颗粒。由于这些第二相微粒能阻止奥氏体晶粒长大，所以在一定温度下晶粒不易长大；只有当超过一定温度时，第二相微粒溶入奥氏体后奥氏体才突然长大。具有这种特性的钢一般为本质细晶粒钢，一般加热条件下能保证获得较细小的奥氏体实际晶粒。

如冶炼时用硅铁、锰铁脱氧，或不含阻止奥氏体晶粒长大的第二相微粒的钢，随温度升高奥氏体晶粒将不断长大。具有这种特性的钢一般为本质粗晶粒钢，需严格控制加热温度。

除成分、冶炼条件外，为获得细小的晶粒，还需控制热处理加热制度。

1）加热温度。加热温度越高，晶粒长大速度越快，奥氏体晶粒也越粗大，故为获得细小的奥氏体晶粒，热处理时必须规定合适的加热温度范围，一般为相变点以上某一适当温度。

2）保温时间。钢加热时，随保温时间的延长，晶粒不断长大；但随保温时间的延长，晶粒长大速度越来越慢，且不会无限制地长大下去，所以延长保温时间比升高加热温度对晶粒长大的影响要小得多。确定保温时间，除考虑相变需要外，还需考虑工件穿透加热的需要。

3）加热速度。加热速度越快，相变的过热度越高，奥氏体的形核速率大于长大速率，可获得细小的起始晶粒。故生产中常用快速加热和短时保温的方法来细化晶粒，如高频淬火就是利用这一原理来获得细晶粒的。

三、钢的加热缺陷

钢在加热过程中，由于加热气氛控制不当或者加热工艺不合理等原因而产生加热缺陷。常见的加热缺陷有氧化、脱碳、过热、过烧等。加热缺陷会使钢的性能下降，甚至不能使用。在实际生产中，对这些缺陷的检查评级已有相应的标准来进行控制。

（一）氧化

钢在高温作用下与加热介质中 O_2、CO_2、H_2O 等氧化性介质发生氧化反应，形成金属氧化物的现象称为氧化。钢的氧化有两种：表面氧化和内氧化。

钢在 560℃以上加热时，表面氧化膜由 Fe_2O_3、Fe_3O_4 和 FeO 三层氧化物组成，其中 FeO 层厚度占主要成分。由于 FeO 结构松散、容易剥落，氧化反应很快穿过氧化膜继续向内层进行。随着加热温度提高，其氧化反应也越剧烈。

钢的内氧化是在 800℃以上长时间加热，钢中的合金元素与氧化性介质沿晶界形成氧化物的现象。合金元素与氧的亲和力大小决定了内氧化程度，如钢中 Cr、Si、Ti、Al 等合金元素与氧的亲和力远大于 Fe，将优先被氧化，使晶界附近的合金元素减少，晶界性能变坏。

（二）脱碳

钢在加热和保温时，炉气中含有 O_2、CO_2、H_2O、H_2 等的脱碳性气氛，钢表层中的固溶碳和这些介质在高温作用下发生氧化反应，使表层碳浓度降低，即产生脱碳。表层脱碳后，内层的碳便向表层扩散，使脱碳层逐渐加深。加热温度越高，脱碳的速度越快；加热时间越长，则脱碳层越深。表面脱碳是一种有害缺陷，将大大降低表面硬度、耐磨性和疲劳强度。

介质的碳势与钢中碳含量对钢的脱碳影响强烈。气氛中 CO、CH_4 含量多，碳势就高；相反，O_2、CO_2、H_2O、H_2 等浓度高，碳势就低。气氛的碳势低于钢的碳浓度，钢就发生脱碳。在实际生产中，为防止表面脱碳，通常采用在保护气氛中加热、无氧化加热和缩短钢在加热炉中的高温停留时间等措施。

（三）过热

加热温度过高或保温时间过长而得到粗大晶粒组织，称作过热。过热产生的粗大显微组织，将使钢的性能变坏，特别是使韧性严重下降。过热的工件必须重新进行加热使其晶粒细化。

（四）过烧

由于加热温度过高，使奥氏体晶界严重氧化，甚至发生了局部融化，这种现象称为过烧。过烧严重降低了钢的性能。产生了过烧的工件无法挽回，只能报废。

第四节　钢的冷却及组织转变

钢经加热获得均匀的奥氏体组织，只是为随后的冷却转变作好了准备。热处理后钢的组织与性能是由冷却过程来决定的，所以控制奥氏体在冷却时的转变过程是热处理的关键。

铁碳合金相图揭示的是平衡条件或亚平衡条件下合金成分、温度和组织之间的变化规律，铁碳合金经缓冷后的转变产物与铁碳合金相图所得到的各种平衡组织相基本一致。但在实际生产中往往是在非平衡条件下（如快冷），这时组织的变化就不能用铁碳合金相图来加以分析。

由铁碳相图可知，共析钢从奥氏体状态冷却到相变点 A_1 点以下时将要发生珠光体转变。实际上，迅速冷却到 A_1 点以下温度时转变并不是立即开始的，而是要经过一个孕育期后才开始转变。在 A_1 点以下未转变的（孕育期内）、处于热力学上不稳定状态的奥氏体称为过冷奥氏体，以 A' 表示。研究钢在冷却时的转变，实质上就是研究过冷奥氏体的转变。

一、过冷奥氏体冷却转变

过冷奥氏体冷却方式有连续冷却和等温冷却两种。等温冷却是把加热到奥氏体状态的钢，快速冷却到 Ar_1 以下某一温度并等温停留一段时间，使奥氏体发生转变，然后再冷却到室温。连续冷却是指钢经奥氏体化后，以不同冷却速度连续冷却到室温，使奥氏体在连续冷却过程中发生相转变。

（一）过冷奥氏体等温转变

研究过冷奥氏体在不同温度下的等温转变的重要工具是过冷奥氏体等温转变曲线或等温转变图。它是指过冷奥氏体在不同过冷温度下的等温过程中的转变温度、转变时间与转变产物量（转变开始与结束）之间的关系曲线，也称 TTT 曲线，又因为其形状象英文字母“C”，故又称 C 曲线。

如图 11-6 所示为共析钢的过冷奥氏体等温转变曲线，分析如下：

1）由过冷奥氏体开始转变点连接起来的线称为转变开始线；过冷奥氏体转变终了点连接起来的线称为转变终了线。上面的水平线为 A_1 线，即为 $Fe\text{-}Fe_3C$ 相图上的 A_1 线，表示奥氏体与珠光体的平衡温度。A_1 线以上是奥氏体稳定存在的区域；A_1 线以下、转变开始线以左是过冷奥氏体区；A_1 线以下、转变终了线以右是转变产物区；转变开始线与终了线之间是过冷奥氏体和转变产物共存区。

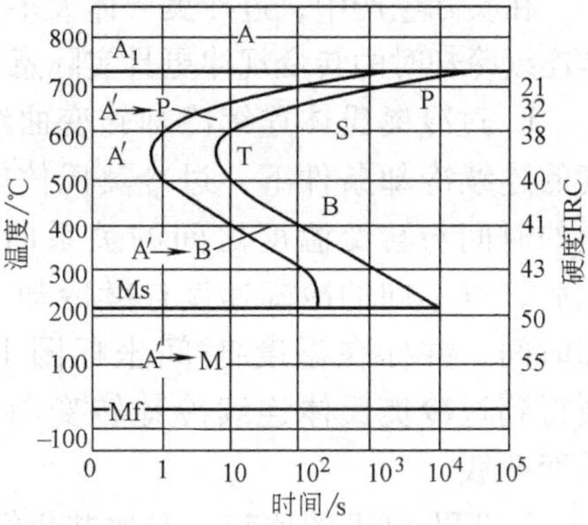

图 11-6　共析钢过冷奥氏体等温转变曲线

2）过冷奥氏体在各个温度下等温转变时都要经过一段孕育期。金属及合金在一定过冷度条件下等温转变时，等温停留开始至相转变开始的时间称为孕育期，以转变开始线与纵坐标之间的水平距离表示。过冷奥氏体在不同温度下的稳定性是不同的，孕育期的长短表示过冷奥氏体稳定性的高低。开始时，随过冷度（ΔT）的增大，孕育期与转变终了时间逐渐缩短，但当过冷度达到某一值（等温温度≈550℃）后，孕育期与转变终了时间却都随过冷度的增大而逐渐加长，所以曲线呈“C”状。

在 C 曲线上孕育期最短的地方，过冷奥氏体最不稳定，其转变速度最快，该处成为 C 曲线的“鼻尖”。而在靠近 A_1 和 Ms 处的孕育期较长，过冷奥氏体较稳定，转变速度也较慢。过冷奥氏体转变速度随温度变化的这种规律，是由两种相互矛盾的因素造成的：一方面随温度降低，奥氏体与其转变产物的自由能差 ΔG，即转变的驱动力增大；另一方面，转变所必要的原子的扩散能力（扩散系数 D）降低。结果在某个温度（即“鼻尖”温度）出现最易转变的条件，高于此温度时，自由能差 ΔG 起主导作用；低于此温度时，扩散系数 D 起主导作用。

3）在 C 曲线下部的水平线 Ms，表示钢经奥氏体化后以大于或等于马氏体临界冷却速度淬火冷却时奥氏体开始向马氏体转变的温度（对共析钢≈230℃），称为钢的马氏体转变开始点；其下面还有一条表示过冷奥氏体停止向马氏体转变的温度的水平线 Mf，称为钢的马氏体转变终止点，Ms 与 Mf 线之间为马氏体与过冷奥氏体共存区。

4）在三个不同的温度区，共析钢的过冷奥氏体可发生三种不同的转变：①A_1 至 C 曲线鼻尖区间的高温转变，其转变产物为珠光体，故又称珠光体转变；②C 曲线鼻尖至 Ms 区间的中温转变，其转变产物为贝氏体，故又称贝氏体转变；③在 Ms 线以下区间的低温转变，其转变产物为马氏体，故又称马氏体转变。

（二）过冷奥氏体连续冷却转变

在实际生产中，过冷奥氏体大多是在连续冷却中转变的，因此研究过冷奥氏体连续冷却时的转变规律更具实际意义。

1. 过冷奥氏体连续冷却转变曲线　它是指钢经奥氏体化后在不同冷却速度的连续冷却条件下，过冷奥氏体转变为亚稳定产物时，转变开始及转变终止的时间与转变温度之间的关系曲线，又称 CCT 曲线。将一组试样奥氏体化后，以不同的冷却速度连续冷却，测出奥氏体转变开始点与终了点的温度和时间，并标在温度-时间坐标图上，分别连接所有转变开始点和终了点，便得到过冷奥氏体连续冷却转变曲线，如图 11-7 所示为共析钢的连续冷却转变曲线。

2. TTT-CCT 的比较　对比共析钢的 CCT 曲线和 TTT 曲线，可发现 CCT 曲线有以下主要特点：

1）CCT 曲线只有 TTT 曲线的上半部分，而无下半部分，即共析钢连续冷却时，只有珠光体、马氏体转变而无贝氏体转变。

2）*Ps*、*Pf* 线分别是珠光体转变开始线、终了线；*KK′* 是珠光体转变中止线，冷却曲线碰到 *KK′* 时，过冷奥氏体就不再发生珠光体转变，而一直保留到 Ms 线以下转变为马氏体。

3）CCT 曲线中同样性质的曲线（转变开始线、终了线）均位于 TTT 曲线的右下方，合金钢中也是如此，这说明连续冷却转变的孕育期较长，转变温度更低。

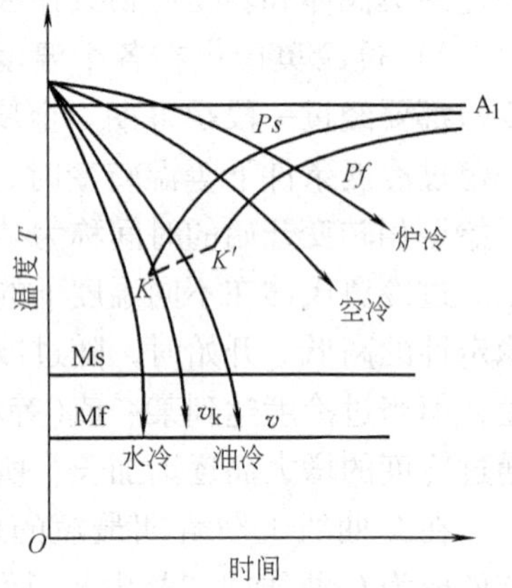

图 11-7　共析钢过冷奥氏体连续冷却转变曲线

4）与 CCT 曲线鼻尖相切的冷却速度，是保证奥氏体在连续冷却过程中不发生非马氏体转变，而全部过冷到马氏体区的最小冷却速度，即钢在淬火时为抑制非马氏体转变所需的最小冷却速度，称为马氏体临界冷却速度，用 v_k 表示。

5）在连续冷却过程中，过冷奥氏体的转变是在一个温度区间内进行的，随着冷却速度的增大，转变温度区间逐渐移向低温，而转变时间则缩短。

6）因为过冷奥氏体的连续冷却转变是在一个温度区间内进行的，在同一冷却条件下，使钢先后获得的组织粗细不均匀，有时在某种速度下还可获得不同的转变类型的混合组织。

3. TTT 曲线在连续冷却中的应用　因为过冷奥氏体的 CCT 曲线测定较困难，且有些使用广泛的钢种的 CCT 曲线至今还未测出，故目前生产上常用 TTT 曲线代替 CCT 曲线来定性地、近似地分析过冷奥氏体的连续冷却转变。如图 11-8 所示为共析钢 TTT 曲线与不同冷却速度相交的位置情况，据此可判断组织转变：

v_1 是相当于随炉冷却的速度，可估计出奥氏体将转变为珠光体；v_2 是相当于在空气中冷却的速度，可估计出奥氏体将转变为索氏体；v_3 是相当于油冷的速度，可估计出有一部分奥氏体将转变为托氏体，剩余的奥氏体冷却到 Ms 线以下开始转变为马氏体，最终得到托氏体 + 马氏体混合组织；v_4 是相当于水冷的速度，它不与 TTT 曲线相交，奥氏体一直过冷到 Ms 线以下开始转变为马氏体；v_k 与 TTT 曲线鼻尖相切，为马氏体临界冷却速度。

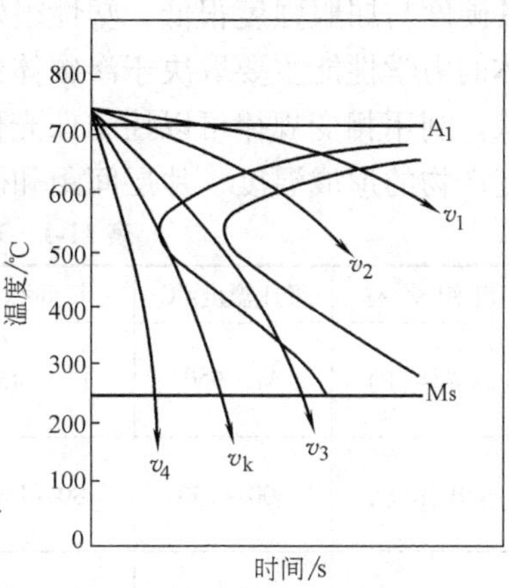

图 11-8　应用 TTT 曲线分析过冷奥氏体的连续冷却转变

二、过冷奥氏体转变产物的组织与性能

研究表明，按照不同的冷却条件，过冷奥氏体将在不同的温度范围发生不同类型的转变。珠光体转变是在一定过冷度的高温阶段发生，属于扩散型相变；马氏体转变是在很大过冷度的低温阶段发生的，属于非扩散型相变；贝氏体转变是中温区间的转变，属于半扩散型相变。现以共析钢为例分析如下。

（一）珠光体转变

在 A_1 ~ 550℃之间，过冷奥氏体将分解为珠光体类型组织，即发生 A→P ($F + Fe_3C$) 转变。该转变属于扩散型相变。珠光体的形成伴随着碳原子的重新分布和晶格的重构两个同时进行的过程：碳原子的等重新分布（扩散）而形成高碳的渗碳体和低碳的铁素体；晶格的重构使面心立方晶格的奥氏体转变为体心立方晶格的铁素体和复杂立方晶格的渗碳体。

1. 珠光体的形态与形成　珠光体型组织是铁素体与渗碳体的机械混合物。按渗碳体形态的不同，珠光体分为层状珠光体和球状珠光体（或称粒状珠光体）。一般成分均匀的奥氏体的高温转变产物都为层状珠光体；只有在 A_1 附近的温度范围内作足够长时间的保温才可能使层状渗碳体球化，得到球状珠光体。

2. 珠光体的性能　层状珠光体的性能主要取决于片层间距，转变温度越低，即过冷度越大，则片层间距越小。根据片层间距的大小，珠光体又可分为粗珠光体（习惯上称为珠光体 P）、细珠光体（即索氏体 S）、极细珠光体（即托氏体 T）三种。珠光体的力学性能与其形成温度有关，转变温度越低，珠光体的片层间距越小，则珠光体的硬度越高，强度高，塑性好。由于珠光体组织的基体是铁素体，其硬度与屈服强度很低，塑性很好，靠硬而脆的渗碳体分散在其中来强化。珠光体的力学性能主要取决于渗碳体的分散度(即珠光体的片层间距)和渗碳体的形状。利用相变规律可以控制珠光体形态与性能。表 11-1 列出共析钢的珠光体转变产物的形成温度、片层间距和硬度值。

表 11-1　珠光体转变组织特征与性能

组织名称	形成温度/℃	片层间距/nm	金相显微组织特征	硬　度
珠光体(P)	A_1 ~650	150~450	在 400~500 倍金相显微镜下可观察到铁素体和渗碳体的片层状组织	170~200HBS
索氏体(S)	600~650	80~150	在 800~1000 倍的金相显微镜下才能分清片层状，在低倍下片层模糊不清	25~35HRC
托氏体(T)	550~600	30~80	用光学显微镜观察时呈黑色团状织，只有在电子显微镜下才能看出片层组织	35~40HRC

片状珠光体的片层间距越小，相界面越多，塑性变形抗力越大，故强度、硬度越高；同时因渗碳体片越薄，越容易随同铁素体一起变形而不脆断，所以塑性和韧性也变好了，这也就是冷拔钢丝要求具有索氏体组织才容易变形而不致因拉拔而断裂的原因。与细片状珠光体一样，细小的球状珠光体也具有良好的强韧性。

钢的大部分退火和正火时所发生的相变即是珠光体转变。

(二) 贝氏体转变

在 C 曲线鼻尖到 Ms 以上的温度范围内，过冷奥氏体通过半扩散型相变、分解得到贝氏体组织。贝氏体是过冷奥氏体在贝氏体转变温度区转变而成的由铁素体与碳化物所组成的非层状的两相混合物的亚稳组织。贝氏体转变也是一个形核和长大的过程，也要进行晶格改组和碳原子的扩散，但因温度较低，合金元素和铁一样仅作很小位移而不发生扩散。

1. 贝氏体组织形态及其形成　贝氏体的组织形态随着钢的成分和形成温度的不同有多种形态，对共析钢有在 550~350℃形成的上贝氏体和在 350~230℃形成的下贝氏体等，如图 11-9 所示。

(1) 上贝氏体。上贝氏体是含碳过饱和的条状铁素体与渗碳体的混合物，典型的上贝氏体在光学显微镜下呈羽毛状特征，组织中的渗碳体不易辨认，在电镜下可见碳过饱和度不大的铁素体成条束并排地由奥氏体晶界伸向晶内，铁素体条间分布着粒状或短杆状的渗碳体。

上贝氏体开始转变前，铁素体晶核先孕育并产生于过冷奥氏体的贫碳区，其内的碳处于过饱和状态并有从铁素体中向奥氏体扩散的倾向。随着密排的铁素体条的伸长、变宽，生长着的铁素体中的碳不断地通过界面排到其周围的奥氏体

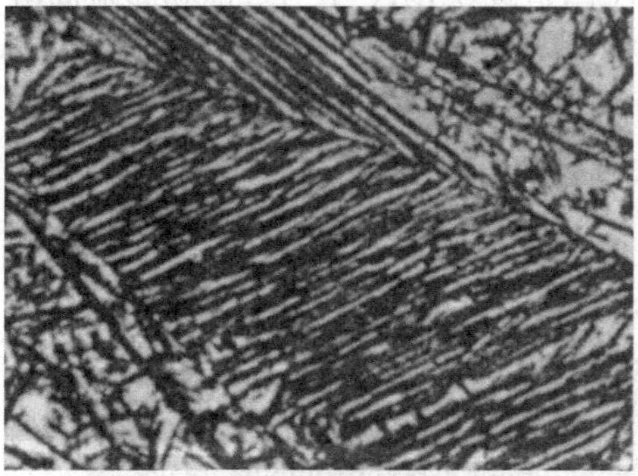

a）

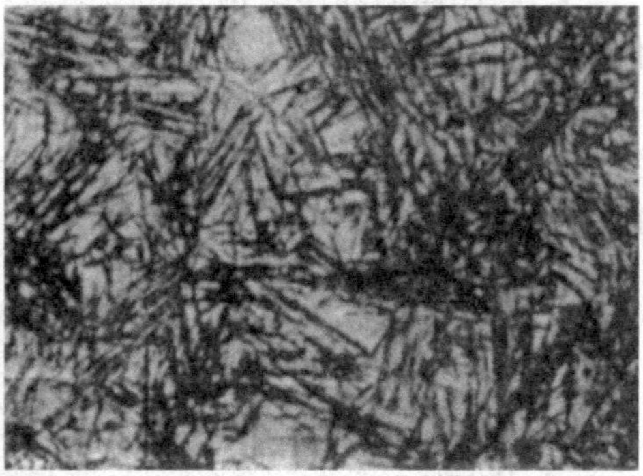

b）

图 11-9　贝氏体的显微组织
a）上贝氏体　b）下贝氏体

中，导致条间奥氏体的碳不断富集，当其含碳量足够高时，便在条间沿条的长轴方向析出碳化物，形成典型的上贝氏体。

（2）下贝氏体。典型的下贝氏体在光学显微镜下呈黑色针片状形态，在电镜下可见在呈针片状的含过饱和碳的铁素体内分布着与针片长轴成 55°～60°角度方向上分布的碳化物颗粒或薄片。

下贝氏体形成温度较低，碳的扩散能力较低，尽管初生的下贝氏体的铁素体周围溶有较多的碳，具有较大的析出碳化物的倾向，但碳的迁移却未能超出铁素体片的范围，仅在片内沿一定的晶面偏聚起来并进而沿与长轴成 55°～60°夹角的方向上沉淀出碳化物粒子，而此时仍有部分碳过饱和地固溶在铁素体中，形成典型的下贝氏体。它转变温度越低，碳化物粒子越细且分布越弥散。

2. 贝氏体的力学性能　贝氏体的力学性能与其形态有关，主要取决于铁素体条(片)的晶粒大小及其内部的位错密度、碳化物的弥散度及分布、碳原子的固溶强化(碳的过饱和度)以及合金元素等因素。

贝氏体形成温度越低，铁素体条(片)越细且其中碳的过饱和度越大，碳化物颗粒越细小、量越多、弥散度越大，故下贝氏体具有良好的强韧性，在生产中常用等温淬火获得下贝氏体来提高零件的性能。而上贝氏体的强韧性均较差，生产中应用极少。

（三）马氏体转变

当奥氏体的冷却速度大于 v_k 并过冷到 Ms～Mf 之间时，将发生马氏体转变。马氏体转变是在很大过冷度的低温阶段发生的，转变时只发生了铁的晶格重构，而没有铁、碳原子的扩散，故马氏体转变是属于非扩散型相变，马氏体的碳含量就是转变前奥氏体的含碳量。

1. 马氏体的晶体结构　Fe-C 合金马氏体是碳在 α-Fe 中的过饱和间隙固溶体。马氏体具有正方点阵，马氏体中的碳含量越高，其正方度 c/a 越大。

2. 马氏体组织形态与亚结构　不同成分和工艺使淬火后马氏体的形态、亚结构都有很大差异。典型形态有板条状马氏体(图 11-10)和片状马氏体(图 11-11)两种。

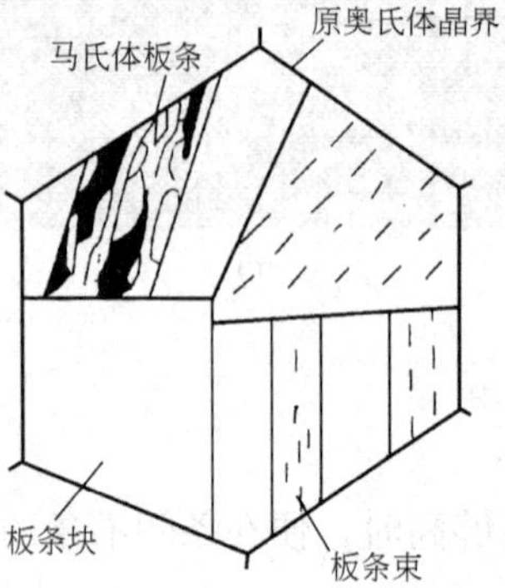

a)

b)

图 11-10　板条状马氏体的形态

a) 板条状马氏体组织示意图　b) 板条状马氏体的显微组织

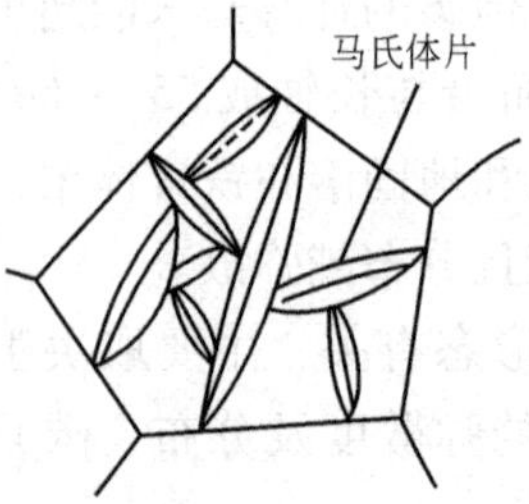

a)

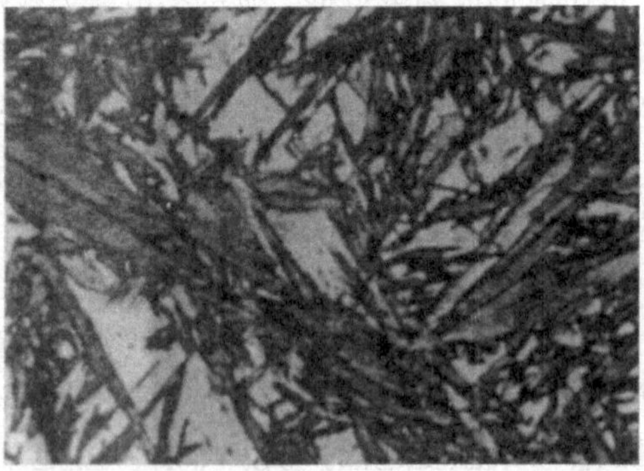

b)

图 11-11　片状马氏体的形态

a) 片状马氏体组织示意图　b) 片状马氏体的显微组织

(1) 板条状马氏体。板条状马氏体是由许多成群的平行马氏体板条束组成的，一个原始的奥氏体晶粒被分割成几个束状领域。在透射电镜下可观察到板条状马氏体中具有高密度位错。

(2) 片状马氏体。片状马氏体的空间形态呈双凸透镜片状。在一个原奥氏体晶粒中，首先形成一片贯穿整个晶粒的马氏体片，后形成的马氏体片受此限制，其尺寸越来越小，马氏体片之间互不平行。钢在正常加热淬火时，在光学显微镜下分辨不清马氏体的针片状，这种组织称为隐晶马氏体。在粗片状马氏体中常能见到有明显的中脊，通过透射电镜观察可以看到孪晶亚结构。在马氏体形成时，由于马氏体片互相撞击或冲击奥氏体晶界，可引起相当大的应力而造成显微裂纹。

马氏体的组织形态直接与钢的碳含量有关。板条状马氏体是低碳钢、马氏体时效钢、不锈钢等铁系合金形成的一种典型的马氏体组织；片状马氏体则常见于高、中碳钢。一般当 $w_C < 0.25\%$ 时，钢中马氏体形态几乎全为板条状马氏体；$w_C > 1.0\%$ 时，则几乎全为片状马氏体；$w_C = 0.25\% \sim 1.0\%$ 时为板条状马氏体和片状马氏体的混合组织。随碳含量的升高，淬火钢中板条状马氏体量减少，片状马氏体量增多。

3. 马氏体转变特点　马氏体转变的主要特点有：

（1）转变的无扩散性且转变速度很快。实验证实，碳钢中马氏体转变前后碳原子的浓度无变化，仅发生由具有面心立方的奥氏体切变为体心正方的马氏体的晶格改组。由于没有原子扩散，马氏体形成时一般不需要孕育期，故马氏体转变速度很快。马氏体转变量的增加主要不是靠已形成的马氏体片的不断长大，而是靠新的马氏体片的不断形成。

（2）转变是在一定温度范围内进行的。当奥氏体过冷到 Ms 时，过冷奥氏体开始向马氏体转变，马氏体转变量随着温度的下降而增多。当温度下降到 Mf 时，奥氏体不再向马氏体转变。若在 Ms ~ Mf 之间等温，马氏体的量并不明显增加；只有在 Ms ~ Mf 之间继续降温时马氏体才能继续形成。Ms、Mf 的位置主要取决于奥氏体的成分。奥氏体的碳含量越高，Ms、Mf 点越低。除 Co、Al 外的主要合金元素也有像碳一样的影响规律。

（3）转变的不完全性。当奥氏体中的 $w_C > 0.5\%$ 时，Mf 已低于室温，故淬火到此温度时必然有一部分奥氏体残留下来，称为残留奥氏体。随奥氏体中碳含量增加，Ms 和 Mf 的下降，残留奥氏体的量上升。即使把奥氏体过冷到 Mf 以下，仍不能得到 100% 的马氏体，总有少量的残留奥氏体，此即马氏体转变的不完全性。

一般中、低碳钢淬火到室温后，有较少量的残留奥氏体；而高碳钢淬火到室温后，残留奥氏体量较多。过量的残留奥氏体不仅降低了淬火钢的硬度和耐磨性，而且在工件的长期使用过程中残留奥氏体还会发生转变，使工件形状尺寸不稳定，降低其尺寸精度。故生产中对某些高精度的工件（如精密量具、丝杆、轴承等），为保证它们在使用期间的精度，可将淬火工件冷至室温后，又随即放到 0℃以下温度的介质中（如干冰、液氮等）冷却，以最大限度地消除残留奥氏体，达到提高硬度、耐磨性与稳定尺寸的目的，这种处理称为“冷处理”。

4. 马氏体的力学性能 马氏体的性能取决于碳含量、组织形态和亚结构等。

（1）强度和硬度。马氏体的强度和硬度主要取决其碳含量。随马氏体中碳含量的增加，强度与硬度随之升高，特别是在碳含量较低时，这种作用较明显；当 $w_C>0.6\%$ 时这种作用则不明显，如图 11-12 所示。马氏体的高硬度、强度主要是碳溶于 α-Fe 的过饱和间隙固溶体的固溶强化的结果，其它强化机制（如亚结构位错、孪晶等强化）也有一定的贡献。

（2）塑性和韧性。一般认为马氏体硬而脆，塑性与韧性较差，但这是认识不全面。马氏体的塑性与韧性同样受碳含量的影响，可在较大的范围内变动，随马氏体中碳含量的升高，塑性与韧性下降。低碳板条状马氏体具有良好的塑性与韧性，是一种强韧性很好的组织，且有较高的断裂韧度和低的韧脆转变温度，故其应用日益广泛。马氏体的塑性和韧性的这种变化规律可从其亚结构解释：马氏体的塑性和韧性与马氏体的亚结构有密切的关系，片状马氏体的亚结构主要是孪晶，塑性滑移困难，且形成时易促成显微裂纹形成，故其硬度虽高但塑性和韧性严重下降；板条状马氏体的亚结构是高密度位错，且无显微裂纹，故其有良好的强韧性。

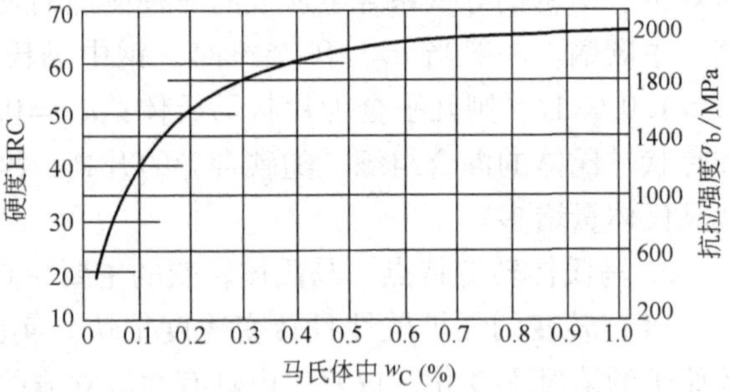

图 11-12 碳含量对马氏体强度与硬度的影响

（3）比体积。钢的各种组织中，马氏体比体积最大，奥氏体最小，珠光体居中，故奥氏体转变为马氏体时，必然伴随体积膨胀而产生内应力。马氏体中碳含量越高，正方度越大，晶格畸变程度加剧，比体积也越大，故产生的内应力也越大，这就是高碳钢淬火易裂的原因。但也可利用这一效应，使淬火零件表层产生残余压应力，提高钢件的疲劳性质。

三、影响 C 曲线的因素

C 曲线的形状和位置与奥氏体的稳定性及分解特性有关，其影响因素主要有奥氏体的成分（主要因素）和钢的组织状态。

（一）奥氏体成分

1. 碳含量 随着奥氏体中碳含量的增加，奥氏体的稳定性增大，C 曲线的位置向右移。对于过共析钢，加热到 Ac_1 以上某一温度时，随钢中碳含量的增多，奥氏体碳含量并不增高，而未溶渗碳体量增多，因为它们能作为结晶核心，促进奥氏体分解，所以 C 曲线左移。过共析钢只有在加热到 Ac_{cm} 以上，渗碳体完全溶解时，碳含量的增加才使 C 曲线右移，而在正常热处理条件下不会达到这样高的温度。共析钢的过冷奥氏体最稳定，C 曲线最靠右。因此，在一般热处理条件下，随碳含量的增加，亚共析钢的 C 曲线右移，过共析钢的 C 曲线左移。

由于亚共析钢和过共析钢在奥氏体向珠光体转变前，有先共析铁素体 $F_{先}$ 或渗碳体析出，所以与共析钢 C 曲线比较，在亚共析钢的 C 曲线的左上部多出一条先共析铁素体析出线（图 11-13a）；过共析钢多一条二次渗碳体的析出线（图 11-13b）。

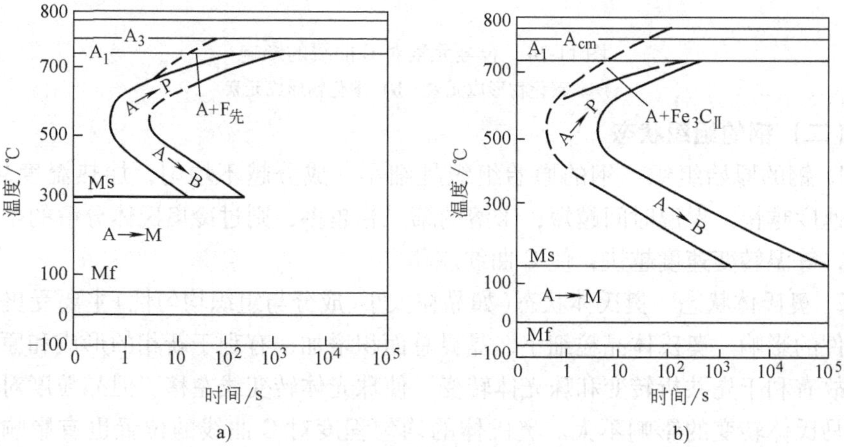

图 11-13　碳含量对 C 曲线的影响图

a）亚共析钢　b）过共析钢

2. 合金元素　除 Co 和 Al 以外，大多数合金元素的溶入均增大奥氏体的稳定性，使 C 曲线右移，Ms 点下降。不形成碳化物的元素如 Si、Ni、Cu 等，只使 C 曲线的位置右移，不改变其形状（图 11-14a）。Cr、Mo、W、V、Ti 等碳化物形成元素不仅使 C 曲线右移，而且还改变 C 曲线的形状，甚至使 C 曲线分离成珠光体转变和贝氏体转变两部分，其间出现一个过冷奥氏体的稳定区（图 11-14b）。

这里需要说明的是，合金元素只有溶入奥氏体中才会增大过冷奥氏体的稳定性，而未溶的合金碳化物，因有利于过冷奥氏体的分解而降低过冷奥氏体的稳定性。如 V、Ti、Nb、Zr 等强碳化物形成元素，当其含量较多时，能在钢中形成稳定的碳化物，在一般加热温度下难以溶入奥氏体中，仍以碳化物形式存在，故反而降低过冷奥氏体的稳定性，使 C 曲线左移。

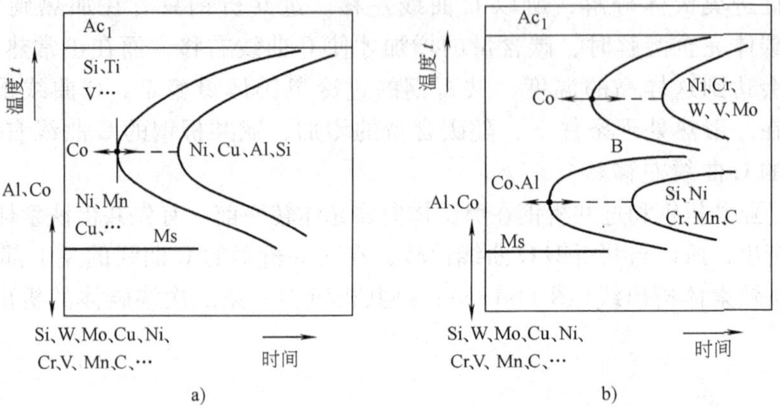

图 11-14　合金元素对 C 曲线的影响

a）非碳化物形成元素　b）碳化物形成元素

（二）钢的组织状态

1. 钢的原始组织　钢的原始组织越细小，成分越不均匀，加热温度越低，加热速度越快，保温时间越短，未溶的第二相越多，则过冷奥氏体分解的孕育期越短，等温转变速度越快，使 C 曲线左移。

2. 奥氏体状态　奥氏体状态（如晶粒大小、成分与组织均匀性）主要受奥氏体化条件的影响。奥氏体晶粒细小，晶界总面积增加，有利于新相的形成和原子扩散，故有利于先共析转变和珠光体转变，使珠光体转变线左移。但晶粒度对贝氏体和马氏体转变的影响不大。奥氏体的均匀程度对 C 曲线的位置也有影响。奥氏体成分越均匀，则奥氏体越稳定，新相形核和长大所需的时间越长，C 曲线右移。

奥氏体化温度越高，保温时间越长，则形成的奥氏体晶粒越粗大，奥氏体的成分也越均匀，从而增加奥氏体的稳定性，使 C 曲线向右移。反之，奥氏体化温度越低，保温时间越短，则奥氏体晶粒越细，其成分越不均匀，未溶第二相越多，则奥氏体越不稳定，使 C 曲线左移。

因此，在利用手册中钢的 C 曲线资料时，应同时注意钢的成分、奥氏体化温度和晶粒度等条件。

第五节　钢的整体热处理

热处理工艺可以从不同的角度进行分类，如整体热处理（整体改变的组织和性能）和表面热处理（表面改变的组织和性能）。根据热处理工艺在零件生产工艺流程中的位置和作用不同，又可以分为最终热处理和预备热处理（又称预先热处理）两大类。最终热处理是指在生产工艺流程中，工件经切削加工等成形工艺而得到最终的形状和尺寸后，再进行的赋予工件所需使用性能的热处理。预备热处理是指为达到工件最终热处理的要求而获得需要的预备组织或改善工艺性能所进行的预先热处理，有时也称中间热处理。本节主要介绍钢的退火、正火、淬火和回火等整体热处理工艺。

一、退火

退火是将金属或合金加热到适当温度，保持一定时间，然后缓慢冷却获得接近平衡状态组织的热处理工艺。根据处理的目的不同（如均匀化学成分、降低硬度、消除或减小内应力等）而采取不同的退火工艺，本节仅就工业上常用的几种退火工艺作简单介绍。

（一）完全退火

完全退火是将钢铁完全奥氏体化，随之缓慢冷却，获得接近平衡状态组织的退火工艺。其具体工艺是将工件加热到 $Ac_3+(30\sim50)$℃，保温一定时间后随炉缓慢冷却至500℃以下，然后空冷。其主要目的有：细化组织、降低硬度、改善切削加工性能、去除内应力。

完全退火主要适用于亚共析成分的中碳及中碳合金钢的铸件、锻件、轧制件及焊接件。对于锻、轧件，一般安排在工件热锻或热轧之后、切削加工之前进行；对于焊接件或铸钢件，一般安排在焊接、浇注（或均匀化退火）后进行。过共析钢不采用完全退火，因为加热到 Ac_{cm} 以上缓冷时，二次渗碳体会以网状形式沿奥氏体晶界析出，使钢的韧性大大降低，并可能在以后的热处理中引起裂纹。

（二）等温退火

等温退火是将钢件或毛坯加热到高于 Ac_3（或 Ac_1）温度，保持适当时间后，较快地冷却到珠光体转变温度区间的某一温度并等温保持使奥氏体转变为珠光体型组织，然后在空气中冷却的退火工艺。等温退火的转变较易控制，能获得均匀的预期组织；对于奥氏体较稳定的合金钢可大大缩短退火时间，一般只需完全退火的一半左右。

等温退火温度应根据工件所要求的组织性能，由被处理钢的C曲线来确定。温度距 A_1 越近，获得的珠光体组织越粗，钢的硬度也越低；反之，则硬度越高。一般对亚共析钢为 $Ac_3+(30\sim50)$℃；对共析钢或过共析钢为 $Ac_1+(20\sim40)$℃。

等温退火适用于高碳钢、中碳合金钢、经渗碳处理后的低碳合金钢和某些高合金钢的大型铸、锻件以及冲压件等。

（三）球化退火

球化退火是为使钢中碳化物的球状化而进行的退火工艺，其目的是降低硬度、提高塑性、改善切削加工性能，以及获得均匀的组织、改善热处理工艺性能，为以后的淬火作组织准备。其工艺是将工件加热到 $Ac_1 \pm (10 \sim 20)$℃ 保温后等温冷却或缓慢冷却。生产上一般采用等温冷却以缩短球化退火时间，如图 11-15 所示为 T12 钢两种球化退火工艺。

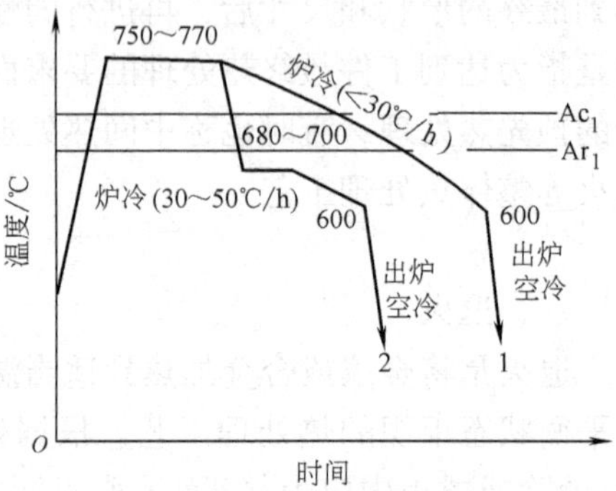

图 11-15　T12 钢两种球化退火工艺的比较

1—一般球化退火工艺

2—等温球化退火工艺

球化退火的质量由碳化物的形状和颗粒大小来评定，而球化效果好坏的关键是加热温度。温度过高，碳化物会全部溶入奥氏体，钢经缓冷会获得片状珠光体；温度过低，原片状珠光体部分保留，冷却后也不能获得好的球状珠光体组织。此外，球化退火前钢的原始组织中不允许有网状 Fe_3C_{II} 存在，如有应先进行正火予以消除，否则球化效果不好。

球化退火主要适用于共析和过共析成分的碳钢和合金钢锻、轧件。对于某些结构钢的冷挤压件，为提高其塑性，则可在 Ac_1 稍低温度进行长时间球化退火。

（四）均匀化退火

均匀化退火又称扩散退火，可减轻金属铸锭、铸件或锻坯的成分偏析和组织不均匀性，其工艺是加热到高温 $Ac_3 + (150 \sim 200)$℃并长时间保持，然后进行缓慢冷却，以完成化学成分和组织均匀化的退火工艺。工件经均匀化退火后，奥氏体晶粒十分粗大，一般应进行完全退火或正火来细化晶粒，消除过热缺陷。

均匀化退火的生产周期长、热能消耗大、设备寿命短、生产成本高、工件烧损严重，故只有一些优质合金钢和偏析较严重的合金钢铸件才使用这种工艺。

（五）去应力退火

去应力退火是为了除去由于冷、热加工等造成的以及铸件内存在的残余应力而进行的退火，以防止工件在一定时间后或在随后的切削加工过程中，或在使用过程中产生变形甚至开裂。其工艺一般为加热至 $Ac_1 - (100 \sim 200)$℃保温后缓慢冷却。对于钢铁材料，加热温度一般可在 200～650℃间变化。

二、正火

（一）正火工艺与目的

正火是将钢加热到 Ac_3（或 Ac_{cm}）以上 30～50℃，保温适当时间后，以适当方式冷却（一般为空气中冷却）得到细珠光体的热处理工艺。正火冷却速度比退火较快，过冷度较大，因而组织中的珠光体量多片细（一般认为是索氏体）。反映在力学性能上，正火后钢的强度、硬度、韧性都高于退火，且塑性基本不降低。

正火的主要目的有：调整锻、铸钢件的硬度，细化晶粒，消除网状渗碳体并为淬火作好组织准备。通过正火细化晶粒，钢的韧性可显著改善，对低碳钢正火可提高硬度以改善切削加工性能；对焊接件则可以通过正火改善焊缝及热影响区的组织和性能。

（二）正火的主要应用

1. 改善低碳钢的切削加工性能　对于 $w_C < 0.25\%$ 的碳素钢或低合金钢，由于组织中铁素体过多使退火后硬度过低，切削加工时容易“粘刀”或“断屑”不良，且表面粗糙度很差，通过正火得到数量较多而细小的珠光体组织，可使其硬度提高至 140 ~ 190HBS，接近于最佳切削加工硬度，可改善钢的切削加工性能。

2. 中碳结构钢件的预备热处理　中碳钢经正火后，可有效地消除工件经热加工后产生的组织缺陷，获得细小而均匀的组织，可保证最终热处理的质量。

3. 普通结构零件的最终热处理　工件正火比退火状态具有更好的综合力学性能，对于一些受力不大、性能要求不高的普通结构零件可将正火作为最终热处理，以减少工序、节约能源、提高生产效率。此外，对某些大型的或形状较复杂的零件，当淬火有开裂危险时，正火往往代替淬火、回火处理，作为最终热处理。

4. 消除过共析钢的网状碳化物　过共析钢在淬火前要进行球化退火，但当其中存在网状碳化物时会造成球化不良。正火冷却速度快，碳化物来不及沿奥氏体晶界析出，可有效消除网状碳化物，而且正火得到的细片状珠光体也有利于碳化物的球化，从而提高球化退火质量。

正火与退火在组织性能上有相似之处，实际生产中有时可以相互替代。与退火相比，正火力学性能高、操作方便、生产周期短、耗能少，故在可能条件下，应优先考虑正火处理。

钢的退火、正火加热温度范围可由 $Fe\text{-}Fe_3C$ 相图选择得到，如图 11-16 所示。

三、淬火

淬火是将钢加热到 Ac_3 或 Ac_1 以上某一温度并保温一定时间，然后以适当速度冷却(如水冷、油冷)，获得马氏体和(或)贝氏体组织的热处理工艺，是一种强化钢件，更好地发挥钢材性能潜力的最重要手段。要得到马氏体，淬火冷却速度必须大于 v_k，但冷却速度过快，则会造成很大的内应力，将可能引起零件的变形甚至开裂，这是淬火工艺要解决的主要矛盾。

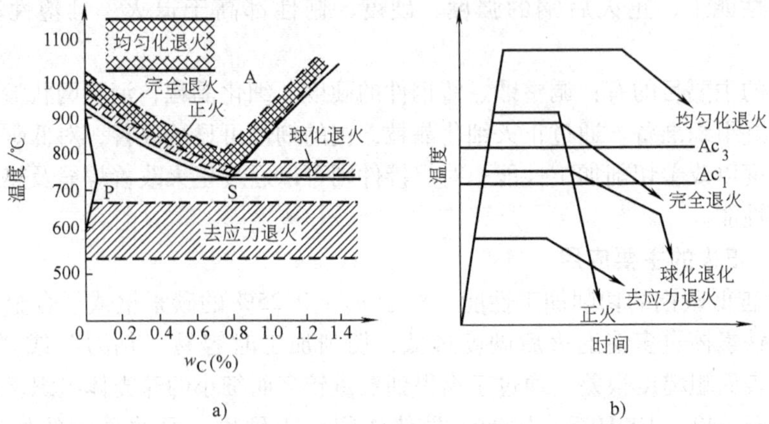

图 11-16　退火、正火的工艺示意图

a）加热温度范围　b）工艺曲线

（一）钢的淬火工艺

1. 淬火加热温度　淬火加热应保证获得细小而均匀的奥氏体，进而使淬火后得到细小而均匀的马氏体或贝氏体。加热温度是淬火的关键。

亚共析钢的淬火加热温度为：$Ac_3+(30\sim50)$℃，这时加热后的组织为细的奥氏体，淬火后可得到细小而均匀的马氏体。加热温度不能过高，否则，奥氏体晶粒粗化，淬火后会出现粗大的马氏体组织，使钢的脆性增大。加热温度也不能过低，如低于 Ac_3，则会残留一部分铁素体在淬火组织中，使钢的强度和硬度降低。但对于某些亚共析合金钢，在略低于 Ac_3 的温度进行亚温淬火，可利用少量细小残留分散的铁素体来提高钢的韧性。

共析钢、过共析钢的加热温度为 $Ac_1+(30\sim50)$℃，淬火后得到均匀细小的马氏体+残留奥氏体(共析钢)或马氏体+颗粒状渗碳体+残留奥氏体(过共析钢)的混合组织。对于过共析钢，在此温度范围内淬火的优点有：保留了一定数量的未溶渗碳体，淬火后钢具有最大的硬度和耐磨性；使奥氏体的碳含量不致过多而保证淬火后残余奥氏体不致过多，有利于提高硬度和耐磨性；奥氏体晶粒细小，淬火后可获得较高的力学性能；加热时的氧化脱碳及冷却时的变形、开裂倾向较小。

2. 淬火介质　淬火冷却介质的选择是解决淬火矛盾的主要因素。

（1）理想淬火介质的冷却特性。由 C 曲线可知，要淬火得到马氏体，并不需要在整个冷却过程都进行快速冷却，理想淬火介质的冷却特性应为：在 C 曲线鼻尖上方，因过冷奥氏体比较稳定，冷却速度可慢些，以降低零件内部温度差而引起的热应力，防止变形；在 C 曲线鼻尖附近，过冷奥氏体最不稳定，应快速冷却，淬火冷却速度应大于 v_k 使过冷奥氏体不致于发生分解形成珠光体；在

C 曲线鼻尖下方，过冷奥氏体已进入马氏体转变区，可缓慢冷却，以防止内应力过大而使零件产生变形甚至开裂，如图 11-17 所示。但到目前为止，还没有符合这一特性的理想淬火介质。

（2）常用淬火介质。目前常用淬火介质有水及水基、油及油基和碱浴和硝盐浴等。

1）水的冷却能力较强、无污染、无危险且又价廉，是应用最广泛的淬火介质。但它的冷却特性并不理想，在需要快冷的在 C 曲线鼻尖附近，其冷却速度较小，而在 C 曲线鼻尖下方需要慢冷时，其冷却速度比要求的大。这样，易使零件产生变形甚至开裂，故只能用作尺寸较小的碳钢零件的淬火冷却介质。水温越高，冷却能力越差，故水温一般不应超过 30℃。加强水的搅拌与循环或喷射，可以提高“鼻尖”温区的冷速。若加入适量的盐、碱可以增加水的冷却能力，用盐水淬火的工件，容易得到高的硬度和光洁的表面，不易产生淬不硬的软点，故主要用于形状简单、硬度要求较高而均匀、表面要求光洁、变形要求不严格的碳钢零件的淬火。若加入水溶性的有机添加剂，可以减缓水的冷却速度，使其冷却能力介于水与油之间，在生产中应用越来越多。

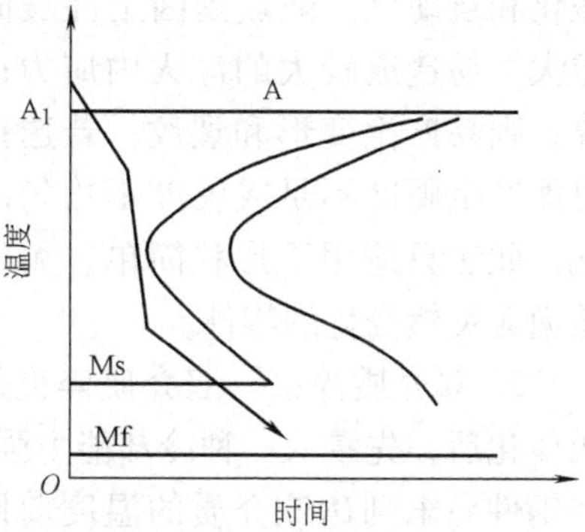

图 11-17　理想淬火介质的冷却特性

2）油也是广泛使用的一种冷却介质，油的冷却能力很弱，这在 C 曲线鼻尖下方对降低零件变形与开裂是有利的，但在 C 曲线鼻尖附近对防止过冷奥氏体的分解是不利的，所以只能用于一些过冷奥氏体较稳定的合金钢或尺寸较小的碳钢件的淬火。

3）碱浴和硝盐浴也有应用。在高温区，碱浴的冷却能力比油强而比水弱，硝盐浴的冷却能力则比油弱；在低温区则都比油弱。碱浴和硝盐浴的冷却特性，既能保证奥氏体转变为马氏体不发生中途分解，又能降低工件变形、开裂倾向，故主要用于截面不大、形状复杂、变形要求严格的碳钢、合金钢工件作为分级或等温淬火的冷却介质。但有的浴液对工件有腐蚀，故工件淬火后要及时清洗。现已开发出一些浴液，能使工件在淬火后表面产生一层致密的氧化膜，起到防锈的作用。

（二）常用淬火方法

仅依靠淬火介质的选择是不能完全保证工件既得到马氏体又防止变形开裂的，还应注重选择淬火方法。目前使用的淬火方法较多，此处仅介绍其中常用的 4 种，如图 11-18 所示。

1. 单介质淬火　单介质淬火是将奥氏体化后的钢件放入一种淬火介质中连

续冷却到室温的淬火方法(图 11-18 中曲线 1)。如碳钢件的水冷淬火、合金钢件的油冷淬火等。

单介质淬火的优点是操作简便，易于机械化和自动化。缺点是因工件表面与心部温差大，易造成较大的淬火内应力；若选择水淬，则易产生变形和裂纹；若选择油淬，则可能产生硬度不足或硬度不均匀的现象。因此，此法只适用于形状简单、无尖锐棱角及截面无突然变化的零件。

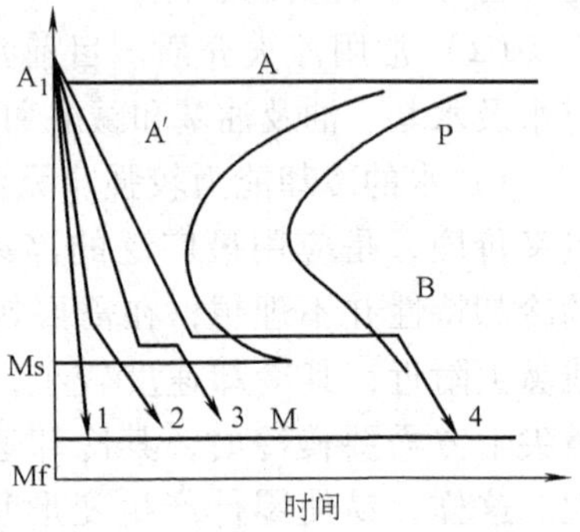

图 11-18　常用淬火冷却方法

2. 双介质淬火　双介质淬火是将钢件奥氏体化后，先浸入一种冷却能力强的介质中，在钢件尚未到达该介质的温度前即取出，马上又浸入另一种冷却能力弱的介质中冷却的淬火工艺(图 11-18 中曲线 2)，如先水冷后油冷或空冷。

双介质淬火的优点是马氏体相变在缓冷的介质中进行，可使工件淬火内应力大为减小，从而降低变形、开裂的倾向。缺点是：工件表面与心部温差仍较大；工艺不好掌握，操作困难。所以，此法适用于形状复杂程度中等的高碳钢小零件和尺寸较大的合金钢零件。

3. 马氏体分级淬火　马氏体分级淬火是将奥氏体化后的钢件浸入温度稍高或稍低于钢的 Ms 点的液态介质(如硝盐浴或碱浴)中，保温适当时间，使钢件内外层均达到介质温度后取出空冷，以获得马氏体组织的淬火工艺(图 11-18 中曲线 3)。

马氏体分级淬火的优点是可降低工件内外温度差和马氏体转变时的冷却速度，从而减小了淬火应力，防止变形、开裂。缺点是因为硝盐浴或碱浴的冷却能力较弱，使其适用性受到限制。因此，该法适用于尺寸较小($<\phi12$mm 的碳钢或 $\phi20\sim30$mm 的合金钢)，要求变形小、尺寸精度高的工件如刀具、模具等。

4. 贝氏体等温淬火　贝氏体等温淬火是将钢件加热奥氏体化，随之快冷到下贝氏体转变温度区间等温保持，使奥氏体转变为下贝氏体的淬火工艺(图11-18 中曲线 4)。

贝氏体等温淬火的优点是淬火应力与变形极小，组织较均匀，且在碳含量相近、硬度相当时，下贝氏体比回火马氏体具有较高的塑性和韧性。该法适用于各种高中碳钢和低合金钢制作的、要求变形小且高韧性的小型复杂零件，如各种冷热模具、成形刀具、弹簧、螺栓等。

(三) 钢的淬透性和淬硬性

1. 淬透性　淬透性是钢材本身固有的属性，表征了钢在淬火时获得马氏体的能力，在规定条件下，它决定了钢材淬硬深度和硬度分布的特性。

（1）淬透性的表示与评定。淬透性一般用在标准条件下的有效淬硬深度表示。钢工件淬火时，由于截面上不同半径处的冷却速度不同，最终得到的组织也会不一样。表层冷却快可获得马氏体组织，越向内层冷速越慢，可能得到部分非马氏体组织，并且马氏体组织越来越少，心部甚至可能完全没有马氏体。一般规定从工件表面向里的半马氏体组织处的深度称为有效淬硬深度，以半马氏体组织所具有的硬度来评定是否淬硬。如果用钢制截面较大的试棒进行淬火，实验时若发现仅有表面一定深度获得马氏体，试棒截面硬度分布曲线将呈 U 字形，如图 11-19 所示，其中半马氏体（50% M）深度 h 即为有效淬硬深度。若心部也获得了 50% 以上的马氏体，则称其为有效淬透（或全部淬透）。

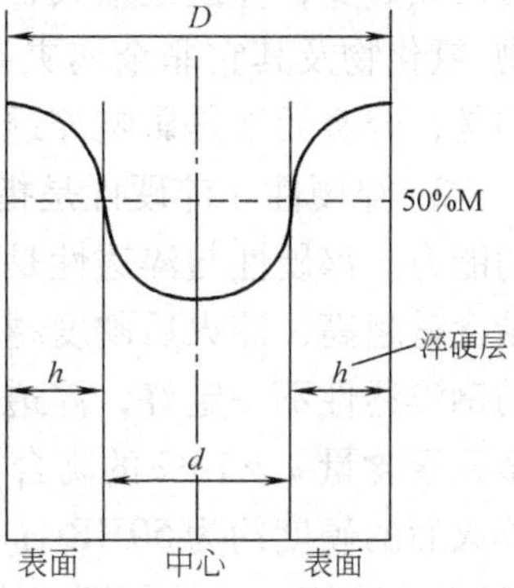

图 11-19　钢试棒淬火后截面硬度分布曲线

评定淬透性的主要方法有端淬试验法和临界直径测定法。端淬试验法是测定淬透性的常用方法，详细可参阅 GB/T 225—1988《钢的淬透性末端淬火试验法》。临界直径测定法是钢材在某种介质中淬冷后，心部得到全部马氏体或 50% 马氏体组织时的最大直径，以 D_C 表示。临界直径 D_C 越大，钢的淬透性越高。常用钢的临界直径见表 11-2。

表 11-2　常用钢的临界直径 D_C

钢　号	临界直径/mm		钢　号	临界直径/mm	
	水冷	油冷		水冷	油冷
45	13 ~ 16.5	6 ~ 9.5	35CrMo	36 ~ 42	20 ~ 28
T10	10 ~ 15	<8	60Si2Mn	55 ~ 62	32 ~ 46
20Cr	12 ~ 19	6 ~ 12	20CrMnTi	22 ~ 35	15 ~ 24
65Mn	25 ~ 30	17 ~ 25	38CrMoAlA	100	80
40Cr	30 ~ 38	19 ~ 28	40MnB	50 ~ 55	28 ~ 40

需要说明的是：钢的淬透性与工件的实际淬硬（透）层深度是有区别的。淬透性是钢在规定条件下的一种工艺性能，是确定的并可比较的；淬硬层深度是实际工件在具体条件下淬得的马氏体和半马氏体的深度，是变化的，与钢的淬透性及外在因素有关。

（2）淬透性的主要影响因素。淬火时要想得到马氏体，冷却速度必须大于临界速度 v_k，即钢的淬透性主要由其临界速度来决定。v_k 越小，奥氏体越稳定，钢的淬透性越好。因此，影响淬透性的主要因素就是影响奥氏体稳定性（或 C 曲线)的因素，包括：钢的成分(合金元素和碳含量)、奥氏体化温度、钢中未溶第二相等。钢的淬透性主要取决于奥氏体的化学成分、晶粒度和均匀性。奥氏体碳含量越接近共析成分，奥氏体越稳定，淬透性越好；除 Co 以外，溶人奥氏体的合金元素，均使淬透性提高；钢的奥氏体晶粒粗大则晶界少，奥氏体分解时的非自发核心少，淬透性增大；若奥氏体成分不均匀或组织中有第二相质点(如碳化物、氮化物及其它非金属夹杂物)，使奥氏体容易分解，淬透性变差。应该指出的是，合金元素是影响淬透性的最主要因素，故合金钢通常具有较好的淬透性。

2. 淬硬性　淬硬性是指钢在淬火时得到马氏体组织后所能达到的最高硬度的能力。淬硬性与淬透性是两个不同的概念，它主要与马氏体中的碳含量有关，碳含量越高，淬火后硬度越高；合金元素含量对淬硬性无显著影响。故淬硬性好的钢淬透性不一定好，淬透性好的钢淬硬性也不一定高。例如，$w_C = 0.3\%$、合金元素含量 $w = 10\%$ 的高合金模具钢 3Cr2W8V 的淬透性极好，但在 1100℃ 油冷淬火后的硬度约为 50HRC；而 $w_C = 1.2\%$ 的碳素工具钢 T12 的淬透性不高，但在 760℃ 水冷淬火后的硬度却大于 62HRC。

3. 淬透性及淬硬性的应用。钢的淬透性及淬硬性对合理选材、制订热处理工艺均具有重要的指导意义。

(1) 淬透性的应用。淬透性对钢的力学性能影响很大，淬透性高的钢，其工件的力学性能沿截面均匀分布；而淬透性低的钢，工件心部力学性能差。重点应考虑两点：

1) 要根据零件不同的工作条件合理确定钢的淬透性要求。并非所有场合都要求淬透才是有益的。截面较大、形状复杂及受力情况特殊的重要零件，如拉杆、锻模、锤杆等均要求表面和心部力学性能一致，应选淬透性好的钢；当某些零件的心部力学性能对其寿命的影响不大时，如受扭转或弯曲载荷的轴类零件，外层受力很大，心部受力很小，可选用淬透性较低的钢，获得一定的淬硬层深度即可。有些工件则不能或不宜选用淬透性高的钢，如焊接件，如淬透性高，则容易在热影响区出现淬火组织，造成焊接裂纹；又如承受强烈冲击和复杂应力的冷镦模，其工作部分常因全部淬硬而脆断。

2) 可根据钢的淬透性高低来制订热处理工艺，如对于形状较复杂或者变形要求严格的工件，应选用淬透性好的钢，以使其能在较缓和的淬火剂中淬火，减小淬火应力和变形；淬透性很好的合金钢，甚至可在空气中冷却得到马氏体组织。

(2) 淬硬性的应用。对于要求高硬度、高耐磨性的各种工模具，可选用淬硬性高的高碳、高合金钢；对于要求较高综合力学性能，即强度、塑性、韧性要求都较高的机械零件，可选用淬硬性中等的中碳及中碳合金钢；对于要求高塑性、韧性的焊接件及其他机械零件，则应选用淬硬性低的低碳、低合金钢；当零件表面有高硬度、高耐磨性要求时则可配以渗碳工艺，通过提高零件表面的含碳量使其表面淬硬性提高。

(四) 常见淬火缺陷简介

1. 淬火变形 淬火变形是由于淬火快冷时产生较大的热应力和相变应力而导致的工件形状和尺寸的畸变。一般说，淬火变形是客观存在的规律，只有当其超过工艺公差或无法矫正的变形才构成废品。通过适当选择材料、改进结构设计、合理选择淬火回火的方法及规范等途径，可减小和控制工件的淬火变形。

2. 淬火裂纹 淬火内应力超过材料的断裂强度时，将导致工件产生淬火裂纹(尤其是在应力集中处)。高碳钢的淬裂倾向大；合金元素的增加，若采用较大加热与冷却速度时，也会因加热与冷却的不均匀产生的巨大内应力而易淬裂；零件设计不良造成应力集中将促进开裂；原始组织中的严重带状或网状碳化物、晶粒粗大等会使淬裂倾向增大。

3. 硬度不足 淬火硬度不足一般是由于淬火加热不足、表面脱碳、冷却不足、钢材淬透性不够、残留奥氏体过多等因素造成的。在通常情况下，硬度不足的工件可重新淬火。

4. 软点 软点即淬火工件出现的硬度不均匀现象，与硬度不足的主要区别是在工件表面上硬度有明显的忽高忽低现象。该缺陷产生的原因可能有：原始组织过于粗大或不均匀(如严重的组织偏析、大块碳化物或自由铁素体)；淬火介质被污染(如水中有悬浮油珠)；工件表面有氧化皮；工件在淬火介质中未能适当运动，致使其局部位置形成蒸汽膜阻碍冷却等因素。

5. 组织缺陷 对淬火工艺要求严格的工件不仅要求淬火后满足硬度要求，还要求淬火组织符合规定的等级，如淬火马氏体等级、残留奥氏体数量、未溶铁素体数量、碳化物的分布及形态等。常见的组织缺陷有如过热过烧、氧化脱碳、粗大马氏体、残留奥氏体量过多等。

四、回火

回火是将淬火钢加热到 A_1 以下某一温度保温，然后冷却到室温的热处理工艺。其主要目的有三：①降低脆性、消除或降低残余应力，以防止工件变形或开裂；②工件经淬火后硬度高、脆性大，不宜直接使用，为满足工件的不同性能要求，可通过与适当的回火配合来调整硬度、降低脆性，得到所需要的韧性、塑性；③因淬火马氏体和残留奥氏体都是极不稳定的组织组成物，会自发地向稳定的铁素体和渗碳体或碳化物的两组混合物转变，从而引起工件尺寸和形状的改变，利用回火处理可以使组织转变到一定程度并使其组织结构稳定化，以保证工件在以后的使用过程中不再发生明显的尺寸、形状和性质的改变。

(一) 淬火钢的回火转变及组织性能变化

以共析钢为例，淬火后钢的组织为马氏体 + 残留奥氏体，随回火温度升高，回火过程中发生了一系列组织转变和性能变化。

1. 马氏体分解（<200℃） 回火温度小于80℃时，淬火钢中没有明显的组织转变，仅有马氏体中碳原子的偏聚，硬度也基本不降低；80～200℃时，马氏体开始分解，其中部分过饱和的碳将以亚稳ε-碳化物（$Fe_{2.4}C$）形式析出，使马氏体中碳的过饱和度降低，正方度下降，但它仍为碳在α-Fe中的过饱和固溶体。析出的ε-碳化物极为细小并弥散分布在过饱和的α固溶体相界面上并与α固溶体保持共格关系，这一阶段的回火组织是由过饱和的α固溶体和与其共格的ε-碳化物薄片组成，即回火马氏体。回火马氏体仍保持原马氏体形态，由于ε-碳化物的析出，晶格畸变程度下降，内应力有所减小，此时钢的硬度变化不大。

2. 残留奥氏体转变（200～300℃） 残留奥氏体从200℃开始分解，到300℃基本结束，一般转变为下贝氏体，此时α固溶体的含碳量降低为$w_C=0.15\%$～0.20%，淬火应力进一步降低。这一阶段虽然马氏体继续分解为回火马氏体而降低钢的硬度，但由于同时出现软的残留奥氏体转变为硬的下贝氏体，使钢的硬度降低并不显著，屈服强度略有上升。

3. 回火托氏体形成（300～400℃） 随回火温度升高，碳的扩散能力上升，碳从过饱和的α固溶体中继续析出，使之转变为铁素体，同时亚稳ε-碳化物逐渐转变为渗碳体（细球状），并与α固溶体失去共格关系，得到针状铁素体基体和弥散分布着的微小球状渗碳体组成的复相组织，即回火托氏体。回火托氏体中的铁素体仍然基本保持原来针状马氏体的形态，渗碳体则呈细小的颗粒状，在光学显微镜下不易分辨清楚，但用电子显微镜可看到这些渗碳体质点。此阶段淬火应力大部分消除，钢的硬度、强度降低，塑性、韧性上升。

4. 渗碳体的聚集长大和铁素体的再结晶（>400℃） 回火温度大于400℃时，渗碳体球将逐渐聚集长大，形成较大的球状渗碳体，回火温度越高，球粒越粗大；当回火温度上升到500～600℃，铁素体逐渐发生再结晶，使针状铁素体转变为多边形等轴状的铁素体，得到在多边形铁素体基体上均匀分布着球状渗碳体的复相组织，即回火索氏体。这时钢的强度、硬度进一步下降，塑性、韧性进一步上升。图11-20为钢的硬度随回火温度的变化情况。

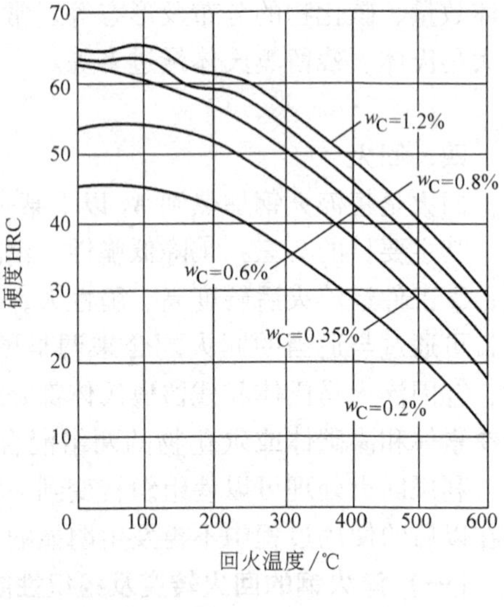

图11-20 淬火钢的硬度随回火温度的变化

（二）回火的分类与应用

1. 低温回火（<250℃） 低温回火

组织为回火马氏体，硬度为58～64HRC。其目的是在保持高硬度、高耐磨性的同时降低淬火应力和脆性，适用于高碳钢和合金钢制作的各类刀具、模具、滚动轴承、渗碳及表面淬火的零件。如T12钢锉刀采用760℃水淬+200℃回火。

2. 中温回火（350～500℃）　中温回火组织为回火托氏体，硬度为35～50HRC。其目的是为了获得较高的弹性极限和屈服强度，同时改善塑性和韧性。它适用于各种弹簧及锻模，如65钢弹簧采用840℃油淬+480℃回火。

3. 高温回火（500～600℃）　高温回火组织为回火索氏体，硬度为25～35HRC，习惯上将钢件淬火及高温回火的复合热处理工艺称为调质。高温回火可在降低强度、硬度及耐磨性的前提下大幅度提高塑性、韧性，得到较好的综合力学性能。它适用于各种重要的中碳钢结构零件，特别是在交变载荷下工作的连杆、螺栓、齿轮及轴类等，如45钢小轴采用830℃水淬+600℃回火。调质也可作为某些精密零件如量具、模具等的预先热处理。

（三）回火脆性

淬火钢回火时，随着回火温度的升高，硬度和强度下降而塑性升高。但在某些温度区间回火时冲击韧度却明显下降，如图11-21所示。淬火钢在某些温度区间回火或从回火温度缓慢冷却通过该温度区间的脆化现象，即称为回火脆性。它可分为第一类回火脆性和第二类回火脆性。

1. 第一类回火脆性　淬火钢在250～350℃区间回火时所产生的脆性称为第一类回火脆性，又称为不可逆回火脆性或低温回火脆性。几乎所有的钢都存在这类脆性。产生原因是在300℃左右回火时，沿马氏体条或片的边界析出断续的薄片状碳化物，降低了晶界的断裂强度。防止这类脆性的方法一般是避免在该温度区间回火，选用含适量Si的钢种也有一定作用。

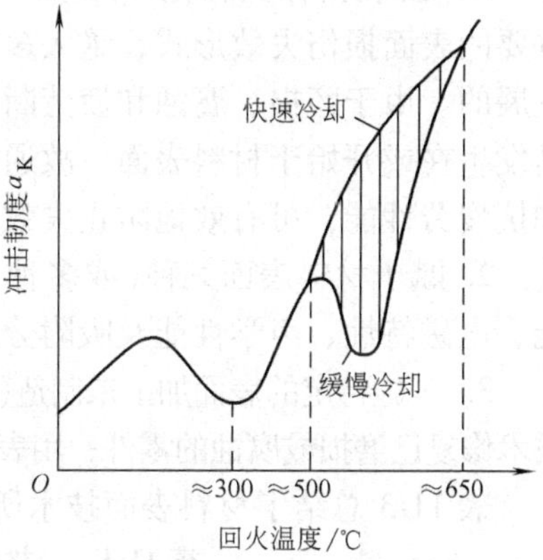

图11-21　回火温度对淬火钢冲击韧度的影响

2. 第二类回火脆性　含有Ni、Cr、Mn等元素的合金钢，在脆化温度（400～550℃）区回火或经更高温度回火后缓慢冷却通过该脆化温度区所产生的脆性，称为第二类回火脆性或高温回火脆性。这类脆性可通过高于脆化温度的再次回火后经快速冷却予以消除，若重复在此温度回火并慢冷，脆性又出现，故又称为可逆回火脆性。产生的原因一般为Sb、Sn、P等杂质元素在原奥氏体晶界上偏聚，钢中Ni、Cr等合金元素促进杂质的这种偏聚，而且本身也向晶界偏聚，从而增大了产生回火脆性的倾向。重新在此温度加热，这些元素又会从晶界处扩散开，在快冷时来不及在晶界处偏聚，则不呈现脆性。防止的方法是：尽量减少钢中杂质元素的含量，或者加入Mo等能抑制晶界偏聚的元素；对中、小型工件，可通过回火后经快速冷却来抑制。

第六节 材料表面处理技术

材料表面处理技术简称材料表面技术，是材料科学的一个重要分支。随着高新技术的迅猛发展，人们对传统表面技术进行了一系列的改进、复合与创新，并涌现了大量新的现代表面技术。材料表面技术在工业上的应用，大幅度提高了产品（尤其是金属零件）的功能、质量与寿命，并产生了巨大的经济效益，因而深受各国政府和科技界的广泛重视。

一、概述

材料表面技术是在不改变基体材料的成分和性能（或虽有改变而不影响其使用）的条件下，通过某些物理手段（包括机械手段）或化学手段来赋予材料表面特殊性能，以满足产品或零件使用需要的技术与工艺。

（一）材料表面技术的目的与作用

1. 提高材料的表面损伤失效（或从表面开始的失效）抗力　磨损和腐蚀是最重要的表面损伤失效形式，绝大多数疲劳断裂也主要是从表面开始而逐渐向内部发展的。由于磨损、腐蚀和疲劳断裂也是零件的最主要失效形式，而它们又主要是发生在或开始于材料表面，故通过表面技术来提高材料表面的耐磨性、耐蚀性和抗疲劳性能，可有效地防止失效现象。

2. 赋予材料表面某种（或多种）功能特性　包括电性能、热学性能、光学性能、电磁特性、声学性能及吸附分离等各种物理性能和化学性能。

3. 实施特定的表面加工来制造（或修复）零、部件　如采用热喷涂、堆焊等表面技术修复已磨损或腐蚀的零件；用表面蚀刻、扩散等工艺制作晶体管及集成电路等。

表11-3总结了材料表面技术所赋予材料的具体表面特性。

表11-3　材料表面技术赋予材料的特性

类　别	具体特性	类　别	具体特性
耐蚀性	各种介质下化学腐蚀、电化学腐蚀	热性能	耐热性、热障性
耐磨性	磨粒磨损、粘着磨损、氧化磨损	电性能	导电性、绝缘性
力学性能	表面硬度、强度、抗疲劳性	光性能	选择吸收性、光致效应
表面加工	可修复性、焊接性、精密加工性	电磁性	磁性、电磁屏蔽性
表面装饰	着色性、染色性、光泽性	其他	密封性、保油性

（二）表面技术的分类

表面技术的作用原理、工艺特点及应用范围各不相同，其种类很多，目前尚无被公认统一的分类方法。若按学科特点分类，表面技术大致分为三类：

1. 表面组织转变技术　这种表面技术不改变材料表面成分而仅改变其表面组织，包括各种表面淬火(感应加热、激光加热、电子束加热)、表面形变强化(如喷丸、滚压)等。

2. 表面合金化技术　包括表面扩渗技术(如渗碳、渗氮、渗金属)、喷焊、激光合金化、离子注入技术等。

3. 表面覆层技术　按工艺特点，表面覆层技术包括各种镀层技术(电镀、化学镀等)、热喷涂技术、涂料涂装技术、陶瓷涂敷技术、化学转化膜技术、堆焊技术、气相沉积技术、着色染色技术等。

以上分类并无严格的界限，许多表面技术不同程度地同时包括以上两或三类，如热浸镀和激光表面熔敷技术，既有表层覆盖，又有表面成分(合金化)和组织转变。

（三）材料表面技术的应用

材料表面技术可以有效且最经济地改善表面性能或赋予基体材料所没有的表面特性，因而其应用极其广泛，既可满足表面耐磨、耐蚀、强化、加工与装饰的需要，又可开辟光、电、磁、声、热、化学与生物等方面的特殊功能领域。它所涉及的基体材料包括金属材料、高分子材料、陶瓷材料和复合材料，其中主要是金属材料。

1. 在结构材料及工程构件上的应用　结构材料主要用来制造各类结构零件及工具，它以力学性能为主，同时在许多场合还兼有某些物理或化学性能要求(如耐蚀性、耐热性等)。表面技术在此方面主要起着耐磨、耐蚀、强化、修复加工及装饰等作用。如在钢件上喷涂一层 Zn85Al15 合金，可使其在海水中耐蚀 20 ~ 40年；在刀具上沉积一层超硬 TiN 薄膜，可提高其工作寿命几倍乃至几十倍；大功率曲轴的轴颈磨损后，可通过热喷涂或堆焊技术进行修复。

2. 在功能材料及元器件上的应用　表面技术能有效地赋予材料表面优良的特殊物理、化学和生物等性能及其相互转化的功能，可用来制备或改进一系列功能材料及元器件，如导电玻璃、太阳能选择吸收膜、电磁屏蔽材料、吸声涂层、吸热及散热材料、分离膜材料等。尤应受到重视的是具有功能转换特性的功能材料与器件，如薄膜太阳能电池、电致发光器件、薄膜发热材料、光磁记录材料等。

3. 在新材料的研究与生产上的应用　新材料具有更加优异的性能，是高新技术的重要组成部分及发展基础。表面技术对其研究和生产十分重要，如利用气相沉积技术生产金刚石及立方氮化硼等超硬薄膜、钇钡铜高温超导薄膜、纳米粉粒材料及梯度功能材料等。

4. 在环境保护方面的应用　材料表面技术对促进绿色革命起着十分重要的作用，如各种膜材料与纤维材料具有高效吸收、分离、过滤及生化功能，可用于大气与水质净化、抗菌灭菌、三废处理、活化介质及生物医学与生物工程。

二、表面淬火

表面淬火是指仅对工件表面进行淬火处理以改变其组织和性能的工艺。它是通过快速加热使工件表面很快地加热到淬火温度，在不等热量充分传到心部时即迅速冷却，使表层得到马氏体而被淬硬，而心部仍保持未淬火状态的组织，即原来塑性、韧性较好的退火、正火或调质状态的组织。

表面淬火加热的方式与热源有：感应加热、火焰加热、激光加热、电子束加热、电接触加热等多种，其中感应加热和火焰加热在工程中应用较多。

（一）感应加热淬火

感应加热淬火是利用感应电流通过工件所产生的热效应，使工件表面、局部或整体加热并进行快速冷却的淬火工艺。其主要依据是电磁感应、“集肤效应”和热传导三项基本原理。

1. 淬硬层深度　将导体工件置于交流电所产生的交变磁场内时，工件内就会产生频率相同、方向相反的感应电流。由于感应电流的“集肤效应”，电流透入工件的深度主要与交流电频率有关，可用近似经验公式表示：

$$\delta \approx 600 f^{-1/2}$$

式中，δ 为电流透入工件的深度（mm）；f 为交流电频率（Hz）。可见，交流电频率越高，感应电流的集肤效应就越明显，电流透入工件的深度就越浅，得到的淬硬层就越薄。由于钢本身具有电阻，集中于工件表面的感应电流可使工件表面迅速被加热到淬火温度，而心部仍接近于常温，迅速喷水冷却即达到了表面淬火的目的。

2. 感应加热淬火的分类与应用　根据电流频率及所获淬硬层深度的不同，感应加热淬火主要分为以下四类：

（1）高频感应加热淬火。淬硬深度为0.5～2mm，适用于要求淬硬层深度较浅的中、小型零件，如中小模数齿轮、小型轴类零件等。

（2）中频感应加热淬火。淬硬深度一般为2～10mm，适用于淬硬层要求较深的大、中型零件，如直径较大的轴类和较大模数的齿轮等。

（3）工频感应加热淬火。淬硬深度达10～15mm，适用于大型零件，如直径大于300mm的轧辊及轴类零件等。

（4）超声频感应加热淬火。淬硬深度在2mm以上，适用于模数为3～6的齿轮及链轮、花键轴、凸轮等。

3. 感应加热淬火的特点　与普通加热淬火相比，感应加热淬火主要特点有：

（1）工件表面硬度高、脆性低。由于感应加热速度快，时间短，使奥氏体晶粒细小而均匀，淬火后可在表层获得极细马氏体或隐晶马氏体，使工件表层淬火硬度比普通淬火高出 2～3HRC，且具有较低的脆性。

（2）工件疲劳极限高。由于感应淬火时工件表面发生马氏体转变，产生体积膨胀而形成残余压应力，它能抵消循环载荷作用下产生的拉应力而显著提高工件的疲劳极限。

（3）工件表面质量好、变形小。因为加热速度快，保温时间极短，工件表面不易氧化、脱碳，而且由于工件内部未被加热，使淬火变形减小。

（4）生产过程易于控制。加热温度、淬硬层深度等参数容易控制，生产率高，容易实现机械化和自动化操作，适用于大批量生产。

感应加热淬火主要不足是：设备较贵，复杂零件的感应器不易制造，不宜用于单件生产。

4. 感应加热淬火件的技术要求　对感应淬火件的技术要求主要有材料的选用、淬火硬度、淬硬层深度、预备热处理、淬火后的回火处理等。

原则上，能通过淬火强化的金属材料均可进行表面淬火，但碳含量在 w_C = 0.4%～0.5% 的中碳调质钢是最适宜于表面淬火的材料，如 40、45 钢等。碳含量过高，虽可使淬火后工件表面的硬度、耐磨性提高，但心部的塑性及韧性较低，并增大淬火开裂倾向；碳含量过低，则会降低零件表面淬硬层的硬度和耐磨性而达不到表面强化的效果。

提高淬硬层深度可延长耐磨寿命，但增大脆性破坏倾向。故在确定有效淬硬深度时，除考虑耐磨寿命外，还须考虑工件的综合力学性能，一般有效淬硬深度为 $R/10$（R 为工件半径）左右时，可获得较好的综合力学性能；对于直径 10～20mm的小件可选 $R/5$；对于较大直径可取小于 $R/10$。

为保证工件淬火后表面获得均匀细小的马氏体并减少淬火变形，改变心部的力学性能及切削加工性能，在感应加热淬火前工件需进行预备热处理，一般为调质或正火重要件采用调质；非重要件采用正火。

工件在感应加热淬火后需进行 180～200℃ 的低温回火处理，以降低内应力和脆性，获得回火马氏体组织。生产中常采用“自回火”的方法，即当淬火冷却至 200℃ 时停止喷水，利用工件余热进行回火。

感应加热淬火件的常用工艺路线为：锻造→退火或正火→粗机械加工→调质或正火→精机械加工→感应加热淬火→低温回火→磨削。

（二）火焰加热淬火

火焰加热淬火是应用氧乙炔（或其他可燃气）火焰对零件表面进行加热，随后冷却的淬火工艺。火焰加热淬火零件的常用材料为中碳钢和中碳合金钢，如

35、45、40Cr、65Mn 等；也可用灰铸铁、合金铸铁等。

火焰加热淬火的淬硬层深度一般为 2 ~ 6mm，主要适用于单件或小批量生产的大型零件和需要局部淬火的工具及零件等。其主要缺点是加热不均，易造成工件表面过热，淬火质量不稳定，因而限制了它在机械工业生产中的应用。但这些不足将随着火焰淬火机床技术的不断完善和自动化程度的提高正在得到逐步解决。

三、表面化学热处理

表面化学热处理的方法很多，随渗入元素的不同，使工件表面具有不同的性能。例如，工件表面渗碳、碳氮共渗可提高钢的硬度、耐磨性及疲劳性质；渗氮、渗硼、渗铬使工件表面特别硬，可显著提高耐磨性和耐蚀性；渗铝可提高耐热抗氧化性；渗硫可提高减摩性；渗硅可提高耐酸性等。在机械制造业中，最常用的是渗碳、渗氮和碳氮共渗及氮碳共渗。

（一）钢的渗碳

渗碳是将钢件在渗碳介质中加热并保温使碳原子渗入钢件表层的化学热处理工艺。目的是使低碳钢件（$w_C = 0.10\% \sim 0.25\%$）表面得到高碳（$w_c = 1.0\% \sim 1.2\%$），经适当的热处理（淬火 + 低温回火）后获得表面高硬度、高耐磨性，而心部仍保持一定强度及较高的塑性、韧性。它适用于同时受磨损和较大冲击载荷的低碳、低合金钢零件，如齿轮、活塞销及要求很高的喷油嘴偶件等。

1. 渗碳方法　根据渗碳剂的状态不同，渗碳方法分为气体渗碳、液体渗碳和固体渗碳三种，其中气体渗碳是常用的方法，而液体渗碳则极少使用。

（1）气体渗碳。是指工件在含碳的气体介质中进行渗碳的工艺。目前应用较多的是滴注式渗碳，即将醇、煤油等液体渗碳剂直接滴入炉内裂解成富碳气氛进行气体渗碳。其过程为：将工件装在密封的渗碳炉中，加热到 900 ~ 950℃（常用 930℃），向炉内滴入煤油、甲醇、丙酮等有机液体，在高温下分解成 CO、CO_2、H_2 及 CH_4 等气体组成的渗碳气氛，并生成活性碳原子，随后活性碳原子被工件表面吸收而溶入奥氏体中，并向内部扩散而形成一定深度的渗碳层。

气体渗碳的优点是生产率高，劳动条件好，渗碳过程容易控制，容易实现机械化、自动化，适用于大批量生产。

（2）固体渗碳。是指将工件放在粒状固体渗碳剂介质中进行渗碳的工艺。其过程是将工件和渗碳剂装入渗碳箱中密封后放入炉中加热至 900 ~ 950℃，保温渗碳。常用固体渗碳剂是木炭与碳酸盐（如 $BaCO_3$）的混合物，加热时通过化学反应生成活性碳原子而渗碳。

固体渗碳法的优点是设备简单，容易实现，但生产率低，劳动条件差，质量不易控制，故应用不多，主要用于单件、小批量生产。

2. 渗碳工艺参数　主要有渗碳温度和渗碳时间。由 $Fe\text{-}Fe_3C$ 相图可知，奥氏体的溶碳能力很大。故渗碳温度一般在 Ac_3 以上，通常为 900～950℃。渗碳温度过低，渗碳速度太慢，生产率低，且容易造成渗碳层深度不足；温度过高，虽然渗碳速度快，但易引起奥氏体晶粒显著长大，且易使零件在渗碳后的冷却过程中产生变形。渗碳时间则决定于渗碳层厚度的要求，但随渗碳时间的延长，渗层厚度的增加速度减缓。

3. 渗碳后的组织与热处理　工件经渗碳后，其表面的含碳量最高（w_C = 1.0% 左右），由表及里碳含量逐渐降低，直至原始碳含量。从渗碳温度慢冷至室温后的工件组织变化为：过共析组织（$P + Fe_3C_{II}$）→共析组织（P）→过渡区亚共析组织（P + F）→原始亚共析组织（F + P）。对于碳钢，以从表面到过渡区亚共析组织一半处的深度作为渗碳层的深度；对于合金钢，则把从表面到过渡区亚共析组织终止处的深度作为渗碳层的深度。

要使渗碳层发挥出应有的作用，渗碳后还需进行淬火 + 低温回火处理。根据不同要求可选用下面三种淬火和回火工艺。

（1）直接淬火法。将渗碳后的工件自渗碳温度预冷至 850～880℃ 后直接淬入油中或水中，然后在 180～200℃ 进行低温回火。预冷的目的是为了减少淬火变形及开裂，并使表层析出一些碳化物，降低奥氏体的含碳量，从而降低淬火后的残留奥氏体量，提高表层硬度。

直接淬火法操作简单，成本低，生产率高，但由于渗碳时工件在高温下长期保温，奥氏体晶粒易长大，影响淬火后工件的性能，故只适用于渗碳件的心部和表层都不过热的情况下。另外，在预冷过程中二次渗碳体沿奥氏体晶界呈网状析出，对工件淬火后的性能不利。对于大批量生产的汽车、拖拉机齿轮常用此法。

（2）一次淬火法。工件经渗碳空冷后，再重新加热至淬火温度（如 830～860℃）进行淬火，然后在 180～200℃ 回火。这种方法在工件重新加热时奥氏体晶粒得到细化，使钢的性能得到提高。它适用于比较重要的零件，如高速柴油机齿轮等。

（3）二次淬火法。工件经渗碳空冷后，先加热到 Ac_3 以上某一温度（一般为 850～900℃）油淬，使心部组织细化，并消除表层网状渗碳体；然后再加热到 Ac_1 以上某一温度（一般为 750～800℃）淬油，最后在 180～200℃ 进行回火。二次淬火法使工件表层和心部组织均被细化，从而获得较好的力学性能。但此法工艺复杂，成本高，而且工件经反复加热冷却后易产生变形和开裂，故只适用于少数对性能要求特别高的工件。

渗碳工件经淬火 + 低温回火后的表层组织为针状回火马氏体 + 碳化物 + 少量残留奥氏体，其硬度为 58～64HRC，而心部则随钢的淬透性而定。对于低碳钢如 15、20 钢，其心部组织为铁素体 + 珠光体，硬度相当于 10～15HRC；对于低碳合金钢如 20CrMnTi，心部组织为回火低碳马氏体 + 铁素体，硬度为35 ~ 45HRC。

对于渗碳零件，其设计技术条件时应注明渗碳层深度、表面硬度、心部硬度及不允许渗碳的部位等，对于不允许渗碳的部位可采用镀铜的方法来防止渗碳，或采取多留加工余量待渗碳后去除该部分渗碳层的措施。

渗碳工件的一般工艺路线为：锻造→正火→机械加工→渗碳→淬火 + 低温回火→精加工。

（二）钢的渗氮

渗氮是指在一定温度下（一般在 Ac_1 温度以下）使活性氮原子渗入工件表面的化学热处理工艺。其目的是提高工件表面硬度、耐磨性、疲劳性质、耐蚀性及热硬性。目前应用较多的有气体渗氮和离子渗氮。

1. 气体渗氮　在含氮的气体介质中进行渗氮的工艺称为气体渗氮，其工艺特点有：①温度低，一般为 500 ~ 600℃，常用 550 ~ 570℃，远低于渗碳温度，这是由于氮在铁素体中有一定的溶解能力，无需加热到高温；②时间长，一般为 20 ~ 50h，渗氮层厚度为 0.4 ~ 0.6mm；③需进行调质预处理，目的是改善机加工性能和获得均匀的回火索氏体组织，保证较高的强度和韧性。

渗氮的主要作用是表面强化和表面保护，其性能特点：①高硬度、高耐磨性，因钢经渗氮后表面形成一层极硬的合金氮化物层，使渗氮层的硬度高达 1000 ~ 1100HV，而且在 600 ~ 650℃ 下保持不下降；②疲劳极限高，由于渗氮层的体积增大造成工件表面产生残余压应力，使疲劳极限提高达 15% ~ 35%；③高的耐蚀性能，因渗氮层表面是由致密的耐蚀的氮化物组成的，可使工件在水、过热蒸汽和碱性溶液中都很稳定；④变形很小，因渗氮温度低，且渗氮后一般又不需进行任何其他热处理，故变形很小。

渗氮主要应用于在交变载荷下工作并要求耐磨的重要结构零件，如高速传动的精密齿轮、高速柴油机曲轴、高精度机床主轴、模具，以及在高温下工作的耐热、耐蚀、耐磨零件等。

为保证渗氮零件的质量，渗氮零件需选用含与 N 亲合力大的 Al、Cr、Mo、Ti、V 等合金元素的合金钢，如 38CrMoAlA、38CrMo 等。

在渗氮零件的设计技术要求中应注明渗氮层深度、表面硬度、渗氮部位、心部硬度等，对于零件上不需渗氮的部位应镀锡或镀铜保护，或增加加工余量待渗氮后去除。

渗氮零件的一般工艺路线为：锻造→正火→粗加工→调质→精加工→去应力→粗磨→渗氮→精磨或研磨

2. 离子渗氮　在低于一个大气压的渗氮气氛中，利用工件（阴极）与阳极之间产生的辉光放电进行渗氮的工艺称为离子渗氮。其主要工艺特点有：

1）渗氮速度快，生产周期短。以38CrMoAlA渗氮为例，要达到0.53～0.7mm深的渗层，可由气体渗氮法的50h缩短为15～20h。

2）渗氮层质量高。阴极溅射有抑制生成脆性层的作用，故明显地提高了渗氮层的韧性和疲劳性能。

3）工件变形小。由于阴极溅射效应使工件尺寸略有减小，可抵消氮化物形成而引起的尺寸增大，故适用于处理精密零件和复杂零件，如38CrMoAlA钢制成的长900～1000mm、外径27mm的螺杆，渗氮后其弯曲变形小于5μm。

4）对材料的适应性强。渗氮用钢、碳钢、合金钢和铸铁都能进行离子渗氮，但专用渗氮钢（如38CrMoAlA）效果最佳。

在离子渗氮过程中，具有高能量的氮离子以很大的速度轰击工件表面，由动能转化为热能，使工件表面温度升高到所需的渗氮温度（450～650℃）；同时，氮离子在阴极上夺取电子后还原成氮原子而渗入工件表面，并向里扩散形成渗氮层。另外，氮离子轰击工件表面时，还能产生阴极溅射效应而溅射出铁离子，铁离子形成氮化铁（FeN）附着在工件表面并依次分解为Fe_2N、Fe_3N、Fe_4N放出氮原子向工件内部扩散，形成渗氮层。

目前离子渗氮还存在投资高、温度分布不均、测温困难和操作要求严格等不足，使其适用性受到限制。

（三）钢的碳氮（氮碳）共渗

在介质（多为气体）中将碳和氮同时渗入工件表层。以渗碳为主的化学热处理工艺称为碳氮共渗，其目的是提高工件表面硬度、耐磨性和疲劳强度，常用于处理汽车、机床的各种齿轮、蜗轮、蜗杆和轴类零件。以渗氮为主的化学热处理工艺称为氮碳共渗，也称软氮化。目前氮碳共渗已广泛应用于模具、量具、高速钢刀具、曲轴、齿轮、气缸套等耐磨件的处理，但由于表层碳氮化合物层太薄，仅有0.01～0.02mm，故不宜用于重载条件下。

四、表面形变强化

表面形变强化主要包括表面受控喷丸（喷砂）和表面滚压强化。

（1）表面喷丸强化。是利用高速喷射的细小弹丸撞击受喷工件表面，使材料表面在再结晶温度下产生弹、塑性变形，导致加工硬化效应并形成表层较大的残余压应力状态，从而提高工件的疲劳性能。

（2）表面滚压强化。是在一定的压力下用滚轮或辊轴对被处理零件表面进行滚压或挤压，使其发生塑性变形而形成强化表层的工艺过程。其强化机理与喷丸相同。

实践证明，汽车的齿轮、曲轴等零件经渗碳、渗氮处理后，再进行表面喷丸或表面滚压强化，其相对寿命仍可大幅度增加。

五、电镀和化学镀

（一）电镀

电镀的历史悠久，随着现代工业和科学技术的发展，新的电镀材料和电镀工艺技术方法不断涌现，大大拓展了这项表面技术的应用领域。其镀层材料可以是单一金属、合金、半导体材料等；基体材料也由金属扩大到陶瓷、高分子材料。电镀覆层广泛用于耐蚀、耐磨、装饰及其他功能性镀层（如磁性膜、光学膜）。

将零件作为阴极放在含有欲镀金属的盐类电解质溶液中，通过电解作用而在阴极（即零件）上发生电沉积现象形成电镀层。在电镀前，应对零件进行充分的预处理，以得到具有一定清洁、活化的表面，可提高镀层的结合强度和质量。镀前预处理一般是用机械方法（如抛光）和化学方法（如溶剂清洗、酸洗）进行脱脂、除锈除尘。在电镀后，还应对镀层进行钝化处理和去氢处理。钝化处理可使镀层的耐蚀性大大提高并增加表面光泽和抗污染能力；去氢处理，则是通过预防白点退火来清除零件在电镀过程中吸收的氢而引起的氢脆。

1. 单金属电镀　单金属电镀是指电镀液中只含一种金属离子，电沉积后形成单一金属镀层的方法。常用的单金属电镀有镀锌、镀铜、镀镍、镀铬、镀锡和镀镉等，其中又以镀铬最为主要。

镀铬层具有高的硬度与耐磨性、耐蚀性和美观的表面，故常用于耐磨、耐蚀和装饰场合，如冷作模具镀铬、发动机活塞环镀铬、自行车零件镀铬、照相机零件及餐具镀铬等。镀铬液主要由含有少量硫酸的铬酐（CrO_3）组成，根据镀层的具体应用要求来选择镀液具体成分、电流电压、时间与温度等工艺参数。

2. 合金电镀　在零件上同时电沉积出两种以上金属的镀层称为合金电镀。它具有两大突出特点：其一是合金镀层具有许多单金属镀层所不具备的优良特性，如外观颜色、耐磨、耐蚀及某些功能特性；其二是可以制备高熔点金属与低熔点金属组成的合金（如 Sn-Co）、难熔合或不熔合的合金（如 Cu-Pb）、非晶态合金（如 Ni-P）等。

例如，电镀铅锡合金在工业上应用极广，其镀层成分不同，具体用途也不一样。$w_{Sn}=6\%\sim10\%$ 的 Pb-Sn 合金镀层具有良好的减摩性，可用于轴瓦、轴套表面；$w_{Sn}=15\%\sim25\%$ 的 Pb-Sn 合金镀层主要用作钢带表面的保护（耐蚀）、润滑（减摩）、助焊；$w_{Sn}=45\%\sim55\%$ 的 Pb-Sn 合金镀层的耐蚀性优良，主要用作防止大气、海水或其他介质腐蚀的耐蚀镀层；$w_{Sn}=55\%\sim65\%$ 的 Pb-Sn 合金镀层常用于钢、铜、铅等表面，以改善其焊接性能，如印制电路板焊接镀层。

特别值得提及的是非晶态合金电镀层（这种镀层也可通过化学镀获得），由于其结构和成分的特殊性，故而具有晶态金属所不具备的优异性能，如高强度、高耐蚀性、高透磁性和化学选择性，在结构材料和功能材料领域均有较广泛的应用。例如，Ni-P 非晶态镀层用于发动机主轴、活塞、喷油嘴、离合器、齿轮、轴承等耐磨件；Cu-P 非晶态镀层用于磁性薄膜等。

3. 复合电镀　复合电镀可得到金属与固体微粒共同沉积的复合材料镀层，这相当于颗粒增强的金属基复合材料。根据复合镀层内各相类型与相对量不同，这种镀层可具有更高的硬度、耐磨性、耐蚀性、耐热性及自润滑性。与一般金属基复合材料制备技术相比，复合电镀具有无需高温加热、简便、低成本等优点，且可直接在零件表面上得到所需的覆盖层。

复合镀层的用途极广，例如，Ni-SiC 复合镀层用于汽车发动机气缸内腔表面提高耐磨性；Ni-PTFE(聚四氟乙烯)复合镀层用于热压塑料模，改善其自润滑特性而易于脱模；Cr-ZrO_2 复合镀层用于飞机、燃气轮机、原子能装置的耐高温零件；Au-BN 复合镀层用于电接触元件提高抗电弧烧损性等。

4. 非金属材料的电镀　随着非金属材料应用的日益广泛，其表面上电镀金属层也已成功用于工业生产。在高分子、陶瓷等非金属材料表面镀上金属层后，其零件就兼备了非金属和金属的特性。如对汽车上某些需要装饰的不太重要零件(仪表框、拉手、散热格栅)可用塑料电镀，既可减轻质量又能降低成本；在印制电路中，可在塑料基片上直接电镀出导电通路；对电子仪器的塑料外壳电镀，可防止外部电磁波的干扰。

塑料电镀是最常见的非金属电镀。与原塑料相比，电镀后的塑料件具有装饰性的金属外观、力学性能和抗老化性提高、耐热性与导热性能改善、可导电等特点，通过钎焊可与其他金属连接。与金属相比，镀层具有质轻、耐蚀、隔声、易成型、低成本的优点。除导电塑料外，其他普通塑料电镀之前必须先进行表面金属化，常用方法有化学镀、涂导电胶或导电漆、气相沉积法、烧渗银法等。但是，并非所有的塑料均能适宜于电镀，可电镀塑料本身应具有一定的力学性能且应与金属具有足够的结合强度，以防变形、开裂和脱落。目前，广泛采用电镀的塑料主要是 ABS 塑料、聚丙烯、聚碳酸酯、聚砜和聚酯等。

陶瓷和玻璃的电镀多用于电子工业中，如利用它们本身的高介电常数特性，电镀后制成的电容器具有质轻、体积小、稳定性高、膨胀系数低等优点，从而应用广泛。与塑料电镀一样，陶瓷材料电镀前也应先表面金属化(如化学镀)。

(二) 化学镀

1. 基本原理　化学镀是在无外加电场的情况下，镀液中的金属离子在还原剂的作用下通过催化在镀件(金属件或非金属件)表面上的还原沉积过程。

化学镀的关键点有二：其一是还原剂的选择，最常用的有次磷酸盐、甲醛等；其二是镀层金属具有选择性。由于化学镀必须有催化剂，基体虽往往可作为催化剂，但当基体表面被完全覆盖后，其催化作用将消失，故要求所镀的金属应具有自催化效应。到目前为止仅发现只有部分金属元素具有化学沉积过程中的自催化效应，应用较成功的化学镀层是 Ni、Co、Pd、Pt、Sn、Cu、Ag、Au 等金属及合金。化学镀也可得到复合镀层和非晶态合金镀层。

2. 基本特点　与电镀相比，化学镀的优点有：①均镀能力和深镀能力好，可在形状复杂的镀件表面产生均匀厚度的镀层；②镀层晶粒细、空隙少，力学性能、物理性能和化学性能优良；③设备简单、操作容易，适合于金属与非金属镀件。化学镀的主要缺点是镀液寿命短，稳定性差，镀覆速度较慢。

3. 应用及举例　化学镀在电子、石油、化工、航天航空、机械及核能等工业中已得到广泛应用。

（1）化学镀镍最为常见，其典型镀液主要成分为镍盐（$NiCl_2$、$NiSO_4$）、次磷酸盐（还原剂）、有机酸盐（如柠檬酸盐，作为络合剂和缓冲剂），在 80～100℃ 镀液温度下沉积速度为 6～20μm/h，得到的镀层不是纯 Ni 而是含 $w_P=3\%\sim15\%$ 的 Ni-P 合金。这种镀层具有较高的耐磨性、耐蚀性且可不断修复。化学镀镍用来强化模具（尤其是形状复杂的模具），可提高模具表面硬度、耐磨性、抗擦伤与抗咬合能力，脱模容易，寿命成倍延长。若用于汽车工业，其一是作为塑料件电镀前的表面金属化；其二是利用其优良的耐磨、耐蚀、散热性能，用于发动机主轴、差动小齿轮、发电机散热器、制动器接头等。得到的高磷镀镍层的耐蚀性极为优良，用于石油、化学化工的耐蚀零件（如球阀、泥浆泵），可代替不锈钢与部分昂贵的耐蚀合金，经济效益显著。

（2）多元合金镀层如 Ni-Cu-P、Ni-Mo-P 等，具有更好的综合性能和特殊功能。Ni-Cu-P 镀层可作为高耐蚀表面保护层和电磁波屏蔽层；Ni-Mo-P 镀层可作为医疗器械、薄膜电阻材料等。

（3）复合材料镀层具有极高的耐磨性，复合镀层中固体微粒多采用 SiC、Al_2O_3、聚四氟乙烯和金刚石，体积分数一般在 20%～25% 之间。如 Ni-金刚石复合镀层的相对耐磨性大约是硬质合金（YG12）的 20 倍、烧结 Al_2O_3 陶瓷材料的 30 倍、火焰喷涂 Al_2O_3 涂层的 80 倍、电镀硬铬的 400 倍、淬硬工具钢（62HRC）的 1000 倍，应用于工模具及耐磨零件，可大大提高磨损失效抗力；但 Ni-金刚石复合镀层的韧性欠佳，不宜用于受明显冲击的场合。

六、化学转化膜技术

通过化学或电化学手段使金属与特定化学介质接触，而在一定的条件下发生（电）化学反应，并在金属表面转化产生一层坚固、稳定的化合物膜的方法，即称为化学转化膜技术。与电镀、化学镀等覆层技术相比，化学转化膜的生成必须有基体金属的直接参与，因而膜与基体金属的结合强度较高。

金属表面化学转化膜的应用极广，在金属制品的生产、存放、使用过程中的作用巨大，主要用途有：

(1) 防锈耐蚀。由于化学转化膜降低了金属表面活性且将金属与环境介质隔离，故对一般防锈要求的零件可直接作为耐蚀层使用(如铝合金门窗)。

(2) 涂镀层底层。作为涂料层、搪瓷层、热浸镀、金属热喷涂及粘结前的底层，可提高涂镀层的结合强度。

(3) 耐磨减摩。化学转化膜或具有较高的硬度(如铝合金硬质阳极氧化膜)，或具有低的摩擦系数或吸油性(如磷化膜)，因而有减轻滑动摩擦表面的摩擦作用，可用于某些耐磨零件(如发动机凸轮、活塞)或改善塑性加工的工艺性能(如钢管、钢丝的冷拉前磷化处理)。

(4) 其他作用。如化学转化膜的绝缘性、吸光性或反射光性、染色性等。

工业中常用的金属均可在特定的化学介质中得到不同用途的化学转化膜，目前应用最多的是钢铁材料、铝及铝合金、铜合金的转化膜。化学转化膜的技术种类很多，可分为化学氧化、磷化、铬酸盐处理、阳极氧化等技术。

(一) 化学氧化

金属表面化学氧化处理具有成本低、快速方便、设备简易、应用范围广等优点，在某些国家，化学氧化的规模甚至超过了电镀和电化学氧化。

1. 钢铁的化学氧化　钢铁在含有氧化剂的溶液中进行化学处理，可在其表面生成一层0.5~1.5μm厚的坚固致密的以Fe_3O_4为主的氧化膜，这便是钢铁的化学氧化。由于Fe_3O_4膜的颜色可以从蓝到黑变化，故又俗称发蓝或发黑处理。

最常用的氧化处理工艺是，将钢铁零件置于添加了氧化剂(如硝酸钠)的强碱溶液中加热到130~150℃温度下处理15~90min，所形成的氧化膜在经浸油、皂化或重铬酸盐溶液钝化处理后具有较高的耐蚀性和润滑性。钢铁氧化处理可广泛用于机械零件、电子设备、精密光学仪器及武器装备等防护装饰方面，使用过程中若定期擦油可提高其防护效果和寿命。

2. 有色金属的化学氧化　常用的有铝及铝合金、铜及铜合金的化学氧化。

(1) 铝及铝合金的化学氧化。是将铝及铝合金置于沸水、酸性或碱性溶液中，发生化学氧化而生成Al_2O_3为主的氧化膜，其厚度一般控制在0.5~4μm。这种氧化膜经钝化处理(封闭处理)后具有一定的耐蚀性，但其耐蚀性和耐磨性均不及铝的电化学氧化膜(阳极氧化膜)。由于铝及铝合金的化学氧化膜具有多孔、吸附性好的优点，故多用于有机涂层的底层，如涂装或胶接工艺的表面预处理，可大大提高涂层或胶接的结合强度。

(2) 铜及铜合金的化学氧化。是在含有氧化剂的溶液中(如$NaOH+K_2S_2O_8$)，铜及铜合金表面氧化生成主要成分为CuO或Cu_2O的氧化膜层，其膜厚一般为0.5~2μm。经涂油等封闭处理后，这种氧化膜具有较高的耐蚀防护性能。由于铜(铜合金)的成分与氧化工艺参数不同，铜件表面氧化膜可具有各种不同的颜色(红、黑、棕、蓝色等)，因而又具有很好装饰功能，在电器、仪表、机械、化工及日用五金等铜制零件上得到广泛地利用。

（二）阳极氧化

阳极氧化是将金属零件(如铝件)作为阳极放置于适当的电解液中(如硫酸、铬酸、草酸等水溶液)，在外加电流的作用下，表面生成氧化膜的方法。由于材料和阳极氧化工艺参数不同，阳极氧化膜具有不同的厚度(从几微米到几百微米)、颜色和特性，从而可适应不同的用途。铝阳极氧化膜具有以下主要特性：

（1）多孔性。氧化膜具有多孔的蜂窝状结构，可使膜层对各类有机物(如涂料、胶粘剂、染料等)表现出良好的吸附能力，故可作为涂镀层的底层；也易于将氧化膜染成各种不同的颜色(即着色能力)而具有装饰特性。

（2）耐蚀性。铝氧化膜在大气中很稳定，因而具有耐蚀特性；为进一步保持或提高耐蚀效果，不论氧化膜是否染色，均需对其进行封闭处理(如热水封闭、蒸气封闭、重铬酸盐封闭、有机物质封闭等)。

（3）耐磨性。铝阳极氧化膜具有较高的硬度，故可改善铝制件的表面耐磨性；当膜层吸附了润滑剂后，其耐磨性将进一步提高。

（4）电绝缘性。铝阳极氧化膜具有很高的绝缘电阻和击穿电压，可用作电器铝制品的绝缘层和电解电容器的电介质层。

（5）其他功能特性。如高熔点(≈1500℃)、低热导率，可作为良好的绝热层。

（三）磷化处理

将金属放入含有锰、锌、铁的磷酸盐中进行化学处理，使其表面生成一层难溶于水的磷酸盐保护膜的方法，即是磷化处理(简称磷化)。磷化膜厚度一般在1～50μm之间，呈多孔结构，表现出吸附、耐蚀、减摩等特性。磷化处理的成本低，简便且生产率高，被广泛用于汽车、船舶、航天、军工、机械制造及家电等工业。

1. 钢铁磷化处理　钢铁材料是磷化处理的主要对象，其应用主要包括以下几方面：

（1）防护用磷化膜。一般选择Zn系或Mn系较厚的磷化膜，磷化后涂油(或脂、蜡等)提高抗蚀能力。

（2）涂装漆底层用磷化膜。一般选择Zn系或Zn-Ca系较薄的磷化膜。

（3）冷加工润滑用磷化膜。一般采用Zn系磷化膜，可改善钢管与钢丝的冷拉、钢件冷挤压与深冲成形等工艺性能，并能延长模具工作寿命。

（4）减摩用磷化膜。主要采用Mn系磷化膜，可减小两滑动件接触表面的摩擦系数并能降低运动噪声，如制冷压缩机活塞、凸轮与齿轮等。

（5）电绝缘用磷化膜。一般选用Zn系磷化膜，如用在电机及变压器硅钢片，可提高其电绝缘性能。

磷化处理可采用浸渍法、喷淋法或浸喷组合法进行。典型磷化工艺路线为：脱脂→水洗→酸洗→水洗→磷化→水洗→磷化后处理(如封闭处理)→水洗→干燥。

2. 有色金属磷化处理　除钢铁材料外，有色金属铝、镁、锌及其合金也可进行磷化处理，但其表面磷化膜性能远不及钢铁表面磷化膜，故一般仅作涂装前或胶接前的底层。

(四) 铬酸盐处理

将金属或金属镀层放入含有某些添加剂的铬酸或铬酸盐溶液中，通过化学或电化学的方法在金属表面生成以铬酸盐(三价铬或六价铬)为主的膜的方法，即为金属的铬酸盐处理，有时也称钝化。铬酸盐膜的主要特性有：

1) 对基体金属的保护作用。铬酸盐膜与基体结合力较强，结构较致密，化学稳定性高，耐蚀性良好。

2) 表面装饰性。铬酸盐膜的颜色丰富，从无色透明或乳白色到黄色、金黄色、绿色(淡绿、暗绿)、橄榄色和褐色。

铬酸盐处理工艺常用作钢铁材料的锌、镉等镀层的后处理，以进一步提高镀层的耐蚀性；也可用作有色金属如铝、铜、锌、锡、镁及合金的表面防护。

七、表面涂敷技术

将涂料(液体或固体粉粒)通过各种方法涂敷并结合在材料表面的涂敷技术，应用极为广泛，以下择其主要的简介之。

(一) 涂装

用有机高分子涂料，通过一定的方法涂敷于材料或制品表面形成涂膜的全部工艺过程，称为涂装。

1. 涂膜的作用　主要有：①对基体材料的保护作用，主要体现在两方面：其一是防止材料在环境作用下的金属锈蚀、木材腐朽、水泥风化等现象；其二是减少材料表面与外界的机械性碰撞、摩擦而发生的损坏；②装饰作用，可赋予材料表面各种色彩，美化生活与环境；③标志作用，对制品涂以不同色彩，易于识别；④特殊功能。如隔声功能、导电功能、绝缘功能等。

2. 涂料的类型　主要分为普通涂料、水性涂料、粉末涂料和其他涂料等。普通涂料中一般均含有机溶剂，这些溶剂在成膜时将全部挥发，既造成经济损失、又引起环境污染。水性涂料不含或少含有机溶剂，包括水溶性涂料(如电泳涂料)和乳胶涂料两大类。

塑料粉末涂料是近几十年来发展起来的新型主流涂料之一，它包括热固性塑料粉末(如环氧树脂等)和热塑性塑料粉末(如聚乙烯等)两大类。塑料粉末涂料的优点在于：①无有机溶剂，故有利于环境保护与安全生产；②易回收利用，损失率极低(<10%) ; ③一次可获较厚的涂层，工艺易自动化；④涂层性能优良，边角覆盖性好。其主要缺点有：①成本较高，需要专门的设备；②涂层制厚易、制薄难，表面不十分平整；③换色、换型较麻烦。塑料粉末涂料主要用于金属结构的防护性涂装，但也可用于非金属制品，具有良好的绿色特性，故应提倡使用。

其他主要涂料包括元素有机聚合物涂料(如有机硅树脂涂料用于耐热、耐蚀场合)、橡胶涂料(如聚氨酯弹性涂料用于塑料跑道铺面)和特殊功能涂料(如导电涂料广泛用于电子工业、热控涂料用于航天航空工业、伪装涂料用于军事工业等)。

3. 涂装方法　涂装的一般工序是：涂前表面预处理(如磷化使表面清洁活化)、涂装和干燥固化。其中涂装方法有以下几种，可根据涂料种类、零件要求及生产量等因素选择。

(1) 一般涂装方法。包括刷涂、浸涂、淋涂、压缩空气喷涂、高压无空气喷涂等，其特点是设备简单，易于操作；但生产条件较差，涂层质量不高。

(2) 静电涂装法。以涂装工件为阳极，通过产生电晕放电现象，使涂料吸附到工件表层，其优点是涂层质量好，涂料利用率高，但需较贵重的专门设备。

(3) 电泳涂装法。这是一种类似于电镀的涂装方法，带电的涂料粒子在外加直流电场的作用下电沉积到工件表面；包括阳极电泳法和阴极电泳法两大类。其涂膜质量优良，在汽车制造工业中应用极广。

(二) 粘涂

材料表面粘涂技术是粘结技术的一个分支，它是将特种功能的胶粘剂(通常是在胶粘剂中加入有机或无机填料，如二硫化钼、金属粉末、陶瓷粉末和树脂粉末)直接涂敷于材料表面，使之具有耐磨、耐蚀、耐热、绝缘、导电、导磁、防辐射等功能的一项新技术，目前主要用于零件的表面强化与修复，也可使其获得某种特殊功能。

粘涂的一般工艺过程如下：表面预处理(清洗、粗化、活化)→配胶→涂敷(刮涂法、刷涂法、模压法等)→固化(室温或加热固化)→后处理(如清理、修整或表层磨切加工)。

粘涂具有粘结技术的大部分优点：适用范围广，能粘涂各种不同的材料；涂层厚度可从几十微米到几十毫米；对现场修复或需紧急修复的零件尤为适用。

(三) 热喷涂

热喷涂技术是利用各种热源将各种固体喷涂材料加热到熔化或软化状态，通过高速气流使其雾化，然后喷射、沉积到经过预处理的工件表面而形成具有各种不同性能的涂层。目前，热喷涂已广泛用于宇航、国防、机械、冶金、石油、化工、运输、电力及轻工部门。

1. 涂层结构　喷涂层是由无数变形粒子互相交错呈波浪式堆叠在一起的层状结构，粒子之间不可避免地存在着孔隙和氧化物夹杂缺陷。孔隙和夹杂的存在将降低涂层质量，若采用高温热源、更高的喷速及保护气氛喷涂，可减少这些缺陷；若对涂层进行重熔处理，也可消除孔隙和夹杂缺陷，使层状结构变为均质结构，改善涂层与基体之间的结合强度。

2. 涂层结合机理　涂层的结构包括涂层与基体表面的界面结合和涂层内部的内聚结合。其结合机理目前尚无定论，一般认为有以下结合方式：①机械结合，因凹凸不平的表面互相嵌合，形成机械钉扎而结合；②冶金-化学结合，即出现元素扩散或合金化结合，当涂层重熔处理时，以这种结合方式为主；③物理结合，即范德华力或次价键结合。

3. 热喷涂材料　热喷涂材料按形态可分为线材、棒材、管材和粉末；按组成可分为金属材料、高分子材料、陶瓷材料和复合材料。

（1）线材。热喷涂线材主要是金属及合金材料，常用的有：①碳钢及低合金钢丝，如 T8、9SiCr 钢，广泛用于零件的耐磨层及尺寸修复；②不锈钢丝，其中铁素体不锈钢和奥氏体不锈钢用于耐蚀性较高的场合，马氏体不锈钢用于兼有耐蚀和耐磨要求的零件；③铝丝，用于耐大气腐蚀和耐热涂层；④锌丝，用于耐大气、淡水腐蚀，如桥梁、铁路配件、钢窗等；⑤铜丝，纯铜涂层主要用于电器和电子元件及工艺品的装饰，铜合金兼有耐蚀、耐磨性，可用于耐蚀、耐磨、修复及装饰场合；⑥镍丝，具有较高的耐蚀、耐热性能；⑦复合喷涂丝，将两种或多种金属及合金复合压制而成的喷涂丝，具有多种综合性能。

（2）粉末。热喷涂粉末材料的类型很多，主要包括：

1）金属及合金粉末。这类粉末分为自熔性合金粉末和复合粉末两种。自熔性合金是指熔点较低，熔融过程中能自行脱氧、造渣，能“润滑”基体表面而呈冶金结合的合金，绝大多数自熔合金都是在镍基、钴基、铁基合金中添加适量的硼、硅元素而制成；而复合粉末的颗粒是由两种以上的不同成分的固相材料组成，具有较好的综合性能，可用做打底层粉末和工作层粉末，如镍-铝复合粉末（铝包镍或镍包铝）。

2）陶瓷粉末。其中氧化物粉末（如 Al_2O_3）主要用做热屏蔽层和电绝缘层；碳化物粉末（如 WC）主要用做耐磨层。

3）塑料粉末。塑料粉末具有防粘、低摩擦系数和特殊物理化学性能，若在其中添加硬质相还可使涂层具有一定的耐磨性，常用的塑料粉末有尼龙、环氧树脂等。

4）复合材料粉末。这种粉末是由两种或多种金属和非金属固体粉末混合而成，具有结合其组成材料的特性和特殊功能。如硬质耐磨用复合粉末（Co-WC、

NiCr-WC 等)；减摩润滑用复合粉末(石墨-Ni、聚四氟乙烯-Cu)；耐热隔热用复合粉末($Ni-Al_2O_3$ 等)；导电或绝缘复合粉末，辐射或防辐射复合粉末。

4. 热喷涂工艺方法　热喷涂工艺过程一般为：表面预处理→喷底层(或过渡层)→喷工作层→后处理(如重熔、封闭等)。其中预处理对喷涂层质量影响很大，其内容主要包括脱脂、除锈、表面粗化，必要时还应对基体进行预热，对非喷涂表面进行保护。具体喷涂工艺还因喷涂方法不同而异。喷涂方法很多，一般按喷涂的热源种类不同而进行分类。较常用的方法有：

1）火焰喷涂。多用氧乙炔火焰，具有设备简单、操作灵活方便、成本低但涂层质量不太高的特点，目前应用仍较广泛。

2）电弧喷涂。将被喷涂的金属线材作为自耗性电极，以电弧作为热源的喷涂方法；与火焰喷涂相比，具有涂层结合强度高、熔敷能力大、能量利用率高、成本低的优点。

3）等离子喷涂。用等离子弧为热源、以喷涂粉末材料为主的较新型喷涂方法，具有涂层质量优良，适应材料广泛(尤其是高熔点的陶瓷材料)的优点，但设备较复杂。

4）其他特种喷涂方法。如爆炸喷涂、超音速喷涂、高频喷涂、激光喷涂等。

5. 热喷涂技术的特点与应用

(1) 热喷涂特点　①适应材料广泛，基体材料和喷涂材料几乎可包括所有固体材料；②工艺灵活，各种形状尺寸的零件均可采用，特别适合于现场施工；③涂层厚度从几十微米到几毫米可控，基体不变性、不变形；④工艺简便，方法多样，生产效率高。

(2) 应用　由于喷涂材料种类很多，所获的涂层性能差异很大，可适应于不同的表面保护、强化、修复和特殊功能的需要。如 Zn、Al、Zn-Al 涂层用于耐蚀防护；WC、Al_2O_3 涂层用于耐磨强化；各种金属材料涂层用于金属构件的尺寸修复等。涂层的设计与选用主要取决于零件的使用条件，但同时也应考虑工艺性、经济性和实用性。

(四) 热浸镀

热浸镀是将基体金属(工件)浸在另一种低熔点的液态金属中，在工件表面发生一系列的反应而产生所需的金属镀层，主要用来提高金属构件的防护能力(耐蚀与耐热)。

1. 热浸镀材料　钢铁材料及铜等金属材料是广泛采用的热浸镀基体材料，其中钢最常用。镀层金属主要有锌、铝、锡、铅及其合金，表 11-4 是常见的热浸镀层及特性。顺便提及的是，热浸镀锡层因较厚、成本昂贵，现已逐步被电镀锡层代替。

表 11-4　常见热浸镀层及特性

镀层金属	熔点/℃	浸镀温度/℃	镀层特性
锡	231.9	260～310	耐蚀性、韧性好，附着力高，美观的金属镀层光泽
锌	419.5	460～480	耐蚀性优良，粘附性好，应用最广泛
铝	658.7	700～720	优异的耐蚀性，良好的耐热性，对光热有良好的反射性

2. 热浸镀工艺方法　热浸镀工艺的基本过程是预处理、热浸镀和后处理。按预处理不同，可分为熔剂法和保护气体还原法两大类。

（1）熔剂法。这是传统的热浸镀方法，多用于钢管、钢丝和零件的热浸镀，其工艺流程为：碱洗→水洗→酸洗→水洗→熔剂处理→热浸镀→镀后处理。

熔剂处理起到助镀作用，其目的是去除工件表面酸洗后未被完全洗掉的或重新氧化的氧化皮、清除熔融金属表面的氧化皮和降低熔融金属的表面张力，包括熔融熔剂法（如氯化铵熔剂）和烘干熔剂法（如氯化铵与氯化锌的水溶液）。

镀后处理包括去除表面多余镀层金属（可采用人工法、振动器法、离心机法、吹气法）、水冷处理（先空冷后水冷）和钝化处理，可防止镀层变色并提高其质量。

（2）保护气体还原法。这是现代热镀生产线普遍采用的方法，多用于钢板的热浸镀。其特点是将钢材连续退火与热浸镀连在同一生产线上，先在微氧化炉中用燃气直接加热、去除工件表面的油污并形成氧化膜，然后在密闭的含有氢气的还原炉中将表面氧化膜还原成适宜于热浸镀的海绵铁。

3. 热浸镀应用　热浸镀锌、铝的材料（主要是钢材）可广泛应用于国民经济的各部门，其主要用途见表 11-5。

表 11-5　热浸镀钢材的主要用途

浸镀材料	产品类型	主要用途举例
锌及合金（耐蚀）	板、带材	建筑业（屋顶板、外壁）、交通运输（汽车车体）、机械制造业中的各种机器、仪表的壳体
	管材	一般用于水、汽管道，石油化工管道，建筑脚手架
	钢丝	通信与电力工程的电线、钢丝绳，一般用于捆扎
铝及合金（耐热、耐蚀）	板、带材	汽车排气系统与烘烤设备的耐热，建筑、汽车、包装的耐蚀
	管材	石油、炼焦、化工等耐蚀与耐热管道
	钢丝	低碳钢丝编织成耐蚀网；高碳钢丝用于架空电缆

八、气相沉积技术

气相沉积是将含有形成沉积元素的气相物质，通过各种手段和反应在工件表面形成沉积层（薄膜）的工艺方法。它可赋予基体材料表面各种优良性能（如强化、保护、装饰和电、磁、光等特殊功能），也可用来制备具有更加优异性能的新型材料（如晶须、单晶、多晶或非晶薄膜）。这种新技术的应用有着十分广阔的前景，尤其是在高新科技领域潜力巨大。

按沉积过程反应性质不同，气相沉积技术可分为物理气相沉积和化学气相沉积两大类。

（一）物理气相沉积

物理气相沉积（Physical Vapor Deposition，简写 PVD）是在真空条件下，利用各种物理方法将沉积材料汽化成原子、分子、离子并直接沉积到基体材料表面的方法。按汽化机理不同，PVD 法包括真空蒸镀、溅射镀膜和离子镀等三种基本方法。

1. 真空蒸镀　真空蒸发镀膜是在高真空的条件下，将蒸镀材料（即膜材料，可以是金属或非金属，但多为金属）加热蒸发成原子（或分子）进入气相，然后沉积在工件（衬底）材料表面而形成薄膜镀层。根据蒸镀材料的熔点不同，其加热方式有电阻加热蒸发、电子束蒸发、激光蒸发等多种。

真空蒸镀的基本特点有：①设备、工艺、操作均较简单；②沉积速度快；③绕镀能力差；④因汽化粒子的动能低，镀层与基体结合力较弱，镀层较疏松，故耐冲击、耐磨损性能不高，此点限制了真空蒸镀膜在强化机械零件方面的应用（如耐磨）。

2. 溅射镀膜　溅射镀膜是在一定的真空条件下，用荷能离子（如氩离子，可通过辉光放电获得）轰击某一靶材（即镀膜材料，常为阴极），从而在其表面溅射出原子（或分子）进入气相，然后这些溅射粒子在工件表面（与阳极相连）沉积而形成镀层。

溅射镀膜的基本特点有：①由于汽化粒子的动能大（为真空蒸镀的 100 倍），故镀膜致密且与基体材料的结合力高；②适用材料广泛，基体材料和镀膜材料均可是金属或非金属，可制造真空蒸镀难于得到的高熔点材料镀膜；③均镀能力好，但绕镀性稍差；④镀膜沉积速度较慢，设备昂贵是其主要缺点。

3. 离子镀　离子镀是在含有惰性气体（如氩气）的真空中，利用气体放电对已被蒸发的粒子（汽化原子或分子）离化和激化，在气体离子和沉积材料离子轰击作用的同时，于基体材料表面沉积形成镀膜。离子镀将辉光放电、等离子体技术与真空蒸镀技术结合在一起，兼具蒸发镀的快速沉积和溅射镀的离子轰击清洁表面及高动能汽化粒子的特点，故应用广泛。

离子镀具有镀层质量高、附着力强、绕镀与均镀能力好、沉积速度快等众多优点；但受蒸发源限制，高熔点镀膜材料的蒸发镀有一定困难，且设备复杂昂贵。

（二）化学气相沉积

化学气相沉积(Chemical Vapor Deposition，简写 CVD)是把含有构成沉积薄膜元素的一种或几种气态物质(化合物或单质)供给基体材料，于一定的温度下在基体表面发生化学反应而生成沉积薄膜的过程。

1. 基本类型　可根据气相反应的激发方式不同分为热化学气相沉积(TCVD)、放电激发气相沉积(如等离子体 PACVD)、辐射激发气相沉积等多种；按反应温度高低不同分为高温 CVD(>900℃)、中温 CVD(500 ~ 800℃)和低温 CVD(<500℃)。热化学气相沉积是最常见的类型，其反应需高温激发，一般大于 1000℃，这将限制 CVD 的应用范围。

2. 基本特点　①能沉积各种晶态和非晶态、成分精确可控的无机薄膜材料；②膜层致密、质量高且与基体的结合力大；③均镀性与绕镀性好，沉积速度较快；④设备简单、操作简便、成本较低。普通热 CVD 的最大缺点是沉积温度较高(>1000℃)，所以对不允许或难于高温加热的基体材料(如控制变形的精密件)，则必须采用放电激发或辐射激发的 CVD 技术，如采用辉光放电激发 CVD，其沉积温度可降至 300 ~ 500℃。

（三）气相沉积技术的应用

由于各种气相沉积技术的适用材料(基体与镀膜)、工艺条件(如沉积温度、设备)与镀膜特性及质量(如与基体的结合力)等因素不同，故其应用范围和侧重领域也有所区别。表 11-6 总结比较了 PVD 和 CVD 的基本特点。

气相沉积技术所得到的镀膜可以分为两大类：其一是结构膜，这类膜要求承受一定的载荷或相对机械运动，以耐磨、强化要求为主，兼有耐蚀、耐热性要求，主要起表面强化和保护作用，结构膜通常较厚(一般 >1μm)；其二是功能膜，这类膜不受或少受机械力或相对运动，而以特殊物理性能、化学性能、生物性能及其转换特性为主要要求，镀膜通常较薄(一般 <1μm)。气相沉积技术已广泛用于机械、电子与电工、航天航空与军事工业、化工及轻工等各部门，在信息技术、新能源技术和新材料技术领域作用巨大。

真空蒸镀物理气相沉积技术的镀膜致密度低，与基体的结合差，故很少用于材料表面强化(如耐磨)方面，目前主要用于表面功能与装饰用途。具有代表性的应用是各种光学膜(如透镜反射膜、电致发光膜等)，电学膜(导电、绝缘、半导体等)，磁性能膜(如磁带)，耐蚀膜，耐热膜，润滑膜，各种装饰膜(如固体材料表面的金、银膜)，太阳能电池等。

与真空蒸镀相比，溅射镀和离子镀物理气相沉积技术的镀膜质量较高(如致密)且与基体材料结合牢固(尤其是离子镀)，故除可起到真空蒸镀相同的作用外，还可在材料表面形成耐磨强化膜(如 TiN、TiC、Al_2O_3)，这便拓宽了气相沉积技术在结构零件和工模具上的应用。与普通化学气相沉积相比，溅射镀和离子镀所需的沉积温度较低，这对难于或不允许高温加热的工件与材料意义重大。

化学气相沉积技术所得的镀层综合性能较好，且其成分和结构可精确控制，因此不仅可用于在工件表面获得各种性能的镀膜，而且还已成为一种新材料制备技术。如获得耐磨、减摩、耐热、耐蚀及其他功能膜，制备高纯材料、复合材料、太阳能电池材料等。

表 11-6 PVD 和 CVD 的基本特点比较

比较项目	PVD 法			CVD 法
	真空蒸镀	溅射镀膜	离子镀膜	
镀膜材料	金属、合金、某些化合物(高熔点材料困难)	金属、合金、化合物、陶瓷、高分子	金属、合金、化合物、陶瓷	金属、合金、化合物、陶瓷
汽化方式	热蒸发	离子溅射	蒸发、溅射、电离	单质、化合物气体
沉积粒子能量/eV	原子、分子 0.1 ~ 1.0	主要为原子 1.0 ~ 10.0	离子、原子 30 ~ 1000	原子 0.1
基体温度/℃	零下至数百，一般多为 200 ~ 600，不超过 800			150 ~ 2000 (多数 >1000)
镀膜沉积速度/$\mu m \cdot min^{-1}$	0.1 ~ 75	0.01 ~ 2	0.1 ~ 50	0.5 ~ 50
镀膜致密度	较低	高	高	最高
镀覆能力	绕镀性差，均镀性一般	绕镀性欠佳 均镀性较好	绕镀、均镀性好	绕镀、均镀性好
主要应用	功能膜(光、电、磁膜) 装饰膜，耐蚀、润滑膜	功能膜为主 结构膜为辅	各种结构膜和功能膜	结构膜，功能膜， 材料制备

通过气相沉积技术在刀具、模具表面镀覆一层厚度为 2 ~ 15μm 的超硬陶瓷材料薄膜(如 TiN、TiC、Al_2O_3 等)，可大大提高刀具或模具表面硬度(可达 2000 ~ 3000HV)、耐磨性和热稳定性，成几倍至几十倍地延长工具的使用寿命，且可提高工作效率。在工具表面(多为高速钢)气相沉积超硬薄膜可以说是工具材料的一次革命，对形状复杂、精度要求高的成形工具尤为重要，据报道，一些发达国家的浮动刀具中有近 50% 采用了这种表面技术。

九、高能束表面技术简介

采用激光束、电子束和离子束(合称“三束”)对材料表面进行改性或合金化技术，是近几十年来迅速发展起来的材料表面新技术，是材料科学的最新领域之一。束流技术对材料表面的改性是通过改变材料表面的成分(即表面合金化)和结构而实现的，由于这些束流具有极高的能量密度，可对材料表面进行快速加热，其后冷却速度也极快，故表层结构和成分的改变幅度极大(如出现微晶、非晶、亚稳成分固溶体或化合物)，因而性能改变的程度也相当大。此外，快速加热对整体材料的影响不大，故工件在处理过程中基本不变形。

(一) 激光束表面技术

激光束具有高能量密度性、高方向性和高相干性，当其照射到金属表面时，其能量几乎全被表面层吸收转变成热，可在极短时间内将工件表层快速加热或熔化，而心部温度基本不变；当激光束移去后，表层向心部的迅速传热，又可实现快速的“自冷却”过程。激光束表面技术的应用主要包括以下几方面：

1. 激光表面热处理　又称激光表面淬火强化，具有高硬度(比普通淬火高15% ~20%)、高疲劳性能和微变形的基本特点，耐磨性可提高几倍，已成功用于汽车发动机缸体和缸套、滚动轴承圈、采油机缸套、机床导轨、冷作模具等。

2. 激光表面合金化　激光表面合金化是预先用镀膜或喷涂等技术把所需合金元素涂敷到工件表面(即预沉积法)，然后通过激光束照射使表面膜与基体材料浅表层熔化、混合并迅速凝固，形成成分与结构均不同于基体的、具有特殊性能的合金化表层，主要用于提高基体材料的耐磨性、耐蚀性和耐热性，并可降低材料成本。如对钢铁材料表面通过激光合金化加入较贵重的Cr、Co、Ni等元素，用于发动机活塞环等零件，其使用性能和寿命改善明显。

激光束表面技术还可用于激光涂敷，以克服热喷涂涂层的气孔、夹渣和微裂纹缺陷；用于气相沉积技术，可提高沉积层与基体的结合力，并减小基体热变形。

(二) 电子束表面技术

除使用热源不同外，电子束表面技术与激光束表面技术的原理和工艺基本类似，故凡激光可进行的处理，电子束也都可进行。

与激光束相比，电子束表面技术还有以下特点：①加热的尺寸范围和深度较大，这是因为电子束具有更大的功率、更高的能量密度且能深入到材料表面下一定的深度；②设备投资较低，操作较方便，处理之前工件表面无需“黑化”(对激光束处理则需“黑化”以提高对激光的吸收率)；③因需要真空条件，故零件的尺寸受到限制，但表面质量却因此而提高。

（三）离子注入技术

离子注入技术是将工件（金属材料为主）放在离子注入机的真空靶室中，在高电压的作用下，将含有注入元素的气体或固体物质的蒸气离子化，被电场加速后的离子与工件表面碰撞并最终注入工件表面而形成固溶体或化合物表层。注入层内的元素合金化及因碰撞引起的辐照损伤晶体缺陷（空位、间隙原子、位错等），对工件表层的各种性能有极大的影响，如耐磨性、耐热性、耐蚀性、抗疲劳性能提高，并导致了某些特殊功能出现，如光学性能、超导性能等。

1. 离子注入技术特点　与其他表面合金化改性技术相比，离子注入技术的主要特点有：①因不受热力学平衡条件限制，故理论上任何元素都可注入任何基体材料（目前主要是金属），且注入层的成分与结构变化范围大；②注入层与基体材料无明显的界面，故结合极牢固，不存在剥落问题；③因是无热过程（常温或低温下），故工件不存在热变形，又是在真空室中进行，故工件表面质量高，特别适合于高精密件的表面处理。

离子注入的主要缺点有：①注入层较薄，一般约为 0.1μm；②因受真空靶室限制，工件尺寸不大；③设备昂贵、成本高，目前仅主要用于重要的高精密零件。

2. 离子注入技术的应用　主要为表面强化与表面保护两大领域，具体表现：

（1）耐磨减摩。在钢铁及有色金属中注入 N^+、B^+、C^+、Ar^+ 等非金属元素离子，可大大提高材料表面硬度和耐磨性，如 YG6 硬质合金钢丝拉丝模的工作寿命可延长 3 倍；钢中注入 Sn、Pb 的离子，摩擦系数可降低近 1 半。

（2）耐热抗蚀。如在不锈钢中注入 Zn、Al、Ni 等元素的离子，在 Ti-6Al-4V 中注入 Ba 元素的离子，其耐氧化性能成倍提高；在钢铁材料（包括耐蚀性较好的不锈钢）表面注入 Cr、Ni、Mo 等元素离子，可提高耐蚀性。

（3）抗疲劳性。离子注入既提高了材料表面的强度和硬度，又在其表面产生了有利的残余压应力，故疲劳寿命成几倍、几十倍的增加，如对马氏体时效钢注入 N^+，对 Ti-6Al-4V 注入 C^+，其疲劳寿命可提高 8 ~ 10 倍。

小　　结

固态相变的特点：固态相变阻力（界面能和应变能）大，原子迁移率低，非均匀形核，低温相变时出现亚稳相，新相有特定形状和相界面，有一定的位向关系和存在惯习面。

过饱和固溶体的分解转变主要通过脱溶分解和调幅分解来进行。从过饱和固溶体中析出第二相或形成溶质富集的亚稳定区过渡相的过程，称为脱溶分解或时效，可显著提高合金的硬度和强度，是一种强化材料的重要方法。调幅分解是新相的形成不需形核长大，而是通过自发的成分涨落、浓度的振幅不断增加，固溶体最终自发地分解成结构相同而成分不同的两种固溶体的过程；调幅组织的弥散度很大且分布很均匀，利用调幅组织，也可强化材料。

热处理是将材料(主要是金属材料)在固态下采用适当的方式进行加热、保温和冷却以获得所需的组织结构与性能的工艺，其中钢的热处理最为重要。一般的普通热处理的基本操作有退火、正火、淬火和回火等。热处理时的加热温度、保温时间和冷却方式是最重要的三个基本工艺参数。

钢加热的一般目的是得到细小均匀的奥氏体，为此还应防止氧化、脱碳等缺陷。钢的冷却是按照不同的冷却条件，过冷奥氏体通过等温冷却或连续冷却方式将在不同的温度范围发生不同类型的转变。其中：珠光体转变是在一定过冷度的高温阶段发生，属于扩散型相变；马氏体转变是在很大过冷度的低温阶段发生的，属于非扩散型相变；贝氏体转变是中温区间的转变，属于半扩散型相变。奥氏体等温转变图(俗称C曲线)是重要的分析工具。

钢的淬火是最重要的热处理工艺。钢的淬透性和淬硬性是主要取决于钢的化学成分的固有属性，对钢材的选用、处理具有重要的意义。钢在淬火过程中，由于形成较大的热应力与组织应力、材料内在的冶金缺陷、选材不当、设计上的结构工艺性差、冷热加工过程中形成的缺陷等原因，工件可能会产生淬火变形，甚至开裂。由于淬火组织不稳定，性能匹配不合理并存在着较大的残余内应力，故一般要对淬火钢进行回火处理。

材料表面技术是在不改变基体材料的成分和性能(或虽有改变而不影响其使用)的条件下，通过某些物理手段(包括机械手段)或化学手段来赋予材料表面特殊性能，以满足产品或零件使用需要的技术与工艺。材料表面技术可以有效地、且最经济地改善表面性能或赋予基体材料所没有的表面特性，因而其应用极其广泛。既可满足表面耐磨、耐蚀、强化、加工与装饰的需要，又可开辟光、电、磁、声、热、化学与生物等方面的特殊功能领域；所涉及的基体材料包括金属材料、高分子材料、陶瓷材料和复合材料，其中主要是金属材料。

习　题

11-1　试讨论固态相变时，过冷度及相成分变化对相变驱动力的影响。

11-2　试讨论应变能和表面能对固态相变的热力学、动力学以及新相形态的影响。

11-3　试分析过冷度和过热度对扩散型相变动力学的影响。

11-4　试说明在时效过程中，第二相体积已基本达到平衡状态后仍将发生粗化的原因。

11-5　调幅分解与脱溶分解有哪些异同点？调幅分解所得到的组织与性能有哪些特点？

11-6　何谓奥氏体的本质晶粒度、起始晶粒度和实际晶粒度？为什么要控制奥氏体的晶粒度？

11-7　珠光体、索氏体和托氏体组织的形成条件有何区别？它们的显微组织和力学性能有何特点？

11-8　冷却条件对非共析钢转变产物的组织形态有何影响？

11-9　与珠光体相比较，贝氏体的形成条件和形成过程有何特点？上贝氏体与下贝氏体的组织结构和力学性能有何特点？

11-10　说明共析钢奥氏体等温转变图各个区、各条线的物理意义，并指出影响奥氏体等温转变图形状和位置的主要因素。

11-11　马氏体的本质是什么？它的硬度为什么高？是什么因素决定了它的脆性？

11-12　何谓钢的临界冷却速度？它的大小受哪些因素影响？它与钢的淬透性有何关系？

11-13　钢加热完全奥氏体化时，原始组织是粗粒状珠光体为好还是以细片状珠光体为好？为什么？

11-14　简述各种淬火方法及其适用范围。

11-15　淬透性和淬硬层深度有何联系与区别？影响钢件淬硬层深度的主要因素是什么？

11-16　碳素工具钢 T12 正火后的硬度在 250HBS 以上，不利于机械加工，为什么有时还要进行正火处理？为便于其进行机械加工并为淬火做好准备，在正火后还需要进行何种热处理？获得何种组织？

11-17　何谓淬硬性？其在生产中有何实际意义？主要有哪些因素影响？

11-18　滚动轴承的内外圈与滚动体均由 GCr15 钢制造，其制造工艺基本相同：锻造—退火—机械加工—淬火—低温回火—磨削加工。(1)试指出各步热处理的目的及处理后得到的组织与性能；(2)对于尺寸较大的零件在退火前还需进行正火处理，试分析其原因；(3)对于尺寸稳定性要求很高的精密轴承，还需在粗磨后反复进行低温回火和精密磨削才能保证质量，这是为什么？

11-19　与材料整体改性技术相比，材料表面技术有哪些特点？

11-20　全面比较电镀与化学镀的特点。

11-21　展台框架用快速装拆锁体中的片状簧片采用 65Mn 钢制造，要求一定的耐磨性和耐蚀性，试给出三种以上的表面处理方法，并比较各自的优缺点。

11-22　制冷压缩机的壳体、活塞采用的材料分别为 08Al 钢和粉末冶金铁基材料，两者均需磷化，试分析其主要作用并确定磷化类型。

11-23　为下列零件选定较合适的表面处理技术：①普通自来水管；②自行车钢圈；③要求绝缘并有相对运动的铝合金件；④铝合金门窗；⑤铸铁零件工序间防锈需要。

11-24　对比分析电镀和离子镀的工艺特点及镀膜质量。

11-25　军用刺刀电镀铬后直接使用容易折断，为什么？怎样解决此问题？

第四篇

工程材料及应用

4

金属材料是最重要的工程材料，包括钢铁材料和有色金属材料。以铁为基的各种钢铁材料，因其优良的力学性能、工艺性能和低成本的综合优势，仍将是21世纪乃至更长时间内的主要工程材料。有色金属材料(主要如铝、铜、钛等)具有许多特殊性能，如比强度高、耐蚀性好、导电导热性优良等，其应用也非常广泛。

高分子材料具有金属材料所不具备的某些优异性能(如质量轻、电绝缘性、隔热保温性、耐蚀性等)，其原料丰富、合成效率高，且不受气候和生产时间的限制，故其发展速度相当快。

除金属材料外的其他无机非金属材料都属于陶瓷材料的范畴。陶瓷具有许多优异的性能，如高硬度、高耐磨性、高的抗压强度、高的耐热性和耐蚀性能；其最大缺点是韧性低易脆断、不易加工成形，对陶瓷结构材料的增强增韧是今后的主要研究课题。

复合材料是由两种或两种以上物理和化学性质不同的物质组合而成的一种多相固体材料。复合材料发挥了其组成材料的各自长处，又在一定程度上克服了它的弱点，因而是一种新型的优异材料。按其基体不同，复合材料常分为三大类型：树脂基复合材料、金属基复合材料和陶瓷基复合材料。在现代工业上，树脂基复合材料(如玻璃钢)已处于成熟应用阶段。

功能材料是指具有特殊的电、磁、光、热、声、力、化学性能和生物学性能及其互相转化功能的新型材料。功能材料是现代高新技术发展的先导和基础，是知识密集、技术密集、附加值高的材料。在以高新技术为主要特征的知识经济时代，功能材料与结构材料将互相促进、共同发展。结构材料功能化、功能材料结构化的兼容也成为材料学的重点研究领域之一。

材料的选用是产品设计与制造工作中重要的基础环节。选材的核心问题是在技术和经济合理的前提下，保证材料的使用性能与零件(产品)的设计功能相适应。掌握各类工程材料的特性、正确选用材料及相宜的加工方法(路线)，是对所有从事产品设计与制造的技术人员的基本要求，也是落实科学发展观的需要。

第十二章　金属材料

第一节　钢铁材料

铁是自然界中储藏量较多、冶炼较易、价格较低的金属元素，以铁为基的各种钢铁材料因其优良的力学性能、工艺性能和低成本的综合优势，仍将是21世纪乃至更长时间内的主要工程材料。

钢铁材料是工业上钢和铸铁的总称，两者均是Fe-C合金，工程上一般以碳的质量分数为2%左右作为两者的界线。钢依据其中是否含合金元素可分为非合金钢(习惯上称为碳钢)和合金钢两大类。碳钢具有性能较好、加工容易、成本低廉的特点，是工程上应用最广、使用量最大(约占钢总产量的90%左右)的重要金属材料；但碳钢存在着淬透性不高、回火稳定性较差和不能满足更高的力学性能要求或某些特殊性能(如耐热､耐蚀)等缺点，故在某些重要或特殊场合难以应用。合金钢因其有意加入的合金元素的作用，克服了碳钢使用性能的不足，从而可在重要或某些特殊场合下使用，但也应认识到其成本升高、某些工艺性能恶化的缺点。铸铁虽然综合力学性能较钢差，但却具有优良的铸造性能、切削加工性、减振减摩性等，且生产更方便、成本更低廉，故也是一种比较重要的金属材料。

一、钢中常存杂质元素对其性能的影响

钢在其冶炼生产(炼铁､炼钢)过程中，由其原料(铁矿石､废钢铁､脱氧剂等)、燃料(如焦炭)、熔剂(如石灰石)和耐火材料等所带入或产生的、但又不可能完全除尽的少量杂质元素如硅、锰、硫、磷、氢、氮、氧等称为常存杂质元素。它们的必然存在显然会影响到钢的性能。

(一) 硅和锰的影响

硅、锰均可固溶于铁素体中，使钢的强度、硬度升高——即固溶强化作用。硅在提高强度、硬度的同时，还显著地降低了钢的塑性、韧性；另外硅与氧容易生成脆性夹杂物SiO_2，也对钢的性能不利。锰易与钢中的硫生成MnS塑性夹杂物，可降低硫的有害作用——热脆；但MnS量过多时也会恶化钢的性能。因此，

作为杂质元素存在时，Si、Mn 量一般控制在规定值之下（$w_{Si} < 0.5\%$，$w_{Mn} < 0.8\%$），此时它们是有益元素。

（二）硫和磷的影响

硫不溶于铁，而与铁生成熔点为 1190℃左右的 FeS，且 FeS 常与 Fe 一起形成低熔点（约 989℃）的共晶体，分布在奥氏体晶界上。当钢进行热加工时（如在 900～1200℃锻造或轧制、焊接等），共晶体将熔化，使钢的强度、尤其是韧性大大下降而产生脆性开裂，这种现象称为热脆。热脆的减轻或防止措施有二：其一是采用精炼方法降低钢中的含硫量，但此举会增加钢的生产成本；其二是通过适当增加钢中的含锰量，使 S 与 Mn 优先生成高熔点（约 1620℃）的 MnS，从而避免热脆，这是降低硫的有害作用的主要手段。

磷主要溶于铁素体中，它虽可明显提高钢的强度、硬度，但也剧烈地降低了塑性、韧性，尤其是低温韧性，并使韧脆转变温度升高；此外，过多的磷也会生成极脆的 Fe_3P 化合物，且易偏析于晶界上而增加脆性，这种现象称为冷脆。

由于硫、磷均增加了钢的脆性，故一般是有害元素，需要严格控制其含量。硫、磷含量高低大大地影响了钢的质量，据此，钢可分为普通质量钢、优质钢和高级优质钢。但在易切削钢中，硫、磷却是有益元素，它们改善了钢的切削加工性能，故其含量可以适当提高。

（三）气体元素的影响

钢在冶炼或加工时还会吸收或溶解一部分气体，其中如氢、氮、氧对钢性能的影响却往往被忽视，实际上它们有时会给钢材带来非常危险的作用。

氢在钢中含量甚微，但对钢的危害极大。微量的氢即可引起“氢脆”，甚至在钢中产生大量的微裂纹（即“白点”或“发裂”缺陷），从而使零件在工作时出现灾难性的突然脆断。氢脆一般出现在合金钢的大型锻、轧件，且钢的强度越高，氢脆倾向越大，如电站汽轮机主轴、钢轨、电镀刺刀等的氢脆断裂。在实际生产中，常通过锻后保温缓冷措施或预防白点退火工艺来降低钢件的氢脆倾向。

氮固溶于铁素体中将引起“应变时效”，即冷塑性变形的低碳钢在室温放置或加热一定时间后强度增加，而塑性、韧性降低的现象。应变时效对锅炉、化工容器及深冲压零件极为不利，增加零件脆性断裂的可能性。若钢中含有与 N 亲合力大的 Al、V、Ti、Nb 等元素而形成细小弥散分布的氮化物，可细化晶粒、提高钢的强韧性，并能降低 N 的应变时效作用，此时 N 又变成了有益元素。

氧少部分溶于铁素体中，大部分以各种氧化物夹杂的形式存在，将使钢的强度、塑性与韧性、尤其是疲劳性能降低，故应对钢液进行脱氧。依据浇注前钢液脱氧程度的不同，可将钢分为镇静钢（充分脱氧钢）、沸腾钢（不完全脱氧钢）和介于两者之间的半镇静钢，显然镇静钢的质量和性能较佳，用于制造重要零件。

二、合金元素在钢中的主要作用

加入适当化学元素来改变金属性能的方法叫做合金化。为了合金化目的（即改善和提高钢力学性能或使之获得某些特殊的物理、化学性能）而特定在钢中加入的、含量在一定范围的化学元素称为合金元素，这种钢即称为合金钢。

（一）合金元素在钢中的存在形式

合金元素在钢中的存在形式对钢的性能（使用性能和工艺性能）有着显著的影响。根据合金元素的种类、特征、含量和钢的冶炼方法、热处理工艺不同，合金元素的存在形式主要有三种：固溶态、化合态和游离态。

1. 固溶体　合金元素溶入钢中的铁素体、奥氏体和马氏体中，以固溶体的溶质形式存在（Fe 为溶剂）。此时，合金元素的直接作用是固溶强化，即钢的强度、硬度升高，而塑性、韧性下降。图 12-1 所示说明了钢中常见合金元素对铁素体硬度和韧性的影响。由图可见，P、Si、Mn 的固溶强化效果最显著，但当其含量超过一定量后，铁素体的韧性将急剧下降，故应限制这些合金元素含量。值得提及的是 Ni 元素，在增加钢的强度、硬度的同时，不但不降低韧性，反而会提高韧性，是个重要的韧化元素。

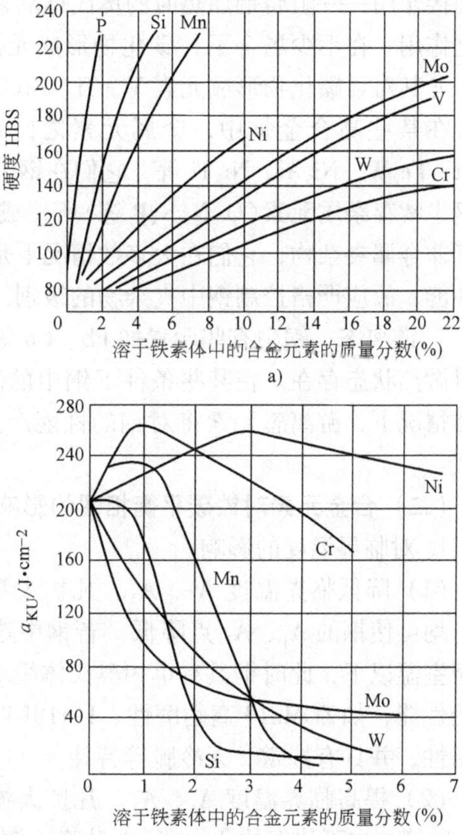

图 12-1　合金元素对铁素体的影响
a）硬度　b）韧性

应该强调的是：合金元素溶入奥氏体中从而提高钢的淬透性；合金元素溶入马氏体中从而提高回火稳定性等间接作用对钢的性能影响程度，往往大于其固溶强化这种直接作用，理解此点对掌握合金钢的选用尤为重要。

2. 化合物　合金元素与钢中的碳、其他合金元素及常存杂质元素之间可形成各种化合物，其中以形成的碳化物最为重要。碳化物的主要形式有合金渗碳体，如$(Fe、Mn)_3C$等；特殊碳化物，如VC、TiC、WC、MoC、Cr_7C_3、$Cr_{23}C_6$等。由此可将合金元素分为两大类：碳化物形成元素，它们比Fe具有更强的亲碳能力，在钢中将优先形成碳化物，依其强弱顺序为Zr、Ti、Nb、V、W、Mo、Cr、Mn、Fe等，大多是过渡族元素，在周期表上均位于Fe的左侧；非碳化物形成元素，主要包括Ni、Si、Co、Al等，他们与碳一般不生成碳化物而溶于固溶体中，或生成其他化合物如AlN，一般位于周期表的右侧。

碳化物一般具有硬而脆的特点，合金元素的亲碳能力越强，则所形成的碳化物就越稳定，并具有高硬度、高熔点、高分解温度。碳化物稳定性由弱到强的顺序是：Fe_3C、$M_{23}C_6$、M_6C、MC（M代表碳化物形成元素）。合金元素形成碳化物的直接作用主要是弥散强化，即钢的强度、硬度与耐磨性提高，但塑性、韧性下降，并有可能获得某些特殊性能（如高温热强性）。另外，需要强调的是碳化物的间接作用——阻碍钢加热时的奥氏体晶粒长大，所获细小晶粒而产生的细晶强韧化作用。在不少场合下，碳化物形成元素的间接作用也比其直接作用更为重要，尤其对强碳化物形成元素V、Ti、Nb等。

在某些高合金钢中，金属元素之间还可能形成金属间化合物，如FeSi、FeCr、Fe_2W、Ni_3Al、Ni_3Ti等，它们在钢中的作用类似于碳化合物。而合金元素与钢中常存杂质元素（O、N、S、P等）所形成的化合物，如Al_2O_3、SiO_2、TiO_2等，属于非金属夹杂物，它们在大多数情况下是有害的，主要降低了钢的强韧性与疲劳性能，故应严格控制钢中夹杂物的级别。

3. 游离态　钢中有些元素如Pb、Cu等既难溶于铁，也不易生成化合物，而是以游离状态存在。在某些条件下钢中的碳也可能以自由状态（石墨）存在。在通常情况下，游离态元素将对钢的性能产生不利影响，故应尽量避免此种存在形式。

（二）合金元素对铁碳平衡相图的影响

1. 对临界温度的影响

（1）降低临界温度A_1、A_3。凡扩大奥氏体相区的元素如Ni、Mn、Co、N等，均可使钢的A_1、A_3点降低。若钢中这些元素的含量足够高时，将使A_3点降至室温以下，此时钢具有单相奥氏体组织，即为奥氏体钢。这类钢具有某些特殊的性能，如ZGMn13高耐磨性、1Cr18Ni9奥氏体不锈钢高的耐蚀、耐高温、耐低温性，并具有抗磁、无冷脆等特性。

（2）提高临界温度A_1、A_3。凡扩大铁素体相区的元素如Si、Cr、W、Mo、V、Ti等，均可使钢的A_1、A_3点升高，钢中这些元素含量足够高时，其组织就是单相铁素体，即铁素体钢。

2. 对E、S点位置的影响　E点是钢与铸铁的分界点，碳含量超过此点（碳钢 E 点成分为 $w_C=2.11\%$)便出现共晶莱氏体组织，必然对钢的性能(主要是强韧性)和其加工工艺(如锻造)产生影响。几乎所有的合金元素均使 E 点左移，其中强碳化物形成元素如 W、Ti、V、Nb 的作用最强烈，对高合金钢 W18Cr4V($w_C=0.7\%\sim0.8\%$)、Cr12MoV($w_C=1.4\%\sim1.7\%$)等，铸态组织中有莱氏体存在，故称莱氏体钢。

在大多数情况下，几乎所有的合金元素也将使 S 点左移，故像 4Cr13、3Cr2W8V 等钢的 w_C 虽小于 0.77%，但都已是过共析钢。在退火或正火处理时，碳含量相同的合金钢组织中比碳钢具有较多的珠光体，故其硬度和强度较高。

(三) 合金元素对钢热处理的影响

1. 对钢加热时奥氏体形成过程的影响　合金元素影响了奥氏体化过程及晶粒大小。

(1) 对奥氏体化的影响。绝大多数合金元素(尤其是碳化物形成元素)对非奥氏体组织转变为奥氏体的形核与长大、残留碳化物的溶解、奥氏体成分均匀化都有不同程度的阻碍与延缓作用。因此大多数合金钢热处理时一般应有较高的加热温度和较长的保温时间，但对一些需要较多未溶碳化物的高碳合金工具钢，则不应采用过高加热温度和过长的保温时间。

(2) 对奥氏体晶粒度的影响。合金元素对奥氏体晶粒长大倾向的影响各不相同：Ti、V、Zr、Nb 等强碳化物形成元素可强烈阻碍奥氏体晶粒长大，起细化晶粒的作用；W、Mo、Cr 等元素的阻碍作用中等；非碳化物形成元素如 Ni、Si、Cu 等的作用微弱，可不允考虑；而 Mn、P 则提高了奥氏体晶粒的长大倾向，因此含 Mn 钢(如 65Mn、60Si2Mn)加热时应严格控制加热温度和保温时间，否则将会得到粗大的晶粒而降低钢的强韧性——即过热缺陷。

2. 对钢冷却时过冷奥氏体转变过程的影响　除 Co 外，固溶于奥氏体中的所有合金元素都将使 C 曲线右移，降低了钢的临界冷却速度，提高了淬透性。合金元素对钢淬透性的影响取决于该元素的作用强度和可溶解量。据此，钢中用以提高淬透性为主要作用的常用元素有 Cr、Ni、Si、Mn、B 等五种。Mo、W 元素虽对淬透性提高程度明显，但因其价格较高而一般不单纯作为淬透性元素使用；V、Ti、Nb 等强碳化物形成元素在钢加热时一般不溶入奥氏体中而以碳化物的形成存在，此时不但不能提高、反而降低了钢的淬透性。

除 Co、Al 外，固溶于奥氏体中的合金元素均可使马氏体转变时的 Ms、Mf 下降，增加钢淬火后的残留奥氏体量。某些高碳高合金钢(如 W18Cr4V)淬火后残留奥氏体量高达 30%~40%，这显然会对钢的性能产生不利影响，如硬度降低、疲劳性能下降。为了将残留奥氏体量控制在适当范围，可通过淬火后冷处理和回火处理来实现之。

3. 对淬火钢回火过程的影响　合金元素明显影响了钢在回火时的组织、性能。

（1）提高钢的回火稳定性(回火抗力)。回火稳定性是指淬火钢对回火时所发生的组织转变和硬度下降的抗力，绝大多数合金元素均有此作用。表现较明显的有强碳化物形成元素(V、Nb、W、Mo、Cr)和Si元素，当钢中这类元素较多时，可使回火马氏体组织维持到相当高的温度(500～600℃)。回火稳定性高表明钢在较高温度下的强度和硬度也较高；或表明在达到相同硬度、强度的条件下，可在更高的温度下回火，故钢的韧性可进一步改善。所以合金钢与碳钢相比，具有更好的综合力学性能。

（2）产生二次硬化。当钢中含有较多量中强或强碳化物形成元素Cr、W、Mo、V等，并在450～600℃温度范围内回火时，因组织中析出了细小弥散分布的特殊合金碳化物(如W_2C、Mo_2C、VC等)，这些碳化物硬度极高、热稳定性高且不易长大，此时，钢的硬度与强度不但不降低，反而会明显升高(甚至比淬火钢硬度还高)，这就是“二次硬化”现象，如图12-2所示。二次硬化使钢在高温下能保持较高的硬度，这对工具钢极为重要，如高速钢(W18Cr4V、W6Mo5Cr4V2等)的热硬性就与其二次硬化特性有关。

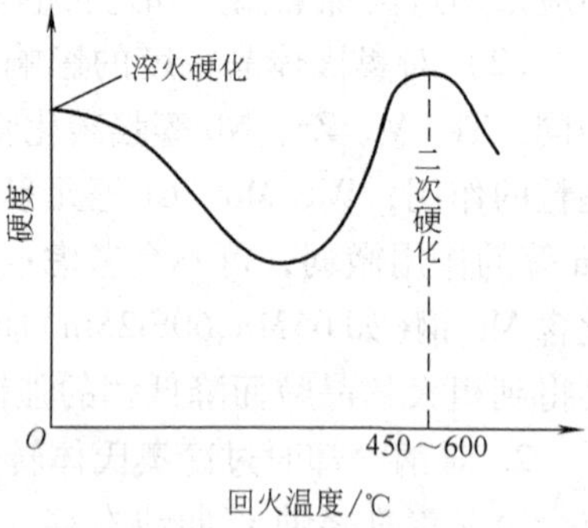

图12-2　回火时的二次硬化

（3）影响第二类回火脆性。某些合金钢淬火后在450～650°C高温范围内回火并缓慢冷却后，出现冲击韧度急剧下降现象，即称第二类回火脆性，俗称高温回火脆性。含Cr、Ni、Si、Mn等淬透性元素的合金钢对第二类回火脆性最敏感；同时还发现，在钢中加入适量的Mo(约$w_{Mo}=0.5\%$)和W(约$w_W=1\%$)会有效地抑制这类回火脆性。为避免合金钢的回火脆性，生产上常采用回火快冷(如油冷甚至水冷)的措施，但此后应再补充一次较低温度的回火来消除因快冷造成的内应力。对大截面工件，由于很难实现真正的快冷或不允许快冷，则应选用含Mo或W的钢来防止第二类回火脆性(如40CrNiMo钢)。

全面理解合金元素在钢中的作用是材料设计与合理选材的重要因素。不同的合金元素在钢中的作用既可能不同(如9Mn2V钢中Mn主要提高淬透性，V则细化晶粒、提高耐磨性)，也有可能相同(如40CrNiMo钢中Cr、Ni的主要作用均是提高淬透性)；同一合金元素在不同的钢中的作用也可不同，如Cr元素在40Cr钢中主要起提高淬透性作用，而在不锈钢(如1Cr17、1Cr18Ni9)中则是起提高耐蚀性的作用。

三、钢的分类与牌号

（一）钢的分类

依据分类标准不同，钢的分类方法有多种。如按化学成分不同，分为碳素钢和合金钢。其中碳素钢简称碳钢，按碳含量又可分为低碳钢（$w_C \leqslant 0.25\%$）、中碳钢（$w_C = 0.25\% \sim 0.6\%$）、高碳钢（$w_C > 0.6\%$）；合金钢按合金元素含量也可分为低合金钢（$w_合 \leqslant 5\%$）、中合金钢（$w_合 = 5\% \sim 10\%$）、高合金钢（$w_合 > 10\%$）。按钢的质量等级分，有普通钢、优质钢和高级优质钢。按钢的主要用途分为结构钢（包括一般工程结构钢和机器零件结构钢）、工具钢（包括刀具、模具、量具）、特殊性能钢、专业用钢等。我国关于钢分类的最新国家标准 GB/T 13304—1991，是参照了国际标准 ISO 4948/1、4948/2 而制订的。据此，钢的分类有两部分：第一部分按化学成分分类；第二部分按主要质量等级、主要性能及使用特性分类。图 12-3 为摘要归纳了新国标钢分类的关系。本图采用“非合金钢”一词代替传统的“碳素钢”。但在 GB/T 13304—1991 以前有关的技术标准中均采用“碳素钢”，故“碳素钢”名称仍将沿用一段时间。普通质量钢指生产过程中控制质量无特殊规定的、一般用途的钢；优质钢指生产过程中需按规定控制质量（如硫、磷含量）的钢；特殊质量钢指生产过程中需严格控制质量和性能的钢。

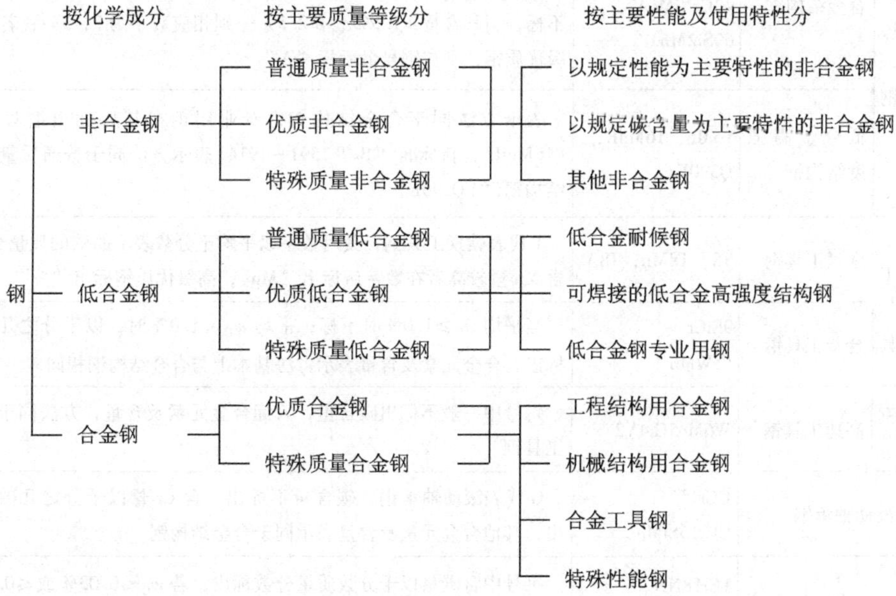

图 12-3 钢分类的关系图

（二）钢的牌号表示方法

1. 中国钢号表示方法简介　根据 GB/T 221—2000 规定，中国钢号的表示由三大部分相结合组成：①化学元素符号，用以表示钢中所含化学元素种类(采用国际化学元素符号)；②汉语拼音字母，用以表示产品的名称、用途、冶炼方法等特点；③阿拉伯数字，用以表示钢中主要化学元素含量(质量百分数)或产品的主要性能参数或代号。

2. 中国钢号表示方法说明　常用的各类主要钢号的表示方法说明见表 12-1，详细内容可参照有关标准。

表 12-1　中国主要钢号表示方法说明

钢　类		钢号举例	表示方法说明
普通质量碳素结构钢		Q235A・F	Q 代表钢的屈服强度，其后数字表示屈服强度值(MPa)，必要时数字后标出质量等级(A、B、C、D、E)和脱氧方法(F、b、Z)
碳素铸钢		ZG200—400	ZG 代表铸钢，第一组数字代表屈服强度值(200MPa)，第二组数字代表抗拉强度值(400MPa)
结构钢	优质碳素结构钢	08F，45，40Mn 20g	钢号头两位数以平均万分数表示碳的质量分数；Mn 含量较高的钢在数字后标出“Mn”，脱氧方法或专业用钢也应在数字后标出
结构钢	合金结构钢	20Cr，40CrNiMoA 60Si2Mn	钢号头两位数以平均万分数表示碳的质量分数；其后为钢中主要合金元素符号，它的含量以百分之几数字标出，若其含量＜1.5%不标，当其含量≥1.5%，≥2.5%…则相应数字为 2，3…；若为高级优质钢，则在钢号最后标“A”
结构钢	低合金高强度结构钢	16Mn，16MnR，Q390E	表示方法同于合金结构钢，专业用钢在其后标出缩写字母(16MnR)，新标准(GB/T 1591—1914)表示方法同于普通质量碳素结构钢(如 Q390E)
工具钢	碳素工具钢	T8，T8Mn，T8A	T 代表碳素工具钢，其后数字以平均千分数表示的碳的质量分数，含 Mn 量较高者在数字后标出“Mn”，高级优质钢标出“A”
工具钢	合金工具钢	9SiCr CrWMn	当平均 w_C≥1.0%时不标；平均 w_C＜1.0%时，以千分之几数字标出，合金元素及含量表示方法基本上与合金结构钢相同
工具钢	高速工具钢	W6Mo5Cr4V2	钢号中一般不标出碳含量，只标合金元素及含量，方法同于合金工具钢
滚动轴承钢		GCr15 GCr15SiMn	G 代表滚动轴承钢，碳含量不标出，含 Cr 量以千分之几数字标出，其他合金元素及含量表示同于合金结构钢
不锈钢		1Cr18Ni9 0Cr18Ni9 00Cr19Ni13Mo3	钢号中含碳量以千分数质量分数标出，若 w_C≤0.03%或≤0.08%者，钢号前以“00”或“0”标出，合金元素及含量表示同于合金结构钢

四、结构钢

结构钢是品种最多、用途最广、使用量最大的一类钢，按其主要用途一般分为工程结构用钢和机械制造用钢（或机械结构用钢）两大类。

工程结构用钢主要用于各种工程结构（如建筑、桥梁、船舶、石油化工等）和机械产品中要求不高的结构零件，它们大多是普通质量钢，其冶炼较简单、成本低廉、工艺性能（如冷成形性、焊接性）优良，适合于工程结构用钢量大的特点。此类钢在多数情况下不进行热处理而直接在热轧空冷（正火）状态下使用。

机械制造用钢主要用于制造各种机械零件（如轴、齿轮、弹簧、轴承等），它们通常是优质钢或特殊质量钢（高级优质钢），性能要求一般比工程结构钢高，故通常需经热处理后使用。结构钢按其主要用途、热处理和性能特点不同，可分为碳素结构钢、低合金结构钢、表面硬化钢、调质钢、弹簧钢、滚动轴承钢和超高强度钢等。

（一）碳素结构钢

1. 普通质量碳素结构钢　简称碳素结构钢，约占钢总产量的70%左右，其碳含量较低（w_C =0.06%~0.38%），对性能要求及硫、磷和其他残余元素含量的限制较宽。大多用做工程结构钢，一般是热轧成钢板或各种型材（如圆钢、方钢、工字钢、钢筋等）供应；少部分也用于要求不高的机械结构。该类钢常在供应状态下使用，必要时可根据需要进行锻造、焊接成形和热处理调整性能。表12-2列出了这类钢的牌号、化学成分、力学性能及应用举例。

表12-2 （普通）碳素结构钢的牌号、成分、性能与应用

牌号	等级	化学成分（%）			脱氧方法	力学性能			应用举例
		w_C	w_S	w_P		σ_s/MPa	σ_b/MPa	δ_5（%）	
Q195	—	0.06~0.12	≤0.050	≤0.045	F、b、Z	195	315~390	≥33	承受载荷不大的金属结构件、铆钉、垫圈、地脚螺栓、冲压件及焊接件
Q215	A	0.09~0.15	≤0.050	≤0.045	F、b、Z	215	335~410	≥31	
	B		≤0.045						
Q235	A	0.14~0.22	≤0.050	≤0.045	F、b、Z	235	375~460	≥26	金属结构件、钢板、钢筋、型钢、螺栓、螺母、短轴、心轴，Q235C、D可用作重要焊接结构件
	B	0.12~0.20	≤0.045						
	C	≤0.18	≤0.040	≤0.040	Z				
	D	≤0.17	≤0.035	≤0.035	TZ				
Q255	A	0.18~0.28	≤0.050	≤0.045	Z	255	410~510	≥24	强度较高，用于制造承受中等载荷的零件如键、销、转轴、拉杆、链轮、链环片等
	B		≤0.045						
Q275	—	0.28~0.38	≤0.050	≤0.045	Z	275	490~610	≥20	

碳素结构钢的新旧标准差别很大，在分类、钢号特征、性能要求及交货条件等方面有很大的不同。旧标准(GB 700—1979)中称为普通碳素钢，这套分类体系在我国已实行了几十年，有着相当深的影响，应注意旧标准与现行新标准(GB/T 700—1988)之间的对比。在新国标中，这类钢主要保证力学性能，故其牌号首先体现了力学性能，如Q235表示其屈服强度(Q字母)为235MPa；若其后标注了A、B、C、D(如Q235A)，则表示钢材质量等级的不同，含S、P量依次降低、质量依次提高；若需表明脱氧方法，则应在牌号后标出F(沸腾钢)、b(半镇静钢)，不标F、b便是镇静钢，(如Q235—A·F、Q255A等)。

2. 优质碳素结构钢　这类钢必须同时保证化学成分和力学性能，其牌号体现化学成分。它的硫、磷含量较低($w_{S、P}$均不大于0.035%)，夹杂物也较少，综合力学性能优于普通碳素结构钢，通常以热轧材、冷轧(拉)材或锻材供应，主要作为机械制造用钢。为了充分发挥其性能潜力，一般都须经热处理后使用。

优质碳素结构钢的基本性能和应用范围主要取决于钢的碳含量，另外钢中残余锰量也有一定的影响。根据Mn含量不同，分为普通锰含量钢(w_{Mn}=0.25%~0.80%)和较高锰含量钢(w_{Mn}=0.70%~1.2%)两组。由于锰能改善钢的淬透性、强化固溶体及抑制硫的热脆作用，因此较高锰含量钢的强度、硬度、耐磨性及淬透性较优，而其塑性、韧性几乎不受影响。表12-3列举了优质碳素结构钢的牌号、力学性能和应用举例。

(二) 低合金结构钢

低合金结构钢是在普通碳素结构钢的基础上添加合金元素(合金元素总量不超过5%,一般在3%以下)而得到的，主要用于制造桥梁、船舶、车辆、锅炉、高压容器、输油输气管道、大型钢结构等。与普通碳素结构钢相比，这类钢具有：①较高的强度、屈强比和足够的塑性、韧性；②良好的焊接性和冷塑性加工性；③含有耐大气和海水腐蚀的元素(如Cu、P)或细化晶粒的元素(如Ti、V)，故具有一定的耐蚀性、较低的韧脆转变温度和低的时效敏感性。这类钢主要包括低合金高强度结构钢和低合金耐候钢。

表12-3　优质碳素结构钢的牌号、力学性能和用途

钢号	力学性能(不小于)					应用举例
	σ_s/MPa	σ_b/MPa	δ_5(%)	ψ(%)	A_K/J	
08F	175	295	35	60	—	低碳钢强度、硬度低，塑性、韧性高，冷塑性加工性和焊接性优良，切削加工性欠佳，热处理强化效果不够显著。其中碳含量较低的钢如08(F)、10(F)常轧制成薄钢板，广泛用于深冲压和深拉延制品；碳含量较高的钢(15~25钢)可用做渗碳钢，用于制造表硬心韧的中小尺寸的耐磨零件
08	195	325	33	60	—	
10F	185	315	33	55	—	
10	205	335	31	55	—	
15F	205	355	29	55	—	
15	225	375	27	55	—	
20	245	410	25	55	—	
25	275	450	23	50	71	

（续）

钢号	力学性能（不小于）					应用举例
	σ_s/MPa	σ_b/MPa	δ_5(%)	ψ(%)	A_K/J	
30	295	490	21	50	63	中碳钢的综合力学性能较好，热塑性加工性和切削加工性较佳，冷变形能力和焊接性中等；多在调质或正火状态下使用，还可用于表面淬火处理以提高零件的疲劳性能和表面耐磨性。其中45钢应用最广泛
35	315	530	20	45	55	
40	335	570	19	45	47	
45	355	600	16	40	39	
50	375	630	14	40	31	
55	380	645	13	35	—	
60	400	675	12	35	—	高碳钢具有较高的强度硬度、耐磨性和良好的弹性，切削加工性中等，焊接性能不佳，淬火开裂倾向较大；主要用于制造弹簧、轧辊和凸轮等耐磨件与钢丝绳等，其中65钢是一种常用的弹簧钢
65	410	695	10	30	—	
70	420	715	9	30	—	
75	880	1080	7	30	—	
80	930	1080	6	30	—	
85	980	1130	6	30	—	
15Mn	245	410	26	55	—	应用范围基本同于相对应的普通锰含量钢，但因淬透性和强度较高，可用于制作截面尺寸较大或强度要求较高的零件，其中以65Mn最常用
20Mn	275	450	24	50	—	
25Mn	295	490	22	50	71	
30Mn	315	540	20	45	63	
35Mn	335	560	19	45	55	
40Mn	355	590	17	45	47	
45Mn	375	620	15	40	39	
50Mn	390	645	13	40	31	
60Mn	410	695	11	35	—	
65Mn	430	735	9	30	—	
70Mn	450	785	8	30	—	

注：表中数据摘自GB/T 699—1999，A_K为调质处理值，其他力学性能多为正火处理值，试样毛坯尺寸为25mm。

1. 低合金高强度钢　低合金高强度钢HSLA（High Strength, Low Alloy Steel）曾称普低钢。表12-4列出了其中几种具有代表性的低合金高强度结构钢的牌号（GB 1591—1988、GB/T 1591—1994新、旧标准对比）与用途举例。

表12-4　低合金高强度结构钢的牌号（新、旧标准）与用途举例

新标准（GB/T 1591—1994）	旧标准（GB/1591—1988）	主要用途
Q295（A、B）	09MnV、09MnNb 09Mn2、12Mn	桥梁、车辆、锅炉、容器
Q345（A～E）	09MnCuPTi、10MnSiCu、12MnV 14MnNb、16Mn、16MnRE	桥梁、车辆、压力容器、化工容器、船舶、建筑结构
Q390（A～E）	10MnPNbRE、15MnV、 15MnTi、16MnNb	桥梁、船舶、压力容器、电站设备、起重设备、管道

（续）

新标准(GB/T 1591—1994)	旧标准(GB/1591—1988)	主 要 用 途
Q420(A～E)	15MnVN、14MnVTiRE	大型桥梁、高压容器、大型船舶
Q460(C、D、E)	—	大型重要桥梁、大型船舶

（1）性能要求。①高强度，屈服强度一般在300MPa以上，高于普通碳素结构钢；②足够的塑性、韧性及低温韧性；③良好的焊接性和冷、热塑性加工性能。

（2）成分特点

1）低碳，碳含量$w_C \leqslant 0.2\%$，以满足塑性和韧性、焊接性和冷塑性加工性能的要求。

2）低合金：主加合金元素为锰，Mn具有明显的固溶强化、细化铁素体和珠光体尺寸、增加珠光体的相对量及抑制硫的有害作用，故Mn既是强化元素、又是韧化元素；辅加合金元素为V、Ti、Nb、Al等强碳(氮)化合物形成元素，所产生的细小化合物质点既可通过弥散强化进一步提高强度，又可细化钢基体晶粒而起到细晶强韧化(尤其是韧化)作用；其他特殊元素如Cu、P提高了耐大气腐蚀能力，微量稀土元素RE可起到脱硫、去气、改善夹杂物形态与分布的作用，从而进一步提高钢的力学性能和工艺性能。

（3）热处理特点。这类钢大多在热轧空冷状态下使用。考虑到零件加工特点，有时也可在正火、正火+高温回火或冷塑性变形状态下使用。

（4）典型钢号。Q345(16Mn)和Q420(15MnVN)，与普通碳素结构钢Q235相比屈服强度分别提高到了345MPa和420MPa。如武汉长江大桥采用Q235钢制造，其主跨跨度为128m；南京长江大桥采用Q345(16Mn)钢制造，其主跨跨度增加到160m；而九江长江大桥采用Q420(15MnVN)钢制造，其主跨跨度提高到216m。

2. 低合金耐候钢　即耐大气、海水腐蚀钢，又称低合金耐蚀钢，它是在普通低碳钢基础上加入少量的Cu、Cr、Ni、P等合金元素，提高钢基体的电极电位并在其表面形成一层保护膜，以改善钢材的耐候性(耐蚀性)。列入国家标准的低合金耐候钢有：焊接结构用耐候钢，如16CuCr、15MnCuCr等；高耐候性结构钢，如09CuP、09CuPCrNi等。

（三）表面硬化钢

表面硬化钢适于制造通过某种表面热处理工艺使零件表面坚硬耐磨而心部韧性适当(即表硬心韧)的零件，由于表层通常还伴有较高的残余压应力，故疲劳性能也可显著提高。这类零件主要是在摩擦力、交变接触应力、弯曲扭转应力和冲击载荷条件下工作，如汽车和机床齿轮、发动机曲轴、凸轮轴等。根据获取表硬心韧的表面热处理工艺不同，这类钢可分为渗碳钢、渗氮钢和表面淬火用钢(含低淬透性钢)三类，其中以渗碳钢最重要。

1. 渗碳钢　渗碳钢是指经渗碳(或碳氮共渗)淬火、低温回火后使用的钢，一般为低碳优质碳素结构钢(如15、20钢)和低碳合金结构钢(如20CrMnTi)，主要用于制造要求高耐磨性、承受高接触应力和冲击载荷的重要零件。

(1) 性能要求。①表层高硬度(≥58HRC)和高耐磨性；②心部良好强韧性；③优良的热处理工艺性能，如较好的淬透性以保证渗碳件的心部性能，在高的渗碳温度(一般930℃)和长的渗碳时间下奥氏体晶粒长大倾向小，以便于渗碳后直接淬火。

(2) 成分特点

1) 低碳，一般 $w_C=0.1\%\sim0.25\%$，以保证零件心部足够的塑性和韧性，抵抗冲击载荷。

2) 合金元素：主加合金元素为Cr、Mn、Ni、B等，以提高渗碳钢的淬透性，保证零件的心部为低碳马氏体，从而具有足够的心部强度；辅加合金元素为微量的Mo、W、V、Ti等强碳化物形成元素，以形成稳定的特殊合金碳化物阻止渗碳时奥氏体晶粒长大。

(3) 热处理特点。渗碳钢的热处理是渗碳后直接淬火加低温回火，但对渗碳时晶粒长大倾向大的钢种(如20、20MnB等)或渗碳性能要求较高的零件，也可采用渗碳缓冷后重新加热淬火工艺，但此举生产周期加长、成本增高。渗碳件热处理后其表层组织为细针状回火高碳马氏体+粒状碳化物+少量残留奥氏体，硬度一般为58~64HRC；心部组织依据钢的淬透性不同为铁素体+托氏体，或低碳马氏体，硬度为35~45HRC。由于渗碳工艺的温度高、时间长，故渗碳件的变形较大，零件尺寸精度要求高时应进行磨削精加工。

(4) 常用渗碳钢。常用主要渗碳钢的牌号、推荐热处理工艺、力学性能和用途见表12-5(其成分详见相关标准)。按其淬透性(或强度等级)不同，渗碳钢可分为三大类：

1) 低淬透性渗碳钢，即低强度渗碳钢(强度级别 $\sigma_b<800\text{MPa}$)。这类钢水淬临界直径一般在20~35mm，典型钢种有20、20Cr、20Mn2、20MnV等，只适合于制造对心部性能要求不高的、承受轻载的小尺寸耐磨件，如小齿轮、活塞销、链条等。

2) 中淬透性渗碳钢，即中强度渗碳钢(强度级别 $\sigma_b=800\sim1200\text{MPa}$)。这类钢油淬临界直径在25~60mm，典型钢种为20CrMnTi、20CrMnMo等。因淬透性较高、力学性能和工艺性能良好，故而大量用于制造承受高速中载、冲击和剧烈摩擦条件下工作的零件，如汽车与拖拉机变速齿轮、离合器轴等。

表 12-5　常用主要渗碳钢牌号、热处理、性能与用途

种类	钢　号	热处理工艺				力学性能(不小于)					用途举例
		渗碳温度	第一次淬火温度/℃	第二次淬火温度/℃	回火温度/℃	σ_s/MPa	σ_b/MPa	δ_5(%)	ψ(%)	a_K/J·cm^{-2}	
低淬透性渗碳钢	15	900～950℃	~920 空气	—		225	375	27	55	—	形状简单、受力小的小型渗碳件
低淬透性渗碳钢	20	900～950℃	~900 空气	—		245	410	25	55	—	形状简单、受力小的小型渗碳件
低淬透性渗碳钢	20Mn2	900～950℃	850 水、油	—	200 水、空气	590	785	10	40	47(60)	代替 20Cr
低淬透性渗碳钢	15Cr	900～950℃	880 水、油	780 水 ~820 油	200 水、空气	490	735	11	45	55(70)	船舶主机螺钉、活塞销、凸轮、机车小零件及心部韧性高的渗碳零件
低淬透性渗碳钢	20Cr	900～950℃	880 水、油	780 水 ~820 油	200 水、空气	540	835	10	40	47(60)	机床齿轮、齿轮轴、蜗杆、活塞销及汽门顶杆等
低淬透性渗碳钢	20MnV	900～950℃	880 水、油	—	200 水、空气	590	785	10	40	55(70)	代替 20Cr
中淬透性渗碳钢	20CrMnTi	900～950℃	880 油	870 油	200 水、空气	853	1080	10	45	55(70)	工艺性优良，作汽车、拖拉机的齿轮、凸轮，是 Cr-Ni 钢代用品
中淬透性渗碳钢	20Mn2B	900～950℃	880 油	—	200 水、空气	785	980	10	45	55(70)	代替 20Cr、20CrMnTi
中淬透性渗碳钢	12CrNi3	900～950℃	860 油	780 油	200 水、空气	685	930	11	50	71(90)	大齿轮、轴
中淬透性渗碳钢	20CrMnMo	900～950℃	850 油	—	200 水、空气	885	1175	10	45	55(70)	代替含镍较高的渗碳钢作大型拖拉机齿轮、活塞销等大截面渗碳件
中淬透性渗碳钢	20MnVB	900～950℃	860 油	—	200 水、空气	885	1080	10	45	55(70)	代替 20CrMnTi、20CrNi
高淬透性渗碳钢	12Cr2Ni4	900～950℃	860 油	780 油	200 水、空气	835	1080	10	50	71(90)	大齿轮、轴
高淬透性渗碳钢	20Cr2Ni4	900～950℃	880 油	780 油	200 水、空气	1080	1175	10	45	63(80)	大型渗碳齿轮、轴及飞机发动机齿轮
高淬透性渗碳钢	18Cr2Ni4WA	900～950℃	950 空气	850 空气	200 水、空气	835	1175	10	45	78(100)	同 20Cr2Ni4，作高级渗碳零件

注：力学性能试验用试样尺寸：碳钢直径 25mm；合金钢直径 15mm。

3）高淬透性渗碳钢，即高强度渗碳钢（强度级别 $\sigma_b>1200\text{MPa}$）。这类钢的油淬临界直径在 100mm 以上，典型钢种 18Cr2Ni4WA，主要用于制造大截面的、承受高载及要求高耐磨性与良好韧性的重要零件，如飞机、坦克的曲轴与齿轮。

2. 渗氮钢　与渗碳表面硬化钢相比，渗氮钢的性能特点有：①极高的表面硬度与耐磨性，咬合与擦伤倾向小；②疲劳性能大幅提高，零件缺口敏感性大大降低；③有一定的耐热性（在低于渗氮温度下可保持较高的硬度）和一定的耐蚀性；④由于渗氮温度较低（470～570℃），故热处理变形小，适合于尺寸精度要求较高的零件（如机床丝杆、镗杆等）。

通过渗氮处理来改善性能的钢种与零件（包括某些铸铁）很多，从碳钢到合金钢、从低碳钢到高碳钢、从结构钢到工具钢甚至特殊性能钢均可。但渗氮性能和质量优良的专用渗氮钢多为碳含量偏下限的中碳铬钢，典型的有 38CrMoAlA。表 12-6 列举了国内外几种主要的渗氮钢化学成分。

表 12-6　主要渗氮钢牌号与成分

牌号		化学成分质量分数（%）					
		C	Mn	Si	Cr	Mo	Al
中国钢号	38CrMoAlA	0.38～0.42	0.30～0.60	0.20～0.45	1.35～1.65	0.15～0.25	0.70～1.10
美国钢号	125（H）	0.20～0.30	0.40～0.70	0.20～0.40	0.9～1.4	0.15～0.25	0.85～1.20
	135（G）	0.30～0.40	0.40～0.70	0.20～0.40	0.9～1.4	0.15～0.25	0.85～1.20
	135（飞机）	0.38～0.45	0.40～0.70	0.20～0.40	1.40～1.80	0.30～0.45	0.85～1.20

3. 表面淬火钢　传统上表面淬火钢采用的是中碳碳素结构钢（如 45 钢）和中碳合金结构钢（如 40Cr）等调质钢制造，其 w_C 大多在 0.40%～0.50% 范围内，这对圆柱形或形状简单的零件可获得较均匀的表面硬化层。但对形状较复杂的零件（如齿轮）采用一般的调质钢表面淬火，其表层硬化层很难沿零件轮廓均匀分布；中小模数齿轮的整个齿心部硬度往往超过 50HRC，承受冲击载荷时轮齿常常脆性折断。为保证心部韧性，必须降低表面淬火钢的淬透性，由此研制的钢即为低淬透性钢。

低淬透性钢（如 55Tid）的成分特点是：降低钢中对淬透性有提高作用的常存杂质元素 Si、Mn 和残余元素 Cr、Ni 等含量；并适当加入强碳化物形成元素 Ti（$w_{Ti}=0.1\%\sim0.3\%$）来进一步降低淬透性，并保证晶粒细小。用低淬透性钢表面淬火代替渗碳钢渗碳淬火，其工艺过程简单，零件生产成本下降，且零件使用性能与寿命有可能提高，在变速箱二、三速齿轮上已有成功的应用。

（四）调质钢

经调质处理（淬火＋高温回火）得到回火索氏体组织，从而具有优良的综合力学性能（即强度和韧性的良好配合）的中碳钢（碳钢与合金钢），即称为调质钢。

它主要用于制造受力复杂(交变应力、冲击载荷等)的重要零件，如发动机连杆、曲轴、机床主轴等。此类钢是机械制造用钢的主体。

1. 成分特点　钢中碳与合金元素的含量及作用为：

(1) 碳含量。w_C = 0.25%~0.5%中碳范围，多为0.4%左右，以保证调质处理后优良的强度与韧性的配合。

(2) 合金元素

1) 主加元素Mn、Si、Cr、Ni、B等，其主要作用是提高调质钢的淬透性，如40钢的水淬临界直径仅为10~15mm，而40CrNiMo钢的油淬临界直径便已超过了70mm；次要作用是溶入固溶体(铁素体)起固溶强化作用。

2) 辅加元素为Mo、W、V等强碳化物形成元素，其中Mo、W的主要作用是抑制含Cr、Ni、Mn、Si等合金调质钢的第二类(高温)回火脆性，次要作用是进一步改善了淬透性；V的主要作用是形成碳化物阻碍奥氏体晶粒长大，起细晶强韧化和弥散强化作用。

2. 热处理特点　包括预先热处理和最终热处理。

(1) 预先热处理。其主要目的是保证零件的切削加工性能，依据其碳含量和合金元素的种类、数量不同，可进行正火处理(碳及合金元素含量较低，如40钢)、退火处理(碳及合金元素含量较高，如42CrMo)及正火+高温回火处理(淬透性高的调质钢如40CrNiMo)。

(2) 最终热处理。即淬火+高温回火，淬火介质和淬火方法根据钢的淬透性和零件的形状尺寸选择确定。回火温度的选择取决于调质零件的硬度要求，由于零件硬度可间接反映强度与韧性，故技术文件上一般仅规定硬度数值，只有很重要的零件才规定其他力学性能指标。调质硬度的确定，应考虑到零件的工作条件、制造工艺要求、生产批量特点及形状尺寸等因素。当调质零件还有高耐磨性要求并希望进一步提高疲劳性能时，可在调质处理后进行渗氮处理、表面淬火强化和表面形变强化(如曲轴轴颈的滚压强化)。

3. 常用调质钢　相应国标(如GB/T 699—1999)中所列的中碳钢均可作为调质钢使用，表12-7为部分常用调质钢的牌号、推荐热处理工艺、性能和用途。

4. 调质零件用钢的新发展　近年来，为了节约能源、简化工艺、降低成本，发展了不进行调质处理而是通过调整钢的成分和控制工艺来获得高强韧性组织的钢材。

(1) 中碳微合金化非调质钢。通过控制锻造(锻造温度、锻造比及锻后冷却速度)获得具有高强韧性的钢材，即是非调质钢，也称微合金锻造钢、控制轧制钢。此类钢的成分特点是：在中碳钢(w_C = 0.30%~0.50%)中加入微量V、Ti、Nb等强化物形成合金元素(一般含量$w_{合}$ = 0.10%左右，通常是加V)，其主要作用是形成细小弥散的特殊碳化物质点，在加热时阻碍奥氏体晶粒长大，起细晶强韧化和弥散强化作用；适当提高其含锰量（$w_{Mn}=0.8\%\sim1.5\%$），作用同于在低合金高强钢中的作用；由于在锻造后直接进行机加工，故通常还含有微量易切削元素硫、铅。在一些发达国家，非调质钢已成功用于汽车连杆、曲轴；国内也有一些应用报道，其经济效益显著，发展前景广阔。表 12-8 为部分非调质钢与 45 钢调质、正火处理后力学性能的比较，由此可见非调质钢具有优良的综合力学性能。

表 12-7 常用调质钢的牌号、热处理、性能和用途

种类	钢号	热处理		力学性能（不小于）					用途举例
		淬火温度/℃	回火温度/℃	σ_s/MPa	σ_b/MPa	δ_5（%）	ψ（%）	A_K/J	
低淬透性调质钢	45	840 水	600 空	335	600	16	40	39	形状简单、尺寸较小、中等韧性零件，如主轴、曲轴、齿轮
	40Mn	840 水	600 水、油	355	590	15	45	47	比 45 钢强韧性要求稍高的调质件
	40Cr	850 油	520 水、油	785	980	9	45	47	重要调质件，如轴类、连杆螺栓、齿轮
	45Mn2	840 油	550 水、油	735	885	10	45	47	代替 $\phi<50$mm 的 40Cr 作重要调质件
	40MnB	850 油	500 水、油	785	980	10	45	47	
	40MnVB	850 油	520 水、油	785	980	10	45	47	可代替 40Cr 及部分代替 40CrNi
	35SiMn	900 水	570 水、油	735	885	15	45	47	除低温韧性稍差外，可全面代替 40Cr 和部分代替 40CrNi
中淬透性调质钢	40CrNi	820 油	520 水、油	785	980	10	45	55	作较大截面和重要的曲轴、主轴、连杆
	40CrMn	840 油	550 水、油	835	980	9	45	47	代 40CrNi 作冲击载荷不大零件
	35CrMo	850 油	550 水、油	835	980	12	45	63	代 40CrNi 作大截面重要零件
	30CrMnSi	880 油	520 水、油	885	1080	10	45	39	高强度钢，作高速载荷轴、齿轮
	38CrMoAlA	940 水、油	640 水、油	835	980	14	50	71	高级渗氮化，作重要丝杆、镗杆、蜗杆、高压阀门
高淬透性调质钢	37CrNi3	820 油	500 水、油	980	1130	10	50	47	高强韧性的大型重要零件
	25Cr2Ni4WA	850 油	550 水	930	1080	11	45	71	受冲击载荷的高强度大型重要零件，也可作高级渗碳钢
	40CrNiMoA	850 油	600 水、油	835	980	12	55	78	高强度韧性大型重要零件，如飞机起落架、航空发动机轴
	40CrMnMo	850 油	600 水、油	785	980	10	45	63	部分代替 40CrNiMoA

注：力学性能试验用毛坯试样直径尺寸：除 38CrMoAlA（30mm）外均为 25mm。

表 12-8　非调质钢与 45 钢力学性能比较

钢　号	σ_s/MPa	σ_b/MPa	δ(%)	ψ(%)	α_K/J·cm^{-2}
45MnV	634	944	15	50	57.8
35Mns	500	794	20	44	61.0
45(正火)	353	598	16	40	49.0
45(调质)	490	686	17	45	51.0

(2) 低碳马氏体钢。低碳马氏体是具有高密度位错的板条马氏体，其内部有自回火或低温回火析出的细小弥散的碳化物，并有少量的残留奥氏体薄膜，因而具有高的强韧性。低碳马氏体钢，即是指低碳钢或低碳合金结构钢经淬火+低温回火后使用的钢材，此时不仅具有高强度与良好塑性、韧性相结合的特点(常规力学性能甚至优于调质钢)，而且具有低的缺口敏感性、低的韧脆转变温度和优良的冷成形性、焊接性。表 12-9 列举了部分低碳马氏体钢淬火+低温回火后和调质钢的力学性能。采用低碳马氏体钢代替调质钢具有显著的经济效益，在我国已成功地用于石油钻机用吊环、吊卡，汽车用高强度螺栓，矿用圆环链等重要零件。

表 12-9　部分低碳马氏体钢与调质钢力学性能

钢　号	热处理工艺	HRC	σ_s/MPa	σ_b/MPa	δ_5(%)	ψ(%)	α_K/J·cm^{-2}
20	910℃水淬+200℃回火	44	1310	1530	11.1	45	41
20Cr	880℃水淬+200℃回火	45	1200	1450	10.5	49	71
20MnV	880℃水淬+200℃回火	45	1245	1435	12.4	52.5	83
15MnVB	880℃水淬+200℃回火	43	1133	1353	12.6	51	95
45	840℃水淬+600℃回火	36	495	686	16	40	56.0

(五) 弹簧钢

弹簧钢是专门用来制造各种弹簧和弹性元件或类似性能要求的结构零件的主要材料。在各种机械系统中，弹簧的主要作用是通过弹性变形储存能量(即弹性变形功)，从而传递力(或能)和机械运动或减缓机械振动与冲击，如汽车、火车上的各种板弹簧和螺旋弹簧、仪表弹簧等，通常是在长期的交变应力下承受拉压、扭转、弯曲和冲击条件下工作。

1. 性能要求　①高的弹性极限 σ_e 和屈强比 σ_s/σ_b，以保证优良的弹性性能，即吸收大量的弹性能而不产生塑性变形；②高的疲劳极限，疲劳是弹簧的最主要破坏形式之一，疲劳性能除与钢的成分结构有关以外，还主要地受钢的冶金质量(如非金属夹杂物)和弹簧表面质量(如脱碳)的影响；③足够的塑性和韧性，以防止冲击断裂；④其他性能，如良好的热处理和塑性加工性能，特殊条件下工作的耐热性或耐蚀性要求等。

2. 成分特点　钢中碳与合金元素的含量及作用为：

（1）中、高碳。一般碳素弹簧钢 $w_C = 0.6\% \sim 0.9\%$，合金弹簧钢 $w_C = 0.45\% \sim 0.70\%$，经淬火加中温回火后得到回火托氏体组织，能较好地保证弹簧的性能要求。近年来，又开发应用了综合性能优良的低碳马氏体弹簧钢，在淬火、低温回火的板条马氏体组织下使用。

（2）合金元素。普通用途的合金弹簧钢一般是低合金钢。主加元素为 Si、Mn、Cr 等，其主要作用是提高淬透性和回火稳定性、固溶强化基体；辅加元素为 Mo、W、V 等强碳化物形成元素，主要作用有防止 Si 引起的脱碳和 Mn 引起的过热，并提高回火稳定性及耐热性等。特殊用途的弹簧因有耐高低温、耐蚀、抗磁等方面的特殊性能要求，必须选用特殊弹性材料，包括高合金钢和弹性合金；高合金弹簧钢包括不锈钢、耐热钢、高速钢等，其中不锈钢应用广。

3. 常用弹簧钢　表 12-10 为我国常用弹簧钢的牌号、性能特点和主要用途，其成分、热处理工艺和力学性能可参照有关国家标准(如 GB/T 1222—1984)。

表 12-10　常用主要弹簧钢的牌号性能特点与用途

种类		钢号	性能特点	主要用途
碳素弹簧钢	普通 Mn 量	65、70、85	硬度、强度、屈强比高，但淬透性差，耐热性不好，承受动载和疲劳载荷的能力低	价格低廉，多应用于工作温度不高的小型弹簧(<12mm)或不重要的较大弹簧
	较高 Mn 量	65Mn	淬透性、综合力学性能优于碳钢，但对过热比较敏感	价格低，用量大，制造各种小截面(<15mm)的扁簧、发条、减振器与离合器簧片，刹车轴等
合金弹簧钢	Si-Mn 系	55Si2Mn 60Si2Mn 55SiMnVB	强度高、弹性好，抗回火稳定性佳；但易脱碳和石墨化。含 B 钢淬透性明显提高	主要的弹簧钢类，用途很广，可制造各种中等截面(<25mm)的重要弹簧，如汽车、拖拉机板簧、螺旋弹簧等
	Cr 系	50CrVA 60CrMnA 60CrMnMoA 60Si2CrA 60Si2CrVA	淬透性优良、回火稳定性高、脱碳与石墨化倾向低；综合力学性能佳，有一定的耐蚀性，含 V、Mo、W 等元素的弹簧具有一定的耐高温性；由于均为高级优质钢，故疲劳性能进一步改善	用于制造载荷大的重型大型尺寸(50～60mm)的重要弹簧，如发动机阀门弹簧、常规武器取弹钩弹簧、破碎机弹簧；耐热弹簧，如锅炉安全阀弹簧、喷油嘴弹簧、气缸胀圈等

1）碳素弹簧钢(即非合金弹簧钢)。其价格便宜但淬透性较差，适合于截面尺寸较小的非重要弹簧，其中以 65、65Mn 最常用。

2）合金弹簧钢。根据主加合金元素种类不同可分为两大类：Si-Mn 系弹簧钢和 Cr 系弹簧钢。前者淬透性较碳钢高，价格不很昂贵，故应用最广，主要用于截面尺寸不大于25mm的各类弹簧，60Si2Mn是其典型代表；后者的淬透性较好，综合力学性能高，弹簧表面不易脱碳，但价格相对较高，一般用于截面尺寸较大的重要弹簧，50CrVA是其典型代表。

4. 热处理特点　弹簧钢的热处理取决于弹簧的加工成形方法，一般可分为热成形弹簧和冷成形弹簧两大类：

1）热成形弹簧。对截面尺寸 >10mm 各种大型和形状复杂的弹簧均采用热成形(如热轧、热卷)，如汽车、拖拉机、火车的板簧和螺旋弹簧。其简明加工路线为：扁钢或圆钢下料→加热压弯或卷绕→淬火中温回火→表面喷丸处理，使用状态组织为回火托氏体。喷丸可强化表面并提高弹簧表面质量，显著改善疲劳性能。近年来，热成形弹簧也可采用等温淬火获得下贝氏体，或采用形变热处理，对提高弹簧的性能和寿命也有较明显的作用。

2）冷成形弹簧。截面尺寸 <10mm 的各种小型弹簧可采用冷成形(如冷卷、冷轧)，如仪表中的螺旋弹簧、发条及弹簧片等。这类弹簧在成形前先进行冷拉(冷轧)、淬火中温回火或铅浴等温淬火后冷拉(轧)强化；然后再进行冷成形加工，此过程中将进一步强化金属，但也产生了较大的内应力和脆性，故在其后应进行低温去应力退火(一般200~400℃)。

（六）滚动轴承钢

滚动轴承钢是用于制造各种滚动轴承的滚动体(滚珠、滚柱)和内外套圈的专用钢种，也可用于制作精密量具、冷冲模、机床丝杆及油泵油嘴的精密偶件，如针阀体、柱塞等耐磨件。

1. 性能要求　由于滚动轴承要承受高达3000~5000MPa的交变接触应力和极大的摩擦力，还将受到大气、水及润滑剂的浸蚀，其主要损坏形式有接触疲劳(麻点剥落)、磨损和腐蚀等。故对滚动轴承钢提出的主要性能要求有：①高的接触疲劳极限和弹性极限；②高的硬度和耐磨性；③适当的韧性和耐蚀性。

2. 成分特点　传统的滚动轴承钢是高碳低铬钢，它是轴承钢的主要材料，其成分特点：

（1）高碳。一般 $w_C = 0.95\% \sim 1.15\%$，用以保证轴承钢的高硬度和高耐磨性。

（2）合金元素。一般是低合金钢，其基本元素是铬，且 $w_{Cr} = 0.40\% \sim 1.65\%$，它的主要作用是增加钢的淬透性，并形成合金渗碳体 $(Fe、Cr)_3C$ 提高接触疲劳极限和耐磨性。为了制造大型轴承，还需加入Si、Mn、Mo等元素以进一步提高淬透性和强度；对无铬轴承钢还应加入V元素，形成VC以保证耐磨性并细化钢基体晶粒。

（3）高纯度、高均匀性。统计表明：因原材料质量问题而引起的轴承失效高达65%，故轴承钢的杂质含量规定很低($w_S < 0.020\%$、$w_P < 0.027\%$)，夹杂物

级别应低，成分和组织均匀性(尤其是碳化物均匀性)应高，这样才能保证轴承钢的高接触疲劳极限和足够的韧性。

除了传统的铬轴承钢外，生产中还发展了一些特殊目的和用途的滚动轴承钢，如为节省铬资源的无铬轴承钢、抗冲击载荷的渗碳轴承钢、耐蚀用途的不锈轴承钢、耐高温用途的高温轴承钢，其成分特点见相应钢种的国家标准。

3. 常用轴承钢与热处理特点　国际标准 ISO 683/Part 将已纳标的滚动轴承钢分为四大类：高碳铬轴承钢(即全淬透性轴承钢)、渗碳轴承钢、不锈轴承钢和高温轴承钢。我国常用主要轴承钢的类别、牌号、主要特点和用途见表 12-11。

表 12-11　常用主要轴承钢的牌号、特点及用途

类别	钢　号	主要特点	用途举例
高碳铬轴承钢	GCr6	淬透性差，合金元素少而钢价低，工艺简单	一般工作条件下的小尺寸(＜20mm)的各类滚动体
	GCr9		
	GCr9SiMn	淬透性有所提高，耐磨性和回火稳定性有所改善	一般工作条件下的中等尺寸的各类滚动体和套圈
	GCr15		
	GCr15SiMn	淬透性高，耐磨性好，接触疲劳性能优良	一般工作条件下的大型或特大型轴承套圈和滚动体
渗碳轴承钢	20CrNiMoA	钢的纯洁度和组织均匀性高，渗碳后表面硬度 58～62HRC，心部硬度 25～40HRC，工艺性能好	承受冲击载荷的中小型滚子轴承，如发动机主轴承
	16Cr2Ni4MoA		
	12Cr2Ni3Mo5A		承受高冲击的和高温下的轴承，如发动机的高温轴承
	20Cr2Ni4A		承受大冲击的特大型轴承和承受大冲击、安全性高的中小型轴承
	20Cr2Mn2MoA		
不锈轴承钢	9Cr18	高的耐蚀性，高的硬度、耐磨性、弹性和接触疲劳性质	制造耐水、水蒸气和硝酸腐蚀的轴承及微型轴承
	9Cr18Mo		
	1Cr18Ni9Ti	极优良的耐蚀性，耐低温性，冷塑性成形性和切削加工性好	车制保持架，高耐蚀性要求的防锈轴承，经渗氮处理后可制作高温、高速、高耐蚀、耐磨的低负荷轴承
	0Cr17Ni7Al		
高温轴承钢	Cr14Mo4V	高温强度、硬度、耐磨性和疲劳性能好，抗氧化性较好，但抗冲击性较差	制造耐高温轴承，如发动机主轴轴承，对结构复杂、冲击负荷大的高温轴承，应采用 12Cr2Ni3Mo5 渗碳钢制造
	W18Cr4V		
	W6Mo5Cr4V2		
	GCrSiWV		
其他轴承钢	50CrVA	中碳合金钢具有较好的综合力学性能(强韧性配合)，调质处理后若进行表面强化，则疲劳性能和耐磨性改善	用于制造转速不高，较大载荷的特大型轴承(主要是内外套圈)，如掘进机、起重机、大型机床上的轴承
	37CrA		
	5CrMnMo		
	30CrMo		

高碳铬轴承钢(如 GCr15)是最常用的轴承钢，其主要热处理是：①预先热处理——球化退火，其目的是改善切削加工性并为淬火作组织准备；②最终热处理——淬火低温回火，其目的是得到高硬度(62 ~66HRC)和高耐磨性。为了较彻底地消除残留奥氏体与内应力、稳定组织、提高轴承的尺寸精度，还可在淬火后进行一次冷处理(≈ -70℃)、在磨削加工后进行低温时效处理等。

(七) 超高强度钢

超高强度钢是一种较新发展的结构材料。随着航天航空技术的发展，对结构轻量化的要求越加突出，这意味着材料应有高的比强度和比刚度。超高强度钢就是在合金结构钢的基础上，通过严格控制材料冶金质量、化学成分和热处理工艺而发展起来的，以强度为首要要求辅以适当韧性的钢种。工程上一般将 $\sigma_s >$ 1380MPa 或 $\sigma_b >$ 1500MPa 的钢称为超高强度钢，主要用于制造飞机起落架、机翼大梁、火箭及发动机壳体与武器的炮筒、枪筒、防弹板等。

1. 性能要求　①很高的强度和比强度(其比强度与铝合金接近)，为保证极高的强度要求，此类钢充分利用了马氏体强化、细晶强化、化合物弥散强化与溶质固溶强化等多种机制的复合强化作用；②足够的韧性，评价超高强度钢韧性的合适指标是断裂韧度，改善韧性的关键是提高钢的纯净度(降低 S、P 杂质含量和非金属夹杂物含量)、细化晶粒(如采用形变热处理)，并减小对碳的固溶强化的依赖程度(故超高强度钢一般是中低碳、甚至是超低碳钢)。

2. 常用牌号及热处理　按化学成分和强韧化机制不同，超高强度钢可分为：低合金超高强度钢、二次硬化型超高强度钢、马氏体时效钢和超高强度不锈钢等四种类型。表 12-12 列举了部分常用超高强度钢的类型与牌号、热处理工艺和力学性能(具体成分见相应国家标准)。

表 12-12　部分超高强度钢类型与牌号、热处理及力学性能

类型与牌号	热处理工艺	$\sigma_{0.2}$/MPa	σ_b/MPa	δ_5(%)	ψ(%)	K_{IC}/MPa·m$^{1/2}$
低合金超高强度钢						
30CrMnSiNi2A	900℃油淬 260℃回火	1430	1795	11.8	50.2	67.1
40CrNi2MoA	840℃油淬 200℃回火	1605	1960	12.0	39.5	67.7
二次硬化型超高强度钢						
4Cr5MoSiV	1010℃空冷 550℃回火	1570	1960	12	42	37
20Ni9Co4CrMo1V	850℃油淬 550℃回火	1340	1380	15	55	143

（续）

类型与牌号	热处理工艺	$\sigma_{0.2}$/MPa	σ_b/MPa	δ_5(%)	ψ(%)	K_{IC}/MPa·$m^{1/2}$
马氏体时效钢 Ni18Co9Mo5TiAl	815℃固溶空冷 480℃时效	1400	1500	15	68	80~180
超高强度不锈钢 0Cr17Ni4Cu4Nb	1040℃水冷 480℃时效	1275	1375	14	50	—

（1）低合金超高强度钢。在合金调质钢基础上发展起来的其碳含量 w_C = 0.30%~0.45%，合金元素总量≤5%左右；常加入Ni、Cr、Si、Mn、Mo、V等元素，其主要作用是提高淬透性、回火稳定性和固溶强化。通常经淬火（或等温淬火）、低温回火处理后，在回火马氏体（或下贝氏体+回火马氏体）组织状态下使用。此类钢的生产成本较低、用途广泛，可制做飞机结构件、固体火箭发动机壳体、炮筒、高压气瓶和高强度螺栓。典型钢种为30CrMnSiNi2A。

（2）二次硬化型超高强度钢。此类钢是通过淬火、高温回火处理后，析出特殊合金碳化物而达到弥散强化（即二次硬化）的超高强度钢。主要包括两类：Cr-Mo-V型中碳中合金马氏体热作模具钢（如4Cr5MoSiV钢）；高韧性Ni-Co型低碳高合金超高强度钢（20Ni9Co4Mo1V钢）。由于是在高温回火状态下使用，故此类钢还具有良好的耐热性。

（3）马氏体时效钢。此类钢是超低碳高合金（Ni、Co、Mo）超高强度钢，具有极佳的强韧性。通过高温固溶处理（820℃左右）得到高合金的超低碳单相板条马氏体，然后再进行时效处理（480℃左右）析出金属间化合物（如 Ni_3Mo）起弥散强化作用；不仅力学性能优良，而且工艺性能良好，但价格昂贵。主要用于固体火箭发动机壳体、高压气瓶等。

（4）超高强度不锈钢。在不锈钢基础上发展起来的超高强度不锈钢，具有较高的强度和耐蚀性；依据其组织和强化机制不同，也可分为马氏体沉淀硬化不锈钢、半奥氏体沉淀硬化不锈钢和马氏体时效不锈钢等。由于其Cr、Ni合金元素含量较高，故其价格也很昂贵，通常用于对强度和耐蚀性都有很高要求的零件。

（八）其他专用结构钢

1. 铸钢 铸钢是冶炼后直接铸造成形而不需锻轧成形的钢种。一些形状复杂、综合力学性能要求较高的大型零件，在加工时难于用锻轧方法成形，在性能上又不允许用力学性能较差的铸铁制造，即可采用铸钢。目前铸钢在重型机械制造、运输机械、国防工业等部门应用广泛。理论上，凡用于锻件和轧材的钢号均可用于铸钢件，但考虑到对铸钢的铸造、焊接和切削加工性能的良好要求，所以铸钢的碳含量一般为 $w_C = 0.15\% \sim 0.60\%$。为了提高铸钢件的性能，也可进行热处理(主要是退火、正火，小件还可进行淬火、回火处理)。生产上的铸钢主要有两大类：碳素铸钢和低合金铸钢。

(1) 碳素铸钢。按用途分为一般工程用碳素铸钢和焊接结构用碳素铸钢。表 12-13 列举了碳素铸钢的牌号(同时给出了对应的旧钢号)、力学性能和用途举例。

表 12-13　碳素铸钢的牌号、性能与用途

种类与钢号		对应旧钢号	力学性能(≥)					用途举例
			σ_s /MPa	σ_b /MPa	δ_5 (%)	ψ (%)	A_{KV}/J	
一般工程	ZG200—400	ZG15	200	400	25	40	30	良好的塑性、韧性、焊接性能，用于受力不大、要求高韧性的零件
	ZG230—450	ZG25	230	450	22	32	25	一定强度和较好韧性、焊接性能，用于受力不大、要求高韧性的零件
	ZG270—500	ZG35	270	500	18	25	22	较高的强韧性，用于受力较大且有一定韧性要有零件，如连杆、曲轴
	ZG310—570	ZG45	310	570	15	21	15	较高的强度和较低的韧性，用于载荷较高的零件，如大齿轮、制动轮
	ZG340—640	ZG55	340	640	10	18	10	高的强度、硬度和耐磨性，用于齿轮、棘轮、联轴器、叉头等
焊接结构	ZG200—400H	ZG15	200	400	25	40	30	由于含碳量偏下限，故焊接性能优良，其用途基本同于 ZG200—400、ZG230—450 和 ZG270—500
	ZG230—450H	ZG20	230	450	22	35	25	
	ZG275—485H	ZG25	275	485	20	35	22	

注：表中力学性能是在正火(或退火)+回火状态下测定。

(2) 低合金铸钢。低合金铸钢是在碳素铸钢的基础上适当提高 Mn、Si 含量，以发挥其合金化的作用；另外还可添加低含量的 Cr、Mo 等合金元素，常用牌号有 ZG40Cr、ZG40Mn、ZG35SiMn 和 ZG35CrMo 等。低合金铸钢的综合力学性能明显优于碳素铸钢，大多用于承受较重载荷、冲击和摩擦的机械零部件，如各种高强度齿轮。为充分发挥合金元素的作用以提高低合金铸钢的性能，通常应对其进行热处理，如退火、正火、调质和各种表面热处理。

2. 易切削钢　易切削钢是具有优良切削加工性能的专用钢种，它是在钢中加入了某一种或几种元素，利用其本身或与其他元素形成一种对切削加工有利的夹杂物的作用，从而使切削抗力下降、切屑易断易排、零件表面粗糙度改善且刀具寿命提高。目前使用最广泛的元素是 S、P、Pb、Ca 等，这些元素一方面改善了钢的切削加工性能；但另一方面又不同程度地损害了钢的力学性能(主要是强度、尤其是韧性）和压力加工与焊接性能，这就意味着易切削钢一般不用来做重要零件，如在冲击载荷或疲劳交变应力下工作的零件。

易切削钢主要适用于在高效自动机床上进行大批量生产的非重要零件，如标准件和紧固件（螺栓、螺母）、自行车与照相机零件。国家标准 GB 8731—1988 中共列有 9 个钢号的碳素易切削钢，如 Y15、Y15Pb、Y20、Y45Ca、Y40Mn 等。随着合金易切削钢的研制与应用，汽车工业上的齿轮和轴类零件也开始使用这类钢材；如用加 Pb 的 20CrMo 钢制造齿轮，可节省加工时间和加工费用达 30% 以上，显示了采用合金易切削钢的优越性。

3. 冷镦钢　在多工位冷镦机上高速高效冷镦成形的标准件和紧固件（如螺栓、螺钉），应采用专用冷镦钢来制造，此类钢多为低、中碳钢（碳钢或低合金钢）；其冷镦成形性优良，即屈服强度低、屈强比小、塑性好。为此应控制钢中的 S、P、Si 等元素的含量，通过合适的热处理来改善组织（如采用球化退火获得球状珠光体组织）。GB/T 6478—2001 中列出了我国常用冷镦和冷挤压用钢的化学成分和性能，其典型牌号有 ML08、ML20、ML45、ML20Cr、ML40Cr、ML15MnVB 等。在选用冷镦钢来制造紧固件时，可参照 GB/3098 系列中有关规定。

4. 冷冲压用钢　采用冲压工艺生产零件，便于组织流水生产，材料利用率高，能冲制形状复杂、互换性好的零件。以汽车工业为例，冲压用钢占其钢材总用量的 50%~70%。适用于冷冲压工艺的钢材要求有优良的冲压成形性能，如低的屈服强度和屈强比、高的塑性、高的形变强化能力和低的时效性等。为此，冷冲压用钢的碳含量应低（一般为低碳或超低碳）、氮含量低，并加入强碳、氮化合物形成元素 Ti、Nb、Al，同时要严格控制 S、P 杂质和非金属夹杂物含量。具有代表性的冷冲压用钢是：①08F 钢（第一代冲压用钢）可用做一般的冷冲压零件；②08Al 钢（第二代冲压用钢）可用做深冲压零件；③IF 钢（第三代冲压用钢）即超低碳无间隙元素钢，用于超深冲压零件用钢。

五、工具钢

工具钢是用于制造各类工具的一系列高品质钢种。按化学成分，分为碳素工具钢（也称非合金工具钢，GB/T 3278—2001）和合金工具钢（GB/T 1299—2000）两大类。碳素工具钢虽然价格低廉、加工容易，但其淬透性低、回火稳定性差、综合力学性能不高，多用于手动工具或低速机用工具；合金工具钢则可适用于截面尺寸大、形状复杂、承载能力高且要求热稳定性好的工具。按工具的使用性质和主要用途，又可分为刃具钢、模具钢和量具钢三类，但这种分类的界限并不严格，因为某些工具钢（如低合金工具钢 CrWMn）既可做刃具，又可用作模具和量具。故在实际应用中，通过分析，只要某种钢能满足某种工具的使用需要，则此钢即可用于制造该种工具。

虽然工具的种类多种多样，其工作条件也千差万别，它们对所用材料也均有各自不同的多种要求，但工具钢的共性要求均是：硬度与耐磨性高于被加工材料；能耐热、耐冲击且具有较长的使用寿命。

（一）刃具钢

刃具是用来进行切削加工的工具，包括各种手用和机用的车刀、铣刀、刨刀、钻头、丝锥和板牙等。刃具在切削过程中，刀刃与工件及切屑之间的强烈摩擦将导致严重的磨损和切削热（这可使刃具刃部温度升至很高）；刃口局部区域极大的切削力及刃具在使用过程中的过大的冲击与振动，将可能导致刃具崩刃或折断。

1. 性能要求　①高的硬度（60～66HRC）和高的耐磨性；②高的热硬性，即钢在高温下（如500～600℃）保持高硬度（60HRC左右）的能力，这是高速切削加工刃具必备的性能；③适当的韧性。

2. 成分与组织特点　为满足上述性能要求，刃具钢均为高碳钢（碳素钢或合金钢），这是刃具获取高硬度、高耐磨性的基本保证。在合金工具钢中，加入合金元素的主要作用视其种类和数量不同，可提高淬透性和回火稳定性、进一步改善钢的硬度和耐磨性（主要是耐磨性）、细化晶粒改善韧性，并使某些刃具钢产生热硬性。刃具钢使用组织状态通常是在回火马氏体基体上分布着细小均匀的粒状碳化物。由于下贝氏体组织具有良好的强韧性，故刃具钢采用等温淬火获得下贝氏体为主的组织，在硬度变化不大的情况下，改善耐磨性尤其是韧性、淬火内应力低、开裂倾向小，用于形状复杂并受冲击载荷较大的刃具可明显提高其使用寿命。

3. 常用刃具钢与热处理特点　常分为三大类。

（1）碳素工具钢。表12-14列出了碳素工具钢的牌号、成分与用途。碳素工具钢的 w_C 一般为0.65%～1.35%，随着碳含量的增加，钢的硬度无明显变化，耐磨性增加而韧性下降。

表12-14　碳素工具钢的牌号、成分及用途

牌号	化学成分质量分数（%）			退火状态 HBS不小于	试样淬火[①] HRC不小于	用途举例
	C	Si	Mn			
T7 T7A	0.65～0.74	≤0.35	≤0.40	187	800～820℃水 62	承受冲击、韧性较好、硬度适当的工具，如扁铲、手钳、大锤、改锥、木工工具
T8 T8A	0.75～0.84	≤0.35	≤0.40	187	780～800℃水 62	承受冲击、要求较高硬度的工具，如冲头、压缩空气工具、木工工具

（续）

牌号	化学成分质量分数(%)			退火状态 HBS 不小于	试样淬火① HRC 不小于	用途举例
	C	Si	Mn			
T8Mn T8MnA	0.80~0.90	≤0.35	0.40~0.60	187	780~800℃水 62	同上，但淬透性较大，可制造断面较大的工具
T9 T9A	0.85~0.94	≤0.35	≤0.40	192	760~780℃水 62	韧性中等、硬度高的工具，如冲头、木工工具、凿岩工具
T10 T10A	0.95~1.04	≤0.35	≤0.40	197	760~780℃水 62	不受剧烈冲击、高硬度耐磨的工具，如车刀、刨刀、冲头、丝锥、钻头、手锯条
T11 T11A	1.05~1.14	≤0.35	≤0.40	207	760~780℃水 62	不受冲击、高硬度耐磨的工具，如车刀、刨刀、冲头、丝锥、钻头
T12 T12A	1.15~1.24	≤0.35	≤0.40	207	760~780℃水 62	不受剧烈冲击、要求高硬度耐磨的工具，如锉刀、刮刀、精车刀、丝锥、量具
T13 T13A	1.25~1.35	≤0.35	≤0.40	217	760~780℃水 62	同 T12，要求更耐磨的工具，如刮刀、剃刀

① 淬火后硬度不是指用途举例中各种工具硬度，而是指碳素工具钢材料在淬火后的最低硬度。

碳素工具钢的预先热处理一般为球化退火，其目的是降低硬度(<217HBS)便于切削加工，并为淬火作组织准备；但若锻造组织不良(如出现网状碳化物缺陷)，则应在球化退火之前先进行正火处理，以消除网状碳化物。其最终热处理为淬火+低温回火(回火温度一般为180~200℃)，正常组织为隐晶回火马氏体+细粒状渗碳体及少量残留奥氏体。

碳素工具钢的优点是：成本低、冷热加工工艺性能好，在手用工具和机用低速切削工具上有较广泛的应用；但碳素工具钢的淬透性低、组织稳定性差且无热硬性、综合力学性能(如耐磨性)欠佳，故一般只用做尺寸不大、形状简单、要求不高的低速切削工具。

(2) 低合金工具钢。为了弥补碳素工具钢的性能不足，在其基础上添加各种合金元素 Si、Mn、Cr、W、Mo、V 等，并对其碳含量也作了适当调整，以提高工具钢的综合性能，这就是合金工具钢。低合金工具钢的合金元素总量一般在5%以下，其主要作用是提高钢的淬透性和回火稳定性，进一步改善刀具的硬度和耐磨性；强碳化物形成元素(如 W、V 等)所形成的碳化物除对耐磨性有提高作用外，还可细化基体晶粒，改善刀具的强韧性。适用于刃具的高碳低合金工具钢种类很多，表 12-15 列出了部分常用的低合金工具钢的牌号、热处理工艺、性能和用途。其中最典型的钢号有9SiCr、CrWMn等。

低合金工具钢的热处理特点基本上同于碳素工具钢，只是由于合金元素的影响，其工艺参数(如加热温度、保温时间、冷却方式等)有所变化。

表12-15　部分常用低合金工具钢的牌号、热处理工艺、性能及用途

钢　号	试样淬火		退火状态	性能特点	用途举例
	淬火温度/℃	HRC≥	HBS		
Cr06	780～810水	64	241～187	低合金铬工具钢，其差别在于Cr、C含量，Cr06含C最高，含Cr最低，硬度耐磨性高但较脆；9Cr2含C较低，韧性好	Cr06可用来做锉刀、刮刀、刻刀、剃刀；Cr2和9Cr2除用做刀具外，还可用作量具、模具、轧辊材料等
Cr2	830～860油	62	229～179		
9Cr2	820～850油	62	217～179		
9SiCr	830～860油	62	241～197	应用最广泛的低合金工具钢，其淬透性较高，回火稳定性较好；8MnSi可节省Cr资源	常用于制造形状复杂、切削速度不高的刀具，如板牙、梳刀、搓丝板、钻头及冷作模具
8MnSi	800～820油	62	≤229		
CrWMn	800～830油	62	255～207	淬透性高、变形小、尺寸稳定性好，是微变形钢。缺点是易形成网状碳化物	可用做尺寸精度要求较高的成形刀具，但主要适用于量具和冷作模具
9CrWMn	800～830油	62	241～197		
W	800～830水	62	229～187	淬透性不高，但耐磨性较好	低速切削硬金属的刀具，如麻花钻、车刀等

低合金工具钢的淬透性和综合力学性能优于碳素工具钢，故可用于制造尺寸较大、形状较复杂、受力要求较高的各种刀具；但由于其内的合金元素主要是淬透性元素，而不是含量较多的强碳化物形成元素(W、Mo、V等)，故仍不具备热硬性特点，刀具刃部的工作温度一般不超过250℃，否则硬度和耐磨性迅速下降，甚至丧失切削能力。因此，这类钢仍然属于低速切削刃具钢。

(3) 高速工具钢(高速钢)。为了适应高速切削而发展起来的具有优良热硬性的工具钢就是高速钢，它是金属切削刀具的主要材料，也可用来作模具材料。

1) 性能特点。高速钢与其他工具钢相比，其最突出的主要性能特点是高的热硬性，它可使刀具在高速切削时刃部温度上升到600℃，其硬度仍然维持在55～60HRC；高速钢还具有高硬度和高耐磨性，从而使切削时刀刃保持锋利(故也称“锋钢”)；高速钢的淬透性优良，甚至在空气中冷却也可得到马氏体(故又称“风钢”)。因此，高速钢广泛应用于制造尺寸大、形状复杂、负荷重、工作温度高的各种高速切削刀具。

2) 高速钢的分类。习惯上将高速钢分为两大类：一类是通用型高速钢(又称普通高速钢)，它以钨系W18Cr4V(简称T1，常以18-4-1表示)和钨-钼系W6Mo5Cr4V2(简称M2，常以6-5-4-2表示)为代表，还包括其成分稍做调整的高钒型W6Mo5Cr4V3(6-5-4-3)和尚未纳入标准的新型高速钢W9Mo3Cr4V，目前

W6Mo5Cr4V2 应用最广泛，而 W18Cr4V 将逐步淘汰；另一类是高性能高速钢，其中包括高碳高钒型(CW6Mo5Cr4V3)、超硬型(如含 Co 的 W6Mo5Cr4V2Co5 和含 Al 的 W6Mo5Cr4V2Al)。在 GB/T 9943—1988 中列出的高速钢共有 14 个钢号。按其成分特点不同，可简单将高速钢分为钨系、钨钼系和超硬系三类，钨系高速钢(W18Cr4V)发展最早，但脆性较大，将逐步被韧性较好的钨钼系高速钢(W6Mo5Cr4V2 为主)取代，但后者过热和脱碳倾向较大，热加工时应予注意；超硬高速钢的硬度、耐磨性、热硬性最好，适用于加工难切削材料，但其脆性最大，不宜制作薄刃刀具。表 12-16 为我国部分常用高速钢的牌号、成分、热处理和主要性能。

表 12-16　部分常用高速钢的牌号、成分、热处理和主要性能

种类	牌号	化学成分质量分数(%)						热处理		硬度		热硬性① HRC
		C	Cr	W	Mo	V	其他	淬火温度/℃	回火温度/℃	退火 HBS	淬火回火 HRC 不小于	
钨系	W18Cr4V (18-4-1)	0.70～0.80	3.80～4.40	17.50～19.00	≤0.30	1.00～1.40	—	1270～1285	550～570	≤255	63	61.5～62
钨钼系	CW6Mo5Cr4V2	0.95～1.05	3.80～4.40	5.50～6.75	4.50～5.50	1.75～2.20	—	1190～1210	540～560	≤255	65	—
	W6Mo5Cr4V2 (6-5-4-2)	0.80～0.90	3.80～4.40	5.50～6.75	4.50～5.50	1.75～2.20	—	1210～1230	540～560	≤255	64	60～61
	W6Mo5Cr4V3 (6-5-4-3)	1.10～1.20	3.80～4.40	6.00～7.00	4.50～5.50	2.80～3.30	—	1200～1240	560	≤255	64	64
超硬系	W13Cr4V2Co8	0.75～0.85	3.80～4.40	17.50～19.00	0.50～1.25	1.80～2.40	Co7.00～9.50	1270～1290	540～560	≤258	65	64
	W6Mo5Cr4V2Al	1.05～1.20	3.80～4.40	5.50～6.75	4.50～5.50	1.75～2.20	A10.80～1.20	1220～1250	540～560	≤269	65	65

① 热硬性是将淬火回火试样在 600℃加热 4 次，在每次 1h 的条件下测定的。

3）成分特点与合金元素的作用。高速钢的 w_C =0.70%～1.5%，其主要作用是强化基体并形成各种碳化物来保证钢的硬度、耐磨性和热硬性。铬的含量大多为 w_{Cr}≈4.0%，其主要作用是提高淬透性(即淬透性元素)和回火稳定性，增加钢的抗氧化、耐蚀性和耐磨性，并有微弱的二次硬化作用。钨、钼的作用主要是产生二次硬化而保证钢的热硬性(故称热硬性元素)，此外也有提高淬透性和热稳定性，并进一步改善钢的硬度和耐磨性的作用，由于 W 含量过多会使钢的脆性加大，故采用 Mo 来部分代替 W(一般 w_W1%≈w_{Mo}1.6%～2.0%)可改善钢的韧性，因此钨钼系高速钢(W6Mo5Cr4V)现已成为主要的常用高速钢。钒的作用是形成细小稳定的 VC 来细化晶粒(否则高速钢高温加热时晶粒极易长大,韧性急剧下降而产生脆性断裂,得到一种沿晶界断裂的“萘状断口”)；同时也有加强热硬性，进一步提高硬度和耐磨性的作用。钴、铝是超硬高速钢中的非碳化物形成元素，对它们的作用及机理的研究还不太全面，但 Co、Al 能进一步提高钢的热硬性和耐磨性，降低韧性已是肯定的。

4）高速钢的加工处理。高速钢的成分复杂，因此其加工处理工艺也相当复杂，与碳素工具钢和低合金工具钢相比，有较明显的不同。

① 锻造。由于高速钢属于莱氏体钢，故铸态组织中有大量的不均匀分布的粗大共晶碳化物，其形状呈鱼骨状，它难于通过热处理来改善，将显著降低钢的强度和韧性，引起工具的崩刃和脆断，故要求进行严格的锻造以改善碳化物的形态与分布。其锻造要点有："两轻一重"，即始锻和终锻温度时要轻锻，中间温度范围要重锻；"两均匀"，即锻造过程中温度和变形量的均匀性；"反复多向锻造"等。

② 普通热处理。锻造之后高速钢的预先热处理为球化退火，其目的是降低硬度(207 ~ 255HBS)，便于切削加工并为淬火作组织准备，组织为索氏体 + 细粒状碳化物，为节省工艺时间可采用等温退火工艺。高速钢的最终热处理为淬火 + 高温回火。由于高速钢的导热性较差，故淬火加热时应预热 1 ~ 2 次(这对尺寸较大、形状复杂的工具尤为重要)。淬火加热温度应严格控制，过高则晶粒粗大；过低则奥氏体合金度不够而引起热硬性下降。冷却方式可采用直接冷却(油冷或空冷)、分级淬火等，其组织为隐晶马氏体 + 未溶细粒状碳化物 + 大量残留奥氏体(约 30% 左右)，硬度为 61 ~ 63HRC。淬火后可通过冷处理(−80℃ 左右)来减少残留奥氏体，也可直接进行回火处理；为充分减少残留奥氏体量、降低淬火钢的脆性和内应力，更重要的是通过产生二次硬化来保证高速钢的热硬性，通常采用 550 ~ 570℃ 高温回火 2 ~ 4 次，每次 1h。回火温度与高速钢的硬度关系如图 12-4 所示。高速钢正常回火组织为隐晶回火马氏体 + 粒状碳化物 + 少量残留奥氏体(<3%)，硬度升高至 63 ~ 66HRC。图 12-5 为 W18Cr4V 高速钢的全部热处理工艺曲线示意图。

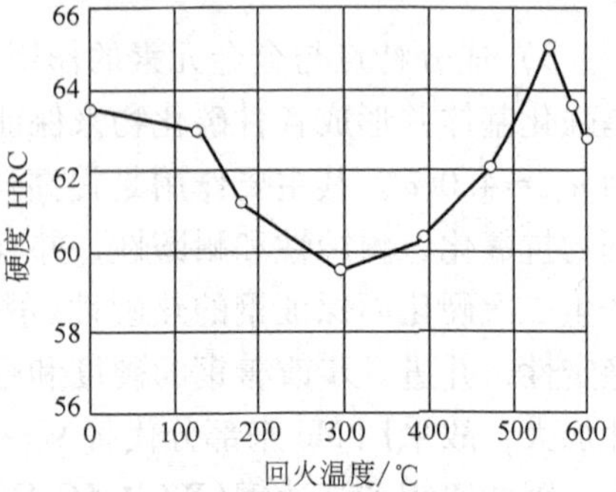

图 12-4　W18Cr4V 钢硬度与回火温度的关系

③ 表面强化处理。表面强化处理可有效提高高速钢刀具(包括模具)的切削效率和寿命，故受到了普遍重视和广泛应用。可进行的表面强化处理方法很多，常见的主要有：表面化学热处理(如渗氮)、表面气相沉积(如气相沉积 TiN 涂层)和激光表面处理等，刀具寿命少则提高百分之几十、多则提高几倍甚至十倍以上。

5）新型高速钢的研究与应用。高速钢的使用已历经百年而不衰，主要是因为在

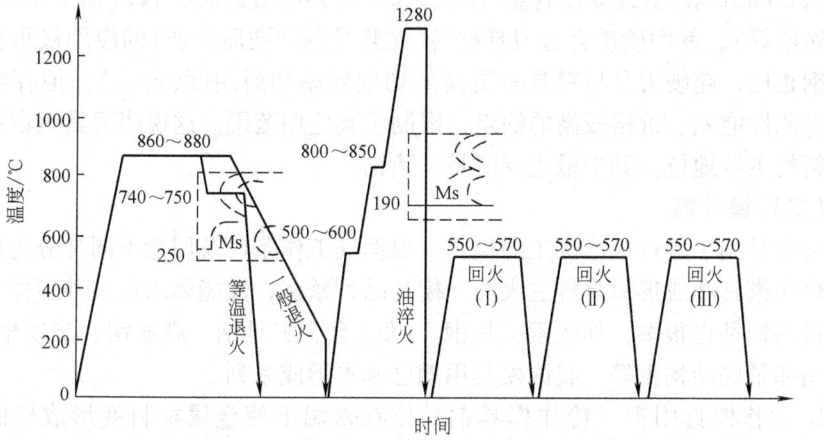

图 12-5 W18Cr4V 钢的热处理工艺示意图

现阶段，与其他硬质材料（如硬质合金刀具、陶瓷刀具）相比具有好的韧性和工艺性能，且价格低廉；与碳素工具钢和低合金工具钢相比有优良的热硬性和耐磨性。故世界各国都非常重视开发应用更高性能或节约资源的新型高速钢。

① 低合金高速钢。在有些国家又称为“半高速钢”，它是在相应的通用型高速钢基体成分的基础上采用较低合金含量和较高碳含量来产生二次硬化。如我国在 W6Mo5Cr4V2 高速钢基础上开发的几种低合金高速钢 301、F205 和 D101 等，其特点有：节约合金资源，W、Mo 降低了近一半，故钢成本较低；碳化物细小均匀，故综合力学性能和工艺性能改善；在中低速切削条件下，其热硬性与通用型高速钢相当。

② 时效硬化高速钢。这类钢的成分是低碳高合金化（高 W、高 Co），它是通过金属间化合物析出（而不是碳化物析出）来获取高硬度、热硬性和耐磨性的。时效硬化高速钢特别适合于制作尺寸较小、形状复杂、精度高和表面粗糙度低的高速切削刀具（或超硬精密模具），是解决如钛合金、镍基高温合金等难加工材料的成形切削与精加工的较理想工具材料。其主要问题是价格昂贵。

③ 粉末冶金高速钢。与常规方法生产的高速钢相比，粉末冶金高速钢基本上解决了碳化物的不均匀性问题，其优点有：碳化物均匀细小，故钢的强韧性、热硬性和磨削工艺性能显著改善，这对制造大型复杂刀具显示出特殊的优越性；成分可大幅度高合金化，在用于加工高硬度难切削材料时更有独特效果；可直接压制成形得到刀具的最终几何形状，省去了刀具制造时的锻造和粗加工工序。但粉末冶金高速钢目前的制造成本较高，对其经济上的合理性尚存在争论。

4. 超硬刀具材料简介　为适应高硬度难切削材料的加工，可采用硬度、耐磨性、热硬性更好的刀具材料。主要有：硬质合金刀具材料（如钢结硬质合金

GW50、TMW50 等，普通硬质合金 YG8、YG20 等）和超硬涂层刀具（如 TiN 涂层、金刚石涂层等），其中硬质合金刀具材料（尤其是钢结硬质合金）的应用最重要。与刃具钢相比，超硬刃具材料具有更高的切削效率和耐用度（寿命），但存在脆性大、工艺性能差、价格较高的缺点，限制了其应用范围。这说明刃具钢占据了刃具材料的主导地位，其中最主要的是高速钢。

（二）模具钢

模具是用于进行成形加工的工具，根据其工作条件及用途不同常分为冷作模具、热作模具和成形模具等三大类。模具品种繁多，性能要求也多种多样，可用于模具的钢种也很多，如碳素工具钢、（低）合金工具钢、高速钢、滚动轴承钢、不锈钢和某些结构钢等，我国模具用钢已基本形成系列。

1. 冷作模具用钢　冷作模具钢是指在常温下使金属材料变形成形的模具用钢。

（1）工作条件与性能要求。冷作模具钢使用时工作温度一般不超过 300℃。由于在冷态下被加工材料的变形抗力较大且存在加工硬化效应，故模具的工作部分承受很大的载荷及摩擦、冲击作用；模具类型不同，其工作条件也有差异。冷作模具的正常失效形式是磨损，但若模具选材、设计与处理不当，也会因变形、开裂而出现早期失效。为使冷作模具耐磨损、不易开裂或变形，冷作模具钢应具有高硬度、高耐磨性、高强度和足够的韧性，这是与刃具钢相同之处；考虑到冷作模具与刃具在工作条件和形状尺寸上的差异，冷作模具对淬透性、耐磨性尤其是韧性方面的要求应高一些，而对热硬性的要求较低或基本上没有要求。据此，冷作模具钢应是高碳成分并多在回火马氏体状态下使用。鉴于下贝氏体的优良强韧性，冷作模具钢通过等温淬火以获得下贝氏体为主的组织，在防止模具崩刃、折断等脆性断裂失效的方面应用越来越受重视。

（2）冷作模具钢的类型。通常按化学成分将冷作模具钢分为碳素工具钢、低合金工具钢、高铬中铬模具钢及高速钢类冷作模具钢等。

1）碳素工具钢。表 12-14 所列的碳素工具钢均可用来制造冷作模具，且一般选用高级优质钢如 T10A，以改善模具的韧性。根据模具的种类和具体工作条件不同，对耐磨性要求较高、不受或受冲击较小的可选用 T13A、T12A；对受冲击要求较高的模具，则应选择 T7A、T8A；而对耐磨性和韧性均有一定要求的模具（如冷镦模）可选择 T10A。这类钢主要优点是加工性能好、成本低；突出缺点是淬透性低、耐磨性欠佳、淬火变形大、使用寿命低。故这类钢一般只适合制造尺寸小、形状简单、精度低的轻负荷模具。其热处理特点同于碳素刃具钢。

2）低合金工具钢。GB/T 1299—2000 所列的低合金工具钢均可制造冷作模具，其中应用较广泛的钢号有 9Mn2V、9SiCr、CrWMn 和滚动轴承钢 GCr15。与碳素工具钢相比，低合金工具钢具有较高的淬透性、较好的耐磨性和较小的淬火变形。因其回火稳定性较好而可在稍高的温度下回火，故综合力学性能较佳，常用来制造尺寸较大、形状较复杂、精度较高的低中负荷模具。由于低合金工具钢的网状碳化物倾向较大，其韧性不足而可能导致模具的崩刃或折断等早期失效，现已开发了一些高强韧性的低合金模具专用钢，如 6CrMnNiMoSiV(代号 GD 钢)，来代替常用的低合金工具钢 CrWMn、9SiCr 及部分高铬模具钢 Cr12 型钢，用于制作易崩刃、开裂或折断的模具，已取得了较明显的效果。

3）高铬和中铬冷作模具钢。相对于碳素工具钢和低合金工具钢，这类钢具有更高的淬透性、耐磨性和承载强度，且淬火变形小，广泛用于尺寸大、形状复杂、精度高的重载荷冷作模具。这是一种重要的专用冷作模具钢，其牌号和具体成分详见 GB/T 1299—2000。

高铬模具钢 Cr12 型常用的有两个牌号：Cr12 和 Cr12MoV。前者的 w_C 高达 2.0%~2.3%，属莱氏体钢，具有优良的淬透性和耐磨性，但韧性较差，目前的应用正逐步减少；后者 Cr12MoV 的 w_C 降至 1.45%~1.70%，在保持 Cr12 钢优点的基础上其韧性得以改善，通过二次硬化处理(高温淬火 + 高温回火)还具有一定的热硬性，在用于对韧性不足而易于开裂、崩刃的模具上已取代 Cr12 钢。

中铬模具钢是针对 Cr12 型高铬模具钢的碳化物多而粗大且分布不均匀的缺点而研制起来的，典型的钢种有 Cr4W2MoV、Cr6WV、Cr5MoV，其中 Cr4W2MoV 最重要。此类钢的碳的质量分数进一步降至 1.00%~1.25%，突出的优点是韧性明显改善，综合力学性能较佳。用于代替 Cr12 型钢制造易崩刃、开裂与折断的冷作模具，其寿命大幅度提高。

随着高速冲床和多工位冲床的使用日益增多，对模具的综合性能要求很高：既要有高的硬度与耐磨性，又要有优良的强韧性。故新型高强韧性冷作模具钢的研究和应用受到了广泛的重视，其中 9Cr6W3Mo2V2(GM 钢)和 7Cr7Mo2V2Si(LD 钢)较为成熟。

4）高速钢类冷模具钢。与 Cr12 型钢一样，高速钢也可用于制造大尺寸、复杂形状、高精度的重载荷冷作模具，但其耐磨性、承载能力更优，故特别适合于制作在工作条件极为恶劣下的黑色金属冷挤压模。冷作模具一般对热硬性无特别要求，而必须具备比刃具更高的强韧性。通用型高速钢(如 W6Mo5Cr4V2)经普通热处理后的主要缺点是韧性不足(而热硬性有余)，为此作为冷作模具钢使用的高速钢应在成分和工艺上进行适当调整，方可实现最佳的效果。

从成分上，可采用在 W6Mo5Cr4V2 的基础上研制的低碳高速钢(如 6W6Mo5Cr4V,代号 6W6)和低合金高速钢(如代号 301、F205 和 D101)，由于其碳含量或合金元素含量下降，碳化物数量减少且均匀性提高，故钢的强韧性明显改善。代替通用型高速钢或 Cr12 型钢制作易折断或劈裂的冷挤压冲头或冷镦冲头，其寿命将成倍地提高；若能再进行渗氮等表面强化处理来弥补耐磨性的损失，则使用效果更佳。若对成分进行更大幅度的调整，得到相当于高速钢淬火组织中基体成分的钢种，这就是所谓的基体钢，其典型钢号有 6Cr4W3Mo2VNb（代号 65Nb），6Cr4Mo3Ni2WV（代号 CG-2）等。基体钢具有更加优良的强韧性，不仅可用做冷作模具钢，也可用做热作模具钢。

从工艺上，可对高速钢采用低温淬火或等温淬火来提高钢的强韧性。尤其是等温淬火获得强韧性优良的下贝氏体组织的工艺，对其他类型的模具钢也同样适用，在解决因韧性不足而导致的崩刃、折断或开裂的模具早期失效问题上有明显的效果，应引起足够的重视。

2. 热作模具用钢　热作模具钢是使热态金属（固态或液态）成形的模具用钢。

（1）工作条件与性能要求。热作模具在工作时因与热态金属相接触，其工作部分的温度会升高到 300～400℃（热锻模、接触时间短）、500～800℃（热挤压模、接触时间长）、甚至近 1000℃（黑色金属压铸模、与高温液态金属接触时间长），并因交替加热冷却的温度循环而产生交变热应力；此外，还承受使工件变形的机械应力和与工件间的强烈摩擦作用。故热作模具常见的失效形式有变形、磨损、开裂和热疲劳等，由此要求模具钢应具有良好的高温强韧性、高的热疲劳和热磨损抗力、一定的抗氧化性和耐蚀性等。

热作模具钢的成分与组织应保证以上性能要求。其碳的质量分数一般在 0.30%～0.60%，过高则韧性降低、导热性变差、损坏疲劳抗力；过低则强度、硬度及耐磨性不够。钢中常加入 Cr、W、Mo、V、Ni、Si、Mn 等合金元素，提高钢的淬透性和回火稳定性，保证钢的高温强度、硬度、耐磨性和热疲劳抗力。热作模具钢的使用状态组织可以是强韧性较好的回火索氏体或回火托氏体，也可是高硬度高耐磨性的回火马氏体基体。

（2）常用热作模具钢。按模具种类不同，热作模具钢可分为热锻模用钢、热挤压模用钢和压铸模用钢三大类；若按照热作模具钢的主要性能不同，则可分为高韧性热作模具钢和高耐热性（或高热强性）热作模具钢。它们之间的适应关系及常用钢号列入表 12-17。但其分类界限并不是十分严格的，存在一钢多用的现象，如压铸模既可采用 3Cr2W8V 钢，也可用 4Cr5MoSiV 钢。

表 12-17　常用热作模具钢及类型

按模具类型分类	按主要性能分类	常用钢号
热锻模 （含大型压力机锻模）	高韧性热作模具钢	5CrMnMo、5CrNiMo 5CrMnMoSiV、5Cr2NiMoVSi
热挤压模 （含中小型压力机锻模）	高耐热性热作模具钢	Cr 系：4Cr5MoSiV1（H13） Cr-Mo 系：3Cr3Mo3W2V（HM1） W 系：3Cr2W8V（H21）
压铸模		

1）热锻模。热锻模用钢应考虑两个突出问题：其一是工作时受冲击负荷大而工作温度不太高，故它应是高韧性钢；其二是热锻模的截面尺寸一般较大，故要求其淬透性良好。常用钢种有5CrMnMo和5CrNiMo。5CrMnMo钢适用于制作形状简单、载荷较轻的中小型模具；而5CrNiMo则用于制作形状复杂、重载的大型或特大型锻模。热锻模淬火后，根据需要可在中温或高温下回火，得到回火托氏体组织或回火索氏体组织，硬度可在34～48HRC之间选择，以保证模具对强度和韧性的不同要求。

2）热挤压模。热挤压模因与工件接触时间长或工件温度较高，其工作部位的温度较高(低则500℃如铝合金挤压模,高则可达900℃如黑色金属热挤压模)，故它应采用高耐热性热作模具钢制造，较常用的有3Cr2W8V和4Cr5MoSiV。3Cr2W8V钢的耐热性虽好，但韧性和热疲劳抗力较差，现应用较少；4Cr5MoSiV的韧性和热疲劳性优良，故应用最广。Cr-Mo系热作模具钢(如3Cr3Mo3VNb)因具有上述两者的优点(高韧性和高耐热性)，故很有应用潜力。

3）压铸模。压铸模的工作温度最高，故压铸模用钢应以耐热性要求为主，应用最广的是3Cr2W8V钢。但在实际生产中常根据压铸对象材料不同来选择压铸模用钢，如对熔点低的Zn合金压铸模，可选40Cr、40CrMo、30CrMnSi等；对Al、Mg合金压铸模，则多选用4Cr5MoSiV；而对Cu合金压铸模，则多采用3Cr2W8V，或采用热疲劳性能更佳的Cr-Mo系热作模具钢如3Cr3Mo3VNb或4Cr3Mo2MnSiVNbB制造，其寿命将大幅度提高；对黑色金属压铸模，因其压铸温度高、工作条件恶劣，采用一般的钢制模具难以满足使用要求，此时应采用熔点高的高温合金来制造，如钼基高温合金、钨基高温合金，或采用高热导率材料制造，如铜基合金。

3. 成形模具用钢　成形模具包括塑料模、橡胶模、粉末冶金模、陶土模、石棉制品模等，这里只讨论生产中使用最广泛的塑料模具用钢。

（1）工作条件与性能要求。无论是热塑性塑料还是热固性塑料，其成型过程都是在加热加压条件下完成的；但一般加热温度不高(150～250℃)，成型压力也不大(大多为40～200MPa)，故与冷、热模具相比，塑料模用钢的常规力学性能要求不高。然而，塑料制品形状复杂、尺寸精密、表面光洁，成形加热过程中还可能产生某些腐蚀性气体。故要求塑料模具钢其有优良的工艺性能(切削加工、冷挤成形和表面抛光)，较高的硬度(≈45HRC)和耐磨耐蚀性以及足够的强韧性。

（2）塑料模具用钢种类。常用的塑料模具用钢包括工具钢、结构钢、不锈钢和耐热钢等。发达工业国家已有适应于各种用途的塑料模具钢系列，我国机械行业标准JB/T 6057—1992中推荐了常用的一部分塑料模具用钢，但尚不齐全。通常按模具制造方法分为两大类：即切削成型塑料模具用钢和冷挤压成型塑料模具用钢。

1）切削成型塑料模具用钢。这类模具钢的切削加工性能有较高的要求。它包括三小类：①调质钢，碳的质量分数为0.30%～0.60%，典型钢种有3Cr2Mo（美国牌号P20）；②易切削预硬钢，典型牌号8Cr2MnWMoS（代号8Cr2S）、5CrNiMnMoVSCa（代号5NiSCa）；③时效硬化型，典型牌号有马氏体时效钢（如18Ni）和低镍时效钢（如10Ni3MoCuAl，代号PMS）。

2）冷挤压成型塑料模具钢。此类钢是低碳、超低碳或是无碳的，以保证高的冷挤压成形性，经渗碳淬火后提高表面硬度和耐磨性，适合于制造形状复杂的塑料模。典型牌号有工业纯铁、低碳钢或低碳合金钢以及专用钢0Cr4NiMoV（代号LJ）等。

由于塑料模用钢涉及面广，它几乎包括了所有的钢材：从纯铁到高碳钢，从普通钢到专用钢，甚至还可用有色金属（如铜合金、铝合金、锌合金等）。在实际生产中，应根据塑料制品的种类、形状、尺寸大小与精度以及模具使用寿命和制造周期来选用钢材。如塑料成型时若有腐蚀性气体放出，则多用不锈钢（3Cr13、4Cr13）制模；若用普通钢材则必须进行表面镀铬；对添加有玻璃纤维或石英粉等增强物质的塑料成型时，则应选硬度与耐磨性较好的钢材，如碳素工具钢或合金工具钢，若采用低、中碳钢则必须进行表面渗碳或渗氮处理；塑料制品产量小时，可采用一般结构钢（如45、40Cr钢），甚至铝、锌合金制造模具。

（三）量具用钢

1. 工作条件与性能要求　量具是度量工件尺寸形状的工具，是计量的基准，如卡尺、块规、塞规及千分尺等。由于量具在使用过程中常受到工件的摩擦与碰撞，且本身需具备极高的尺寸精度和稳定性，故量具钢应具备的性能有：①高硬度（一般58～64HRC）和高耐磨性；②高的组织和尺寸稳定性；③一定的韧性（防撞击与折断）和特殊环境下的耐蚀性。

2. 常用量具钢　量具无专用钢种，根据量具的种类及精度要求，可选不同的钢来制造。

（1）低合金工具钢。低合金工具钢是制造量具最常用的钢种，典型钢号有CrWMn和GCr15。CrWMn是一种微变形钢，而GCr15的尺寸稳定性及抛光性能优良。此类钢常用于制造精度要求高、形状较复杂的量具。

（2）其他钢种选择。主要有以下三类：

1）碳素工具钢（T10A、T12A等）。碳素工具钢的淬透性小、淬火变形大，故只适合于制造精度低、形状简单、尺寸较小的量具。

2）表面硬化钢。表面硬化钢经处理后可获得表面高硬度和高耐磨性，心部高韧性，适合于使用过程中易受冲击、折断的量具。包括渗碳钢（如20Cr）、调质钢（如55钢）及专用渗氮钢（38CrMoAlA）等，其中38CrMoAlA钢渗氮后具有极高的表面硬度和耐磨性、尺寸稳定性和一定的耐蚀性，适合于制造高质量的量具。

3）不锈钢。不锈钢 4Cr13 或 9Cr18 具有极佳的耐蚀性和较高的耐磨性，适合于制造在腐蚀条件下工作的量具。

3. 热处理特点 量具用钢的热处理基本上可依照其相应钢种的热处理规范进行。但由于量具对尺寸稳定性要求很高，这就要求在处理过程中应尽量减小变形，在使用过程中组织稳定（组织稳定方可保证尺寸稳定），因此热处理时应采取一些附加措施。

（1）淬火加热时进行预热，以减小变形，这对形状复杂的量具更为重要。

（2）在保证力学性能的前提条件下降低淬火温度，尽量不采用等温淬火或分级淬火工艺，减少残留奥氏体的生成。

（3）淬火后立即进行冷处理以减小残留奥氏体量；延长回火时间，回火或磨削之后进行长时间的低温时效处理等。

六、特殊性能钢

特殊性能钢是指以某些特殊物理、化学或力学性能为主的钢种，其类型很多，在工程上常用的主要有不锈钢、耐热钢、低温钢和耐磨钢。

（一）不锈钢

零件在各种腐蚀环境下造成的不同形态的表面腐蚀损害，是其失效的主要原因之一。

不锈钢通常是不锈钢（耐大气、蒸汽和水等弱腐蚀介质腐蚀的钢）和耐酸钢（耐酸、碱、盐等强腐蚀介质的钢）的统称，全称为不锈耐酸钢。广泛用于化工、石油、卫生、食品、建筑、航空、原子能等行业。

1. 性能要求 ①优良的耐蚀性，耐蚀性是不锈钢的最重要性能，但不锈钢的耐蚀性对介质具有选择性，即某种不锈钢在特定的介质中具有耐蚀性，而在另一种介质中则不一定耐蚀，故应根据零件的工作介质来选择不锈钢的类型；②合适的力学性能；③良好的工艺性能（如冷塑性加工、切削加工、焊接性等）。

2. 成分特点 钢中碳与合金元素的含量及作用为：

（1）碳含量。不锈钢的碳含量很宽，$w_C=0.03\%\sim0.95\%$。从耐蚀性角度考虑，碳含量越低越好，因为碳易于与铬生成碳化物（如 $Cr_{23}C_6$），这样将降低基体的 Cr 含量而降低了电极电位，并增加微电池数量，从而降低了耐蚀性，故大多数不锈钢中的碳 $w_C=0.1\%\sim0.2\%$；若从力学性能角度考虑，增加碳含量可提高钢的强度、硬度和耐磨性，这适合于制造要求耐蚀的刀具、量具和滚动轴承。

（2）合金元素。不锈钢是高合金钢，其合金元素的主要作用有提高钢基体电极电位、在基体表面形成钝化膜及影响基体组织类型等，这些是不锈钢具有高耐蚀性的根本原因。

1）提高基体电极电位。铬是不锈钢中最主要元素。研究表明，当钢基体中

$w_{Cr}>11.7\%$时，钢基体电极电位由$-0.56V$突增至$+0.12V$，耐蚀性显著提高；而基体中$w_{Cr}<11.7\%$时，钢的电极电位、耐蚀性提高不明显。因此若不考虑碳与铬的相互作用，则不锈钢的铬含量极限值$w_{Cr}\geqslant11.7\%$，由于碳可能会与铬生成碳化物，故不锈钢的铬含量一般应$w_{Cr}\geqslant13\%$。因此，这里指出的是，在Cr12或Cr12MoV钢中的Cr量虽然高于11.7%，但因其碳含量极高而不能保证钢基体中的Cr高于11.7%，故它们不是不锈钢。

2）基体表面形成钝化膜。合金元素Cr、Al、Si可在钢表面生成致密的钝化膜Cr_2O_3、Al_2O_3、SiO_2，其中以Cr最有效；Mo与Cu可进一步增强不锈钢的这种钝化作用，加入少量的Mo与Cu便可明显改善不锈钢在某些腐蚀介质中的耐蚀性。

3）影响基体组织类型。钢基体组织是获得良好耐蚀性和力学性能的保证，单相组织的不锈钢(如单相奥氏体、铁素体等)，其微电池数目少，则耐蚀性得以提高。C、Ni、Mn、N是奥氏体形成元素，由于C损害了不锈钢的耐蚀性，故通常情况下采用Ni来保证不锈钢在使用状态下为单相奥氏体组织；为了节约Ni资源，以Mn、N代Ni的Cr-Mn-N不锈钢已有一定范围的应用。Cr、Si、Ti、Nb、Mo是铁素体形成元素，其中Cr的作用最显著。

顺便指出的是：不锈钢中强碳化物形成元素Mo、Nb、Ti还可与钢中的碳生成碳化物在晶内析出，从而防止$Cr_{23}C_6$在晶界上析出，故可改善不锈钢的耐蚀性(防止晶间腐蚀)并在一定程度上提高钢的强度。

3. 不锈钢分类与常用牌号　按正火组织不同，不锈钢可分为马氏体型、铁素体型、奥氏体型、双相型及沉淀硬化型等五类，其中以奥氏体型不锈钢应用最广泛，它约占不锈钢总产量的70%左右。表12-18为常用主要不锈钢的类型、牌号、化学成分、力学性能及应用举例。

(1) 马氏体不锈钢。这类钢的碳含量范围较宽，$w_C=0.1\%\sim1.0\%$；铬含量$w_{Cr}=12\%\sim18\%$。由于合金元素单一，故此类钢只在氧化性介质中(如大气、海水、氧化性酸)耐蚀，而在非氧化性介质中(如盐酸、碱溶液等)耐蚀性很低；钢的耐蚀性随铬含量的降低和碳含量的增加而受到损害，但钢的强度、硬度和耐磨性则随碳的增加而改善。实际应用时，应根据具体零件对耐蚀性和力学性能的不同要求来选择不同Cr、C含量的不锈钢。

常见的马氏体不锈钢有低、中碳的Cr13型(如1Cr13、2Cr13、3Cr13、4Cr13)和高碳的Cr18型(如9Cr18、9Cr18MoV等)。此类钢的淬透性良好，即空冷或油冷便可得到马氏体，锻造后需经退火处理来改善其切削加工性。在工程上，一般将1Cr13、2Cr13进行调质处理得到回火索氏体组织，作为结构钢使用(如汽轮机叶片、水压机阀等)；对3Cr13、4Cr13及9Cr18进行淬火+低温回火处理，获得回火马氏体，用以制造高硬度、高耐磨性与高耐蚀性结合的零件或工具(如医疗器械、量具、塑料模及滚动轴承等)。

马氏体不锈钢与其他类型不锈钢相比，具有价格最低、可热处理强化(即力学性能较好)的优点，但其耐蚀性较低，塑性加工与焊接性能较差。

(2) 铁素体不锈钢。这类钢的碳含量较低(w_C <0.15%)，铬含量较高(w_{Cr} = 12% ~30%)，故耐蚀性优于马氏体不锈钢。此外Cr是铁素体形成元素，致使此类钢从室温到高温(1000℃左右)均为单相铁素体。这一方面可进一步改善耐蚀性，另一方面说明它不可进行热处理强化，故强度与硬度低于马氏体不锈钢，而塑性加工、切削加工和焊接性较优。铁素体不锈钢主要用于对力学性能要求不高、而对耐蚀性和抗氧化性有较高要求的零件，如耐硝酸、磷酸结构件和抗氧化结构件。

常见的铁素体不锈钢有0Cr13、1Cr17、1Cr28等，为了进一步提高其耐蚀性，也可加入Mo、Ti、Cu等其他合金元素(如1Cr17Mo2Ti)。铁素体不锈钢一般是在退火或正火状态下使用，在热处理或其他热加工过程中(焊接与锻造)应注意的主要问题是其脆性问题(如晶粒粗大导致的脆性、σ相析出脆性,475℃脆性等)。

铁素体不锈钢的成本虽略高于马氏体不锈钢，但因其不含贵金属元素Ni，故其价格远低于奥氏体不锈钢，经济性较佳，适用于民用设备，其应用仅次于奥氏体不锈钢。

表12-18 常用主要不锈钢的类型、牌号、成分、性能及应用举例

类别	钢号	主要化学成分质量分数(%)			热处理	力学性能					应用举例
		C	Cr	Ni		σ_b/MPa	σ_s/MPa	δ_5(%)	ψ(%)	HRC	
马氏体型	1Cr13	0.08~0.15	12~14		1000~1050℃ 油或水淬 700~790℃ 回火	≥600	≥420	≥20	≥60		制作能抗弱腐蚀性介质、能承受冲击载荷的零件，如汽轮机叶片、水压机阀、结构架、螺栓、螺母等
	2Cr13	0.16~0.24	12~14		1000~1050℃ 油或水淬 700~790℃ 回火	≥660	≥450	≥16	≥55		
	3Cr13	0.25~0.34	12~14		1000~1050℃ 油淬 200~300℃ 回火					48	制作具有较高硬度和耐磨性的医疗工具、量具、滚珠轴承等
	4Cr13	0.35~0.45	12~14		1000~1050℃ 油淬 200~300℃ 回火					50	
	9Cr18	0.90~1.00	17~19		950~1050℃ 油淬 200~300℃ 回火					55	制作不锈切片机械刃具、剪切刃具、手术刀片等高耐磨、耐蚀件

（续）

类别	钢　号	主要化学成分质量分数(%) C	Cr	Ni	热处理	力学性能 σ_b/MPa	σ_s/MPa	δ_5(%)	ψ(%)	HRC	应用举例
铁素体型	1Cr17	≤0.12	16~18		750~800℃空冷	≥400	≥250	≥20	≥50		制作硝酸工厂设备，如吸收塔、热交换器、酸槽、输送管道，以及食器工厂设备等
奥氏体型	0Cr18Ni9	≤0.08	17~19	8~12	1050~1100℃水淬(固溶处理)	≥500	≥180	≥40	≥60		具有良好的耐蚀及耐晶间腐蚀性能，为化学工业用的良好耐蚀材料
	1Cr18Ni9	≤0.14	17~19	8~12	1100~1150℃水淬(固溶处理)	≥560	≥200	≥45	≥50		制作耐硝酸、冷磷酸、有机酸及盐、碱溶液腐蚀的设备零件
	1Cr18Ni9Ti	≤0.12	17~19	8~11	1100~1150℃水淬(固溶处理)	≥560	≥200	≥40	≥55		制作耐酸容器及设备衬里、抗磁仪表、医疗器械，具有较好的耐晶间腐蚀性
双相型	1Cr21Ni5Ti	0.09~0.14	20~22	4.8~5.8	950~1100℃水、空冷	600	350	20	40		硝酸及硝铵工业设备及管道
	1Cr18Mn10Ni5Mo3N	≤0.10	17~19	4.00~6.00	1100~1150℃水淬	700	350	45	65		制作尿素及维尼伦生产的设备与零件
沉淀硬化型	0Cr17Ni7Al	≤0.09	16~18	6.50~7.50	1050℃水、空冷565℃时效	1160	980	5	25		制作高强度、高硬度且又耐蚀的化工机械设备与零件，如轴、弹簧、齿轮、螺栓等
	0Cr15Ni7Mo3Al	≤0.09	14~16	6.50~7.50	1050℃水、空冷565℃时效	1230	1120	7	25		

(3) 奥氏体不锈钢。这类钢原是在 Cr18Ni8 型(简称 18-8)基础上发展起来的，具有低碳(绝大多数钢 $w_C<0.12\%$)、高铬($w_{Cr}=17\%\sim25\%$)和较高镍($w_{Ni}=8\%\sim29\%$)的成分特点。此类钢具有最佳的耐蚀性，但相应地价格也较高。Ni

的存在使得钢在室温下为单相奥氏体组织，这不仅可进一步改善钢的耐蚀性，而且还赋予了优良的低温韧性、高的加工硬化能力、耐热性和无磁性等特性，其冷塑性加工性和焊接性能较好，但切削加工性稍差。

奥氏体不锈钢的品种很多，其中以 Cr18Ni8 型普通型奥氏体不锈钢用量最大，典型牌号有 1Cr18Ni9、1Cr18Ni9Ti 及 0Cr18Ni9 等。加 Mo、Cu、Si 等合金元素，可显著改善不锈钢在某些特殊腐蚀条件下的耐蚀性，如 0Cr17Ni12Mo2。因 Mn、N 与 Ni 同为奥氏体形成元素，为了节约 Ni 资源，国内外研制了许多节镍型和无镍型奥氏体不锈钢，如无 Ni 型的 Cr-Mn 不锈钢 1Cr17Mn9、Cr-Mn-N 型不锈钢 0Cr17Mn13Mo2N 和节 Ni 型的 Cr-Mn-Ni-N 不锈钢 1Cr18Mn10Ni5Mo3N 等。因奥氏体不锈钢的切削加工较差，为此还发展了改善切削加工性的易切削不锈钢 Y1Cr18Ni9、Y1Cr18Ni9Se 等。

奥氏体不锈钢的主要缺点有：

1）强度低。奥氏体不锈钢退火组织为奥氏体 + 碳化物（该组织不仅强度低，而且耐蚀性也有所下降），其正常使用状态组织为单相奥氏体——即固溶处理（高温加热、快速冷却）组织，其强度很低（$\sigma_b \approx 600\text{MPa}$），限制了它作为结构材料使用。奥氏体不锈钢虽然不可热处理（淬火）强化，但因其具有强烈的加工硬化能力，故可通过冷变形方法使之显著强化（σ_b 升至 1200 ~ 1400MPa），随后必须进行去应力退火（300 ~ 350℃加热空冷），以防止应力腐蚀现象。

2）晶间腐蚀倾向大。奥氏体不锈钢的晶间腐蚀是指在 450 ~ 850℃范围内加热时，因晶界上析出了 $Cr_{23}C_6$ 碳化物，造成了晶界附近区域贫铬（$w_{Cr} < 12\%$），当受到腐蚀介质作用时，便沿晶界贫铬区产生腐蚀的现象。此时钢若稍许受力，就会导致突然的脆性断裂，危害极大。

防止晶间腐蚀的主要措施有二：其一是降低钢中的碳含量（如 $w_C < 0.06\%$，使之不形成铬的碳化物；其二是加入适量的强碳化物形成元素 Ti 和 Nb，在稳定化处理时优先生成 TiC 和 NbC，而不形成 $Cr_{23}C_6$ 等铬的碳化物，即不产生贫铬区（此举对防止铁素体不锈钢的晶间腐蚀同样有效）。此外，在焊接、热处理等热加工冷却过程中，应注意以较快的速度通过 850 ~ 450℃温度区间，以抑制 $Cr_{23}C_6$ 的析出。

（4）双相不锈钢。主要指奥氏体-铁素体双相不锈钢，它是在 Cr18Ni8 型的基础上调整 Cr、Ni 含量，并加入适量的 Mn、Mo、W、Cu、N 等合金元素，通过合适的热处理而形成奥氏体-铁素体双相组织。双相不锈钢兼有奥氏体不锈钢和铁素体不锈钢的优点，如良好的韧性、焊接性能、较高的屈服强度和优良的耐蚀性，是近十年来发展很快的钢种。常用典型双相不锈钢有 1Cr21Ni5Ti、1Cr18Mn10Ni5Mo3N 等。

（5）沉淀硬化不锈钢。前述马氏体不锈钢虽然有较高的强度，但低碳型

(1Cr13、2Cr13)的强度仍不够高，而中、高碳型(3Cr13、4Cr13、9Cr18)的韧性又太低；奥氏体不锈钢虽可通过冷变形予以强化，但对尺寸较大，形状复杂的零件，冷变形强化的难度较大，效果欠佳。为了解决以上问题，在各类不锈钢中单独或复合加入硬化元素(如 Ti、Al、Mo、Nb、Cu 等)，并通过适当的热处理(固溶处理后时效处理)而获得高的强韧性并具有较好的耐蚀性，这就是沉淀硬化不锈钢。这类钢包括马氏体沉淀硬化不锈钢(由 Cr13 型不锈钢发展而来，如 0Cr17Ni4Nb)、马氏体时效不锈钢、奥氏体-马氏体沉淀硬化不锈钢(由 18-8 型不锈钢发展而来，如 0Cr17Ni7Al)。

4. 耐蚀合金简介　为解决一般不锈钢无法解决的工程腐蚀问题，研制开发了耐蚀合金，例如 Monel 合金(Ni70Cu30)可算是最早的耐蚀合金。按主要化学成分不同，耐蚀合金可分为三大类：

(1) 镍基耐蚀合金。指以 Ni 为基体、能在某些介质中耐蚀的合金，如 Ni-Cu 合金(Ni70Cu28Fe)在氢氟酸中，Ni-Mo 合金(00Ni70Mo28)在盐酸中，Ni-Cr-Mo 合金(0Cr16Ni60Mo17W4)在氧化性介质和还原性介质中，均具有优良的耐蚀性。

(2) 镍-铁基耐蚀合金。指 $w_{Ni} > 30\%$、$(w_{Ni} + w_{Fe}) > 50\%$ 的耐蚀合金，如 0Cr22Ni46Fe17，较高的 Fe 含量可适当降低耐蚀合金的成本。

(3) 钛基耐蚀合金。如 Ti-6Al-4V、Ti-5Mo-5V-8Cr-3Al 等，在中性、氧化性介质，尤其是在海水中，其耐蚀性优于各种不锈钢，甚至超过了镍基耐蚀合金，是目前对上述介质耐蚀性能最好的金属材料，但相应的成本也是最高的。

(二) 耐热钢

在高温下具有高的热化学稳定性和热强性的特殊钢称为耐热钢。它广泛用于制造工业加热炉、热工动力机械(如内燃机)、石油及化工机械与设备等高温条件下工作的零件。

1. 性能要求　主要有抗氧化性和热强性。

(1) 高的热化学稳定性。指钢在高温下对各类介质的化学腐蚀抗力，其中最基本且最重要的是抗氧化性。所谓抗氧化性，则是指材料表面在高温下迅速氧化后能形成连续而致密的牢固的氧化膜，以保护其内部金属不再继续被氧化。

(2) 高的热强性(高温强度)。指钢在高温下抵抗塑性变形和断裂的能力。高温零件长时间承受载荷时，一般而言强度将大大下降。与室温力学性能相比，高温力学性能还要受温度和时间的影响。常用的高温力学性能指标有：①蠕变极限，即材料在高温长期载荷下对缓慢塑性变形(即蠕变)的抗力；②持久强度，即材料在高温长期载荷下对断裂的抗力。

2. 成分与组织特点　成分合金化和组织稳定性是保证耐热钢上述两个主要性能的关键。

(1) 提高抗氧化性

1）Cr、Al、Si是常用的抗氧化性元素，因其在钢表面生成致密稳定连续而牢固的Cr_2O_3、Al_2O_3、SiO_2氧化膜，其中Al、Si会明显增加钢的脆性，故而很少单独加入而常与Cr一起加入。Cr是最主要的元素，试验证明：当$w_{Cr}=5\%$时，耐热钢工作温度达600～650℃；当$w_{Cr}=28\%$时，工作温度可达1100℃。

2）微量稀土(RE)元素如钇(Y)、镧(La)等，因其能防止高温的晶界优先氧化现象，可明显改善耐热钢的抗氧化性。

3）渗金属表面处理(如渗Cr、Al、Si)是提高钢抗氧化性的有效途径。

（2）提高热强性

1）基体固溶强化元素Cr、Ni、W、Mo等，其主要作用是固溶强化、形成单相组织并提高再结晶温度(增加基体组织稳定性)。

2）第二相沉淀强化元素V、Ti、Nb、Al等，其作用是形成细小弥散分布的稳定碳化物(如VC、TiC、NbC等)或稳定性更高的金属间化合物(如Ni_3Ti、Ni_3Nb、Ni_3Al等)，获得第二相沉淀强化效果并提高组织稳定性。

3）微量晶界强化元素硼(B)与稀土(RE)元素，起净化晶界或填充晶界空位的作用。

3. 耐热钢的分类与常用钢号　按使用特性不同，耐热钢分为抗氧化钢和热强钢；若按组织不同，耐热钢又可分为铁素体类耐热钢(又称α-Fe基耐热钢，包括珠光体钢、马氏体钢和铁素体钢)和奥氏体类耐热钢(又称γ-Fe基耐热钢)。

（1）抗氧化钢。又称不起皮钢，指高温下有较好抗氧化性并有适当强度的耐热钢，主要用于制作在高温下长期工作且承受载荷不大的零件，如热交换器和炉用构件等。包括两类：

1）铁素体型抗氧化钢。这类钢是在铁素体不锈钢的基础上加入了适量的Si、Al而发展起来的。其特点是抗氧化性强，但高温强度低、焊接性能差、脆性大。此类钢按抗氧化性或使用温度不同，可分为四小类：①低中Cr型，如1Cr3Si、1Cr6Si2Ti，工作温度800℃以下；②Cr13型，如1Cr13SiAl，工作温度800～1000℃；③Cr18型，如1Cr18Si2，工作温度1000℃左右；④Cr25型，如1Cr25Si2，工作温度1050～1100℃。

2）奥氏体型抗氧化钢。这类钢是在奥氏体不锈钢的基础上加入适量的Si、Al等元素而发展起来的。其特点是比铁素体钢的热强性高，工艺性能改善，故可在高温下承受一定的载荷。典型钢号有Cr-Ni型(如3Cr18Ni25Si2，工作温度1100℃)、节Ni型(如2Cr20Mn9Ni2Si2N，工作温度850～1050℃)及无Cr-Ni型(如6Mn18Al5Si2Ti，工作温度低于950℃)；奥氏体抗氧化钢多在铸态下使用(此时为铸钢，如ZG3Cr18Ni25Si2)，但也可制作锻件。

（2）热强钢。指高温下不仅具有较好的抗氧化性(包括其他耐蚀性)，还应有较高的强度(即热强性)的耐热钢。一般情况下，耐热钢多是指热强钢，主要用于制造热工动力机械的转子、叶片、汽缸、进气与排气阀等既要求抗氧化性又要求高温强度的零件。根据 GB/T 4239—1991，热强钢包括三类。

1）珠光体热强钢。此类钢在正火状态下的组织为细片珠光体+铁素体，广泛用于在600℃以下工作的热工动力机械和石油化工设备。其碳含量为低中碳 $w_C=0.10\%\sim0.40\%$；常加入耐热性合金元素 Cr、Mo、W、V、Ti、Nb 等，其主要作用是强化铁素体并防止碳化物的球化聚集长大乃至石墨化现象，以保证热强性。典型钢种有：①低碳珠光体钢，如 12CrMo、15CrMoV，具有优良的冷热加工性能，主要用来做锅炉管线等(故又称锅炉管子用钢)，常在正火状态下使用；②中碳珠光体钢，如 35CrMo、35CrMoV 等，在调质状态下使用，具有优良的高温综合力学性能，主要用来做耐热的紧固件和汽轮机转子(主轴、叶轮等)，故又称紧固件及汽轮机转子用钢。

2）马氏体热强钢。此类钢淬透性良好，空冷即可形成马氏体，常在淬火+高温回火状态下使用。包括两小类：①低碳高铬型，它是在 Cr13 型马氏体不锈钢基础上加入 Mo、W、V、Ti、Nb 等合金元素而形成，常用牌号有 1Cr11MoV、1Cr12WMoV 等，因这种钢还有优良的消振性，最适宜制造工作温度在 600℃以下的汽轮叶片，故又称叶片钢；②中碳铬硅钢，常用牌号有 4Cr9Si2、4Cr10Si2Mo 等。这种钢既有良好的高温抗氧化性和热强性，还有较高的硬度和耐磨性，最适合于制造工作温度在 750℃以下的发动机排气阀，故又称气阀钢。

3）奥氏体热强钢。此类钢是在奥氏体不锈钢的基础上加入了热强元素 W、Mo、V、Ti、Nb、Al 等，它们强化了奥氏体并能形成稳定的特殊碳化物或金属间化合物。具有比珠光体热强钢和马氏体热强钢更高的热强性和抗氧化性，此外还有高的塑性、韧性及良好焊接性、冷塑性成形性。常用牌号有 1Cr18Ni12Ti、4Cr14Ni14W2Mo 等，主要用于工作高达 800℃的各类紧固件与汽轮机叶片、发动机气阀，使用状态为固溶处理或时效处理状态。

4. 耐热合金(高温合金)简介　耐热钢在较高载荷下的最高使用温度一般是在 800℃以下，而对航空航天工业的某些耐热零构件(如喷气式发动机)却是在 800℃以上的高温下长期承受一定的载荷工作，因此，耐热钢已不能满足抗氧化性尤其是热强性要求。为此便应采用高温合金，它包括铁基、镍基、钴基和难熔金属(如钼、铌等)基。以下简介铁基和镍基两类高温合金(其牌号、化学成分、力学性能及用途可参见国家标准 GB/T 14992—1994)。

(1) 铁基高温合金。此类合金是在奥氏体不锈钢的基础上增加了 Cr 或 Ni 含量并加入了 W、Mo、Ti、V、Nb、Al 等合金元素而形成的。铁基高温合金具有更高的抗氧化性和热强性，并有良好的冷塑性加工性和焊接性，用于制造形状复杂的、需经冷压和焊接成形的、工作温度高达 800～900℃的零件，使用状态为固溶或固溶+时效。常用牌号如 GH1131，其主要合金元素含量为 $w_{Cr}=20\%$、

$w_{Ni}=28\%$、$w_W=5\%$、$w_{Mo}=4\%$左右。

（2）镍基高温合金。是以 Ni 为基，加入 Cr、W、Mo、Co、V、Ti、Nb、Al 等耐热合金元素形成以 Ni 为基的面心立方晶格的固溶体（也称奥氏体）。其基本性能与热处理类似于铁基高温合金，但热强性和组织稳定性稍优；其缺点是价格昂贵。典型牌号如 GH3030，含有高达 $w_{Cr}=20\%$、微量的 Ti、Al 等元素。

（三）低温钢

低温钢是指用于工作温度低于 0℃（也有认为 -40℃）零件的钢种，广泛用于钢铁冶金、化工、冷冻设备、液体燃料的制备与贮运装置、海洋工程与极地机械设施等。

1. 性能要求　①韧脆转变温度低，低温冲击韧度高；②一定的强度及对所接触介质的耐蚀性；③优良的焊接性能与冷塑性成形性能。

2. 成分与组织特点　①低碳，一般 $w_C<0.20\%$；②主要合金元素，Mn、Ni 对低温韧性有利，尤其是 Ni 最明显，V、Ti、Nb、Al 等元素可细化晶粒而进一步改善低温韧性；③严格控制损害韧性的 P、Si 等元素含量；④面心立方结构（如奥氏体钢、铝、铜金属）的低温韧性良好，而体心立方结构（如铁素体）的冷脆现象较明显。

3. 低温钢的种类与常用钢号　低温钢可按其使用温度等级、组织类型或主要化学成分不同来进行分类，表 12-19 为根据 GB/T 3531—1994 和部分国外标准摘录的常用低温钢。

表 12-19　常用主要低温钢

钢类	温度等级/℃	钢号	热处理	组织类型
低碳锰钢	-40	16MnDR	正火	铁素体类
	-70	09Mn2VDR、09MnTiCuReDR（Q345E）	正火或调质	
低碳镍钢	-100	10Ni4（ASTM A203—70D）	正火或调质	
	-120 ~ -170	13Ni5	正火或调质	
	-196	1Ni9（ASTM A533—70A）	调质	
奥氏体钢	-253	0Cr18Ni9、1Cr18Ni9	固溶	奥氏体类
	-253	15Mn26Al4	固溶	
	-269	0Cr25Ni20（JIS G4304—1972）	固溶	

（四）耐磨钢

耐磨钢是指用于制造高耐磨性零件的特殊钢种，目前尚未形成独立的钢类。从广义上，高碳工具钢、一部分结构钢（主要是硅、锰结构钢）及合金铸钢均可用于制造耐磨零件，其中最重要的是高锰耐磨钢。

1. 高锰钢。高锰钢的化学成分特点是高碳（$w_C=0.90\%\sim1.50\%$），高锰（$w_{Mn}=11\%\sim14\%$）。其铸态组织为粗大的奥氏体+晶界析出碳化物，此时脆性很大，耐磨性也不高，不能直接使用。经固溶处理（1060 ~ 1100℃高温加热、快速水冷）后可得到单相奥氏体组织，此时韧性很高（故又称“水韧处理”）。高锰钢固溶状态后硬度虽然不高（≈200HBS），但当其受到高的冲击载荷和高应力摩擦时，表面发生塑性变形而迅速产生强烈的加工硬化并诱发产生马氏体（A→M），从而形成硬（>500HBW）而耐磨的表面层（深度 10～20mm），心部仍为高韧性的奥氏体。随着硬化层的逐步磨损，新的硬化层不断向内产生、发展，故维持良好的耐磨性。而在低冲击载荷和低应力摩擦下，高锰钢的耐磨性并不比相同硬度的其他钢种高。故高锰钢主要用于耐磨性要求特别好并在高冲击与高压力条件下工作的零件，如坦克、拖拉机、挖掘机的履带板、破碎机牙板、铁路道岔等。

高锰钢的加工硬化能力极强，故冷塑性加工性能和切削加工性能较差；又因其热裂纹倾向较大、导热性差，故焊接性能也不佳。一般而言，大多数高锰钢零件都是铸造成形的。

根据国家标准 GB/T 5680—1998，常用高锰钢牌号为 ZGMn13—1～4，共有四种钢号。因其 Mn/C 比不同，力学性能有些差异，一般 Mn/C＝9～11。对耐磨性较高、冲击韧度较低、形状不复杂的零件，Mn/C 比取下限（ZGMn13—1、ZGMn13—2）；反之，Mn/C 比取上限，见表 12-20。为适应不同工况的要求，可通过调整基本成分和加入其他合金元素以提高耐磨性。国内外发展了一些改进型高锰钢，如 75Mn13、45Mn17Al3 等。

表 12-20　高锰钢牌号、成分与用途举例

<table>
<tr><th rowspan="2">钢　　号</th><th colspan="5">化学成分质量成分（%）</th><th rowspan="2">用 途 举 例</th></tr>
<tr><th>C</th><th>Mn</th><th>Si</th><th>S</th><th>P</th></tr>
<tr><td>ZGMn13—1①</td><td>1.00～1.45</td><td rowspan="4">11.00～14.00</td><td rowspan="2">0.30～1.00</td><td rowspan="4">≤0.050</td><td rowspan="2">≤0.090</td><td rowspan="2">用于以耐磨性为主的、低冲击的结构简单铸件，如衬板、齿板、辊套、铲齿等</td></tr>
<tr><td>ZGMn13—2</td><td>1.00～1.30</td></tr>
<tr><td>ZGMn13—3</td><td>0.90～1.35</td><td rowspan="2">0.30～0.80</td><td>≤0.080</td><td rowspan="2">用于以韧性为主的、高冲击的结构复杂铸件，如履带板</td></tr>
<tr><td>ZGMn13—4</td><td>0.90～1.30</td><td>≤0.070</td></tr>
</table>

① “—”后阿拉伯数字表示品种代号。

2. 低合金耐磨钢　低合金耐磨钢包括某些合金结构钢（主要代表为 Si-Mn 型结构钢，如 40SiMn2、65SiMnRE 等）和一些工具钢（如 Cr03、Cr06 等）。其合金元素含量少，成本低廉，加工成形性能改善，耐磨性和韧性兼备，适宜于农业机械和矿山机械推广使用。

3. 石墨钢　石墨钢是一种高碳低合金铸钢，兼有铸钢和铸铁的综合性能，其组织是由钢基体＋二次渗碳体＋游离点状石墨（体积分数约占 0.2%～0.4%）组成。其特点是耐磨性好，成本低且易于切削加工，在低应力磨损条件下耐磨性优于高锰钢，主要用于小型热轧辊、冲模、球磨机衬板与磨球等。典型牌号 ZGSiMnMo钢（w_C＝1.40%～1.50%）。

七、铸铁

铸铁基本上以铸件形式使用，但近年来连铸铸铁板材、棒材的应用亦日益增多。除了铁和碳以外，铸铁中还含有硅、锰、磷、硫及其他合金元素($w_{合}>0.1\%$)和微量元素($w_{微}<0.1\%$)。碳除极少量固溶于铁素体中外，还因铸铁成分、熔炼处理工艺和结晶条件的不同，或以游离状态(即石墨,常用G表示)，或以化合形态(即渗碳体或其他碳化物)存在，也可以二者共存。铸铁的使用价值与铸铁中碳的存在形式有着密切的关系。一般来说，铸铁中的碳以石墨形态存在时才能被广泛地应用。当碳主要以渗碳体等化合物形式存在时，铸铁断口呈银白色，称为白口铸铁。白口铸铁具有硬而脆的基本特性，生产中主要用作炼钢原料和生产可锻铸铁的毛坯，在冲击载荷不大的情况下可作为耐磨材料使用。当碳主要以石墨形式存在时，铸铁断口呈暗灰色，称为灰口铸铁，是工业上广泛应用的铸铁。当碳部分以石墨、部分以渗碳体存在时，称为麻口铸铁，工业用途不大。

(一) 铸铁的石墨化

1. 铁碳合金双重相图　在铁碳合金中，其渗碳体具有复杂的斜方结构，而石墨具有特殊的简单六方晶格，如图12-6所示。晶体中碳原子呈层状排列，同一层上的原子间为共价键结合，原子间距小、结合力很强，而层与层之间为分子键，层间距大、结合力较弱。故石墨的强度、塑性、韧性极低，几乎为零，硬度仅为3HBS。石墨的存在相当于在完整的钢基体上出现了“孔洞”或“裂缝”。

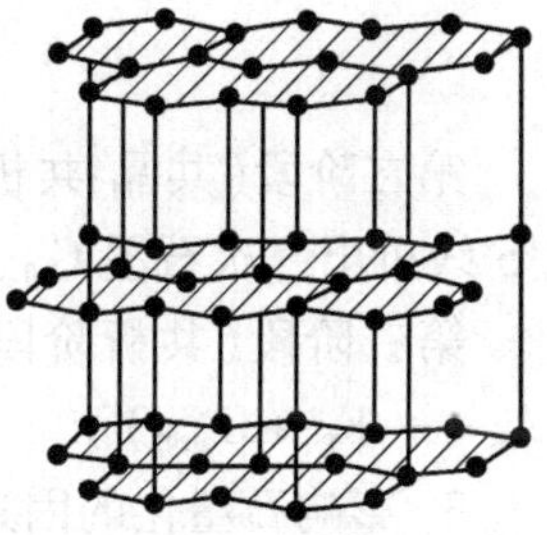

图12-6　石墨的晶体结构

铁碳合金双重相图如图12-7所示，图中实线表示$Fe-Fe_3C$系相图，虚线加上部分实线表示Fe-G系相图。铁碳合金究竟按哪个相图变化，决定于其加热或冷却条件获得的平衡的性质(亚稳定平衡还是稳定平衡)。若按$Fe-Fe_3C$系相图进行结晶，就得到白口铸铁；若按Fe-G系相图进行结晶，就析出和形成石墨，即发生石墨化过程。

2. 石墨化过程　铸铁的石墨化就是铸铁中碳原子析出并形成石墨的过程。石墨既可以直接从液体和奥氏体中析出，也可以通过渗碳体分解来获得。灰铸铁和球墨铸铁中的石墨主要从液体中析出；可锻铸铁中的石墨则完全由白口铸铁经长时间高温退火，由渗碳体的分解来得到。按照Fe-G相图，铸铁的石墨化分为三个阶段：

第一阶段(液态阶段)——从液体中直接析出石墨，包括从过共晶液态中直接析出一次石墨$G_Ⅰ$和在1154℃通过共晶反应形成共晶石墨$G_{共晶}$($L_{C'}\longrightarrow A_{E'}+G_{共晶}$)。

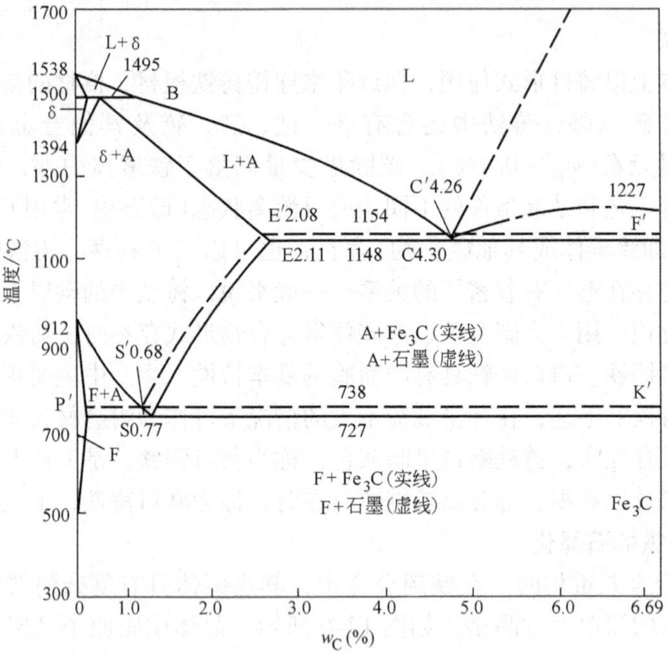

图 12-7　铁碳合金双重相图

第二阶段(共晶-共析阶段)——在 1154～738℃范围内奥氏体冷却过程中沿 E′S′线析出二次石墨 $G_{Ⅱ}$。

第三阶段(共析阶段)——在 738℃(P′S′K′线)通过共析反应析出共析石墨($A_{S'} \longrightarrow F_{P'} + G_{共析}$)。

3. 影响石墨化的因素　影响铸铁石墨化过程的因素，主要有铸铁的成分和结晶过程的冷却条件(如冷却速度)。

(1) 化学成分。按对石墨化的作用，化学元素(主要是合金元素)可分为两大类：

第一类是促进石墨化元素，如 C、Si、Al、Cu、Ni、Co 等，尤以 C、Si 作用最强烈。生产中调整碳、硅含量，是控制铸铁组织与性能的基本措施。碳不仅促进石墨化，而且还影响石墨的数量、大小和分布。

第二类是阻碍石墨化元素，如 Cr、W、Mo、V、Mn 等，以及杂质元素 S。硫强烈促进铸铁的白口化，并使力学性能和铸造性能恶化，因此一般控制$w_S < 0.15\%$。

通常用碳当量(C_E)来评价铸铁的石墨化能力。由于 C、Si 是影响(促进)石墨化最主要的两个元素，且实践证明 Si 的作用程度相当于 C 的 1/3，故一般碳当量 $C_E = w_C + 1/3w_{Si}$。由于共晶成分的铸铁具有最佳的铸造性能，故通常将铸铁的成分配置在共晶成分附近。

（2）温度及冷却速度。铸铁件在高温慢冷的条件下过冷度较小，或在高温下长时间保温，因碳原子能充分扩散，通常按 Fe-G 相图结晶，均有利于石墨化的过程；否则，按 $Fe\text{-}Fe_3C$ 相图结晶。铸件的壁厚不同，也会具有不同的冷却速度，得到不同的组织。

4. 铸铁组织与性能特点　灰口铸铁组织基本上是由与钢相似的基体组织及石墨两部分组成。因铸铁成分及冷却速度等条件不同，石墨化过程可能全部或部分地受抑制，也可能不受抑制，故其基体组织可以是铁素体、珠光体或铁素体加珠光体，见表 12-21。石墨对铸铁性能的影响取决于它在铸铁中存在的形状、分布与数量。一般按石墨的形态对铸铁进行分类：片状石墨的铸铁称为灰铸铁；球状石墨的铸铁称为球墨铸铁；团絮状石墨的铸铁称为可锻铸铁；蠕虫状石墨的铸铁称为蠕墨铸铁。各种铸铁的力学性能见表 12-22，与钢比较，因石墨割断了基体的连续性且在其尖端处引起应力集中，故铸铁的强度、塑性、韧性等力学性能较低。

表 12-21　铸铁经不同程度石墨化后所得到的组织

铸铁名称	石墨化第一阶段	石墨化第二阶段	石墨化第三阶段	显微组织
灰口铸铁	充分进行	充分进行	充分进行	F + G
	充分进行	充分进行	部分进行	F + P + G
	充分进行	充分进行	不进行	P + G
麻口铸铁	部分进行	部分进行	不进行	L′d + P + G
白口铸铁	不进行	不进行	不进行	$L'd + P + Fe_3C$

表 12-22　各种铸铁的力学性能

材料种类	组织	抗拉强度 σ_b/MPa	屈服强度 $\sigma_{0.2}$/MPa	抗弯强度 σ_{bb}/MPa	伸长率 δ(%)	冲击韧度 α_K/kJ·m^{-2}	硬度 HBS
铁素体灰铸铁	$F + G_{片}$	100～150	/	260～330		10～110	143～229
珠光体灰铸铁	$P + G_{片}$	200～250	/	400～470		10～110	170～240
孕育铸铁	$P + G_{细片}$	300～400	/	540～680		10～110	207～296
铁素体可锻铸铁	$F + G_{团}$	300～370	190～280	/	6～12	150～290	120～163
珠光体可锻铸铁	$P + G_{团}$	450～700	280～560	/	2～5	50～200	152～270
铁素体球墨铸铁	$F + G_{球}$	400～500	250～350	/	5～20	>200	147～241
珠光体球墨铸铁	$P + G_{球}$	600～800	420～560	/	>2	>150	229～321
白口铸铁	$P + Fe_3C + L'd$	230～480	/	/	/	/	375～530
铁素体蠕墨铸铁	$F + G_{虫}$	>286	>204	/	>3	/	>120
珠光体蠕墨铸铁	$P + G_{虫}$	>393	>286	/	>1	/	>180

由于石墨的存在，铸铁具有以下特殊性能：

1）因石墨能造成脆性切屑，铸铁切削加工性能优异。

2）铸铁的铸造性能良好。

3）石墨有良好的润滑作用，并能储存润滑油，故铸铁具有较好的减摩、耐磨性。

4）因石墨对振动的传递起削弱作用，故铸铁具有良好的减振性能。

5）大量石墨割裂了基体组织，使铸铁对缺口不敏感，具有低的缺口敏感性。

（二）灰铸铁

1. 灰铸铁的成分、组织、性能特点与应用　灰铸铁是价格便宜、应用最广泛的铸铁材料，在铸铁总产量中，灰铸铁占80%以上。灰铸铁的化学成分一般为：$w_C = 2.7\% \sim 4.0\%$，$w_{Si} = 1.0\% \sim 3.0\%$，$w_{Mn} = 0.25\% \sim 1.0\%$，$w_P = 0.05\% \sim 0.50\%$，$w_S = 0.02\% \sim 0.2\%$，其中Mn、P、S总含量一般不超过2.0%。在灰铸铁中，碳将近80%以片状石墨析出。

我国灰铸铁的牌号及应用举例见表12-23。“HT”表示“灰铁”二字的汉语拼音字首，而后面的数字为最低抗拉强度。灰铸铁牌号共六种，其中HT100、HT150、HT200为普通灰铸铁，HT250、HT300、HT350为孕育铸铁。常用的孕育剂有两种：一类是硅类合金，如硅铁合金、硅钙合金；另一类是石墨粉、电极粒等。铁液中加入孕育剂后，同时生成大量均匀分布的石墨晶核，石墨片变细，基体组织细化，铸铁强度提高，还避免了铸件边缘及薄壁处出现白口组织，最终其显微组织是在细珠光体基本上分布着细小片状石墨。

表12-23　灰铸铁牌号、力学性能和应用举例（摘自GB/T 9439—1988）

牌　号	抗拉强度 σ_b/MPa ≥	抗压强度 σ_{bc} /MPa	应用举例
HT100	100	500	低载荷和不重要零件，如盖、外罩、手轮、支架、重锤等
HT150	150	650	中等载荷的零件如支柱、底座、齿轮箱、刀架、阀体、管路附件等
HT200 HT250	200 250	750 1000	较大载荷和重要零件，如汽缸体、齿轮、飞轮、缸套、活塞、联轴器、轴承座等
HT300 HT350	300 350	1100 1200	高载荷的重要零件，如齿轮、凸轮、高压油缸、滑阀壳体等

灰铸铁的基体有三种：铁素体基体、珠光体基体和铁素体加珠光体基体。灰铸铁件能否得到灰口组织和得到何种基体，主要视灰铸铁在结晶过程中的石墨化程度如何，其中最重要的影响因素是灰铸铁的成分和铸件的实际冷却速度。图

12-8 所示为在一般砂型铸造条件下，铸件的壁厚(影响冷却速度)和铸铁中碳及硅的含量对其组织(即石墨化程度)的影响。在生产中，对于不同壁厚的铸件，常根据这一关系调整铸铁中的碳及硅的含量，以保证得到所需要的灰口组织，这是与铸钢件截然不同的。在对不同壁厚的铸件调整其碳及硅的含量时，还要注意控制碳当量 C_E 在 4% 左右，即接近于共晶成分，此时流动性最佳。

2. 灰铸铁的热处理　灰铸铁可以进行热处理，但热处理不会改变石墨的形状、大小和分布，对提高灰铸铁件的力学性能作用不大。因此生产中主要用来消除内应力、稳定铸件尺寸和改善切削加工性能，提高铸件的表面硬度和耐磨性等。通常多应用以下三种处理：

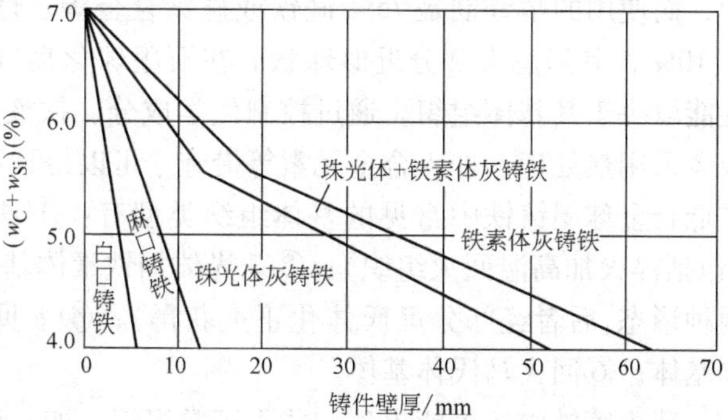

图 12-8　铸件壁厚和碳含量对铸铁组织的影响

（1）消除内应力退火。一些大型、复杂的铸件或精度要求较高的铸件，如机床床身、柴油机汽缸体，在铸件开箱前或切削加工前通常都要进行一次消除内应力退火，其工艺规定：加热温度 500～550℃，温度不宜过高，以免发生共析渗碳体的球化和石墨化；保温时间则取决于加热温度和铸件壁厚；炉冷至 150～220℃ 出炉后空冷。因其温度低于共析温度，故此工艺又称为低温退火，也称为人工时效。

（2）改善切削加工性能的退火。灰铸铁件的表层及一些薄壁处，由于冷速较快(特别是用金属模浇注时)，可能会出现白口，致使切削加工难以进行，需要退火降低硬度。工艺是：加热到 850～900℃、保温 2～5h，然后随炉冷却至 250～400℃ 后出炉空冷。因其温度高于共析温度，故此工艺又称为高温退火。高温退火后铸件的硬度可下降 20～40HBS。

（3）表面淬火。有些铸件如机床导轨、缸体内壁，其工作表面需要有较高的硬度和耐磨性，可进行表面淬火处理，如高频感应加热表面淬火、火焰表面淬火、电接触表面淬火等。淬火后表面硬度可达 50～55HRC。

（三）球墨铸铁

球墨铸铁是 20 世纪 50 年代发展起来的一种高强度铸铁材料，其综合性能接近于钢。正是基于其优异的性能，球墨铸铁已迅速发展为仅次于灰铸铁的、应用十分广泛的铸铁材料。所谓“以铁代钢”，主要是指球墨铸铁。

1. 球墨铸铁的生产　球墨铸铁的成分要求比较严格，一般范围是：w_C = 3.6%～3.9%，w_{Si} = 2.0%～2.8%，w_{Mn} = 0.6%～0.8%，w_S < 0.07%，w_P ≤

0.1%。与灰铸铁相比，球墨铸铁的碳当量较高，通常在4.5%~4.7%范围内变动，一般为过共晶成分，以利于石墨球化。

球墨铸铁的球化处理必须伴随以孕育处理，通常是在铁液中加入一定量的球化剂和孕育剂。国外使用的球化剂主要是金属镁，实践证明，铁液中含 $w_{Mg}=0.04\%\sim0.08\%$ 时，石墨就能完全球化。我国普遍使用稀土镁球化剂，加入量很少，而使用的孕育剂是75%硅铁或硅钙合金等。球墨铸铁中石墨的体积分数约占10%，其形态大部分近似球状。在石墨球化良好的前提下球墨铸铁的大多数性能取决于其基体组织。通过控制化学成分、铁液处理工艺和铸件的冷却速度，或者采用热处理、加入合金元素等措施，可以得到不同的基体组织。在非合金化或低合金球墨铸铁中常见的基体组织类型有：①铁素体基体；②珠光体类基体（包括淬火加高温回火组织）；③珠光体加铁素体基体（铁素体有牛眼状和碎块状两种形态，后者经部分奥氏体化正火获得）；④下贝氏体基体；⑤奥氏体加贝氏体基体；⑥回火马氏体基体。

球墨铸铁中还可能出现一些不正常组织，如：球化剂残余量过高或孕育效果不好所造成的一次渗碳体；正火温度过高造成的网状二次渗碳体；珠光体量过高所造成的磷共晶等。这些组织都严重降低球墨铸铁的韧性，应对其严格控制。

2. 球墨铸铁的牌号、性能与应用　球墨铸铁牌号见表12-24。“QT”表示“球铁”的拼音首字母，其后两组数字分别表示最低抗拉强度和最小断后伸长率。

表12-24　我国球墨铸铁的牌号、力学性能与应用举例（摘自GB/T 1348—1988）

牌号	力学性能				应用举例
	σ_b/MPa	$\sigma_{0.2}$/MPa	δ(%)	硬度HBS	
	≥				
QT400—18 QT400—15 QT450—10	400 400 450	250 250 310	18 15 10	130~180 130~180 160~210	农机具（如收割机上导架），汽车、拖拉机零件（如离合器壳、拨叉），通用机械（阀体、阀盖），电机机壳、齿轮箱等
QT500—7	500	320	7	170~230	机油泵齿轮，铁路机车车辆轴瓦，机器传动轴、飞轮，电动机架
QT600—3 QT700—2 QT800—2	600 700 800	370 420 480	3 2 2	190~270 225~305 245~335	柴油机、汽油机曲轴，部分磨床、车床、铣床主轴，农机具轻负荷齿轮，空压机、冷冻机缸体与缸套，桥式起重机大小滚轮
QT900—2 QT1200—1	900 1200	600 840	2 1	280~360 ≥38HRC	汽车与拖拉机的传动齿轮、曲轮、凸轮轴、转向节、连杆，农机上的犁铧

球墨铸铁的性能主要有以下几个特点：①高的抗拉强度和接近于钢的弹性模量，特别是屈强比高，约为0.7~0.8，而正火45钢的屈强比才0.59~0.60；②基体为铁素体时，具有良好的塑性和韧性，退火状态下断后伸长率达18%以上；③铸造性能优于铸钢，可铸成轮廓清晰、表面光洁的铸件；④耐磨性优于碳

钢，适于制造运动速度较高、载荷较大的摩擦零件；⑤加工性能良好，接近于灰铸铁；⑥铸件的尺寸和质量几乎不受限制，数十吨乃至一百多吨的重型球墨铸铁件已经问世，可锻铸铁无法与之比拟；⑦可靠性良好，在重载、低温、剧烈振动、高粉末等严酷的运行条件下（如汽车底盘）均表现出足够的安全可靠性；⑧高合金球墨铸铁还有抗磨、耐热、耐蚀等特殊性能。

球墨铸铁在管道、汽车、机车、机床、动力机械、工程机械、冶金机械、机械工具等方面用途广泛。例如，在机械制造业中，球墨铸铁成功地代替了不少碳钢、合金钢和可锻铸铁，用来制造一些受力复杂，强度、韧性和耐磨性均要求高的零件，如具有高强度与高耐磨性的珠光体球墨铸铁，常用来制造拖拉机或柴油机中的曲轴、连杆、凸轮轴、各种齿轮、机床的主轴、蜗杆、蜗轮、轧钢机的轧辊、大齿轮及大型水压机的工作缸、缸套、活塞等；具有高的韧性和塑性的铁素体球墨铸铁，常用来制造受压阀门、机器底座、汽车的后桥壳等。

一般而言，长期承受循环弯曲、扭转或弯曲-扭转载荷的零件，对球墨铸铁疲劳极限有较高的要求，一般可选用珠光体球墨铸铁、回火索氏体球墨铸铁。珠光体球墨铸铁的扭转疲劳极限达 189MPa，比正火 45 钢还高。对承受冲击载荷的零件，应根据载荷性质选择合适的球墨铸铁。承受小能量冲击的零件，建议选用强度较高的珠光体球墨铸铁或回火索氏体球墨铸铁；承受大能量冲击的零件最好选用铁素体球墨铸铁；在低温下承受冲击的零件，一般选用低硅铁素体球墨铸铁更合适。要求高耐磨性、高疲劳极限和高冲击抗力的零件，可选用回火索氏体球墨铸铁或奥氏体 + 贝氏体基球墨铸铁。韧性要求不高但耐磨性要求很高的零件，可选用马氏体球墨铸铁、下贝氏体球墨铸铁。要求耐热、耐蚀的零件，可选用铁素体球墨铸铁。

3. 球墨铸铁的热处理　球墨铸铁应用广泛的一个重要原因，是其能通过合金化和热处理来改变其基体组织，从而保证球墨铸铁达到所要求的力学性能。钢的热处理温度主要由碳含量决定；而球墨铸铁的热处理温度则主要由硅含量确定。硅使共析转变温度范围提高，因此球墨铸铁的奥氏体化温度也相应高于碳钢。高的碳、硅含量，再加上高的锰含量及其他合金元素，使球墨铸铁的 C 曲线右移，并形成两个“鼻尖”，以致球墨铸铁的淬透性比碳钢好，使用空淬、油淬比用水淬更为合适，而且较易实现等温淬火工艺来获得下贝氏体基体。与碳钢相似的是，在保证完全奥氏体化的条件下应尽量采用较低的加热温度，因为高的加热温度和长的保温时间，会使以石墨形式存在的碳较多地溶入奥氏体中，淬火后就会得到较粗大的淬火马氏体和数量较多的残留奥氏体。

球墨铸铁的热处理主要有退火、正火、淬火加回火、等温淬火等。

（1）退火。退火的目的是使球墨铸铁得到铁素体，获得高韧性。球化剂会增大铸件的白口倾向，当铸件薄壁处出现自由渗碳体和珠光体时，为了获得塑性好的铁素体基体，并改善切削性能，消除铸造应力，根据铸造组织可采用两种退火工艺：一是高温退火，当存在自由渗碳体时，为使其分解，必须进行高温退火，加热到920～980℃，保温2～5h，随炉冷却至600℃左右空冷；二是低温退火，当铸态组织为铁素体加珠光体加石墨，而无自由渗碳体时，为使珠光体中的渗碳体分解，必须进行低温退火，加热至700～760℃，保温3～6h，随炉冷却600℃出炉空冷。

(2) 正火。正火的目的在于得到珠光体基体(占基体75%以上)并细化组织，提高强度和耐磨性。根据加热温度不同，分高温正火(完全奥氏体化)和低温正火(不完全奥氏体化)两种。高温正火是将球墨铸铁件加热到880～950℃，保温1～3h，然后出炉空冷，最终得到珠光体型的基体组织。低温正火是将球墨铸铁件加热到860～880℃，保温1～2h，然后出炉空冷，最终得到珠光体加铁素体的基体组织，其强度比高温正火略低，但塑性和韧性较高。低温正火要求原始组织中无自由渗碳体，否则将影响力学性能。在正火时，为了提高基体组织中珠光体的含量，还可采用风冷、喷雾冷以加快冷却速度，进而保证铸铁的强度。

(3) 淬火加回火。目的是获得回火马氏体或回火索氏体组织，以提高强度、硬度和耐磨性。其工艺为：加热到860～920℃，保温20～60min，出炉油淬后进行不同温度的回火。

(4) 等温淬火。等温淬火的目的是获得最佳的综合力学性能。例如，为了获得奥-贝球铁，即得到贝氏体型铁素体加奥氏体基体组织，保证高的硬度和高的韧性，需采用的工艺是：加热到860～890℃，保温1～2h后，在340～390℃盐浴中等温1h，然后取出空冷。由于盐浴的冷却能力有限，一般仅用于截面不大的零件，如受力复杂的齿轮、曲轴、凸轮轴等。

此外，为提高球墨铸铁件表面硬度和耐磨性，还可以采用表面淬火、氮碳共渗等工艺。应该说，碳钢的热处理工艺对于球墨铸铁基本上均是适用的。

(四) 其他铸铁

1. 可锻铸铁　可锻铸铁是由白口铸铁坯件经石墨化退火而得到的一种铸铁材料，其强度和韧性近似于球墨铸铁，而减振性和可加工性则优于球墨铸铁。因可锻铸铁中的石墨呈团絮状，大大减轻了石墨对基体组织的割裂作用，故可锻铸铁不但比灰铸铁有较高的强度，并且还具有较高的塑性(δ可达15%)和韧性(α_K值可达$30J \cdot cm^{-2}$)；但可锻铸铁仍然不可锻造。可锻铸铁分为黑心可锻铸铁(即铁素体可锻铸铁)、珠光体可锻铸铁和白心可锻铸铁。

白心可锻铸铁的生产周期长，性能较差，应用较少，目前使用的大多是黑心可锻铸铁和珠光体可锻铸铁(表12-25)。黑心可锻铸铁因其断口为黑绒状而得名，以KTH表示，其基体为铁素体。珠光体可锻铸铁以KTZ表示，基体为珠光体。其中“KT”表示“可铁”的拼音字首，“H”和“Z”分别表示“黑”和“珠”的拼音字首，代号后的第一组数字表示最低抗拉强度值，第二组数字表示最低断后伸长率。

表 12-25 常用可锻铸铁牌号、力学性能与应用举例(摘自 GB/T 9440—1988)

牌号	力学性能				应用举例
	σ_b/MPa	$\sigma_{0.2}$/MPa	δ(%)	硬度 HBS	
	不小于				
KTH300—06	300	—	6	不大于150	一定强韧性，气密性好，做弯头、三通等管件
KTH330—08①	330	—	8		农机犁刀、犁柱，螺钉扳手，铁道扣板等
KTH350—10	350	200	10		汽车与拖拉机前后轮壳、转向节壳、制动器，弹簧钢板支座，船用电机壳等
KTH370—12①	370	—	12		
KTZ450—06	450	270	6	150～200	承受较高的动载荷和静载荷，在磨损条件下工作，要求有较高冲击抗力、强度和耐磨性的零件，如曲轴、凸轮轴、连杆、齿轮
KTZ550—04	550	340	4	180～230	
KTZ700—02	700	530	2	240～290	

① 为过渡牌号。

可锻铸铁生产必须有两个过程：首先是要浇注成白口铸铁件；然后再经长时间石墨化退火处理，使渗碳体分解出团絮状的石墨。为此必须使铸铁的成分有较低的含碳和含硅量，并且为了缩短石墨化退火周期，锰含量不宜过高。

如果采用加入合金元素和不同的热处理工艺，可锻铸铁可获得不同基体组织(如奥氏体、马氏体、贝氏体等)，可满足各种零件的特殊性能要求。总体上说，可锻铸铁的性能远优于灰铸铁，适用于大量生产的、形状比较复杂、壁厚在30mm以下的中小零件。例如，在制造尺寸很小、形状复杂和壁厚特别薄的零件时，若用铸钢或球墨铸铁在生产上就会十分困难；若改用灰铸铁，则强度和韧性不足，还有形成白口的可能；若用焊接则很难大量生产，成本又高，因此还是选用可锻铸铁件比较合适。在特殊情况下，通过工艺上的适当调控，也可生产壁厚达80mm或重达150kg以上的可锻铸铁件。

2. 蠕墨铸铁　蠕墨铸铁的石墨呈蠕虫状，其牌号、性能特点及应用见表12-26。“RuT”是“蠕铁”二字的拼音字首，所跟的数字表示最低抗拉强度。蠕墨铸铁的显微组织由蠕虫状石墨加基体组织组成，其基体组织与球墨铸铁相似，在铸态下一般是珠光体和铁素体的混合基体，经过热处理或合金化才能获得铁素体或珠光体基体。通过退火，可使蠕墨铸铁获得85%以上的铁素体基体或消除薄壁处的游离渗碳体。通过正火可增加珠光体量，从而提高强度和耐磨性。蠕墨铸铁是一种综合性能良好的铸铁材料，其力学性能介于球墨铸铁与灰铸铁之间，如抗拉强度、屈服点、断后伸长率、弯曲疲劳极限均优于灰铸铁，接近于铁素体球墨铸铁；而导热性、切削加工性均优于球墨铸铁，与灰铸铁相近。

表 12-26 蠕墨铸铁的牌号、性能特点及应用

牌号	力学性能				性能特点	应用举例
	σ_b /MPa	$\sigma_{0.2}$ /MPa	δ (%)	硬度 HBS		
	不小于					
RuT260	260	195	3.0	121 ~ 197	一般需退火以获得铁素体为主的基体，强度一般，硬度较低，塑性、韧性和热导率较高	增压器废气进气壳体、汽车拖拉机某些底盘零件
RuT300	300	240	1.5	140 ~ 217	强度、硬度适中，有一定的塑性、韧性和较高的热导率，致密性较好	排气管、变速箱体、汽缸盖、纺织机零件、液压件、钢锭模
RuT340	340	270	1.0	170 ~ 249	具有较高的强度、硬度、耐磨性和热导率	带导轨面的重型机床件、大型齿轮箱体、飞轮、玻璃模具等
RuT380 RuT420	380 420	300 335	0.75 0.75	193 ~ 274 200 ~ 280	需加入合金元素或经正火热处以获得以珠光体为主的基体，具有高的强度、硬度、耐磨性和较高的热导率	活塞环、气缸套、制动盘、玻璃模具、刹车鼓、钢珠研磨盘、吸泥泵体等

注：蠕化率 V 不小于 50%

3. 特殊性能铸铁　工业上除了一般的力学性能外，常常还要求铸铁具有良好的耐磨性、耐蚀性或耐热性等特殊性能。为此，在铸铁中加入某些合金元素，就得到了一些具有各种特殊性能的合金铸铁，又称特殊性能铸铁。它主要分为三类：抗磨铸铁、耐热铸铁、耐蚀铸铁。

（1）抗磨铸铁。在干摩擦条件下，工作时要求耐磨性能的铸铁称为抗磨铸铁。抗磨铸铁往往受到严重磨损，而且承受很大负荷，它应具有均匀的高硬度组织。

冷硬铸铁用于制造具有高硬度、高抗压强度及耐磨性的工作表面，同时需要有一定的强度和韧性的零件，如轧辊、车轮等。冷硬铸铁的典型牌号 LTCrMoR。

白口铸铁硬度高，具有很高的抗磨性能，可制造承受干摩擦及在磨粒磨损条件下工作的零件。但白口铸铁由于脆性较大，应用受到一定的限制，不能用于承受大的动载荷或冲击载荷的零件。若在白口铸铁中加入少量的铜、铬、钼、钒、硼等合金元素，可形成合金渗碳体，抗磨性有所提高，但韧性改进仍不大。当加入 $w_{Ni}=3.0\% \sim 5.0\%$、$w_{Cr}=1.50\% \sim 3.50\%$ 后，即得到以马氏体和碳化物为主的组织，这种铸铁称为镍铬马氏体白口铸铁，又称镍硬铸铁，其硬度和力学性能均比普通白口铸铁优越，但其脆性依然较大。当加入大量的铬（$w_{Cr}>10\%$）后，在铸铁中可形成团块状的碳化物（Cr_7C_3），其硬度比渗碳体更高、耐磨性显著提高，又因其呈团块状，韧性也得到改善，这种铸铁便是高铬铸铁。在高铬铸铁中，一般同时或分别加入钼、镍、铜、锰等合金元素，以提高其淬透性，经热处理可得到马氏体，从而进一步提高韧性和耐磨性。抗磨白口铸铁的典型牌号有KmTBMn5W3、KmTBCr26、KmTBCr9Ni5Si2 等。

（2）耐热铸铁。耐热铸铁具有良好的耐热性，包括长期在高温下工作的抗氧化、抗生长、保持较高的强度和硬度及抗蠕变的能力，可代替耐热钢用作加热炉底板、马弗罐、坩埚、废气管道、换热器及钢锭模等。

普通灰铸铁的高温强度比较低，在高温下除了表面会发生氧化外，还会发生“热生长”，即铸铁的体积会产生不可逆的胀大，严重时甚至胀大 10% 左右。“热生长”是其内部氧化和石墨化所引起的，内部氧化是导致生长的主要原因。氧在高温下通过铸件上的微孔、裂纹及石墨边缘渗入到铸铁内部，使铁、硅、锰等元素氧化而生成氧化物，因其比体积大而引起体积膨胀。而渗碳体分解时体积膨胀，且石墨越多，则相当于氧化通道越多。当铸铁承受反复加热和冷却，特别是通过相变温度范围时，由于应力导致形成微裂纹，也会使铸铁内部形成氧化通道而引起生长。相应地，提高铸铁耐热性的措施有：①加入 Si、Al、Cr 等元素，使铸铁在高温下表面形成一层致密的氧化膜，如 SiO_2、Al_2O_3、Cr_2O_3 等；②尽量使石墨由片状变为球状，或减少石墨数量；③加入合金元素，使基体为单一的铁素体或奥氏体。

目前，耐热铸铁大都采用单相铁素体基体铸铁，以免出现渗碳体分解；且最好采用球墨铸铁，其球状石墨呈孤立分布，互不相连，不致构成氧化通道。按所加合金元素种类不同，耐热铸铁主要有硅系、铝系、铝硅系、铬系、高镍系等铸铁。耐热铸铁的成分、力学性能与应用可参见 GB/T 9437—1988，典型牌号有RTCr2、RQTSi4、RQTAl4Si4、RQTAl22 等。

（3）耐蚀铸铁。铸铁的耐蚀性主要是指在酸、碱条件下抗腐蚀的能力。当铸铁受到周围介质作用时，会发生化学腐蚀和电化学腐蚀。化学腐蚀是指铸铁和干燥气体及非电解质发生直接的化学作用而引起的腐蚀，主要发生在表层范围以内。由于铸铁本身是一种多相合金（含石墨、渗碳体、铁素体等），在电解质中有不同的电极电位，电极电位高的构成阴极（如石墨），电极电位低的构成阳极（如铁素体），组成原电池，构成阳极的材料不断被电化学腐蚀，普通铸铁就是如此，这种局部腐蚀会深入到铸铁内部，危害十分严重。

与耐蚀钢基本相同的是，提高铸铁耐蚀性的主要途径也有三方面：一是在铸铁中加入 Si、Al、Cr 等合金元素，使之在铸铁表面形成一层连续致密的保护膜；二是在铸铁中加入 Cr、Si、Mo、Cu、N、P 等合金元素，提高铁素体的电极电位；三是通过合金化，获得单相基体组织，减少铸铁中的微电池。

耐蚀铸铁的成分、性能与应用可参见 GB/T 8491—1987，典型牌号有

STSi15R、STSi15Cr4R 等。在我国应用最多的是高硅耐蚀铸铁，当 $w_{Si}=14.20\% \sim 14.75\%$ 时，其耐蚀性最佳。

第二节　有色金属材料

一般将除铁之外的其他金属及其合金统称为有色金属材料(又称非铁金属材料)，其种类很多。有色金属具有许多特殊性能，如比强度高、耐蚀性好、导电导热性优良等，在机电、仪表，特别是在航空、航天及航海等工业具有重要的作用。本章主要介绍目前工程上广泛应用的铝、铜、钛、镁、锌及其合金，以及滑动轴承合金。

一、铝及其合金

铝在地壳中储量极丰富，占地壳总质量 8.2%，居所有金属元素之首，因其优异性能已在几乎所有工业领域得到应用。

(一) 工业纯铝

纯铝密度为 $2.72g/cm^3$，是一种主要的轻量化材料。其熔点为 660.4℃，故热强性低于钢铁材料。纯铝具有良好的导电性和导热性，但无磁性，其导电性仅次于银和铜，故可代替较贵重的铜制作导线。纯铝在空气中易氧化，表面形成一层致密的氧化膜(Al_2O_3)，能阻止内层金属继续被氧化，故具有良好的抗大气腐蚀性能；但铝的抗酸、碱、盐腐蚀性能不高。纯铝为面心立方结构，因无同素异晶转变，故不可热处理强化。纯铝具有极好的塑性和较低的强度(纯度为 99.99% 时，$\sigma_b=45MPa$、$\delta=50\%$)，良好的低温性能，冷变形加工可提高其强度，但塑性降低(形变强化)。纯铝还具有优良的工艺性能，易于铸造、焊接、切削和冷(热)压力加工。

纯铝中一般含有少量的铁、硅等杂质元素，这将损害其导电性、耐蚀性及塑性。按纯度不同，纯铝分为高纯铝、工业高纯铝、工业纯铝。由于纯铝强度不高，故主要用来制造导线、包覆材料、耐蚀和生活器皿等。

压力加工产品的纯铝牌号：在旧标准(GB 3190—82)中用“L”加顺序号表示，如 L2；在新标准(GB/T 3190—1996)中用“1 × × ×”表示，如对应于 L2 的新牌号为 1060。

(二) 铝合金

纯铝的强度和硬度很低，不适宜作为工程结构材料使用。向铝中加入适量 Si、Cu、Mg、Zn、Mn 等元素(主加元素)和 Cr、Ti、Zr、B、Ni 等元素(辅加元素)组成铝合金，可提高强度并保持纯铝的特性。

1. 铝合金的分类　根据铝合金的成分和生产工艺特点，可将其分为变形铝合金和铸造铝合金两大类，在如图12-9所示的相图上可直接划分变形铝合金和铸造铝合金的成分范围。图中：成分在D′点以左的合金，加热至固溶线(DF线)以上温度可以得到均匀的单相α固溶体，塑性好，适于进行锻造、轧制等压力加工，称为变形铝合金；成分在D′点以右的合金，有共晶组织存在，塑性较差，不宜压力加工，但流动性好而适合于铸造，称为铸造铝合金。

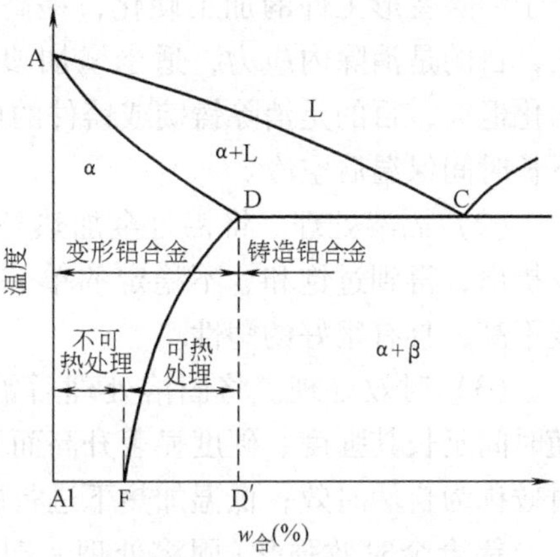

图12-9 铝合金分类示意图

在变形铝合金中，成分在F点以左的合金，固溶体成分不随温度而变化，不能通过热处理方法强化，称为不可热处理强化的铝合金。成分在FD′之间的合金，固溶体成分随温度而变化，可通过热处理方法强化，称为可热处理强化的铝合金。可热处理强化的变形铝合金的强化效果优于铸造铝合金。

2. 铝合金的强化方式 获得高强度铝合金的主要强化方式有：

(1) 固溶强化。铝合金中常加入的主要合金元素Cu、Mg、Zn、Mn、Si、Li等均与Al形成有限固溶体，具有固溶强化作用，但程度有限。

(2) 时效(沉淀)强化。合金元素在铝中形成的过饱和固溶体，在一定条件下(时效)能析出均匀弥散的共格或半共格的亚稳相，具有沉淀强化作用。在上述几种主要合金元素中，Cu的沉淀强化效果最好，其他元素比较一般。为达到好的性能效果，一般在二元铝合金中常加入第三或第四合金组元，构成了三元以上的多元合金系列。

(3) 过剩相(第二相)强化。当合金元素加入量超过其极限溶解度时，合金固溶处理时就有一部分合金元素不能溶入固溶体，这部分组成第二相，称为过剩相。过剩相一般为硬而脆的金属间化合物，当其数量一定且分布均匀时，对铝合金有较好的强化作用，但也会使塑性韧性下降；数量过多还会使合金脆化，其强度也降低。

(4) 形变强化。对合金进行冷塑性变形，利用金属的形变强化效应来提高合金强度。这对不能热处理强化的铝合金尤为重要。

(5) 细晶强化。通过向合金中加入微量合金元素，或改变加工工艺及热处理工艺，使铝合金基体及沉淀相和过剩相细化，具有细晶强韧化作用。如变形铝合金的形变再结晶退火、铸造铝合金的变质处理，均可以达到此目的。

3. 铝合金的热处理 其主要热处理工艺方法有退火、固溶处理(淬火)和时效等。

（1）退火。包括：①再结晶退火，在再结晶温度以上保温一段时间后空冷，用于消除变形工件的加工硬化，提高塑性，以便继续进行成形加工；②低温退火，目的是消除内应力，适当增加塑性，通常在 180 ~ 300℃保温后空冷；③均匀化退火，目的是消除铸锭或铸件的成分偏析及内应力，提高塑性，通常在高温下长时间保温后空冷。

（2）固溶处理。将铝合金加热到固溶线以上保温后快冷，使过量溶质来不及析出，得到过饱和、不稳定的单一 α 固溶体。固溶处理后铝合金的强度和硬度不高，具有很好的塑性。

（3）时效处理。将固溶处理后铝合金在室温或低温加热下保温一段时间，随时间延长其强度、硬度显著升高而塑性降低的现象，称为时效。室温下进行的时效称为自然时效；低温加热下进行的时效称为人工时效。

铝合金时效强化（固溶处理＋时效处理）效果与加热温度和保温时间有关。每种铝合金都有其最佳时效温度和时间（时效峰），若时效温度过高或保温时间过长，铝合金反而会软化（过时效）；若温度偏低或时间偏短，强化效果也不佳（欠时效），如图 12-10 所示。

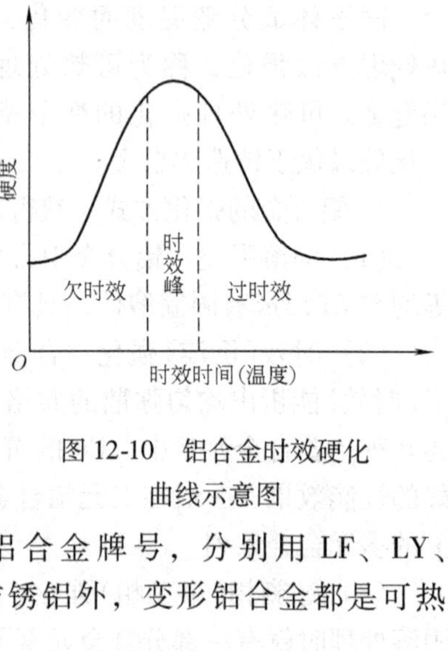

图 12-10　铝合金时效硬化曲线示意图

4. 铝合金的牌号、性能特点及其应用

（1）变形铝合金。变形铝合金依据其性能特点可分为防锈铝合金、硬铝合金、超硬铝合金和锻铝合金四种，表 12-27 为部分常用变形铝合金的牌号、化学成分及力学性能。表中代号为旧标准 GB 3190—1982 的铝合金牌号，分别用 LF、LY、LC、LD 加顺序号表示以上四类铝合金。除防锈铝外，变形铝合金都是可热处理强化的铝合金。

表 12-27　部分常用变形铝合金的牌号、化学成分及力学性能（GB/T 3190—1996）

类别	合金系统	牌号（代号）	化学成分质量分数（%）					力学性能		
			Cu	Mg	Mn	Zn	其他	σ_b/MPa	δ（%）	HBS
防锈铝合金	Al-Mg	5A05（LF5）		4.0 ~ 5.5	0.3 ~ 0.6			280	20	70
	Al-Mn	3A21（LF21）			1.0 ~ 1.6			130 190	20 1	30 53
硬铝合金	Al-Cu-Mg	2A01（LY1）	2.2 ~ 3.0	0.2 ~ 0.5				300	24	70
	Al-Cu-Mn	2A16（LY16）	6.0 ~ 7.0		0.4 ~ 0.8		Ti0.1 ~ 0.2	400	8	100

（续）

类别	合金系统	牌号（代号）	化学成分质量分数（%）					力学性能		
			Cu	Mg	Mn	Zn	其他	σ_b/MPa	δ(%)	HBS
超硬铝合金	Al-Zn-Mg-Cu	7A04(LC4)	1.4~2.0	1.8~2.8	0.2~0.6	5.0~7.0	Cr0.10~0.25	600	12	150
		2A09(LC9)	1.2~2.0	2.0~3.0	0.15	7.6~8.6	Cr0.16~0.30	680	7	190
锻铝合金	Al-Cu-Mg-Si	2A50(LD5)	1.8~2.6	0.4~0.8	0.4~0.8		Si0.7~1.2	420	13	105
	Al-Cu-Mg-Fe-Ni	2A70(LD7)	1.9~2.5	1.4~1.8			Ti0.02~0.10 Ni0.9~1.5 Fe0.9~1.5	415	13	120

1）防锈铝合金。防锈铝合金包括 Al-Mn 系和 Al-Mg 系合金，其主要性能特点是具有很高的塑性，较低或中等的强度，优良的耐蚀性能和良好的焊接性能。防锈铝只可冷变形强化，一般在退火态或冷作硬化态下使用。

常用 Al-Mg 系防锈铝合金，如 5A05(LF5)等，有较高的疲劳性能和抗振性，强度高于 Al-Mn 系合金，但耐热性较差，广泛用于航空航天工业中，如制造油箱、管道、铆钉、飞机行李架等。常用 Al-Mn 系防锈铝合金，如 3A21(LF21)，其耐蚀性较好，常用来制造需弯曲、冷拉或冲压的零件，如管道、容器、油箱等。

2）硬铝合金。这是可热处理强化铝合金中应用最广泛的一种，常制成板材和管材，主要用于飞机构件、蒙皮、螺旋桨、叶片等，包括 Al-Cu-Mg 系和 Al-Cu-Mn 系两类。

常用 Al-Cu-Mg 系硬铝可分为低强度硬铝、中强度硬铝（即标准硬铝）和高强度硬铝。低强度硬铝（如 2A01），其强度虽低，但有很高的塑性，主要作为铆钉材料，故又称铆钉硬铝。这类硬铝的焊接性和耐蚀性较差，对其制品需要进行防腐保护处理；对于板材可包覆一层高纯铝，通常还要进行阳极氧化处理和表面涂装，为提高其耐蚀性一般采用自然时效。部分 Al-Cu-Mg 系硬铝具有较高的耐热性，如 2A11(LY11)可在较高温度下使用。

Al-Cu-Mn 系硬铝为超耐热硬铝合金，具有较好的塑性和工艺性能，常用牌号有 2A16(LY16)、2A17(LY17)。

3）超硬铝合金。为 Al-Zn-Mg-Cu 系合金，是强度最高的变形铝合金，常用合金牌号有 7A04(LC4)、7A09(LC9)等。超硬铝合金一般在固溶处理＋人工时效后使用，具有良好的热塑性，但疲劳性能较差，耐热性和耐蚀性也不高，主要用于工作温度较低、受力较大的结构件，如飞机蒙皮、壁板、大梁、起落架部件等。为改善耐蚀性，超硬铝合金的板材表面通常包覆 $w_{Zn}=1\%$ 的铝锌合金，零构件也要进行阳极化防腐蚀处理。

4）锻铝合金。可分为 Al-Cu-Mg-Si 系和 Al-Cu-Mg-Fe-Ni 系两类。锻铝合金热塑性好，可用压力加工方法来制造形状较复杂的零件，一般在固溶处理 + 人工时效后使用。

Al-Cu-Mg-Si 系锻铝如 2A50(LD5)等，主要用于制造要求中强度、高塑性和耐热性零件的锻件、模锻件，如叶轮、导风轮、接头、框架等。Al-Cu-Mg-Fe-Ni 系锻铝 2A70(LD7)等，其耐热性较好，主要用于 250℃温度下工作的零件，如叶片、超音速飞机蒙皮等。

（2）铸造铝合金。主要有 Al-Si 系、Al-Cu 系、Al-Mg 系、Al-Zn 系四种，其代号分别用 ZL1、ZL2、ZL3、ZL4 后加两位数字表示。铸造铝合金的牌号、代号、化学成分及力学性能详见 GB/T 1173—1995。

1）Al-Si 系铸造铝合金。此类铸铝俗称硅铝明，其中代号 ZL102（牌号 ZAlSi12）为 Al-Si 二元合金，称为简单硅铝明；其余为 Al-Si 系多元合金，称为复杂硅铝明。铸造铝合金的铸造性能好、密度低，具有优良的耐蚀性、耐热性和焊接性能。简单硅铝明强度较低，一般不热处理强化（因为硅在铝中固溶度变化不大，且极易从固溶体中析出并聚集长大），用于制造形状复杂但强度要求不高的铸件或薄壁零件，如仪表、水泵壳体及一些承受低载荷的零件等。复杂硅铝明常加入 Cu、Mg 等合金元素，可时效热处理强化，其强度和硬度提高，常用有代号 ZL104(ZAlSi9Mg)、ZL105(ZAlSi5Cu1Mg)、ZL109(ZAlSi2Cu1Mg1Ni1)等，用于制造低中强度的形状复杂铸件，如电机壳体、气缸体、风机叶片、发动机活塞等。

简单硅铝明牌号 ZAlSi12 的 $w_{Si} = 10\% \sim 13\%$，正好处于共晶点附近，铸态组织几乎是全部的共晶体（Si 十铝基固溶体 α），其中共晶硅常呈粗大针状，致使该合金的强度和塑性较低（$\sigma_b = 120 \sim 160\text{MPa}$、$\delta = 2\%$）。故生产上常采用变质处理，即浇铸前向合金液中加入变质剂（2/3NaF + 1/3NaCl），获得细小的亚共晶组织 $\alpha + (\alpha + Si)$，可显著提高合金的强韧性。复杂硅铝明也可进行变质处理。

2）Al-Cu 系铸造铝合金。此类铸铝有较高的强度、耐热性，但密度较大、耐蚀性差，铸造性能不好。常用材料代号有 ZL201（ZAlCu5Mn）、ZL202（ZAlCu10）等，主要用于制造较高温度下工作的要求高强度的零件，如内燃机气缸头、增压器导风叶轮等。

3）Al-Mg 系铸造铝合金。此类铸铝的耐蚀性好、强度高、密度小，切削性及抛光性较好，但铸造性能差、耐热性低。常用材料代号有 ZL301（ZAlMg10）、ZL303（ZAlSi1）等，主要用于制造在腐蚀介质中工作且承受一定冲击载荷的形状较简单的零件，如舰船配件、氨用泵体等。

4）Al-Zn 系铸造铝合金。Al-Zn 系铸造铝合金铸造性能好，但密度大、耐蚀性较差，经变质处理和时效后强度较高。常用材料代号有 ZL401(ZAlZn11Si7)、ZL402(ZAlZn6Mg)等，主要用于制造受力较小、形状复杂的汽车、飞机、仪器零件。

二、铜及其合金

(一) 工业纯铜

纯铜又俗称紫铜，密度为8.96g/cm^3，熔点为1083.4℃，具有优良的导电性和导热性，其导电性仅次于银。纯铜在大气、淡水中具有良好的耐蚀性，但在海水及氧化性酸中较差。

纯铜具有面心立方结构，无同素异构转变，无磁性。纯铜的强度不高(σ_b = 200～250MPa)，硬度较低(40～50HBS)，塑性很好(δ = 45%～50%)。冷变形后，其强度 σ_b 可达400～500MPa，硬度提高到100～200HBS，但塑性下降。采用退火处理可消除铜的加工硬化。纯铜还具有优良的焊接性能。

工业纯铜中存在的铅、铋、氧、硫、磷等杂质，不仅降低了铜的导电、导热性能，还会产生脆性。如 Pb、Bi 形成分布在铜的晶界上的低熔点(<400℃)共晶体(Cu + Pb)与(Cu + Bi)，当铜热加工时(820～860℃)共晶体发生熔化，从而导致脆性断裂，即为“热脆”。

工业纯铜的牌号用“铜”字的汉语拼音字头“T”后加数字表示，数字越大，纯度越低，如 T1、T2、T3。工业纯铜的主要用途是配制铜合金，用来制作导电、导热材料及耐蚀器件等。

(二) 铜合金

工业纯铜的强度低，不适于用作结构材料。在纯铜中加入 Zn、Sn、Al、Mn、Ni、Fe、Be、Ti、Zr 等合金元素制成铜合金，既保持了纯铜优良的特性，又有较高的强度。按化学成分铜合金分为黄铜、青铜、白铜三大类；按生产加工方式铜合金又分为压力加工产品(简称加工产品)和铸造产品。除用于导电、装饰和建筑外，铜合金主要在耐磨和耐蚀条件下使用。

1. 黄铜　黄铜是以锌为主要合金元素的铜合金，分为普通黄铜和特殊黄铜。

(1) 普通黄铜。Cu-Zn 二元合金称为普通黄铜，其加工产品牌号表示方法为 H + 铜的平均质量分数($w \times 100$)，如 H68 表示 w_{Cu} = 68% 的铜锌合金。普通黄铜中，w_{Zn} < 39% 的称为单相黄铜，其强度低、塑性好，一般冷塑性加工成板材、线材、管材等，常用牌号有 H68、H70、H80，主要用作弹壳和精密仪器；w_{Zn} = 39%～45% 的称为两相黄铜，其热塑性好，一般热轧成棒材、板材，常用牌号有 H59、H62 等，主要用作水管、油管、散热器、螺钉。普通黄铜具有良好的耐蚀性，但冷加工后的黄铜在海水、湿气、氨的环境中容易产生应力腐蚀开裂(季裂)，故应进行去应力退火。

(2) 特殊黄铜。在普通黄铜的基础上加入除 Zn 外的 Al、Si、Pb、Sn、Mn、Fe、Ni 等合金元素形成特殊黄铜，相应称为铝黄铜、硅黄铜、铅黄铜等。这些合金元素的加入都能提高合金的强度，另外 Al、Sn、Ni 能提高耐蚀性和耐磨性，Mn 能提高耐热性，Si 能改善铸造性能，Pb 能改善切削性能。特殊黄铜加工产品牌号表示方法为 H + 主加元素的化学符号及平均质量分数($w\times100$) + 铜及各合金元素的平均质量分数($w\times100$)，如 HPb59—1 表示含 $w_{Cu}=59\%$、$w_{Pb}=1\%$ 的加工铅黄铜。特殊黄铜常用牌号有 HPb59—1、HSn90—1 等，主要用于制造冷凝管、齿轮、螺旋桨、钟表零件等。

铸造黄铜的牌号表示方法为 Z + 铜元素化学符号 + 主加元素的化学符号及平均质量分数($w\times100$) + 其他元素的化学符号及平均质量分数($w\times100$)。如 ZCuZn38，表示 $w_{Zn}=38\%$、余量为铜的铸造普通黄铜。表 12-28 为部分常用黄铜的牌号、力学性能及用途。

表 12-28　部分常用黄铜的牌号、力学性能及用途

(GB/T 5231—2001, GB/T 1176—1987)

类别	牌号	加工状态或铸造方法	力学性能			用途举例
			σ_b/MPa	δ(%)	HBS	
普通黄铜	H62	M Y	330 600	49 3	56 164	铆钉、销钉、螺钉、螺帽、垫圈、弹簧、夹线板、导管、散热器等
普通黄铜	H80	M Y	320 640	52 5	53 145	造纸网、薄壁管、皱纹管、建筑装饰用品
特殊黄铜	HPb59—1	M Y	420 550	45 5	75 149	用于热冲压和切削加工零件，如销子、螺钉、垫圈、衬套、喷嘴等
特殊黄铜	HSn90—1	M Y	280 520	40 4	58 148	汽车、拖拉机弹性套管及其他耐蚀减摩零件
铸造黄铜	ZCuZn38	S J	295 295	30 30	59 69	一般结构件及耐蚀零件，如法兰、阀座、螺杆、螺母、支架、手柄、日用五金等
铸造黄铜	ZCuZn16Si4	S J	345 390	15 20	89 98	接触海水工作的管配件，水泵、叶轮、旋塞和在空气、淡水、油、燃料中工作的铸件

注：M—退火态；Y—冷作硬化态；S—砂型铸造；J—金属型铸造。

2. 青铜　青铜是以除锌、镍外的其他元素为主要合金元素的铜合金。根据所加主要合金元素 Sn、Al、Be、Si、Pb 等，青铜相应分为锡青铜、铝青铜、铍青铜、硅青铜、铅青铜等。人类早期使用的青铜为锡青铜，表面呈青灰色，近代工业还把其他青铜皆称为无锡青铜或特殊青铜。加工青铜的牌号用 Q + 主加元素符号及平均质量分数($w\times100$) + 其他元素平均质量分数($w\times100$)表示，如 QSn4—3 表示含 $w_{Sn}=4\%$、$w_{Zn}=3\%$ 的锡青铜。铸造青铜的牌号表示方法与铸造黄铜相同。表 12-29 为部分常用青铜的牌号、力学性能及用途。

表 12-29 部分常用青铜的牌号、力学性能及用途

（GB/T 5231—2001，GB/T 1176—1987）

类别	牌号	加工状态或铸造方法	力学性能			用途
			σ_b/MPa	δ(%)	HBS	
锡青铜	QSn4—3	M	350	40	60	弹性元件，化工设备的耐磨、耐蚀零件，抗磁零件
		Y	550	4	160	
铝青铜	QAl7	M	420	70	70	弹簧及其他耐蚀弹性元件
		Y	1000	4	154	
铍青铜	QBe2	M	500	40	90	重要的弹簧及弹性元件，耐磨零件及在高速、高压、高温下工作的轴承
		Y	1250	3	330	
硅青铜	QSi3—1	M	400	50	80	弹簧及弹性元件，耐蚀零件，及蜗轮、蜗杆、齿轮等耐磨零件
		Y	700	5	180	
铸造青铜	ZCuSn10Pb1	S	220	3	79	高载荷和高滑动速度下工作的耐磨零件，如连杆、轴瓦、衬套、齿轮、蜗轮等
		J	310	2	89	

注：M—退火态；Y—冷作硬化态；S—砂型铸造；J—金属型铸造

（1）锡青铜。锡含量对锡青铜的性能影响显著。$w_{Sn}<5\%$ 的锡青铜塑性好，适合于冷变形加工；$w_{Sn}=5\%\sim7\%$ 的锡青铜热塑性好，适宜热加工；$w_{Sn}=10\%\sim14\%$ 的锡青铜塑性较低，适合于作铸造合金。锡青铜的铸造流动性差，易形成分散缩孔，铸件致密度低，但合金体积收缩率小，适于铸造外形及尺寸要求精确的铸件。锡青铜具有良好的耐蚀性、减磨性、抗磁性和低温韧性，在大气、海水、蒸气、淡水及无机盐溶液中的耐蚀性比纯铜和黄铜好，但在酸和氨水中的耐蚀性较差。

（2）铝青铜。铝青铜是无锡青铜中应用最广的一种合金，其强度、耐磨性、耐热性、耐蚀性均高于黄铜和锡青铜，但其铸件体积收缩率比锡青铜大，焊接性能差。常用铝青铜分为低铝和高铝两种。低铝青铜如 QAl5、QAl7 等，具有一定的强度，较高的塑性和耐蚀性，一般在压力加工状态使用，主要用于制造高耐蚀弹性元件。高铝青铜如 QAl9—4、QAl10—4—4 等，通过热处理强化可获得更好的综合力学性能。

（3）铍青铜。铍青铜是铜合金性能最好的一种铜合金，具有很高的强度、弹性、耐磨性、耐蚀性及耐低温性，良好的导电、导热性，无磁性，受冲击时不产生火花，还具有良好的冷、热加工和铸造性能。生产上通常先进行固溶处理得到优良塑性的过饱和固溶体，然后进行冷加工变形制成工件，再采用在 320℃左右的温度下进行人工时效，使工件的强度、硬度达到所需要求。

3. 白铜　是以镍为主要合金元素的铜合金，分普通白铜和特殊白铜（GB/T 5231—2001），工业上主要用于耐蚀结构和电工仪表。白铜的组织为单相固溶体，不能通过热处理来强化。

普通白铜为 Cu-Ni 二元合金，牌号用 B + Ni 的平均质量分数($w \times 100$)表示。常用牌号有 B5、B19 等。普通白铜具有较高的耐蚀性和抗腐蚀疲劳性能，优良的冷、热加工性能，主要用于制造在蒸气和海水环境中工作的精密仪器、仪表零件和冷凝器、蒸馏器及热交换器等。

特殊白铜是在 Cu-Ni 二元合金基础上添加 Zn、Mn、Al 等元素形成的，分别称为锌白铜、锰白铜、铝白铜等。特殊白铜牌号用 B + 添加元素化学符号 + Ni 平均质量分数($w \times 100$) + 添加元素平均质量分数($w \times 100$)表示。如 BMn40—1.5，表示含 $w_{Ni}=40\%$、$w_{Mn}=1.5\%$ 的锰白铜。常用锌白铜牌号有 BZn15—20，它具有很高的耐蚀性、强度和塑性，成本也较低，适于制造精密仪器、精密机械零件、医疗器械等。锰白铜具有较高的电阻率、热电势和低的电阻温度系数，用于制造低温热电偶、热电偶补偿导线、变阻器和加热器，常用牌号有 BMn40—1.5(康铜)、BMn43—0.5(考铜)。

三、其他有色金属及合金简介

(一) 钛及其合金

1. 工业纯钛　纯钛密度为 4.507g/cm^3，熔点为 1688℃。它具有同素异晶转变，882.5℃以下为密排六方结构的 α 相，882.5℃以上为体心立方结构的 β 相。纯钛的强度低，但比强度高，塑性及低温韧性好，耐蚀性很高。钛具有良好的压力加工工艺性能，切削性能较差。钛在氮气中加热可发生燃烧，因此钛在加热和焊接时应采用氩气保护。

根据杂质含量，钛分为高纯钛和工业纯钛。工业纯钛有四个牌号，分别用 TA + 顺序号数字 0、1、2、3 表示，数字越大，纯度越低。杂质含量对钛的性能影响很大，少量杂质可显著提高钛的强度且接近高强铝合金的水平($\sigma_b = 350 \sim 550$MPa)，但塑性和韧性下降，尤其还会对其疲劳性能、热稳定性等带来危害。工业纯钛主要用于制造 350℃以下温度工作的石油化工用热交换器、反应器、船舰零件、飞机蒙皮等。

2. 钛合金　在纯钛中加入 Al、Mo、Cr、Sn、Mn、V 等元素形成钛合金，其强度显著提高(σ_b 可高达 1400MPa)。在这些元素中，铝的作用最为显著，它既可稳定钛合金中的 α 相并造成固溶强化，还使钛合金的密度减小、比强度升高。研究表明，铝在钛合金中的作用类似于碳在钢中的作用，故几乎所有的钛合金中均含有铝。

按退火组织可分为 α 型、β 型、(α + β)型钛合金，其牌号分别用 TA、TB、TC 加顺序号表示。工业纯钛的室温组织为 α 相，因此牌号划入 α 型钛合金的 TA 序列。钛合金的牌号、化学成分及力学性能详见 GB/T 3620—1994。

(1) α 型钛合金。与 β 型和(α + β)型钛合金相比，α 型钛合金的室温强度虽低，但高温强度较高，且具有良好的抗氧化性、焊接性和耐蚀性，不可热处理强化，一般在退火态使用。α 型钛合金牌号有 TA4、TA5、TA6、TA7、TA8 等，常用的有 TA5、TA7 等。TA5 主要用于制造船舰零件；TA7 主要用于制造 500℃以下温度工作的火箭、飞船的低温高压容器、航空发动机压气机叶片和管道、导弹燃料缸等。TA7 还具有优良的低温性能。

（2）β 型钛合金。有 TB1、TB2 等牌号，可热处理强化，用于制造 350℃以下温度工作的飞机压气机叶片、弹簧、紧固件等。此类钛合金虽有较高的强度，但因其耐蚀性较差，熔炼工艺复杂，故目前应用尚不广泛。

（3）（α + β）型钛合金。此种钛合金兼有 α 型钛合金和 β 型钛合金的优点，但焊接性能不如 α 型钛合金，可通过热处理来强化。（α + β）型钛合金牌号有 TC1 ~ TC12，以 TC4 最常用。TC4 也是钛合金中用量最大的合金，主要用于制造 400℃以下温度工作的航空发动机压气机叶片、火箭发动机外壳及冷却喷管、火箭和导弹的液氢燃料箱部件、船舰耐压壳体等。

目前钛合金最高使用温度为 500℃，为了能在更高的温度使用，世界各国研制了许多新型钛合金。我国研制的 Ti-Al-Sn-Mo-Si-Nb 系合金，使用温度可达 550℃。英国的 Ti-5.5Al-4Sn-4Zr-1Nb-0.3Mo-0.5Si 合金和美国的 Ti-6Al-2.75Sn-4Zr-0.4Nb-0.45Si 合金，使用温度可达 600℃。而以钛铝金属间化合物为基的 Ti_3Al 基高温钛合金和 TiAl 基高温钛合金，使用温度将可达 700℃以上。

（二）镁及其合金

1. 纯镁　纯镁密度为 1.74g/cm^3，是一种轻量化材料，熔点为 651℃，具有密排六方结构。纯镁强度不高，室温塑性较低，耐蚀性较差，易氧化。工业纯镁代号用 Mg + 顺序号表示。纯镁主要用于配制合金，还可用作化工与冶金的还原剂。

2. 镁合金　在纯镁中加入 Al、Zn、Mn、Zr 及稀土等元素，制成镁合金，它们分为变形镁合金和铸造镁合金两大类。

（1）变形镁合金。变形镁合金的牌号用 MB + 顺序号表示。MB1、MB8 为 Mg-Mn 系合金，该类合金具有良好的耐蚀性和焊接性，一般在退火态使用，用于制作蒙皮、壁板等焊接件及外形复杂的耐蚀件。MB2 和 MB3 为 Mg-Al-Zn 系合金，应用较广，具有较高的耐蚀性和热塑性。MB15 为 Mg-Zn-Zr 系合金，具有较高的强度，焊接性能较差，使用温度不超过 150℃。MB22 为 Mg-Y-Zn-Zr 合金，焊接性能好，使用温度较高。MB15 和 MB22 均可热处理强化，主要用于飞机及宇航结构件。

Mg-Li 系合金是一种新型的镁合金，其密度低、强度高，塑性、韧性好，焊接性好，缺口敏感性低，在航空、航天工业中具有良好的应用前景。

（2）铸造镁合金。铸造镁合金的代号用 ZM + 顺序号表示，其牌号用成分法表示，如对应于代号 ZM5 的牌号 ZMgAl8Zn(GB/T 1177—1991)。Mg-Al-Zn 系的 ZM5 和 Mg-Zn-Zr 系的 ZM1、ZM2、ZM7、ZM8 具有较高的强度，良好的塑性和铸造工艺性能，但耐热性较差，主要用于制造150℃以下温度工作的飞机、导弹、发动机中承受较高载荷的结构件或壳体。Mg-Re-Zr 系的 ZM3、ZM4 和 ZM6 具有良好的铸造性能，常温强度和塑性较低，但耐热性较高，主要用于制造 250℃以下温度工作的高气密零件。

（三）锌及其合金

1. 纯锌　纯锌密度为 7.1g/cm^3，熔点为 419℃，具有六方晶格，无同素异晶转变。纯锌具有一定的强度和较好的耐蚀性，主要用于配制各种合金和钢板表面镀锌。

2. 锌合金　分为变形锌合金、铸造锌合金和热镀锌合金。

(1) 变形锌合金。主要包括 Zn-Al 合金和 Zn-Cu 合金两类。Zn-Al 合金常用于制造各类挤压件；Zn-Cu 合金常用于制造轴承和日用五金等。

(2) 铸造锌合金。包括：①压铸锌合金，牌号有 ZZnAl4Y、ZZnAl4Cu1Y，ZZnAl4Y 主要用于压铸大尺寸、中等强度和中等耐蚀性的零件，ZZnAl4Cu1Y 主要用于压铸小尺寸、高强度和高耐蚀性的零件；②高强度锌合金，其锌含量较高，具有较高的强度和较好的铸造性能，常用牌号有 ZZnAl27-1.5 等，主要用于制造轴承，各种管接头，滑轮及各种受冲击和磨损的壳体铸件；③模具用锌合金，牌号为 ZZnAl4Cu3Y，主要用于制造冲裁模、塑料模、橡胶模等。锌合金模具成本低。

(3) 热镀锌合金。代号有 RZnAl0.36、RZnAl0.15，主要用于钢材热镀锌。

四、滑动轴承合金

滑动轴承合金是制造滑动轴承中轴瓦及内衬的材料。这类合金应有较小的摩擦系数并能保持润滑剂以减轻轴的磨损；有较高的抗压强度及疲劳强度以承受工作中巨大的负荷；有足够的塑性和韧性以抵抗冲击和振动；有高的耐磨性但又不能损伤轴颈；有良好的抗蚀性和导热性，以防止强烈的摩擦升温、轴与轴瓦的咬合及润滑剂的腐蚀。为了满足以上性能要求，轴承合金的组织最好是在软基体上分布着硬质点，或者是在硬基体上分布着软质点。

按主要化学成分，滑动轴承合金可分为锡基、铅基、铝基、铜基、铁基等五类铸造轴承合金。

（一）锡基和铅基铸造轴承合金

锡基和铅基铸造轴承合金又称为巴氏合金，GB/T 1174—1992 中列出了其牌号、化学成分、硬度及用途。牌号中“Z”为“铸”字汉语拼音首字母；第一个元素为基体元素，其余为主要元素，其后数字为该元素的质量分数(%)。如牌号 ZPbSb16Sn16Cu2，表示含 $w_{Sb}=16\%$、$w_{Sn}=16\%$、$w_{Cu}=2\%$、余量为 Pb 的铅基轴承合金。

锡基和铅基铸造轴承合金都属于软基体加硬质点型的合金，硬度 20～30HBS，熔点都较低。由于它们的强度都较低，因此生产上常采用离心浇注法将它们镶铸在低碳钢轴瓦（常用 08 钢）上，形成一层薄而均匀的内衬，以提高承载能力及使用寿命。

1. 锡基铸造轴承合金　是以 Sn 为主并加入少量 Sb、Cu 等元素组成的合金，其牌号有 ZSnSb12Pb10Cu4、ZSnSb11Cu6、ZSnSb4Cu4 等。它具有较高的耐磨性、导热性、嵌藏性和耐蚀性，浇注性好，摩擦系数小，但疲劳极限较低，工作温度不超过 150℃，价格高。此合金广泛应用于重型动力机械，如汽车发动机、气体压缩机、涡轮机、内燃机的轴承和轴瓦。

2. 铅基铸造轴承合金　是以 Pb 为基础、加入 Sb 和 Sn 等元素组成的合金，牌号有 ZPbSb16Sn16Cu2、ZPbSb15Sn10、ZPbSb15Sn5 等。其硬度、强度、韧性、导热性、耐蚀性都比锡基轴承合金低，但摩擦系数较大，高温强度较好，价格较便宜。此合金广泛用于制造承受低、中载荷的轴承，如汽车、拖拉机曲轴、连杆轴承。

（二）铝基铸造轴承合金

铝基铸造轴承合金的密度低，导热性好，耐磨性和疲劳极限高，价格便宜，但膨胀系数较大，抗咬合性低于巴氏合金。目前广泛使用的铝基轴承合金有锑镁铝轴承合金和高锡铝轴承合金两种，常与 08 钢作衬背制成双金属轴承。

1. 锑镁铝基轴承合金　为 $w_{Sb}=3.5\%\sim5\%$、$w_{Mg}=0.3\%\sim0.7\%$ 的铝合金，具有较高的疲劳极限，适用于制造高速、载荷不超过 20MPa、滑动速度不大于 10m/s 的工作条件下柴油机轴承。

2. 高锡铝基轴承合金　为 $w_{Sn}=5\%\sim40\%$、$w_{Cu}=0.8\%\sim1.2\%$ 的铝合金，以 $w_{Sn}=17.5\%\sim22.5\%$ 合金最常用。该合金具有较高的疲劳极限、良好的耐磨性、耐热性和耐蚀性，是应用广泛的铝基轴承合金，适用于制造高速、重载下工作的轴承，如汽车、拖拉机、内燃机轴承。

（三）铜基铸造轴承合金

常用的铜基铸造轴承合金 ZCuSn10P1、ZCuSn5Pb5Zn5 等锡青铜和 ZCuPb30 等铅青铜。前者适于制造中速、中载下工作的轴承，如电动机、泵上的轴承；后者适于制造高速、重载下工作的轴承，如高速柴油机、汽轮机上的轴承。由于铜基铸造轴承合金价格较高，有被新型滑动轴承合金取代的趋势。

小　结

金属材料分为钢铁材料（即黑色金属材料，包括钢、铸铁）和有色金属材料（即非铁合金材料）。

钢铁材料的基本元素为铁和碳，但常存杂质元素对其性能也将产生明显影响，其中硫、磷和氧、氮、氢等气体元素在多数情况下是有害的，它们主要是引起了材料韧性的降低。

合金元素导致了合金钢的性能优越于碳钢。由于合金元素与铁、碳之间的相互作用，并对相变过程产生明显影响，故合金化是材料改性的重要手段之一，它可通过固溶强化、第二相强化、细晶强韧化、相变强化等机制来改变材料的各种性能(包括工艺性能)。

碳钢与合金钢占据了钢铁材料用量的90%以上。一般按其主要性能和用途不同，分为结构钢、工具钢和特殊性能钢三大类。结构钢以承载和传递运动为主要目的，要求强韧性，多为中、低碳成分；但也有少数例外，如滚动轴承钢。工具钢以硬度、耐磨性要求为主，多为高碳成分，但也有少数例外，如热作模具钢。特殊钢要求满足某种特殊用途的性能，如耐蚀、耐热、耐磨等，它们一般均是合金钢。

由于碳含量较高及其他成分、组织特点，铸铁(主要是灰铸铁)的力学性能(主要是强韧性,尤其是韧性)比钢差；但减振、减摩等使用性能和铸造、切削加工等工艺性能优于钢。球墨铸铁的性能与钢接近，在不少场合下可实现“以铁代钢、以铸代锻”。碳的石墨化过程是灰铸铁的表征与保证，影响其因素主要有铸铁的化学成分和冷却速度。

有色金属材料有着铁基材料难以达到的某些性能(尤其是物理、化学性能)，其中铝、铜及其合金在工程上应用最广。与钢铁材料一样，通过合金化、热处理与塑性变形等手段可改变有色金属材料的各种性能。

本章主要要求掌握各类常用金属材料的成分与改性工艺(主要是热处理)的特点，及其与材料性能和应用之间的关系。

习　题

12-1　说明硫在钢中的存在形式，分析它在钢中的可能作用。

12-2　分析15CrMo、40CrNiMo、W6Mo5Cr4V2和1Cr17Mo2Ti钢中Mo元素的主要作用。

12-3　请给出凸轮的三种不同设计方案(材料及相应的处理工艺)，并说明各自的特点。

12-4　若某钢在使用状态下为单相奥氏体组织，试全面分析其力学性能、物理性能和工艺性能的特点。

12-5　为普通自行车的下列零件选择其合适材料：①链条；②座位弹簧；③大梁；④链条罩；⑤前轴。

12-6　你认为自行车链条的主要成形方法是什么？所用的成形工具应选何种材料？指出该工具使用状态的组织和大致硬度。

12-7　某厂原用45MnSiV生产高强韧性钢筋，现该厂无货，但库房尚有15、25MnSi、

65Mn、9SiCr 钢，试问这四种钢中有无可代替上述 45MnSiV 钢筋的材料？若有应怎样热处理？其代用的理论依据是什么？

12-8　试比较 T9、9SiCr、W6Mo5Cr4V2 作为切削刀具材料的热处理、力学性能特点及适用范围，并由此得出一般性结论。

12-9　从 Cr12→Cr12MoV→Cr4W2MoV 的演变过程，谈谈冷作模具钢的成分、组织、使用性能及应用之间的关系。

12-10　在 W18Cr4V 钢中 W、Cr、V 的主要作用是什么？该钢为什么是莱氏体钢？为什么空冷就可获得马氏体组织？其最终热处理为何要采用高温淬火 +560℃三次回火？

12-11　高速钢冷作模具有哪些特点？其主要缺点是什么？并对此提出可能的解决措施。

12-12　试全面分析选定一塑料模具材料时应考虑的主要因素。

12-13　一般而言，奥氏体不锈钢具有优良的耐蚀性，试问它是否是在所有的处理状态和使用环境下均是如此？为什么？由此得出一般性结论。

12-14　全面比较分析灰铸铁的成分、组织与性能及应用特点。

12-15　灰铸铁具有低缺口敏感性，请说明这一特性的工程应用意义。

12-16　“以铸代锻、以铁代钢”可适用于哪些场合？试举两例说明。

12-17　在铸造生产中，为什么化学成分具有三低(碳、硅、锰的含量低)一高(硫含量高)特点的铸铁易形成白口？而在同一铸铁中，往往在其表面或薄壁处易形成白口？

12-18　现有形状和尺寸完全相同的白口铸铁、灰铸铁和低碳钢棒料各一根，如何用最简便的方法将它们迅速区分出来？

12-19　机床的床身、床脚和箱体为什么宜采用灰铸铁铸造？能否用钢板焊接制造？试就两者的实用性和经济性作简要的比较。

12-20　为什么可锻铸铁适宜制造壁厚较薄的零件？而球墨铸铁却不宜制造壁厚较薄的零件？

12-21　为下列零构件确定主要性能要求、适用材料及简明工艺路线：

①机床丝杆；②大型桥梁；③载重汽车连杆；④载重汽车连杆锻模；⑤机床床身；⑥加热炉炉底板；⑦汽轮机叶片；⑧铝合金门窗挤压模；⑨汽车外壳；⑩手表外壳。

12-22　铝合金的热处理强化与钢的淬火强化有何异同？

12-23　解释铝合金的时效强化现象？什么是欠时效？什么是过时效？哪种类型铝合金的时效强化效果最好？

12-24　如何提高纯铜导线的强度？

12-25　铍青铜在使用状态具有与高强钢相比的高弹性极限、疲劳极限，但其供应状态下一般较软且易于加工，说明原因。

12-26　$w_{Cu}=92\%$、$w_{Ni}=8\%$ 的铜合金能否时效强化？为什么？

12-27　全面分析对比滑动轴承和滚动轴承的工作条件、性能要求、所用材料和组织特点。

第十三章 高分子材料

高分子材料是一类应用广泛、发展迅速的重要材料，其产量的增长率已超过钢铁、水泥、木材、棉、毛、天然橡胶等传统材料。高分子材料的原料丰富、合成效率高，且不受气候和生产时间的限制，并有良好的性能，因此高分子材料已渗透到每一技术领域。它的出现和发展，正在改变以传统材料为中心的时代，人类对它的需求与日俱增。

第一节 高分子材料的合成与生产

应用最多的是人工化学合成的有机高分子材料，它是由小分子单体经聚合反应生成大分子链而得到，再通过各种加工方法成为各种形式的高分子材料制品。

一、高分子的合成

聚合反应是低分子化合物变为高分子化合物的反应，其产物称为高聚物或聚合物。聚合反应主要有两种类型：加聚反应和缩聚反应。

1. 加聚反应　加聚反应是将相同或不同的低分子化合物生成高分子化合物的过程，在反应过程中没有低分子物析出，聚合物与原料低分子(单体)具有相同的化学组成，其相对分子质量为单体分子量的整数倍，例如：

$$n\mathrm{CH_2{=\!=}CH_2} \xrightarrow{\text{加聚反应}} \mathrm{\{CH_2—CH_2\}}_n$$

加聚反应又分为共加聚反应和均加聚反应，分别简称为共加聚和均加聚。只有一种单体参加的加聚反应称为均加聚，如聚乙烯、聚甲醛等；有两种或两种以上单体参加的加聚反应称为共加聚，如丁(丁二烯)苯(苯乙烯)聚合物(橡胶)、ABS(丁二烯、苯乙烯、丙烯腈)聚合物等。

2. 缩聚反应　缩聚反应是由多次重复的缩合反应形成聚合物的过程，在缩合过程中有小分子产生，如水分子、氨、卤代烃、醇等，因此所产生聚合物的基本组成与单体组成不同，例如聚脂的缩合：

$$n\mathrm{HOOC—R—COOH} + n\mathrm{HO—CH_2—CH_2—OHHO} \longrightarrow$$

$$\mathrm{\{OC—R—COCCH_2CH_2\}}_n\mathrm{H} + (2n-1)\mathrm{H_2O}$$

缩聚反应可分为均缩聚反应和共缩聚反应，分别简称为均缩聚和共缩聚。只有一种单体参加的缩聚反应称为均缩聚，如呋喃树脂、聚苯醚等；有两种或两种以上单体参加的反应称为共缩聚，如环氧树脂、尼龙-66 等。

二、高分子材料制品的生产

主要介绍塑料制品的生产，它包括塑料的配混(制)和加工成型。加工成型含有两方面的含义："成型"是指将不同形态的塑料(如粉、粒、片等)制成所需制品或坯件的过程；"加工"是指对塑料制品进行的机械加工、表面处理等过程。橡胶的配混和成型加工与塑料类似。

(一) 塑料配制

1. 配制概念　很少使用仅由高分子聚合物单一成分组成的塑料，通常使用的是多种成分组成的塑料。塑料的配制就是使其各种成分成为均一的复合物。根据塑料成型方法及制品的特点等需要，塑料配制可采用如下的工艺过程：

(1) 混合。主要指固体状粉料的混合，其过程一般在常温或较低温度下进行。

(2) 捏合。主要指固体粉料(或纤维料)和液体物料的浸渍与混合，必要时适当加热。

(3) 塑炼。主要指塑料物料与液体状物料或固体状物料的混炼，通常要在树脂软化或熔化温度下进行。

2. 塑料配制(配混)设备　按照配制工艺其设备主要有：①混合机，如转鼓式混合机；②捏合机，如管道式捏合机；③塑炼机，如双辊筒塑炼机、密炼机。

(二) 塑料的成型加工

各种规格不同的塑料板、棒、管、膜、线以及导热、导磁、透光、高强度、耐高低温等性能的获得都与塑料的成型方法有关。为获得不同要求的塑料制品，需要采用不同的成型加工方法。常用的加工方法介绍如下：

1. 挤出成型　又称挤压成型，居各成型方法之首，可成型绝大多数热塑性塑料和少数热固性塑料。挤出成型示意图如图 13-1 所示。

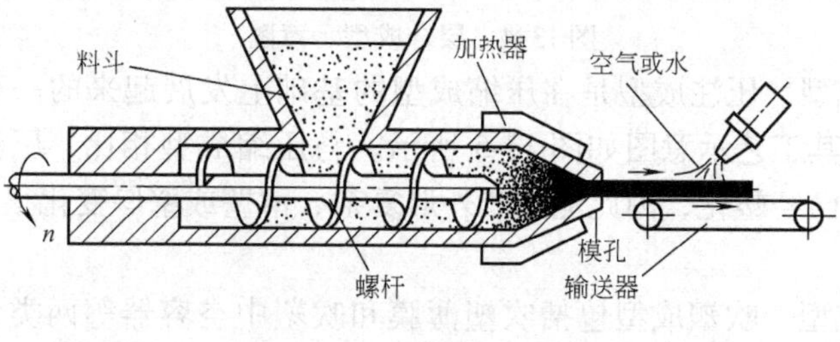

图 13-1　挤出成型示意图

2. 注塑成型　又称注射成型，其示意图如图 13-2 所示。注塑成型适用于全部热塑性塑料和部分热固性塑料。

3. 压延成型　压延成型与挤出成型、注塑成型一起，合称为热塑性塑料的三大成型方法。它是将熔融塑化的热塑性塑料挤进两个以上的平型辊轮之间，每对辊筒成为旋转的成型模具，塑料通过旋转的辊轮或被拉伸或被挤压，或二者兼备，连续增密形成一定厚度和表面粗糙度的膜状、片状塑料制品。

4. 模压成型　又称为压制成型，包括压缩成型和层合(层压)成型。

压缩成型是将粉末、粒状或纤维状物料放入成型温度下的模具型腔中，然后闭模加压，而使其成型并固化的方法。它可用于热固性塑料和热塑性塑料，但主要用于热固性塑料，其示意图如图 13-3 所示。

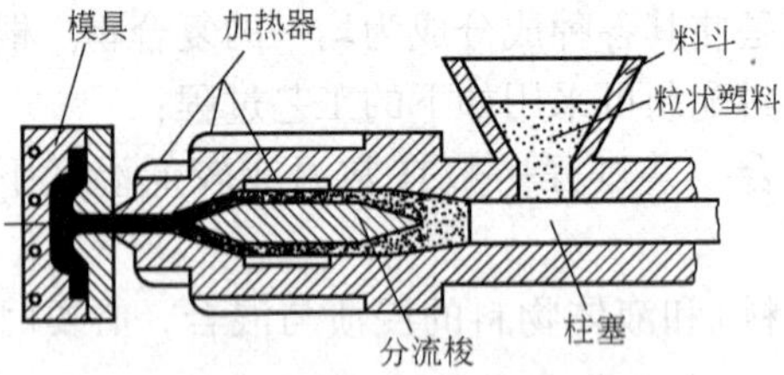

图 13-2　注塑(射)成型示意图

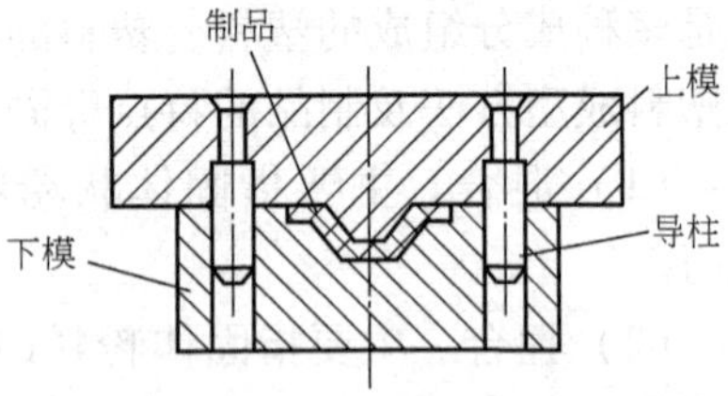

图 13-3　压缩成型示意图

层合成型主要用于生产板材，主要用于热固性塑料，也可用于热塑性塑料，其示意图如图 13-4 所示。

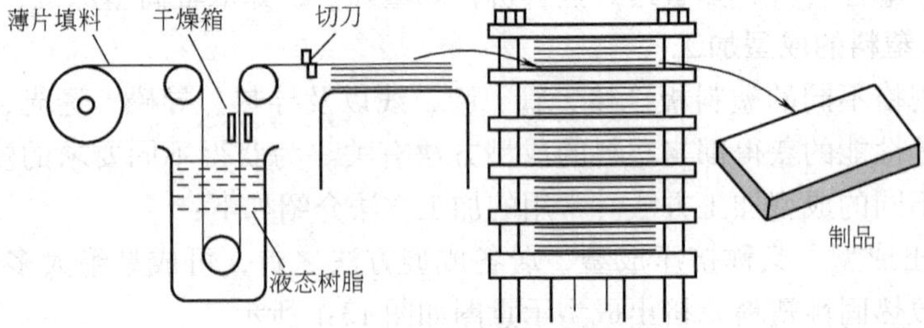

图 13-4　层合成型示意图

5. 压注成型　压注成型是在压缩成型的基础上发展起来的一种热固性塑料的成型方法，其工艺示意图如图 13-5 所示。与压缩成型相比，压注成型的塑料在进入型腔前已经塑化，因此能生产外形复杂、薄壁或壁厚变化很大、带有精细嵌件的塑件。

6. 吹塑成型　吹塑成型包括吹塑薄膜和吹塑中空容器等两类，用于热塑性塑料成型。

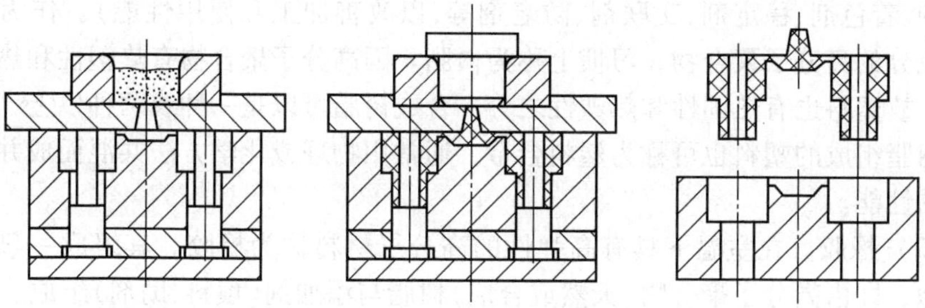

图 13-5　压注成型示意图

7. 浇铸成型　又称铸塑，类似于金属浇铸工艺。它是将熔融树脂浇入型腔冷却后成型，原料状态多是单体、预聚体或单体溶液等液状料，一般在常压或低压下进行，可用于热塑性或热固性塑料，有静态浇铸、离心浇铸、流延浇铸等方法。

8. 冷塑成型　又称冷压烧结，类似于粉末冶金法。它是塑料在冷模中高压下成型，从模中取出后，再在加热或不加热的炉中继续干燥硬化而成不熔的制品。它适用于聚四氟乙烯、聚酰亚胺等高熔点或高软化点的塑料成型。

9. 发泡成型　发泡成型是制造泡沫塑料的方法，按发泡方法可分为三种：机械发泡法、物理发泡法和化学发泡法。

10. 其他成型方法　除上述常用方法外，还有很多成型方法，其中不乏先进工艺和技术，如高分子材料的快速原型技术成型等。

高分子材料成型后，为提高质量，还可再进行加工，如机械加工(切削加工)、物理加工(激光、离子束、超声加工)、热处理(提高结晶度、消除应力等)、粘结、焊接、表面处理(电镀、喷涂、涂布等)等，进一步提高尺寸精度和改善表面粗糙度，提高性能。

三、高分子材料的分类和形状

合成有机高分子材料按其形状、性能和用途可分为塑料、橡胶和纤维三大类，另外还有薄膜、胶粘剂、涂料、离子交换树脂等。

常见高分子材料的形状有以下几种。

1. 粒、粉、片状　这是高分子材料塑料、橡胶等最常见的形状，如聚乙烯醇缩醛粉末、聚乙烯颗粒、聚苯乙烯片等。这些形状常是高分子材料的供货形状，它们是在高分子合成后通过造粉、造片、造粒设备制成的。

(1) 塑料。塑料的组成除了高分子聚合物为主要成分外，还根据需要可能含有某些特定用途的其他物质，这些物质称为添加剂。添加剂是填料(增强材料或骨料如纤维、无机填料，还可有其他作用如加入 MoS_2 起到润滑作用)和助剂(如增塑剂、着色剂、稳定剂、交联剂、防老剂等,以改善加工和使用性能)。作为塑料基本成分的高分子聚合物，习惯上称为树脂。因高分子聚合物有热塑性和热固性之分，故塑料也有热固性和热塑性之分。合成树脂可以是一种或两种以上，两种以上树脂组成的塑料也可称为塑料合金，通常用物理或化学方法共混而成并获得不同的性能。

(2) 橡胶。在室温下具有高弹性的高分子材料称为橡胶。其组成一般与塑料相似，即由高分子聚合物(天然或合成)树脂与添加剂(填料、助剂)组成。

2. 纤维　具有很大长径比和一定强度的线条或丝状高分子材料称为纤维。它是将熔化的高分子材料(粒、粉、片状)挤压通过一个喷丝头(具有细孔的模孔)而制得的细丝状高分子材料，挤压后在 T_g 与 T_m 温度之间拉伸，获得一种取向结构，可提高强度和韧性。

3. 薄膜　薄膜是长度、宽度极大而厚度极小的一类高分子材料。它是将高分子材料(热态或冷态)经挤压通过一个宽的狭缝模具而制得，而后通过滚压(或双向拉伸)进一步降低厚度，其最终产品是薄膜，如农用聚氯乙烯薄膜、包装用聚乙烯食品袋薄膜等。

4. 胶粘剂(粘结剂)　胶粘剂是用来将其他材料粘接在一起的材料。胶粘剂具有某些特性，它能润湿连接件的表面，其最终状态具有高的抗剪强度。胶粘剂通常有以下几种形式:

(1) 溶剂为基的系统。它是由热塑性或弹性体树脂组成，可被某种溶剂溶解并稀释。使用后，溶剂挥发，树脂固化，如聚苯乙烯型胶粘剂。

(2) 热塑性塑料。将其加热至流动温度，然后注入或喷射到粘接处，冷至室温，树脂凝固，获得粘结强度。此方法固化快，各种热塑性塑料均可用此方法，如使用聚氯乙烯焊条通过塑料焊枪来焊接塑料制件。

(3) 热固性胶粘剂。如酚醛、环氧树脂，它们部分地处于聚合状态，并与一种活性剂(固化剂、交联剂)混合后在常温或加热加压下使用而固化。高效能、高强度胶粘剂均属于此类。

为了改善和提高性能，一般胶粘剂除了高分子聚合物树脂(也称粘料,可以是一种或多种)外，也加入添加剂(填料和助剂)，其作用与种类和树脂、橡胶的添加剂类同。

5. 涂料　涂料是一种或几种高分子材料(又称成膜物质、漆料)的乳液、溶液或粉末，涂布在物体表面上，能形成一层附着坚牢的高分子聚合物涂层。

涂料有两种形式：一类是高分子材料溶解在溶剂中或悬浮于乳液中，用喷刷等方法于其他材料表面形成涂层；一类是直接使用可熔化高分子材料，喷涂形成高分子材料的涂层。和其他高分子材料一样，涂料除成膜物质外，也加入添加剂(填料、助剂)以改善和提高加工和使用性能。

6. 泡沫材料 泡沫材料是气泡分散在高分子材料的基体中。产生气泡的气体可以在固化时注入或由发泡剂反应生成。在最后的成品中夹带着大量的气体，使宏观结构发生变化，使高分子材料有了新的性能，如质轻、保温、高弹、减振、吸音等，用于保温层、包装、表面防护、漂浮体等材料。

泡沫材料也有两种形式：①闭孔型泡沫材料，即孔隙不连续，如各种漂浮体；②开孔型泡沫材料，即孔隙连续，如常用的海绵材料（聚氨酯泡沫）。

第二节 高分子材料的性能特点

一、高分子材料的力学特性

（一）高分子材料的力学特征

1. 高分子材料的力学状态 分线型无定形高分子、结晶态高分子和体型高分子材料三类：

（1）线型无定形高分子的力学状态。线型无定形高分子材料，在不同温度范围内呈现三种不同的力学状态：玻璃态、高弹态和粘流态。通常用形变-温度曲线（又称热-力学曲线）来描述，如图 13-6 所示。

1）玻璃态。当温度较低时，不仅整个分子链不能运动，而且链段也处于“冻结”状态。当施加外力时，形变很小，外力去除后形变能立即恢复。此时高分子材料呈坚硬、玻璃状的无定形固态，称为玻璃态（T_g 以下），如常温下的塑料。

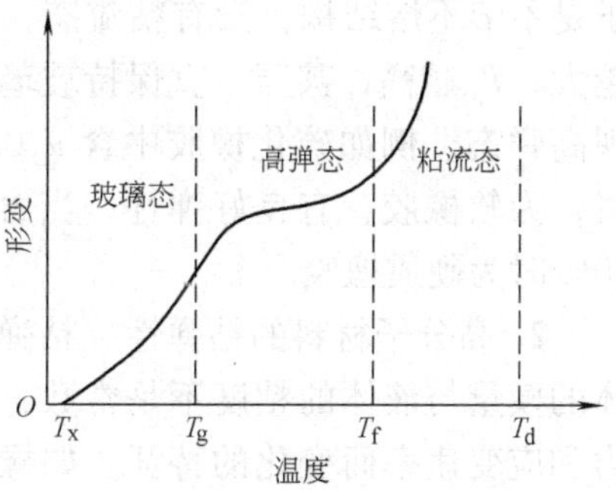

图 13-6 线型无定形高分子材料的形变-温度曲线示意图

2）高弹态。温度升高，分子热运动能量增加，链段可以自由转动，此时在外力的作用下可产生很大的可逆变形，表现出极高的弹性，故称为高弹态（$T_g \sim T_f$），如常温下的橡胶。

3）粘流态。温度继续上升到适当范围时，整个分子链都能移动，并发生分子间相对运动，产生不可逆流动形变。此时的高分子材料成为粘稠的流动液体，称为粘流态（T_f 以上）。

三种状态转变在一定温度范围内完成，并有两个转变温度，即玻璃化温度 T_g 和粘流化温度 T_f。玻璃化温度 T_g：玻璃态与高弹态之间的转变温度；粘流化温度 T_f：高弹态与粘流态之间的转变温度。通常把 $T_g >$ 室温的高分子材料称为塑料；把 $T_g <$ 室温的高分子材料称为橡胶；$T_f <$ 室温，在常温下处于粘流态的高分子材料称为流动性树脂，如液态环氧树脂、醇酸树脂、脲醛树脂、呋喃树脂、

糠酮树脂等。对橡胶而言，要保持高弹性，则 T_g 是工作温度下限(耐寒性的标志)，故可选 T_g 低、T_f 高的高分子材料，这样高弹态的温度范围宽。例如，天然橡胶 T_g 为 -73℃，T_f 为 180 ~ 200℃；硅橡胶 T_g 为 -109℃，T_f 为 250℃，$T_g - T_f$ 差值大，故硅橡胶作为橡胶性能更好，即耐热耐寒性都好。

塑料和纤维在玻璃态下使用，T_g 是工作温度的上限(耐热性的标志)，故 T_g 越高越好；同时作为塑料应易于加工成型，则 $T_g - T_f$ 的差值还要小，这样可降低加工成型温度，材料易于流动。例如：聚苯乙烯 T_g 为 80℃，T_f 为 80 ~ 150℃，可作为一种塑料。故对成型来说，T_f 低好，而对于耐热性 T_f 越高越好。

(2) 结晶态高分子材料的力学状态。在结晶态高分子聚合物中通常包括晶区和非晶区两部分。在玻璃化转变后，仅非晶区的链段处于运动状态，结晶区的链段不能运动，因而聚合物的高弹态表现为既韧而硬的皮革状，通常称为“皮革态”，这就是结晶态高分子玻璃化转变的特点。“皮革态”下的高分子表现为既有一定柔性又有一定刚性的韧性塑料，如常温下的聚乙烯塑料。图 13-7 是结晶态高分子聚合物的温度-形变曲线。对于分子量较小的，晶态高分子的熔点 T_m 就是粘流态温度；对于分子量很大的高分子，温度达到 T_m 时，进入高弹态。

(3) 体型高分子的力学状态。体型高分子是不溶不熔结构，没有粘流态，交联程度越大，T_g 越高，甚至一直保持玻璃态而不出现高弹态。例如硫化橡胶中含 w_S0.5% ~ 5% 时，为软橡胶，有良好弹性；当含 w_S10% ~ 30% 时为硬质橡胶。

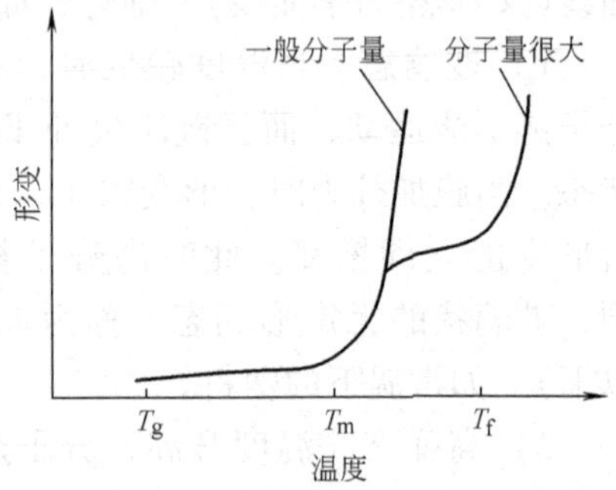

图 13-7 结晶态高分子聚合物的形变-温度曲线

2. 高分子材料的粘弹性 粘弹性是指固体的模量与液体的粘度不是常数，而是随应力和应变速率而变化的特征。如橡胶是弹性体，未硫化的橡胶在自重长期作用下会产生“冷流”；又如高分子熔体的出口膨胀现象，表明高分子熔体的流动中夹有高弹形变。这说明高分子聚合物的形变行为是粘性与弹性的组合，意味着高分子材料的这种性质与时间有关。高分子材料的力学性质随时间变化的现象(粘弹性)也称为力学松弛现象。高分子材料的粘弹性现象，视应力或应变是否为时间的函数而分为静态和动态两种。

(1) 静态粘弹性。静态粘弹性现象是指材料所受应力或应变完全恒定，不是时间的函数。高分子材料的表现有两种形式即蠕变和应力松弛。

1) 蠕变。在恒定应力作用下，物体的形变随时间逐渐增加而最后达到平衡的现象称为蠕变。如架空的塑料管会慢慢变弯的蠕变过程。图 13-8 是几种高分子材料的蠕变曲线。

高分子材料的蠕变性能反映了其尺寸稳定性，故对精度要求高的零件就不能采用易蠕变的材料；对于作为纤维的高分子材料，也必须具有常温下不易蠕变的性能；橡胶制品经过硫化可以减小蠕变，易保证制品有良好的高弹性；高度交联的高分子聚合物因蠕变小而尺寸稳定。从图 13-8 可以看出，主链含芳杂环的高分子链具有较好的抗蠕变性，是广泛应用的工程塑料，可以制成工程零件。对于蠕变比较严重的材料，使用时应采取一定措施，如硬聚氯乙烯耐蚀性良好，但易蠕变，作为化工管道、容器使用时需增加机架，以防止和减少蠕变。

2）应力松弛。在保持应变恒定的情况下，高分子材料应力随时间而衰减的现象称为应力松弛。应力松弛的现象在橡胶中最为明显，如管道的法兰盘密封用橡胶垫片，一定时间后因应力松弛而导致泄露失效。应力松弛和蠕变都是高分子材料的特点，通常也是缺点，凡是蠕变小的高分子材料应力松弛也小。

（2）动态粘弹性。当高分子材料所受的应力为时间函数时，应力与应变间的关系就会呈现出滞后现象，即应变随时间的变化一直跟不上应力随时间的变化。由交变应力引起的滞后效应，称为动态粘弹现象。如轮胎的应力和形变随时间的变化可用如图 13-9 所示的两条波形曲线来表示，由图可见，应力应变是不同步的。

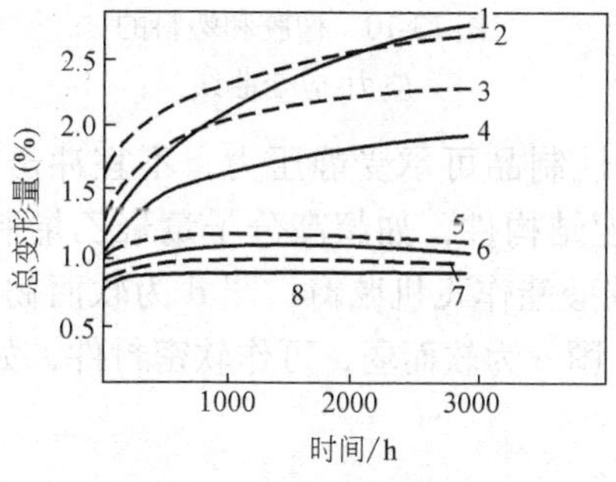

图 13-8 几种塑料的蠕变曲线

1—聚砜 2—聚苯醚 3—聚碳酸酯

4—改性聚苯醚 5—耐热 ABS

6—聚甲醛 7—尼龙 8—ABS

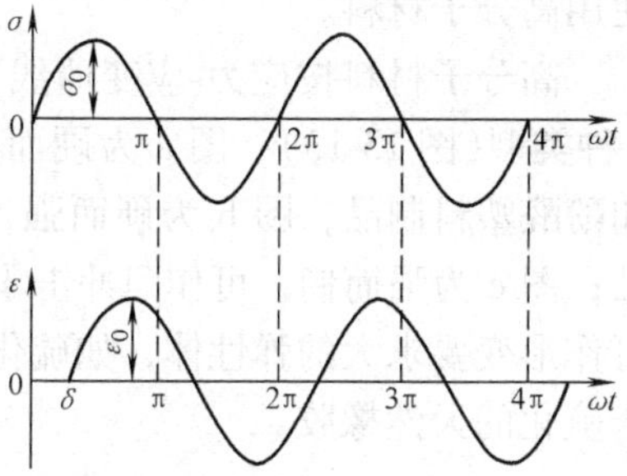

图 13-9 轮胎的应力应变随时间的变化曲线

1）滞后现象。高分子材料在交变应力的作用下，形变落后于应力变化的现象称为滞后现象。它与高分子材料本身的化学结构有关，一般刚性分子的滞后现象小，柔性分子的滞后现象严重。同时，滞后现象还受外界条件的影响，外力作用的频率低或很高，滞后现象小，只有在一定的频率范围内，链段可以运动，但又跟不上作用力的变化，才出现明显的滞后现象。另外温度的影响和外力频率类似，在一定的温度范围内才会发生明显的滞后现象。

2）内耗。由于滞后现象，高分子材料在一次拉伸与回缩的循环过程中能量的收支不平衡，即每一次循环变化中要消耗功，称为力学损耗，也称内耗。它用于克服高分子材料分子间或链段间的内摩擦力，并转变成能量。内摩擦力大，滞后现象就严重，消耗的功大，即内耗大。内耗能使高分子材料发热而导致过早老化，甚至热分解而破坏，故作为轮胎用的橡胶希望内耗小，硫化可减少橡胶的内耗。另一方面，由于内耗的存在能使高分子材料吸收较多能量，故可作防震隔音材料使用，如高内耗的泡沫塑料和泡沫橡胶。

（二）高分子材料的力学性能

1. 高分子材料的应力应变特征　在拉力机上等速拉伸试样至断裂，从而得到高分子材料的应力-应变曲线。分子量很大的橡胶和塑料在一定温度范围内具有如图13-10所示的应力-应变曲线，它与低碳钢的应力-应变曲线类似。

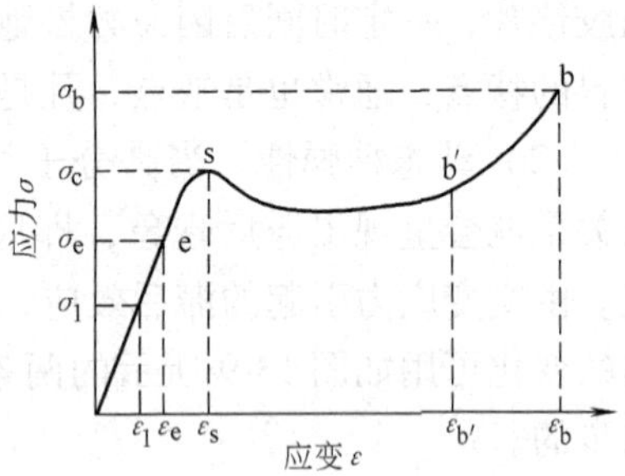

图13-10　橡胶和塑料的应力-应变曲线

环境温度和形变速率的改变可影响应力-伸长曲线的类型，如图13-11和图13-12所示。了解这些特点可更好的掌握环境对高分子材料使用性能的影响，以利更好的选择和使用高分子材料。

高分子材料按应力-应变曲线大致可分为5种类型(图13-13)：图a为硬而脆，作为刚性制品可承受静压力，不宜冲击，如酚醛塑料制品；图b为硬而强，可作高强度结构件，如超高分子量聚乙烯制品；图c为强而韧，可作耐冲击零件，如聚碳酸酯作飞机弦窗；图d为软而韧，可作形变要求大的弹性体，如硫化橡胶轮胎；图e为软而弱，可作软密封件，如未硫化的天然橡胶。

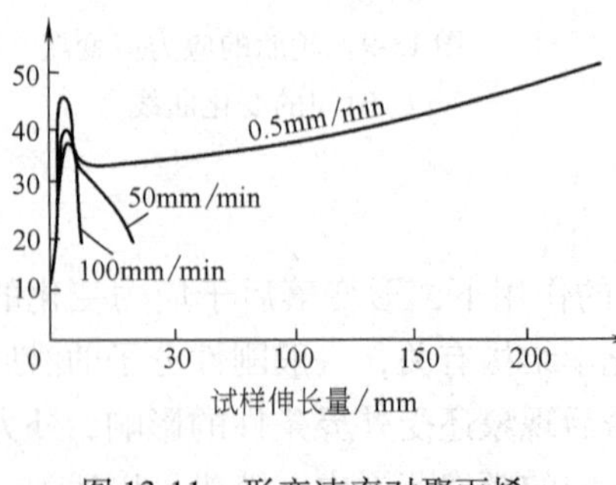

图13-11　形变速率对聚丙烯力-伸长曲线的影响(25℃)

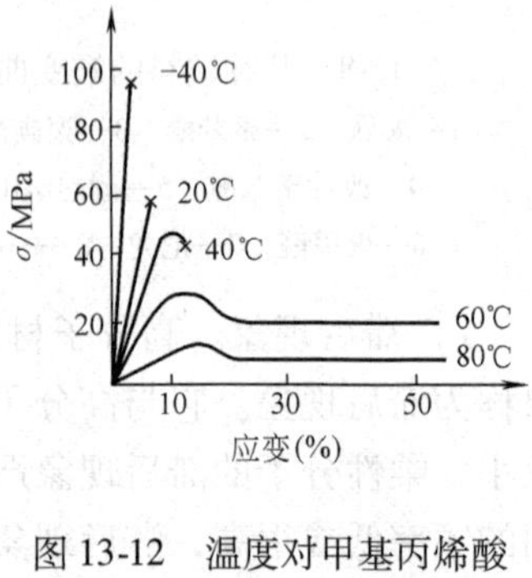

图13-12　温度对甲基丙烯酸甲脂的应力-应变曲线的影响（形变速率5mm/min）

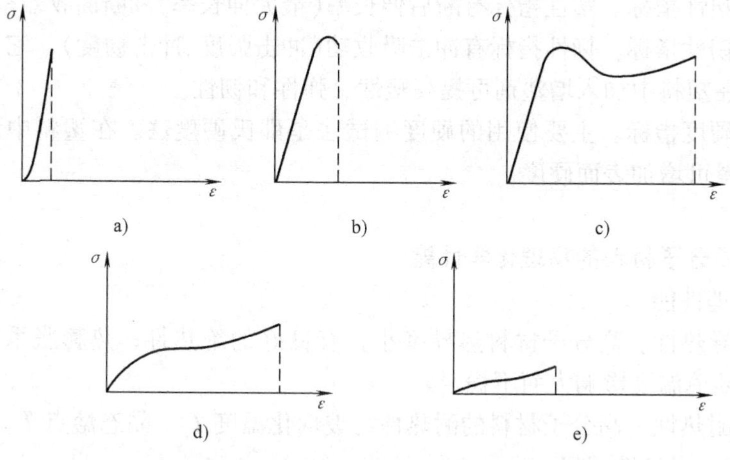

图 13-13 高分子材料五种类型的应力-应变曲线

2. 高弹性 处在高弹态的高分子材料所呈现的力学特征为高弹性，也称为类橡胶弹性。所有的线型结构高分子聚合物，只要分子量足够大，并是柔性链，就会在某一温度范围内呈现出高弹性，它是柔性高分子独特的力学特征，也是高分子材料区别于其他材料的一个特征。高弹性的橡胶材料是社会生产不可替代的重要材料之一。与一般固体物质相比，橡胶类物质的弹性的最大特征是：

1）弹性变形大，可达 1000%，而一般金属不超过 1%。并且在变形时其体积接近不变，而其他材料形变时体积变化较大。

2）弹性模量小，只有 0.1 ~ 10MPa，而一般金属材料为 10^4 ~ 10^5MPa。

3）弹性模量随温度上升而增大，而一般钢材则相反；形变过程中有明显的热效应，例如当把橡胶快速拉伸时放热，温度升高，而金属材料则相反。

3. 高分子材料的主要力学性能指标 常用的有强度、塑性、韧性、硬度等，它们的意义和金属材料的力学性能指标相同，试验方法类似。

（1）强度指标。主要有抗拉强度、抗弯强度、疲劳强度和剥离强度等。影响强度指标的因素有内部和外部两方面。

1）内部因素有。①主链的化学键力，含有芳杂环结构，化学键力大，强度高；②分子间力，含有极性基团或氢键的密度大，分子间作用力大，强度高；③大分子链的柔性，结晶和适度交联的大分子链强度高。

2）外部因素。则有温度、湿度、光照、氧化老化、作用力速度等，它们的影响各不相同。在通常情况下，作用力速度快，得出的强度指标高。

另外，在一定范围内分子量大并分布范围窄、高的结晶度和一定的取向结构、较少的应力集中物（裂口、空隙、缺口、银纹和杂质等），都有利于强度性能的提高。

（2）塑性指标。塑性指标有断后伸长率（最大伸长率）和断面收缩率。

（3）韧性指标。韧性指标有冲击吸收功（冲击强度、冲击韧度），它是韧脆性的标志。在塑料中加入增塑剂可提高塑性、弹性和韧性。

（4）硬度指标。主要使用的硬度测试法是邵氏硬度法。在塑料中加入无机或其他填料可增加表面硬度。

二、高分子材料的物理化学性能

1. 物理性能

（1）导热性。高分子材料热导率小，有良好的绝热性；热膨胀系数大，尺寸精度受环境温度影响大而不稳定。

（2）耐热性。高分子材料的耐热性与玻璃化温度 T_g、晶态熔点 T_m 有关，T_g 和 T_m 越高，耐热性越好。

（3）导电性。高分子材料电导率很小，通常是电绝缘体，但带有极性基团的高分子材料电导率增加。

（4）静电性。一般高分子材料都有静电作用，消除静电是高分子材料加工和使用中需要解决的一个重要问题。

（5）耐磨性。高分子材料的摩擦系数小，自润滑性能好，有好的减摩性；其对磨粒的嵌藏性好，抗磨性高。

另外，某些高分子材料还有透光、导光、透气、耐辐射等性能。

2. 化学性能

（1）耐蚀性。高分子材料无电化学腐蚀，一般化学稳定性很高，通常耐酸、碱、盐、油、水、大气及海水等介质侵蚀。

（2）热稳定性。指高分子材料抵抗在受热情况下发生化学变化而引起其性能变坏的能力。具有环状、梯形和元素有机结构的高分子材料热稳定性好。

（3）胶粘性。高分子材料对高表面能的金属或金属氧化物有良好的浸润性，利用它可作胶粘剂和涂料。

（4）溶解性。高分子材料在某些溶剂作用下可溶解或溶胀，利用此性能可进行加工、改性等。

三、高分子材料的老化与防止

1. 老化　高分子材料在加工、贮存或使用过程中，由于内外因素的作用，逐步发生物理化学性质恶化，以致最后丧失使用价值，这一过程称为“老化”。老化可引起外观的变化，如材料发粘、变硬、脆裂、变色、出现银纹或斑点、起泡等；物理性能的变化，如由于分子量和结构变化引起溶解、溶胀和流变性能的改变；力学性能的变化，如强度指标、硬度、弹性和耐磨性的变化；电性能变化，如介电常数、介电损耗、击穿电压等的变化。

引起高分子材料老化的内在因素有高分子材料本身化学结构、聚集态结构及配方条件等；外在因素有物理因素（热、光、射线和应力等）、化学因素（氧、臭氧、水、酸、碱、盐等）和生物因素（微生物、昆虫等）。

2. 老化的防止　大分子的交联和降解是老化过程中的两种主要反应。老化是高分子材料的一个缺点，通常采取防止老化的措施有：

（1）改进聚合与加工工艺，减少老化弱点。优化聚合方法、加工成型的温度、时间、热处理、冷却速度及成型模具的合理使用等。如成型模具表面粗糙度的大小会影响高分子材料的表面粗糙度，导致耐老化性能不同。

（2）改性高分子材料，引进耐老化结构。这需要根据使用条件和老化方式而定，如酚类结构抗氧化、元素有机结构耐辐照等。

（3）物理防护。采用喷涂、镀金属、防老剂溶液的浸涂或涂布等方法使高分子材料表面附上保护层，起阻缓或隔绝老化外因的作用，如橡胶表面涂蜡的防护等。

（4）添加防老剂。防老剂是一类能防护或抑制光、氧、热等外因对高分子材料产生破坏的物质，根据其作用和功能可分为抗氧剂、光稳定剂、热稳定剂等。

第三节　常用高分子材料及其应用

一、塑料

1. 塑料的分类　按分类标准不同，塑料的种类众多。

（1）按塑料热性能和状态不同，分为热塑性塑料和热固性塑料两类。

1）热塑性塑料。其主要成分为热塑性树脂。这类塑料产量和用量在塑料中占主导地位，机械强度较高，成型工艺性好，可反复成型、再生使用；但通常下耐热性和刚性较差。

2）热固性塑料。它是热固性高分子树脂交联固化后的产物。这类塑料具有较高的耐热性和尺寸稳定性，刚度大，但脆性大，不能反复成型与再生使用。

（2）按塑料的使用性能和应用范围不同，分为通用塑料和工程塑料两类。

1）通用塑料。主要指产量大、用途广、价格低的聚乙烯、聚丙烯、聚氯乙烯、聚苯乙烯、酚醛塑料和氨基塑料等六大品种，其产量占塑料总产量的75%以上，广泛用于工业、农业、医药卫生和日常生活中，其力学性能一般。

2）工程塑料。通常指综合性能好，可以作为工程结构件和代替金属用的塑料，其品种很多，发展很快。这类塑料具有较高的力学性能、耐磨性、耐蚀性、耐热性等，其中一些塑料还有其他的特殊性能，如导热性、导光性、导磁性、耐辐照、进行能量转换等物理性能。

通用塑料和工程塑料并没有明显的界限，通用塑料也已向工程化发展，如聚丙烯代替聚苯醚和聚碳酸酯就是很好的例子。

2. 塑料的应用　塑料相对于金属来说，具有低密度、高比强度、耐腐蚀、高介电性、好的抗磨和减摩性，还有透光、隔热、消音、吸震、耐辐照等优点；但绝对强度低、热变形大、易蠕变和应力松弛、易老化等缺点。因此，应根据塑料各自的性能特点和使用条件来选用。部分常用工程塑料见表13-1和表13-2。

表13-1　常用热塑性工程塑料的性能特点和用途

名称(代号)/单体	加工成型	性能特点/不耐介质	性能指标/MPa(使用温度/℃)	应用范围
超高分子量聚乙烯(HUMPE)/乙烯	冷压烧结、热压，可机械加工、焊接、粘接	抗磨、耐应力开裂、抗疲劳、减摩、无表面吸附性、电绝缘/松节油、石油醚	$\sigma_b=30\sim40$ $\delta=400\%\sim480\%$ $A_K\geqslant19\sim20J$ $(-35\sim150)$	代替青铜、钢制作冲击耐磨件，如齿轮、轴承、轴瓦、蜗杆、滑轨、阀门、喷嘴等
增强聚丙烯(RPP)/聚丙烯、增强剂(纤维、填料)	注射	吸湿极小、电绝缘；静电度高、耐光差、易老化/强氧化剂	$\sigma_b=45\sim100$ $A_K\geqslant2.5\sim8J$ $(-30\sim160)$	某些性能可与POM、PA等相比而价低，可制作汽车、电器零件等，如板、阀、管件等
氯化聚氯乙烯(CPVC)/氯气、聚氯乙烯	挤出、注射	耐热、耐老化、耐化学腐蚀，沸水中不变形/卤代烃、丙酮	$\sigma_b=60\sim65$ $A_K\geqslant4\sim6J$ $(-45\sim130)$	各种管道、阀门、电器、注塑零件、纤维等，还可作胶粘剂、涂料
ABS树脂(ABS)/苯乙烯、丁二烯、丙烯腈	注射、挤压、压延、吹塑、发泡，可机械加工、粘接、焊接、电镀	耐磨、低温抗冲击、尺寸稳定、电绝缘、可染色；可燃、耐候差/醛、酮、酸、卤代烃	$\sigma_{bb}\geqslant50\sim70$ $A_K\geqslant5J$ $(-40\sim55)$	制造齿轮、叶片、轴承、壳体、内衬等；电镀品制铭牌、饰物；发泡品用于建筑、家具等
AS树脂(AS)/苯乙烯、丙烯腈	注射	较PS抗冲击且耐热、耐化学腐蚀性，比ABS耐候/醛、酮、酸、卤代烃	$\sigma_b\geqslant38\sim70$ $A_K\geqslant1.2\sim2.5J$ $(-40\sim100)$	耐油机械零件、油箱、车灯、仪表零件、开关等及包装材料
聚甲基丙烯酸甲酯(PMMA)(有机玻璃)/甲基丙烯酸	模压、真空、吹塑，可机械加工、粘接、拉伸定向	高透明、耐候、电绝缘；耐磨差、易擦伤/芳烃、氯代烃、丙酮	$\sigma_b\geqslant50\sim80$ $\sigma_{bb}=100\sim120$ $A_K\geqslant1.4J$ $(-40\sim50)$	制作透明和一定强度零件，如舱盖、车灯、管道、模型、电器仪表零件等

（续）

名称(代号)/单体	加工成型	性能特点 /不耐介质	性能指标/MPa (使用温度/℃)	应用范围
聚酰胺 (PA,Nylon) (尼龙) /酸、胺类或酰胺类	注射、挤压、浇铸烧结、喷涂，可电镀改性、增强	抗磨、减摩、消音、耐应力开裂、电绝缘；蠕变大、吸水大尺寸不稳定/强极性溶剂、某些无机盐	$\sigma_b=40\sim140$ $\sigma_{bb}\geqslant70\sim90$ $A_K\geqslant10\sim45J$ (−40～100)	主要制作绝缘件、齿轮、轴承、泵、阀门、连接件、油管、导轨等，代替钢和不锈钢用
聚碳酸酯 (PC,双酚A型) /双酚A、碳酸二苯酯或双酚A、光气、二氯乙烷	注射、挤压、吹、塑真空，可改性增强	高透明、低蠕变、尺寸稳定、自熄、电绝缘、抗冲击、有透明金属之称/碱、胺、酮、卤烃、沸水	$\sigma_b\geqslant60\sim110$ $\sigma_{bb}\geqslant90\sim140$ $A_K\geqslant0.4\sim6J$ (−60～120)	代替钢、有色金属、光学玻璃制作中小结构件、传动件、绝缘件、透明件、防爆玻璃、安全帽等
聚芳酯(聚酚酯) (PA)/双酚A、二元酸酯、二酰氯	挤出、注射、压延、拉伸，可机械加工	高介电性、耐油、低收缩、低吸水、自熄、热稳定、透明/浓硫酸、热水、碱氨水、卤代烃、酚类	$\sigma_b\geqslant65$ $A_K\geqslant2J$ (−40～130)	汽车、电气、机械零部件、无线电、医疗器材等
增强聚对苯二甲酸乙二酯(涤纶) (RPET)/对苯二甲酸、乙二醇、增强剂(纤维、填料)	注射	低吸湿、减摩、耐应力开裂、电绝缘/强酸、碱、热水	$\sigma_b=60\sim120$ $\sigma_{bb}\geqslant100\sim200$ $A_K\geqslant2.5\sim6J$ (−60～140)	电气、汽车、化工等结构件，如插接件、联接器、齿轮、轴承、泵壳、叶轮、电器耐焊接部件等
聚甲醛 (POM) /甲醛	注射、挤压、吹塑，可机械加工、粘接	耐磨、耐疲劳、抗蠕变和应力松弛、耐水；但耐燃差/强酸、酚类、有机卤化物	$\sigma_b\geqslant50\sim60$ $A_K\geqslant5\sim10J$ (−40～100)	代替钢和有色金属制作轴承、齿轮、导轨、阀门、管道等
聚砜(PSF) /二甲基亚砜、双酚A钠盐、二氯二苯砜	注射、挤压、模压	抗蠕变、尺寸稳定、透明、电绝缘；耐候和紫外线差/浓硫酸、硝酸、酯、酮、卤烷	$\sigma_b\geqslant50\sim100$ $\sigma_{bb}\geqslant110\sim180$ $A_K\geqslant7\sim37J$ (−100～150)	代替金属制作高强、高温和尺寸稳定的零件如泵体齿轮、紧固件、阀门、管道、容器及电路板等
聚四氟乙烯 (塑料王)(PTFE,F4) /四氟乙烯	冷压烧结、压延，可机械加工、改性增强	电绝缘、自润滑、耐候不燃、表面不粘、耐王水/气态氟、熔融钠	$\sigma_b=14\sim40$ (−250～260)	作为耐蚀、水下绝缘、不粘等材料、原子能、航空和航天材料等

表 13-2 常用热固性工程塑料性能和用途

名称(代号)/单体	加工成型	主要性能 /不耐介质	主要性能指标/MPa (使用温度/℃)	用途简介
不饱合聚酯塑料(UP)/顺丁烯二酸酐、邻苯二甲酸酐、二元醇	手糊、缠绕、冷压喷涂、注射,可改性增强	其玻璃钢强度高而质轻(钢的1/5—1/4)耐候、耐燃、电绝缘、透光/浓碱	$\sigma_b \geqslant 290$ $\sigma_{bb} \geqslant 280$ $A_K \geqslant 15 \sim 50J$ $(-60 \sim 120)$	种类较多,制造各种玻璃钢,如汽车车身、舰艇雷达罩、容器、机械电器零部件、泵、头盔等
聚氨酯塑料(PU)/异氰酸酯类、醇类	浇注、喷涂,可机械加工、粘接	常以软硬泡沫体出现,质柔、高弹、吸音、隔热、耐辐射、比刚度大/强氧化剂、氯仿、丙酮	$\sigma_b \geqslant 0.07 \sim 0.2$ $\rho \leqslant 0.032 \sim 0.06kg/m^3$ $(-60 \sim 120)$	种类较多,制造保温、防震、消音、吸油等材料,如汽车零部件、密封件、传送带、绝缘材料等
酚醛塑料(电木)(PF)/苯酚、甲醛、糠醛	压制、注射、发泡,可改性增强	耐磨、尺寸稳定、不易裂变、可水润滑、电绝缘;耐光和着色差/强碱	$\sigma_b \geqslant 25 \sim 290$ $\sigma_{bb} \geqslant 40 \sim 220$ $A_K \geqslant 0.3 \sim 40J$ $(-60 \sim 105)$	制造无噪声齿轮、轴瓦、耐酸泵、阀门、壳体、刹车片、绝缘件等
聚酚醚塑料(PAP)/苯二甲撑二甲醚、苯酚	模压、层压,可改性增强	耐蚀、耐磨、高介电性、耐高温、低吸水、耐沸水、低收缩/丙酮、乙醇	$\sigma_{bb} = 60 \sim 130$ $A_K \geqslant 0.6 \sim 8.5J$ $(-40 \sim 250)$	电子、汽车、纺织、机械和航空耐高温、绝缘、耐摩、耐烧蚀零部件
氨基塑料(电玉)(UP)/尿素、甲醛、三聚氰胺	模压、层压、压注,可改性增强、机械加工	耐电弧、自熄性、耐油、防霉、易着色、耐有机溶剂、耐刮痕/强碱、酸	$\sigma_{bb} = 80 \sim 90$ $A_K \geqslant 0.25 \sim 3.5J$ $(-40 \sim 180)$	电子、电器零件
环氧塑料(EP)/环氧氯丙烷与双酚A等	浇注、模塑、层压发泡,可改性增强	电绝缘、尺寸稳定、化学稳定/强酸、极性溶剂	$\sigma_b = 40 \sim 70$ $\sigma_{bb} = 90 \sim 120$ $A_K \geqslant 1.2J$ $(-60 \sim 200)$	种类较多,制作模具、量具、结构件、各种复合材料、电子器件等
有机硅塑料(PSIO)/硅烷类	模压、层压,可改性增强	电绝缘、耐候、耐臭氧、耐辐射、耐火焰、耐老化、尺寸稳定、憎水、耐电弧/热碱	$\sigma_{bc} \geqslant 100 \sim 265$ $\sigma_{bb} \geqslant 50 \sim 110$ $E = 7.1MPa$ $(-269 \sim 300)$	种类较多,制造航空、电机、电器耐高温件、耐电弧零件、电子器件、耐热管道等
聚酰亚胺塑料(PI)/均苯四甲酸二酐、二氨基联苯醚、二甲基乙酰胺	模压、注射、发泡	耐辐射、尺寸稳定、不开裂、减摩、耐火焰、电绝缘/强酸、碱	$\sigma_b \geqslant 110 \sim 132$ $\sigma_{bb} \geqslant 166 \sim 169$ $A_K = 8.1 \sim 15.5J$ $(-269 \sim 315)$	制造高温自润滑轴承、活塞环、密封圈、叶轮、喷气发动机零件、飞机泡沫座垫等

二、橡胶

橡胶的弹性模量只有0.1～10MPa，弹性变形达100%～1000%，并有高伸缩性和贮能性及耐磨、隔音、耐寒、电绝缘、阻尼等性能。

（一）橡胶的组成

橡胶是以生胶为主要成分，添加各种配合剂和增强材料制成的。

1. 生胶　生胶是指无配合剂、未经硫化的橡胶。按原料来源有天然生胶和合成生胶。

2. 配合剂　用来改善橡胶的某些性能，常用配合剂有硫化剂、硫化促进剂、活化剂、填充剂、增塑剂、防老化剂、着色剂等。

（1）硫化剂。用来使生胶的结构由线型转变为交联体型结构，从而使生胶变成具有一定强韧性、高弹性的硫化胶。常用硫化剂有硫磺和含硫化合物、有机过氧化物、胺类化合物、树脂类化合物、金属氧化物等。

（2）硫化促进剂。作用是缩短硫化时间和降低硫化温度，改善橡胶性能，常用促进剂有二硫化氨基甲酸盐、黄原酸盐类、噻唑类、硫脲类和部分醛类及醛胺类等有机物。

（3）活化剂。用来提高促进剂的作用，常用活化剂有氧化锌、氧化镁、硬酯酸等。

（4）填充剂。用来提高橡胶的强度、改善工艺性能和降低成本。能提高性能的填充剂称为补强剂如炭黑、二氧化硅、氧化锌、氧化镁等；用于降低成本的有滑石粉、硫酸钡等。

（5）增塑剂。用来增加橡胶的塑性和柔韧性。常用增塑剂有石油系列、煤油系列和松焦油系列增塑剂。

（6）防老剂。用来防止或延缓橡胶老化，主要有石蜡、胺类和酚类防老剂。

3. 增强材料　主要有纤维织品、钢丝加工制成的帘布、丝绳、针织品等类型。

（二）橡胶的分类

按原料来源，分为天然橡胶（橡胶树）和合成橡胶的（单体聚合而成）；按性能和用途，分为通用橡胶和特种橡胶（用于耐热、耐蚀等特殊环境）。常用橡胶的性能和用途见表13-3。

表13-3　橡胶的种类、性能和用途

性能	通用橡胶							特种橡胶			
	天然橡胶 NR	丁苯橡胶 SBR	丁基橡胶 BR	顺丁橡胶 HR	氯丁橡胶 CR	丁腈橡胶 NBR	乙丙橡胶 EPDM	聚氨酯 PUR	氟橡胶 FPM	硅橡胶	聚硫橡胶
抗拉强度/MPa	25～30	15～21	18～25	17～21	25～27	15～30	10～25	20～35	20～22	4～10	9～15

（续）

性能	通用橡胶							特种橡胶			
	天然橡胶 NR	丁苯橡胶 SBR	丁基橡胶 BR	顺丁橡胶 HR	氯丁橡胶 CR	丁腈橡胶 NBR	乙丙橡胶 EPDM	聚氨酯 PUR	氟橡胶 FPM	硅橡胶	聚硫橡胶
伸长率（%）	650 ~ 900	500 ~ 800	450 ~ 800	650 ~ 800	800 ~ 1000	300 ~ 800	400 ~ 800	300 ~ 500	100 ~ 500	50 ~ 500	100 ~ 700
抗撕性	好	中	中	中	好	中	好	中	中	差	差
使用温度上限/℃	<100	80 ~ 120	120	120 ~ 170	120 ~ 150	120 ~ 170	150	80	300	−100 ~ 300	80 ~ 130
耐磨性	中	好	好	中	中	中	中	中	中	差	差
回弹性	好	中	好	中	中	中	中	中	中	差	差
耐油性		—	—	中	好	好	—	好	好	—	好
耐碱性	—	—		好	好	—	—	差	好	—	好
耐老化	—	—	—	好	—	—	好	—	好	—	好
成本		高			高				高	高	
使用性能	高强、绝缘、防振	耐磨	耐磨、耐寒	耐酸碱、气密、防振、绝缘	耐酸、耐水、气密	耐油、耐碱、耐燃	耐水、绝缘	高强、耐磨	耐油、耐酸碱、耐热	耐热、绝缘	耐油、耐酸碱
工业应用举例	通用制品、轮胎	通用制品、胶布、胶板、轮胎、胶管	轮胎、耐寒运输带、V带、减振器	内胎、水胎、化工衬里、防振品	油漆衬、管道胶带、电缆皮、门窗嵌条	耐油垫圈、油管、油槽衬	汽车配件、散热管、电绝缘件、耐热运输带	实心胎胶辊、耐磨件、特种垫圈	化工衬里、高级密封件、高真空胶件	耐高低温零件、绝缘件、管道接头	丁腈改性用

三、合成纤维

纤维是指长度比直径大许多倍，具有一定柔韧性的纤细物质。合成纤维是由合成高分子化合物加工制成的纤维。纤维加工过程包括纺丝液的制备、纺丝及初生纤维的后加工等过程。

1. 纤维的分类　纤维按原料来源分为天然纤维和化学纤维。天然纤维有动物（如毛）纤维、植物（如棉麻）纤维和矿物（如石棉）纤维；化学纤维根据原料又可分为人造纤维（天然纤维经化学加工而成，如呢罗绸缎等）和合成纤维（单体聚合而成）。按性能和用途可分为通用纤维和特种纤维（如功能纤维、耐热纤维、光导纤维、光致变色纤维）等。按大分子主链的化学组成，可分为杂链纤维和碳链纤维。

2. 纤维的应用 纤维的线密度单位为旦(旦尼尔,denier)，符号为 D 或 d，定义为1g每9km。纤维经超细旦(2～3旦以下)加工后，性能得到根本改变。主要合成纤维性能及用途见表13-4。

表13-4 主要合成纤维性能及用途

商品名称	锦纶	涤纶	腈纶	维纶	氯纶	丙纶	芳纶
化学名称	聚酰胺	聚酯	聚丙烯腈	聚乙烯醇缩醛	含氯纤维	聚烯烃	聚芳香酰胺
密度/$g \cdot cm^{-3}$	1.14	1.38	1.17	1.30	1.39	0.91	1.45
吸湿率(%)	3.5～5	0.4～0.5	1.2～2.0	4.5～5	0	0	3.5
软化温度/℃	170	240	190～230	220～230	60～90	140～150	160
特性	耐磨、强度高、模量低	强度高、弹性好、吸水低、耐冲击；粘着力差	柔软、膨松、耐晒；强度低	价格低、比棉纤维优异	化学稳定性好、不燃、耐磨	轻、坚固、吸水低、耐磨	强度高、模量大、耐热、化学稳定性好
用途	轮胎帘子布、渔网、缆绳、帆布	电绝缘材料、运输带、帐篷、帘子线	窗布、帐篷、船帆、碳纤维的原料	包装材料、帆布、过滤布、渔网	化工滤布、工作服、安全帐篷	军用被服、水龙带、合成纸、地毯	用于复合材料、飞机驾驶员安全椅、绳索

四、胶粘剂

胶粘剂起胶接、固定、密封、浸渗、补漏和修复等作用。胶接和铆接、焊接并列为三种主要连接工艺。胶接剂能粘接不同性能的材料和异种材料，结构质量轻，应力分布均匀，可提高疲劳强度，工艺简便，成本低，还可获得某些特殊性能，如密封性、防腐蚀性、导电性、耐超低温性等，故胶粘剂的用途广泛。如火箭和飞船中热屏蔽中的烧蚀材料就是用酚醛-环氧胶粘剂粘接的。飞机制件采用胶接后质量减轻，表面光滑平整，有利于航行；航天飞机的燃料贮槽(液氧-183℃,液氢-253℃等)必需使用耐超低温胶粘剂；另外，还有导电胶粘剂可代替钎焊；医用皮肤、骨胳、血管等组织胶粘剂，用于外科手术等。

(一) 胶粘剂的分类

胶粘剂可以分为有机、无机两类。有机胶粘剂包括树脂、橡胶、淀粉、蛋白质等高分子材料；无机胶粘剂包括硅酸盐类、磷酸盐类、陶瓷类等。胶粘剂具体分类参见GB/T 13553—1996。

除上述方法分类法外，通常将胶粘剂按应用性能分类：

(1) 结构胶。较高的胶接抗剪强度，用于受力较大的结构件。

(2) 非(半)结构胶。胶接强度较低，用于非主要受力部位和构件。

(3) 密封胶。能承受一定压力而不泄漏，起密封作用。

（4）浸渗胶。较好的渗透性，能浸渗铸件堵塞气孔砂眼。

（5）功能胶。具有特殊功能如导电、导磁、耐热、耐超低温等，以及具有特殊的固化反应，如厌氧性、热熔性、光敏性、压敏性等。

（二）常用胶粘剂及应用

（1）环氧胶粘剂。以环氧树脂为粘料胶粘剂的通称。其粘接力强，粘结强度高，能粘接金属、木材、玻璃和陶瓷等材料，又名“万能胶”，是最常用的结构胶粘剂之一。

（2）酚醛胶粘剂。常用的有酚醛-缩醛（聚乙烯醇缩甲醛、乙醛、丁醛、甲乙醛等）和酚醛-丁腈改性胶粘剂，是飞机的通用结构胶之一。它的强度高、韧性好、耐候、耐寒，常作金属结构胶及刹车片、轴瓦及印制电路板等的粘接。

（3）聚氨酯胶粘剂。其性能柔韧、耐低温、耐磨、电绝缘，适用于多种塑料间、金属间及塑料-金属间的粘接。

（4）丙烯酸类胶粘剂。此类胶粘剂透明，有较好的强度，耐老化、固化快，分为热塑性（耐热和溶剂性差）和热固性两类，主要应用和发展的是热固性（第二代反应型）类。常用有丙烯酸酯类和α-氰基丙烯酸酯类两种。

五、涂料

（一）涂料的分类

涂料或称漆，其中主要成膜物质是各种天然材料（如植物油、虫胶、沥青、松香、淀粉、大漆等）和合成高分子树脂。成膜物质属于涂料中不挥发成分，可以单独成膜（清漆），也可以粘合颜料成膜（色漆）。涂料产品按主要成膜物质分为17大类，详见相关标准。涂料全名为：型号＋颜色或颜料＋成膜物质＋基本名称，如C04-2白醇酸磁漆、H06-2铁红环氧酯底漆等。

（二）常用涂料

1. 清漆类　主要由油料、树脂、溶剂、干燥剂等组成的涂料。它既可单独使用罩光表面，又能配作其他色漆。清漆按成膜物质可分为：油基清漆，如醇酸清漆、酚醛松香清漆；树脂清漆，如环氧树脂清漆、氨基烘干清漆等。

2. 色漆类　色漆可分为：①底漆（防锈底漆和腻子，腻子是用漆料加大量颜料形成的稠厚浆状物）用于打底，如红丹防锈底漆、沥青烘干底漆等；②面漆，涂于材料上最后所罩的色漆，可分为调和漆和磁漆。调和漆以干性油为主要漆料，如醇酸调和漆；磁漆以清漆和颜料为主，涂在底漆或腻子上的面漆，如酚醛磁漆。

小　结

获得合格的高分子材料制品（坯件或零件）需要合成、配制和加工成型三个阶段。高分子材料由单体经聚合而成的，常用的聚合方法有加聚和缩聚两种，又分为均聚和共聚。大多数热塑性高分子是由加聚而成的；一般热固性高分子材料是由缩聚而成的。配制是指将合成的高分子原料加入添加剂进行混合、捏合和塑炼而得到均一复合物的过程，以改善和提高使用和工艺性能。加工成型包含两方面的意义，即加工和成型。成型是指将经配制的高分子材料制成各种形状的坯件或零件的过程，依高分子材料的性质不同，成型方法也不同；加工是指将成型的高分子材料制品进行进一步处理，即机械加工、热处理、表面处理等而获得符合质量要求的成品，即合格的性能、精度、表面质量等。

一般线型高分子具有玻璃态、高弹态和粘流态三种力学状态；结晶态高分子还有皮革态。力学状态决定了高分子材料作为塑料、橡胶和流动性树脂使用的条件，即使用性能和工艺性能条件。

高分子材料区别于其他材料的典型力学特征是具有高弹性和粘弹性。高弹性决定了它的刚度和强度低、尺寸稳定性差；粘弹性使其产生蠕变、应力松弛和内耗。另外，还有老化的缺点，在选用时要加注意。

无论是何种高分子材料如塑料、橡胶、胶粘剂、涂料等，一般都是由高分子聚合物树脂作为基础物质（基料）加入添加剂（填料、助剂）组合而成。基料对高分子材料的性能和应用范围起决定性的作用，添加剂则进一步改善和提高性能。

习　题

13-1　写出热塑性酚醛树脂的固化（交联）过程。

13-2　混合、捏合和塑炼的作用是什么？能否用于热固性树脂？

13-3　现制作一电影用大型模型，选一种高分子聚合物并用何种成型方法？

13-4　需要一室外工作设备的视窗，请选择一种高分子材料？

13-5　作为工程塑料最好选用下列哪种高分子材料？为什么？

$T_g=-50℃$的高分子材料；$T_g=50℃$的高分子材料；$T_g=101℃$的高分子材料。

13-6　下列高分子材料，若用作塑料、弹性材料应如何选择？为什么？

聚二甲基丁二烯：$T_g=-75℃$，$T_f=190\sim200℃$；聚氯乙烯：$T_g=75℃$，$T_f=80\sim150℃$。

13-7　无定形聚乙烯和聚氯乙烯的T_g哪一个高？为什么？它们的T_f哪个高？为什么？

13-8　一种泡沫聚合物的原始密度为$0.072g/cm^3$，浸入水中后质量增加了10倍，问：(1)计算相互连接的空间（开孔）百分比；(2)这种泡沫制作漂浮装置是否合适？

13-9　环氧树脂作为胶粘剂使用时还需要哪些成分？为什么？

第十四章 陶瓷材料

第一节 概 述

陶瓷是无机非金属材料的通称。传统的陶瓷材料(普通陶瓷)主要是以粘土等硅酸盐类矿物为原料，经粉末处理、成型、烧结等过程制取，其主要成分是SiO_2、Al_2O_3、Fe_2O、TiO_2、CaO、MgO等氧化物，因此传统的陶瓷属于硅酸盐类材料，主要包括陶瓷、玻璃、水泥及耐火材料等。它们是无机原料经热处理后的“陶器”和“瓷器”制品的总称。这些陶、瓷器，即使在高温下，仍能保持坚硬、不燃、不生锈、能承受光照或加压或通电，具有许多优良的性能。

随着科学技术的发展，对陶瓷材料的力学和物理、化学性能提出的要求越来越高，因此以精制的高纯天然无机物或人工合成的无机化合物为原料，采用精密控制的加工工艺烧结，生产出具有独特优异性能的精细陶瓷和特殊陶瓷等许多新的品种，被称为特种陶瓷(新型陶瓷)。特种陶瓷是以天然硅酸盐(粘土、长石、石英等)或人工合成化合物(氮化物、氧化物、碳化物、硅化物、硼化物、氟化物等)为原料，经粉末处理、配置、成型和高温烧结等过程制取的一种工程材料。

与普通陶瓷相比，特种陶瓷更充分地利用了不同组成物质的特点以及特定的力学性能和物理、化学性能。从组成上看，材料更为纯净，组合更为丰富。从性能上看，特种陶瓷不仅能够充分利用无机非金属物质的高熔点、高硬度、高化学稳定性，得到一系列耐高温(Al_2O_3、SiO_2、SiC、Si_3N_4等)、高耐磨和高耐蚀(BN、Si_3N_4、Al_2O_3+TiC、B_4C等)的结构陶瓷；而且还充分利用无机非金属材料优异的物理性能，制得不同的功能陶瓷，如介电陶瓷($BaTiO_3$)、压电陶瓷(PZT,ZnO)、高导热陶瓷(AlN)以及具有铁电性、半导体、超导性和各种磁性的陶瓷，适应了航天、能源、电子等新技术发展的需求，因此成为目前材料开发的热点之一。

陶瓷材料及产品的种类繁多，可按其成分、性能和用途等不同方法分类。

1. 按化学成分分类 根据化学组成可分为氧化物陶瓷、碳化物陶瓷、氮化物陶瓷、硼化物陶瓷等四类。

(1) 氧化物陶瓷。氧化物陶瓷种类多，应用广泛，常用的有Al_2O_3、SiO_2、MgO、ZrO_2、CaO及莫来石($3Al_2O_3 \cdot 2SiO_2$)和尖晶石($MgAl_2O_3$)等。除了上述单

一氧化物外，还有大量氧化物的复合氧化物陶瓷，常用的玻璃和日用陶瓷均属于这一类。

（2）碳化物陶瓷。碳化物陶瓷具有比氧化物更高的熔点，但碳化物易氧化，最常用的有 SiC、WC、B_4C、TiC 等。

（3）氮化物陶瓷。氮化物陶瓷稳定性极好，硬度高，耐磨减摩性好。如 Si_3N_4 具有优良的综合力学性能和耐高温性能；TiN 有高硬度；BN 具有耐磨减摩性能；AlN 具有热电性能等。

（4）硼化物陶瓷。硼化物陶瓷具有熔点高、硬度大、难挥发、高稳定性和高导电性等特点。

2. 按性能和用途分类　一般分为结构陶瓷和功能陶瓷两大类，其分类及用途见表 14-1。

表 14-1　陶瓷材料的分类及用途

类别	特性	典型材料及状态	主要用途
结构陶瓷	高强度	Si_3N_4、SiC（致密烧结体）	高温发动机耐热部件，如叶片、转子、活塞、阀门
	高韧性	Al_2O_3，B_4C，金刚石（金属结合）；TiN，TiC，B_4C，Al_2O_3，WC（致密烧结体）	切削工具
	硬度	Al_2O_3，B_4C，金刚石（粉状）	研磨材料
功能陶瓷	绝缘性	Al_2O_3，BeO（薄片高纯致密烧结体）	集成电路、散热性绝缘衬底
	介电性	$BaTiO_3$（致密烧结体）	大容量电容器
	压电性	$Pb(Zr_xTi_{1-x})O_3$（极化致密烧结体）	振荡元件，滤波器
		ZnO（定向薄膜）	表面波延迟元件
	热电性	$Pb(Zr_xTi_{1-x})O_3$（极化致密烧结体）	红外检测元件
	铁电性	PLZT（致密透明烧结体）	图像记忆元件
	离子导电性	β-Al_2O_3（致密烧结体）	钠硫电池
		稳定 ZrO_2（致密烧结体）	氧量敏感元件
	半导体	$BaTiO_3$（控制显微结构体）	正温度系数热敏电阻
		SnO_2（多孔烧结体）	气体敏感元件
		ZnO（烧结体）	变阻器
	软磁性	$Zn_{1-x}Mn_xFe_2O_4$（致密烧结体）	记忆运算元件，磁心，磁带
	硬磁性	$SrO \cdot 6Fe_2O_3$（致密烧结体）	磁铁

（1）结构陶瓷。作为结构材料用来制造结构零部件，主要使用其力学性能，如强度、韧度、硬度、模量、耐磨性及耐高温性等。

(2) 功能陶瓷。作为功能材料，主要是利用除力学性能外的优异的物理和化学性能，如电、磁、热、光及生物性能等，用以制作功能器件。例如用于制作电磁元件的铁氧体与铁电陶瓷，制作电容器的介电陶瓷、力学传感器的压电陶瓷，以及固体电解质陶瓷、生物陶瓷等。功能陶瓷也是现代信息、自动化等工业的基础材料，在耐热性、化学稳定性方面优于金属和有机高分子材料。功能陶瓷材料在现代科学技术中的地位日益提高，目前已经在能源开发、空间技术、电子技术、传感技术、激光技术、光电子技术、红外技术、生物技术、环境科学等领域得到广泛应用。

第二节　陶瓷材料的制备和增韧

陶瓷产品的种类多，应用也各异，有以块材、薄膜的形式被利用，因此它们的生产工艺过程就有所不同。

生产普通陶瓷的主要原料有粘土($Al_2O_3 \cdot 2SiO_2 \cdot 2H_2O$)、石英(无水 SiO_2 或硅酸盐)和长石($K_2O \cdot Al_2O_3 \cdot 6SiO_2$)。

一、块状陶瓷材料的生产

块状陶瓷材料的生产制作一般都使用粉末烧结方法，主要经历三个阶段：原料制备、坯料成型和制品烧结。

(一) 原料制备

原料制备过程其实就是制粉。陶瓷粉末制备的方法很多，主要包括机械研磨法和化学法。

1. 机械研磨法　主要为普通陶瓷粉料的制作方法。即选择所需组分或其前驱体配料后用机械法粉碎并混合，经焙烧反应得到所需物相，再用球磨法将粉料细化，最终得到所需原料。该方法易于工业化生产，但粉粒细度有限且分布不均，同时在研磨或球磨过程中还会给粉体引来新的杂质。其生产流程如图 14-1 所示。

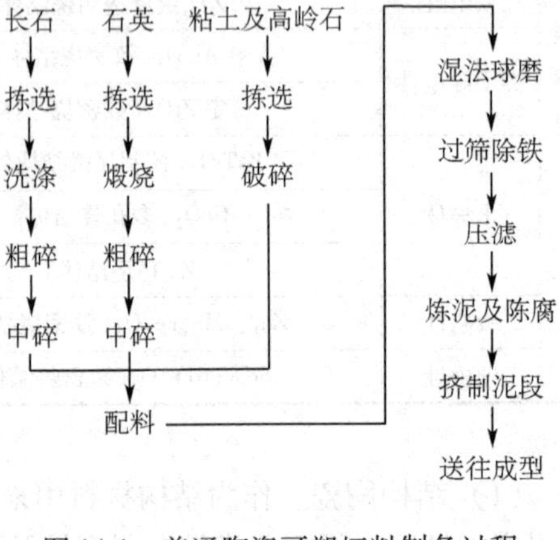

图 14-1　普通陶瓷可塑坯料制备过程

2. 化学法　即通过化学反应过程(液相、气相或固相反应)使组分均匀混合，且粉料粒度均匀，纯度高，可以达到微米、亚微米，甚至纳米级的超细粉末，可显著提高陶瓷的性能。化学法包括气相法和固相法，其中固相法主要用于氧化物粉体制备，气相法主要用于非氧化物粉料制备。

（二）坯料成型

坯料成型是将粉料直接或间接地转变成具有一定形状、体积和强度的型体，也称为素坯。坯料成型的方法很多，主要的成型方法可分为可塑成型、注浆成型和压制成型。

1. 可塑成型　又称塑性料团成型法，是指在坯料中加入水或塑化剂，捏练成塑性泥料，使之成为具有良好塑性的料团，再用手工或机械成型的方法。

2. 注浆成型　又称浆料成型法，是将浆料浇注到石膏模中成型的方法，常用于制造形状复杂、精度要求不高的日用陶瓷。它分为一般注浆成型和热压注浆成型。

3. 压制成型　又称粉料成型法，是在粉料中加入少量水分或塑化剂，然后在金属模具中加较高压力成型的方法。它主要包括干压法和冷等静压法两种，应用范围较广，主要用于特种陶瓷和金属陶瓷的成型。

陶瓷材料除了在成型过程中使粉末压成一定形状外，主要是通过外加压力使粉末颗粒之间相互接触，减少孔隙度，使颗粒之间接触点处产生并保留残余应力。这种残余应力可驱使烧结过程中固相扩散物质迁移致密化。对于没有经过冷成型压实的粉末，即使在很高的温度下烧结也难以得到致密化的陶瓷。而经压实成型的坯体，烧结后即可得到致密无孔的陶瓷。

（三）烧结

陶瓷制品经成型而未经烧结时称为生坯。生坯是由许多固相粒子堆积起来的聚积体。颗粒之间存在许多孔隙，强度很低，必须经高温烧结后才能使用。烧结是指将成型的生坯加热到高温(有时还需要同时加高压)并保持一定时间，通过固相或部分液相物质原子的扩散迁移或反应过程，使生坯在加热过程中不断收缩，并在低于熔点温度下变成致密、坚硬的具有某种显微结构的多晶烧结体的现象。

陶瓷制品烧结时，主要发生颗粒尺寸及外形的变化和气孔尺寸及形状的变化。在陶瓷生坯中，一般含有百分之几十的气孔，而且是连通的，颗粒之间是点接触。在烧结温度下，在表面能的驱动下物质通过不同的扩散途径和机理向颗粒间气孔部位迁移填充，逐步减少气孔体积，直至气孔相互不再连通，并残留一些孤立的气孔；细小的颗粒之间开始逐渐形成界面，使坯体变得致密化。这时坯体的密度达到理论密度的90%以上，烧结前期到此结束。接着进入烧结后期阶段，孤立气孔扩散到界面上消除，或者说界面上的物质继续向气孔扩散填充，使致密化继续进行；同时颗粒继续均匀成长，一般气孔随界面一起移动，直至致密化进行到底，气孔完全排除(实际上难于做到)，得到完全致密的陶瓷材料。

在烧结后期的颗粒长大过程中，也很可能出现气孔的迁移速率显著低于界面迁移速率的现象，这时气孔脱开界面，被包裹到颗粒内。此后由于物质扩散路程加长、扩散速率降低等因素，使气孔的进一步缩小和排除变得几乎不可能继续进行。在这种情况下，进一步烧结很难使致密度提高，但晶粒尺寸还会不断长大，甚至会出现少数晶粒的不正常长大现象，使残留小气孔更多地包到晶粒的深处。

陶瓷的烧结在宏观上的变化是体积收缩、致密度提高、强度增加。故烧结程度可用坯体的收缩率、气孔率或体积密度与理论密度之比值等指标来衡量。

常见烧结方法有：

1. 常压烧结法　指在大气中烧结，不需要抽真空或加保护气氛的烧结，因此过程简单，成本低；但烧结体致密速度慢，致密度低，且一般只适合氧化物陶瓷的烧结。

2. 热压烧结法　坯体致密化进程快，气孔率低，同时可降低烧结温度；但由于压力具有方向性，会导致致密度、组织和性能各向异性，且成本较高。

3. 热等静压法　是在压力和温度的同时作用下将成型和烧结一体化，烧结速度快，时间短，致密度高，颗粒来不及长大，具有很好的力学性能，是许多新型陶瓷最为有效的成型烧结方法。

4. 液相烧结法　可得到完全紧密的陶瓷产品，如在烧结 Al_2O_3 陶瓷时加入少量的 MgO，可形成低熔点的玻璃相，玻璃相沿各颗粒的接触界面分布，原子通过液体扩散传播，扩散系数大，使烧结速度加快。其缺点是对陶瓷高温强度有损害。

5. 反应烧结法　是在烧结过程中伴有固相的反应，如 Si_3N_4 陶瓷的烧结，将硅粉放在氮气中加热，硅粉与气相反应：

$$3Si + 2N_2 \longrightarrow Si_3N_4$$

在坯体的表面生成 Si_3N_4 薄膜后，气-固反应变为固相内部的反应，氮气很难扩散到内部，故烧结时间要长达几十个小时。反应烧结法的优点是无体积收缩，适合制备形状复杂、尺寸精度高的产品；但致密度远不及热压烧结法，烧结后仍有 15%~30% 的总气孔率。为增加成品致密度，可在坯料中加入 MgO、Al_2O_3 等金属氧化物，形成低熔点玻璃相。

二、陶瓷薄膜的制作方法

陶瓷材料的高硬度、高化学稳定性等性能常可用于某些材料的表面防护层，而许多功能陶瓷在应用时也以薄膜的形式出现。将块状陶瓷进行机械磨削或腐蚀抛光的方法可获得陶瓷膜；但实际陶瓷薄膜的制作方法是采用表面处理技术，主要包括液相法、气相法和固相法。

（一）液相法

指通过化学或电化学方法在特定基体上形成陶瓷薄膜的方法。

1. 常用的化学方法

(1) 化学氧化法。将金属或某一基体材料置于具有氧化性的溶液中，基体表面被氧化并形成氧化陶瓷膜的方法。

(2) 溶胶-凝胶法。根据某些金属醇盐或金属无机盐的水解作用，改变或控制环境条件，使之在基体表面发生溶胶-凝胶转化，形成一层氧化物薄膜的方法，可获得氧化物增透膜、反射膜及一些功能陶瓷薄膜(如压电薄膜等)。

2. 常用的电化学方法

(1) 阳极氧化法。在电解质(如水溶液)中加电场，金属阳极表面被氧化得到氧化物膜(如 Al 合金表面的各种氧化膜)。

(2) 电泳沉积法。将陶瓷粉末制成乳化液，使粉末表面带有一定的电荷，当在乳液中加电场后，带电的粉末就可以被沉积到阴极或阳极表面而得到陶瓷膜。

(3) 电镀法。可得到具有红外等光学性质的硫化物膜。

上述方法中，阳极氧化法、化学氧化法和溶胶-凝胶法，一般只能获得氧化物陶瓷膜，而电镀法和电泳沉积法，则还可以用于其他类型陶瓷膜的制作。

(二) 气相法

主要是各种化学气相沉积法、离子注入法。气相法对获得碳化物、氮化物、硼化物及硫化物的功能陶瓷膜更具有优势。

(三) 固相法

该法主要是利用热喷涂或浆料上釉并烧结的方式在基体上获得一较厚的陶瓷层。

三、陶瓷材料的增韧

陶瓷材料虽然具有耐高温、耐磨损、耐腐蚀和密度小等一系列优良的特殊性能，但由于其明显的脆性，不仅限制了其优良性能的发挥和实际应用，也不利于其加工。为此，陶瓷的韧化变成近年来陶瓷材料研究的核心课题。

(一) 陶瓷材料的脆性

陶瓷材料脆性的直观表现是：在外加负荷作用下断裂无先兆，是突发性的。间接表现是：抗机械冲击性和温度突变性差。脆性的本质是陶瓷材料的原子结构主要是共价键、离子键的破坏。由于陶瓷材料的滑移系非常少，一旦处于受力状态就难以通过滑移所引起的塑性形变来松弛应力，如果产生相对滑移，将破坏结合键，引起破断。另外，从显微结构上看，由于陶瓷是用烧结方法制造的，在界面上大都存在着气孔、裂纹和玻璃相等，且颗粒内也存在有气孔、孪晶界和位错等缺陷，这些缺陷将引起应力集中而导致瞬间破坏。故陶瓷的屈服强度比金属材料高得多，但断裂强度却很低。

陶瓷材料的脆性除用断裂衡量外，还可用弹性应变与极限应变的比值来表示，对脆性断裂材料，该比值接近1；也可用抗压强度与抗拉强度的比值来衡量材料的脆性，比值越大，脆性越高，如软钢为1，铸铁为3~4，而陶瓷为5~15。

（二）改善陶瓷脆性的途径

1. 减少陶瓷材料的裂纹　陶瓷原料粉在制备时应注意控制配方、颗粒度、均匀度和纯度等，尽量减少材料中的缺陷，降低气孔率及气孔尺寸，细化颗粒和减少脆性玻璃相数量等。

2. 通过陶瓷的相变增韧　某些陶瓷材料也存在相变和同素异构转变，如 ZrO_2 从高温液相冷却过程中将发生如下相变：

液相(L)→立方相(c)→正方相(t)→单斜相(m)，其中 t→m 转变属于马氏体型相变，相变时产生3%~5%的体积膨胀。将这种相变用于某些复相陶瓷中或将 ZrO_2 等粒子加至其他材料中，相变产生的体积效应和形状效应会吸收较大能量，从而使材料表现出较高的韧性。这种增韧效果还可同时提高陶瓷材料的强度，具有补强效应。

3. 纤维增韧　利用一些纤维(长纤维或短纤维)的高强度和高模量特性，使之均匀分布于陶瓷基体中，生成一种陶瓷基复合材料。当材料受到外载荷作用时，纤维可以承担一部分的负荷，减轻了陶瓷本身的负担。同时纤维还可阻止或抑制裂纹扩展，从而改善了陶瓷材料的脆性，起到增韧效果。

第三节　陶瓷材料的结构与性能

一、陶瓷材料的组织结构

陶瓷材料的微观组织结构非常复杂，这与材料的整个制备过程密切相关。其微观组织结构可看作是各种形状的颗粒(粒状、层状、针状、显微状等)、界面、界面偏析层、气孔及各种杂质(包括添加物)、缺陷和微裂纹等组合而成的集合体，一般由结晶相、玻璃相和气相组成。

（一）结晶相

结晶相是陶瓷中的主要组成相，数量较多。陶瓷性能主要取决于结晶相的结构、数量、形态和分布。陶瓷既可能是只含一种结晶相的多晶组织，也可以是含几种结晶相的多相组织。陶瓷中主晶相的性能可表征材料基本特性，而且习惯上也是用主晶相命名陶瓷，如(α-Al_2O_3)为主晶相的陶瓷，称为刚玉陶瓷。结晶相主要有氧化物、硅酸盐和非氧化物等三种晶体结构。

1. 氧化物晶体结构　这类物质的结合键以离子键为主。尺寸较大的氧离子(O^{2-})占据结点位置组成密排晶格(如面心立方)，尺寸较小的金属离子(如 Al^{3+}、

Mg^{2+}等)处于晶格间隙之中。如氧离子占据面心立方晶格结点位置，金属离子占据全部八面体间隙，则氧离子数与金属离子数之比为1:1，即构成AO型(A表示金属离子)结构；若金属离子占据全部四面体间隙，则氧离子数与金属离子数之比为1:2，即构成AO_2型结构。各种氧化物结构见表14-2。

表14-2 各种氧化物结构

结构类型	氧离子排列方式	阳离子填充情况	结构名称	举例
AO	立方密排	全部八面体间隙	岩盐	MgO、FeO、MnO
	立方密排	1/2四面体间隙	闪锌盐	BeO
	立方密排	1/2四面体间隙	纤矿盐	ZnO
AO_2	简单立方	1/2立方体间隙	氟石	ThO_2、PrO_2、ZrO_2
	立方密排	全部八面体间隙	反氟石	Li_2O、Na_2O、K_2O
	畸变立方密排	1/2八面体间隙	金红石	VO_2、NbO_2、MnO_2
A_2O_3	六方密排	2/3八面体间隙	刚玉	Al_2O_3、Fe_2O_3、Cr_2O_3
ABO_3	六方密排	2/3八面体间隙(A、B)	钛铁矿	$FeTiO_3$、$NiTiO_3$
	立方密排	1/4八面体间隙(B)	钙铁矿	$CaTiO_3$、$BaTiO_3$
AB_2O_3	立方密排	1/8四面体(A) 1/2八面体间隙(B)	尖晶石	$FeAl_2O_4$、$MgAl_2O_4$
	立方密排	1/8四面体(B) 1/8八面体间隙(A、B)	尖晶石 (倒反型)	$FeMgFeO_4$、$MgTiMgO_4$
	六方密排	1/2八面体(A) 1/8四面体间隙(B)	橄榄石	Mg_2SiO_4、Fe_2SiO_4

2. 硅酸盐晶体结构　硅酸盐是普通陶瓷的主要原料，其晶体的主要组成是氧和硅。这两种元素在地壳中占75%，其中硅占25%、氧占50%以上，主要以硅酸盐和硅石形式存在。硅酸盐同时也是陶瓷显微组织中的重要结晶相，它的键合方式为混合键(离子键和共价键)。最基本的结构单元是硅氧四面体[SiO_4]，其结构特点是：硅、氧离子组成四面体，硅离子位于四面体中心；硅氧四面体之间只能共顶(O—O)连接，不能共棱或共面连接。

硅酸盐的化学式的表示方法有：

(1) 用氧化物表示。其书写顺序为：碱金属氧化物→二价氧化物→三价氧化物→SiO_2→H_2O。如钾长石可写为$K_2O \cdot Al_2O_3 \cdot 6SiO_2$，高岭石可写为$Al_2O_3 \cdot 2SiO_2 \cdot 2H_2O$。

(2) 用无机络盐的形式表示。其书写顺序为：碱金属的离子→二价的离子→Al^{3+}→Si^{4+}→O^{2-}→OH^-。如钾长石可写为$KAlSi_3O_8$，高岭石可写为$Al_4[Si_4O_{10}](OH)_8$。

由于连接方式不同，硅酸盐晶体结构类型主要有岛状、环状、链状、层状和网状等。不同类型硅酸盐晶体的特征见表14-3。

表14-3 不同类型硅酸盐晶体的特征

类型＼特征	$[SiO_4]$ 四面体的形状	O:Si	例子 名称	例子 分子式
岛状	单一成对	4:1 7:2	镁橄榄石 硅钙石	$Mg_2[SiO_4]$ $Ca_3[Si_2O_7]$
环状	成环状	3:1	绿宝石 绿柱石	$Be_3Al_2[Si_6O_{18}]$ $Be_3Al_2[SiO_3]_6$
链状	单链 双链	3:1 11:4	透辉石 透闪石	$CaMg[Si_2O_6]$ $Ca_2Mg_5[Si_4O_{11}]_2(OH)_2$
层状	单层	10:4	高岭石 滑石	$Al_4[Si_4O_{10}]_2(OH)_8$ $Mg_3[Si_4O_{10}](OH)_2$
网状	骨架	2:1	石英	SiO_2

3. 非氧化物晶体结构　非氧化物晶体结构是功能陶瓷的主要组成相和结晶相，如碳化物（SiC、TiC、ZrC、HfC等）、氮化物（AlN、Si_3N_4、TiN、ZnN等）、硫化物（MoS_2、CdS、ZnS等）、硅化物（$MoSi_2$、WSi_2等）、硼化物（TiB_2、ZrB_2、LaB_6等）、磷化物（BP），所制成的陶瓷称为非氧化物陶瓷。

（二）玻璃相

玻璃相是陶瓷烧结时形成的一种非晶态低熔点物质，其结构是由离子多面体（如硅氧四面体）构成的无规则排列的空间网络，如非晶态石英的结构。玻璃相热稳定性差，在较低温度下即开始软化。它的主要作用是：在瓷坯中起粘结作用，即把分散的结晶相粘结在一起；降低烧结温度，加快烧结过程；抑制颗粒长大；填充气孔间隙，提高陶瓷的致密度；获得一定程度的玻璃特性，如透光性。

玻璃相数量随不同陶瓷而异，在固相烧结的陶瓷中几乎不含玻璃相。在有液相参加烧结的陶瓷中，则存在较多的玻璃相。玻璃相对陶瓷的力学性能、介电性能、耐热性能等将产生不利的影响。一般的普通陶瓷的玻璃相约占20%~40%；功能陶瓷中玻璃相含量很少或根本不存在。玻璃相主要存在于颗粒边界处，由于玻璃相力学性能低于结晶相，故减少陶瓷组织中玻璃相的含量对提高强度及热稳定性有利。

（三）气相

气相是指陶瓷中的气孔，它是在陶瓷生产过程中形成并残留下来的。普通陶瓷材料的残留气孔率为5%~10%（体积百分率）；功能陶瓷材料的气孔率控制在0.5%~5%以下。陶瓷的许多性能（力学、光、电、磁、热学性能）与气孔的含量、形状、分布等密切相关。如隔热陶瓷，气孔越多，则性能越好；而对于透光的功能陶瓷材料，则结构中最好不含气相。气孔往往是应力集中的地方，并且有可能直接成为裂纹，这将使材料强度大大降低。

陶瓷材料中的气相可以通过显微镜测定，对于很小的气孔可用 X 射线小角度散射法检查。

二、陶瓷材料的性能特点

陶瓷材料原子结合主要是离子键和共价键，故陶瓷材料总的性能特点是硬度高、模量大、熔点高、化学稳定性好、线膨胀系数小，且多为绝缘体；但其塑性、韧性和可加工性较差。陶瓷材料的性能包括：力学性能、物理性能和化学性能。

（一）陶瓷材料的力学性能

1. 强度　由于陶瓷材料受内部和表面缺陷（如气孔、微裂纹、位错）的影响，故其实际强度远低于理论强度（仅为理论强度的 1/100～1/200）。

陶瓷材料的强度对应力状态特别敏感，且其强度具有统计性质，这与受力体积和表面积有关，故它的抗拉强度很低，但抗弯强度较高，抗压强度很高（约为抗拉强度的 10～40 倍）。

陶瓷材料在高温时强度比金属高得多，且当温度升至 $0.5T_m$（T_m 为熔点）以上时，陶瓷材料可以发生塑性变形，此时对既存缺陷的敏感性降低，提高温度时强度有一定程度的下降，但其塑性、韧性改善。

2. 硬度　高硬度、高耐磨性是陶瓷材料主要的优良特性之一。大多数陶瓷的硬度比金属高得多（表 14-4），由表可知陶瓷的莫氏硬度均在 7 以上，故其耐磨性好，常用于耐磨零件。

表 14-4　几种陶瓷材料与金属硬度比较

陶瓷类型	莫氏硬度	金属类型	莫氏硬度
氧化硅（石英）	7.0	金	2.5
长石瓷	7.8	铝	2.9
滑石瓷	8.0	铜	3.0
氧化锆	8.0	铁	4.5
氧化铝（刚玉）	9.0	铂	4.3
碳化硅	9.2	钯	4.8
碳化硼	9.3	铱	6.5
金刚石	10.0	锇	7.0

3. 刚度　刚度由弹性模量来衡量。陶瓷一般都具有较高的弹性模量，是各类材料中最高的，比金属高很多倍，比高聚物高 2 ~4 个数量级。陶瓷的弹性模量对其组织颗粒大小和晶体形态等不敏感，但受气孔率和温度的影响很大。气孔率降低，陶瓷材料的弹性模量变小；温度升高，弹性模量变大。

4. 塑性　陶瓷在常温下几乎没有塑性变形，塑形极差。不过在高温慢速加载的条件下，由于滑移系的增多，原子的扩散能促进位错的运动及晶界原子的迁移，特别是组织中存在玻璃相时，陶瓷也能表现出一定的塑性。

（二）陶瓷的物理、化学性能

1. 热性能　主要包括热膨胀性、导热性与热稳定性。

（1）热膨胀性。是指温度升高时原子振动振幅增大，原子间距增大所导致的材料体积长大的现象。热膨胀性与晶体结构和结合键强度有关，结合键强度越高的材料则热膨胀系数越低，结构紧密的材料则热膨胀系数较大。故陶瓷材料的线膨胀系数比高分子材料和金属材料低。

（2）导热性。陶瓷的热传导主要依靠于原子的热振动。由于没有自由电子的传热作用，故陶瓷的导热性比金属小。另外，陶瓷中的气孔对传热也不利，故陶瓷多为较好的绝热材料。

（3）热稳定性。是指抗热振动性，为陶瓷在不同温度范围波动时的寿命，一般用急冷到水中不破裂所能承受的最高温度来表示，如日用陶瓷的热稳定性为220℃。它与材料的线膨胀系数和导热性有关。线膨胀系数大和导热性低的材料则热稳定性不高；韧性低的材料则热稳定性也不高，所以陶瓷的热稳定性比金属低。

陶瓷具有很高的耐火性能和不可燃性，是很好的耐火材料。另外，陶瓷与许多金属的熔体也不发生作用，所以也是很好的坩埚材料。

2. 导电性　陶瓷材料的导电性变化范围很广。由于缺乏电子导电机制，大多数陶瓷是良好的绝缘体。但有些陶瓷由于受杂质、某些组元等一系列成分因素的作用及一些环境因素的影响，可以作为半导体材料、压电材料、热电材料或环境敏感材料等应用，例如 ZnO、NiO、Fe_3O_4 等实际上是半导体。所以，陶瓷也是重要的半导体材料。

3. 化学稳定性　陶瓷的组织结构非常稳定。在以离子晶体为主的陶瓷中，金属原子为氧原子所包围，被屏蔽在其紧密排列的间隙中，在室温下不会被氧化，甚至在千度以上的高温下也不易被氧化。但在高温承受压力时，会发生蠕变。陶瓷对酸、碱、盐等腐蚀性很强的介质及熔融的有色金属（如铝、铜等）均有较强的抗蚀能力。

4. 其他性能　陶瓷还具有特殊的光学、磁性和生物特性。例如，红宝石（α-Al_2O_3 掺铬离子）、钇铝石榴石、含钕玻璃等都是固体激光材料；玻璃纤维可作为光导纤维材料，以及用于光电计数、跟踪等自控元件的光敏电阻材料。磁性陶瓷主要是由 Fe_2O_3、Mn、Zn 等氧化物组成的陶瓷材料，可用作磁心、磁带、磁头等。正因为如此，陶瓷材料作为功能材料极具发展潜力。

第四节 常用陶瓷材料简介

一、普通陶瓷

普通陶瓷是以粘土、长石、石英经配料→成型→烧结而成的粘土类陶瓷，可分为普通日用陶瓷和普通工业陶瓷。普通陶瓷质地坚硬，不导电，耐高温，易于加工成型；但其内部含有较多的玻璃相，高温下易软化，耐高温及绝缘性不及特种陶瓷。这类陶瓷成本低、产量大，广泛用于石油化工、食品、制药工业中制造酸碱介质容器、反应塔管道，供电系统中制作隔电、机械支持及连接用瓷质绝缘器件，纺织机械中导纱零件，建筑材料等。

二、特种陶瓷

1. 氧化铝陶瓷　是以 Al_2O_3 为主要成分并含有少量 SiO_2 的陶瓷。根据 Al_2O_3 含量不同可分为 75 瓷（$w_{Al_2O_3}=75\%$，又称为刚玉-莫来石瓷）、95 瓷（$w_{Al_2O_3}95\%$）和 99 瓷（$w_{Al_2O_3}99\%$），后两者又称为刚玉瓷。氧化铝陶瓷中的 Al_2O_3 含量越高，玻璃相越少，气孔也越少，性能越好，但工艺复杂，成本高。

氧化铝陶瓷强度高于普通陶瓷 2 ~ 5 倍；硬度和耐磨性高，仅次于金刚石、碳化硼、立方氮化硼和碳化硅；耐高温性能好，含 Al_2O_3 高的刚玉瓷有高的蠕变抗力，可在 1600℃高温下工作；耐蚀性及绝缘性好。缺点是脆性大，抗热振性差，不能承受环境温度的突然变化。这类瓷主要用于制作内燃机的火花塞、火箭和导弹的导流罩、轴承、切削刀具及石油化工用泵的密封环、纺织机上的导线器、熔化用坩埚及高温热电偶的套管等，还可用于制作人工骨骼、透光材料、激光振荡元件、微波整流罩、太阳能电池和蓄电池材料等。

2. 其他氧化物陶瓷　BeO、CaO、ZrO_2、MgO 等氧化物陶瓷熔点高，均在 2000℃附近甚至更高，且有一系列特殊的优异性能。表 14-5 列举了几种其他氧化物陶瓷的性能及应用。

3. 非氧化物陶瓷　常用的非氧化物陶瓷主要有碳化物陶瓷（如 SiC、B_4C）、氮化物陶瓷（如 Si_3N_4、BN）等，它们具有各自的优异性能。

（1）碳化硅（SiC）。最大特点是高温强度好，在 1400℃ 时抗弯强度仍达 500 ~ 600MPa；导热性好，仅次于 BeO 陶瓷；热稳定性、耐蚀性和耐磨性也较高。它主要用于制作火箭尾喷管的喷嘴、炉管、热电偶套管、高温轴承、高温热交换器、密封圈和核燃料的包封材料等。

表 14-5 其他氧化物陶瓷的性能及应用

氧化物类型	主晶相及晶体类型	主要性能	用途
氧化镁	MgO 离子晶体	耐高温、抗熔融金属侵蚀	制作坩埚，冶炼高纯度铁及其合金、铜、铝、镁以及熔化高纯铀、钍及其合金
氧化锆	ZrO_2 离子晶体	高强，耐热性好，热导率高，耐腐蚀，高温下隔热性好	室温下的绝缘体，1000℃以上的导体，制作熔炼高熔点金属的坩埚、高温电极、传感及敏感元件、1800℃以上的高温发热体
氧化铍	BeO 离子晶体	在还原性气体中稳定，导热性好（类似金属）、抗振性能好	高频电炉的坩埚、高温绝缘的电子元件及用于激光管、晶体管散热片、集成电路基片等。但注意一氧化铍粉末及蒸气有剧毒

（2）氮化硅（Si_3N_4）。稳定性极好，能耐除氢氟酸外的各种酸碱腐蚀，也可以抵抗熔融有色金属的侵蚀；硬度高，摩擦因数小（只有 0.1 ~ 0.2，相当于加油的金属表面），耐磨减摩性好（自润滑），是优良的耐磨材料；具有很好的抗热振性。因此，氮化硅陶瓷常用作腐蚀介质下的机械零件、密封环、高温轴承、燃气轮机叶片、冶金容器和管道以及精加工刀具等。近年来在 Si_3N_4 中加入一定量的 Al_2O_3，形成 Si-Al-O-N 系陶瓷，称为赛隆（Sialon）陶瓷，可经常压烧结达到或接近热压烧结氮化硅的性能，是目前强度最高并具有优异的化学稳定性、热稳定性和耐磨性的陶瓷。

（3）氮化硼（BN）。属共价晶体，有六方结构和立方结构两种。氮化硼六方结构与石墨相似，性能也比较接近，故又称“白石墨”。氮化硼具有良好的耐热性和导热性（导热性与不锈钢相当），膨胀系数低；高温介电强度高，是理想的散热和高温绝缘材料（在 200℃时是绝缘体）；化学稳定性高，能抗多种熔融金属侵蚀；硬度比其他陶瓷低，可进行机械加工，并具有极好的自润滑性。氮化硼陶瓷常用于制作熔炼半导体材料的坩埚和高温容器、半导体散热绝缘件、高温润滑轴承和玻璃制品成型模具等。

高压型氮化硼为立方结构，结构紧密，其硬度与金刚石接近，是优良的耐磨材料，常用于制作磨料和刀具。

表 14-6 为一些结构陶瓷材料的基本性能。

表 14-6 结构陶瓷材料的基本性能

类别	材料	性能				
		密度 /g·cm^{-3}	抗弯强度 /MPa	抗拉强度 /MPa	抗压强度 /MPa	断裂韧度 /MPa·m$^{1/2}$
普通陶瓷	普通工业陶瓷	2.2~2.5	65~85	26~36	460~680	—
	化工陶瓷	2.1~2.3	30~60	7~12	80~140	0.98~1.47
特种陶瓷	氧化铝陶瓷	3.2~3.9	250~490	140~150	1200~2500	4.5
	氮化硅陶瓷(热压烧结)	3.25~3.35	900~1200	150~275	—	7.0~8.0
	碳化硅陶瓷(热压烧结)	3.17~3.32	500~1100	—	—	—
	氮化硼陶瓷	2.15~2.3	53~109	110	233~315	—
	立方氧化锆陶瓷	5.6	180	148.5	2100	2.4
	Y-TZP 陶瓷	5.94~6.10	1000	1570	—	10~15.3
	氧化镁陶瓷	3.0~3.6	160~280	60~98.5	780	—
	氧化铍陶瓷	2.9	150~200	97~130	800~1620	—
	莫来石陶瓷	2.79~2.88	128~147	58.8~78.5	687~883	2.45~3.43
	赛隆陶瓷	3.10~3.18	1000	—	—	5~7

三、功能陶瓷

具有热、电、声、光、磁、化学、生物等功能的陶瓷称为功能陶瓷。功能陶瓷大致可分为电功能陶瓷、磁功能陶瓷、光功能陶瓷、生物功能陶瓷等。

（一）铁电陶瓷

有些陶瓷的晶粒排列是不规则的，但在外电场作用下，不同取向的电畴开始转向电场方向，材料出现自发极化，在电场方向呈现一定电场强度，这类陶瓷称为铁电陶瓷。广泛应用的铁电陶瓷有钛酸钡、钛酸铅、锆酸铝等。铁电陶瓷应用最多的是铁电陶瓷电容器，还可用于制造压电元件、热释电元件、电光元件、电热器件等。

（二）压电陶瓷

铁电陶瓷在外加电场作用下可出现宏观的压电效应，称为压电陶瓷。目前所用的压电陶瓷主要有钛酸钡、钛酸铅、锆酸铝、锆钛酸铅等。压电陶瓷在工业、国防及日常生活中应用十分广泛，如压电换能器、压电马达、压电变压器、电声转换器件等。

（三）半导体陶瓷

是指导电性介于导电与绝缘介质之间的陶瓷材料。主要有钛酸钡陶瓷，具有正电阻温度系数，应用非常广泛，如用于电动机、收录机、计算机、复印机、变压器、烘干机、暖风机、电烙铁、彩电消磁、燃料的发热体、阻风门、化油器、功率计、线路温度补偿等。

（四）氧化锆固体电解质陶瓷

在 ZrO_2 中加入 CaO、Y_2O_3 等后，为氧离子扩散提供了通道，所以成为氧离子导体。氧化锆固体电解质陶瓷主要用于制作氧敏传感器和高温燃料电池的固体电解质。

（五）生物陶瓷

氧化铝陶瓷和氧化锆陶瓷与生物肌体有较好的相容性，耐腐蚀性和耐磨性能都较好，因此常被用于生物体中承受载荷部位的矫形整修，如人造骨骼等。

第五节　粉末冶金材料简介

粉末冶金法是一种用粉末制备、压制成型、烧结而制成零件的方法，可看成是陶瓷生产工艺在冶金中的应用。粉末冶金材料包括金属材料及合金、一些陶瓷材料及复合材料等；按用途可分为机器零件材料、工具材料、高温材料、电工材料、磁性材料等。

一、粉末冶金机器零件材料

粉末冶金机器零件材料包括减摩材料、结构材料、多孔材料、密封材料、摩擦材料等。

1. 减摩材料　按润滑条件可分为铁基、铜基含油轴承材料，铜铅钢背双金属复合材料，金属塑料材料，固体润滑轴承材料等，用于制造滑动轴承、垫圈、球头座、密封圈等。

2. 结构材料　以碳钢粉或合金钢粉为主要原料，用粉末冶金工艺制造结构零件的材料。用粉料能直接压制成形状、尺寸精度、表面粗糙度等都符合要求的零件，具有少无切削加工的特点。制品还可通过热处理来提高性能。该材料用于制造汽车发动机、变速箱、农机具、电动工具等的齿轮、凸轮轴、连杆、轴承、衬套、垫圈、离合器等。

3. 多孔材料　主要有青铜、不锈钢、镍等制成的粉末冶金多孔材料，主要在机械、冶金、化工、医药和食品等工业部门用于过滤、分离、催化、阻尼、渗透、气流分配、热交换等方面。

4. 摩擦材料　有铜基、铁基等金属类及碳基、塑胶基、石棉塑料基等有机物类，用于汽车、重型机械、飞机中制造刹车片、制动片、离合器片、变速箱摩擦片等。

二、粉末冶金工具材料

粉末冶金工具材料包括金属陶瓷、粉末高速钢等，是主要的工具材料。

金属陶瓷是以金属氧化物（如 Al_2O_3、ZrO_2 等）或金属碳化物（如 TiC、WC、TaC、NbC 等）为主要成分，再加入适量的金属粉末（如 Co、Cr、Fe、Ni、Mo 等）通过粉末冶金方法制成的具有某些金属性质的陶瓷。它是制造切削刀具、模具和耐磨零件的重要材料。

金属热稳定性好、韧性好，但易氧化且高温强度不高；陶瓷的硬度高、耐热度好、耐蚀性强，但热稳定性差、脆性大。如果将它们结合起来，则有可能获得高强韧性、优良的高温强度和高耐蚀性。采用不同组成的金属陶瓷，以及改变它们的相数量，可以做成工具材料、高温结构材料和耐蚀材料。以陶瓷为主的多为工具材料；金属含量较高时常为结构材料。

目前，应用较多的金属陶瓷主要是氧化物基和碳化物基金属陶瓷。

（1）氧化物基金属陶瓷。研究应用最早的氧化物基金属陶瓷是氧化铝基金属陶瓷，粘结剂为铬（通常 $w_{Cr} < 10\%$）。铬的高温性能较好，表面氧化时生成 Cr_2O_3 薄膜，能和 Al_2O_3 形成固溶体，将氧化铝粉粒强固地粘结起来。因此，与纯氧化铝陶瓷相比，改善了韧性、热稳定性和抗氧化能力。也可以加入镍或铁作粘结剂，在高温下它们的氧化物都能与 Al_2O_3 形成尖晶石类型的复杂氧化物[$FeO \cdot Al_2O_3$、$NiO \cdot Al_2O_3$]，改进陶瓷的高温性能。氧化铝基金属陶瓷存在的问题是脆性大和热稳定性较低。

（2）碳化物基金属陶瓷。在非氧化物基金属陶瓷中应用最广的是碳化物基。粘结金属主要是靠铁族元素，它们对碳化物都有一定的溶解度，并据此将碳化物较好的粘结在起来。利用碳化物的高硬度和金属的韧性可以制成工具材料；利用碳化物的优良高温强度和金属的塑性可以制作耐热结构材料。

作为工模具材料使用的碳化物基金属陶瓷常被称为硬质合金，其牌号详见 GB/T 18376—2001 及 YS/T 400—1994。硬质合金的硬度很高，耐磨性很好，热硬性可达 800 ~ 1000℃，强韧性优于氧化物基陶瓷，适用于切削工具、金属成形工具、矿山工具、表面耐磨材料以及某些高刚度结构件等。硬质合金作刀具，切削速度可比高速钢高 4 ~ 7 倍；若作冷模具，寿命可十倍地提高。

硬质合金按成分可分为三大类：

1）钨钴类硬质合金。由 WC 与 Co 组成，有些也加少量 TaC，VC 等。其牌号用 YG + 钴的质量分数表示（$w_{Co} \times 100$），常用牌号有 YG3、YG6、YG8 等。如 YG6 表示 $w_{Co} = 6\%$，其余为 WC 的钨钴类硬质合金。这类合金具有较高的强度和韧性，主要用于制造刀具、模具、量具、耐磨零件等。其刀具主要用来切削脆性材料，如铸铁和有色金属等。

2）钨钴钛类硬质合金。由 WC、TiC 和 Co 组成，牌号用 YT + TiC 的质量分数($w_{TiC} \times 100$)表示，常用牌号有 YT5、YT15、YT30 等。这类合金具有较高的硬度、耐磨性和热硬性。但强度和韧性低于钨钴类合金。其刀具主要用来切削韧性材料，如各种钢。

3）钨钴钛钽类硬质合金。由 WC、TiC、TaC(或 NbC)和 Co 组成。其牌号用 YW + 顺序号表示，如 YW1、YW2 等。这类合金热硬性高，性能介于 YG 类与 YT 类之间。其刀具可用来加工各种钢，又可加工铸铁和有色金属，故又称为万能硬质合金。

以 WC 或 TiC 为硬质相，以各种合金钢或高速钢粉末为粘结相(质量分数在 50% 以上)而形成的硬质合金称为钢结硬质合金。钢结硬质合金和钢一样可以锻造、焊接、热处理和机械加工，淬火后硬度可达 62 ~ 73HRC。其热硬性和耐磨性虽比一般硬质合金低(但比高速钢好得多)，韧性则更好，多用于制造麻花钻、铣刀等形状复杂的刀具及模具和耐磨零件。

小　结

除金属材料外的其他无机非金属材料都属于陶瓷材料的范畴。陶瓷材料常见的相结构有结晶相、玻璃相和气相。由于其原子主要以共价键或离子键结合，因此陶瓷材料的主要力学性能特点是模量高，硬度大，熔点高，化学稳定性好，线膨胀系数小，且多为绝缘体；相应地其脆性大、塑韧性和可加工性较差。通过陶瓷相变和材料复合化可提高陶瓷的韧性。

陶瓷材料由于使用状态不同(分块状和薄膜)，其制作工艺也不同。块状陶瓷材料的生产制作一般都采用粉末烧结方法，生产过程要经历三个阶段，即制粉、成型和烧结；陶瓷薄膜的制作方法主要是液相法、气相法和固相法。

常用陶瓷主要有：普通陶瓷、特种陶瓷和功能陶瓷，在工程中主要应用于耐磨、耐蚀和耐高温的结构件和零、部件及功能材料元器件。

习　题

14-1　普通陶瓷与特种陶瓷有何差异？

14-2　陶瓷材料是如何分类的？

14-3　硅酸盐晶体结构主要有哪些类型？各类型有何结构特点？并举例说明。

14-4　块状陶瓷材料与薄膜陶瓷材料的制备过程有何不同？

14-5　陶瓷材料增韧应采取什么样的措施？

14-6　陶瓷材料具有怎样的力学性能？举例说明其应用领域。

14-7　简述硬质合金的性能及应用特点。

14-8　陶瓷材料的显微组织结构主要包括哪三相？它们对陶瓷的性能有何影响？

第十五章 复合材料

在自然界和人类社会发展过程中，复合材料并不是一个陌生的领域，自然界中的树木、动物的骨骼、原始建筑中用稻草和泥土复合制成的土坯，以及用砂石和水泥复合成的混凝土等都是传统意义上的复合材料。

随着现代机械、电子、化工、国防等工业，以及航天、信息、能源、自动化等高新科技的发展，对材料性能的要求越来越高。除要求材料具有高比强度、高比模量、耐高温、耐疲劳等性能外，还对材料的耐磨性、尺寸稳定、减振性、无磁性、绝缘性等提出了特殊要求，有些构件甚至要求材料同时具有某些相互矛盾的性能，如既要求强度和刚度高，又要求弹性比橡胶强，这对单一的金属、陶瓷或高分子材料来说是无能为力的。若采用复合技术，把一些具有不同性能的材料复合起来，取长补短，就能实现这些性能要求。从20世纪50年代至今，现代复合材料得到了迅猛发展，材料的复合化已成必然。

第一节 概 述

一、复合材料定义

复合材料是由两种或两种以上物理和化学性质不同的材料(有机高分子、无机非金属或金属材料)通过复合工艺组合而成的一种多相固体材料。其中组分材料虽然保持其相对独立性，但复合材料的性能却不是组分材料性能的简单叠加，而是通过复合效应有着很大的改进，还可以根据需要进行材料设计，与一般材料的简单混合有本质的区别。有些钢和陶瓷材料也可以看作是复合材料。但是，现代复合材料的概念主要是指经人工特意复合而成的材料，一般不包括天然复合材料及钢和陶瓷材料这一类多相体系。

在复合材料中，通常有一连续相，称为基体；另一相为分散相，称为增强体(增强材料)。分散相是以独立的形态分布在整个连续相中的，两相之间存在着相界面。分散相可以是增强纤维，也可以是颗粒状或弥散的填料。

复合材料的发展可分为三代：第一代复合材料的代表是玻璃钢(玻璃纤维增强塑料)；第二代是碳纤维强化树脂(CFRP)及硼纤维强化树脂(BFRP)；第三代是金属基、陶瓷基、碳/碳基复合材料。

二、复合材料分类

复合材料是种类繁多的多相材料，分类方法很多，常从以下三个方面分：

(一) 根据材料的主要性能与作用分类

(1) 结构复合材料。主要用于制作承载和传递运动的构件，如玻璃纤维增强树脂基复合材料(简称"玻璃钢)"。

(2) 功能复合材料。具有各种独特的物理和化学性能的材料，如换能、阻尼、吸波、电磁、超导、屏蔽、光学、摩擦润滑等各种功能，如将金属粒子复合于塑料中，使得具有导电、导热或磁性等。

(3) 智能复合材料。是指具有自诊断、自适应、自修复并自决策的高级复合材料。

(二) 根据基体的不同分类

(1) 树脂基复合材料。以有机聚合物(主要为热固性树脂、热塑性树脂及橡胶等)为基体制成的复合材料，又称为聚合物基复合材料。

(2) 金属基复合材料。以金属为基体制成的复合材料。

(3) 陶瓷基复合材料。以陶瓷为基体制成的复合材料。

(4) 碳-碳基复合材料。以碳为基体制成的复合材料。

(三) 根据增强材料形态分类

(1) 纤维增强复合材料。它又分为长纤维或连续纤维增强复合材料、短纤维或晶须增强复合材料。

(2) 粒子增强复合材料。

(3) 叠层复合材料。

(4) 填充骨架型复合材料。

图 15-1 为复合材料的形态示意图。

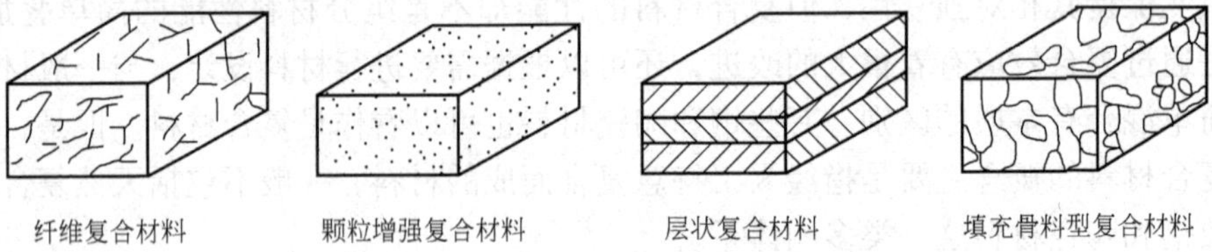

图 15-1　复合材料的形态示意图

三、复合材料的命名

复合材料的命名目前尚无统一的规定，但共认的趋势是由增强材料和基体材料的名称命名。命名方法主要有以下几种：

（1）以基体为主命名。如金属基复合材料、陶瓷基复合材料等。

（2）以增强体为主命名。如碳纤维增强材料、硼纤维增强材料等。

（3）基体和增强体并用命名。将增强材料材料放在前，基体材料放在后，之后再加“复合材料”。如以碳纤维为增强体、以环氧树脂为基体构成的复合材料，称为“碳纤维增强环氧树脂复合材料”，为了书写方便，简写为碳-环氧(碳/环氧)。

第二节 复合材料的增强机理

确切地说，复合材料是由基体相、增强相及其两者间的界面相组成的一种多相材料，复合材料优越性能与其基体、增强体及界面的各自性质及相互作用等密切相关。

一、复合材料的组成

基体材料大部分为连续相，主要作用是将增强体固定粘附起来，并使其均匀分布，从而能充分利用增强体特性，将复合材料所受的载荷传递并分布到增强体上。载荷传递机制及方式与增强体的类型与性质密切相关，在纤维增强复合材料中，复合材料所承受的载荷大部分由纤维承担，并保持基体材料原有的性能。基体还可以保护增强体在加工和使用过程中免受环境因素的化学作用和物理损伤，防止诱发造成复合材料的裂纹。同时，基体还会起到类似隔膜的作用，将增强体相互分开，这样即使个别的增强体发生破坏断裂，裂纹也不易扩展。

增强体有强化基体材料的功能，使复合材料达到基体难以达到的性能。在设计复合材料时，通常所选择增强体的弹性模量应比基体高。如纤维增强复合材料，在外加载荷的作用下，当基体与增强体应变量相同时，基体与增强体所受的载荷比等于两者的模量比，弹性模量高的纤维就可承受较高的应力。此外，增强体的大小、表面状态、体积分数及其在基体中的分布等，对复合材料的性能同样具有很大的影响。

基体与增强体的界面结合既要有一定的相容性，以保证材料一定的连结性和连续性，又不能发生较强的反应以改变基体和增强体的性质。故基体、增强体及其界面应互相配合、协同性好，才能达到最好的复合效果。基体与增强体之间的界面特性，取决于基体与复合材料之间结合力的大小，界面结合力的大小应适度，其强度只要足以传递应力即可。结合力过小，增强体与基体间的界面在外载作用下易发生开裂；结合力过大，又易使复合材料失去韧性。因此，应根据基体和增强体的性质，来控制界面的状态，以获得适宜的基体与增强体之间的界面结合力。

二、复合材料的工艺

1. 复合材料的加工成型工艺主要特点

(1) 材料的形成与制品的成型常常是同时完成的，复合材料的生产过程也就是复合材料制品的生产过程。

(2) 在形成复合材料之前，增强体通常是纤维、织物或颗粒，在复合过程中，增强体通过其表面与基体相粘结，并固定于基体中，其物理、化学状态及几何形状通常是不变化的，但会受到复合过程中机械作用及湿热效应的影响。但是，基体材料在复合材料形成过程中要经历从状态到性质的巨大变化。

(3) 在增强体和基体之间的结合界面上，一般有润湿、溶解和化学反应发生，其界面结合情况对复合材料的性能有极大的影响。

2. 对复合材料的成型工艺方法的要求

(1) 能提供基体材料从原料状态到最终状态转化的合适条件，并实现与增强体的界面结合，不产生气泡或能将所产生的气泡顺利排出，不致于形成复合材料中的空隙。

(2) 增强体表面应能实现与基体的界面结合，并能按预定方向和层次排列，均匀地分布于基体材料之中，形成致密的整体，对增强体的机械损伤和湿热效应影响要减到最低限度。

(3) 为制品提供所要求的尺寸、形状及表面质量。

三、复合材料增强机制

复合材料的复合并不是简单的的组成材料的复合，而是一种包括物理的、化学的、力学的、甚至生物学的相互作用的复杂结合过程，其增强机制与复合材料的类型有直接的关系。

(一) 颗粒增强型复合材料的增强机制

这类复合材料按增强体颗粒的粒径大小和数量可分为弥散强化复合材料和颗粒增强复合材料。

1. 弥散强化复合材料　是在基体材料中定量加入一种或几种惰性硬质粉末(增强颗粒)并使之弥散分布而形成的复合材料。增强颗粒可以是金属、非金属，最常用的是化合物，其颗粒直径为 0.01 ~ 0.1μm、体积分数为 1% ~ 15%。这些弥散粒子将阻碍导致基体塑性变形的位错运动(金属基)或分子链的运动(树脂基)，提高变形抗力。同时，由于所加入的弥散粒子大都是高熔点、高硬度、高稳定性的氧化物、碳化物或氮化物等，故使复合材料的抗蠕变性能明显优于所用的基体材料。陶瓷基复合材料中的粒子则会起到细化晶粒，使裂纹转向与分叉，从而提高陶瓷强韧性。弥散强化复合材料的复合强化机制与合金的沉淀强化机制类似，基体仍是承载的主体。这些细小弥散增强颗粒不是相变产生的第二相质点，它们随温度的升高仍可保持其原有尺寸。为使弥散增强复合材料的性能达到最佳，除要求颗粒坚硬、稳定及与基体不发生化学反应外，颗粒的尺寸、形状、体积分数以及与基体的结合能力均是必须加以考虑的重要因素。

2. 颗粒增强复合材料　是用金属或高分子聚合物基体把具有耐热、硬度高但不耐冲击的金属氧化物、碳化物、氮化物等强化粒子粘结在一起而形成的复合材料。它既有基体材料脆性小、耐冲击的优点，又具有陶瓷的高硬度及高耐热性，复合效果显著；强化粒子直径一般为 1～50μm、体积分数在 20% 以上。由于强化颗粒较大，对导致基体塑性变形的位错运动或分子链的运动阻碍作用很小，强化效果并不显著。因此这种方法主要不是提高强度，而是改善材料的耐磨性和综合力学性能，用作耐磨减摩的材料，如硬质合金、粘接砂轮材料等。

颗粒增强复合材料的性能与增强体和基体的比例有密切关系，而某些性能只取决于各组成物质的相对数量及性能，如复合材料的密度可利用混合定律精确加以描述，其表达式为：

$$\rho_c = \rho_p\varphi_p + \rho_m\varphi_m \tag{15-1}$$

式中，ρ_c、ρ_p 和 ρ_m 分别为复合材料、颗粒及基体的密度；φ_p 和 φ_m 分别为复合材料中颗粒及基体的体积分数。

对诸如复合材料的强度和硬度等力学性能，还难以用混合定律来准确的描述，这是由于复合材料的强度不仅与增强体、基体的数量及性能有关，还取决颗粒的大小及其在基体中的分布状态，以及颗粒与基体的结合力大小。混合定律不可能完全表达出这些因素的影响作用。

（二）纤维增强复合材料的增强机制

1. 纤维增强复合材料及纤维增强体　广义的纤维增强复合材料，是指由高强度、高模量纤维类增强体与韧性基体（树脂、金属）或脆性基体（陶瓷）经一定的工艺复合而成的多相材料。通常所讲的纤维增强复合材料，主要指纤维增强树脂或纤维增强金属复合材料。

增强纤维的种类很多，根据纤维直径的大小和性能的特点，可分为纤维和晶须两种类型。目前用作增强体的纤维大多数是直径为几至几十微米的多晶材料或非晶材料，因长度的不同可细分为连续长纤维和短纤维。已发展并应用的纤维主要包括玻璃纤维、碳纤维、硼纤维、碳化硅纤维、氮化硅纤维、氧化铝纤维和芳纶纤维等，其中，玻璃纤维、碳纤维和芳纶纤维是增强金属时最常用的增强体。

晶须的直径只有几个微米，断面呈多角状，长度一般为几厘米。晶须中缺陷少，原子高度有序排列，因而是目前强度最接近完整晶体理论强度的一种材料。晶须可用作高性能复合材料的增强材料，至今已开发的晶须有金属类、氧化物类、碳化物类、氮化物类及卤化物类等近百种，其中可用作复合材料增强体，并具有使用价值的主要为石墨晶须、碳化硅晶须、氧化铝晶须、氮化硅晶须，以及新近开发的氮化钛晶须和氮化硼晶须等。

2. 复合原理　对纤维增强复合材料而言，纤维与基体构成一个有机整体，共同承担外加载荷的作用。其中，基体将复合材料所受外载通过一定的方式传递给增强纤维并为复合材料提供塑性和韧性，而增强纤维则承担大部分外力。因此，纤维增强复合材料的性能，既取决于基体与增强体的性能及相对数量，也决定于基体与增强体的结合状态，同时还与纤维在基体中排列方式等因素有关，情况比较复杂。增强纤维在基体中可有多种排列方式，常见的分布形态主要有：连续纤维定向排列、短纤维无规则排列、纤维正交排列、多股纤维交叉排列等。对于树脂基复合材料，增强纤维还可以被编织为多轴或多维织物。一般单向排列连续长纤维增强复合材料为各向异性，而混杂分布短纤维增强的复合材料则具有各向同性的特点。

对于纤维增强复合材料，混合定律也可用来描述和预测某些性能，例如复合材料的密度，仍可由式(15-1)进行描述计算。再如，对于单向连续长纤维增强的复合材料，混合定律还可用于描述复合材料沿纤维排列方向的导电性和导热性，即

$$\kappa_c = \kappa_f\varphi_f + \kappa_m\varphi_m \tag{15-2}$$

$$\lambda_c = \lambda_f\varphi_f + \lambda_m\varphi_m \tag{15-3}$$

式中，κ_c、κ_f、和 κ_m 分别为复合材料、纤维和基体的导电性；λ_c、λ_f 和 λ_m 分别为复合材料、纤维和基体的导热性；φ_f 和 φ_m 分别为复合材料中纤维及基体的体积分数。

单向连续长纤维增强复合材料的强度等力学性能，难以由混合定律准确加以预报，尤其对于金属基复合材料，实测强度远低于混合定律的预测值。这是由于复合材料的强度受到多种因素的影响，一般认为主要取决于纤维与基体之间的结合状态，并受到基体的变形的限制。

第三节　复合材料性能特点

一、材料性能的可设计性

复合材料区别于单一材料的显著特点是材料性能的可设计性。对结构复合材料或功能复合材料，可以根据工程结构的载荷分布、环境条件和使用要求，选择相应的基体、增强材料和它们各自所占的比例，设计各种排列方向、层数等。再选用不同的复合工艺，使材料各个方面的性能达到均衡和匹配以满足构件承载的要求。

二、材料与元件的统一性

复合材料的重要特征是材料与元件可一次成型，即在形成复合材料的同时也就是得到了元件。这一特点使构件元件数量减少，从而减轻了构件质量，避免或减少了连接工艺，改善并提高了构件的耐疲劳性和稳定性等。

三、力学性能特点

1. 轻质高强　比强度(强度/密度)和比模量(弹性模量/密度)是材料承载能力的重要指标。比强度越高，在同样强度下零件的自重越小；比模量越高，在模量相同条件下构件的刚度越大，这对要求轻量化和高速运转的零构件是非常重要的。复合材料具有比其他材料高得多的比强度和比模量，见表 15-1。其中碳纤维-环氧树脂复合材料最突出，其比强度约为钢的 8 倍，比模量约为钢的 3 倍。

表 15-1　部分复合材料的强度性能比较

材料 \ 性能	密度 $/g\cdot cm^{-3}$	抗拉强度 /MPa	弹性模量 /MPa	比强度 $/MPa\cdot m^3\cdot kg^{-1}$	比模量 $/MPa\cdot m^3\cdot kg^{-1}$
钢	7.8	1.01×10^3	206×10^3	129	26
铝	2.8	0.46×10^3	74×10^3	165	27
钛	4.5	0.94×10^3	112×10^3	209	25
玻璃钢	2.0	1.04×10^3	40×10^3	520	20
高强度碳纤维-环氧	1.45	1.47×10^3	137×10^3	1013	97
硼纤维-环氧	2.1	1.38×10^3	210×10^3	657	100
SiC 纤维-环氧	2.2	1.09×10^3	102×10^3	495	46
硼纤维-铝	2.65	0.98×10^3	196×10^3	370	74

2. 良好的抗疲劳性能　复合材料基体中密布着大量的纤维，疲劳断裂时纤维与基体界面能够阻止疲劳裂纹扩展并改变裂纹扩展方向，故复合材料的疲劳强度通常都很高。碳纤维增强树脂的疲劳强度为其抗拉强度的 70%~80%，而一般金属材料仅为 30%~50%。

3. 优良的耐高温性能　陶瓷增强纤维一般都有较高的弹性模量、熔点和高温强度(表 15-2)，其中玻璃纤维增强树脂复合材料可工作到 200~300℃。聚合物基复合材料具有较低的热导率，是优良的绝热材料。

表 15-2　各种陶瓷纤维材料的熔点

纤维种类	玻璃纤维				Al_2O_3 纤维	碳纤维	SiC 纤维	氮化硼纤维	硼纤维	B_4C 纤维
	E	S	4H-1	石英						
熔点/℃	700	840	900	1660	2040	3650	2690	2980	2300	2450

4. 减振能力好　构件的自振动频率与结构有关，且与材料比模量的平方根成正比。而复合材料的比模量大，自振频率很高，因此在一般加载速度或频率的情况下不容易发生共振而快速脆裂。另外，复合材料是一种非均质多相体系，其中有大量(纤维与基体之间)的界面，界面对振动有反射与吸收作用，故复合材料振动衰减都很快，有良好的减振能力。如轻合金梁需要9s才能停止振动，而碳纤维复合材料梁只需要2.5s就会停止同样的振动。

5. 断裂安全性高　纤维增强复合材料每平方厘米界面上有成千上万根相互隔离的细纤维，当材料过载而有少数纤维断裂时，载荷随即迅速重新分配到未破坏纤维上，不至造成构件的瞬间完全丧失承载能力而断裂，故工作安全性高。

四、物理及化学性能特点

复合材料具有良好的物理性能。密度低，有利于提高复合材料比强度和比刚度；膨胀系数小，甚至在一定条件下可为零，这对于保持在极端环境下(如交变温度作用等)工作的构件尺寸的稳定性具有特别重要的意义。如抗冲刷、耐烧蚀是陶瓷基和碳/碳复合材料，作为高温防热结构材料使用时有特别优异的性能。

基于不同材料复合在一起具有的导电、导热、压电效应、换能、吸波及其他特殊性能，近年来相继开发了复合压电材料、导电和超导材料、磁性材料、摩擦磨损材料、吸声材料、隐身材料以及各种敏感换能材料等一大批功能型复合材料。其中许多材料已在航天、航空、能源、电子、电器等工业领域获得了实际应用。

某些复合材料还具有优良的化学稳定性，可制造耐强酸、盐、碱和有机溶剂的化工管道、泵和容器等。另外，用玻璃纤维或碳纤维与塑料复合，还能在强碱介质中使用。

五、工艺性能特点

尽管复合材料的成型及加工工艺因材料种类的不同而异，但并非所有的复合材料成型及加工工艺都复杂。例如：以长纤维增强的树脂基、金属基、陶瓷基复合材料可一次性制成所需要的任意形状的产品，可避免多次加工工序，提高构件的质量和使用的安全性。再如，短纤维或颗粒增强的金属基复合材料，可采用传统的金属工艺进行制备和二次加工，因而在工程应用中具有很好的灵活性和使用性。同时，复合材料可采用手糊成型、模压成型、缠绕成型、注射成型和拉挤成型等各种方法制成各种形状的产品。当然，金属基和陶瓷基复合材料的工艺性能相对要差一些。

除了上述特性外，复合材料发展历史短(尤其是先进复合材料)，目前所积累的数据和经验还很不足，复合材料的质量还有待提高，成本也需要降低；同时技术上还有很多困难和问题，例如，有关复合材料的性能评价与测试、有关材料与工艺标准化等技术不能简单沿用传统金属材料或非金属材料相应的方法或技术，尚须重新研究和建立。这些问题在复合材料的今后发展中将逐步得到解决。

第四节 复合材料简介

一、树脂基复合材料

树脂基复合材料(亦称为聚合物基复合材料)是目前应用最广泛、消耗量最大的一类复合材料，主要分为热固性树脂基复合材料和热塑性树脂基复合材料。该类复合材料主要以纤维增强的树脂为主，起始于20世纪40年代以玻璃纤维增强塑料(俗称玻璃钢)问世，从而工程界明确提出“复合材料”这一术语。其后，由于碳纤维、硼纤维、碳化硅纤维等高性能增强体和一些耐高温树脂基体的相继出现，成为先进复合材料的重要组成部分。

用于加工树脂基复合材料方法很多，常用的方法有：手糊成型、热压罐成型、喷射成型、注射成型、对模模压成型、纤维缠绕成型、拉挤成型及隔膜成型(或称为软模成型)等工艺。

(一) 热固性树脂基复合材料

是以各种热固性树脂为基体，加入各种增强纤维复合而成的复合材料，在加热、辐射、催化等作用下不再发生软化或熔化，具有硬度高、刚度大、耐热温度高、不易变形等特点。用于制备复合材料的热固性树脂种类很多，早期使用的主要是热固性酚醛树脂、聚酯树脂等；先进复合材料所用的热固性树脂基主要为环氧树脂、聚酰亚胺树脂、双马来亚树脂等。

热固性树脂基复合材料所选用的增强材料主要为玻璃纤维、碳纤维、硼纤维、芳纶纤维及碳化硅纤维等，根据使用要求，这些增强材料的形态可以为连续长纤维或短纤维，也可以是编织成带、布、毡等多种形式的织物。

目前，热固性树脂基复合材料种类较多，主要有热固性玻璃钢、环氧树脂复合材料、聚酰亚胺树脂复合材料和双马来酰亚树脂复合材料。

1. 热固性玻璃钢 玻璃纤维增强热固性树脂基复合材料(玻璃钢)，是由60%~70%的玻璃纤维或玻璃制品与30%~40%的热固性树脂复合而成。该种复合材料具有成型工艺简单、强度高、密度低、耐腐蚀、介电性高、电波穿透性好、耐热性好等优点。此外，其强度还具有各向异性，主要表现在沿纤维方向的强度高、层间强度低，纤维平面内的径向强度高、横向强度低。但热固性玻璃钢的弹性模量仅为结构钢的10%~20%，刚性差，其工作温度为300℃以下，在高温下长期受力时易发生蠕变及老化现象。为提高其性能，可进行改性处理，如以环氧树脂和酚醛树脂混溶作为基体的环氧-酚醛玻璃钢，热稳定性好，强度更高。

这类玻璃钢的性能见表15-3。

表15-3　热固性玻璃钢的性能

基体材料	聚酯	环氧	酚醛
密度/$g\cdot cm^{-3}$	1.7~1.9	1.28~2.0	1.6~1.85
抗拉强度/MPa	180~350	70.3~298.5	70~280
弯曲模量/MPa	21000~25000	18000~30000	10000~27000
膨胀系数/$10^{-5}\cdot ℃^{-1}$	210~350	70~470	270~1100

2. 环氧树脂复合材料　是由增强纤维与环氧树脂或改性环氧树脂复合而成的一类复合材料。环氧树脂是应用最早、最广的复合材料基体，占先进复合材料所用树脂基体总量的90%以上。除环氧树脂基热固性玻璃钢外，该类材料中应用较多的是碳纤维增强的环氧树脂。碳纤维增强树脂复合材料由碳纤维与聚酯、酚醛、环氧、聚四氟乙烯等树脂组成，其性能优于玻璃钢，具有密度小、强度高、弹性模量大，并具有优良的抗疲劳性能和耐冲击性能，良好的自润滑性、减摩耐磨性、耐蚀和耐热性；但碳纤维与基体的结合力低（必须经过适当的表面处理才能与基体共混成型）。环氧树脂复合材料的使用温度一般在200℃以下。此外，硼纤维-树脂复合材料、碳化硅纤维-树脂复合材料、聚芳酰胺（即各种牌号的Kevlar纤维）有机纤维-树脂复合材料等，都是很有发展前途的新材料。这类材料主要应用于航空航天、机械制造、汽车工业及化学工业中。

3. 聚酰亚胺树脂复合材料　是综合性能优异的耐高温芳杂环高聚物基复合材料，具有优异的高温性能，可在高于200℃的环境下长期工作，固化温度高、粘接性能差。

4. 双马来酰亚树脂复合材料　以双马来酰亚树脂（BMI）为基体的复合材料，是当代先进树脂基复合材料的最新发展。该类材料结合了环氧树脂与聚酰亚胺复合材料的优点，具有良好的综合性能，如高强度、高弹性模量、耐湿热性好、冲击韧度高、耐燃、低毒等特点，且还具有良好的成型工艺性能，借助于基体与同类树脂及异类树脂的共混改性，可提供满足不同应用要求的高性能复合材料。

（二）热塑性树脂基复合材料

是以各种热塑性树脂为基体的复合材料。常用的增强体主要有玻璃纤维、碳纤维、芳纶纤维或由它们制成的混杂纤维；常用的基体主要有：尼龙（聚酰胺）类树脂、聚烯烃类树脂、苯乙烯树脂、热塑性聚酯类树脂、聚醚类树脂、聚碳类树脂、聚甲醛、聚醚砜、聚苯梳醚和热塑性聚酰亚胺等。

目前，热塑性树脂基复合材料正处于发展之中，种类很多，常见的有：热塑性玻璃钢、尼龙复合材料、高温型热塑性树脂基复合材料、热塑性树脂基结构隐身复合材料等。

1. 热塑性玻璃钢　即玻璃纤维增强的热塑性树脂基复合材料，它是由20%～40%的玻璃纤维和60%～80%的基体材料(如尼龙、ABS塑料等)组成，具有高强度、高冲击韧度、良好的低温性能及低热膨胀系数，这类玻璃钢的性能见表15-4。

表15-4　热塑性玻璃钢的性能

基体材料	尼龙66	ABS	聚苯乙烯	聚碳酸脂
密度/$g \cdot cm^{-3}$	1.37	1.28	1.28	1.43
抗拉强度/MPa	182	101.5	94.5	129.5
抗弯模量/MPa	9100	7700	9100	8400
膨胀系数/$10^{-5} \cdot ℃^{-1}$	3.24	2.88	3.42	2.34

对不同的热塑性树脂基体，玻璃纤维所用的数量及其增强效果各有不同。一般来讲，相对于基体材料本身，热塑性玻璃钢的抗拉强度和抗弯强度可提高2～3倍，同时其物理、化学性能也均有一定的程度的改善。热塑性玻璃钢的机械强度通常较热固性玻璃钢低，因此前者的应用范围和使用数量均不如后者，但由于热塑性玻璃钢具有密度低、生产效率高、成本低等特点，故用量正逐年增加。

2. 尼龙复合材料　主要是由各种短纤维增强的尼龙类树脂，除玻璃纤维外，常用的增强纤维有碳纤维、芳纶纤维或由这几种纤维制成的混杂纤维。在该类复合材料中，由碳纤维增强的尼龙比玻璃纤维增强的尼龙具有更高的弹性模量、强度及较小的热膨胀系数；而由碳纤维和玻璃混杂增强尼龙的复合材料，抗磨性要优于单一纤维增强的复合材料。

3. 高温型热塑性树脂基复合材料　一般是由高性能碳纤维增强的半结晶耐高温热塑性树脂。所用基体的玻璃化转变温度较高，在高温下强度保持率好、尺寸稳定、抗蠕变能力强。

4. 热塑性树脂基结构隐身复合材料　是利用热塑性树脂的介电特性发展的一类具有吸收电磁波功效的纤维增强树脂基复合材料。是新近开发的一种由高性能热塑性树脂纤维与碳纤维混杂增强的热塑性树脂基复合材料，具有优异的综合性能，既可用作高性能的结构材料，还可对电磁波产生大幅度衰减作用，是先进战斗机的理想结构隐身材料。目前，该类热塑性树脂基复合材料具有逐步取代环氧基热固基树脂结构隐身复合材料的趋势。

二、金属基复合材料

金属是目前机械工程中用量最大的一类材料。它塑性、韧性好，强度、硬度、弹性模量比较高，用热处理、合金化、形变强化等方法可提高其强度和硬度等，也可通过与其他材料复合来进一步改善其性能。

（一）长纤维增强金属基复合材料

是由高强度、高模量的较长纤维和具有较好韧性的低屈服强度的金属或合金组成。这类材料与纤维增强树脂基复合材料类似，其中载荷主要是由纤维承担，而金属基体主要起固结纤维和传递载荷的作用。常用的纤维有硼纤维、碳纤维、碳化硅纤维等；常用的基体有铝及其合金、钛及其合金、铜及其合金、镍合金及银、铅等。

在长纤维增强金属基复合材料体系中，以铝基复合材料的研究和发展最为迅速，技术也比较成熟，应用最广。其中硼纤维-铝基复合材料（B/Al），是最早应用的金属基复合材料。生产中为提高硼纤维的稳定性，材料制备过程中常在纤维的表面涂上一层 SiC 膜，称为改性硼纤维或硼矽克。所用基体也因复合材料的制造方法不同而异，例如采用扩散粘结工艺时，常选用变形铝合金；而采用液态金属浸润工艺时，则用铸造合金。B/Al 复合材料具有很高的比强度和比模量，优异的耐疲劳性能及良好的耐蚀性能，其构件可在 300℃或更高的温度下安全服役。在长纤维增强铝基复合材料中，碳纤维增强铝基复合材料由于生产中借助于碳纤维表面沉积改性技术，有效地改善了碳纤维与液态铝浸润性，并控制了铝与纤维的界面反应，制备出了高性能复合材料并成功地将其应用于航天结构件。

近年来为充分利用基体材料的特点，研究和发展了纤维增强镁基复合材料、高温金属基复合材料，如钨丝增强镍基、钨丝增强铜基等长纤维增强金属基复合材料。

长纤维增强金属基复合材料的主要应用在交通、国防领域，在电子、纺织、体育等领域也有潜力。其中，铝基、镁基复合材料主要用作高性能结构材料；而钛基耐热合金及金属间化合物基复合材料主要用于制造发动机零件；铜基和铅基复合材料作为特殊导体和电极材料，在电子行业和能源工业中应用前景广泛。但长纤维增强金属基复合材料，目前还存在着制备工艺复杂、成本高的缺点，故有待改进和完善。

（二）短纤维及晶须增强金属基复合材料

这类复合材料除具有高比强度、比模量，耐高温、耐磨及热膨胀系数小的特点外，更重要的是可以采用常规设备制备并可二次加工，可减少甚至消除材料的各向异性。目前发展的短纤维或晶须增强金属基复合材料主要有铝基、镁基、钛基等几类复合材料。其中，除氧化铝短纤维增强铝基复合材料外，以碳化硅晶须增强铝基（SiC_w/Al）复合材料的发展为最快。

氧化铝短纤维增强铝基复合材料是较早研制和应用的一类短纤维增强铝基复合材料，现已在汽车制造等行业获得广泛应用。碳化硅晶须增强铝基复合材料是针对航天航空等高技术领域的实际需求而开发的一类先进的复合材料，可采用多种工艺方法（如粉末冶金法、挤压铸造法）进行制备。根据不同的使用要求，可选用纯铝，铸铝(如ZL109)，锻铝(如6061,相当于LD30)，硬铝(如2A12,相当于LY12)，超硬铝(如7A04,相当于LC4)及铝锂合金等多种铝合金作为基体。SiC_w/Al复合材料具有良好的综合性能，在200~300℃下，其抗拉强度还能保持基体合金室温下的强度水平。

短纤维或晶须增强金属基复合材料具有良好的力学性能、物理性能及可二次成型加工等特点，但其成本较高，塑性韧性较低。因此一般用于航空航天、航海和军事等部门。随着短纤维或晶须成本的下降，这类材料在汽车、运动器材等领域也将有着广阔的应用前景。

三、陶瓷基复合材料

陶瓷具有耐高温、抗氧化、耐磨、耐蚀、弹性模量高、抗压强度大等优点，但脆性大，不能承受剧烈的机械冲击和热冲击。用纤维和粒子与陶瓷制备成复合材料，其强韧性和弹性模量提高，已显示出了良好的应用前景。

(一) 纤维增强陶瓷基复合材料

纤维与陶瓷复合之目的主要是提高陶瓷材料的韧性。所用的纤维主要有碳纤维、Al_2O_3纤维、SiC纤维或晶须以及金属纤维等。研究较多的是碳纤维增强无定型二氧化硅、碳纤维增强碳化硅、碳纤维增强氮化硅、碳化硅纤维增强氮化硅、氮化硅纤维增强氧化铝、氧化锆纤维增强氧化锆等。复合方法主要有泥浆浇铸法、溶胶-凝胶法、化学气相渗透法等。

纤维增强陶瓷基复合材料不仅保持了原陶瓷材料的优点，而且韧性和强度得到明显的提高。表15-5是几种陶瓷经碳化硅纤维增强前后的性能比较，可见，经碳化硅纤维增强的各种陶瓷材料其断裂韧度和抗弯强度均远高于未增强的陶瓷材料。例如，SiC增强玻璃的断裂韧度提高了15倍，抗弯强度提高了12倍。

表15-5 陶瓷经碳化硅纤维增强前后的性能比较

材料	抗弯强度/MPa	断裂韧度/$MPa\cdot m^{1/2}$	材料	抗弯强度/MPa	断裂韧度/$MPa\cdot m^{1/2}$
Al_2O_3	550	5.5	ZrO/SiC	450	22
Al_2O_3/SiC	790	8.8	玻璃-陶瓷	200	2.0
SiC	495	4.4	玻璃-陶瓷/SiC	830	17.6
SiC/SiC	750	25.0	玻璃	62	1.1
ZrO	250	5.0	玻璃/SiC	825	17.6

纤维增强陶瓷硬度高、耐磨性好、耐高温，且有一定韧性，可用作切削刀具。例如用碳化硅晶须增强氧化铝刀具切削镍合金、钢和铸铁零件，进给量和切削速度都可大大提高，且使用寿命增加。

纤维增强陶瓷材料还具有比强度和比模量高、韧性好的特点，在军事和空间技术上有很好的应用前景。例如，石英纤维增强二氧化硅、碳化硅增强二氧化硅、碳化硼增强石墨、碳化硅或氧化铝纤维增强玻璃等，可作导弹的雷达罩、重返空间飞行器的天线窗和鼻锥、装甲、发动机零部件、换热器、气轮机零部件、轴承和喷嘴等。

（二）颗粒增强陶瓷基复合材料

用粒子与陶瓷复合，可改善陶瓷的强韧性，且工艺简单。研究较多的体系有碳化硅基、氧化铝基和莫来石基，如 SiC-TiC、SiC-ZrB_2、Al_2O_3-SiC、Al_2O_3-TiC、莫来石-ZrO_2 等体系。如用 ZrO_2 粒子与莫来石复合后，强度和韧性显著提高，而且还降低了烧成温度。

四、其他类型复合材料

（一）碳/碳复合材料

碳纤维增强碳基复合材料，是一种新型特种工程材料。它是用碳纤维或石墨纤维或它们的织物来增强碳或石墨化的树脂碳及气相沉积碳所形成的复合材料。该材料由树脂碳、碳纤维和热解碳三种不同组分构成。碳纤维包括聚丙烯氰系碳纤维(PAN)和沥青系碳纤维两类。

碳/碳复合材料特有的优点是具有优良的高温力学性能，它在1300℃以上时强度不仅不下降反而升高，据测强度可以保持到2000℃。除在较高温度下能与氧、硫、卤素反应外，在很宽广的温度范围内对常遇到的化学腐蚀物具有化学稳定性。

碳/碳复合材料可用于航空航天工业，如导弹头和航天飞机机翼前缘、火箭和喷气飞机发动机后燃烧室的喷管用高温材料、高速飞机用刹车盘等。另外，碳/碳复合材料还可用于制造超塑性成型工艺的热锻压模具、粉末冶金中的热压模具、原子反应堆中氦冷却反应器的热交换器、涡轮压气机中的涡轮叶片和涡轮盘热密封件。碳/碳复合材料具有极好的生物相容性，即与血液、软组织和骨骼能相容，而且具有高的比强度和可曲性，可制成许多生物体整型植入材料，如人工牙齿、人工骨骼及关节等。

（二）夹层复合材料

夹层复合材料是一种由上下两块薄面板和芯材构成的复合材料。面板材料有铝合金板、钛合金板、不锈钢板、高温合金板、玻璃纤维增强塑料、碳纤维增强塑料等。芯材有轻木、泡沫塑料、泡沫玻璃、泡沫陶瓷、波纹板、铝蜂窝、玻璃纤维增强塑料、芳纶纤维增强塑料等。面板和芯材的选择主要根据使用温度和性能要求而定。面板与芯材之间通常采用胶粘接，芯层有一层、二层或多层。在航空航天结构件中普遍应用蜂窝夹层结构复合材料。

夹层复合材料密度小，具有较高的比强度和比刚度，可减轻结构质量，提高疲劳性能。不同的材料有不同的性能，如玻璃纤维增强塑料芯有良好的透波性和绝缘性，泡沫塑料芯有良好的绝热、隔音性能，泡沫陶瓷芯有良好的耐高温、防火性能。

小　结

复合材料是由两种或两种以上物理和化学性质不同的物质组合而成的一种多相固体材料。其中组分材料虽然保持其相对独立性，但复合材料的性能却不是组分材料性能的简单叠加，而是有着重要的改进。在复合材料中，通常有一连续相，称为基体；另一相为分散相，称为增强体(增强材料)。分散相是以独立的形态分布在整个连续相中的，两相之间存在着界面相。分散相可以是增强纤维，也可以是颗粒状或弥散的填料。复合材料的基体主要有聚合物基、金属基、陶瓷基等。

复合材料的复合并不是简单的组成材料的复合，而是一种包括物理的、化学的、力学的、甚至生物学的相互作用的复杂结合过程，其增强机制与复合材料的类型有直接的关系。目前常用的复合材料，主要有树脂基复合材料、金属基复合材料、陶瓷基复合材料等。

习　题

15-1　什么是复合材料？它有哪些分类方法？

15-2　复合材料有怎样的性能特点？

15-3　复合材料的增强机制是什么？并说明界面的作用。

15-4　从各个方面比较树脂基复合材料、金属基复合材料、陶瓷基复合材料。

15-5　复合材料工艺特点是什么？

15-6　举例说明夹层复合材料性能特点及应用。

15-7　分别列举一种颗粒增强和纤维增强复合材料，说明两种增强机制的区别。

15-8　举例说明复合材料在机械工程和日常生活中的应用。

第十六章 功 能 材 料

功能材料(functional materials)是指具有特殊的电、磁、光、热、声、力、化学性能和生物学性能及其互相转化的功能，不主要用于结构目的，而是用以实现对信息和能量的感受、计测、显示、控制和转换为主要目的之高新材料。功能材料是现代高新技术发展的先导和基础，是21世纪重点开发和应用的新型材料。

第一节 概 述

一、材料发展新阶段

功能材料的发展历史与结构材料一样的悠久，然而其产量却远小于结构材料。早在战国时期(公元前3世纪)就已利用天然磁铁矿来制造司南，到宋代用钢针磁化制出了罗盘，为航海的发展提供了关键技术。随着电力技术的发展，电功能材料和磁功能材料已得到较大的进步；20世纪50年代微电子技术的发展，半导体电子功能材料得到迅速发展；60年代出现的激光技术，70年代的光电子技术也发展了相应的功能材料；进入80年代后，新能源功能材料和生物医学功能材料迅猛兴起。随着科学技术的发展，功能材料的品种越来越多，其应用也越来越广，在国民经济中的地位将与日俱增。这说明现代材料发展到了一个新阶段，功能材料已成为材料研究、开发与应用的重点，它与结构材料一样重要，今后将互相促进，共同发展。

二、功能材料的特点

1. 多功能化　功能材料往往具有多种功能，如减振合金，既具有减振阻尼功能，又有结构材料的性能；NiTi合金既是形状记忆合金，又是超弹性材料。

2. 材料与元件一体化　结构材料常以材料形式为最终产品，并对其本身进行性能评价；而功能材料则以元件形式为最终产品，并对元件的特性与功能进行评价，材料的研究开发与元器件也常常同步进行，即材料元件一体化。

3. 制造和应用的高技术性、性能和质量的高精密性及高稳定性　为了赋予材料与元件的特定性能，需要严格控制材料成分(如高纯或超纯要求、微量元素或特种添加剂含量等)和内部结构及表面质量，这往往需进行特殊制备与处理工艺；元器件的性能常常要求稳定在 1×10^{-6}（每摄氏度或每年）的数量级以上。因此，功能材料大多是知识密集、技术密集、附加值高的高技术材料。

4. 材料形态多样性 功能材料的形态多种多样，同一成分的材料形态不同时常会呈现不同的功能：如 Al_2O_3 陶瓷材料，拉成单晶时为人造宝石；烧结成多晶时常用作集成电路基板材料、透光陶瓷等；多孔质化时是催化剂的良好载体与过滤材料；纤维化时为良好的绝热保温材料。

三、功能材料的分类

近年来，功能材料迅速发展，已有几十大类，10 万多品种，且每年都有大量的新品种问世。功能材料的分类方法很多，目前尚无公认统一的方法。表 16-1 为一些主要分类方法的功能材料类型。

表 16-1 功能材料分类

按化学组成分	按使用性能分	按使用领域分
金属功能材料	电功能材料	电工材料
	磁功能材料	信息材料
高分子功能材料	热功能材料	能源材料
	力、声学功能材料	光学材料
陶瓷功能材料	光学功能材料	仪器仪表材料
	化学功能材料	传感器用敏感材料
复合功能材料	生物功能材料	生物医学材料

四、功能材料的发展

功能材料已广泛应用于各技术领域和产业部门，对高新技术产业有着决定性的作用。例如，在信息技术领域中，用于集成电路、电子元器件、磁性元件、光学元器件、自动化装置等，主要处理弱电、微光等信息，故这类材料又称“信息材料”。在新能源技术领域，用于太阳能利用装置、温差发电器、地热发电站、原子能装置，贮氢和氢能利用装置等。在生物技术与生物医学领域，功能材料也大有用途，典型的有人体植入材料（人工假体）。

1. 多功能化 实现功能材料多功能化的重要途径，是利用各种新技术、新工艺来改变材料的结构形态，进一步丰富现有材料的功能并扩大新型功能材料的应用。如对光功能材料薄膜化可得到选择性吸收膜或太阳能薄膜电池；对其纤维化可得光学纤维；对其无气孔化可得透光晶体等。

2. 功能复合化 材料性能之间的转换是一个普通现象，而材料复合是材料制备的重要手段，通过材料复合和性能转换耦合，可以产生与原材料不同的新功能效应，见表16-2。

表16-2 功能复合的相乘性

甲组元性能(X/Y)	乙组元性能(Y/Z)	甲乙复合材料性能(X/Z)
压电性	电致发光	压力发光
	磁阻性	压阻效应
磁致伸缩	压阻性 压电性	磁阻效应 磁电效应
光导性	电致伸缩	光致伸缩
	电致发光	光波转变
热胀变形	形敏电阻	热阻控制效应

3. 智能化　智能化是功能材料发展的高级阶段。智能材料指的是一种自身兼有对环境的可感知、判断、得出结论并发出指令功能的新材料，这是将信息科学融合于材料性能和功能的一种材料新构思。

4. 发展功能材料的新概念、新设计和新工艺　提出的新概念有梯度化、低维化、分子组装、超分子化和生物分子化等，新设计有分子设计、化学模式识别设计、非平衡态设计等，新工艺有离子注入、分子束外延、生物技术等。

第二节　电功能材料

电功能材料是指主要利用材料的电学性能和各种电效应的材料，其品种和数量很多，本节主要介绍导电材料、电阻材料及电接点材料。

一、导电材料

导电材料是用来制造传输电能(能源)的电线电缆和传导电讯息(信息)的导线引线与布线。其主要性能要求是导电性(用电导率 σ 或电阻率 ρ 表示,国际电气公司 IEC 规定电阻率为 1.7241μΩ · cm 的标准软铜的电导率的相对值为 100%,其他材料的电导率与之比较,并以“%IACS”单位表示)，根据使用目的不同，有时还要求一定的强度、弹性、韧性或耐热、耐蚀等其他性能。

(一) 常用导电金属材料

纯铜与纯铝是最常用的导电材料，为改善力学性能和其他物理、化学性能而不明显损害其电导率和热导率，常添加少量合金元素制成高导电的高铜合金和铝合金。表16-3、表16-4分别为部分主要高导电纯铜和高铜合金、导电用纯铝和铝合金的成分、主要性能和用途。此外为进一步提高使用性能和工艺性能，满足某些特殊需要，还发展了复合金属导体，如铜包铝线、铜包钢线、铝包钢线、镀银铜线、镀锡铜线等。

表 16-3 高导电纯铜与高铜合金的品种和性能

材料名称		成分质量分数 $w(\%)$	电导率 $\sigma(\%IACS)$	抗拉强度 σ_b/MPa	塑性 $\delta(\%)$	用途
铜	高纯铜	Cu99.90	100	196~235	30~50	电线电缆导体
	无氧铜	Cu99.99	101	196	6~41	电子管零件、超导体电缆包覆层
铜合金	弥散强化铜	Cu-$Al_2O_3$3.5	85	470~530	12~18	高温高强度导体
	银铜	Cu-Ag0.2	96	343~441	2~4	点焊电极、整流子片、引线
	锆铜	Cu-Zr0.2	90	392~441	10	同银铜
	稀土铜	Cu-RE0.1	96	343~441	2~4	同银铜
	镉铜	Cu-Cd1	85	588	2~6	架空线、高强度导线
	铬锆铜	Cu-Cr0.3-Zr0.1	80	588~608	2~4	点焊电极、导线

表 16-4 导电纯铝和铝合金的品种和性能

材料名称		成分质量分数 $w(\%)$	电导率 $\sigma(\%IACS)$	抗拉强度 σ_b/MPa	塑性 $\delta(\%)$	用途
纯铝		Al99.70~99.50	65~61	68~93(软)	20~40	电缆芯线
铝合金	铝镁	Al-Mg0.65~0.9	53~56	225~254(硬)	2	电车线
	铝镁硅	Al-Mg0.5~0.65-Si0.5~0.65	53	294~353(硬)	4	架空导线
	铝镁铁	Al-Mg0.26~0.36-Fe0.75~0.95	58~60	113~118(软)	15	电缆芯线
	铝硅	Al-Si0.5~1.0	50~53	254~323(硬)	0.5~1.5	电子工业用连接线

（二）厚膜与薄膜导体布线材料

贵金属(如 Au、Pd、Pt、Ag 等)厚膜导体是厚膜混合集成电路最早采用的膜材料，因贵金属价格昂贵，近年来发展了 Cu、Al、Ni、Cr 等廉金属系厚膜导体布线材料。薄膜导体布线材料主要包括单元薄膜(如 Al 膜)和复合薄膜(即多层薄膜如 Cr-Au、NiCr-Au 薄膜等,其前者为底层起粘附作用,后者为面层起导电和焊接作用)。

（三）导电高分子材料

导电高分子材料具有类似金属的电导率，通过分子设计，可以合成具有不同特性的导电高分子材料。按其导电原理可分为结构型导电高分子和复合型导电高分子。

(1) 结构型是指高分子结构上就显示出良好的导电性(尤其是当有“掺杂剂”补偿离子时)，通过电子或离子导电，如聚乙炔(PA)掺杂 H_2SO_4。

(2) 复合型是指通过高分子材料与各种导电填料分散复合、层积复合或使其表面形成导电膜等方式制成，又称复合材料。按高分子基材不同又可分为导电塑料、导电橡胶、导电涂料、导电粘合剂等。电阻率在 $10^{-2}\sim10^{2}\Omega\cdot m$ 之间的导电性材料如弹性电极和发热元件是由橡胶和塑料为基料，碳黑(或碳纤维)和金属粉末为填料复合制成；电阻率在 $10^{-6}\sim10^{-5}\Omega\cdot m$ 之间的高导电材料，如导电性涂料、粘合剂也可用类似上述方法复合而成。

导电高分子材料与金属相比，具有质轻、柔韧、耐蚀、电阻率可调节等优点，可望用来代替金属作导线材料、电池电极材料、电磁屏蔽材料和发热伴体等；而在防静电、微波吸收、按键开关、电子照相、记录材料、净化室墙壁材料、管道等工业和民用的各个方面已经得到了广泛的应用。

(四) 超导电材料

当低于某一临界温度时，导体的电阻突然消失，以零电阻为特征的状态称为超导态。该临界温度即为超导温度 T_c，使超导体从超导状态转变为正常状态的最低磁场强度和最小电流密度分别称之为临界磁场强度 H_c 和临界电流密度 J_c。显然超导材料应有高的 T_c、H_c 和 J_c 值，且要易于加工成丝。

自 1911 年发现超导电现象以来，目前已研究的纯金属、合金、金属间化合物、氧化物和有机物等超导体已超过了 1000 多种。现阶段最常见的超导电材料仍然是低 T_c 的合金(如 NbTi 系超导合金，其 $w_{Ti}=44\%\sim55\%$，$T_c\approx9.8K$，工艺性能良好)与金属间化合物(如 Nb_3Sn 化合物，其 $T_c\approx18.5K$，但工艺性能较差)；开发中的新超导电材料有氧化物高温超导电材料(如 Y-Ba-Cu 系氧化物薄膜，其成分为 $YBa_2Cu_3O_7$，$T_c\approx90K$)和有机超导材料(如掺碱金属的 K_3C_{60} 三维超导体，其 $T_c\approx50K$)。高温超导电材料($T_c>77K$)的出现使得超导体在液氮温度(-196℃即 77K)下的使用成为可能，其应用意义重大。

超导材料的应用领域很多：①零电阻特性应用，如制造超导电缆、超导变压器；②高磁场特性应用，如磁流体发电、磁悬浮列车、核磁共振装置、电动机等；③超导电子隧道效应，如高灵敏的磁通量计、毫米波和微波检测器、计算机核心元件等。

二、电阻材料

利用物质的固有电阻特性来制造不同功能元件的材料称为电阻材料。电阻材料主要用作电阻元件、敏感元件(电阻对其他物理量和化学量的敏感特性)和发热元件，按其主要特性与用途可分为精密电阻材料、膜电阻材料等。

(一) 精密电阻材料

精密电阻材料应具有低的电阻温度系数、高精度、高稳定性和良好的工艺性能。常用的材料有：

(1) Cu-Mn 系电阻合金。典型牌号锰铜 6J12($w_{Mn}\approx12\%$，“J”表示精密合金)。

（2）Cu-Ni 系电阻合金。典型牌号康铜 BMn40-1.5。

（3）Ni-Cr 系电阻合金。典型牌号 6J22（NiCr20AlFe），其特点是电阻率高（为锰铜、康铜的 3～4 倍），耐热性耐蚀性和力学性能佳。

（4）贵金属电阻合金。主要有 Pt 基、Au 基、Pd 基与 Ag 基等，其特点是耐蚀、抗氧化、接触电阻小，但价格昂贵。

（5）其他电阻合金。如 Mn 基、Ti 基及 Fe-Cr-Al 系改良型电阻合金等。

（二）膜电阻材料

膜电阻材料的特点是体积小、质量轻、便于混合集成化，其性能要求基本同精密电阻材料，常分为两类：

1. 厚膜电阻材料　一般作通用电阻、大功率电阻、高温高压电阻或高阻器件。厚膜电阻材料通称为厚膜电阻浆料，一般由导体粉料（包括纯金属、合金、金属氧化物和高分子导电材料）、玻璃粉料（主要是硼硅铅系玻璃）和有机载体（有机粘结剂）三部分组成。该类材料通常分为贵金属系（如钌系）、贱金属系（如铜系）和聚合物系三大类。

2. 薄膜电阻材料　主要用于要求高精度、高稳定性、噪声电平低的电路及高频电路器件。薄膜电阻材料常采用真空镀膜工艺（蒸发、溅射等）制成，比块状电阻材料的电阻率更高、温度系数可控制得更低。薄膜电阻材料主要有：Ni-Cr 系、Ta 系（如 Ta_2N 薄膜）和金属陶瓷系（如 Cr-SiO 薄膜）三大类。应该重视的是：制膜工艺对薄膜电阻的特性影响甚大。

三、电接点材料

电接点材料是用来制造建立和消除电接触的所有导体构件。根据电接点的工作电载荷大小不同分为强电、中电和弱电三类，但三者之间没有非常严格的界限；强电和中电接点主要用于电力系统和电器装置，弱电接点主要应用于仪器仪表、电信和电子装置。

（一）强电接点材料

强电接点材料应具有低的接触电阻、耐电蚀和耐磨损、高的耐电压强度和灭弧能力及一定的机械强度等。因此，单一纯金属很难满足以上各点要求，故一般采用合金接点材料。常用强电接点材料有：①空气开关接点材料，主要有银系合金（如 Ag-CdO、Ag-Fe、Ag-W、Ag-石墨等）和铜系合金（Cu-W、Cu-石墨）；②真空开关接点材料，由于真空开关接点表面特别光洁，更易于熔焊，故要求材料能抗电弧熔焊、坚硬而致密，常用材料有 Cu-Bi-Ce、Cu-Fe-Ni-Co-Bi、W-Cu-Bi-Zr 合金等。

（二）弱电接点材料

弱电接点的工作电载荷（电信号或电功率）和机械载荷（如接触压力）均很小，因此弱电接点材料应具有极好的导电性、极高的化学稳定性、良好的耐磨性和抗电火花烧损性。目前大多采用贵金属合金制造，主要分为 Ag 系、Au 系、Pt 系和 Pd 系等四类。其中 Ag 系接点材料主要用于高导电性、弱电流场合；Pt 系、Pd 系用于耐蚀、抗氧化、弱电流场合；Au 系合金具有最高的化学稳定性，多用于弱电流、高可靠性精密接点。

（三）复合接点材料

由于贵金属接点材料价格昂贵，资源有限，且其力学性能（如耐磨性等）欠佳，故而开发出来了多种形式的复合接点材料——通过一定的方式将贵金属接点材料与非贵金属基底材料（或支承材料、载体材料，主要是铜、镍纯金属及其合金材料）结合为一体，制成能直接用于制造接点零件的制品化材料。复合制造工艺有轧制包覆、电镀、焊接、气相沉积、复合铆钉等。复合接点材料已成为弱电接点材料的主流，在国外已有 90% 以上的弱电接点均采用此类制品化材料；它不仅价格便宜，而且赋予了材料性能设计的灵活性，可制造出电接触性能与力学性能优化结合的接点元件。

第三节　磁功能材料

磁功能材料主要利用材料的磁性能和磁效应（如电磁互感效应、压磁效应、磁光效应、磁卡效应、磁阻效应和磁热效应等），实现对能量和信息的转换、传递、调制、存贮、检测等功能作用，广泛应用于机械、电力、电子电信和仪器仪表等领域。磁功能材料的种类很多，如按成分不同主要分为金属磁性材料（含金属间化合物）和铁氧体（即氧化物磁性材料）。但在工程上通常按磁性能不同将磁性材料分为软磁材料（一般认为其矫顽力 $H_c < 10^3 A/m$）和硬磁材料（即永磁材料）两大类，据其使用目的不同还可进行细分。

一、软磁材料

软磁材料的特点是：矫顽力低、磁导率高、磁滞损耗小、磁感应强度大，在外磁场中易磁化和退磁（即便是微弱磁场）。金属软磁材料的饱和磁化强度高（适合于能量转换场合）、磁导率高（适合于信息处理）、居里温度高（适合于较高的温度工作），但因电阻率低，集肤效应、涡流损失大，故一般限于在较低频域应用；而铁氧体软磁材料的电阻率高且耐磨，可用于高频领域，如作为微波材料和磁头材料。这里简介几种金属软磁材料。

（一）电工纯铁

一般为 $w_C < 0.04\%$，杂质含量较低的工业纯铁（如牌号 DT4），其优点是 B_s 高（达 2.15T）、易于加工且价格低廉，缺点是电阻率低、涡流损耗大。主要用于制造直流磁场和低频磁场中工作的磁性元件，如各种铁心（1890 年就已应用）、

电磁铁、电话机的振动片等。

（二）铁硅合金（电工硅钢片）

是由在工业纯铁中加入 Si 元素（$w_{Si}=0.50\%\sim4.8\%$）制成，常用牌号有 DR530—50（热轧）、DW500—35（冷轧无取向）、DQ200—35（冷轧单取向）等，具体性能与规格详见 GB5212—1985、GB2521—1981 等。其优点是因 Si 的加入，电阻升高、涡流损失降低，磁性能比电工纯铁优越得多，是目前用量最大的金属软磁材料，主要用于制造电力变压器和仪表变压器的铁心材料（1903 年开始应用）；缺点是脆性大和硬度高，这给其加工带来了一定的难度。

（三）铁镍合金（通称坡莫合金 Permalloy）

其 Ni 含量在 $w_{Ni}=30\%\sim90\%$ 的软磁材料，常用牌号有 1J50（Ni50）、1J80（Ni80Cr3Si）、1J85（Ni80Mo5）等 6 种。铁镍合金的特点是，即便在弱磁场中也具有最大的磁导率（故又称高导磁率合金）、较高的电阻率（50μΩ · cm 左右）且易于加工，适合于在交流弱磁场中使用，是作为精密仪表的微弱信息传递与转换、电路漏电检测、微弱磁场屏蔽等元件的最佳材料（如电信业、计算机和控制系统）。因其 B_s 较低，故不适合于作功率传输器件材料。

（四）铁钴合金

是 B_s 最高（≈2.45T）的金属软磁材料，且居里温度高达 980℃，但电阻率较低，适于制作小型轻量电机和变压器。

（五）非晶、微晶和纳米晶软磁材料

是通过特殊制备方法（如快淬工艺、气相沉积、电镀、机械合金化等）得到的非晶、微晶乃至纳米晶的新型磁性材料（也可生产硬磁材料）。此类磁性材料具有极优良的软磁性能，如高磁导率、高饱和磁感强度、低矫顽力、低磁滞损耗，良好的高频特性、力学性能和耐蚀性等，是开发磁性材料的一次飞跃，现已被广泛使用，且其应用潜力巨大。如使用 Fe-10Si-8B 材料生产的非晶软磁材料作为变压器铁心，其损耗只有硅钢片铁心的 1/3，在美国已投入商业化生产，经济效益明显，国内也已在 50kVA 的变压器上试用。

非晶态磁性合金主要以过渡族金属为基，可分为过渡金属-类金属系（如 Fe-B）、过渡金属-稀土系和过渡金属-金属系（如 Fe-Zr）等三类。

二、硬磁材料（永磁材料）

硬磁材料的特点是：矫顽力高（$H_c>1\times10^4$A/m）、剩余磁感应强度 B_r 高且磁能积（$B\times H$）大，在外磁场去除后仍能较长时间地保持强而稳定的磁性能（磁场）。硬磁材料的应用很广，但归纳起来可分为两个方面：其一是利用硬磁合金产生的磁场，其二是利用硬磁合金的磁滞特性产生转动力矩，使电能转化为机械能，如磁滞电机。

硬磁材料的种类很多，其分类方法也多种多样，此处简介工程上常见的主要硬磁合金。

1. 淬火磁钢　在 $w_c = 1.0\%$ 左右的碳钢中加入 Cr、W、Mo、Al 等元素制成铬钢(2J63)、钨钢(2J64)、铬钴钢(2J65)等。其特点是价格低廉、易于加工，但硬磁性能不高且不稳定，主要用于电表中的磁铁。

2. 析出硬化铁基合金　以 α-Fe 为基弥散析出金属间化合物 Fe_mX_n(X 代表 Co、W、Mo、V 等)来提高硬磁性能，包括 FeCoW(2J51)、FeCoMo(2J25)等。其硬磁性能比淬火磁钢优越，且工艺性能仍较好，主要用于磁滞电动机转子、录音材料等。

3. 铝镍钴系和铁铬钴系合金　铝镍钴系硬磁合金以高剩磁为主要特征，常见牌号有 LN10、LNG40(GB4753—1984)。铁铬钴系硬磁合金的磁性能与铝镍钴合金相近，但加工性良好，常见牌号有 2J83、2J85 等。

4. 铁氧体硬磁材料　主要包括钡铁氧体($BaO \cdot 6Fe_2O_3$)和锶铁氧体($SrO \cdot 6Fe_2O_3$)两种，常用牌号有 Y10T、Y25BH 等。此类材料的矫顽力与电阻率高而剩磁低，价格低廉，主要适用于高频或脉冲磁场。

5. 稀土硬磁材料　此类材料是以稀土金属 RE(主要是钐 Sm、钕 Nd、镨 Pr)和过渡族金属 TM(主要是钴 Co、铁 Fe)为主要成分制成，通常分为三代：第一代稀土硬磁材料 $RECo_5$ 型(如 $SmCo_5$)；第二代稀土硬磁材料 RE_2TM_{17} 型；第三代稀土材料 Nd-Fe-B 型。稀土钴材料的矫顽力极高、B_s 和 B_c 也较高、磁能积大且居里点高，但价格昂贵；而 Nd-Fe-B 的硬磁性能更优，有利于实现磁性元件的轻量化、薄型化和超小型化，且价格降低了近一半，但居里点较低、环境稳定性较差。处于研究阶段的还有第四代稀土硬磁材料 $Sm_2Fe_{17}C_x$、Sm-Fe-Ti 等。

6. 粘结硬磁材料　大多数硬磁材料都较脆、加工性能较差，为此而开发的粘结硬磁材料是将磁性粉末用高分子材料或低熔点金属粘结起来，制成各种形状尺寸的磁体，如冷库和电冰箱门框密封条、静电复印机和传真机中的磁辊、工件固定吸盘、磁轴承等。

三、磁致伸缩材料

铁磁性材料在外磁场的作用下发生形状和尺寸的改变(在磁化方向和垂直方向发生相反的尺寸伸缩)，称为磁致伸缩效应；与此相反，在拉压力的作用下，材料本身在受力方向和垂直方向上发生磁化强度的变化，称为压磁效应。磁致伸缩效应很强烈的材料即为磁致伸缩材料。这类换能材料主要用作音频或超音频声波发生器振子(铁心)，用于电声换能器、水声仪器、超声工程等，在水下通信与探测、金属探伤与疾病诊断、硬质材料的刀刻加工与磨削、催化反应及焊接方面应用广泛，近来又已用于智能系统中。

磁致伸缩材料一般属于软磁材料，主要材料有纯金属(如纯 Ni)、合金(如牌号为 1J50 的 Ni50Fe50、1J13 的 Fe87Al13 及稀土系超磁致伸缩材料(如 Pr_2Co_{17}、$SmFe_2$ 等)。

四、磁性液体

由于迄今尚未发现居里温度高于熔点，故还不能制造真正的液态磁性材料。所谓磁性液体，则是指将磁性微粒(≈10nm)经表面活性剂处理后高度分散在液相载体(基液)中而形成的稳定的磁性胶体悬浮液。它既具有强磁性，又具有流动性，在磁场和重力场作用下能长期稳定存在而不沉淀或分层。

磁性液体由磁性微粒、表面活性剂和载体基液三部分组成。磁性微粒包括纯金属粉(Fe、Co)、合金粉(Fe-Co)、铁氧体粉(Fe_3O_4、r-Fe_2O_3)和稀土永磁粉等；表面活性剂可包括离子表面活性剂和非离子表面活性剂；而载体基液有水基、脂类、烃类、聚苯醚、水银等。实际应用时可按不同需要进行选择，如我国生产的水基磁液 CY1—20A、矿物油基磁液 CY3—20C、合成油基磁液 CY9—10E 等。

磁性液体除了磁化和流体特性外，还具有光学、超声及热效应等。磁性液体现已广泛用于密封与润滑、磁液扬声器与磁场传感器、光快门与光纤连接器、热力发动机与其他能量转换装置(如太阳能暖房)、机械人关节手夹钳、拉拔加工润滑装置、磁性染料和磁分选机等。

第四节 热功能材料

热功能材料是指主要利用热学性能和热效应的材料，用于制作发热、致冷、感温元件，或作为蓄热、传热、绝热介质应用于各技术领域；若材料还兼有电导和强度性能时，则又可用来制作集成电路、电子元器件等的基板、引线框架、热双金属片等。

一、发热材料

发热材料应有优良的高温抗氧化性、高电阻率和低电阻温度系数、良好的工艺性能等。

(一) 金属发热材料

在较低温度(400～500℃)下使用的发热材料可采用 CuNi 合金(如康铜合金)；而高于 1000℃以上使用的发热材料则应采用高熔点金属(如 Mo、W、Pt、Ir 等)、镍基合金(如 Ni80Cr20、Ni60Cr15Fe20 等)和铁基合金(如 Fe64Cr28Al8、Fe70Cr25Al5 等)，在镍基和铁基合金中，铬含量越高，发热元件的工作温度也越高。

（二）陶瓷发热材料

陶瓷发热材料的使用温度更高，但工艺性能不佳。常用的陶瓷发热材料有SiC(1650℃)、$MoSi_2$系(1700～1800℃)、$LaCrO_3$系(1800℃)、ZrO_2系(2000℃)和石墨系(3000℃)。具有正电阻温度系数的半导体发热陶瓷(PTC 陶瓷,如 $BaTiO_3$)，在居里点温度以上电阻急剧升高而丧失导电性，故可作为恒温发热体，其应用极广，如家用暖风机、火车空调等。

二、膨胀合金

绝大多数金属和合金均具有热胀冷缩现象，其程度可用膨胀系数来表示；但由过渡族金属 Fe、Co、Ni 组成的某些合金，由于其铁磁性在一定的温域内将出现反热膨胀效应(即因瓦效应)，据此可制造各种膨胀系数的合金。所谓膨胀合金，就是指这些具有并在使用中主要考核热膨胀特性的合金，它属于第 4 类精密合金(用“4J”表示,其后数字表示成分)。依据膨胀系数的大小不同，可分为低膨胀合金、定膨胀合金和高膨胀合金。

（一）低膨胀合金(因瓦合金)

低膨胀合金的特点是具有几乎为零的膨胀系数(一般 $<1.8\times10^{-6}/℃$)，主要应用于环境温度波动时要求尺寸近似恒定的元件，以保证仪器仪表、整机的性能精度；还可用作热双金属片的被动层，或液态天然气、液氢、液氧的储罐和输运管材。工业上有实用价值的低膨胀合金主要有：

(1) Fe-Ni 系。常用牌号 4J36(Fe-Ni36)、4J38(Fe-Ni36-Se0.2)，其应用最广。

(2) Fe-Ni-Co 系。常用牌号 4J32(Fe-Ni32-Co4-Cu06)，其膨胀系数更小，又称超因瓦合金。

(3) Fe-Co-Cr 系。常用牌号 4J9(Fe-Co54-Cr9)，其膨胀系数比超因瓦合金小且耐蚀，又称不锈因瓦合金。

(4) 其他。如 Cr 基非铁磁性合金(如 Cr-Fe5.5-Mn0.5 合金)、高强度因瓦合金 4J35(Fe-Ni34.5-Co5.5-Ti2.5)和高温低膨胀合金 4J30(Fe-Ni33-Co7.5,使用温度高至 300℃)。

（二）定膨胀合金(可伐合金)

定膨胀合金的特点是在 −70～500℃温域内具有较恒定的中、低膨胀系数，主要用于电真空技术中(如晶体管、电子管集成电路等)的引线和结构材料，与玻璃或陶瓷等封接而制成电子元器件，故又称封接合金。因此，要求定膨胀合金应有与被封接材料相近的恒定的膨胀系数(两者差一般不大于 10%)，导电、导热、耐热性良好，足够的强度与优良的工艺性能。

定膨胀合金的种类较多，按成分不同主要有 Fe-Ni、Fe-Ni-Co、Fe-Cr、Fe-

Cr-Ni、Cu、Fe 与难熔金属（W、Mo 等）及合金等。其中较常用的有：

（1）Fe-Ni-Co 系。典型牌号 4J29（Fe-Ni29-Co17），我国用量最大的封接合金，主要用于与软化温度高的硬玻璃和 Al_2O_3 陶瓷封接。

（2）Fe-Ni 系。典型牌号 4J42（Fe-Ni42），节约了昂贵的 Co，主要用于与软玻璃、陶瓷或云母的封接。

（3）无磁封接合金。典型牌号 4J78（Ni-Mo-Cu 系），用于强磁场中工作的器件。

（三）高膨胀合金

高膨胀合金的特点是膨胀系数大，如牌号为 4J75（Mn75Ni15Cu10）合金，其膨胀系数为低膨胀合金的 15～20 倍以上。高膨胀合金常用作热双金属的主动层。

三、热双金属

热双金属片由热膨胀系数不同的两层或两层以上的合金或金属沿整个接触表面牢固结合而成。其中热膨胀系数高的一层称为主动层，低的一层称为被动层；有时为了获得特殊性能，还有中间夹层或表面覆层。热双金属片主要用于制作温度指示与控制器、时间继电器和程序控制器、过载保护继电器和温度补偿器等，如温度计、自动断路器、家用电器控温与保护装置、汽车方向指示灯等，其应用极其广泛。

热双金属片的主要工作特性有热敏感性（常用“比弯曲 K”表示，即温度变化 1℃热双金属片的曲率改变程度）、电阻率（抗电流通过的特性）、弹性模量、线性温度范围和允许使用温度范围等。热双金属片属于第 5 类精密合金（“5J”表示），具体牌号为 5J××××（×）。前两位数字表示比弯曲 K（单位 10^{-6}/℃），后两位或三位数字表示电阻率（单位 μΩ·cm）。如 5J0756，表示比弯曲 K 为 7×10^{-6}/℃，电阻率为 56μΩ·cm 的热双金属片。另外一种表示方法为电阻 *R* 系列热双金属片牌号，如 *R*140，表示电阻率为 140μΩ·cm。

热双金属片的种类很多，按使用要求不同可分为：

（1）普通型（常用型）。其工作温度范围不高、用于一般要求的品种，用量最大，常见牌号有 5J1378、5J1480 等。

（2）高敏感型。即高热敏性且高电阻率的品种，可用作如室温调节器等高灵敏元件，常见牌号有 5J20110、5J15120 等。

（3）高温型。用于较高温度下的自控装置，常见牌号有 5J1070、5J0756 等。

（4）低电阻率型。用导电性较好的纯 Ni 或 Cu 基合金作主动层，或中间夹 Ni、Cu 的三层片（即 *R* 系列热双金属片），主要用作自动断路器，5J1017、5J1416 等属于此品种。

（5）耐蚀型。用于腐蚀介质中的控制装置，如 5J1075 属此品种。

(6) 低温型。如5J1478可用于-50℃的低温。

设计使用热双金属片元件时，可根据零件的各种工作条件，如温度、动作位移的形式和大小、力或转矩的大小、允许占有空间及加热方式等来选择其类型和牌号。

第五节 传感器用敏感材料

传感器是帮助人们扩大感觉器官功能范围的元器件，它可以感知规定的被测量，并按一定的规律将之转换成易测输出信号。传感器一般由敏感元件与转换元件组成，其关键是敏感元件，而敏感功能材料则是敏感元件的基础。

敏感材料的种类很多，按其功能不同可分为力敏材料、热敏材料、气敏材料、湿敏材料、声敏材料、磁敏材料、电化学敏材料、电压敏材料、光敏材料及生物敏感材料等。

一、热敏材料(温敏材料)

热敏传感器很多，其中以热电偶、电阻温度计和热敏电阻器的应用最普遍。随着高新技术的迅猛发展，新型热敏传感器(如电容型、压电型、热电型等)的应用也越来越多。此外，利用磁-温度依赖关系的磁补偿合金，利用光磁(确切说是因光照产生热而引起磁效应)和利用超导相变等温敏材料也在研制之中。

热电偶材料与电阻温度计材料多为金属或合金，前者常用的有PtRh/Pt、NiCr/NiAl、Cu/康铜等，后者则有Pt、Cu、Mn康铜等。热敏电阻材料大多为陶瓷材料(主要为金属氧化物)，是热敏材料的最主要部分。按电阻温度特性，热敏电阻材料分为负温度系数(NTC)热敏材料、临界温度电阻(CTR)热敏材料和正温度系数(PTC)热敏材料三大类。

负温度系数热敏电阻材料的电阻率随温度升高而下降，所制造的NTC热敏电阻器主要用作温度传感器、温度测量与温度补偿器，可供选择的材料多为各种金属氧化物，如Mn、Cr、Co、Zr、Al、Ba及稀有金属氧化物，少量也有C、N化合物(如SiC、BN、TaN等)。

CTR材料是指具有突变电阻-温度特性的材料，主要有Ag_2S-CuS材料和V系(如$V_{90}P_{10}$)材料，其所制造的CTR热敏电阻器主要用作电气开关和温度测量。

正温度系数热敏电阻材料的电阻率随温度上升而升高，即PTC效应，可用材料主要有$BaTiO_3$系和V_2O_3系两大类陶瓷材料。此外将膨胀系数较大的高分子材料(如聚乙烯、聚丙烯)与导电性材料(如石墨、金属粉末等)均匀混合而形成的复合热敏材料也具有PTC效应，因其常温电阻低、易于加工成形，而成为一种很有前途的新型热敏材料。相比较而言，PTC热敏材料的用途最广：如利用电阻温度特性可作温度补偿、温度监测传感器等；利用其电流电压特性可作恒温发热体(各种暖风机等)、温风加热器等；利用其电流时间特性，可作彩电自动消磁元件、马达启动、过电流保护和时间继电器等。表16-5列举了PTC热敏材料的应用领域和实例。

表16-5 PTC热敏材料的应用

应用领域	具体实例
过热保护	电动机、收录机、变压器、荧光灯、晶体管、计算机、复印机、电话保安等
恒温发热	空调加热、暖风机、烘干机、电烙铁、驱蚊器、热针灸、暖手器、面部桑拿浴等
定电压装置	定电压装置、日光灯稳定、电压自动转换等
延滞	时间延滞、彩电自动消磁、停电保安、电动机起动等
汽车工业	化油器预热、车窗加热、阻风门及调气器等
其他	温度指示计、功率计、液面计、线路温度补偿等

二、湿敏材料与气敏材料

湿敏材料和气敏材料用以制造湿敏元件和气敏元件，可将环境中的湿度、气体浓度变化信息转变为电参量(一般为电阻)输出并测出。

湿敏材料一般包括四大系列：

(1) 电解质系。利用电解质水溶液的导电能力(电阻)与湿度间的关系而工作，典型材料有含LiCl的聚乙烯醇膜。

(2) 有机物系。包括亲水性的导电高分子材料(如树脂+碳黑)、亲水性高分子膜等。

(3) 金属系。主要包括Si、Ge蒸发膜、Si烧结膜等。

(4) 氧化物陶瓷系。这类材料具有巨大的比表面积(多孔质材料,孔隙率25%~40%)和水分子亲合能力，其电阻率对湿度极为敏感，常用材料有Cr_2O_3、ZnO、Fe_3O_4、Al_2O_3涂布膜，V_2O_5-TiO_2系陶瓷膜等。

气敏材料则主要是氧化物陶瓷材料。如SnO_2、ZnO、Fe_2O_3等气敏材料，其晶体中有氧空位和填隙原子(离子)存在，当气体浓度变化时其阻值明显变化(尤其是掺杂了增感剂后更是如此)；ZrO_2、TiO_2陶瓷则主要作为氧敏材料，所制作的氧敏传感器已被用于汽车发动机空燃比控制、锅炉燃烧控制和冶炼时钢液中氧含量的监控等。

三、力敏材料

力敏材料主要用于制造力学量传感器。一般分为敏感栅金属材料和半导体力敏材料两大类。敏感栅(如电阻应变片)材料通常是精密电阻合金，利用其电阻值随其形变(伸长或缩短)而改变的现象——即电阻-应变效应而测量所需的应力(应变)值。常用的材料有 Cu-Ni 合金(如康铜)、Ni-Cr 合金(如 6J22、Ni74Cr20Al3Fe3)、Fe-Cr-Al 合金(如 FeCr25Al5.4V2.6Ti0.2Y0.3)和贵金属及合金(如 Pt、Pt-Ir、Pt-W 等)。半导体力敏材料多是单晶硅，主要利用其压阻效应(外力作用时电阻率显著变化)来检测力学参量，其灵敏度比金属材料高 50~100 倍。它所制作的力敏元件还具有体积小、结构简单、使用寿命长等优点，可实现计算显示与控制电路一体化，为仪器的微型化、数字化、高精度开辟了广阔的前景。

四、声敏材料

频率在 20~20000Hz 范围内的机械波即为声波，实际用来测定声压的传感器实质上也是力学量(压力)传感器。声敏材料按将机械振动(能)转换成电信号(能)的原理可分为电磁变换型(如磁性材料与线圈)、电阻变换型(电阻应变计)、光电变换型(光纤和光检测器)和静电变换型，即压电材料。

压电型材料是声敏材料的主体，具有所谓的压电效应——即晶体材料受力时表面会产生电荷的现象。常用的压电材料主要是石英压电晶体和压电陶瓷材料，而后者又最为重要。压电陶瓷主要有钛酸钡系($BaTiO_3$)和锆钛酸铅系($PbTiO_3$-$PbZrO_3$)；1970 年以后又开发了高分子压电材料(如聚偏二氟氯乙烯 PVDF)和复合压电材料(由 PVDF 和压电陶瓷粉体组成)。压电材料的应用极广，典型的有水声换能器来完成水下观察、通信和探测工作，还有超声换能器、高电压发生装置(如压电点火器)、电声设备(如拾音器、扬声器)及制造测量力加速度、冲击与振动等仪器(如压电陀螺)。

五、光敏材料

材料受光照后，其电学性质将发生相应的变化以反映光信号的强弱及其携带的信息，此即光敏材料。它属于光电子材料，其种类很多，如光敏电阻材料、光电池材料、光敏纤维等。

光敏电阻材料受到光辐射后，其电阻率将发生明显变化，这就是光敏电阻的工作原理。此类材料主要是 CdS、PbS、PbSe、GaAs 等化合物半导体。

光电池材料的工作原理是光生伏特效应(光生电流与光生电动势)，常用来制作太阳能电池，因而是一种新能源材料。光电池有两种类型：其一是金属-半导体；其二是 PN 结。许多半导体材料可以用作光电池，如硅光电池、硒光电池和锗光电池。

传感器用特殊光敏纤维是一种敏感光纤材料。与传统的通信光纤(传递信号)不同，敏感光纤是利用电、磁等与光的相互作用效应，直接将电、磁信息进行传输，用以检测电场、磁场、温度、压力和流速等物理量。如磁敏光纤、力敏光纤、热敏光纤、红外光纤，典型应用如光纤温度计等。光敏纤维是光纤传感器的基础，其特点有灵敏度高、电绝缘、抗电磁干扰、耐蚀且形状可塑性强，发展前景极其光明。

第六节 智能材料与结构

智能材料是指对环境可感知、响应和处理后能适应环境的材料。它是一种材料技术和信息技术融于一体的新概念功能材料，是材料、信息、生物、航空航天、自动控制和计算机工程等多学科的综合与集成，是21世纪材料发展的主要方向之一。

目前，对智能材料虽然尚无统一的定义，但普遍认为智能材料应同时具备传感、处理和执行三种基本功能。从理论上讲，智能材料可以从宏观到微观各种层次上来实现。但在宏观层次上，单一的材料很难同时具备传感、处理和执行三种基本功能，故应要把几种材料、元件或结构组合在一起构成一个结构或系统，把这种结构或系统称为智能结构或系统。智能结构系统能感知环境或内部参量，进行信息处理，发出指令，执行并完成动作，从而实现自诊断、自修复和自适应等多种功能。它的设计、制备、加工及结构和性能表征，均涉及材料科学中最前沿的领域。智能材料的研究是基础，智能结构系统的总成与应用是方向。

可用于智能结构系统的基础智能材料主要有形状记忆材料、电/磁致伸缩材料、压电材料、智能变色材料、电/磁流变体材料、高分子人工肌肉材料、环境敏感高聚物、自组装智能材料、光纤智能材料等，以下简介几种。

一、形状记忆材料

形状记忆材料是指具有形状记忆效应(SME)的金属(合金)、陶瓷和高分子等材料，它在一定初始形状时经形变而固定成另一种形状后，通过热、光、电等物理刺激或化学刺激的处理又可恢复为原初始形状。这是一种集敏感特性及驱动功能于一体的智能型多功能材料，其中形状记忆合金的研究和应用最多也最成熟。

某些具有热弹性马氏体的合金材料在高温定形后，若将其冷却到低温($T<$ Mf)的马氏体状态并进行一定量的塑性变形(最大可达20%变形量)；当其再升高至某一温度以上，马氏体又逆转变成原母相，此时材料也恢复到高温下原固有的形状(即塑性变形前的形状)，上述过程可周而复始、重复千万次，这就是形状记忆效应。此类合金材料即为形状记忆合金(SMA)。某些形状记忆材料经过特殊的“训练”，在随后的加热和冷却过程中，能够重复记住高温状态和低温状态的两种形状，称为“双程”形状记忆。

迄今为止已发现的形状记忆合金已有10多个系列的50多个品种，它们大致可分为两个类别：第一类是以过渡族金属为基的合金；第二类是贵金属的β相合金。工程上有实用价值、最引人注目的是Ni-Ti合金、Cu-Zn-Al合金、Cu-Al-Ni合金和Fe-Mn-Si合金。高分子形状记忆材料(又称热收缩材料)因有质轻、易成型、电绝缘等优点，故应用最早和最多的是制造热收缩管，随着研究、开发的深入，其应用领域正在逐步扩大，已发现具有SME性能的高分子材料有辐射交联聚乙烯、聚氨脂、苯乙烯-丁二烯共聚体等。形状记忆陶瓷和玻璃尚处于探索阶段。

形状记忆材料在航空航天、汽车、能源、电子电器、机械、医疗、玩具和建筑等行业有着广泛的应用前景。在1988年前，世界上申请应用专利的总数就已高达4000多项，但实际投入市场应用的仅1%；这说明在新材料应用方面还大有潜力，另外工程技术人员的观念也有待进一步转变。表16-6列举了形状记忆合金的应用领域和具体用例。

表16-6　形状记忆合金的应用

应用领域	具体应用实例
电子仪器	温度自动调节器、火灾报警器、双金属代用开关、电路连接器、空调用风向自动调节器、自动干燥库门的开闭器
机械器具	各种连接件如管接头、铆钉、定位器、夹子压板与固定器、光纤连接、F—14战斗机与潜艇用油压管、机器人手脚与微型调节器、热敏阀门、防火壁起动器、圆盘密封器
医疗器件	人工心脏活门与收缩用元件、人工肾脏泵、人工骨与人工关节、脊椎矫正棒、牙科矫形丝、医用内窥镜、避孕器具、眼镜用塑料透镜框架
汽车工业	发动机防热风扇离合器、排气自动调节喷管
能源开发	太阳能电池帆板、固体发动机、住宅暖房用温水送水管阀门、温室窗户自动调节弹簧
空间技术	月面天线、人造卫星用天线、卫星仪器舱窗门自动启闭

二、电/磁流变体材料

电/磁流变体材料，通常是由微米尺寸(1～10μm)的介电固体颗粒均匀弥散地悬浮于另一种互不相溶的绝缘载液中所形成的悬浮液体，在外加电场或磁场的作用下，诱导固体粒子极化并发生相互作用，使其流变特性如粘性、塑性、弹性等发生迅速(毫、微秒之间)而可逆可控突变，或由粘滞性液体转变成固态凝胶，或其流体阻力发生显著的变化。当电(磁)场除去后，固体又很快可逆地变回液体。这可说是机电一体化的理想材料。

电流变体(ERF)与磁流变体(MRF)均系用人工方法合成，并集固体的属性与液体的流动性于一体的胶体。一般由四种组分组成：

(1) 分散相。分散相固体颗粒应该是高介电常数、低粘度、低挥发、绝缘、无毒、无腐蚀性、不燃、耐热的材料，已采用的有金属、陶瓷、高分子材料，如铁电体粒子、石灰石、石膏、二氧化硅、二氧化钛、含水沸石、高岭土、酞菁和酞菁铜等。

（2）连续相。即绝缘载液，要求有低介电常数、低粘度、高沸点、低冰点、高绝缘和化学稳定性，其密度应与分散相匹配，以免发生沉降；一般采用介电常数低的绝缘液体油如硅油、矿物油、石蜡油、变压器油等，也有采用不互溶的混合液体以提高稳定性。

（3）稳定剂。稳定剂可防止分散相粒子沉降，使液体处于一种凝胶状态，多采用表面活性剂，常用的有接枝或嵌段型两性共聚物。

（4）活化剂。用无机材料分散相时，一般要求加入活化剂。常用活化剂有水和醇类、胺类等极性溶剂或低分子物质，其作用是使分散相粒子表面湿润，加强分散相粒子之间的相互作用，从而显著提高流变性能如表观粘度和形态转变等。

电/磁流变体材料是智能结构系统中执行器的主选材料，因其具有响应快速、连续可调、能耗低等优点，故将给新技术和新学科的发展带来革命性的变化。如有报道称，这会导致全世界50%以上的液压系统和器件需待重新设计。电流变体材料可用于制作减振器、离合器、刹车器、柔性机械夹具、导线缠绕控制器、安全阀及隔振系统等。例如，若在注满ERF材料的空心复合梁两端加上一个外加电场，则由于电流变体的固化，梁的强度会大大提高；如果将这个系统与传感器结合起来，就可使梁的性能随其负载而变化。磁流变体材料则可用于汽车离合系统、刹车系统、阻尼器、密封、抗振、减振等，例如制造磁液陀螺、磁液驱动装置、机器人肌肉、工业机械手、外科手术“磁刀”等。

三、高分子人工肌肉材料

某些高分子电解质在不同pH值溶液中的伸缩变形或某些高分子材料在外加电场作用下的体积变化，可制成电致伸缩（弯曲）薄膜，能模仿动物肌肉的收缩运动，故称为高分子人工肌肉材料。用于制备高分子人工肌肉材料的有共轭聚合物聚吡咯、聚苯胺，或离子交换聚合物-金属复合材料等。一般认为，高分子人工肌肉材料的变形特性是基于高分子的构象和高次结构的改变。

高分子人工肌肉材料的线性变形比L/L_0（即收缩后的长度与原长之比）可超过30%（而压电聚合物约仅0.1%），所产生的能量密度要比人体肌肉大3个数量级，且驱动电压很低，其循环变形寿命可达2000次以上，是一种具有较大发展潜力的（电）化学机械系统材料。

高分子人工肌肉材料作为驱动元件和执行元件有其独特的优点，它在机器人、柔性系统、医药、生物工程和智能系统中都有广阔的应用前景。例如，制成质量轻、能耗低的人工手臂；代替质量大、能耗高的马达-齿轮机械手臂；用在太空探测器上采集岩石标本、清洁观测窗玻璃等；利用“人工肌肉”模仿鱼尾作为推进器，可用于制造无噪声的微型舰船；制成人工假体，用于肢体残障者恢复某些功能；研制“昆虫”机器人，用于军事、医疗等领域。

四、环境敏感高聚物

环境敏感高聚物又称智能高聚物，是一类对于外界环境微小物理或化学刺激能发生迅速响应，而使自身的某些物理或化学性质发生相应突变的聚合物。外界环境刺激的因素有温度、酸碱度 pH 值、应力、离子强度、光强、电/磁场强度等多种，聚合物响应的方式有形状与体积变化、相变、力学性能变化、电磁光学性能变化、表面能变化、反应和渗透速率变化及识别性能变化等。其中研究最多的是智能凝胶材料。

智能凝胶是由液体及与其具有亲和性但不溶解的高聚物网络所组成的一类物质，液体被高分子网络封闭在里面，失去流动性，从而使凝胶能像固体一样显示出一定的形状。它利用智能凝胶在外界刺激下的变形、膨胀、收缩产生机械能，可实现化学能与机械能直接转换，从而开发出以凝胶为主体的执行器、化学阀、传感器、人工触觉系统、药物控制释放系统、化学存储器、分子分离系统、显示器件和记忆材料等。可供采用的智能凝胶较多，如聚酸乙烯乳液、聚丙烯胺、氯丁-酚醛、聚乙烯醇缩醛等。

智能凝胶具有广阔的应用领域和前景。例如，在各类重要的承载结构内部预埋含有强力粘合材料(液态“愈合剂”)的脆性管道，当结构严重超载、地震、强台风等原因造成应力过大出现局部裂纹时，脆性管道就能自行断开，“愈合剂”便会自动渗进裂缝与微裂缝的各个部位，并在极短的时间内迅速凝固，将裂缝粘合，从而达到结构自修复与环境自适应的目的。

五、自组装基础智能材料

自组装是指通过较弱的非共价键，如氢键、范德华力或静电引力等，将原子、离子、分子、纳米粒子等结构单元连接在一起，自发地形成一种稳定结构体系的过程，其特点是结构单元通过协同作用自发地排列成有序结构。自组装机制在自然界中普遍存在，有机分子及其他物质结合成组织器官并构成生物体的基本过程就是自组装。利用自组装原理，通过仿生手段，在原子或分子尺度上开始完整地构造器件，是材料研究的新观念，可使纳米材料的研究已由纳米颗粒材料的合成、块体材料的制备过渡到了纳米材料与结构组装体系研究的阶段，也是未来纳米器件、微型机器、分子计算机制造的最可能的途径之一。

自组装技术在合成智能材料方面具有极为光明的应用前景。例如，采用自组装技术可制备对气体、液体、分子、离子甚至电子的透过性可控的薄膜，以开发新型传感器、电极材料、绝缘体等；将具有光敏、压敏、热敏等各种不同功能的纳米粒子通过搬迁操作复合在多孔道的骨架内，通过调控纳米粒的尺寸、间距及纳米粒与骨架之间的相互作用，可得到兼有光控、压控、热控及其他响应性质的智能材料，已得到应用的有在沸石分子筛中组装半导体纳米材料（如 ZnS、GaAs）的光、电控元件。

六、智能变色材料

在光、电、热等外界条件的作用下，材料内部的结构发生变化从而改变材料对光波吸收的特性，使材料显现出不同的颜色，即为智能变色。这种现象被应用于调控光波的辐射，有广泛的应用价值，如变色太阳镜、三维全息照相的记录介质等。按材料变色条件的不同，可将变色材料分为光致变色材料、电致变色材料、热致变色材料等。如在光学玻璃组分中加入氧化铈、卤化银即成为光致变色玻璃，而 α-WO_3、NiO 薄膜是常见的电致变色材料。

七、光纤智能材料

光导纤维兼备感知和传输双重功能，具有直径小、柔韧性好、质量轻、传输速率高、反应灵敏、能耗低、抗电磁干扰、传输频带宽、可埋入性好、便于波分、时分复用和可进行分布式传感等优点，用于制作各种传感器来测量温度、压力、位移、应力、应变等多种物理量并具有极高的灵敏度。由于光纤可充任智能材料系统中“神经网络”和“神经单元”的双重关键角色，因此光纤已成为当前智能材料与结构研究中首选的信息传感及传输载体。光纤传感技术成为智能材料与结构的技术基础之一。目前，用于制作光纤材料的主要有石英、多组分氧化物玻璃、非氧化物玻璃和高聚物。高聚物光纤一般是以较高折射率的高分子透光材料（如聚苯乙烯）为芯材，以较低的材料（如聚甲基丙烯酸全氟丁酯）为皮层制成。

智能材料中的传感系统与传统的传感器的重要区别在于，前者的传感系统不是处于自由空间而是嵌埋在材料之中，故应考虑传感器与基体材料之间的兼容性和相互作用。在智能材料与结构中应用的光纤传感器有许多种，其中光纤布喇格光栅传感器显得尤其重要，它易于制作及埋入到材料内部，已成为光纤智能材料与结构的首选器件。由于光纤布喇格光栅传感器可对应力进行波长解码，极适合于像桥梁这样的建筑结构，用于成型监测和长期追踪应力的变化及结构的振动与损伤、裂缝的产生与扩展等，在构件中埋入这种智能光纤的传感系统能使飞机、大坝、路桥、地面及地下建筑等重要设备、设施智能化。例如，光纤分布型温度监测系统用于地下电力设备和隧道的安全防火；光纤管路监测系统用于探测配管损伤泄漏；光纤自诊断系统用于机翼前缘损伤的监控；在土建结构中埋入光纤传感器，可赋予土建结构以一定程度的生命与智能特征，使土建结构的离线、静态的被动检查转变为在线、动态、实时、主动的监测与控制等。

小　结

功能材料是指具有优良物理、化学和生物性能或其相互转化的功能，用于非承载目的之材料。在以高新技术为主要特征的知识经济时代，功能材料与结构材料将互相促进，共同发展。结构材料功能化、功能材料结构化的兼容也成为材料学的重点研究领域之一。

功能材料的主要特点有：功能多样化、复合化、智能化，材料与元件一体化、制造和应用的高技术性、性能和质量的高精密性及高稳定性、形态多样性等。

依据分类标准不同，功能材料的种类很多。按其主要功能特性和用途，可分为：电功能材料、磁功能材料、热功能材料、光学功能材料、声学功能材料、化学功能材料、生物功能材料等，应了解各种功能材料的主特性能和应用特点。

智能材料是功能材料发展的高级阶段，智能结构系统是材料、信息、仿生、自动控制和计算机工程等多学科技术的综合与集成，它们对环境能感知、响应、处理和适应，同时具备传感、处理和执行三种基本功能。

习　题

16-1　根据你掌握的知识，举出几例功能材料在机械工业中的应用实例，由此说明作为机械工程技术人员应掌握功能材料有关知识的重要性。

16-2　现有三种导线：纯铜线、低碳钢线、铜包钢线，请全面比较它们的特点(性能、成本与适用场合)。

16-3　请说明焊接用磁性夹具的材料与工作原理，该夹具能否用于1Cr18Ni9材料的焊接？

16-4　冬天运行于寒冷地区的火车车门常因结冰而难以打开，请提出可能的解决措施(结构与材料)。

16-5　油田的油井抽油管常因石油内结晶物析出并依附于其内壁上而阻塞油管，请给出可行的解决方案。

16-6　雷达吸波涂料是隐形飞机雷达隐形技术的关键因素之一，你认为这种涂料应具有哪些基本特性？可能是哪些材料？

16-7　请给出三种可用做变压器铁心的材料，并比较各自的特点。

16-8　高速汽轮机叶片作为结构件应选何种结构材料？从功能材料的角度，它又应具备什么功能？

16-9　试描述形状记忆合金作为温室窗户自动调节弹簧材料的工作原理。

16-10　试分析智能材料与智能结构之间的关系，并举例说明。

第十七章　工程材料的选用与发展

材料的选用是产品设计与制造工作中重要的基础环节，贯穿在整个设计过程。选材的核心问题是在技术和经济合理的前提下，保证材料的使用性能与零件(产品)的设计功能相适应。掌握各类工程材料的特性、正确选用材料及相宜的加工方法(路线)是对所有的从事产品设计与制造的技术人员的基本要求。

材料的选择具有普遍性，主要体现在：①新产品(零件)设计；②更新现有产品零件的材料，以提高产品的各种功能或降低成本；③防止零件的失效，经分析需要重新选择材料和工艺；④其他情况，如工艺装备设计、非标准件的设计等。充分认识选材的普遍性和重要性，掌握选材过程与方法的要领，是正确选材、合理用材的重要保证。

在现今的产品设计中，多采用类比法或经验法来套用而并非选用材料，更有甚者是随意取用材料，带有浓厚随意性、盲目性甚至是危险性的色彩，是极不科学的。故应首先认识到这种传统做法造成的不良后果，更重要的是应学习并掌握科学合理选材的思路与方法。

第一节　零件失效分析

一、基本概念

任何零件均具有一定的设计功能与寿命。当其在使用过程中，因零件的外部形状尺寸和内部组织结构发生变化而失去原有的设计功能，使其低效工作或无法工作，或提前退役的现象即称为失效。失效分析的目的就是要分析零件的失效原因并提出相应的防止和改进措施，其结论对零件的设计、选材、加工与使用都有重大的指导意义。就选材而言，由于选材过程在很大程度上依赖于对以往使用经验的分析，特别是对失效原因和机制的分析，找出零件的最薄弱环节，进而可直接确定零件应具备的某种(或某些)必要性能，并推断出材料应达到的性能指标。因此，失效分析工作也是选材过程的一个重要环节。

二、失效形式

零件失效形式多种多样，通常按零件的工作条件及失效的特点将失效分为四大类：即过量变形、断裂、表面损伤和物理性能降级，见表17-1。对结构材料的失效而言，前三种是最主要的，其中断裂失效（尤其是脆性断裂）因其危险性而易受重视、且研究最多，疲劳断裂最普遍，是断裂失效的主要方式。对于功能材料，物理性能降级是其主要失效形式，但也存在断裂与腐蚀、磨损等问题。失效形式不同，则对材料的主要性能要求也不相同。如零件发生过量弹性变形失效时，其主要性能应是材料的刚度（刚性），就选材而言，应选高弹性模量（E、G）的材料。

表17-1 零件失效形式

过量变形失效	过量弹性变形 过量塑性变形	断裂失效	蠕变断裂 介质加速断裂
断裂失效	韧性断裂 脆性断裂 低应力脆断 疲劳断裂	表面损伤失效	磨损 腐蚀 表面接触疲劳
		物理性能降级	电、磁、热等性能衰减

三、失效原因

造成零件失效的原因错综复杂、因素较多，一般将其分为四个主要方面：设计、材料、加工与使用，见表17-2。

表17-2 零件失效的主要原因

设计	设计思想有误 工作条件分析错误 结构外形不合理	加工	各种热加工缺陷 各种冷加工缺陷
材料	选材不当 材质低劣（冶金缺陷）	使用	安装不良 维护不善 操作不当 过载使用

1. 设计　设计与失效之间关系密切，如结构形状不合理导致的应力集中、安全系数选择过大或过小均是常见的设计错误。

2. 材料　材料是零件安全工作的基础，因材料而导致失效主要表现在两方面：其一是选材不当，这是最重要的原因；其二是材质欠佳，如各种冶金缺陷（气孔、疏松、夹杂物、杂质含量等）的存在且超过规定的标准。

3. 加工　产品在加工制造过程中若不注意工艺质量，则会留下各种冷热加工缺陷而导致零件早期失效。如各种裂纹缺陷（铸、锻、焊、热与磨削裂纹）、组织不均匀缺陷（粗大组织、带状组织等）、表面质量（刀痕等）与有害残余应力分布等。

4. 使用 零件安装时配合不当、对中不良、维修不及时或不当、操作违反规程等均可导致工件在使用中失效。据报道，在260例压力容器失效中，属操作不当而造成失效的高达75%。

应该说明的是：工件失效的原因可能是单一的，也有可能是多种因素共同作用的结果，但每一失效事件均应有一导致失效的主要原因，据此可提出防止失效的主要措施。

四、失效分析的基本步骤与方法

失效分析工作涉及到多门学科知识，其实践性极强，快速准确的分析结果要求有正确的失效分析方法。一般认为失效分析的基本步骤如下：

1. 调查取证 调查取证是失效分析最关键、最费力、也是必不可少的程序，主要包括两方面内容：其一是调查并记录失效现场的相关信息，收集失效残骸或样品；其二是查询有关背景资料，如设计图样、加工工艺等文件、使用维修情况等。

2. 整理分析 对所收集的资料、证据进行整理，并从零件的设计、加工及使用等多方面进行分析，为后续试验明确方向。

3. 试验分析 如对失效试样进行宏观与微观断口分析，确定失效的发源地与失效形式；初步判定可能的失效原因；对材料进行成分组织性能的分析与测试，包括成分及均匀性分析、组织及均匀性观察、与失效方式有关的各种性能指标的测试等，并与设计要求进行比较。

4. 综合分析得出结论 综合各方面的证据资料及分析测试结果，判断并确定失效的具体原因，提出防止与改进措施，写出报告。

第二节 材料选择的原则

研制有竞争性的优质产品，最重要的要求之一就是选择产品中不同零件所用的各种材料和与之相宜的加工方法的最佳组合。由于所能采用的材料和加工方法很多，因而材料的选用常常是一个复杂困难的判断、优化过程。毫无疑问，所选材料应满足产品(零件)使用性能的需要，还要经久耐用，易于加工，经济效益高。因此，通常情况下选材一般应遵循三个基本原则：使用性能、工艺性能和经济性能，它们是辩证的统一体。在大多数情况下，使用性能是选材的首要原则，然后再综合考虑工艺性能和经济性能，得出优化结果。为满足人类社会可持续发展战略的需要，适应经济全球化、集约化发展趋势，考虑材料环境特性和技术经济价值的选材原则也将受重视。

一、使用性能选材原则

（一）使用性能简要分类

使用性能是材料满足使用需要所必备的性能，它是保证零件的设计功能实现、安全耐用的必要条件，是选材的最主要原则。不同用途的零件要求的使用性能是不同的，见表17-3。对结构零件而言，其使用性能要求中以力学性能为主，物理性能和化学性能要求为辅；对功能元件而言，其使用性能中则以各种功能特性为主，以力学性能、化学性能为辅。实际上零件对材料的使用性能要求是多因子的，因而必须首先准确判断零件所要求的某个（或某几个）使用性能，然后方可进行具体的选材工作。

表17-3 使用性能的简单分类

分　类	典型性能	用途举例
力学性能	强度 刚度 韧性	各机械装置、承载结构零件，如齿轮、轴、螺栓、连杆等
物理性能	密度	航天航空、运动机械
	导热性	热交换器、隔热保温装置
	导电性	电机电器、输变电设备
化学性能	耐热性 耐蚀性	热工动力机械与加热设备、化工设备、海洋平台、船舶与户外结构
功能特性	电磁、声、光、热等性能	功能器件，敏感元件如太阳能电池、压电器件等

（二）按使用性能选材的具体方法与步骤

（1）分析零件的工作条件，确定其使用性能。零件的工作条件分析包括：①受力情况，如载荷性质、形式、分布与大小，应力状态（含残余应力）；②工作环境，如工作温度、工作介质；③其他特殊要求，如导热性、密度（重量要求）与磁性等。在全面分析工作条件的基础上确定零件的使用性能，如在交变载荷下要求疲劳性能，在冲击载荷下工作要求韧性，在酸碱等腐蚀介质中工作则要求耐蚀性等。

（2）进行失效分析，确定主要使用性能。在工程应用中，失效分析能暴露零件的最薄弱环节，找出导致失效的主导因素，直接准确地确定零件必备的主要使用性能。如过去人们认为发动机曲轴的主要使用性能是高冲击抗力（韧性），必须采用锻钢制造；而失效分析结果表明：曲轴的失效形式主要是疲劳断裂，以疲劳抗力为主要性能要求来设计制造曲轴，其质量和寿命可显著提高，故可采用价格便宜、工艺简单的球墨铸铁来制造。

（3）将零件的使用性能要求转化为对材料性能指标的要求。通过分析、计算，将使用性能要求指标化、量化，再按这些性能指标数据查找有关手册中各类材料的性能数据及大致应用范围，进行判断、选材。这里指出的是，一般设计手册提供的材料性能大多限于常规力学性能参数，如强度（σ_s、σ_b）、塑性（δ、ψ）、韧性（a_K）和硬度（HRC、HBS）；对某些非常规的、先进的力学性能（如断裂韧度 K_{IC}等）可能缺乏，此时应查阅专门资料或通过模拟试验取得数据进行选材，而不能盲目地以方便查到的常规性能数据代替非常规性能数据，否则要么严重浪费了材料，要么导致零件早期失效。

表 17-4 列举了几种常见典型零件的工作条件、主要失效形式和主要力学性能指标。对结构零件（尤其是机械零件）而言，除主要以力学性能为选材原则以外，根据其具体工作条件不同，有可能还要对物理或化学性能提出特殊要求。如汽轮机叶片，不仅要求具有高温的强度、韧性等力学性能，而且还要求耐热、耐蚀、减振等特殊性能，一般选用马氏体不锈钢（如 2Cr13）或马氏体耐热钢（如 15Cr12WMoV）制造；当其工作温度较高时，应选耐热、耐蚀性能更好的奥氏体耐热钢（如 1Cr17Ni13W）甚至耐热合金制造（如铁基耐热合金 FeCr14Ni40MoWTiAl、镍基耐热合金 Ni80Cr20）。再如某些重要仪表弹簧，同时要求弹性、抗磁性和耐蚀性，此时便不应选择普通弹簧钢（如 65Mn），而要选择铍青铜制造（如 QBe2）。

表 17-4　几种典型零件的工作条件、失效形式和主要力学性能

零件名称	工作条件	主要失效形式	主要性能与指标
传动轴类	交变弯曲、扭转应力，冲击载荷，轴颈处摩擦	疲劳断裂，过量变形，轴颈磨损	综合力学性能：屈服强度，疲劳强度，韧性；局部耐磨性
传动齿轮	交变弯曲应力与接触压应力，冲击载荷，齿面强烈摩擦，振动	接触疲劳（麻点），磨损，齿折断	弯曲及接触疲劳强度，表面硬度与耐磨性，心部强度与韧性
弹簧	交变弯曲、扭转应力，冲击与振动载荷	疲劳断裂，弹性丧失	弹性极限，屈强比，疲劳强度
冷挤压模	两向或三向复杂应力，强烈摩擦	磨损，脆断	硬度与耐磨性，高强度与一定韧性

（三）按力学性能指标选材需注意的问题

前已述及，材料的力学性能是按使用性能选材原则的最主要依据。只要正确分析零件的工作条件和主要失效形式，进而确定其应具备的主要性能要求及指标，再通过必要的计算（重要零件还需进行模拟试验），查阅设计手册，所选的材料理应能正常工作。但实际情况并非一定如此，因为有时尚有许多未估计到的或易被忽视的因素会影响材料的实际性能，故在按力学性能选材，还需考虑以下几方面问题。

1. 材料性能与零件性能的关系　由于手册上提供的力学性能指标是通过标准试验测得的，而与实际零件的结构设计和加工工艺不同，故材料性能与零件的真实性能之间会有很大的差异。教条地采用材料的这些力学性能数据，其制造的零件寿命未必高，有时甚至会出现较严重的早期失效现象。

（1）材料的尺寸效应。标准试样的尺寸一般是先确定且较小的，而零件的尺寸一般是较大的、各不相同的。零件的尺寸越大，则其内部可能存在的缺陷数量就越多，最大缺陷的尺寸也就越大；零件的工艺性能也随之恶化，特别是热处理性能降低，如淬透性低的钢材就不易在整个截面上得到均匀一致的性能；零件在工作时的实际应力状态也将复杂恶劣，如大尺寸零件的应力状态较高。所有的这一切都将使实际零件的力学性能下降，这就是尺寸效应。

（2）零件的结构形状对性能的影响。实际零件上的油孔、键槽及较小的过渡圆角之处，通常存在着较大的应力集中，且其应力状态变得复杂，这也使得零件的性能低于试样的性能。如正火 45 钢的光滑试样的弯曲疲劳极限为 280MPa，而用其制造带直角键槽的轴，其弯曲疲劳极限为 140MPa；若改成圆角键槽的轴，其弯曲疲劳极限则为 220MPa。此例首先说明了零件的应力集中对其性能的巨大影响；其次还说明适当改变零件的结构形状（如直角过渡改为圆角过渡），其实际性能也将大幅度地提高。因此，有时采用改善结构形状的设计比追求性能更好的材料，其实际效果可能更佳（简单易行、成本降低），值得重视。

（3）零件的加工工艺对性能的影响。材料性能是在试样处于确定状态（内部组织与表面质量）下测定的，而实际零件在其制造过程中所经历的各种加工工艺有可能导致内部或表面缺陷，如铸造、锻造、焊接、热处理及磨削裂纹，过热、过烧、氧化、脱碳缺陷，切削刀痕等，这些缺陷都导致零件的使用性能降低。如调质 40Cr 钢制汽车后桥半轴，若模锻时脱碳，其弯曲疲劳极限仅为 90 ~ 100MPa，远低于标准光滑试样（545MPa）；若将脱碳层磨去（或模锻时防止脱碳），则疲劳极限可上升至 420 ~ 490MPa，可见，表面脱碳缺陷对疲劳性能巨大的影响。

材料性能与零件性能之间客观存在的差异，通常是零件的性能（强度、韧性，尤其是疲劳性能）低于手册上提供的材料性能。故在应用力学性能指标来设计零件和选择材料时，必须结合零件的实际条件加以修正；必要时应对重要零件进行实物性能试验，如台架试验和装机试验。

2. 力学性能指标在选材中的应用意义　在本书第一章中已介绍了各种力学性能指标的基本概念，它们在选材中具有一定的实际意义，但也存在一定的局限性。如各种强度指标(σ_s、σ_b、σ_{-1}等)、刚度指标(E、G)和断裂韧度K_{IC}可直接用于设计计算和选材；而有些指标如塑性(δ、ψ)、冲击韧度(A_K、α_K)、硬度(HBS、HRC)和耐磨性等则不能直接用于设计计算，一般是通过实践经验或失效分析来估计、确定其数值大小，以保证零件安全可靠地工作。

(1) 刚度指标。表征材料的刚度指标主要有正弹性模量E、切变模量G；但实际零件的刚度既取决于所选材料的刚度E、G，又取决于零件的形状尺寸与受载方式。显然，在零件的形状尺寸和受载方式确定时，材料的刚度越高，则零件的刚度也就越高，这就是刚性结构一般都采用金属材料(主要是E、G值较高的钢铁材料)的原因；当零件所选材料的基本类型(成分)确定时，提高零件刚度的主要措施是结构设计，如加大截面尺寸，改变形状等。

(2) 弹性指标。材料的弹性指标同时取决于材料的刚度(E)和强度(σ_e)，其大小为$\sigma_e^2/(2E)$。对弹簧而言，其主要性能要求为弹性指标，故要求$\sigma_e^2/(2E)$值尽可能的高，为此σ_e应高而E则应低。高分子材料的E值虽低，但σ_e更低，且有明显的粘弹性行为，故不是弹簧的最佳材料，只能用于家庭用具和玩具中的弹簧。金属材料(主要是钢、铍青铜)的E值虽较高，但σ_e更高，尤其是σ_e可通过各种改性技术来提高，故是工程结构中最主要的弹簧材料。某些复合材料(如碳纤维金属基复合材料)的弹性性能虽然也很好，但因其成本太高，目前尚未广泛应用。

(3) 强度指标。设计手册上提供的材料强度指标大多是静拉伸强度σ_s(或$\sigma_{0.2}$)与σ_b；对于其他加载方式下的强度指标，如抗弯强度σ_{bb}，抗压强度σ_c等，则要么在专门资料上查询、或通过补充试验获得，要么利用其与静拉伸强度之间的经验关系获得。这说明静拉伸强度仍然是强度设计中使用最多的性能指标。

1) 屈服强度(点)σ_s。屈服强度是最主要强度指标，由于绝大多数零件都限制在弹性变形范围内工作，故设计选材时一般规定零件的工作应力σ必须小于许用应力$[\sigma]=\sigma_s/n$(n为安全系数)。对于以过量塑性变形为主要失效形式的零件(如普通紧固螺栓)，可直接采用σ_s为设计选材依据；对以疲劳断裂或低应力脆断为主要失效形式的零件，便不能直接采用σ_s为设计选材依据。

2) 抗拉强度σ_b。σ_b主要表征材料的最大承载能力，这对低塑性材料(如灰铸铁、冷拔高碳钢丝)和脆性材料(如白口铸铁、陶瓷)等制作的零件有直接的设计选材意义，并规定工作应力$\sigma \leqslant (\sigma_b/n)$。对塑性材料制作的零件，$\sigma_b$虽无直接的设计选材意义，但因$\sigma_b$与疲劳极限$\sigma_{-1}$之间存在的经验关系($\sigma_{-1} \approx K\sigma_b$)，可用$\sigma_b$来间接衡量材料疲劳极限的高低，并以此用于非重要的疲劳零件的设计选材。

3) 疲劳极限。疲劳断裂是机械零件的最主要失效形式，故疲劳极限理应也是最重要的力学性能指标；但由于疲劳极限测试费时，且与材料的内外因素之间极为敏感，故材料的疲劳性能数据很不完善。对以疲劳为主要失效形式的零件选材时，若是非重要件，可利用疲劳极限与静强度(σ_b)之间的经验关系进行选材；若是重要零件，则必须补充试验获得相应的疲劳性能数据，甚至可能还要进行模拟试验或实物试验进行选材。由于材料的内在缺陷和表面质量以及零件的结构形状对疲劳性能的影响很大，故在追求疲劳性能的设计与选材时，应特别注意提高材料的冶金质量(主要是非金属夹杂物)，防止各种冷热加工缺陷(主要是裂纹)，改善结构形状(主要是防止应力集中)和重视采用表面强化处理工艺，这些因素对提高零件疲劳性能往往会超过高级材料本身的贡献。

(4) 塑性指标。从使用性能角度考虑，材料的塑性可松弛应力，减小应力集中，从而保证了零件安全工作，故设计选材时要求材料具有一定的塑性值 δ、ψ。但 δ、ψ 不能直接用于设计计算，且因是在静拉伸试验中测定的，不能代表复杂应力状态(如多向应力状态、缺口导致的应力集中等)及冲击加载下的塑性，故不能可靠地避免零件脆性断裂。对重要零件的实际塑性，应采用实物试验测定，如发动机连杆螺栓，必须进行偏斜拉伸试验获取其塑性数据，以用于正确选材。

(5) 冲击韧度。冲击韧度 a_K(或 A_K)代表了复杂应力状态(缺口导致的应力集中)和高速加载下塑性材料的脆断倾向；由于 a_K 对温度极敏感，故还可用来评价材料的冷脆倾向(如韧脆转变温度 T_K)。因此材料的冲击韧度 a_K、T_K 比塑性 δ、ψ 更能反映实际零件的脆断倾向，在设计选择中低强度材料时，是一个脆断失效的重要性能指标。但 a_K(A_K)也不能定量地用于设计选材，只能凭实践经验和根据失效分析结果来提出对冲击韧度值的要求，故存在着浪费材料(过大的 a_K 值要求)或不能可靠地防止脆断(过小的 a_K 值要求)的可能性。

(6) 断裂韧度 K_{IC}。对高强度材料制造的构件和中、低强度材料制造的大型构件，低应力脆断是其主要失效形式，此时便应采用断裂韧度 K_{IC} 来进行设计选材。与疲劳性能一样，现有设计手册中关于材料的 K_{IC} 指标的数据极不完善，因此带缺陷的以低应力脆断失效的重要零件在设计选材时，要么查找专门资料获取 K_{IC} 值，要么通过补充试验测得 K_{IC} 值。为防止带缺陷(主要是裂纹)的构件的低应力脆断，若采用传统的强度设计(如选择更高强度的材料或加大安全系数)，不仅不能、反而加大了构件的脆断倾向；此时采用断裂力学进行设计选材，通过适当降低材料的强度，减小构件内缺陷的数量与尺寸，方可确保零件安全工作。

(7) 硬度指标。由于硬度试验和硬度指标具有一系列的优点，故在工程上广泛用于设计、选材、加工与质量控制。在设计图样、工艺卡及许多技术文件上，均有标注硬度作为零件性能的要求；并认为只要硬度符合规范或要求，其他性能也基本达到了要求，零件的选材、加工或质量就是合格的。这种沿用至今的作法，为设计、选材、质量控制提供了极大的方便，在多数情况下也是正确的。

但应指出的是，若仅靠标注硬度来控制材料的性能，在某些情况下是不够的，或不正确的，有时甚至是相当危险的。不同材料或同一材料不同的组织，其硬度值可以相同，但其他性能可能有很大差异。如45钢制机床主轴的硬度要求为220～240HBS，通过调质和正火处理均可达到，但调质轴比正火轴的综合力学性能（如强韧性）高，其寿命也长。再如65Mn钢制弹簧，其硬度要求为43～47HRC，当热处理出现过热缺陷时，其硬度仍然符合要求，但弹簧的强韧性（尤其是韧性）却大大降低，易发生脆断而不能正常工作。这说明在标注硬度技术条件的同时，还需对处理工艺或其他要求作出明确规定，如对表面硬化零件，除标注表面硬度和心部硬度外，还应明确表面处理的方法及硬化层深度。

3. 材料强度与塑性、韧性的合理配合　材料的强度与塑性、韧性是设计选材时最重要、最常用的力学性能指标，但绝大多数情况下两者是相互矛盾的，即强度高则塑性、韧性低。因此，为保证零件安全工作，传统的方法是：在强度设计时，选取较大的安全系数，以确保零件的工作应力较小，从而防止变形失效，但这势必会增大零件的尺寸与质量；然后再凭经验对材料的塑性和韧性提出要求，通常为“安全”起见，塑性、韧性值选取大一些，但这是以牺牲材料强度为代价的，使材料性能潜力无法充分发挥。即便是这样，也不能确保零件的安全可靠，这是因为实际零件的工作条件千差万别，从而导致了对材料强度与塑性、韧性的不同要求。

1）绝大多数零件的断裂是因疲劳引起的，而高周疲劳又占据多数；在高周疲劳下，疲劳性能和寿命主要取决于材料的强度，因此常因强度不足，塑性、韧性有余而导致早期断裂。如发动机连杆，过去为追求高的塑性、韧性，采用锻钢（如45、40Cr、40MnB）进行淬火＋高温回火（回火温度一般540℃左右）处理；但失效分析表明，连杆主要以高周疲劳方式失效，因此适当降低回火温度（如480℃左右）以提高连杆的强度，其寿命反而提高。

2）在冲击加载情况下，绝大多数零件承受的是小能量多次冲击而非大能量一次或几次冲击；在小能量多冲时，零件的寿命也主要取决于材料的强度，过高的塑性、韧性反而降低了寿命。如凿岩机活塞由高碳钢（如T10A钢）制造，改变过去的整体淬火＋高温回火然后局部淬火＋低温回火为现在的整体淬火＋低温回火工艺；锻锤锤杆由35CrMo钢制造，改变过去的调质处理为现在的淬火＋中温回火处理，虽然零件的塑性、韧性降低了，但强度的提高使零件的工作寿命却大幅度提高。

以上两例说明，由于传统的设计思想过于追求高塑性、韧性而牺牲强度，使零件普遍存在塑性、韧性有余而强度不足，故寿命不高；若适当降低对塑性、韧性的要求而提高强度，则会提高零件的使用性能与寿命。但也不能因此而走向另一个极端，认为强度越高越好，对于带裂纹缺陷的零件（尤其是大型零件），应采用断裂韧度设计选材，强度高则断裂韧度低，零件的使用寿命将降低；对承受大应变的低周疲劳零件或在低温下工作的零件，也不能单纯地追求过高的强度指标。此时，正确的做法是适当降低强度来换取较高的韧性，这对提高零件的寿命有利。总之，应根据材料本身和零件的实际工作情况，注意材料的强度与塑性、韧性的合理配合，正确选材和制订加工工艺，方可获得最佳的使用性能和寿命。

4. 提高零件的结构效率　零件的结构效率通常是指零件承受的载荷与其质量之比。由于实际零件选材时采用的主要性能指标不同，结构效率又可表述为性能与质量之比。如刚度设计时，刚度与质量（常用质量密度 ρ 表示）之比，称为比刚度；若采用强度指标设计时，则为强度与质量之比，即比强度。显然，零件的结构效率或比刚度、比强度还取决于零件的加载方式（即应力状态），表 17-5 列举了部分加载方式对零件的比刚度和比强度的影响。

结构效率（或性能/质量比）对要求轻量化的零件（如航天航空、运输车辆等）极为重要。如飞机的机翼相当于受弯曲的平板，考虑钢和铝合金两种材料；在刚度设计时，若不考虑质量，显然是采用钢来制造（钢、铝合金弹性模量分别为 21×10^4MPa、7×10^4MPa）；但机翼刚度设计是要求在达到一定刚度前提下其质量应最轻，故此时就必须采用比刚度来进行刚度设计。根据表 17-5 可知其比刚度为 $E^{1/2}/\rho$，由于钢、铝合金的密度分别为 7.8t/m^3、2.7t/m^3，经推导则钢、铝合金的比刚度分别约为 0.76、1.5，显然飞机机翼应采用铝合金来制造合理。

表 17-5　不同加载方式下零件的比刚度和比强度

加载方式	比刚度	比强度	比脆断强度
杆棒拉伸	E/ρ	σ_s/ρ	K_{IC}/ρ
圆柱缸体受内压	E/ρ	σ_s/ρ	K_{IC}/ρ
棒或管扭转	$G^{1/2}/\rho$	$\sigma_s^{2/3}/\rho$	$K_{IC}^{2/3}/\rho$
细长杆受压	$E^{1/2}/\rho$	$\sigma_s^{2/3}/\rho$	
板弯曲	$E^{1/2}/\rho$	$\sigma_s^{1/2}/\rho$	$K_{IC}^{1/2}/\rho$
板纵向受压	$E^{1/2}/\rho$	$\sigma_s^{1/2}/\rho$	

二、工艺性能选材原则

材料的工艺性能影响到零件的内在性能、外部质量以及生产成本和生产效率等。本书一开始就强调材料选择与工艺方法的确定应同步进行，且已分析了不同的材料与不同的工艺方法之间的相互适应性，这说明材料的工艺性能也是选材时应考虑的因素。在理想情况下，所选材料应具有良好的工艺性能，即技术难度小，工艺简单，能量消耗低，材料利用率高，且能保证甚至提高产品的质量。此外，在根据工艺性能原则选材时，应有整体的、全局的观点，即不应只考虑材料的某个单项工艺性能，而要全面考虑其加工工艺路线及其涉及到的所有工艺的工艺性能。

（一）金属材料的工艺性能

总体来说，金属材料能适应的加工工艺方法最多，且工艺性能良好，这也是金属材料广泛应用的原因之一。但不同类型、不同成分和组织的金属材料对不同的加工方法表现出来的工艺性能是不同的，甚至有着相当大的差异。

1. 铸造性能　凡相图上液-固相线间距越小、越接近共晶成分的合金均具有较好的铸造性能。因此铸铁、铸造铝合金、铸造铜合金的铸造性能优良；在应用最广泛的钢铁材料中，铸铁的铸造性能优于铸钢；在钢的范围，中、低碳钢的铸造性能又优于高碳钢，故高碳钢较少用做铸件。

2. 压力加工性能　包括变形抗力、变形温度范围、产生缺陷的可能性及加热、冷却要求等。一般来说，铸铁不可压力加工，而钢可以压力加工但工艺性能有较大差异。随着钢中碳及合金元素含量的增高，其压力加工性能变差，故高碳钢或高碳高合金钢一般只进行热压力加工，且热加工性能也较差，如高铬钢、高速钢等；高温合金因合金含量更高，故热压力加工性能更差。变形铝合金和大多数铜合金，像低碳钢一样具有较好的压力加工性能。

3. 焊接性能　钢铁材料的焊接性随其碳和合金元素含量的提高而变差，因此钢比铸铁易于焊接，且低碳钢焊接性能最好，中碳钢次之，高碳钢最差。铝合金、铜合金的焊接性能一般不好，应采用一些高级的焊接方法（如氩弧焊）或特殊措施进行焊接。

4. 机械加工性能　主要指切削加工性和磨削加工性，其中切削加工性最重要。一般来说，材料的硬度越高、加工硬化能力越强、切屑不易断排、刀具越易磨损，其切削加工性能就越差。在钢铁材料中，易切削钢、灰铸铁和硬度处于180～230HBS范围的钢具有较好的切削加工性能；而奥氏体不锈钢、高碳高合金钢（如高铬钢、高速钢、高锰耐磨钢）的切削加工性能较差。铝合金、镁合金及部分铜合金也具有优良的切削加工性能。

5. 热处理工艺性能　各种材料的热处理工艺性能已在本书有关章节详细介绍。这里需要强调的是，必须首先区分是否可进行热处理强化，如纯铝、纯铜、部分铜合金、单相奥氏体不锈钢一般不可热处理强化；对可热处理强化的材料而言，热处理工艺性能相当重要。

（二）高分子材料的工艺性能

与金属材料相比，高分子材料的加工工艺路线较简单。其主要工艺为成型加工，且工艺性能良好，所用工具为成型模（其中主要为塑料模）。具体的成型方法很多，如注射成型、吹塑成型、挤压成型等。高分子材料也易于进行切削加工，但因其导热性能较差，在切削过程中应注意工件温度急剧升高而导致的软化（热塑性塑料）和烧焦（热固性塑料）现象。在少数情况下，高分子材料还可进行焊接与热处理，其工艺简单易行。

（三）陶瓷材料的工艺性能

陶瓷材料硬而脆且导热性较差，其制品的工艺路线也比较简单。主要工艺为成型(包括高温烧结)，根据陶瓷制品的材料、性能要求、形状尺寸精度及生产率不同，可选用粉浆成型、压制成型、挤压成型、可塑成型等方法。陶瓷材料的切削加工性能极差，除极少数陶瓷外(如氮化硼陶瓷)，其他陶瓷均不可切削加工。陶瓷虽可磨削加工，但其磨削性能也不佳，且必须选用超硬材料砂轮(如金刚石砂轮)。陶瓷也可进行热处理，但因导热性与耐热冲击性差，故加热与冷却时应小心，否则，极易产生裂纹。

最后应指出的是：在大多数情况下，工艺性能选材原则是一个辅助原则，处于次要的从属地位。但在某些情况下，如大批量生产、使用性能要求不高或很容易满足、工艺方法高度自动化等，此时工艺性能选材原则将成为决定因素，处于主导地位。例如受力不大但用量极大的普通标准紧固件(螺栓、螺钉、螺母等)，采用自动机床大量生产，此时应选用易切削钢制造。再如发动机箱体，其使用性能要求不高，很多金属材料均能满足；但因其内腔结构形状复杂，宜用铸件，故应采用铸造工艺性能良好的材料制造，如铸铁和铸造铝合金。

三、经济性能选材原则

质优、价廉、寿命高，是保证产品具有竞争力的重要条件，这就要求工程师在选择材料和制订相应的加工工艺时，应考虑选材的经济性。这对适应经济全球化的形势，对量大面广的民用产品的开发与应用，显得尤为重要。

所谓经济性选材原则，主要是指选择价格便宜、加工成本低的材料，其中材料成本问题是经济性选材原则的核心。

降低材料成本对产品制造者和使用者而言都是有利的，根据产品的类型不同，材料成本可占到产品成本的10%～70%。衡量材料成本的方法有单位质量价格、单位体积价格和单位性能价格等三个指标，其中单位质量价格在工程上应用最多。表17-6为部分典型材料的单位质量相对价格，虽然实际材料的价格时有变化，但仍可作为比较的参考。由表可见，普通碳钢、铸铁、水泥、钢筋混凝土的单位质量成本较低。有时，在使用性能(主要是力学性能)要求不高的场合下(如某些填充结构设计)，考虑单位体积价格可能对选材更为有利。如某些高分子材料(聚乙烯、聚丙烯、聚苯乙烯、聚氯乙烯等)的单位体积价格便低于钢铁材料，而属于便宜的材料。尤需强调的是，在按力学性能指标选材时，应比较不同材料的单位性能价格，如单位强度价格、单位刚度价格或单位比强度价格与比刚度价格等。由于习惯上多采用单位质量价格(P)，故单位性能成本既与材料的单位质量成本P、力学性能指标值(如σ_s、σ_b、E等)有关，还与零件的结构和加载方式有关。例如拉伸实心棒的单位比强度、比刚度成本分别为P_{ρ}/σ_{b}、P_{ρ}/E，而弯曲实心棒的两者表达式为$P_{\rho}/\sigma_{b}^{2/3}$、$P_{\rho}/E^{1/2}$（可参照表17-6推出）

表17-6　部分材料的相对价格

材　料	相对价格	材　料	相对价格
普通碳钢热轧型材	1	聚氯乙烯	2.5
低合金钢	1.2~1.7	聚乙烯、聚丙烯	3.0
优质碳钢	1.4~1.5	泡沫塑料	2.5~3.5
合金结构钢	1.6~3.0	环氧树脂	4.5
合金工具钢	2.5~7.2	聚碳酸酯	10.0
高速钢	9.0~16.0	尼龙66	12.0
不锈钢	6.0~14.0	聚酰亚胺	35.0
铝及铝合金	5.0~10.0	玻璃	4.0~4.5
铜及铜合金	8.0~16.0	Al_2O_3	35
镍	25	Co/WC硬质合金	250
钛合金	40	钢筋混凝土	0.5~0.8
钨	60	胶合板	2.5
银	3000	玻璃纤维树脂复合材料	8.0~12.0
金	50000	碳纤维环氧树脂复合材料	500
工业金刚石	250000	硼纤维环氧树脂复合材料	1000

四、价值工程选材原则

（一）价值工程的基本原理

价值工程(Value Engineering，简称VE)要求以最低的寿命周期成本(C)，可靠地实现产品(或过程)的必要功能(F)，以提高其价值(V)，从而取得最佳的技术与经济效果。价值工程从当初简单的“价值分析”、“功能替代”发展到今天，提出了“以最低的费用获取所需要的功能”这一科学的思想方法，反映了在广义的技术经济问题中存在的普遍规律，即凡是实现功能就要支付费用，因而应用领域越来越广泛。

VE中价值的概念不是政治经济学中社会必要劳动量的含义，而是指产品(或过程)的功能与取得该功能所需成本的比值，可表示为：$V=F/C$（V、F、C分别代表产品的价值、功能、成本）。从产品功能提高和成本降低两方面同时采取措施可有效地提高产品价值：一方面进行功能分析，保证基本功能，去除多余功能，进行功能优化；另一方面是进行成本分析，降低产品寿命周期成本。这些都与材料的选用有直接关系。

为了达到提高产品价值之目的，一般可通过以下五种具体途径：①提高功能并降低成本；②保持功能不变而降低成本；③保持成本不变而提高功能；④大幅度提高功能而仅少量增加成本；⑤减少某些不重要功能，而成本却大幅度下降。在实际运用中，到底采用何种方法来提高价值，应根据产品的特点与企业的状况来确定。

（二）价值选材的基本要素

价值选材是技术与经济紧密结合的产物，是价值工程在材料选择方法中的应用。价值选材的最终目的是提高产品的价值，而衡量价值的高低要求有一套评价产品价值的计算方法。但对产品价值 V 进行定量计算时，存在两点主要困难：其一，必须将 F 和 C 数量化，后者的量化很容易，而前者有时可量化，有时却难以量化，功能数量化的方法可采用功能直接计算、功能系数化、计算功能值等多种；其二，F 是技术性参数、C 是经济性参数，二者间缺乏严格的数量比例关系，但却必须将它们联系起来，由于功能实现与成本支出是同一生产过程的两个侧面，这便为价值的定量分析提供了可能性。

价值选材一般包括选材对产品的功能分析、成本分析和价值评价三个基本要素。

（1）功能分析。包括功能定义、功能整理和功能量化。功能定义是根据产品或零部件的工作条件及使用需要，对其作用（即功能）下定义。功能定义要求准确，尽可能易于量化，其内涵与外延应有利于产品（或过程）的功能在寿命周期内易于实现。通过功能定义，确定了多种功能要求。但对一种产品（零件）或某种过程而言，显然有主要功能和次要功能（或基本功能和辅助功能）、必要功能和多余功能、过剩功能和不足功能、有用功能和有害功能之分，故尚需对此进行功能整理。功能整理可用来建立同一产品的不同零件的功能之间、或同一零件的众多功能之间的联系，使之系统化。功能整理的有效工具是功能系统图，它是围绕系统的主要功能，通过“目的-手段”的形式确定各功能之间的逻辑关系。借助功能系统图，不仅可得出实现功能的手段或方法，而且也能找到并排除多余功能，补充不足功能，提高产品价值。价值选材中应重点保证主要功能，兼顾次要功能，去除多余功能乃至有害功能，调整过剩功能，分清主次，有的放矢地提高选材对产品价值的贡献。通过功能定义和功能整理，若某产品的功能要求单一且可量化，则可直接进行功能计算；但在多数情况下是功能要求有多种，且难于量化或不能量化，此时便应进行功能系数化处理。功能系数化处理实质上是计算功能评价系数，即根据众多功能要求对产品（或过程）的重要程度不同，给与一定的权重系数，进而计算出功能评价系数。

（2）成本分析

1）产品的总成本分析。产品的总成本 C 应由寿命周期成本（Life cycle cost,

LCC)表示，包括产品的购入成本 C_1 和使用成本 C_2(又称物主成本)。VE 要求企业在保证用户必要功能的前提下，以寿命周期的最低成本为经济性目标，而不是单纯考虑生产成本亦或材料成本的降低。

2）选材对产品寿命周期成本的影响。显然，材料的选用极大地影响了产品寿命周期成本的各个组成部分。工程实践中，在保证产品合理功能的前提下虽然一般是选用价格便宜的材料，可降低产品的寿命周期成本，但同时我们更应注意的是：有时若选用成本虽高但性能更优的材料，由于产品的自重减轻，使用寿命延长，维修费用减少、能源费用降低等多方面的有利因素，从产品寿命周期成本角度考虑，反而是经济的。因此，从使用者的角度分析，降低物主成本与购入成本同等重要，制造者在选材时应从全局综合考虑。有时降低物主成本会增加购入成本(材料成本或制造成本)；反之亦然。因此，应根据市场的实际需求情况，来寻找两者之间的平衡点，以求寿命周期成本最低。例如，某零件在使用时即使失效也不会造成整机事故，且易更换，需用量极大(如普通紧固件)，此时应尽量降低购入成本，售价应低；对家电、自行车及小汽车等产品，因其价格要为社会大众接受，故成本是主要的，性能则以寿命周期够用为限，宜尽量选用低成本的普通材料。而另外一些零件(如高速发动机连杆)，其性能好坏直接影响到整机寿命与安全，且不易更换，此时便应考虑降低物主成本，故即便购入成本较高，其寿命周期成本和经济性仍然是合理的，可选高成本的高级材料。制造方法的选择是材料选择过程中一个不可分割的因素，故应将结构设计、材料选择及其可用的加工方法作为一个有机的整体看待。不同的加工方法具有各自的优缺点，评价加工方法应包括材料转变为产品的成本、材料的利用率及加工方法对材料在使用过程中的性能和行为的可能影响等诸多方面。选材时不仅要考虑零件的某单项加工工序的成本，更重要的是应综合考虑其整个加工路线所涉及的全部加工工序之总成本。选择高成本材料，由于省去了某种或某些加工工艺，其寿命周期成本反而降低。如预硬化钢板，原材料成本虽高，但因无需热处理，从而避免了零件变形，提高了零件的尺寸精度和使用寿命，产品的价值反而得以提升。加工方法的材料利用率对制造成本影响甚大，这对高成本的高级材料尤为如此。如用粉末冶金热锻法生产的发动机连杆，其材料利用率高(比普通锻钢连杆高 40% 左右)，从而降低了材料成本；此外因减少了切削加工和精整工序，其制造成本也下降了。

3）成本计算。购入成本的计算比较明确，一般只需获得产品的价格即可，但对于使用成本而言，因其影响因素多而复杂，故不易计算，通常采用估算的方法。

(3）选材价值评价与优化。选材价值评价就是将选材的功能评价系数 F_i 与其成本系数 C_i 相比较，求出两者的比值 V_i，称为功能价值系数。按照价值工程的规律，对产品选材时，若某材料的价值系数 V_i 越接近于1，则选材越合理；价值系数 V_i 小于1，意味着对功能不太重要的零件或存在多余功能的零件，成本分配偏多，便要求剔除多余功能，或改选低成本材料以提高选材价值；若价值系数 V_i 大于1，意味着对功能重要性来说，成本分配偏少，严重情况下可能影响到整机质量和经济效益，产品的价值反而下降，此时便应选择成本虽高，但却可大幅度提升产品功能的材料。

五、材料的技术经济评价指标

由于选材时需要考虑的因素众多，而不同的材料又具有各自的优缺点。对某个确定的零件选材时，常需对两种或两种以上的材料进行对比分析、综合评价，以确定其中最优者；或需对某种有发展、应用前途的新材料作预测评估，可采用定量或半定量的分析方法。此处介绍一种材料的技术经济评价体系，共有10个评价指标：①对提高最终产品性能程度的评价，a_1 项；②材料的直接经济效益评价（如降低材料成本），a_2 项；③间接经济效益评价（或减少间接经济损失），a_3 项；④降低制造成本的评价，a_4 项；⑤对节约能源程度的评价，a_5 项；⑥对提高产品市场竞争能力或对引进技术的消化吸收能力的评价，a_6 项；⑦对促进并提高技术水平程度的评价，a_7 项；⑧对提高资源利用程度的评价，a_8 项；⑨对环境影响程度的评价，a_9 项；⑩材料的再生利用程度的评价，a_{10}项。

材料技术经济评价指标的计算公式为

$$H = \sum_{i=1}^{n} a_i K_i$$

式中，H 为综合评价结果分数；$n = 10$；a_i 为第 i 项的评价系数，可采用相对百分比作为定量化的依据；K_i 为第 i 项的权重系数，且 $\sum\limits_{i=1}^{10} K_i = 10$。由此可推出最高评价分数 $H_{\max} = \sum\limits_{i=1}^{10} a_i K_i = 100$。

表17-7为材料的技术经济评价体系指标的具体内容，其中 a_i、K_i 为专家评估后取的平均值，故并非绝对的数字。在进行对比评价时，较劣的材料 a_i 取“0”，而较优的材料按相对百分比确定 a_i，最好的材料 $a_i = 10$；若比较材料对某评价项目均“无贡献”或“无影响”时，可省略该评价项目而不影响相对结果。从权重系数大小分析，提高产品功能和降低材料直接成本最为重要，其 K_i 值分别达到1.55和1.45。

表 17-7　材料技术经济评价体系指标

<table>
<tr><th>评价项目</th><th>权重系数 K_i</th><th colspan="60">评价系数 a_i</th><th>说明举例</th></tr>
<tr><td>a_1 提高功能</td><td>1.55</td><td colspan="10" rowspan="5">>100%
10～5</td><td colspan="10" rowspan="5"><100%
5～2.5</td><td colspan="10" rowspan="5"><50%
2.5～1.25</td><td colspan="10" rowspan="5"><25%
1.25～0.5</td><td colspan="10" rowspan="5"><10%
0.5～0</td><td colspan="10" rowspan="5">0%
0</td><td>精炼轴承钢比大气冶炼轴承钢疲劳寿命高 40%，可取 $a_1=2$</td></tr>
<tr><td>a_2 直接效益</td><td>1.45</td><td>45 钢表面淬火代替 40Cr 钢制汽车半轴，基本材料成本降低 30%，可取 $a_2=1.5$</td></tr>
<tr><td>a_3 间接效益</td><td>1.25</td><td>高铬不锈钢和低合金钢制大型水轮机转轮，因检修停机年均少发电分别为 1.3 亿和 3.2 亿 kW·h，前者可减少经济损失 60%，可取 $a_3=3$</td></tr>
<tr><td>a_4 制造成本</td><td>1.15</td><td>易切削钢代替普通钢，因切削性改善而降低制造成本 30%，可取 $a_4=1.5$</td></tr>
<tr><td>a_5 节约能源</td><td>1.05</td><td>塑料部分代替钢用于汽车非承载件，零件制造和汽车运行过程节能 40%，可取 $a_5=2$</td></tr>
<tr><td>a_6 竞争能力</td><td>1.00</td><td colspan="15">（作用很显著）
10～8</td><td colspan="15">（作用较显著）
6～4</td><td colspan="15">（作用显著）
3～1</td><td colspan="15">（无作用）
0</td><td>Cr4W2MoV 代替 Cr12 制造形状复杂冷冲模，寿命提高而显著增强产品出口竞争力，可取 $a_6=2$</td></tr>
<tr><td>a_7 制造水平</td><td>0.85</td><td colspan="12">（国外先进水平）
10～8</td><td colspan="12">（国内先进水平）
7～5</td><td colspan="12">（行业先进水平）
4～2</td><td colspan="12">（有所提高）
1</td><td colspan="12">（无作用）
0</td><td>硬质聚氨酯发泡塑料代替铝蜂窝，使夹层结构制造技术达国内先进水平，可取 $a_7=6$</td></tr>
<tr><td>a_8 资源利用</td><td>0.75</td><td colspan="60">同 a_6 项</td><td>稀土元素的应用，显著提高了我国材料资源的利用程度，可取 $a_8=2$</td></tr>
<tr><td>a_9 环境影响</td><td>0.53</td><td colspan="20">（改善到良好水平）
10～6</td><td colspan="20">（减少污染）
5～1</td><td colspan="20">（无作用）
0</td><td>S-Ca 易切削钢比 Pb 易切削钢在冶炼时减少对环境的污染，可取 $a_9=3$</td></tr>
<tr><td>a_{10} 回收再生</td><td>0.42</td><td colspan="15">（很容易）
10～7</td><td colspan="15">（较容易）
6～4</td><td colspan="15">（容易）
3～1</td><td colspan="15">（不容易）
0</td><td>一般钢铁材料较容易回收再生，可取 $a_{10}=5$（其他材料可与钢铁材料对比）</td></tr>
</table>

第三节 典型零件选材与工艺分析

一、工程材料的应用概况与评价

金属材料、高分子材料、陶瓷材料及复合材料等四大类工程材料各具自身的特性(功能、成本与其他)，因而各有最合适的用途。

高分子材料的强度与刚度低、尺寸稳定性较差且易老化，在工程上一般不用于受力较大的、重要的结构零件。但由于其原料丰富，生产能耗较低(为钢的1/10、铝的1/20)，密度低，弹性较好且减振、耐磨，故适合于制造受力不大的普通结构件及减振、耐磨或密封零件，如轻载传动齿轮、轴承、紧固件、密封件和轮胎等。表17-8列举了一些用塑料代替金属的应用实例，这不仅可以降低成本，且使用性能不受影响，甚至更加优异。

表17-8 某些用塑料代替金属的应用实例

零件类型		产品	零件名称	工作条件	原用材料	现用材料	代用效果
摩擦传动零件	轴承	载重汽车	底盘衬套轴承	低速、干摩擦	GCr15	聚甲醛	>1万公里轴承不用加油保养
		水压机	立柱导套	往复摩擦运动	铝青铜	MC尼龙	良好，已投入生产
	齿轮	六角车床	走刀机械传动齿轮	平稳摩擦	45钢	聚甲醛 铸型尼龙	噪声低，长期使用无损坏性磨损
		起重机	吊索绞盘传动蜗轮	最大起吊质量6~7t	磷青铜	MC铸型尼龙	零件质量减轻约80%，使用两年磨损很小
一般结构件	螺母	铣床	丝杠螺母	对丝杠的磨损极微，有一定的强度	锡青铜	聚甲醛	良好
	壳体	外圆磨床	罩壳衬板	电器按钮盒	镀锌钢板	ABS	美观，制作方便
		电风扇	开关外罩	一定的强度	铝合金	有机玻璃	良好
	手柄	磨床	手把	一般	35钢	尼龙6	良好
		电焊机	控制滑阀	6个大气压	铜	尼龙1010	良好
	夹芯	飞机、客车、船舶	夹层结构板	一定的比强度、隔热、隔音	铝蜂窝	发泡塑料	成本大幅下降，使用可靠

陶瓷材料硬而脆，加工性能差，也不能用作重要的受力零件。目前主要应用领域是建筑陶瓷和功能材料。但陶瓷材料具有高热硬性及化学稳定性，可用作耐热、耐磨、耐蚀的零件，如燃烧器喷嘴、刀具与模具、石油化工容器等。由于陶

瓷功能材料具有极其广阔的应用前景，在高新技术产品中占据重要地位，故有人认为21世纪是“第二个石器时代”。但作为陶瓷结构材料，目前尚处开发应用阶段。

复合材料克服了高分子材料和陶瓷材料的不足，它综合了各种不同材料的优良性能，具有高的比强度、比刚度、抗疲劳、减振、耐磨性能优良等特点。尤其是金属基复合材料，从力学性能角度看，可能是最理想的机械工程材料。但复合材料价格昂贵，除在航天航空、船舶、武器装备等国防工业中的重要结构件上应用外，在一般的民用工业上应用有限。当然，随着复合材料的生产成本降低，其应用潜力巨大，前景极其广阔。

金属材料，尤其是钢铁材料(其中主要是钢)，与其他三类工程材料相比，由于它在力学性能、工艺性能和生产成本这三者之间保持着最佳的平衡，具有最强的应用竞争力，故在相当长的时期内，金属材料仍然是机械工程材料的主力军。从这个意义上来讲，人类仍然生活在以钢铁材料为主的“铁器时代”。以载货汽车用材的质量为例，钢占65%，铸铁占20%，有色金属占3%，非金属材料约占12%。在轻型汽车和轿车中，非金属材料的用量虽有所增加，但金属材料仍占主体。

由于不同的工程材料具有不同的性能和成本特点，因此对某一确定的零件而言，选材时存在着不同材料之间的竞争性，依据不同的选材原则或具体要求，其最合适的材料是不同的。现以方形截面悬臂梁选材为例进行分析。

设梁的长度为L，作用载荷为F，要求一定的刚度和强度。刚度设计时要求最大挠度$\delta_{max} \leqslant \delta_c$，强度设计时要求最大工作应力$\sigma_{max} \leqslant [\sigma] = \sigma_s$。根据不同的需要进行选材，由材料力学知识：按刚度设计要求，梁的截面尺寸t、质量M、材料成本P分别正比于材料的$E^{-1/4}$、$E^{-1/2}\rho$和$E^{-1/2}\rho\bar{P}$(式中E、ρ、$\bar{P}$分别代表材料的弹性模量、密度、相对单位质量成本)；若按强度设计要求，梁的t、M、P则分别正比于材料的$\sigma_s^{-1/3}$、$\sigma_s^{-2/3}\rho$和$\sigma_s^{-2/3}\rho\bar{P}$。

因此，梁设计时，若要求梁的截面尺寸小，可尽量选用E、σ_s高的材料；若要求梁的质量轻，则应尽量选择$E^{-1/2}\rho$、$\sigma_s^{-2/3}\rho$值小的材料；若要求梁材料成本低，则应尽量选用$E^{-1/2}\rho\bar{P}$、$\sigma_s^{-2/3}\rho\bar{P}$值小的材料。

表17-9列出了梁的几种候选材料的性能和成本的有关数据，反映了在同样设计技术条件下，当设计要求不同时，各种材料的相对优劣程度。由表可知，若要求梁的截面尺寸小，刚度最好的材料是低合金钢和碳纤维复合材料(CFRP)，最差的是木材和尼龙66；强度最好的材料仍是碳纤维复合材料和低合金钢，最差的也是木材和尼龙66。若要求梁的质量轻，刚度最好的材料是碳纤维复合材料和木材，最差的则为尼龙66和低合金钢；强度最好的材料则是复合材料及铝合金，最差的仍是尼龙66和低合金钢。若要求梁的材料成本低，刚度、强

度最好的材料均为木材和钢筋混凝土，低合金钢次之，而最差的则为复合材料和尼龙 66。在实际选材时，多数情况下则是要求满足梁的刚度和强度性能的前提下，还应综合考虑梁的截面尺寸、质量、成本及工艺性能，并根据不同的情况作出抉择；例如采用加权性质法，依据每种特性要求的重要性，分配一定的加权值，可以评价多种材料和多种特性要求的复杂组合，从而选出被认为是最好的材料。

表 17-9 梁的候选材料的有关数据

材料	ρ/ g·cm^{-3}	E/ GPa	σ_s/ MPa	$\bar{P}$①	刚度设计数据			强度设计数据		
					$E^{-1/4}$	$E^{-1/2}\rho$	$E^{-1/2}\rho\bar{P}$	$\sigma_s^{-1/3}$	$\sigma_s^{-2/3}\rho$	$E^{-2/3}\rho\bar{P}$
木材	0.6	12	40	0.95	0.54	0.17	0.16	0.292	0.051	0.05
钢筋混凝土	2.9	48	410	0.65	0.38	0.42	0.27	0.135	0.053	0.03
低合金钢	7.8	210	800	1.0	0.26	0.54	0.54	0.108	0.090	0.09
铝合金	2.7	73	500	5.5	0.34	0.32	1.76	0.126	0.043	0.24
CFRP②	1.5	170	1000	500	0.28	0.12	60.0	0.10	0.015	7.50
GFRP③	2.5	40	600	8.0	0.40	0.40	3.20	0.118	0.035	0.28
尼龙 66	1.2	2	75	8.0	0.84	0.87	6.96	0.237	0.065	0.52

① $\bar{P}$ 以相对单位质量价格表示，取低合金钢 $\bar{P}=1$，其他材料与之相比。

② CFRP——碳纤维增强环氧树脂复合材料。

③ GFRP——玻璃纤维增强聚酯复合材料。

在实际工程结构中，在满足梁的刚度和强度要求下，木材和钢筋混凝土的材料成本最低，适合于制作对尺寸和质量无特别要求的房梁等建筑结构；低合金钢的强度、刚度高，成本也较低且工艺性能良好，适合于制造结构紧凑的汽车大梁、桥梁、自行车大梁，但存在比强度、比刚度不高的缺点；铝合金的材料成本比低合金钢高，但其比强度、比刚度优于低合金钢，故适合于制作要求轻量化的飞机大梁、机身和赛车大梁、车身；碳纤维复合材料(如 CFRP)具有最高的强度、比强度和较高的刚度、比刚度，制作的零件尺寸小、质量轻，从性能角度看，是最佳的梁材料，但因价格极高，目前仅能用在十分重要的场合，如高性能飞机和高性能赛车的大梁、高级体育器材(如赛艇、划船浆、网球拍)等；玻璃纤维复合材料(如 GFRP)的刚度较低，不适宜制作刚性结构梁，但其强度和比强度尚可，强度设计时可作为梁的候选材料；尼龙的刚度、强度、比刚度、比强度均不高，制作的零件尺寸和质量最大，且材料成本也较高，一般不用作梁材料，但因工艺性能良好，现也逐步用做承载要求不高的变截面短梁。

二、齿轮类零件选材

（一）齿轮的工作条件、主要失效形式及性能要求

齿轮是应用极广的机械零件，其主要作用有传递扭矩、改变运动速度或方向。不同的齿轮，其工作条件、失效形式和性能要求各异，但其共同特点是：

1. 工作条件　由于传递扭矩，齿根部承受较大的交变弯曲应力；齿面啮合并发生相对滑动与滚动，承受较大的交变接触应力及强烈的摩擦；因启动、换档或啮合不良，齿轮要承受一定的冲击力；有时还有其他特殊条件要求，如耐高、低温，耐蚀，抗磁性等。

2. 主要失效形式　断裂，包括交变弯曲应力引起的轮齿疲劳断裂和冲击过载导致的崩齿与开裂；齿面损伤，包括交变接触应力引起的表面接触疲劳（麻点剥落）和强烈摩擦导致的齿面过度磨损；其他特殊失效，如腐蚀介质引起的齿面腐蚀现象。

3. 主要性能要求　根据齿轮的工作条件和主要失效形式分析，对齿轮材料提出的性能要求有：

1）高的弯曲疲劳强度，防止轮齿的疲劳断裂。为简便计，可参照经验公式：弯曲疲劳极限$\approx k(\mathrm{HV})^m$，式中 HV 为齿面硬度，k、m 为与材料有关的常数。这说明齿轮的弯曲疲劳极限主要取决于齿面硬度，但也应注意齿轮心部强度、硬度的影响，有资料表明：当心部充分强化时，齿轮的弯曲疲劳极限可提高14%左右。

2）足够高的齿面接触疲劳极限和高的硬度、耐磨性，以防齿面损伤。为简便计，也可采用近似经验公式：齿面接触疲劳极限$\approx 0.2(\mathrm{HV}/_{100})^2$，这也说明齿面硬度高，其齿面接触疲劳极限也高。

3）足够的齿心部强韧性，以防冲击过载断裂。

（二）常用齿轮材料

1. 金属材料　绝大多数齿轮采用金属材料制造，并可通过热处理改变其性能。

（1）锻钢。锻钢是齿轮的主要材料。通过锻造（尤其是模锻）可改善钢的组织并形成有益的加工流线，故力学性能优良。重要的齿轮大多采用锻钢制造。

用作锻钢齿轮的钢材主要是表面硬化钢，包括三种类型：

1）低碳钢及低碳合金钢。常用牌号有 20、20Cr、20CrMnTi、18Cr2Ni4WA 等，可采用退火或正火来改善切削加工性能，通过渗碳后淬火＋低温回火来保证齿轮的使用性能。渗碳齿轮具有表面高硬度（一般 56～62HRC，又称“硬齿面齿

轮”)和高耐磨性、高的弯曲疲劳极限和接触疲劳极限，心部具有足够高的强韧性，故适合于制造高速、大冲击的中载和重载齿轮。

2）中碳钢及中碳合金钢。常用牌号有 Q275、40、45、40Cr、40MnB 等。这类钢常通过正火或调质处理来保证齿轮心部强韧性，然后再进行表面淬火 + 低温回火处理来保证齿表面的硬度、疲劳极限和耐磨性。由于齿面硬度不很高(一般 50 ~ 56HRC,碳钢偏下限,合金钢偏上限,故又称“软齿面齿轮”)，心部韧性也不够高，故这类齿轮钢的综合力学性能不及低碳渗碳钢。所以中碳钢表面淬火齿轮的工作速度、载荷及受冲击的程度应低于低碳钢渗碳淬火齿轮。其中 Q275 属于普通碳钢，只适宜制作低速、轻载、无冲击的非重要齿轮，一般在正火状态直接使用；40、45 钢可用做低中速、轻中载、小冲击的齿轮，依据具体工作条件不同，可在正火、调质、表面淬火状态下使用；40Cr、40MnB 合金钢的综合力学性能优于 40、45 碳钢，可用做相对重要的齿轮，多在表面淬火状态使用，少数情况也可在调质状态使用。随着低淬透性钢的发展，也可选用 55Tid、60Tid 等低淬透性钢并进行表面淬火，部分代替低碳渗碳钢齿轮，可简化工艺、降低成本。

3）中碳渗氮钢。如 40Cr、35CrMo、38CrMoAl 钢，经调质处理后再表面渗氮处理，力学性能优良、变形微小，主要用做高精度、高速齿轮。

(2) 铸钢。铸钢齿轮的力学性能比锻钢差，故较少使用，但对某些形状复杂、尺寸较大(> ϕ500mm)的齿轮，采用铸钢较为合理。常用铸钢牌号有 ZG270—500、ZG310—570、ZG40Cr 等。铸钢齿轮加工后一般也是进行表面淬火 + 低温回火处理，但对性能要求不高、低速齿轮，也可在调质状态、甚至正火状态下使用。

(3) 铸铁。灰铸铁齿轮具有优良的减摩性、减振性，工艺性能好且成本低，其主要缺点是强韧性欠佳，故多用于制作一些低速、轻载、不受冲击的非重要齿轮，常用牌号有 HT200、HT250、HT350 等；由于球墨铸铁的强韧性较好，故采用 QT600—3、QT500—7 代替部分铸钢齿轮的趋势越来越大。铸铁齿轮的热处理方法类似于铸钢齿轮。

(4) 有色金属材料。在仪器仪表及某些特殊条件下工作的轻载齿轮，由于有耐蚀、无磁、防爆等特殊要求，可采用一些耐磨性较好的有色金属材料制造，其中最主要的是铜合金，如黄铜(如 H62)、铝青铜(如 QAl9-4)、锡青铜(如 QSn6. 5-0. 1)、硅青铜(如 QSi3-1)等。

(5) 粉末冶金材料。粉末冶金齿轮材料可实现精密的少、无切削加工，特别是随着粉末热锻新技术的应用，所制造的齿轮力学性能优良，技术经济效益高。粉末冶金材料一般适用于大批量生产的小齿轮，如汽车发动机的定时齿轮(材料 Fe-C0. 9)、分电器齿轮(材料 Fe-C0. 9-Cu2. 0)、农用柴油机中的凸轮轴齿轮（材料 Fe-Cu-C）、联合收割机中的油泵齿轮等。

2. 非金属材料　陶瓷材料脆性大、工艺性能差，一般不用作齿轮材料；高分子材料（如尼龙、ABS、聚甲醛等）具有减摩耐磨（尤其是在无润滑或不良润滑条件下）、耐蚀、质量轻、噪声小、生产率高等优点，故适合于制造轻载、低速、无润滑条件下工作的小齿轮，如仪表齿轮、玩具齿轮、车床走刀机械传动齿轮等。

综上所述，适合于制作齿轮的材料很多，选材时应全面考虑齿轮的具体工作条件与要求，如载荷的性质与大小、传动方式的类型与传动速度的高低、齿轮的形状与尺寸、工作精度的要求等。一般对开式传动齿轮，或低速、轻载、不受冲击或冲击较小的齿轮，宜选相对价廉的材料，如铸铁、碳钢等；对闭式传动齿轮，或中高速、中重载、承受一定甚至较大冲击的齿轮，则宜选用相对较好的材料，如优质碳钢或合金钢，并必须进行表面强化处理。在对齿轮副选材时，为使两者寿命相近并防止咬合现象，大、小齿轮宜选不同的材料，且两者硬度要求也应有所差异，通常小齿轮应选相好的材料，硬度要求较高一些。表 17-10 为推荐使用的一般齿轮材料、热处理及性能。

表 17-10　常用的一般齿轮材料、热处理及性能

传动方式	工作条件		小齿轮			大齿轮		
	速度	载荷	材料	热处理	硬度	材料	热处理	硬度
开式传动	低速	轻载、无冲击、非重要齿轮	Q255 Q275	正火	150～190HBS	HT200		170～230HBS
						HT250		170～240HBS
		轻载、小冲击	45	正火	170～200HBS	QT500—5	正火	170～207HBS
						QT600—3		197～269HBS
闭式传动	低速	中载	45	正火	170～200HBS	35	正火	150～180HBS
			ZG310—570	调质	200～250HBS	ZG270—500	调质	190～230HBS
		重载	45	整体淬火	38～48HRC	ZG270—500	整体淬火	35～40HRC
	中速	中载	45	调质	200～250HBS	35	调质	190～230HBS
				整体淬火	38～48HRC		整体淬火	35～40HRC
			40Cr 40MnB 40MnVB	调质	230～280HBS	45，50	调质	220～250HBS
						ZG270—500	正火	180～230HBS
						35，40	调质	190～230HBS
		重载	45	整体淬火	38～48HRC	35	整体淬火	35～40HRC
				表面淬火	45～52HRC	45	调质	220～250HBS
			40Cr 40MnB 40MnVB	整体淬火	35～42HRC	35，40	整体淬火	35～40HRC
				表面淬火	52～56HRC	45，50	表面淬火	45～50HRC

（续）

传动方式	工作条件		小齿轮			大齿轮		
	速度	载荷	材料	热处理	硬度	材料	热处理	硬度
闭式传动	高速	中载、无猛烈冲击	40Cr 40MnB 40MnVB	整体淬火	35~42HRC	35，40	整体淬火	35~40HRC
				表面淬火	52~56HRC	45，50	表面淬火	45~50HRC
		中载、有冲击	20Cr 20MnVB 20CrMnTi	渗碳淬火	56~62HRC	ZG310—570	正火	160~210HBS
						35	调质	190~230HBS
						20Cr，20MnVB	渗碳淬火	56~62HRC
		重载、高精度、小冲击	38CrAl 38CrMoAlA	渗氮	>850HV	35CrMo	调质	255~302HBS

（三）典型齿轮选材实例

1. 机床齿轮　一般来说，机床齿轮运行平稳无强烈冲击、载荷不大、转速中等，工作条件相对较好，故对齿轮的表面耐磨性和心部韧性要求不太高。大多采用碳钢（40、45 钢）制造，经正火或调质处理后再进行表面淬火 + 低温回火，其齿面硬度可达 50HRC，齿心硬度为 220~250HBS，可满足性能要求；对部分性能要求较高的齿轮，也可选用中碳合金钢（40Cr、40MnB 等）制造，其齿面硬度可提高到 58HRC 左右、心部强韧性也有所改善；极少数高速、高精度、重载齿轮，还可选用中碳渗氮钢（如 38CrMoAlA 等）进行表面渗氮处理制造。

机床齿轮的简明加工工艺路线为：下料→锻造→正火→粗加工→调质→精加工→表面淬火 + 低温回火→精磨

正火可使锻造组织均匀化、调整硬度便于切削加工。对一般齿轮，正火可直接作为表面淬火前的预备组织，并保证齿心的强韧性。调质可使齿轮具有较高的综合力学性能，提高齿心的强韧性进而使齿轮能承受较大的载荷，减小淬火变形，改善齿面加工质量。表面淬火可提高齿轮表面的硬度、耐磨性和疲劳性能。低温回火的作用主要是消除淬火应力，防止磨削裂纹和降低脆性以提高齿轮的抗冲击能力。

2. 汽车、拖拉机齿轮　汽车、拖拉机等车辆的齿轮工作条件比机床齿轮恶劣，特别是主传动系统中的齿轮更是如此，它们受力较大、易过载，启动、制动及变速时受到频繁的强烈冲击。故这类齿轮对材料的耐磨性、疲劳性能、心部强度和韧性等的要求均比机床齿轮高，采用中碳钢表面淬火已难满足使用的需要。为此，通常选用合金渗碳钢（20Cr、20CrMnTi）制造，经渗碳淬火 + 低温回火处理后使用，其齿面硬度可达 58~62HRC，心部硬度 30~45HRC。对飞机、坦克等特别重要齿轮，则可采用高性能高淬透性渗碳钢(如18Cr2Ni4WA)来制造。

我国多采用20CrMnTi制造汽车齿轮，其简明的加工工艺路线为：下料→锻造→正火→切削加工→渗碳、淬火+低温回火→喷丸→磨削加工

渗碳淬火可使齿面具有高硬度、高耐磨性和高的疲劳性能，而心部保持良好的强韧性；喷丸强化可使齿面硬度提高1～3HRC，增加表层残余压应力，进而提高疲劳极限。

三、轴类零件选材

(一) 轴的工作条件、主要失效形式与性能要求

轴是最基本的机械零件之一，其主要作用是支承传动零件和传递运动、动力。机床的主轴与丝杠、发动机曲轴、汽车后桥半轴、汽轮机转子轴及仪器仪表的轴等均属轴类零件。

1. 工作条件　承受交变的弯曲载荷、扭转载荷或拉-压载荷；轴上相对运动表面(如轴颈、花键部位)发生摩擦；因机器开-停、过载等，还承受一定的冲击载荷。

2. 主要失效形式

(1) 断裂。这是轴的最主要失效形式，其中以疲劳断裂为多数，冲击过载断裂为少数。

(2) 磨损。相对运动表面因摩擦而过度磨损。

(3) 过量变形。在极少数情况下会发生因强度不足的过量塑性变形失效和刚度不足的过量弹性变形失效。

3. 主要性能要求　根据对轴类零件的工作条件与失效形式分析，制造轴的材料应具有的性能要求有：①高的疲劳极限；②优良的综合力学性能，即强度、塑性、韧性的合理配合，既应防止轴的过量变形，又要防止在过载或冲击载荷下轴的折断或扭断；③局部承受摩擦的部分应具有较高的硬度和耐磨性，防止过度磨损。

(二) 常用轴类零件的材料

高分子材料的强度、刚度太低，极易变形；陶瓷材料太脆，疲劳性能差，故上述两者一般不适宜于制造轴类零件。因此，轴类零件(尤其是重要轴)几乎都选用金属材料，其中钢铁材料最为常见。根据轴的种类、工作条件、精度要求及轴承类型等不同，可选择具体成分的钢或铸铁作为轴的合适材料。

1. 锻钢　锻造成形的优质中碳或中碳合金调质钢是轴类材料的主体：35、40、45、50(其中45钢最常见)等优质碳钢具有较高的综合力学性能且价格低廉，故应用广泛；对受力不大或不重要的轴，为进一步降低成本，也可采用Q235、Q255、Q275等普通碳钢制造；对受力较大、尺寸较大、形状复杂的

重要轴，可选用综合力学性能更好的合金调质钢来制造，如40Cr、40MnVB等，对其中精度要求极高的轴要采用专用渗氮钢(如38CrMoAlA)制造。中碳钢轴的热处理特点是：正火或调质保证轴的综合力学性能(强韧性)，然后对易磨损的相对运动部位进行表面强化处理(表面淬火、渗氮或表面滚压、形变强化等)。

考虑到轴的具体工作条件和性能要求不同，少数情况下还可选用低碳合金钢或高碳合金钢来制造轴类零件。如当轴受到强烈冲击载荷作用时，宜用低碳合金钢(如20Cr、20CrMnTi)渗碳制造；而当轴所受冲击作用较小而相对运动部位要求更高的耐磨性时，则宜用高碳合金钢制造(如GCr15、9Mn2V等)。

2. 铸钢　对形状极复杂、尺寸较大的轴，可采用铸钢来制造，如ZG230—450。应注意的是：铸钢轴比锻钢轴的综合力学性能(主要是韧性)要低一些。

3. 铸铁　由于大多数轴很少以冲击过载而断裂的形式失效，故近几十年来越来越多地采用球墨铸铁(如QT700—2)和高强度灰铸铁(如HT350、KTZ450—06等)来代替钢作为轴(尤其是曲轴)的材料。与钢轴相比，铸铁轴的刚度和耐磨性不低，且具有缺口敏感性低、减振减摩、切削加工性好、生产成本低等优点。

(三) 典型轴选材实例

适合于制作轴类零件的材料较多，选材时必须根据具体情况，全面分析，综合考虑。应注意以下几点：

1) 以刚度为主要要求的、轻载的非重要轴，为降低成本，可选用碳钢(如45钢)、铸铁(如QT700—2)、甚至普通质量碳钢(如Q275)制造；一般进行正火或调质处理，若需提高相对运动部位的耐磨性，可对其进行表面淬火。

2) 以耐磨性为主要要求的轴，可选碳含量较高的合金钢(如65Mn、9Mn2V)或低碳合金钢(20Cr、20CrMnTi)渗碳制造；对其中精度有极高要求的轴，则应选38CrMoAlA渗氮制造。

3) 主要受弯曲或扭转载荷的轴，其应力分布具有表面较大、心部较小的特点，故无需选淬透性大的钢种，一般用45、40Cr钢即可；而对受拉-压载荷的轴，特别当其尺寸较大、形状较复杂时，则应选淬透性较高的钢种，如40CrNiMo。

4) 主要受明显、强烈冲击的轴，宜选用低碳钢渗碳制造。

以机床主轴为例分析：大多数机床主轴承受弯-扭复合交变载荷、转速中等并承受一定的冲击载荷，一般选用45钢或40Cr钢制造(40Cr用于载荷较大、尺寸较大的轴)；对于承受重载、要求高精度、高尺寸稳定性及高耐磨性的主轴(如镗床主轴)，则须用38CrMoAlA钢经渗氮处理制造。表17-11为一般机床主轴的工作条件、材料、热处理与应用举例。

表 17-11　常用机床主轴材料、热处理、性能与用途

工作条件	材料	热处理	硬度	应用实例
在滚动轴承中运转，低、中速，低、中载，精度要求不高，冲击、交变载荷不大	45	调质	220~250HBS	一般简易机床主轴
		整体淬硬	40~45HRC	小轴，立式车床、龙门铣床、立式铣床主轴
		正火(调质)+局部淬火	46~51HRC	
		正火(调质)+表面淬火	46~57HRC	CA6140、CB3463 等重型车床主轴
滚动、滑动轴承中运转，中速、中重载荷，精度要求稍高，一定的交变、冲击载荷	40Cr 40MnB 40MnVB	整体淬硬	40~45HRC	滚齿机、组合机床主轴(滚动轴承中)
		调质+局部淬火	46~51HRC	
		调质+表面淬火	46~55HRC	铣床、M7475B 磨床砂轮主轴(滑动轴承中)
在滑动轴承中运转，中重载荷高精度，高耐磨要求，交变载荷大、冲击较小	65Mn	调质+表面淬火	50~60HRC	M1450 磨床主轴
	GCr15 9Mn2V	调质+局部淬火	≥59HRC	MQ1420 磨床砂轮主轴(耐磨性更高)
在滑动轴承中运转，高速，重载，极高精度要求，高交变载荷、一定冲击	38CrMoAlA	调质+渗氮	≥850HV(表面)	高精度磨床主轴，坐标镗床主轴，镗杆，多轴自动车床中心轴
在滑动轴承内运转，高速、重载精度要求不很高，冲击、交变载荷	20Cr 20MnVB 20CrMnTi	渗碳淬火	≥59HRC(表面)	刨齿机、插齿机、齿轮磨床、齿轮铣床主轴

典型的45钢(或40Cr钢)机床主轴的简明加工路线为：下料→锻造→正火→粗加工→调质→半精加工→表面淬火+低温回火→精磨→成品。

其中热处理工艺的作用与中碳钢齿轮工艺路线中的基本相同。值得提及的是：为保证轴的精度要求，磨削工艺后还可进行低温人工时效处理。

四、刀具选材

(一) 机械切削刀具

机械切削刀具的基本性能是高硬度、高耐磨性，此外还应考虑高速切削下的热硬性和在一定冲击条件下的韧性要求。由于刀具的种类很多，其工作条件(如切削对象、切削速度、冲击情况)和性能要求也有差别，故所选材料也不尽相同。此处简介几种切削刀具的选材。

1. 车刀　车刀是最常用的切削刀具，表 17-12 为根据车刀的工作条件不同而

推荐的车刀材料。应该说明的是，目前用于制造刀具的主要材料是高速钢和硬质合金两大类，其中高速钢应用最多、最广。

表 17-12　车刀的工作条件与推荐材料

工 作 条 件	推 荐 材 料	硬　度
低速切削(8～10m/min)，易切削材料(灰铸铁、软有色金属、一般硬度结构钢)	碳素工具钢和低合金钢 T10、T10A、Cr2、W	62HRC
较高速切削(25～55m/min)，一般切削材料，形状较复杂、受冲击较大的刀具	通用高速钢 W6Mo5Cr4V2	64～66HRC
高速切削(30～100m/min)，难切削材料(如钛合金、高温合金)，形状较复杂、一定冲击的刀具	超硬高速钢 W6Mo5Cr4V2Al	66～69HRC
极高速切削(100～300m/min)，一般切削材料(铸铁、有色金属、非金属材料)	硬质合金 YW2、YG6、YG8	88～91HRA
极高切削速度(100～300m/min)，难切削材料(如淬火钢)	硬质合金 YW1、YT5、YT14	90～93HRA

2. 丝锥与板牙　丝锥和板牙是分别用来加工内、外螺纹的切削刀具。它们均需要高的硬度(59～64HRC)和耐磨性，为防止在使用过程中的扭断(折断)或崩刃，还需足够的强度和韧性。丝锥和板牙分为手用和机用两种，对手用者，因切削速度较低，故热硬性要求不高，一般可用高级优质碳素工具钢如 T10A 制造(硬度 59～62HRC)；对尺寸稍大、切削速度稍高的较重要丝锥(板牙)，则宜用低合金工具钢如 9SiCr 制造(硬度 60～63HRC)。对机用者，因切削速度较高(25～55m/min)，有热硬性要求，应选用高速钢(如 W6Mo5Cr4V2)制造。

丝锥的刃部和柄部的工作条件不同，柄部不参与切削，故其硬度不需过高，但柄部具有足够的强韧性则对防止丝锥的柄部扭断有利。故丝锥柄部的热处理应与刃部不同，一般采用整体淬火回火后，再对柄部进行较高温度(600℃)的盐浴加热快速退火，以降低此处的硬度而提高韧性。大型丝锥柄部还可采用 45 钢调质后与高速钢刃部焊接的方法制造，此举不仅提高丝锥寿命，还可节约昂贵的高速钢材料。

(二) 日用刀具

日用刀具与机械切削刀具的工作条件和性能要求有较明显的差别。如日用刀具因形状薄、窄、小，而要求较高的韧性以防止折断；因切断对象较软、磨损不严重，故无需过高的硬度和耐磨性；因清洁标准或工作条件下的腐蚀，而要求较好的耐蚀性等。表 17-13 为常见日用刀具及其推荐材料，选用时应综合考虑硬度、韧性、耐蚀性及刀具的形状、尺寸等要求。

表 17-13　常见日用刀具与推荐材料

刀具名称	推荐材料	硬度要求 HRC	刀具名称	推荐材料	硬度要求 HRC
菜刀	65，65Mn，70	54~61	理发刀	Cr06，CrWMn	713~856 HV
	3Cr13，4Cr13	50~55		9Cr18	664~795 HV
服装剪	60，65Mn，T10	56~62	双面刮脸刀	Cr02，Cr06	798~916 HV
	4Cr13	55~60		6Cr13	688~784 HV
民用剪	50，55，60，65Mn	54~61	餐刀	2Cr13，3Cr13	≥45
理发剪	65，70，75，65Mn	58~62			
	4Cr13	55~60			

五、冷作模具选材

冷作模具选材时，应综合考虑模具的结构类型、工作条件、尺寸精度、制品形状与尺寸、生产批量等多种因素。一般来讲，对重载模具，应选用高强度材料，如高铬或中铬钢、高速钢、基体钢(65Nb)；对承受强烈摩擦与磨损的模具，应选高硬度、高耐磨性材料，如高碳钢、高铬钢、高速钢乃至硬质合金；对承受较大冲击的模具，应选用高韧性材料，如选用中碳合金钢(5CrW2Si)、基体钢等；对形状复杂、尺寸精度要求高的模具，宜选用低(微)变形材料，如微变形钢 CrWMn、高碳高铬钢 Cr12MoV、高碳中铬钢 Cr4W2MoV 等。冷作模具的种类很多，以其中的冷挤压模为例，表 17-14 列出了其材料选用实例与硬度要求。

表 17-14　冷挤压模的推荐材料与硬度要求

模具零件名称	工作条件	推荐材料：中、小批量生产(＜5 万件)	推荐材料：大批量生产(＞10 万件)	硬度 HRC
冲头(凸模)	冷挤压纯铜、软铝、锌合金	60Si2Mn、CrWMn、Cr12MoV、Cr4W2MoV、W6Mo5Cr4V2	Cr12MoV、Cr4W2MoV（渗氮）、W6Mo5Cr4V2、65Nb(渗氮)、钢结硬质合金	60~64
	冷挤压黄铜、硬铝、钢件	Cr12MoV、Cr4W2MoV、W6Mo5Cr4V2、7CrSiMnMoV、基体钢(65Nb)	W6Mo5Cr4V2(渗氮)、基体钢(65Nb)(渗氮)、硬质合金(YG15、GW50)	60~64
凹模	冷挤压纯铜、软铝、锌合金	T10A、9SiCr、CrWMn、Cr5MoV、Cr6WV、Cr4W2MoV	Cr4W2MoV、Cr12MoV、W6Mo5Cr4V2、硬质合金(YG15、GW50)	60~64
	冷挤压黄铜、硬铝、钢件	Cr5MoV、Cr6WV、Cr12MoV、Cr4W2MoV、6W6Mo5Cr4V	Cr12MoV、Cr4W2MoV（渗氮）、W6Mo5Cr4V2、65Nb(渗氮)、硬质合金（YG15、GW50)	58~60
顶出器(顶杆)		CrWMn、Cr5MoV、Cr6WV、7Cr7Mo3V2Si	Cr4W2MoV、6W6Mo5Cr4V、基体钢(65Nb)	58~60

注：硬质合金应附模套，模套材料为中碳钢或合金钢(如 45、40Cr)。

六、热作模具选材

表17-15为主要热作模具推荐材料及其硬度要求。

表17-15　热作模具推荐材料与硬度要求

名称	类型	选材举例	硬度HRC
热锻模	高度<250mm小型热锻模	5CrMnMo，5Cr2MnMo	39～47
	高度在250～400mm中型热锻模		
	高度>400mm大型热锻模	5CrNiMo，5Cr2MnMo	35～49
	寿命要求高的热锻模	3Cr2W8V，4Cr5MoSiV，4Cr5W2SiV	40～54
	热镦模	4Cr3W4M02VTiNb，4Cr5MoSiV 4Cr5W2SiV，3Cr3M03V，基体钢(65Nb)	39～54
	精密锻造或高速锻模	3Cr2W8V或4Cr5MoSiV，4Cr5W2SiV， 4Cr3W4M02VTiNb	45～54
压铸模	压铸锌、铝、镁合金	4Cr5MoSiV，4Cr5W2SiV，3Cr2W8V	43～50
	压铸铜和黄铜	4Cr5MoSiV，4Cr5W2SiV，3Cr2W8V， 钨基粉末冶金材料，钼/钛、锆难熔金属	
	压铸钢铁	钨基粉末冶金材料，钼、钛、锆难熔金属	
热挤压模	挤压钢、钛或镍合金(>1000℃)	4Cr5MoSiV，3Cr2W8V	43～47
	挤压铜或铜合金(<1000℃)	3Cr2W8V	36～45
	挤压铝，镁合金(<500℃)	4CrMoSiV，4Cr5W2SiV	46～50
	挤压铅	45，40Cr	16～20

第四节　计算机在材料科学中的应用

材料科学是研究材料的组成与结构、合成与制备、性能与应用以及它们之间相互关系的一门学科，在所有的这些方面，计算机都发挥了非常重要的作用。

一、计算机材料设计

材料设计是指通过理论与计算预报新材料的组分、结构与性能，或者是通过理论设计来“订做”具有特定性能的新材料，按生产要求“设计”最佳的制备和加工方法。

材料设计根据设计对象所涉及的空间尺寸可分为电子层次、原子/分子层次和显微结构层次。前两个层次的设计涉及材料的原子排列及电子结构，称为材料微观结构设计。

材料微观结构设计日益发展，如由两种不同超薄层(每层可薄到几个原子层)构成超晶格和量子阱材料的概念，借助于分子束外延和金属有机化合物气相沉积等制备技术，使这一思想得以实现。这种由人工设计经“原子级”加工合成的超晶格、量子阱材料，显示出许多天然晶体材料所不存在的新现象和新效应，并用来制造出具有优异性能的微电子和光电子器件，开辟了人工微结构材料和新型量子器件的新领域。

纳米材料设计是当前材料科学技术中的一个前沿课题。其内容一方面是设计尺寸在纳米级的超细粒子的结构、特性和合成方法；另一方面是设计将它们组成具有预期功用的材料。

随着计算机信息处理技术的建立和发展，特别是人工智能、模式识别、计算机模拟、知识库等技术的发展，使人们能够将物理、化学理论和大批杂乱的实验资料沟通起来，用归纳和演绎相结合的方式对新材料研制作出决策，为材料设计提供了有力的工具。先进的材料制备技术如急冷、分子束外延、有机金属化合物气相沉积、离子注入、微重力制备等，可制出过去不能制备的“人造材料”，如超晶格、纳米相、亚稳相、准晶等，为材料设计开拓了新的应用园地。将传感器、人工智能技术、自动控制技术三者相结合，发展材料的智能加工，为材料制备和加工方法的优化设计开辟了新方向。

二、计算机模拟的应用

计算机模拟的基本内涵：一是材料设计的计算机模拟，目的在于优化新型材料的设计方法；二是材料工艺的计算机模拟，旨在优化材料制品的性能和质量，降低生产成本。计算机模拟的应用，可成为连接材料科学基础研究与工程应用、微观与宏观性能的桥梁，能将材料的成分、工艺、结构、性能和使用性能一体设计有机地联系起来，从而避免材料研制与应用的脱节。

材料的制备常常是一个很长的流程，影响因素复杂，完全依靠实验对材料制备过程进行系统和全面的研究，工作量非常大。利用计算机对材料制备过程进行模拟研究，不仅能节约大量的工作量，而且还比较容易观察到特定的工艺条件对于材料结构和性能所产生的影响。

对于一些用现有的测试手段无法直接观察到的材料变化过程，如各种组织结构的形成规律、凝固过程、非晶态及微晶化过程、固态相变中的原子间的相互运动和晶格的改组过程、晶体缺陷及其运动、晶界构造、裂纹萌生和扩展过程等问题也可用计算机模拟方法进行研究。

在材料处理过程的研究中，采用计算机模拟技术可正确地模拟非稳态温度场、相变和内应力三者之间的交互作用。考虑到材料物性随温度的变化而变化，成分和奥氏体化温度对相变动力学的影响，冷却介质特性、相变潜热、相变应力与相变塑性、形变热、弹性模量、屈服强度和硬化因子、蠕变特性等材料的力学性能与相组成及温度的关系，工件的几何形状与表面粗糙度的影响等复杂因素，实现热处理组织、性能分布、残余应力场及淬火变形的预测。

三、计算机材料数据库

目前世界上已有的工程材料就有数十万种，各种化合物达几百万种。材料的成分、结构、性能及使用等构成了庞大的信息体系，而这一体系还在不断更新、扩充，使得材料数据库的建立与发展成为必然趋势。CAD/CAM 在各个领域日益普及，使计算机辅助选材(CAMS)与 CAD/CAM 的结合更加紧密。

在新材料研制工作中，若对所有可能的成分组合或工艺路线都进行实验，则将耗费大量的人力、物力和时间，而利用材料数据库和其他信息处理技术，则有可能减少研制工作量、缩短研究周期、降低成本和提高效率。如美国贝尔实验室在制备电子材料时，利用数据库预测 Si 中 Ge、P 和 Al 的含量。

概括起来，计算机材料数据库具有以下的优点：①存储信息量大，存取速度快，查询方便；②使用灵活，可随时输入新材料的最新数据，也可对原有材料的数据及时的修改和补充；③功能强，可自动进行单位转换，可将数据以图形表示，可获得派生数据；④应用广泛，可与 CAD、CAM 配套使用实现计算机辅助选材，也可以与知识库及人工智能技术相结合构成材料性能预测或材料设计专家系统。

四、人工智能的应用

人工智能是当前科学技术中的一门前沿学科，同时也是一门新思想、新观念、新理论、新技术不断涌现的迅速发展的新兴学科。人工智能研究与应用领域包括：问题求解、逻辑推理与定理证明、自然语言理解、自动程序设计、专家系统、机器学习、人工神经网络、机器人学、模式识别、机器视觉、智能控制、智能检索、智能调度与指挥等。

专家系统是人工智能应用中活跃且有成效的一个研究领域。在材料科学领域中，开发了各种专家系统，如材料设计专家系统、热处理工艺专家系统、模具用钢选择与应用专家系统、通用型弧焊工艺专家系统、铸件缺陷分析诊断专家系统等，产生了巨大的社会效益和经济效益。

人工神经网络不仅着眼于重复较高水平的智力任务，还力图模拟人类处理方式去理解信息和利用信息，已在模式识别、图像处理、组合优化、自动控制、信息处理、机器人学和人工智能的其他领域获得日益广泛的应用。人工神经网络在材料设计与成分优化、材料的智能加工与控制、优化加工工艺、研究相变规律、预测材料性能等方面得到应用，例如为材料缺陷的超声无损检测定量化开辟了新的途径。

五、计算机在材料组成和结构研究及数据处理和图像处理中的应用

现今材料的组成和结构表征主要采取各种大型分析设备，如扫描电镜(SEM)、透射电镜(TEM)等；各种谱仪如可见光谱、红外光谱、原子吸收光谱、荧光光谱等；各种衍射仪如X射线衍射仪、电子衍射、中子衍射等。目前，这些大型分析设备几乎都是在微机的控制下完成分析工作的，通过采用不同目的的分析软件以及相应的数据库，大大减轻了数据处理的工作量，提高了对实验结果的判断力和分析精度，可给出能够直接用于发表的各种图表。如用X射线衍射技术来确定未知材料的结构，需要将测得的X射线衍射谱与已知的X射线衍射谱进行对比，采用X射线粉末衍射结构分析程序便能很快得到所有可能的结果。

材料科学研究在实验中可以获得大量的实验数据，借助计算机的存储设备，可以保存大量的数据，同时有特别方便后续计算机对数据进行处理(计算、绘图、拟合分析等)和快速查找。目前，用于数据管理、分析以及绘图的软件很多。

材料显微分析技术往往以二维图像方式表述材料的凝聚态结构和组织，如何从这些图像中获取有用的结构信息，如晶体的大小、分布、聚集方式等，并将这些信息与材料性能相联系，是材料研究中非常重要的内容，计算机图像技术处理便可完成这些任务。

图像技术处理的完整过程应包括图像的采集、量化、存储、变换、编码、分割、特征提取、图像数据库的建立、图像的分类和表示、图像识别及模型匹配等。例如，在材料腐蚀研究中，材料经过大气环境暴露，表面有一定的腐蚀特征出现(腐蚀斑点、颜色等)，使材料的外观腐蚀特征以图形方式表现出来，通过分析处理该材料腐蚀特征图像信息，可研究材料腐蚀特性情况，并进行材料腐蚀等级的评级。利用计算机技术、图像识别处理技术对材料腐蚀外观特征信息进行相关处理，其中包括材料腐蚀外观特征信息的采集、腐蚀特征信息数值处理、腐蚀特征信息识别、相关图像处理的原理及部分算法等内容。

六、计算机在材料性能表征和性能研究中的应用

对材料性能的要求是多种多样的，如对结构材料，主要关心硬度、各种强度指标和韧性指标；对功能材料则主要关心其电学、磁学、光学、声学、化学、生物学等性能。材料性能的测定大多使用专门的设备和仪器。目前，大部分现代化的性能测试设备和仪器已经数字化和功能化，使用内置的微处理器系统来完成程序控制、数据采集和数据处理等任务。

计算机化的材料性能测试系统(CAT系统)是提高材料研究水平的重要手段。

由于计算机的灵活编程方式、强大的数据处理能力和很高的运算速度，使得CAT系统可以实现手动方式不能完成的许多测试工作，提高材料测试研究的水平。如计算机控制的电子拉伸试验机用于测定材料的真实应力-应变曲线；数字显示显微硬度计用于测试薄膜材料硬度等。

七、材料工艺过程的优化及自动控制

材料加工技术的发展主要体现在控制技术的发展，微型计算机和可编程控制器在材料加工过程中的应用正体现了这种发展和趋势，这不仅能减轻劳动强度，而且能改善产品质量、精度和提高产量。

用计算机可以对材料加工工艺过程进行优化控制。如对渗碳、渗氮全过程进行控制，精密控制注塑机的注射速度。现以在热处理中的应用为例，计算机首先应用于炉温控制。这里计算机的任务可归结为两点：一是采样，并在采样时间间隔内求出给定值与测量值之间的偏差值；二是根据偏差值和由系统设备本身所决定的一些常数，求出操作量。其后，计算机应用迅速扩展到如气氛控制、真空热处理控制、气体渗碳(氮)控制、激光热处理的控制等。

八、计算机网络在材料研究中的应用

材料科学是一门综合性的学科，几乎涵盖整个科学研究的所有基础领域。借助于Internet，从事材料研究、材料应用和材料教育的科学工作者可以相互交流，及时了解材料科学的发展动向，阅读各种相关杂志的电子版，查找已发表的论文，建立Web页面介绍自己的研究成果等。这使得材料工作者能更快更准确地获取、分析、处理所需要的材料信息资源。

就材料数据库而言，近年来材料数据库技术在我国的科研领域已获得广泛的应用，但目前已建立的材料数据库大多是单机版的，不利于推广和使用。由于网络技术的飞速发展，极大的改变了材料科学工作者的科研方式。通过现代网络数据库系统，材料科学工作者可以很方便地实现材料数据库、文献资料和程序资源的共享。

第五节　材料与环境及可持续发展

人类在发展、利用先进的科学技术向自然获取更多的物质文明的同时，已面临着由此对自然界的破坏而造成的新的生存威胁。经济和社会应与自然界之间和谐协调，走可持续发展道路，才符合人类的长远利益。因而，应该强化科学技术的环境意识。材料作为人类社会生存的物质基础，材料科学作为现代科学技术的三大支柱之一，在保护和发展环境方面起着重要的先导作用，是实施可持续发展

战略的基础。这就要求在材料的研究开发、选择应用和教育教学过程中，重视材料的环境特性和可持续发展战略性。

一、可持续发展的概念

1987 年第 42 届联合国环境与发展大会通过的《我们共同的未来》报告中，将“可持续发展”表述为“既满足当代的需要，又不致损害子孙后代满足其需要之能力的发展”。如今，可持续发展这一概念正日益被各国政府和民众普遍接受，已由单一生态学渗透到整个自然科学和社会科学领域，并逐渐成为被全人类广泛接受、追求的发展模式。保护环境、节约资源和能源是实现可持续发展的关键。

二、材料与环境及其教育

材料与环境之间的关系涉及两个方面：其一，材料的性能和使用行为在很大程度上受环境的影响，即材料的环境劣化问题，如金属材料的腐蚀、高分子材料的老化等；其二，材料的生产、使用和报废又对环境(包括资源、能源)产生重大的影响(有害作用)，而这点恰恰是以往人们所忽视的，由此而造成了资源和能源的极大浪费、环境的严重污染。如涂镀材料的生产、使用与废弃，含有害元素的易切削钢，难降解塑料所造成的“白色污染”，复合材料的难于回收与再生等。因此，必须改变过去研发、应用材料的活动只单纯考虑功能性、经济性二维原则的发展思路，探究具有三维指标(功能性、经济性、环境性)的材料及其制品。

材料与环境既是一个研究的问题，同时又是一个教育的问题，应把环境意识引入材料科学与工程，把环境材料学融入国家的环境教育体系。在专门教育方面，应开设“环境材料”课程，并在一些有条件的大学试办环境材料学科点。在基础教育、成人职业教育的环境教育的教学内容中，适当增加科普型“材料与环境”内容。广泛利用传播媒介宣传普及、提高现有材料工作者和全体人民的环境意识，加强环境材料和绿色产品的宣传教育，为可持续发展奠定良好的基础。

三、环境材料及其研究

环境材料(或环境意识材料)是指在生产、使用、报废及回收处理再利用过程中，能节约资源和能源，保护生态环境和劳动者本身，易回收且再生循环利用率高的材料或材料制品，其主要特点有：①材料本身性能的先进性；②材料使用的舒适性；③材料的环境协调性，包括生产过程中的资源与能源耗损低、使用时低污染或无污染、报废后易回收再生且循环利用率高。环境协调性是环境材料区分于传统材料的根本特征，它充分考虑了材料寿命周期的全过程中的研究、应用、发展与环保、资源、能源之间的协调。

环境材料研究的核心在于材料的环境性、功能性、经济性之间的内在关系，力求在材料高的性能价格比与高的性能环境负荷比之间取得平衡。研究的内容有三个层次：①材料的开发、应用、再生过程与环境间相互作用和相互制约关系的基础研究；②具有最低环境负担的材料工程学和替代技术基础的应用研究；③环境与材料相互作用的程度和环境对材料的开发、应用、再生过程及其结果的负担程度的评价系统(方式和标准)。

四、可持续发展战略下的材料选择

材料选择教育应先行，对非材料专业的理工科学生和技术、管理人员进行材料科学的通识教育，普及材料学的基础知识，是实现可持续发展战略下材料选择的基础与保证。

可持续发展战略下的材料选择，就是要充分考虑材料的环境协调性与材料的功能、经济之间的平衡关系。具体来讲，在材料选用时应考虑以下几点：

(一) 选择环境材料

这是从材料角度保证可持续发展战略的根本出路。如循环冷却水系统存在着长垢和腐蚀问题，引起长垢的主要原因有二：其一是可溶性金属离子沉淀所致，如 $CaCO_3$、$MgCO_3$ 等；其二是空气中的尘埃、微生物繁殖及腐蚀产物形成的污垢。为防长垢则需降低水中 Ca^{2+}、Mg^{2+}、CO_3^{2-} 等离子浓度，过滤水中尘埃颗粒，抑制微生物的生长及材料腐蚀。目前，广泛使用的传统防垢方法是定期、定量向水中加入阻垢剂、缓蚀剂及杀菌剂；但这些化学试剂往往存在相互干扰作用，加入不当时还会加剧水垢并污染水等缺点。若采用具有高效吸附分离的功能纤维材料，如活性碳纤维、聚乙烯醇纤维等，应用于空调冷却水系统可有效地起到防蚀、防水垢、防微生物污垢的作用。再如各种新能源材料(如太阳能利用材料、氢能利用材料、地热能利用材料等)也是属于具有环境协调性的新型材料。

(二) 减少所用材料种类

即设计时尽量避免选用多种不同的材料，或采用易拆卸分离的结构设计，以便于产品维修或报废后的回收、分类和再利用。例如，设计一个金属工具箱时，在结构上既应避免采用不同的金属焊接，又要提倡将工具箱设计成可分拆的、独立的多个分部箱体组成，且每个独立分箱只宜选用一种材料，此即“为拆卸而设计”的理念。与“为拆卸而设计”几乎同时出现的是“整体化设计”思想，即减少零部件、减少装配，自然也就减少了材料种类。如传统的钢制自行车车轮共有60多个零件，而塑料自行车经过整体化设计将这些零件制成一个整体。

(三) 尽量选用不加涂、镀层的原材料

在现代产品设计中为了美观、耐蚀等目的，大量使用了涂、镀材料。这不仅给产品报废后的材料回收、再利用带来了困难，而且大部分涂料本身就有毒，且

涂、镀工艺过程也给环境带来了极大的污染。如涂料挥发毒性溶剂气体，电镀时产生的含铬等重金属的废液、废渣污染等。而涂塑纸则显然不利于回收。

（四）选用产品报废后能自然分解并为自然界吸收的材料

当产品使用报废后，其废弃物材料若不易分解且难于为自然界吸收，将对环境产生极大的污染，高分子材料的加工和使用后的废弃物就属此例，尤其是塑料包装材料造成的污染极为严重。如现在国内外均在研究在光合作用或生物作用下能自然分解的塑料，用以制作包装材料和农用薄膜，这种新型塑料在废弃后能在一定的时间内经光合作用而脆化、降解成碎片，再经自然界的侵蚀进入土壤而被微生物消化(即生化作用)，不再给环境造成污染。

（五）选用易回收再生的材料

产品加工与报废后所废弃的材料，若可易于回收、再生，则不仅可减轻环境污染，而且还利于资源的循环再使用、节约能源、减少废弃垃圾占放地，具有明显的社会效益和经济效益。如在国外，有人设计了一种纸板床，它全部是由再生材料制造的双层波纹纸板制成。值得提及的是，这种波纹纸板床在废弃后还可多次回收再生，当用这种波纹纸板代替木板来制造包装用的托架时，在等强度的条件下其质量只有木板托架的1/4，这将大大降低运输成本；当然，更具意义的是节约了木材而减少了对森林资源的滥用和破坏，进而有利于防止水土流失、空气沙尘等灾害，意义重大。

第六节　新材料研究的发展趋势

一、新材料的特点

现代科技发展史表明，每一项重大的新技术产生，往往都依赖于新材料的发展。所谓新材料，是指最近发展或正在发展中的最新发明或通过新技术、新工艺改进的具有比传统材料更为优异的性能或特定功能的一类材料。目前世界上的传统材料已有几十万种，而新材料正以每年大约5%的速度增长。现今全世界已有800多万种人工合成的化合物，而且每年还以25万种的速度递增，其中有相当一部分将成为新材料。新材料的主要特点有：

1）具有一些优异性能或特定功能，如超高强度、超高硬度、超塑性等力学性能，高温超导、磁致伸缩、光电转换、形状记忆等特殊物理性能。

2）它的发展与材料科学理论的关系比传统材料更为密切，如形状记忆合金材料与热弹性马氏体相变理论、太阳能电池材料与光电子学理论、减振吸声材料与内耗理论等。

3）它的制备和生产往往与新技术、新工艺紧密相关，如用机械合金化技术制备纳米晶材料、非晶态合金材料，用自蔓延高温合成技术制备多孔陶瓷材料等。

4）更新换代快、式样多变，如手机电池所采用的能源材料，在较短的时间内便经历了 Ni-Cd、Ni-H、锂离子材料的变化。多数新材料和传统材料并无明显的界限，有的就是由传统材料发展而来的，如 Al_2O_3 作为传统的陶瓷材料可用于刀具和磨具；但当其多孔化时则成为具有吸附分离功能的新型材料。

5）新材料大多是知识密集、技术密集、附加值高的高技术材料，而传统材料通常为资源性或劳动集约型材料。

二、新材料和现代高新技术的关系

没有先进的材料，就没有先进的工业、农业和科学技术。从世界科技发展史看，重大的技术革新往往起始于材料的革新；反过来，近代新技术的发展又促进了新材料的研制。20 世纪以来，各种适应高科技的新型材料不断涌现，为新材料的划时代突破创造了条件。至 20 世纪 60 年代，材料已成为当代高新技术发展的支柱，电子信息、交通、能源、航空航天、海洋工程、生物工程等技术领域无所不是建立在新材料开发的基础上。随着元器件向小型化、集成化、多功能化、智能化、高可靠性的方向发展，新材料的开发就更加迫切。

鉴于新材料对整个新技术具有的先导和推进作用，新材料技术被冠以科技发展的制高点之称。因而，新材料产业在全球已经成为现代高新技术产业的重要组成部分，其产业化水平也成为一个国家发达程度的重要标志。正因为如此，目前世界各国政府都把新材料的研制、开发和产业化放在优先发展的战略地位。

自 1987 年开始实施“863 计划”以来，我国新材料行业取得了长足进步，部分新材料研究成果居国际领先水平，并成功实现了产业化。随着我国经济发展对产业结构升级的要求，新材料作为高新技术产业的组成部分，一直是重点扶持和发展的领域。

三、新材料研究的发展趋势

材料研究发展的方向应该是充分利用和发掘现有材料的潜力，继续开发新材料，以及研制材料的再循环(回收)工艺。随着高技术的发展，一些具有特殊功能的材料，如新型电子材料、光学材料、磁性材料、智能材料、隐身材料、能源材料、生物材料日益受到重视并快速发展，成为新材料研究的重点。

分析新世纪的时代特征，根据国际科学技术发展的态势，总结今后新材料与材料科学技术发展的趋势如下：

1. 高性能新型结构材料　所谓高性能结构材料，主要是指高比强度、高比刚度、高韧性及耐磨损、耐高温、耐腐蚀的材料。高比强度、高比刚度是空间机械及运载机械最重要的性能指标，如 Al-Li 合金具有高比强度、高比刚度及优良的疲劳性能，是一种新型的航空结构材料。研究表明，飞机及航空发动机性能的改进，分别有2/3和1/2是靠材料性能提高；对飞行速度更高的卫星和飞船来说，减重更能带来极高的效益；汽车节油有37%靠材料的轻量化，40%靠发动机的改进。这意味着高性能结构材料的研究与开发仍然是材料学科永恒的主题。

2. 电子信息功能材料　信息功能材料是指信息获取、传输、转换、存储、显示或控制所需材料，种类繁多，涉及面广。信息功能材料是信息技术的关键，是材料学科最活跃的领域，其中半导体材料将继续得到发展，如以硅为基础的第一代半导体材料、以GaAs为代表的第二代半导体材料、以SiC及金刚石为代表的第三代半导体材料；光纤及光电子材料更加活跃，激光材料、变频晶体、红外探测材料、半导体光电子材料、显示材料、记录材料，敏感材料及光导纤维日新月异；纳米技术的出现将成为信息产业新的生长点，使信息功能器件实现小型化、多功能化与智能化。

3. 能源功能材料　化石能源日益枯竭，且环境污染难以解决，故作为新能源基础的能源材料无疑将成为材料学科的重点研究领域。主要表现在以下几方面：

1）可再生能源将得到加速开发，特别是太阳能，故开发高效、价廉、长寿命的光伏转换材料是当务之急；此外，风能、潮汐能、海水温差与地热在21世纪都将会得到不同程度的利用，这些都存在材料问题。

2）要求耐高温、抗辐射的核能材料将会有新的进展，以满足铀资源的有效利用和可控热核聚变反应堆的开发。

3）贮能材料受到高度重视，贮能材料主要指贮氢材料和高能量密度蓄电池，并将在21世纪初可实现产业化。

4）节能材料研究仍是永恒的主题，如低铁损的非晶态磁性合金、高临界温度的超导材料等。

4. 生物功能材料　21世纪是生命科学大发展时代，生物功能材料也将随之会有很大发展。首先是医用生物材料，这是一类用于诊断、治疗或替换人体组织、器官或增进其功能的新型高技术材料，是材料科学技术中的一个正在发展的新领域，其技术含量和经济价值高，目前人的许多组织和骨骼都可制造；其次是仿生材料，如仿造珍珠壳的碳酸盐结构可得到高强度和韧性的新型陶瓷；再有，工业生产中的生物模拟也有良好的发展前景，如采用细菌冶金已实现处理低品位铜、铀矿石、尾矿，并大幅度降低污染，这将是21世纪解决金属矿日趋枯竭的有效途径。

5. 环境材料　环境材料是在人类认识到环境保护的重要战略意义和世界各国纷纷走可持续发展道路的背景下提出来的，是国内外材料科学与工程研究发展的必然趋势。环境材料的研究方向主要集中在净化环境、防止污染、替代有害物质、减少废弃物、材料的资源化、利用自然能及材料环境协调性评价的理论体系、降低材料环境负荷的新工艺、新技术和新方法等方面。重点体现在纯天然材料、仿生材料、绿色包装材料及生态建筑材料等方面，包括纯天然材料、可再生及可循环制备和使用的材料、生物降解材料、环境工程材料、环境净化材料、环境兼容性涂层材料等。

6. 智能材料　智能材料是将信息科学融合于材料性能和功能的一种材料新构思，它的出现将使人类文明进入一个新的高度。用智能材料制成的智能系统可使材料实现自检测、自恢复或自修复，以延长产品寿命。如在结构材料中预埋一种断裂时可产生声波的物质来检知裂纹，或一种物质在裂纹区应力作用下所产生的相变来自我抑制、修复裂纹，或利用材料中所含某种成分的自动析出来填充裂纹。智能系统还可使飞行器、潜艇、车体的外形随外界条件而改变，以减少阻力，既节省能耗，又提高安全度。

7. 纳米材料　纳米材料是利用物质在小到原子或分子尺度以后，由于尺寸效应、表面效应或量子效应所出现的奇异现象而发展出来的新材料。按物理形态分，纳米材料大致可分为纳米粉末、纳米纤维、纳米膜、纳米块体和纳米相分离液体等五类。纳米材料和纳米技术将涉及到信息、能源、空间技术、海洋技术、生物医药及国家安全等各个领域，纳米科学技术的发展可能导致下一代产业革命，故将成为21世纪初最为活跃的领域而受到普遍重视。

8. 材料设计　21世纪将逐步实现按需设计材料，通过对材料的组成、结构、生产工艺与材料基本性能关系的深入研究，以及对材料在使用条件下性能变化规律的了解，材料可以实现按需要设计，进而摆脱长期以来以经验为主研发材料的局面。因此，应强调基础研究的重要性和各学科交叉，强调从事材料研究、开发、生产与设计人员合作的重要性。

9. 材料制备与表征　材料的制备技术是新材料发展的重要基础与关键，从发展趋势来看，材料表面改性和薄层材料制备技术、材料在不同尺度上的复合新技术、材料成分与组织的精密控制新技术、高纯材料制备技术以及材料的智能合成与制备新技术等都是亟待发展的共性关键技术，其中包括关键新装备的研制。材料的表征和评价技术则是材料研究发展的基础，是检验材料设计结果、保证材料制备质量及在实际使用环境中具有满意功能的关键。

展望各种类型材料的发展前景：功能材料已成为材料研究、开发与应用的重点，它与结构材料一样重要，今后将互相促进、共同发展。金属材料在21世纪仍占十分重要的位置，但性能要不断提高、生产工艺将不断改进；某些金属资源接近枯竭，需要寻找代用品。功能陶瓷材料将继续得到发展，应用前景极其广阔；结构陶瓷的性能有待进一步改善，增强增韧是其主要目标。有机高分子材料以其优异性能、丰富资源而有会更大发展，特别是功能高分子将是21世纪研究的重点，以丰富或换代现有功能材料；但所有高分子材料的稳定性问题都尚待解决。先进的复合材料能综合各种不同材料的优良性能，应用潜力巨大、前景极其广阔，但其成本、连接与回收问题将成为其发展的主要障碍。

小　　结

材料失效的主要形式有过量变形、断裂、表面损伤和物理性能降级等四大类，材料失效的原因主要涉及设计、材料、加工与使用等四方面。对产品进行失效分析，是正确选材的主要手段之一。

材料、设计、制造是产品的三要素，且材料是基础。除常规的使用性能选材、工艺性能选材和经济性能选材等三大选材原则外，应特别重视价值工程选材原则。

材料与环境之间的相互作用关系密切，是社会和经济可持续发展的关键。在研究、开发、应用材料的活动中，应改变过去单纯追求材料的功能性和经济性的思路，全面综合考虑材料的三维指标（功能性、经济性、环境性）是先进科学的理念和方法。

新材料是发展高新技术的关键，不仅要注重新材料的研究与发展，而且要强调新材料在各工程领域中的应用。要特别重视计算机技术、信息技术在材料科学与工程中的应用。

习　　题

17-1　简述防止零件失效的主要措施。

17-2　就洗衣机的电动机轴和飞机起落架这两种零件，谈谈选材适用原则。

17-3　你认为我国现阶段流通的 1 元硬币是用何种材料与工艺制造的？在选材时考虑了哪些因素？

17-4　某厂采用 T10 钢制造一机用钻头对铸件钻 ϕ10mm 深孔，在正常工作条件下仅钻几个孔钻头便很快磨损。据检验，钻头的材料、加工工艺、组织和硬度均符合规范。试分析磨损原因，并提出解决办法。

17-5　某厂选用 Cr12 钢制造自行车链条冲模的冲头，在原材料质量、工艺均合格的条件下正常工作时经常发生折断现象，试分析失效的可能原因，并提出解决办法。

17-6　在选材及制订热处理工艺时，如何合理地对材料的强度与塑性、韧性提出要求？举例说明。

17-7　试从使用性能、制造工艺和环境特性等方面比较塑料饮料瓶、玻璃饮料瓶、金属饮料瓶的优缺点。

17-8　选定下列零件的材料，并简要说明理由：

①成型车刀②医疗手术刀③内燃机火花塞④电站蒸气涡轮机用冷凝管⑤高级赛艇艇身

⑥高速列车车门⑦发动机活塞环⑧汽车后桥半轴。

17-9　如何在选材时考虑钢的淬透性？举例说明。

17-10　“在满足零件使用性能和工艺性能的前提下，材料价格越低越好”这句话是否一定正确？为什么？应该怎样全面理解？

17-11　讨论对比电动自行车的铅酸电池材料与镍氢电池材料的功能性、经济性及环境性。

17-12　全面分析对比发泡塑料快餐盒、纸质快餐盒的环境特性。

17-13　举例分析产品三要素“材料、设计、制造”之间的关系。

17-14　谈谈对非材料专业的理工科学生和技术、管理人员进行材料科学通识教育的必要性和重要性。

附　　录

附录 A　材料工程主要相关国家标准名录

性能测试

GB/T 228—2002 金属材料　室温拉伸试验方法

GB/T 1172—1999 黑色金属硬度及强度换算值

GB/T 13321—1991 钢铁硬度　锉刀检验方法

GB/T 230—2002 金属洛氏硬度试验

GB/T 231—2002 金属布氏硬度试验

GB/T 1818—1994 金属表面洛氏硬度试验方法

GB/T 4340—1999 金属维氏硬度试验

GB/T 2039—1997 金属拉伸蠕变及持久试验方法

GB/T 9790—1988 金属覆盖层及其他有关覆盖层维氏和努氏显微硬度试验

GB/T 229—1994 金属夏比缺口冲击试验方法

GB/T 4161—1984 金属材料平面应变断裂韧度 K_{IC} 试验方法

GB/T 4337—1984 金属旋转弯曲疲劳试验方法

GB/T 6398—2000 金属材料疲劳裂纹扩展速率试验方法

GB/T 12444—1990 金属磨损试验方法

GB/T 351—1995 金属材料电阻系数测量方法

GB/T 4339—1999 金属材料热膨胀特征参数的测定

GB/T 1039—1992 塑料力学性能试验方法总则

GB/T 9342—1988 塑料洛氏硬度试验方法

GB/T 14153—1993 硬质塑料落锤冲击试验方法通则

GB/T 5478—1985 塑料滚动磨损试验方法

GB/T 1446—1983 纤维增强塑料性能试验方法总则

GB/T 1698—1982 硬质橡胶硬度的测定

GB/T 1730—1993 漆膜硬度测定法　摆杆阻尼试验

GB/T 6328—1999 胶粘剂剪切冲击强度试验方法

GB/T 16534—1996 工程陶瓷维氏硬度试验方法
GB/T 14389—1993 工程陶瓷冲击韧性试验方法
GB/T 4740—1999 陶瓷材料抗压强度试验方法
GB/T 1817—1995 硬质合金常温冲击韧性试验方法
GB/T 7997—1987 硬质合金维氏硬度试验方法
GB/T 10419—2002 碳化钨钢结硬质合金　冲击韧度的测定
GB/T 1940—1991 木材冲击韧性试验方法
GB/T 16265—1996 包装材料试验方法
GB/T 13464—1992 物质热稳定性的热分析试验方法
GB/T 15014—1994 弹性合金领域内的物理特性和物理量术语与定义
GB/T 15017—1994 电阻合金领域内的物理特性和物理量术语与定义
GB/T 10064—1988 固体绝缘材料绝缘电阻的试验方法
GB/T 15015—1994 膨胀合金领域内的物理特性和物理量术语与定义
GB/T 15016—1994 热双金属领域内的物理特性和物理量术语与定义

组织分析

GB/T 8760—1988 砷化镓单晶位错密度的测量方法
GB/T 13390—1992 金属粉末比表面积的测定氮吸附法
GB/T 10561—1989 钢中非金属夹杂物显微评定方法
GB/T 13298—1991 金属显微组织检验方法
GB/T 6394—2002 金属平均晶粒度测定法
GB/T 13299—1991 钢的显微组织评定方法
GB/T 1979—2001 结构钢低倍组织缺陷评级图
GB/T 9451—1988 钢件薄表面总硬化层深度或有效硬化层深度的测定
GB/T 15749—1995 定量金相手工测定方法
GB/T 18876—2002 应用自动图像分析测定钢和其他金属中金相组织、夹杂物含量和级别标准试验方法

材料处理

GB/T 12603—1990 金属热处理工艺分类及代号
GB/T 7232—1999 金属热处理工艺术语
GB/T 16923—1997 钢件的正火与退火
GB/T 16924—1997 钢件的淬火与回火
GB/T 8121—2002 热处理工艺材料术语
GB/T 13324—1991 热处理设备术语

GB 15735—1995 金属热处理生产过程安全卫生要求
GB/Z 18718—2002 热处理节能技术导则
GB/T 225—1988 钢的淬透性末端淬火试验方法
GB/T 5058—1985 钢的等温转变曲线图的测定方法（磁性法）
GB/T 9450—1988 钢件渗碳淬火有效硬化层深度的测定和校核
GB/T 5615—1985 铸钢件热处理状态的名称、定义及代号
GB/T 5614—1985 铸铁件热处理状态的名称、定义及代号
GB/T 13911—1992 金属镀覆和化学处理表示方法
GB/T 3138—1995 金属镀覆和化学处理与有关过程术语
GB/T 18719—2002 热喷涂　术语、分类
GB/T 15519—2002 化学转化膜　钢铁黑色氧化膜　规范和试验方法
GB/T 6807—2001 钢铁工件涂装前磷化处理技术条件
GB/T 18839—2002 涂覆涂料前钢材表面处理　表面处理方法
GB/T 18682—2002 物理气相沉积 TiN 薄膜技术条件
GB/T 10066—1988 电热设备的试验方法

材料类型

GB/T 17616—1998 钢铁及合金牌号统一数字代号体系
GB/T 13304—1991 钢分类
GB/T 221—2000 钢铁产品牌号表示方法
GB/T 15574—1995 钢产品分类
GB/T 17505—1998 钢及钢产品交货一般技术要求
GB/T 1222—1984 弹簧钢
GB/T 1298—1986 碳素工具钢技术条件
GB/T 1299—2000 合金工具钢
GB/T 4172—2000 焊接结构用耐候钢
GB/T 4171—2000 高耐候结构钢
GB/T 1591—1994 低合金高强度结构钢
GB/T 3077—1999 合金结构钢
GB/T 699—1999 优质碳素结构钢
GB/T 700—1988 碳素结构钢
GB/T 5613—1995 铸钢牌号表示方法
GB/T 18254—2002 高碳铬轴承钢
GB/T 1220—1992 不锈钢棒
GB/T 14992—1994 高温合金牌号

GB/T 5680—1998 高锰钢铸件
GB/T 5612—1985 铸铁牌号表示方法
GB/T 9439—1988 灰铸铁件
GB/T 1348—1988 球墨铸铁件
GB/T 8263—1999 抗磨白口铸铁件
GB/T 9437—1988 耐热铸铁件
GB/T 8731—1988 易切削结构钢技术条件
GB/T 6478—2001 冷镦和冷挤压用钢
GB/T 9943—1988 高速工具钢棒技术条件
GB/T 18376—2001 硬质合金牌号
GB/T 17111—1997 切削刀具——高速钢分组代号
GB/T 4309—1984 粉末冶金材料分类和牌号表示方法
GB/T 340—1976 有色金属及合金产品牌号表示方法
GB/T 8063—1994 铸造有色金属及其合金牌号表示方法
GB/T 1173—1995 铸造铝合金
GB/T 16474—1996 变形铝及铝合金牌号表示方法
GB/T 16475—1996 变形铝及铝合金状态代号
GB/T 8005—1987 铝及铝合金术语
GB/T 11086—1989 铜及铜合金术语
GB/T 466—1982 铜分类
GB/T 5231—2001 加工铜及铜合金化学成分和产品形状
GB/T 3620—1994 钛及钛合金牌号和化学成分
GB/T 5153—1985 加工镁及镁合金牌号和化学成分
GB/T 1174—1992 铸造轴承合金
GB/T 2035—1996 塑料术语及其定义
GB/T 1844 系列　塑料及树脂缩写代号
GB 5577—1985 合成橡胶牌号规定
GB/T 9881—1988 橡胶与橡胶制品通用术语
GB/T 13460—1992 再生橡胶
GB/T 13553—1996 胶粘剂分类
GB/T 2705—1992 涂料产品分类、命名和型号
GB/T 18178—2000 水性涂料涂装体系选择通则
GB/T 17253—1998 合成纤维丝织物
GB/T 18374—2001 增强材料术语及定义
GB/T 3961—1993 纤维增强塑料术语

GB/T 4202—2001 玻璃纤维产品代号
GB 18173—2000 高分子防水材料
GB/T 1426—1978 炭素材料分类
GB/T 4513—2000 不定形耐火材料分类
GB/T 17991—1999 工业陶瓷及相关术语
GB/T 13292—1991 涂层硬质合金分类和涂层主要技术要求
GB/T 17911—1999 耐火陶瓷纤维制品
GB/T 4132—1996 绝热材料及相关术语
GB/T 5593—1996 电子元器件结构陶瓷材料
GB/T 13811—1992 超导材料术语
GB/T 17951—2000 硬磁材料一般技术条件
GB/T 15018—1994 精密合金牌号

其他相关

GB/T 24040 ~ 43 环境管理　生命周期评价
GB/T 16705—1996 环境污染类别代码
GB/T 17766—1999 固体矿产资源/储量分类
GB 18455—2001 包装回收标志
GB/T 4223—1996 废钢铁
GB 16487.12—1996 进口废物环境保护控制标准 废塑料
GB 13456—1992 钢铁工业水污染物排放标准
GB/T 7826—1987 系统可靠性分析技术　失效模式和效应分析(FMEA)程序
GB/T 4734—1996 陶瓷材料及制品化学分析方法
GB/T 223 系列　钢铁及合金化学分析方法
GB/T 6987 系列　铝及铝合金化学分析方法
GB/T 5121 系列　铜及铜合金化学分析方法

附录 B　材料学主要相关 Internet 信息资源

材料科学教育主要高校

清华大学、西安交通大学、北京科技大学、上海交通大学、哈尔滨工业大学、华中科技大学、华南理工大学、西北工业大学、天津大学、浙江大学、中南大学、北京航空航天大学、四川大学、东北大学、山东大学、武汉理工大学、同济大学、南京理工大学

材料科学学科导航

材料科学与工程(清华大学) http://infoweb. lib. tsinghua. edu. cn/cailiao

高性能电子功能与机械工程材料(西安交通大学) http://202. 117. 24. 24/html/xjtu/navidata/cail. htm

材料学(华南理工大学) http://202. 38. 232. 1/dhk/taoclx. htm

高分子材料科学与工程(四川大学) http://202. 115. 61. 21:211/institution/face1. htm

先进复合材料及结构(哈尔滨工业大学) http://202. 118. 225. 57/daohang/clzj/zj. htm

功能材料科学技术(山东大学) http://202. 194. 11. 102/daohang/index/1/index1. htm

有色金属冶金(中南大学) http://www. lib. tongji. edu. cn/Calis/wuji. htm

无机非金属材料工程(同济大学) http://www. lib. tongji. edu. cn/Calis/wuji. htm

材料加工工程(华中科技大学) http://202. 114. 9. 3/lib/xueke. nsf/index? OpenForm

国家重点实验室

三束材料改性国家重点实验室(大连理工大学和复旦大学) http://www. mmlab. labs. gov. cn

材料复合新技术国家重点实验室(武汉理工大学) http://202. 114. 86. 125

金属材料强度国家重点实验室(西安交通大学) http://202. 117. 31. 81

混凝土材料研究国家重点实验室(同济大学) http://www. cmr. labs. gov. cn/sklcmr

高性能陶瓷和超微结构国家重点实验室(中科院硅酸盐研究所) http://www. sic. ac. cn/research/keylab

纤维材料改性国家重点实验室(东华大学) http://www. dhu. edu. cn/klab/klab. htm

金属腐蚀与防护国家重点实验室(中科院金属所) http://www. sklcp. com

稀土材料化学及应用国家重点实验室(北京大学) http://www. chem. pku. edu. cn/relab

沈阳材料科学国家(联合)实验室(中科院金属所) http://www. synl. ac. cn

固体微结构物理国家重点实验室(南京大学) http://vl-ssm. nju. edu. cn/

吸附分离功能高分子材料国家重点实验室(南开大学) http://202. 113. 228. 180

工程塑料国家重点实验室(中科院化学所) http://sklep. icas. ac. cn

新型陶瓷与精细工艺国家重点实验室(清华大学)http://www. mse. tsinghua. edu. cn/faculty/ceramiclab

粉末冶金国家重点实验室(中南大学)http://www. csu. edu. cn/chinese/outline/academy/skablpm/sklab

晶体材料国家重点实验室(山东大学)http://www. icm. labs. gov. cn

硅材料国家重点实验室(浙江大学)http://silab. zju. edu. cn

金属基复合材料国家重点实验室(上海交通大学)http://sklcm. sjtu. edu. cn

高分子材料工程国家重点实验室(四川大学)http://www. sklpme. com

超硬材料国家重点实验室(吉林大学)http://info. jlu. edu. cn/ ~ nlshm

新金属材料国家重点实验室(北京科技大学)http://www. ustb. edu. cn/skl

光电材料与技术国家重点实验室(中山大学) http://oemt. zsu. edu. cn

国家工程技术研究中心

国家受力结构工程塑料工程技术研究中心

国家树脂基复合材料工程技术研究中心

国家纤维增强模塑料工程技术研究中心

国家通用工程塑料工程技术研究中心

国家碳纤维工程技术研究中心

国家有色金属复合材料工程技术研究中心

国家金属腐蚀控制工程技术研究中心

国家金属薄膜功能材料工程技术研究中心

国家超硬材料及制品工程技术研究中心

国家生物医学材料工程技术研究中心

国家钛及稀有金属粉末冶金工程技术研究中心

国家仪表功能材料工程技术研究中心

国家非晶微晶合金工程技术研究中心

国家感光材料工程技术研究中心

国家贵金属材料工程技术研究中心

国家磁性材料工程技术研究中心

国家特种矿物材料工程技术研究中心

国家有机硅工程技术研究中心

国家玻璃纤维及制品工程技术研究中心

国家反应注射成型工程技术研究中心

专业网站

中国材料研究学会 http://www.c-mrs.org.cn
中国金属学会 http://www.csm.org.cn
中国机械工程学会 http://www.cmes.org
中国硅酸盐学会 http://www.ceramsoc.com
中国科学院金属研究所 http://www.imr.ac.cn
钢铁研究总院 http://www.cisri.com
中国建筑材料科学研究院 http://www.cbma.com.cn
中国材料网 http://www.materials.gov.cn
国家材料网 http://www.mitux.com/material
新材料产业网 http://www.materials.net.cn
赛迪新材料 http://www.ccidmaterials.com
材料与测试网 http://www.mat-test.com
中国冶金网 http://www.mmi.gov.cn
中国金属网 www.ccicp.net
中国钢材信息网 www.csinf.com
中国热处理信息网 http://www.heatchina.com
中国热处理 http://www.ht.org.cn
中国表面工程信息网 http://www.csec-mp.com
中国树脂基复合材料网 http://www.ourfrp.com
中国电子材料网 http://www.c-e-m.com
863 国家高新技术发展计划 http://www.863.org.cn
973 国家重点基础研究发展规划 http://www.973.gov.cn
国家标准化管理委员会 http://www.sac.gov.cn
ASTM 标准中国复制中心 http://www.astmcape.com.cn
美国材料研究学会 http://www.mrs.org
美国国家自然科学基金委员会材料研究组 http://www.nsf.gov/mps/divisions/dmr
相图 Web http://cyberbuzz.gatech.edu/asm_tms/phase_diagrams
日本材料学会 http://www.jsms.jp
中国台湾材料科学学会 http://www.twcsms.org

网络数据库

中国期刊网 http://www.cnki.net
天元数据维普资讯 http://www.tydata.com

万方数据资源系统 http://www.wanfangdata.com.cn
中国数字图书馆 http://www.d-library.com.cn
超星数字图书馆 http://www.ssreader.com
科学引文索引(SCI)http://www.isinet.com
工程索引(EI)http://www.ei.org.cn
科技会议索引(ISTP)http://www.dimdi.de
Elsevier Science http://elsevier.lib.tsinghua.edu.cn

参 考 文 献

1 冯端，师昌绪等．材料科学导论．北京：化学工业出版社，2002
2 石德珂主编．材料科学基础．北京：机械工业出版社，1999
3 机械工程手册电机工程手册编委会主编．机械工程手册．第2版．工程材料卷．北京：机械工业出版社，1996
4 王章忠主编．机械工程材料．北京：机械工业出版社，2001
5 朱张校主编．工程材料．第3版．北京：清华大学出版社，2001
6 崔忠圻，刘北兴编．金属学与热处理原理．哈尔滨：哈尔滨工业大学出版社，1998
7 胡赓祥，蔡珣主编．材料科学基础．上海：上海交通大学出版社，2000
8 束德林主编．金属力学性能．北京：机械工业出版社，1996
9 王笑天．金属材料学．北京：机械工业出版社，1987
10 肖纪美著．材料的应用与发展．北京：宇航出版社，1992
11 胡福增，陈国荣等．材料表界面．上海：华东理工大学出版社，2001
12 刘智恩．材料科学基础．西安：西北工业大学出版社，2000
13 沈莲，柴惠芬，石德珂．机械工程材料与设计选材．西安：西安交通大学出版社，1996
14 顾宜．材料科学与工程基础．北京：化学工业出版社．2002
15 《有色金属科学技术》编委会主编．有色金属科学技术．北京：冶金工业出版社，1990
16 国家自然科学基金委员会．金属材料科学．北京：科学出版社，1995
17 赵文轸．金属材料表面新技术．西安：西安交通大学出版社，1992
18 钱苗根，姚寿由，张少宇编著．现代表面技术．北京：机械工业出版社，1999
19 刘江南主编．金属表面工程学．北京：兵器工业出版社，1995
20 金志浩，周敬恩编．工程陶瓷材料．北京：机械工业出版社，1986
21 (英)F . A. A 克兰，J. A. 查尔斯著．王庆绥，强俊，董照钦译．工程材料的选择与应用．北京：科学出版社，1990
22 周馨我主编．功能材料学．北京：北京理工大学出版社，2002
23 《功能材料及其应用手册》编写组．功能材料及其应用手册．北京：机械工业出版社，1983
24 余海湖，赵　愚，姜德生．智能材料与结构的研究及应用．武汉理工大学学报，2001，23(11)：37～41
25 姜锡山．特殊钢金相图谱．北京：机械工业出版社，2003
26 雷廷权，傅家骐．金属热处理工艺500种．北京：机械工业出版社，2000
27 谢希文，过梅丽主编．材料科学基础．北京：北京航空航天大学出版社，1999
28 徐恒钧主编．材料科学基础．北京：北京工业大学出版社，2001

29 William D, Callister J. Materials Science and Engineering: An Introduction. 5th Ed., USA, John Wiley & Sons, 1999
30 Smith W F. Foundations of Materials Science and Engineering. New York: McGraw-Hill Book Co., 1992
31 Kurz, W., Fisker, D, J. Fundamentals of Solidification. Aedermannsdorf: Trane Tech Publications, 1986
32 William F. Principles of Materials Science and Engineering(Second Edition). New York: McGraw-Hill Book Co., 1990
33 Timings R L. Engineering Materials Volume 2. London: Longman Group UK Limited, 1991
34 Porter D A. Easterling K E. Phas Transformations in Metals and Alloys. Second Edition. New York: Macmillan Company, 1992
35 周达飞主编. 材料概论. 北京：化学工业出版社，2001
36 张国定，赵昌正编著. 金属基复合材料. 上海：上海交通大学出版社，1996
37 沈莲主编. 机械工程材料. 北京：机械工业出版社，1999
38 胡立光，谢希文编著. 钢的热处理. 西安：西北工业大学出版社，1993
39 侯增寿，卢光熙. 金属学原理. 上海：上海科学技术出版社，1990
40 吴培熙等. 塑料制品生产手册. 北京：化学工业出版社，1998
41 方谔声等. 粘和剂. 北京：化学工业出版社，1991
42 蒋宏第等. 普通化学. 哈尔滨：哈尔滨工业大学出版社，1997
43 全国热处理标准化技术委员会. 热处理标准应用手册. 北京：机械工业出版社，1997
44 陈贻瑞，王建编. 基础材料与新材料. 天津：天津大学出版社，1994
45 徐祖耀，李鹏兴. 材料科学导论. 上海科学技术出版社，1986
46 陈平昌，朱六妹，李赞. 材料成形原理. 北京：机械工业出版社，2001
47 崔占全，邱平善. 工程材料. 哈尔滨：哈尔滨工程大学出版社，2001
48 许鑫华，叶卫平主编. 计算机在材料科学中的应用. 北京：机械工业出版社，2003
49 朱敏主编. 功能材料. 北京：机械工业出版社，2002
50 师昌绪主编. 材料大词典. 北京：化学工业出版社，1994
51 李成功，姚熹. 当代社会经济的先导-新材料. 北京：新华出版社，1992
52 王章忠. 现代工业产品的价值选材[J]. 金属热处理，2002，27(9)：56～58
53 师昌绪. 21世纪初材料科学技术[J]. 中国科学院院刊，2001，16(2)：93～100

